Sergio Fabbri   Mara Masini

FISICA
STORIA REALTÀ MODELLI

corso di Fisica per il **secondo biennio** dei licei

eBook+
Questo volume è disponibile anche in versione digitale.
Per attivarlo segui le istruzioni presenti sul sito internet
www.seieditrice.com/libri-digitali

*Il relativo accesso è regolato dalle condizioni generali
di licenza di SEI S.p.A., disponibili allo stesso indirizzo*

SOCIETÀ EDITRICE INTERNAZIONALE - TORINO

Coordinamento editoriale: Anna Maria Battaglini
Progetto editoriale: Claudia Marchis
Redazione: Chiara Tannoia
Coordinamento tecnico: Michele Pomponio
Progetto grafico: Elena Marengo
Impaginazione: propagina - Torino
Disegni: Studio Balbo-Gozzelino, Matilde Rivetti
Coordinamento multimediale: Nicola Prinetti
Redazione multimediale: Francesca Gatto
Copertina: Piergiuseppe Anselmo

Referenze fotografiche
Marka: p. 56 (a) – p. 107 (b) – p. 239 (c) – p. 317 (c-f-h) – 318 (b); Mela Alice: p. 112;
OTIS S.p.A., Cernasco sul Naviglio (MI): p. 34
Le illustrazioni non citate provengono dall'Archivio SEI.

I testi delle schede CLIL al termine dei Moduli sono tratti da: Serway/Vuille, *Essentials of College Physics*, International Edition, 1E, © 2007 Brooks/Cole, a part of Cengage Learning, Inc. Reproduced by permission. www.cengage.com/permissions

Le sintesi in inglese a fine Unità sono a cura di Alltrad s.a.s. - Torino

```
AZIENDA CON SISTEMA DI GESTIONE
PER LA QUALITÀ CERTIFICATO DA DNV
= UNI EN ISO 9001:2008 =
```

© 2015 by SEI - Società Editrice Internazionale - Torino
www.seieditrice.com

Prima edizione: 2015

Ristampa
   1   2   3   4   5   6   7   8   9   10
2015 2016 2017 2018 2019

Tutti i diritti sono riservati. È vietata la riproduzione dell'opera o di parti di essa con qualsiasi mezzo, compresa stampa, copia fotostatica, microfilm e memorizzazione elettronica, se non espressamente autorizzata per iscritto.

Le fotocopie per uso personale del lettore possono essere effettuate nei limiti del 15% di ciascun volume dietro pagamento alla SIAE del compenso previsto dall'art. 68, commi 4 e 5, della legge 22 aprile 1941 n. 633.

Le fotocopie effettuate per finalità di carattere professionale, economico o commerciale o comunque per uso diverso da quello personale possono essere effettuate a seguito di specifica autorizzazione rilasciata da CLEAREdi, Centro Licenze e Autorizzazioni per le Riproduzioni Editoriali, Corso di Porta Romana n. 108, 20122 Milano, e-mail autorizzazioni@clearedi.org e sito web www.clearedi.org

L'Editore dichiara la propria disponibilità a regolarizzare errori di attribuzione o eventuali omissioni sui detentori di diritto di copyright non potuti reperire.

Stampa: Bona S.p.A. - Torino

Il tuo libro è anche un eBook+

in forma **digitale interattiva**

▶ *Scarica e attiva, è facile!*

Segui le istruzioni che trovi sul sito della casa editrice, alla pagina **www.seieditrice.com/libri-digitali**

Studiare è più semplice con l'eBook+

▶ *Guarda, annota, sottolinea, evidenzia nel testo!*

Con l'**eBook+** apprendi in modo **multimediale** e **interattivo**, attraverso contenuti audio, video e link a risorse multimediali: insomma, in modo **coinvolgente** e **divertente**.

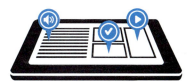

▶ *Ascolta, scopri i link, gli approfondimenti e salva il tuo lavoro*

Una volta scaricato sul tuo dispositivo, che potrà essere un PC fisso o portatile, un netbook o un tablet, il tuo libro digitale interattivo potrà essere utilizzato anche **in assenza di connessione alla rete**.
Tutte le tue operazioni le potrai ritrovare semplicemente **sincronizzando** i diversi dispositivi.

Sempre connesso alla classe con l'eBook+

▶ *Condividi con i tuoi compagni e il docente*

Vai sul sito SEI all'indirizzo **www.seieditrice.com/on**: troverai tutte le indicazioni per conoscere e utilizzare in modo facile un ambiente didattico digitale, dove sono disponibili **i tuoi libri, i tuoi appunti e le risorse selezionate e messe a disposizione dal tuo insegnante**.

Usa le icone

 Audio

 Video

 Galleria di immagini

 Esercizi interattivi

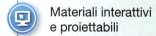 Materiali interattivi e proiettabili

 Download

 Approfondimenti

 Documenti

Link interni al volume

Link esterni al volume

Zoom

Indice

1 Le misure

2 Le forze e l'equilibrio

Premessa, XI
Introduzione, 1
1 Che cosa è la fisica?, 1
2 Il metodo sperimentale, 2

LA FISICA e... la storia 4

Unità 1
Misure ed errori, 6
- **1.1** Le misure, 6
- **1.2** L'incertezza della misura, 9
- **1.3** L'errore relativo, 10
- **1.4** Il Sistema Internazionale di Unità, 12
- **1.5** Notazione scientifica e ordine di grandezza, 15

idee e personaggi *I sistemi di unità di misura*, 18
IN SINTESI, 19
SCIENTIFIC ENGLISH, 20
Strumenti per sviluppare le competenze, 21
COMPETENZE ALLA PROVA, 28

Unità 2
Propagazione degli errori, 29
- **2.1** I tipi di errore, 29
- **2.2** Le serie di misure, 31
- **2.3** Le misure indirette, 33
- **2.4** Gli strumenti, 40

idee e personaggi *Carl Friedrich Gauss e la teoria degli errori*, 41
IN SINTESI, 42
SCIENTIFIC ENGLISH, 43
Strumenti per sviluppare le competenze, 44
COMPETENZE ALLA PROVA, 50

SCIENTIFIC ENGLISH, *Standards of Length, Mass, and Time*, 51

LA FISICA e... la storia 54

Unità 3
Forze e loro misurazione, 56
- **3.1** Le forze, 56
- **3.2** Definizione operativa e rappresentazione grafica delle grandezze fisiche, 57
- **3.3** La proporzionalità diretta, 59
- **3.4** La legge di Hooke, 60
- **3.5** La costante elastica, 62
- **3.6** Peso e massa, 64

idee e personaggi *Robert Hooke, uno scienziato poliedrico (1635-1703)*, 66
IN SINTESI, 68
SCIENTIFIC ENGLISH, 69
Strumenti per sviluppare le competenze, 70
COMPETENZE ALLA PROVA, 77

---

eBook+

Lezione multimediale

Virtual Lab
Misura diretta, 9

Schede Lab
Le misure dirette, 9

Espansione
Tabelle SI, 13

Schede Lab
Serie di misure, 31 - Misure indirette, 33

Lezione multimediale

Animazioni
Grandezze direttamente proporzionali, 59 - La legge di Hooke, 60 - Rigidità della molla, 62

Virtual Lab
La legge di Hooke, 60

Schede Lab
La molla e la legge di Hooke, 60

V

Unità 4
Vettori ed equilibrio, 78

- 4.1 I vettori, 78
- 4.2 Le operazioni con i vettori, 79
- 4.3 La scomposizione di vettori, 81
- 4.4 L'equilibrio del punto materiale, 84
- 4.5 L'equilibrio sul piano inclinato, 86
- 4.6 Le forze d'attrito, 88

idee e personaggi *La riduzione dell'attrito*, 94
IN SINTESI, 95
SCIENTIFIC ENGLISH, 96
Strumenti per sviluppare le competenze, 97
COMPETENZE ALLA PROVA, 106

Unità 5
Equilibrio del corpo rigido, 107

- 5.1 Il corpo rigido esteso, 107
- 5.2 Somma di forze su un corpo rigido, 108
- 5.3 Momento di una forza rispetto a un punto, 109
- 5.4 Coppia di forze, 110
- 5.5 Momento di una coppia di forze, 111
- 5.6 Condizione di equilibrio di un corpo rigido esteso, 112
- 5.7 Il centro di gravità, 112
- 5.8 Le leve, 114

idee e personaggi *Archimede*, 117
IN SINTESI, 118
SCIENTIFIC ENGLISH, 119
Strumenti per sviluppare le competenze, 120
COMPETENZE ALLA PROVA, 127

Unità 6
Fluidi, 128

- 6.1 La pressione, 128
- 6.2 La densità, 129
- 6.3 Le grandezze inversamente proporzionali, 131
- 6.4 Il principio di Pascal, 132
- 6.5 La legge di Stevino e i vasi comunicanti, 134
- 6.6 Il principio di Archimede, 136
- 6.7 La pressione atmosferica, 139

idee e personaggi *Esiste il vuoto?*, 140
IN SINTESI, 141
SCIENTIFIC ENGLISH, 142
Strumenti per sviluppare le competenze, 143
COMPETENZE ALLA PROVA, 152
 SCIENTIFIC ENGLISH, *Fluids*, 153

---

eBook+

Lezione multimediale

Animazioni
Le operazioni con i vettori, 79 - Scomposizione di vettori, 81 - Equilibrio sul piano inclinato, 86

Virtual Lab
Addizione di vettori, 79 - Equilibrio sul piano inclinato, 86

Schede Lab
La regola del parallelogramma, 80 - L'attrito radente statico, 89

Lezione multimediale

Animazioni
Somma di forze su un corpo rigido, 108 - Le leve, 115

Virtual Lab
Il centro di gravità, 112

Lezione multimediale

Animazioni
Legge di Stevino, 134 - Principio di Archimede, 136

Virtual Lab
Legge di Stevino, 134 - Spinta di Archimede, 136

Schede Lab
La densità, 129 - Il principio di Archimede, 136

VI Indice

3 Le forze e il moto

LA FISICA e... la storia, 156

Unità 7
Moto rettilineo uniforme, 158

- **7.1** La velocità, 158
- **7.2** Il grafico del moto rettilineo uniforme, 161
- **7.3** La diretta proporzionalità tra spazio e tempo, 162
- **7.4** La legge oraria del moto rettilineo uniforme, 162
- **7.5** La pendenza della retta, 163
- **7.6** La legge oraria nel caso generale, 164
- **7.7** Spostamento e velocità come vettori, 165

idee e personaggi *Aristotele e il moto*, 166

IN SINTESI, 168
SCIENTIFIC ENGLISH, 169
Strumenti per sviluppare le competenze, 170
COMPETENZE ALLA PROVA, 182

Unità 8

Moto rettilineo uniformemente accelerato, 183

- **8.1** L'accelerazione, 183
- **8.2** La relazione tra velocità e tempo ($v_0 = 0$), 185
- **8.3** Il grafico velocità-tempo ($v_0 = 0$), 186
- **8.4** Il grafico spazio-tempo e la proporzionalità quadratica ($v_0 = 0$), 187
- **8.5** La legge oraria del moto rettilineo uniformemente accelerato ($v_0 = 0$), 188
- **8.6** La relazione tra velocità e tempo e grafico relativo ($v_0 \neq 0$), 190
- **8.7** La legge oraria del moto rettilineo uniformemente accelerato ($v_0 \neq 0$), 191
- **8.8** Il moto vario, 192

idee e personaggi *Galileo Galilei*, 194

IN SINTESI, 196
SCIENTIFIC ENGLISH, 197
Strumenti per sviluppare le competenze, 198
COMPETENZE ALLA PROVA, 211

Unità 9

Moto circolare uniforme e moto armonico, 212

- **9.1** Il moto circolare uniforme, 212
- **9.2** La frequenza, 214
- **9.3** La velocità angolare, 215
- **9.4** Il moto armonico, 217
- **9.5** Il pendolo semplice, 219

idee e personaggi *Il pendolo di Foucault e la rotazione terrestre*, 220

IN SINTESI, 221
SCIENTIFIC ENGLISH, 222
Strumenti per sviluppare le competenze, 223
COMPETENZE ALLA PROVA, 229

eBook+

Lezione multimediale

Animazioni
Moto rettilineo uniforme, 161 - La legge oraria del moto rettilineo uniforme, 164

Video Lab
Moto rettilineo uniforme, 158

Virtual Lab
Il grafico del moto rettilineo uniforme, 161

Schede Lab
Il moto rettilineo uniforme, 162

Lezione multimediale

Animazioni
La relazione tra velocità e tempo ($v_0 = 0$), 185

Video Lab
Moto rettilineo uniformemente accelerato, 183

Virtual Lab
Il grafico del moto rettilineo uniformemente accelerato, 186

Schede Lab
Il moto rettilineo uniformemente accelerato, 188

Lezione multimediale

Animazioni
Il moto circolare uniforme, 213 - Il moto armonico, 217

Virtual Lab
Il moto di una coccinella, 212 - Il moto circolare uniforme, 213 - Il pendolo semplice, 219

Schede Lab
Le proprietà del pendolo semplice, 219

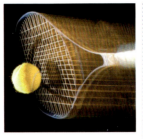

Unità 10
Principi della dinamica, 230
- **10.1** Le cause del moto, 230
- **10.2** Il primo principio, 230
- **10.3** I sistemi di riferimento, 232
- **10.4** La relazione tra forza e accelerazione, 233
- **10.5** La massa inerziale, 234
- **10.6** Il secondo principio, 235
- **10.7** Considerazioni sui principi della dinamica, 236
- **10.8** Trasformazioni di Galileo, 237
- **10.9** Il terzo principio, 239

idee e personaggi *Summus Newton*, 242
IN SINTESI, 244
SCIENTIFIC ENGLISH, 245
Strumenti per sviluppare le competenze, 246
COMPETENZE ALLA PROVA, 253

Unità 11
Forze applicate al movimento, 254
- **11.1** La caduta libera: relazione tra massa e peso, 254
- **11.2** Il piano inclinato, 257
- **11.3** La forza centripeta, 259
- **11.4** Composizione di moti: il moto parabolico, 261

idee e personaggi *Leonardo da Vinci e la balistica*, 266
IN SINTESI, 268
SCIENTIFIC ENGLISH, 269
Strumenti per sviluppare le competenze, 270
COMPETENZE ALLA PROVA, 278

Unità 12
Dai modelli geocentrici al campo gravitazionale, 279
- **12.1** I modelli del cosmo, 279
- **12.2** Le leggi di Keplero, 282
- **12.3** La gravitazione universale, 284
- **12.4** Satelliti in orbita circolare, 287
- **12.5** Il campo gravitazionale, 289

idee e personaggi *L'esplorazione dello spazio*, 292
IN SINTESI, 294
SCIENTIFIC ENGLISH, 296
Strumenti per sviluppare le competenze, 298
COMPETENZE ALLA PROVA, 303
SCIENTIFIC ENGLISH, *Motion in One Dimension - Newton's Law*, 304

---

eBook+

Lezione multimediale

Animazioni
Primo principio della dinamica, 230 - Secondo principio della dinamica, 233 - Terzo principio della dinamica, 239

Video Lab
Il secondo principio della dinamica, 235

Virtual Lab
Il primo principio della dinamica, 230 - I sistemi di riferimento, 232 - Il secondo principio della dinamica, 235

Schede Lab
Il secondo principio della dinamica (relazione forza-accelerazione), 237 - Il secondo principio della dinamica (relazione massa-accelerazione), 237

Virtual Lab
Il piano inclinato, 257 - Moto parabolico con velocità iniziale obliqua, 263

Schede Lab
L'accelerazione di gravità, 255 - Il piano inclinato, 257

Virtual Lab
Prima legge di Keplero, 282 - Seconda legge di Keplero, 283 - La gravitazione universale, 284 - Moto di un satellite, 287

VIII Indice

4 Energia e conservazione

5 L'equilibrio termico

LA FISICA e... la storia 308

Unità 13
Lavoro e forme di energia, 310
- 13.1 Il lavoro, 310
- 13.2 Rappresentazione grafica del lavoro, 313
- 13.3 La potenza, 314
- 13.4 L'energia, 315
- 13.5 L'energia cinetica, 318
- 13.6 L'energia potenziale gravitazionale, 319
- 13.7 L'energia potenziale elastica, 321

idee e personaggi *Riscaldamento globale ed energie alternative*, 322
IN SINTESI, 324
SCIENTIFIC ENGLISH, 325
Strumenti per sviluppare le competenze, 326
COMPETENZE ALLA PROVA, 335

Unità 14
Principi di conservazione, 336
- 14.1 Il principio di conservazione dell'energia meccanica, 336
- 14.2 La molla e la conservazione dell'energia meccanica, 339
- 14.3 La conservazione dell'energia, 340
- 14.4 Conservazione e fluidodinamica, 341
- 14.5 Il principio di conservazione della quantità di moto, 348
- 14.6 Gli urti, 349

idee e personaggi *I principi di conservazione*, 352
IN SINTESI, 353
SCIENTIFIC ENGLISH, 354
Strumenti per sviluppare le competenze, 355
COMPETENZE ALLA PROVA, 365

SCIENTIFIC ENGLISH, *Conservation of Mechanical Energy - Collisions*, 366

LA FISICA e... la storia 370

Unità 15
Temperatura e dilatazione, 372
- 15.1 La temperatura, 372
- 15.2 Il termometro, 373
- 15.3 L'equilibrio termico, 375
- 15.4 L'interpretazione microscopica della temperatura, 376
- 15.5 La dilatazione lineare dei solidi, 377
- 15.6 La dilatazione cubica, 380
- 15.7 La dilatazione dei liquidi, 381
- 15.8 L'interpretazione microscopica della dilatazione, 383

idee e personaggi *La termografia*, 384
IN SINTESI, 385
SCIENTIFIC ENGLISH, 386
Strumenti per sviluppare le competenze, 387
COMPETENZE ALLA PROVA, 394

eBook+

Lezione multimediale

Animazioni
Il lavoro, 310 - Energia potenziale gravitazionale/I, 319 - Energia potenziale gravitazionale/II, 320 - Energia potenziale elastica, 321

Schede Lab
Il lavoro e il teorema delle forze vive, 319

Lezione multimediale

Animazioni
Il principio di conservazione dell'energia meccanica, 336 - La molla e la conservazione dell'energia meccanica, 339 - Equazione di Bernoulli, 345 - Conservazione della quantità di moto, 348

Video Lab
Conservazione dell'energia meccanica, 336 - Urti elastici, 349

Virtual Lab
Conservazione e dissipazione dell'energia, 336 - La molla e la conservazione dell'energia meccanica, 339 - Equazione di continuità, 343 - Moto intorno a un profilo alare, 347 - Urto elastico, 350 - Urto anelastico, 350 - Urto in due dimensioni, 350

Schede Lab
La conservazione dell'energia meccanica, 338 - La conservazione della quantità di moto, 348

Espansioni
Dalla traslazione alla rotazione, 351 - Il principio di conservazione del momento angolare, 351

Lezione multimediale

Animazioni
Dilatazione lineare dei solidi, 377 - Dilatazione dei liquidi, 381

Virtual Lab
Dilatazione termica lineare, 377

Schede Lab
Dal termoscopio al termometro, 373 - La dilatazione termica lineare, 378

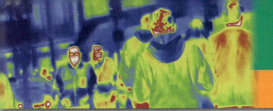

IX

6 La termodinamica

Unità 16
Calore e sua trasmissione, 395

16.1 Il calore, 395
16.2 Il calore specifico e la capacità termica, 396
16.3 La caloria, 400
16.4 La propagazione del calore, 400

idee e personaggi *Temperatura e calore: storia di una separazione*, 404
IN SINTESI, 405
SCIENTIFIC ENGLISH, 406
Strumenti per sviluppare le competenze, 407
COMPETENZE ALLA PROVA, 411

Unità 17
Cambiamenti di stato, 412

eBook+

17.1 Gli stati della materia
17.2 I cambiamenti di stato
17.3 Fusione e solidificazione
17.4 Vaporizzazione e condensazione
17.5 La sublimazione

idee e personaggi *Gli strani comportamenti della materia a temperature estremamente basse*
IN SINTESI
SCIENTIFIC ENGLISH
Strumenti per sviluppare le competenze
COMPETENZE ALLA PROVA

SCIENTIFIC ENGLISH, *Thermal Physics*, 413

LA FISICA e... la storia 416

Unità 18
Leggi dei gas perfetti, 418

18.1 I gas perfetti, 418
18.2 La legge di Boyle e Mariotte, 419
18.3 La prima legge di Gay-Lussac, 421
18.4 La seconda legge di Gay-Lussac, 422
18.5 L'equazione di stato dei gas perfetti, 424

idee e personaggi *Dall'alchimia alla chimica*, 427
IN SINTESI, 428
SCIENTIFIC ENGLISH, 429
Strumenti per sviluppare le competenze, 430
COMPETENZE ALLA PROVA, 435

---

eBook+

 **Lezione multimediale**

 Animazioni
La propagazione del calore, 400

Schede Lab
Il calore specifico dei solidi, 397

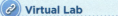 **Virtual Lab**
I cambiamenti di stato, 412

Schede Lab
I cambiamenti di stato, 412

 Lezione multimediale

Animazioni
La legge di Boyle e Mariotte, 419 - La prima legge di Gay-Lussac, 421 - La seconda legge di Gay-Lussac, 422

 Video Lab
La legge di Boyle e Mariotte, 419

 **Virtual Lab**
I gas perfetti, 418 - Le leggi dei gas, 419 - La prima legge di Gay-Lussac, 421 - La seconda legge di Gay-Lussac, 422

Schede Lab
La legge di Boyle e Mariotte, 420

X Indice

7 Onde e luce

Unità 19
Principi della termodinamica, 436

- **19.1** L'equivalenza tra calore e lavoro, 436
- **19.2** Le trasformazioni adiabatiche e i cicli termodinamici, 439
- **19.3** Il motore a scoppio e il ciclo Otto, 441
- **19.4** Il rendimento delle macchine termiche, 445
- **19.5** Il primo principio della termodinamica, 446
- **19.6** Il secondo principio della termodinamica, 449
- **19.7** L'entropia, 451

idee e personaggi *La potenza motrice del fuoco*, 454
IN SINTESI, 455
SCIENTIFIC ENGLISH, 456
Strumenti per sviluppare le competenze, 457
COMPETENZE ALLA PROVA, 463

SCIENTIFIC ENGLISH, *Thermodynamics*, 464

Unità 20

LA FISICA e... la storia 466

Onde meccaniche e suono, 468

- **20.1** Che cosa sono le onde, 468
- **20.2** Onde trasversali e longitudinali, 468
- **20.3** Le caratteristiche fondamentali delle onde, 472
- **20.4** Il comportamento delle onde, 474
- **20.5** Il suono, 480
- **20.6** L'eco e il rimbombo, 483
- **20.7** L'effetto Doppler, 484

idee e personaggi *Mahler e il muro del suono*, 486
IN SINTESI, 487
SCIENTIFIC ENGLISH, 488
Strumenti per sviluppare le competenze, 489
COMPETENZE ALLA PROVA, 497

Unità 21
Luce e strumenti ottici, 498

- **21.1** La propagazione della luce, 498
- **21.2** La riflessione, 501
- **21.3** La rifrazione, 508
- **21.4** La dispersione della luce: i colori, 511
- **21.5** La diffrazione e l'interferenza, 512
- **21.6** La natura della luce: onda o corpuscolo?, 513
- **21.7** Le lenti, 515

idee e personaggi *Mondi microscopici, mondi lontanissimi*, 520
IN SINTESI, 522
SCIENTIFIC ENGLISH, 523
Strumenti per sviluppare le competenze, 524
COMPETENZE ALLA PROVA, 533

SCIENTIFIC ENGLISH, *Waves*, 534

Tabelle, 537
Indice analitico, 538

eBook+

Lezione multimediale

Animazioni
Il motore a scoppio e il ciclo Otto, 442 - Il primo principio della termodinamica, 446

Video Lab
L'equivalenza tra calore e lavoro, 436

Virtual Lab
Principio zero della termodinamica, 436 - Le trasformazioni adiabatiche, 439 - Il motore a scoppio, 441

Schede Lab
L'equivalenza tra calore e lavoro, 436

Lezione multimediale

Animazioni
Onde trasversali, 469 - Onde longitudinali, 470 - Principio di sovrapposizione, 478

Video Lab
Onde circolari e propagazione di un fronte d'onda, 474 - Riflessione e rifrazione, 475 - Diffrazione, 477 - Interferenza, 478

Virtual Lab
Onde trasversali, 469 - Onde longitudinali, 470 - Il comportamento delle onde, 474 - Diffrazione e interferenza, 477 - Il suono, 480 - Effetto Doppler, 484

Schede Lab
Le onde meccaniche, 474 - La seconda legge della rifrazione, 476

Lezione multimediale

Animazioni
La riflessione, 501 - La rifrazione, 508 - Le lenti, 515

Virtual Lab
La riflessione, 501 - La rifrazione, 508 - La diffrazione e l'interferenza, 513 - Lenti convergenti, 516 - Formula delle lenti sottili, 518

Schede Lab
L'esperimento di Young, 513 - Lenti convergenti, 516

Premessa

L'intento

Per rendere l'**approccio** con la fisica il più possibile **diretto e coinvolgente** è stato valorizzato l'**aspetto iconografico**, facendo in modo che fotografie, disegni, grafici entrino a far parte integrante del testo, anziché costituire qualcosa di puramente coreografico o comunque marginale.
Una tale impostazione produce un altro vantaggio: rendere la parte testuale vera e propria più concisa, meno dispersiva, condensata attorno ai nuclei centrali di ogni tematica trattata, ma senza dover rinunciare alla rigorosità del **linguaggio scientifico** – anzi, semmai, accentuandola.

Lo studio

Il corso è suddiviso in **Moduli**, a loro volta articolati in **Unità**.

Nel corso dell'Unità i concetti principali sono evidenziati su **fondino** e da un **richiamo** laterale. Alcuni momenti di riflessione intitolati **Ricorda!...** sottolineano aspetti e conseguenze dei concetti trattati.
I **Flash** permettono di riportare sempre dalla teoria alla realtà.

Idee e personaggi permettono di contestualizzare nell'ambiente storico l'evoluzione del pensiero scientifico.

La verifica

La fase di verifica comprende: test **Vero-falso** e **Test a scelta multipla** per consolidare le conoscenze teoriche; gli **Esercizi**, disposti secondo i paragrafi che scandiscono l'Unità e sempre accompagnati da un **esercizio guidato**, per poter costruire le competenze; infine i **Problemi**, che riguardano contenuti trasversali ai paragrafi.

Al termine di ogni Modulo le pagine **Scientific English** propongono un avvio al CLIL.

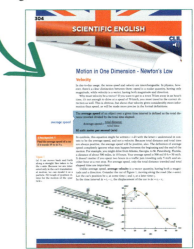

Competenze alla prova propone un percorso che costituisce una vera e propria messa alla prova delle **competenze scientifiche** maturate, differenziate secondo i diversi **assi culturali**.

Fisica. Percorsi multimediali

Fisica. Percorsi multimediali è una raccolta di lezioni multimediali che arricchiscono il testo con filmati, animazioni, immagini, link per la visualizzazione di applet disponibili in rete e strumenti aggiuntivi quali la sintesi delle lezioni in formato mp3 e verifiche interattive.

In ogni lezione viene proposto un percorso che può essere seguito passo passo e che ricalca in linea di massima i contenuti presenti nel testo; in alternativa, facendo opportune scelte tramite gli strumenti messi a disposizione, si ha la possibilità di effettuare una selezione personalizzata del materiale.

La struttura delle singole lezioni è descritta di seguito.

Si può optare per seguire la **Lezione**, andare direttamente alle **Verifiche** (V/F, *Test a scelta multipla* ecc.) o accedere al **Ripasso**.

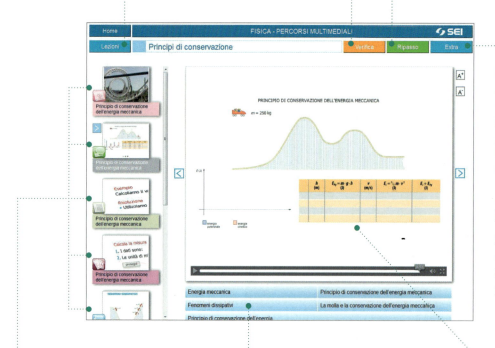

Extra contiene:

NonsoloMatematica, competenze matematiche e non (grandezze direttamente proporzionali, inversamente proporzionali e con proporzionalità quadratica, equivalenze, notazione esponenziale, equazioni, utilizzo della calcolatrice e così via) propedeutiche allo studio della fisica.

Per il recupero, semplici esercizi finalizzati a rilevare il raggiungimento delle competenze di base.

Da questa parte della schermata si può accedere direttamente a filmati, animazioni, figure, grafici, tabelle, formule inverse e link per l'uso guidato di applet.

Con il menu orizzontale si accede alla teoria, il cui argomento è richiamato dal nome del pulsante.

Finestra dedicata alla visualizzazione della teoria, delle immagini, dei filmati e delle animazioni.

Introduzione

1 Che cosa è la fisica?

Iniziamo il nostro studio chiedendoci... **che cosa è** la fisica? Richard P. Feynman (1918-1988) a questa domanda avrebbe risposto, con apparente semplicità: «*La fisica è ciò che fanno i fisici*». La frase del brillante scienziato statunitense e premio Nobel nel 1965 può sembrare una battuta, ma sintetizza al meglio la difficoltà di formulare una definizione della disciplina su cui vi sia una sostanziale unanimità da parte degli uomini di scienza.
Proviamo ad aggirare allora l'ostacolo, ripercorrendo in modo estremamente sintetico e schematico lo sviluppo storico di questa disciplina.

La **fisica**, dal greco φυσις (*physis*, natura) era una disciplina di studio già nell'antica Grecia, anche se veniva chiamata *filosofia naturale*, in quanto era considerata una branca della filosofia. Per molti secoli l'indagine della natura consistette nell'elaborazione di teorie la cui veridicità era garantita soprattutto dall'autorevolezza di chi le proponeva. Nel corso del XVI e XVII secolo si realizzò la *Rivoluzione scientifica*: con questa definizione si vuole evidenziare il profondo cambiamento concettuale iniziato nel 1543 con la *Rivoluzione dei corpi celesti* di Copernico e concluso nel 1687 con *I principi matematici di filosofia naturale* di Newton. Un ruolo di particolare rilievo in questo periodo venne svolto da Galileo Galilei, la cui teorizzazione relativa alla necessità di fare ricorso alla verifica sperimentale trasformò la fisica in una scienza, nell'accezione attuale del termine.

Nei secoli successivi, sino alla fine del XIX secolo, vi fu uno sviluppo tumultuoso delle conoscenze che coinvolse diversi ambiti della natura, dalla meccanica alla termodinamica per arrivare all'elettromagnetismo. Un'ampia gamma di fenomeni venne affrontata e risolta all'interno di un efficace schema interpretativo della realtà individuato attualmente come **fisica classica**. Dagli inizi del '900 alcune delle certezze sullo spazio, sul tempo, sul ruolo della misura, sul nesso causa-effetto cominciarono a essere scardinate da nuove teorie quali la relatività di Einstein e la meccanica quantistica, frutto a loro volta delle scoperte di un folto gruppo di fisici.

Nacque così la **fisica moderna** che apparve – e ancora tale appare ai giorni nostri – sconcertante e persino in contraddizione con la fisica classica, ma che vanta ormai straordinari successi sia teorici sia pratici. Inoltre, basta pensare a una fotocellula, a un laser o a un computer per capire come le sue applicazioni condizionino la nostra vita quotidiana.

Ritornando alla nostra domanda iniziale, ci limiteremo per ora a cercare di fornire una risposta restando nell'ambito della fisica classica.

2 Il metodo sperimentale

La **fisica** è una scienza che si occupa di fenomeni naturali descrivibili mediante la quantificazione di opportune grandezze. Il suo scopo è quello di individuare le leggi che regolano le interazioni tra quelle grandezze da cui dipende il fenomeno: più ancora che l'oggetto, nell'indagine risultano fondamentali il metodo di lavoro e il ragionamento. Anche se non esiste al momento una codificazione universalmente condivisa delle procedure della scoperta scientifica, è sostanzialmente unanime il riconoscimento della validità (perlomeno nell'ambito della fisica classica) del **metodo sperimentale** proposto da Galileo, il quale scrisse: «... *mi par che nelle dispute di problemi naturali non si dovrebbe cominciare dalle autorità di luoghi delle Scritture, ma dalle sensate esperienze e dalle dimostrazioni necessarie...*».

Il metodo si articola in diverse fasi che possono essere ripetute ciclicamente.

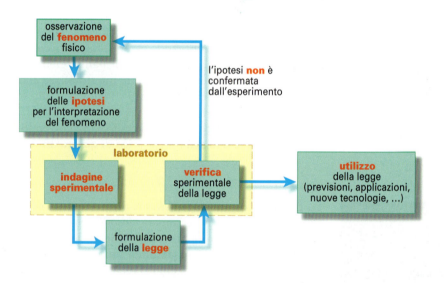

La caratteristica principale del metodo sperimentale consiste nel fatto che, dopo una fase iniziale di tipo **qualitativo** (l'osservazione di quello che accade), si passa all'individuazione delle grandezze da quantificare misurandole. Infine, si formula un'ipotesi da sottoporre a verifica sperimentale. Al termine del percorso si arriva a una sintesi, quasi sempre tramite l'uso del *linguaggio matematico*, delle conoscenze acquisite: la **legge** fisica. Di conseguenza, l'approccio diventa sostanzialmente di tipo **quantitativo**, con la possibilità concreta di fare calcoli, previsioni, progetti.

Quali sono le conseguenze fondamentali di questo modo di procedere?
1. Le cose possono essere diverse da come appaiono, perché il nostro intuito ci può ingannare.
2. Possiamo dimostrare che una determinata affermazione è eventualmente falsa.
3. Chiunque può ottenere nel suo laboratorio, ovunque esso si trovi, gli stessi risultati da noi raggiunti nel nostro laboratorio.
4. Una legge o una teoria non sono considerate vere per sempre, ma soltanto fino a quando non dimostrino che sono false (o valide solo in ambiti limitati).

!ricorda...
Lo studio della fisica, al di là dei contenuti puramente disciplinari, rappresenta un'occasione importante per il potenziamento delle tue capacità critiche, che ti sono indispensabili in ogni esperienza non solo di lavoro, ma anche di vita.

Le misure

MODULO 1

UNITÀ 1
Misure ed errori

UNITÀ 2
Propagazione degli errori

MODULO 1 — Le misure

LA FISICA e... la storia

7 aprile 1795
In Francia viene pubblicata la tabella ufficiale dei multipli e dei sottomultipli per le unità di lunghezza e massa

22 luglio 1799
Vengono ufficialmente depositati due campioni di platino (metro e kilogrammo) negli archivi della Repubblica a Parigi

789
Carlo Magno promulga un decreto sull'unificazione dei campioni di misura in tutto il suo regno

1782
Watt, dopo aver inventato la macchina a vapore, stabilisce la prima unità di potenza

800
Carlo Magno viene incoronato imperatore romano da parte di papa Leone III

1789-1799
Rivoluzione francese

1815
Battaglia di Waterloo

1843
Primi segni della Rivoluzione industriale in Italia

1846
Il governo inglese abolisce il dazio sull'importazione di grano. In Europa si sviluppa una politica commerciale liberista

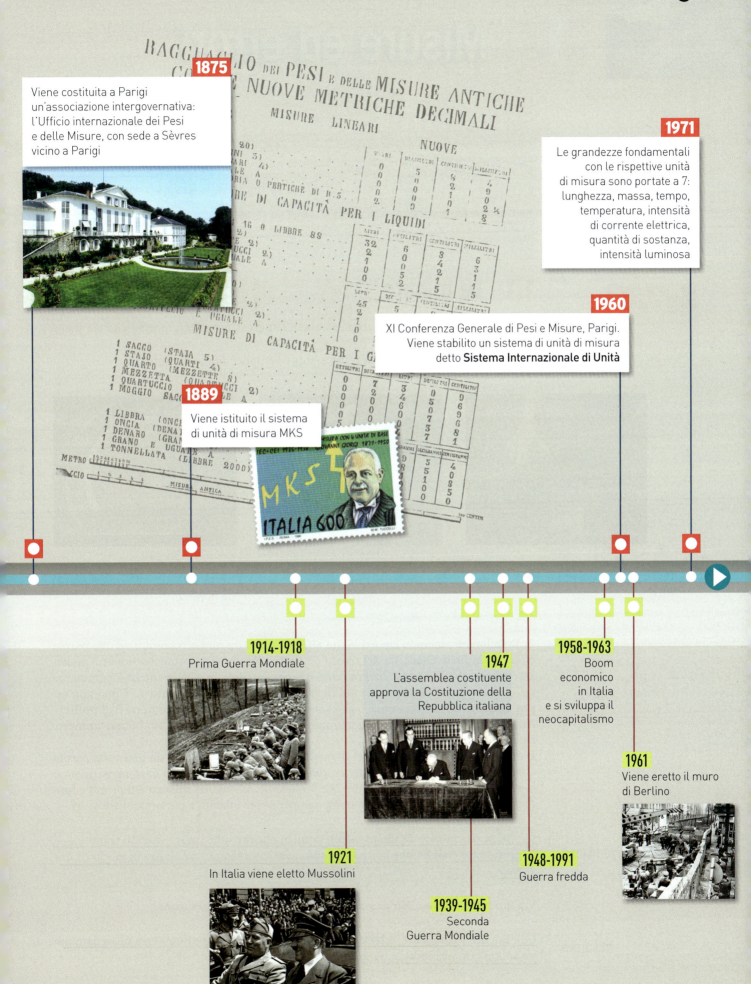

UNITÀ 1

Misure ed errori

Lezione multimediale

1.1 Le misure

Se ci guardiamo intorno, potremmo avere l'impressione che la nostra vita sia piena di... numeri.
In un certo senso è così, ma si tratta sempre semplicemente di numeri?

Tramite il metro puoi misurare la larghezza di un tavolo.

Con il termometro rilevi la temperatura dell'ambiente.

Osservando il tachimetro conosci la velocità alla quale procede la moto.

Probabilmente, quando riporti la tua altezza, scrivi un numero seguito da una parola o da un simbolo. Qualcosa del tipo: 1,75 **metri**. Perché questa precisazione? Non bastava scrivere 1,75? Forse, nel parlare, dai per scontata la parola «metri»; comunque sia, non crediamo che tu abbia dubbi sul fatto che dire di essere alti 1,75 può non essere esauriente, se non è chiaro che si tratta di **metri** e non di **kilometri** o di **pollici**. Avrai intuito che nell'esempio visto non abbiamo a che fare con un banale numero, bensì con una **misura**.

E questo proprio perché numeri di quel tipo sono sempre seguiti da una certa parola o simbolo (immaginiamo che tu sappia già che nome ha, in ogni caso ne parleremo espressamente più avanti). Capire che cos'è *esattamente* una **misura** è il primo e fondamentale passo che dobbiamo compiere per poter iniziare a parlare di Fisica.

grandezze fisiche
> La Fisica si occupa soltanto di quei fenomeni che possono essere studiati tramite delle **grandezze fisiche** che caratterizzano quel fenomeno e che siamo in grado di **misurare**.

Fin qui tutto chiaro... Ma che cosa significa esattamente **misurare**?

misurare
> Con la parola **misurare** intendiamo l'insieme delle operazioni al termine delle quali associamo un **numero** a una grandezza.

Vediamo a questo punto che cosa dobbiamo fare concretamente per ottenere una misura.

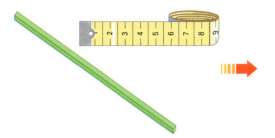 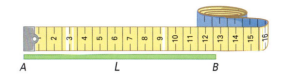

Osserva la figura e prova a pensare quali azioni devi compiere per misurare la lunghezza L dell'asticella utilizzando il metro da sarto.

In linea di massima possiamo sintetizzare come segue ciò che si fa per misurare la lunghezza L dell'asticella:
a) si prende il metro da sarto e, dopo averlo aperto, lo si appoggia sull'asticella;
b) si controlla che lo zero coincida con un estremo dell'asticella (A);
c) si va a leggere il valore numerico in corrispondenza del secondo estremo (B).

Riflettendo sulla sequenza di operazioni svolte, possiamo in sintesi dire che la misurazione è consistita nel confrontare la lunghezza dell'asticella L con un'altra lunghezza (quella del metro da sarto) preparata per questo scopo.

> L'essenza delle azioni che chiamiamo complessivamente **misurazione** non è altro che un **confronto** fra la grandezza in esame e un'altra grandezza di riferimento, o campione, che costituisce l'**unità di misura**.

misurazione

Cerchiamo di comprendere meglio che cosa intendiamo per **unità di misura**.
Al fine di rendere possibile lo scambio di informazioni tra noi e gli altri sulle grandezze fisiche è fondamentale accordarsi su uno stesso campione di riferimento che, pur continuando a essere frutto di scelte arbitrarie, ha il vantaggio di essere condiviso da molte persone.

> L'**unità di misura** è un campione di riferimento, dello stesso tipo della grandezza da misurare, fissato secondo una precisa convenzione e rispetto a cui viene determinato il valore della grandezza stessa.

unità di misura

Adesso ci appresta a effettuare una vera e propria misurazione e analizziamo le diverse fasi di una tale azione. L'unità di misura utilizzata è il metro, ma per comodità ricorreremo al centimetro che è un suo sottomultiplo.

 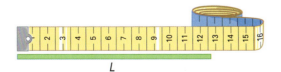

Che cosa ritieni si debba riportare come valore della grandezza L?
a) 12,5 cm   b) 12,6 cm   c) 12,7 cm   d) 13,0 cm

Forse ti appaiono più convincenti la risposta b oppure la c... Eppure, esse non sono corrette, perché lo strumento adoperato non consente di rilevare, per come è stato costruito, letture di valori intermedi fra 12,5 cm e 13,0 cm. Nessuno può dire infatti se la grandezza valga effettivamente 12,67 cm e non piuttosto 12,705 cm... Non possiamo scegliere dei numeri a caso! La risposta corretta è la a.

ricorda...
L'unità di misura è un elemento indispensabile, senza il quale i valori numerici delle grandezze non hanno alcun significato.

Il risultato della misura, se vogliamo procedere in modo oggettivo e scientifico, non deve essere condizionato dall'operatore che l'ha eseguita. Bisogna, quindi, tenere conto dei limiti dello strumento usato, cioè dell'**errore di sensibilità** dello strumento.

errore di sensibilità › L'**errore di sensibilità** di uno strumento è la più piccola variazione della grandezza che lo strumento è in grado di rilevare.

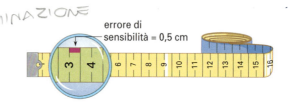

L'**errore di sensibilità** corrisponde al valore della distanza tra due divisioni (dette anche *tacche*) successive nella scala dello strumento.
Da 0 a 1 cm ci sono due divisioni, per cui ogni divisione vale:

   1 : 2 = 0,5 cm

E questo è appunto l'**errore di sensibilità** del metro da sarto che abbiamo utilizzato.

Ritornando alla nostra misurazione, abbiamo che la lunghezza L corrisponde a poco più di 25 divisioni, per cui:

   25 · 0,5 = 12,5 cm

Tale quantità prende il nome di **valore della grandezza**.

valore della grandezza › Il **valore della grandezza** è la quantità numerica che leggiamo sulla scala di uno strumento adatto a tale scopo.

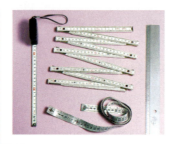

Tuttavia, il valore della grandezza, come abbiamo visto, non è esattamente 12,5 cm, ma «qualcosa di più», che però il nostro strumento non è in grado di apprezzare. A meno di cambiare strumento, prendendone uno più sensibile (un righello anziché il metro da sarto, per esempio), dobbiamo rassegnarci ad avere un valore della grandezza con un certo grado di imprecisione.

Come esprimere l'imprecisione di una misura, che costituisce pur sempre un'informazione da fornire con la misura stessa?

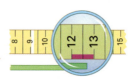

Osservando l'ingrandimento non possiamo avere dubbi sul fatto che il valore della grandezza si trova vicino a 12,5 cm ed è chiaramente compreso fra 12,0 cm e 13,0 cm, vale a dire fra:

   12,5 − 0,5 = 12,0 cm   e   12,5 + 0,5 = 13,0 cm

L'intervallo di possibili valori all'interno del quale rientra il valore della grandezza misurata (che nel nostro caso va da 12,0 cm a 13,0 cm), si chiama **intervallo di indeterminazione**.

Il risultato di un'operazione di misurazione non può mai produrre un valore numerico infinitamente preciso (come lo sono i numeri trattati in matematica), bensì solo un intervallo di valori più o meno ampio.
Tale considerazione non è legata ad azioni *errate*, ma è dovuta al fatto che la misurazione non può per sua natura portare a un risultato, per così dire, perfetto.

> **ricorda...**
> Il valore della grandezza, in generale, lo indicheremo con x_M, in cui il pedice M sta per «misurato», mentre la lettera x sarà di volta in volta sostituita da altre lettere (per esempio, L per la lunghezza, t per il tempo e così via).

1.2 L'incertezza della misura

Quando una misurazione viene effettuata così come esposto nel paragrafo precedente, viene detta **misura diretta**.

> Si parla di **misura diretta** quando la grandezza da misurare viene confrontata (tramite lo strumento) *direttamente* con il campione preso come unità di misura, senza passaggi intermedi.

misura diretta

Virtual Lab

Scheda Lab

Oltre alle lunghezze, sono misure dirette, per esempio, quelle che riguardano gli intervalli di tempo (con il cronometro) e gli angoli (con il goniometro).

Ci sono però altri casi in cui, anche se la lettura viene fatta in modo diretto leggendo subito il valore della grandezza sullo strumento (per esempio, la misurazione della temperatura di un ambiente con il termometro), non si può parlare di misure dirette, bensì di misure con **strumenti tarati**: quello che vedi in tali strumenti è una grandezza fisica che ne rappresenta un'altra di tipo diverso. Nel termometro, infatti, osservi una posizione del liquido (per esempio, l'alcol) presente nel capillare, dunque una lunghezza, a cui però viene in qualche modo associata appunto una temperatura.

Può capitare spesso che le misure siano, invece, il frutto di un calcolo matematico (prova a pensare all'area di una figura geometrica). Si parla allora di **misure indirette**.

> La **misura indiretta** di una grandezza è quella misura eseguita effettuando dei calcoli a partire dalla conoscenza delle misure di altre grandezze.

misura indiretta

> Le grandezze misurate indirettamente prendono il nome di **grandezze derivate**.

grandezze derivate

Comunque sia, in qualunque tipo di misura il valore della grandezza può essere determinato con una inevitabile imprecisione a cui diamo il nome di **incertezza**.

incertezza

> **L'incertezza** quantifica il grado di imprecisione che si ha nell'individuazione del valore di una grandezza.

!**ricorda...**

L'incertezza non sempre è data dall'errore di sensibilità dello strumento: non trattare perciò i due termini come se avessero lo stesso significato.

L'incertezza viene indicata con il simbolo Δx, dove Δ è una lettera greca che si legge «delta», mentre x sta per la grandezza generica. Essa ha la medesima unità di misura della grandezza alla quale si riferisce.

In definitiva, il risultato della misurazione della lunghezza L dell'asticella, per tenere conto di tutto quanto abbiamo detto, viene solitamente scritto nel seguente modo (il simbolo ± si legge «più o meno»):

misura

> $L = (12,5 \pm 0,5)$ cm

È questo che solitamente si intende quando si parla di **misura**.

Se manca qualcuno degli elementi indicati qui sopra, allora la misura non è completa.

$L = (12,5 \pm 0,5)$ cm

La lettera che precede il segno di uguaglianza costituisce una sorta di iniziale del nome della grandezza stessa: è il **simbolo della grandezza**.

$L = (12,5 \pm 0,5)$ cm

Il primo numero entro parentesi è il numero ottenuto confrontando la grandezza con l'unità di misura ed è chiamato **valore della grandezza**.

$L = (12,5 \pm 0,5)$ cm

Il secondo numero entro parentesi è l'**incertezza** della misura.

$L = (12,5 \pm 0,5)$ cm

L'elemento che completa la scrittura è l'**unità di misura**, cioè il campione di riferimento rispetto al quale valutiamo la grandezza fisica.

1.3 L'errore relativo

Se si deve dire quale fra due misure sia la *migliore*, vale a dire la *più precisa*, su che cosa possiamo basarci? Sull'incertezza? Proviamo a considerare per un attimo la seguente situazione, riguardante i risultati ottenuti da due ipotetici tiratori al piattello:

tiratore 1:	100 tiri	10 errori
tiratore 2:	200 tiri	16 errori

Chi pensi sia stato più bravo? Pensando al ragionamento che hai seguito mentalmente, motiva la tua risposta.

....

Apparentemente il tiratore 1 ha fatto globalmente meno errori; tuttavia, il tiratore 2, pur avendo eseguito il doppio dei tiri, ha commesso meno del doppio di errori:

10 errori su **100** tiri	*cioè*	**5** errori su **50** tiri
16 errori su **200** tiri	*cioè*	**4** errori su **50** tiri

Essendoci così ricondotti allo stesso numero di tiri (50), adesso appare evidente che il tiratore più bravo è in realtà il secondo (4 errori contro 5).

In quale operazione matematica possiamo tradurre questa valutazione del risultato?

Nella *divisione* fra il numero di errori e il numero di tiri:

$$\text{tiratore 1:} \quad \frac{10}{100} = 0{,}1 \qquad \text{tiratore 2:} \quad \frac{16}{200} = 0{,}08$$

Nota che nel caso del tiratore 2, quello più preciso, la divisione ha condotto a un risultato minore. Anche nelle nostre misurazioni accade qualcosa di analogo.

Supponiamo di dover misurare la lunghezza di due diverse asticelle, usando ancora il metro da sarto.

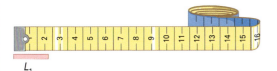 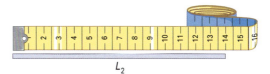

$L_1 = (2{,}0 \pm 0{,}5)$ cm	$L_2 = (14{,}0 \pm 0{,}5)$ cm
un'incertezza di 0,5 cm su un valore di 2,0 cm equivale a:	un'incertezza di 0,5 cm su un valore di 14,0 cm equivale a:
$\dfrac{0{,}5 \text{ cm}}{2{,}0 \text{ cm}} = 0{,}25$	$\dfrac{0{,}5 \text{ cm}}{14{,}0 \text{ cm}} = 0{,}03571$

L'incertezza è identica (0,5 cm). Eppure, dire che la lunghezza della prima asticella si trova fra 1,5 cm e 2,5 cm non possiede lo stesso grado di precisione dell'affermazione che la seconda è compresa fra 13,5 cm e 14,5 cm. I due numeri trovati, 0,25 e 0,03571, che sono detti **errori relativi**, evidenziano il fatto che la misura di L_2 è più precisa di quella di L_1, in quanto l'incertezza (0,5 cm) ha meno rilievo, essendo maggiore il valore della grandezza.

> **INFORMAZIONE** L'**errore relativo** ci dà informazioni sulla precisione di una misura.
>
> **DEFINIZIONE** L'**errore relativo** è definito come il rapporto fra l'incertezza e il valore della grandezza:
>
> $$\text{errore relativo} = \frac{\text{incertezza}}{\text{valore della grandezza}}$$
>
> In termini matematici, possiamo scrivere:
>
> **FORMULA**
> $$\varepsilon_r = \frac{\Delta x}{x_M}$$

⟩ errore relativo

ε è una lettera greca che si legge «epsilon», il pedice *r* sta per *relativo*.
Talvolta, è comodo esprimere l'errore relativo in forma percentuale. In tal caso si ha:

$$\varepsilon_{r\%} = \frac{\Delta x}{x_M} \cdot 100\%$$

⟩ errore relativo percentuale

> **! ricorda...**
> *a)* In quanto rapporto fra quantità espresse nella stessa unità di misura, l'errore relativo non ha unità di misura: è adimensionale, un numero puro.
> *b)* L'errore relativo deve essere sempre più piccolo di 1 (in percentuale, più piccolo del 100%), non può mai essere più grande di 1.
> *c)* L'incertezza può, invece, essere più grande di 1. In sostanza, può essere un numero qualunque: l'importante, però, è che risulti piccola rispetto al valore della grandezza.

> **esempio**
>
> **1** Determina quale fra le seguenti misure, ottenute con strumenti di sensibilità diversa, è quella *più precisa*:
>
> a) $t_1 = (22{,}8 \pm 0{,}2)$ s
> b) $t_2 = (75{,}0 \pm 0{,}5)$ s
> c) $t_3 = (110 \pm 1)$ s
>
> Mentre prima si poteva dare una risposta subito, questa volta è più difficile. Allora, ricorriamo all'errore relativo: lo calcoliamo in tutti e tre i casi e vediamo a quale misura corrisponde quello minore.
>
> a) $\varepsilon_r(t_1) = \dfrac{\Delta x(t_1)}{t_{1M}} = \dfrac{0{,}2}{22{,}8} = 0{,}00877$
>
> b) $\varepsilon_r(t_2) = \dfrac{\Delta x(t_2)}{t_{2M}} = \dfrac{0{,}5}{75{,}0} = \mathbf{0{,}00667}$
>
> c) $\varepsilon_r(t_3) = \dfrac{\Delta x(t_3)}{t_{3M}} = \dfrac{1}{110} = 0{,}00909$
>
> La misura più precisa è la seconda, perché il suo errore relativo è quello minore.
> Ora rispondi tu.
> La misura meno precisa è la ....
> perché ....

Come vedi, nell'esempio la misura più precisa non è la prima, come avresti forse affermato frettolosamente, per il fatto che la sua incertezza è quella minore. Infatti, l'incertezza di per sé non è né grande né piccola: può essere valutata solamente in rapporto al valore della grandezza a cui si riferisce. Un'incertezza di un kilometro è significativa se rapportata alla distanza fra Rimini e Riccione; è invece assai modesta se riguarda la distanza tra la Terra e la Luna!

Talvolta può capitare di dover trovare l'incertezza Δx di una grandezza conoscendone il valore x_M e l'errore relativo ε_r.
Come si può fare?
Si parte dalla formula dell'errore relativo ε_r e si ricava l'incertezza Δx con la formula inversa.
Qui a fianco riassumiamo le *formule inverse* a partire dalla definizione di errore relativo.

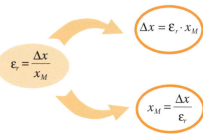

1.4 Il Sistema Internazionale di Unità

Quando si deve individuare una grandezza campione per la misura di una certa grandezza, prima di tutto dobbiamo assicurarci che le due grandezze siano **omogenee**: per misurare una lunghezza, faremo uso di un'altra lunghezza scelta come campione e non di un intervallo di tempo.

grandezze omogenee

> Si parla di **grandezze omogenee** quando esse possono essere confrontate fra loro tramite una relazione d'ordine (cioè un criterio con il quale si può stabilire se una grandezza è minore, maggiore o uguale nei confronti dell'altra grandezza), per cui è ammesso effettuare fra tali grandezze la somma e la differenza.

Per far sì che a livello mondiale siano più agevoli la comunicazione e gli scambi commerciali (basti pensare all'eventualità di acquistare un prodotto o di consultare una relazione scientifica tramite Internet), da qualche decennio si è intrapresa la strada di utilizzare ovunque le stesse unità di misura.

Per sgomberare il terreno da una miriade davvero sconfinata di campioni di riferimento, nel 1960, dalla XI Conferenza Generale di Pesi e Misure tenutasi a Parigi, è stato stabilito un sistema di unità di misura detto **Sistema Internazionale di Unità** (che si abbrevia **SI**), riconosciuto ufficialmente in tutto il mondo.

Il SI fissa un certo numero di grandezze fondamentali con le rispettive unità di misura, grazie alle quali è possibile determinare tutte le altre grandezze e le relative unità di misura.

TABELLA 1 Sistema Internazionale di Unità (SI)

grandezza	unità di misura	simbolo	strumento di misura
lunghezza	**m**etro	**m**	metro
tempo	**s**econdo	**s**	cronometro
massa	**k**ilo**g**rammo	**kg**	bilancia
temperatura	**k**elvin	**K**	termometro
intensità di corrente elettrica	**a**mpere	**A**	amperometro
intensità luminosa	**c**an**d**ela	**cd**	fotometro
quantità di sostanza	**mol**e	**mol**	

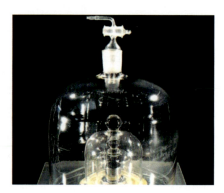

Il **metro** (m) è definito come la *distanza percorsa nel vuoto dalla luce in un intervallo di tempo pari a una frazione piccolissima di secondo* (il numero che si ottiene calcolando 1 diviso 299 792 458). In precedenza (1791), era la decimilionesima parte del semimeridiano terrestre passante per Parigi, poi la distanza fra due incisioni riportate su una sbarra di platino-iridio.

Il **secondo** (s) è l'*intervallo di tempo nel quale si hanno 9 192 631 770 oscillazioni di una particolare radiazione elettromagnetica emessa dall'atomo di cesio-133*. Fino al 1960 era una delle 86 400 parti in cui veniva suddiviso il giorno solare medio.

Il **kilogrammo** (kg) è la *massa di un campione cilindrico equilatero di platino-iridio*, di diametro 39 mm, conservato nell'Ufficio Internazionale dei Pesi e delle Misure di Sèvres, vicino a Parigi. Una volta era invece la massa di 1 dm^3 di acqua distillata alla temperatura di 4 °C.

Concludiamo, notando come qualcosa di apparentemente stabile, quale il sistema delle unità di misura, evolva invece continuamente, andando di pari passo con il progresso scientifico e tecnologico, che porta a dispositivi sempre più sofisticati.
Per esempio, la precisione (dell'ordine di 1 diviso 100 miliardi) con cui è stato fissato il campione per le lunghezze, cioè il metro, è dovuta alla tecnologia **laser**.

▶ Prefissi dei multipli e dei sottomultipli

Ogni unità di misura ha dei *multipli* e dei *sottomultipli* (tabella 2) basati sulle potenze del 10; il loro nome si forma ponendo un *prefisso* davanti al nome dell'unità di riferimento.

> **ricorda...**
>
> Per andare dai sottomultipli ai multipli
>
> ↑ :10^n
>
> si divide per 10^n che equivale a moltiplicare per 10^{-n}. 10^{-n} significa 0,000... 1 con complessive n cifre decimali.
>
> Per andare dai multipli ai sottomultipli
>
> ↓ ·10^n
>
> si moltiplica per 10^n. 10^n significa 1 seguito da n zeri.

TABELLA 2

	prefisso	simbolo	potenza di 10
multipli	exa	E	10^{18}
	peta	P	10^{15}
	tera	T	10^{12}
	giga	G	10^{9}
	mega	M	10^{6}
	kilo	k	10^{3}
	etto	h	10^{2}
	deca	da	10^{1}
unità base	–	–	1
sottomultipli	deci	d	10^{-1}
	centi	c	10^{-2}
	milli	m	10^{-3}
	micro	μ	10^{-6}
	nano	n	10^{-9}
	pico	p	10^{-12}
	femto	f	10^{-15}
	atto	a	10^{-18}

Dai prefissi comprendiamo che:

1 hg = (etto grammo) = $1 \cdot 10^2$ grammi = 100 grammi

1 Gb = (giga byte) = $1 \cdot 10^9$ gigabyte = 1 000 000 000 byte

1 mA = (milli ampere) = $1 \cdot 10^{-3}$ ampere = $\dfrac{1}{1000}$ di ampere = 0,001 ampere

esempio

2 Quanti **mega**hertz (**MHz**) corrispondono a 133 300 000 000 **milli**hertz (**mHz**)?

Dalla tabella di pagina precedente si vede che per trasformare i millihertz in hertz devi dividere per 1000, o in altri termini moltiplicare per 10^{-3}; dopodiché, per avere i megahertz, devi dividere ancora per 1 000 000, vale a dire moltiplicare per 10^{-6}:

$$133\,300\,000\,000 \text{ mHz} = [(133\,300\,000\,000 : \mathbf{1000}) : \mathbf{1\,000\,000}] \text{ MHz} =$$
$$= (133\,300\,000\,000 : \mathbf{1\,000\,000\,000}) \text{ MHz} =$$
$$= 133,3 \text{ MHz}$$

Altrimenti:

$$133\,300\,000\,000 \text{ mHz} = 133\,300\,000\,000 \cdot \mathbf{10^{-3}} \cdot \mathbf{10^{-6}} \text{ MHz} =$$
$$= 133\,300\,000\,000 \cdot \mathbf{10^{-3-6}} \text{ MHz} =$$
$$= 133\,300\,000\,000 \cdot \mathbf{10^{-9}} \text{ MHz} = 133,3 \text{ MHz}$$

In sintesi, quello che è necessario fare è moltiplicare per una potenza di 10 con esponente negativo pari ai passaggi presenti dai millihertz ai megahertz, che sono nove (tre dai millihertz agli hertz e sei dagli hertz ai megahertz).

ricorda...

I **simboli** delle unità di misura si scrivono con le iniziali minuscole, tranne alcune eccezioni:
- i prefissi **M** (mega) e quelli al di sopra di esso;
- i casi in cui si riferiscono a un nome proprio: il simbolo dell'unità di misura della differenza di potenziale denominata volt (in minuscolo) è **V** (in maiuscolo), perché è un omaggio a Volta, fisico italiano inventore della pila; analogamente nel caso del watt, unità di misura della potenza, il simbolo è **W** perché deriva dal nome dell'inventore della macchina termica James Watt.

1.5 Notazione scientifica e ordine di grandezza

Non è raro avere a che fare con numeri molto grandi o molto piccoli.

L'hard disk di un computer può avere una memoria di 500 000 000 000 di byte.

In un chip la dimensione di un transistor è di 0,000 000 032 m.

Scrivere dei numeri con molti zeri è scomodo e non facilita la comprensione. Per ovviare a questo inconveniente, si utilizza la **notazione scientifica**, che è una scrittura impostata nel modo seguente:

$$A,bcd\ldots \cdot 10^n$$

dove A è un numero intero compreso fra 1 e 9, $bcd\ldots$ sono le cifre decimali e 10^n rappresenta una potenza con base 10 ed esponente intero n.

notazione scientifica — Un numero è scritto in **notazione scientifica** quando è dato come prodotto tra un coefficiente con parte intera compresa tra 1 e 10 e una potenza del 10.

In un numero scritto in notazione scientifica $A,bcd\ldots \cdot 10^n$ se $1 \leq A \leq 4$ l'ordine di grandezza è 10^n mentre se $5 \leq A \leq 9$ allora l'ordine di grandezza è dato da 10^{n+1}.

ordine di grandezza — L'**ordine di grandezza** di un numero è la potenza di 10 che più gli si avvicina.

ricorda...

Se m e n sono numeri interi valgono le seguenti proprietà:

$$10^m \cdot 10^n = 10^{m+n}$$
$$10^m : 10^n = 10^{m-n}$$
$$(10^m)^n = 10^{m \cdot n}$$

Se n è un intero positivo si ha:

$$10^{-n} = \frac{1}{10^n}$$

esempio

3 L'ordine di grandezza di:

$$473 \text{ km} = 4{,}73 \cdot 10^2 \text{ km}$$

essendo $A = 4$, è 10^2.
Infatti 473 km sono più vicini a 10^2 km = 100 km che non a 10^3 = 1000 km.

L'ordine di grandezza di:

$$975 \text{ km} = 9{,}75 \cdot 10^2 \text{ km}$$

essendo $A = 9$, è 10^3.
Infatti 975 km sono più vicini a 10^3 km = 1000 km che non a 10^2 = 100 km.

flash))) Ordini di grandezza

Confrontiamo alcuni ordini di grandezza.

L'Universo osservabile ha un raggio dell'ordine di 10^{26} m.

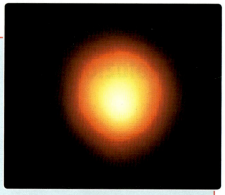

Betelgeuse, una delle stelle più brillanti nel cielo, ha dimensioni dell'ordine di 10^{12} m.

Le dimensioni del nucleo di un atomo sono dell'ordine di grandezza di 10^{-15} m.

Un granulo di polline di papavero blu ha dimensioni dell'ordine dei micrometri (10^{-6} m).

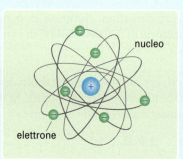

nucleo

elettrone

Misure ed errori UNITÀ 1

esempio

Supponiamo di avere un numero **maggiore di 1** scritto *normalmente*, cioè nella notazione decimale, ad esempio il numero **1 250 000**, e di doverlo riscrivere ricorrendo alla notazione scientifica.

notazione decimale → **notazione scientifica**

Isoliamo la prima cifra (**1**) dal resto del numero.	**1** 250000
Contiamo quante sono le cifre rimanenti dopo di essa (**6**).	1 **250000**
Mettiamo la virgola dopo la prima cifra.	1, 250000
Infine, moltiplichiamo 1,25 per 10 elevato 6.	**1,25 · 10⁶**

10^6 è l'ordine di grandezza essendo $A = 1$.

Vediamo come si procede nel caso inverso.
Riportiamo alla notazione decimale il numero **8,92175 · 10²** che ha come ordine di grandezza 10^3 essendo $A = 8$:

notazione scientifica → **notazione decimale**

Scriviamo il numero (8,92175) che moltiplica la potenza del 10, togliendo la virgola.	892175
Essendo **2** l'esponente del 10 spostiamo la virgola verso destra di **2** posizioni rispetto alla scrittura iniziale e troviamo il risultato cercato.	**892**,175

esempio

Ipotizziamo di avere un numero *molto piccolo*, cioè **minore di 1**, in notazione decimale, ad esempio **0,0002**, e di volerlo riportare alla più comoda notazione scientifica.

notazione decimale → **notazione scientifica**

Contiamo le cifre decimali (**4**), cioè a destra della virgola, fino alla prima cifra diversa da zero (in questo esempio c'è solo il **2**), compresa.	0,**0002**
Scriviamo da sola, eliminando tutti gli zeri che la precedono, la cifra in questione.	2
Prendiamo la potenza di 10 con esponente pari al numero di cifre decimali (**4**) contate in precedenza, con il segno però negativo (– **4**).	10^{-4}
Infine, moltiplichiamo 2 per 10 elevato – 4.	**2 · 10⁻⁴**

L'ordine di grandezza è 10^{-4} essendo $A = 2$.

Vediamo ora come si procede nel caso inverso.
Dobbiamo riportare in notazione decimale il numero **4 · 10⁻⁵** che ha come ordine di grandezza 10^{-5} essendo $A = 4$.

notazione scientifica → **notazione decimale**

In sostanza la conversione consiste nell'esecuzione di una moltiplicazione. In questo caso, moltiplicare per 10^{-5} equivale a dividere per 10^5, vale a dire dividere per 100 000.

Scriviamo il numero (**4**) che moltiplica la potenza del 10.	**4**
Consideriamo l'esponente della base 10, non tenendo conto del segno (**5**).	10^{-5}
A sinistra del numero scritto prima (**4**), inseriamo tanti zeri (**5**) fino a raggiungere il valore senza segno dell'esponente di 10.	00000 **4**
Inseriamo la virgola subito a destra del primo zero.	**0**,00004
È il risultato cercato.	**0,00004**

Ti facciamo notare che, come nel risultato finale della conversione, la prima cifra diversa da zero (**4**) occupa la quinta (**5**) posizione dopo la virgola, così tale cifra coincide con il valore dell'esponente di 10 (segno a parte).

idee e personaggi

I sistemi di unità di misura

Quando puoi misurare ciò di cui stai parlando... tu conosci qualcosa su di esso.

(William Thomson, Lord Kelvin, 1824-1907)

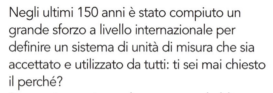

Negli ultimi 150 anni è stato compiuto un grande sforzo a livello internazionale per definire un sistema di unità di misura che sia accettato e utilizzato da tutti: ti sei mai chiesto il perché?

Prova a immaginare che cosa accadrebbe in assenza di unità di misura univoche e condivisibili: anziché misurare la lunghezza di un tavolo in metri, potresti misurarla in «mani», senza doverti preoccupare di cercare uno strumento di misura, e affermare che il tavolo è lungo «7 mani». Ma se un'altra persona volesse costruire un tavolo identico al tuo? Le sue mani sarebbero quasi certamente di grandezza diversa dalle tue e il tavolo costruito risulterebbe più lungo o più corto del tuo. Un tempo, la situazione era un po' come quella che abbiamo appena descritto. I diversi Stati, addirittura le diverse città, utilizzavano unità di misura proprie e diverse dalle altre e quindi, per esempio, andando da Milano a Firenze, il «braccio» passava dalla lunghezza di 59,49 cm a quella di 58,60 cm. Se poi ci si spostava a Napoli, il braccio aumentava la sua lunghezza fino a 66,14 cm, e addirittura nella vicina Capua valeva 68 cm! La necessità di comunicare informazioni e, soprattutto, di effettuare scambi commerciali senza fraintendimenti o errori, ha fatto crescere il bisogno di avere grandezze di riferimento e unità di misura riconosciute da tutti, e da tutti facilmente utilizzabili. Il **sistema metrico decimale** vide la luce al tempo della Rivoluzione francese: due campioni di platino, che rappresentavano rispettivamente il metro e il kilogrammo, furono ufficialmente depositati negli Archivi della Repubblica, a Parigi, il 22 giugno 1799. Sempre a Parigi, quasi un secolo dopo, i rappresentanti di diciassette nazioni sottoscrissero un trattato, la *Convenzione del Metro*, con cui nel maggio 1875 costituirono un'associazione intergovernativa, l'*Ufficio Internazionale dei Pesi e delle Misure*, o BIPM (in francese, *Bureau International des Poids et Mesures*). Il BIPM ha tuttora sede vicino a Parigi, a Sèvres, e lavora sotto il controllo della Conferenza generale dei pesi e delle misure. Fu appunto la Conferenza generale dei pesi e delle misure, nel 1889, a istituire il sistema di unità di misura detto *MKS*, dalle iniziali delle tre unità che lo costituivano: *metro*, *kilogrammo* e *secondo*. La Conferenza generale dei pesi e delle misure del 1960 istituì il nome di **Sistema Internazionale di Unità**, o **SI**, utilizzato ancora oggi. La versione attuale risale al 1971, quando si portò il numero totale di unità fondamentali a sette.

Nonostante la grande diffusione del SI, in vaste aree del mondo si utilizzano ancora oggi unità di misura differenti, in particolare nel mondo anglosassone. Negli Stati Uniti viene ancora oggi impiegato il Sistema consuetudinario statunitense (SCS).

IN SINTESI

- La Fisica si occupa di quei fenomeni che possono essere studiati tramite delle **grandezze fisiche**, cioè tramite grandezze che caratterizzano quei particolari fenomeni e che siamo in grado di **misurare**.

- **Misurare** significa eseguire un insieme di operazioni al termine delle quali associamo un **numero** a una grandezza. Ciò che chiamiamo complessivamente **misurazione** non è altro che un confronto fra la grandezza in esame e un campione di riferimento, dello stesso tipo della grandezza da misurare e fissato secondo una precisa convenzione, che costituisce l'**unità di misura**.

- L'**errore di sensibilità** di uno strumento è la più piccola variazione della grandezza che lo strumento è in grado di rilevare (per esempio, in un righello corrisponde al valore della distanza tra due divisioni, o *tacche*, successive). Il **valore della grandezza** misurata è la quantità numerica che leggiamo sulla scala di uno strumento adatto a tale scopo. L'**intervallo di indeterminazione** è l'intervallo di possibili valori all'interno del quale rientra il valore della grandezza misurata.

- Si parla di **misura diretta** quando la grandezza da misurare viene confrontata (tramite lo strumento) *direttamente* con il campione preso come unità di misura, senza passaggi intermedi. Ne è un esempio la misura di un angolo con il goniometro. Si dice invece **misura indiretta** quando questa viene eseguita effettuando dei calcoli a partire dalla conoscenza delle misure di altre grandezze. Le grandezze misurate indirettamente si dicono **grandezze derivate**.

- In qualunque tipo di misura il valore della grandezza può essere semplicemente *stimato*, cioè determinato con un certo grado di imprecisione cui diamo il nome di **incertezza**.
  L'**errore relativo** ε_r fornisce informazioni sulla precisione di una misura ed è definito come il rapporto tra l'incertezza e il valore della grandezza stessa:

$$\varepsilon_r = \frac{\text{incertezza}}{\text{valore della grandezza}} = \frac{\Delta x}{x_M}$$

- L'**errore relativo** può essere espresso anche in forma **percentuale**:

$$\varepsilon_{r\%} = \frac{\Delta x}{x_M} \cdot 100\%$$

- Due **grandezze** si dicono **omogenee** quando possono essere confrontate fra loro tramite una relazione d'ordine (fissando cioè un criterio con il quale si può stabilire se una grandezza è minore, maggiore o uguale nei confronti dell'altra grandezza), per cui è ammesso effettuare tra tali grandezze la somma e la differenza.

- Il **Sistema Internazionale di Unità** (abbreviato: **SI**) è un sistema di unità di misura stabilito nel 1960 allo scopo di agevolare la comunicazione e il commercio, e riconosciuto ufficialmente in tutto il mondo. Il SI fissa un certo numero di grandezze fondamentali con le rispettive unità di misura, dalle quali è possibile determinare tutte le altre grandezze e le relative unità. Tra le unità di misura SI di grandezze fondamentali vi sono:

grandezza	unità di misura	simbolo
lunghezza	**m**etro	**m**
tempo	**s**econdo	**s**
massa	**ki**lo**g**rammo	**kg**
temperatura	**k**elvin	**K**
intensità di corrente elettrica	**a**mpere	**A**
intensità luminosa	**c**an**d**ela	**cd**
quantità di sostanza	**mol**e	**mol**

Ogni unità di misura ha dei **multipli** e dei **sottomultipli** basati sulle potenze del 10; il loro nome si forma ponendo un prefisso davanti al nome dell'unità di misura.

- Un numero è in **notazione scientifica** quando è scritto come prodotto tra un coefficiente con parte intera compresa tra 1 e 10 e una potenza di 10. L'ordine di grandezza di un numero è la potenza di 10 che più gli si avvicina.

SCIENTIFIC ENGLISH

Measurements and Errors

- Physics is concerned with phenomena that can be studied in terms of **physical quantities**, i.e., the properties of those particular phenomena which we are able to **measure**.

- **Measuring** means performing a set of operations at the end of which we can associate a **number** with a quantity. A **measurement** is really nothing more than a comparison between the quantity in question and a reference standard, of the same type as the quantity to be measured and defined by a specific convention, which constitutes the **unit of measurement**.

- The **sensitivity error** of an instrument is the smallest change in quantity that the instrument can detect. The **value of the quantity** being measured is the corresponding numerical value on the scale of the instrument used to measure the quantity. The **indeterminate interval** is the range of values within which the measured value is likely to lie.

- **Direct measurement** is when a quantity is measured by *direct* comparison (using the measurement instrument) against the standard measurement unit, without performing any intermediate steps. **Indirect measurement** is when the measurement involves some kind of computation based on known measurements of other quantities. Quantities measured indirectly are called **derived quantities**.

- Regardless of the type of measurement method that is used, the value of the quantity can simply be *estimated*, i.e., determined with a certain degree of inaccuracy which is referred to as **uncertainty**.

- The **relative error** ε_r expresses the accuracy of a measurement and is defined as the ratio of the uncertainty in the measurement to the actual value:

$$\varepsilon_r = \frac{\text{uncertainty}}{\text{measured value}} = \frac{\Delta x}{x_M}$$

- The **relative error** can also be expressed as a **percentage**: $\varepsilon_{r\%} = \frac{\Delta x}{x_M} \cdot 100\%$.

- Two **quantities** are said to be **homogeneous** when they can be compared in terms of size (thus by adopting a criterion to establish whether one quantity is less than, greater than or equal to the other quantity) and it is possible to add or subtract such quantities.

- The **International System of Units** (abbreviated to **SI**) is a system of measurement that was established in 1960 to facilitate communications and trade and is officially recognised throughout the world. The SI sets out a certain number of base quantities with their respective measurement units, from which all the other quantities and respective units can be derived. The SI base units include: length, time, mass and temperature.
Each measurement unit has **multiples** and **submultiples** which are expressed as powers of 10; these are formed by adding prefixes to the unit names.

- A number is written in **scientific notation** if it is written as a quantity whose coefficient is between **1** and **10** and whose base is **10**. The number's order of magnitude is the nearest power of **10**.

Misure ed errori UNITÀ 1 **21**

strumenti per SVILUPPARE le COMPETENZE

VERIFICHIAMO LE CONOSCENZE

Vero-falso

V F

1. La Fisica si occupa anche della bellezza perché è comunque in qualche modo misurabile.
2. La scelta delle unità di misura è assolutamente convenzionale, poiché dipende dalla scelta arbitraria del campione.
3. In qualunque misura c'è sempre un certo margine di imprecisione.
4. Le misure che si effettuano con il goniometro sono misure dirette.
5. Tutti gli strumenti tarati consentono di effettuare misure dirette.
6. L'incertezza non ha unità di misura.
7. L'errore relativo ha la stessa unità di misura del valore della grandezza a cui si riferisce.
8. L'errore relativo serve per valutare la precisione di una misura.
9. L'unità di misura della lunghezza nel Sistema Internazionale è il millimetro.
10. Centimetro, minuto e grammo sono unità di misura fondamentali del Sistema Internazionale.

Test a scelta multipla

1. La Fisica si occupa di tutto quello che si può:
   A studiare
   B contare
   C misurare
   D descrivere

2. Ipotizzato che tu abbia scelto come unità di misura dei volumi il *gonfio* (unità stabilita da te), contrariamente al resto dell'umanità che continua a utilizzare il m³, allora:
   A non potresti più misurare i volumi
   B potresti ancora effettuare la misurazione dei volumi, ma nessuno ti capirebbe
   C le misure fatte da te sarebbero necessariamente meno precise
   D le misure fatte da te sarebbero necessariamente più precise

3. Data la corrente elettrica *I* = (0,85 ± 0,05) A, ottenuta da una lettura con uno strumento tarato, quale delle seguenti affermazioni è errata?
   A *I* è il simbolo della grandezza e A è l'unità di misura
   B 0,05 A è l'incertezza e 0,85 A è il valore della grandezza
   C L'errore di sensibilità dello strumento con cui è stata effettuata la misurazione è di 0,05 A
   D La misura è 0,85

4. L'errore relativo è definito come:
   A rapporto fra valore della grandezza e incertezza
   B somma fra valore della grandezza e incertezza
   C rapporto fra incertezza e valore della grandezza
   D prodotto fra incertezza e valore della grandezza

5. Quale fra le seguenti affermazioni sull'incertezza è corretta?
   A Volendo, può essere completamente eliminata
   B Può essere più grande del valore della grandezza a cui si riferisce
   C È il rapporto tra errore relativo e valore della grandezza
   D Ha la stessa unità di misura del valore della grandezza a cui si riferisce

6. Data la misura *S* = (1,25 ± 0,05) m², il suo errore relativo vale:
   A 0,05 m²
   C 0,04 m²
   B 0,05
   D 0,04

7. Quale fra le seguenti affermazioni sull'errore relativo è corretta?
   A È un numero puro, vale a dire non possiede unità di misura
   B Può essere minore, uguale o maggiore di 1
   C È un altro modo per chiamare l'errore di sensibilità di uno strumento
   D Ha la stessa unità di misura del valore della grandezza a cui si riferisce

8. Quale dei seguenti strumenti consente misure dirette?
   A Termometro
   B Cronometro
   C Bilancia
   D Tachimetro

MODULO 1 Le misure

9 Quale gruppo di unità di misura appartiene totalmente al SI?

- **A** metro, secondo, kilogrammo
- **B** centimetro, secondo, grammo
- **C** kilometro, minuto, kilogrammo
- **D** millimetro, minuto, grammo

10 Dalla notazione scientifica $6{,}78 \cdot 10^{12}$ m possiamo dedurre che l'ordine di grandezza è:

- **A** 6
- **B** 12
- **C** 13
- **D** 678

4 Esaminata la figura qui sotto, riporta l'errore di sensibilità dello strumento.

Per lo svolgimento dell'esercizio, completa il percorso guidato, inserendo gli elementi mancanti dove compaiono i puntini.

1 Rileva il primo valore numerico riportato sulla scala graduata dopo lo zero: ....

2 Conta il numero di divisioni comprese fra lo zero e il valore numerico prima rilevato: ....

3 Calcola l'errore di sensibilità: errore di sensibilità =

$$= \frac{\text{valore letto sulla scala}}{\text{numero divisioni fra 0 e valore letto}} = \frac{1}{\ldots} = \ldots$$

[0,2 cm]

VERIFICHIAMO LE ABILITÀ

Esercizi

1.1 Le misure

1 Verifica la tua personale *percezione* di alcune misure di massa, indicando se le affermazioni seguenti sono vere o false.

- a) 100 litri di acqua «pesano» più di 1 quintale (100 kg). **V F**
- b) La quantità di massa contenuta in 500 grammi di acciaio è uguale alla quantità di massa contenuta in 500 grammi di gommapiuma. **V F**
- c) La massa di un'automobile di media cilindrata si può aggirare intorno a 15 000 kilogrammi. **V F**

2 Verifica la tua personale *percezione* di alcune misure di intervallo di tempo, indicando se le affermazioni seguenti sono vere o false.

- a) Un atleta può attualmente correre i cento metri in meno di 5 secondi. **V F**
- b) L'occhio umano può percepire soltanto fenomeni che durano più di 1 secondo. **V F**
- c) In una giornata di 24 ore ci sono più di 1000 minuti. **V F**

3 Verifica la tua personale *percezione* di alcune misure di lunghezza, indicando se le affermazioni seguenti sono vere o false.

- a) La tua aula è più alta di 6 metri. **V F**
- b) La distanza tra Milano e Roma è superiore a 300 kilometri. **V F**
- c) Lo spessore del tuo libro di testo è di circa 10 centimetri. **V F**

5 Rileva l'errore di sensibilità degli strumenti in figura.

A B C

6 Esaminata la figura qui sotto, riporta l'errore di sensibilità dei singoli strumenti (non riprodotti in scala).

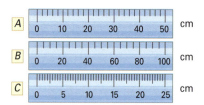

Errore di sensibilità (A): ....
Errore di sensibilità (B): ....
Errore di sensibilità (C): ....

[2 cm; 5 cm; 0,5 cm]

7 Qual è il valore delle divisioni più grandi a destra dello 0, se la sensibilità dello strumento è di 0,4 kg?

8 Qual è il valore di fondo scala dello strumento rappresentato, se l'errore di sensibilità vale 2 volt?

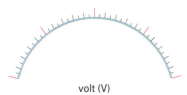

volt (V)

9 Three students are using three rulers, each one having a different sensitivity, to measure the length of a wooden board. Based on the sensitivity of each device, they reported their measurements as 30 cm, 30.1 cm and 30.08 cm, respectively. Which sensitivity error is affecting each measurement?

[1 cm; 0.1 cm; 0.01 cm]

1.2 L'incertezza della misura

10 Se leggendo i risultati di una gara di nuoto noti per i primi tre posti i seguenti tempi:

51,22 s   51,24 s   51,27 s

quale pensi possa essere l'errore di sensibilità di quelle misure dovuto al cronometro?

11 Se nella misurazione della distanza tra due punti su un foglio l'incertezza è pari a 2 mm, quanto vale allora l'intervallo di indeterminazione?

12 Esaminato lo strumento qui sotto, riporta il valore delle divisioni in azzurro, sapendo che lo strumento può misurare da 0 a 3 ampere (A). Dopodiché, disegna una freccia che indichi il valore 1,8 A.

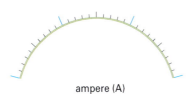

ampere (A)

13 Esaminato lo strumento qui sotto, riporta il valore delle divisioni in rosso, sapendo che lo strumento può misurare da 0 a 20 volt (V). Dopodiché, disegna una freccia che indichi il valore 16,5 V.

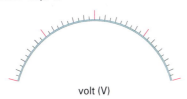

volt (V)

14 Rileva e scrivi il valore della grandezza nella situazione illustrata.

15 Riporta nel caso in figura sia l'errore di sensibilità dello strumento sia il valore della grandezza con i rispettivi simboli.

16 Esaminata la figura qui a lato, completa le righe seguenti:

Errore di sensibilità: ....

Valore della grandezza: ....

Risultato della misura:

$t = ($..........$) \pm ($..........$)$ ....

SUGGERIMENTO Per la determinazione dell'errore di sensibilità devi procedere come nell'Esercizio 4. Per altre informazioni, puoi fare riferimento ai primi due paragrafi di questa Unità.

17 Esaminata la figura sotto, riporta il risultato della misurazione:

$L = ($.................. $\pm$ ....$)$ ....

18 Scrivi in modo completo (simbolo della grandezza uguale valore... eccetera) la misura relativa al dinamometro nell'immagine.

19 Scrivi in modo completo la misura della lunghezza rilevata tramite il metro da sarto.

20 Osserva la figura. Se il valore misurato corrisponde a 34 A, qual è allora l'errore di sensibilità dello strumento?

ampere (A)

21 Con l'ausilio di un goniometro, disegna un angolo di 28° e il suo intervallo di indeterminazione, ipotizzando che l'errore di sensibilità dello strumento adoperato sia di 2°.
SUGGERIMENTO Fissata una semiretta, traccia a partire dal punto d'origine altre tre semirette: quella che forma un angolo di 28° e quelle che formano angoli di...

22 Con uno strumento, caratterizzato da un errore di sensibilità di 20 g, è stata effettuata una lettura di 340 g. Disegna l'intervallo di indeterminazione della misura.

23 Tramite un righello, in cui una divisione sulla scala corrisponde a 0,5 mm, è stato misurato lo spessore di un libro, trovando 2,20 cm. Disegna l'intervallo di indeterminazione della misura.

24 A scale can measure values with a sensitivity of 10 g. If the real value is 420 g, what is the uncertainty range of the measurement?
[410 ÷ 430 g]

1.3 L'errore relativo

25 Determina quale fra A e B è la misura più precisa, sapendo che l'errore relativo di A è 0,0045, mentre quello di B è 0,045.

26 Determina quale fra A, B e C è la misura meno precisa, se l'errore relativo di A è 0,0125, l'errore relativo di B è 0,025, mentre quello di C è 0,08.

27 Sono state misurate le due seguenti grandezze:
$t = (0{,}95 \pm 0{,}01)$ s $L = (23{,}5 \pm 0{,}1)$ cm
Calcola i rispettivi errori relativi.
Per lo svolgimento dell'esercizio, completa il percorso guidato, inserendo gli elementi mancanti dove compaiono i puntini.

1 L'errore relativo di una generica grandezza x è dato dalla formula: $\varepsilon_r = \dfrac{\Delta x}{x_M}$.

2 L'errore relativo di t è perciò:
$\varepsilon_r(t) = \dfrac{\Delta x(t)}{t_M} = \dfrac{0{,}01}{0{,}95} = \ldots\ldots\ldots$

3 Mentre, analogamente, l'errore relativo di L è:
$\varepsilon_r(L) = \dfrac{\Delta x(L)}{L_M} = \dfrac{\ldots\ldots}{\ldots\ldots} = \ldots\ldots\ldots$
[0,01053; 0,00426]

28 Calcola gli errori relativi delle seguenti misure:
$v = (112 \pm 4)$ km/h
$a = (9{,}81 \pm 0{,}01)$ m/s^2
$t = (36{,}8 \pm 0{,}2)$ °C   [0,03571; 0,00102; 0,00543]

29 Determina, motivando la risposta, la più precisa fra le seguenti misure:
$A = (100 \pm 5)$ g $C = (40 \pm 1)$ g
$B = (50 \pm 2)$ g $D = (8{,}0 \pm 0{,}5)$ g
SUGGERIMENTO Devi calcolare prima gli errori relativi delle quattro misure e quindi stabilire (vedi esempio svolto nell'Unità) quale fra essi...   [C; ...]

30 Determina, motivando la risposta, la meno precisa fra le seguenti misure:
$A = (15{,}4 \pm 0{,}1)$ mm $C = (39{,}0 \pm 0{,}5)$ mm
$B = (0{,}85 \pm 0{,}05)$ mm $D = (460 \pm 2)$ mm
[B; ...]

31 Osserva le due posizioni dell'indice nel tachimetro riportato nella foto.

1 L'errore di sensibilità del tachimetro è: $\Delta x = $ ....
2 La scrittura relativa alla prima velocità è: $v_1 = $ ....
3 La scrittura relativa alla seconda velocità è: $v_2 = $ ....
4 L'errore relativo di v_1 è: $\varepsilon_r(v_1) = \Delta x/\ldots\ldots = \ldots\ldots$
5 L'errore relativo di v_2 è: $\varepsilon_r(v_2) = \ldots\ldots/\ldots\ldots = \ldots\ldots$
6 Nonostante l'incertezza nei due casi sia la stessa, essendo identico lo strumento, la misura più precisa è quella della velocità .... in quanto il suo errore relativo è .... dato che la misura è stata effettuata più vicino al ....

32 Considera i due casi rappresentati in figura.
a) Scrivi entrambe le misure.
b) Calcola i corrispondenti errori relativi.
c) Valuta quale delle due misure è meno precisa, motivando la risposta in relazione alla posizione dell'alcol rispetto al fondo scala.
[b) 0,0345; 0,0238]

33 Esamina la bilancia qui riprodotta.
a) Scrivi la misura corrispondente all'illustrazione e calcola il suo errore relativo.
b) Disegna l'indice in due posizioni a tua scelta, in modo tale però che una misura risulti più precisa e l'altra meno precisa, prima di calcolare gli errori relativi delle nuove misure.
c) Determina quindi gli errori nelle due misure da te fissate e commenta i risultati.

[a) 0,0120]

34 Sappiamo che l'errore relativo di una misura è pari a 0,02. Se si tratta di una misura diretta e il valore della grandezza è 250 cm, quanto vale l'errore di sensibilità dello strumento?

Per lo svolgimento dell'esercizio, completa il percorso guidato, inserendo gli elementi mancanti dove compaiono i puntini.

1 La definizione di errore relativo è: ε_r = ...
2 La formula inversa che dà l'incertezza è invece:
   $\Delta x = \varepsilon_r \cdot$ ....
3 Sostituendo i valori numerici, trovi infine:
   $\Delta x = 0,02 \cdot$ .... = ...
[5 cm]

35 L'errore relativo di una misura è pari a 0,00625. Trova l'incertezza della grandezza e scrivi la misura, sapendo che il valore della grandezza è 80,0 kg.
[0,5 kg; ...]

36 L'errore relativo di una misura è 0,0125, mentre la sua incertezza è pari a 2 s. Determina il valore della grandezza e scrivi la misura.
SUGGERIMENTO Per determinare x_M è sufficiente, nella formula che definisce l'errore relativo, scambiare di posto fra loro ε_r e x_M.
[160 s]

37 La figura sotto riproduce un voltmetro; esso misura una grandezza elettrica chiamata tensione (ΔV) e la sua unità di misura è il volt (V). Esaminata la figura, calcola gli errori relativi delle misure nelle due posizioni (A) e (B) dell'indice.

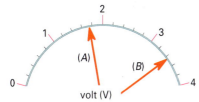

[0,11111; 0,05882]

38 La figura sotto riproduce un amperometro, che serve per misurare l'intensità di corrente elettrica (I), la cui unità di misura è l'ampere (A). Esaminata la figura, scrivi i risultati delle misure e calcola gli errori relativi per entrambe le posizioni (A) e (B) dell'indice.

[0,11111; 0,04167]

39 La figura sotto riproduce un dinamometro, uno strumento che studierai più avanti. Esso misura le forze (F) e l'unità di misura si chiama newton (N); il valore va letto in corrispondenza della freccia. Dopo aver scritto la misura corrispondente alla situazione riportata in figura, calcola il corrispondente errore relativo.

[0,08333]

40 Calcola gli errori relativi nelle tabelle seguenti, in cui nella prima riga sono riportate le incertezze e nella seconda riga i corrispondenti valori delle grandezze.

Tabella A

Δx (s)	1	0,5	0,1
x_M (s)	14	14,0	14,0
ε_r	...	...	...

Tabella B

Δx (s)	0,1	0,1	0,1
x_M (s)	18,6	25,9	71,0
ε_r	...	...	...

41 Esamina le tabelle dell'Esercizio 40, una volta che sono state completate; rifletti sulla differenza tra i due casi e compila gli spazi sottostanti dove trovi i puntini.

Tabella A:
• restando costante ....
  se diminuisce ....
  allora l'errore relativo ....

Tabella B:
• restando costante ....
  se aumenta ....
  allora l'errore relativo ....

42 Individua nella tua abitazione almeno tre strumenti che servono per misurare grandezze fisiche, possibilmente di tipo diverso l'una dall'altra. Rilevato l'errore di sensibilità di ciascuno strumento, effettua con ognuno di essi una misurazione, riportando il risultato della misura. Infine, calcola gli errori relativi. Organizza una tabella come quella che segue, senza dimenticare, dove è necessario, l'unità di misura.

strumento	
grandezza	
errore di sensibilità	
valore	
misura	
errore relativo	

43 Osservando che la porzione di carta millimetrata in figura ha un proprio errore di sensibilità (che può essere diverso per ognuno dei due assi cartesiani), riporta la misura completa per s e t relativamente al punto P.

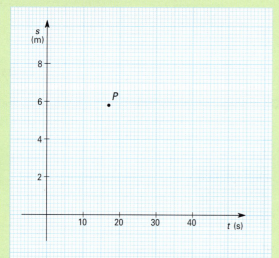

Per lo svolgimento dell'esercizio, completa il percorso guidato, inserendo gli elementi mancanti dove compaiono i puntini.

1. Il valore di 1 quadretto da 1 mm sulla carta millimetrata, corrispondente all'incertezza, vale:

$$\Delta x(t) = \frac{\text{valore letto sul grafico}}{\text{numero quadretti tra 0 e valore letto}} =$$
$$= \frac{10}{10} = \dots\dots\dots$$

2. Il valore della grandezza è perciò:
$t = $ (numero quadretti di P) · (valore di 1 quadretto) =
= 17 · .... = ...

3. La scrittura è, infine: $t = ($......... $\pm$ ....$)$ ....
4. Analogamente devi procedere per s: ....
....

[(17 ± 1) s; $(5,8 \pm 0,2)$ m]

44 Riportato su un foglio di carta millimetrata un sistema di assi cartesiani, ponendo sull'asse delle ascisse x i tempi t in secondi e su quello delle ordinate y le distanze percorse s in metri, individua il punto P dato da:

$$t = (22,5 \pm 0,5) \text{ s} \qquad s = (8,7 \pm 0,1) \text{ m}$$

SUGGERIMENTO Scegli come valore di 1 quadretto da 1 mm, lungo i due assi cartesiani, rispettivamente le incertezze di t e di s...

45 A student measured the height of some objects and collected the following data:
Object 1: (10.0 ± 0.5) cm
Object 2: (25.0 ± 0.5) cm
Object 3: (5.0 ± 0.5) cm
Determine the percentage error for each measurement.
[5%; 2%; 10%]

46 The label on a bottle of fruit juice claims that each bottle contains 125 ml of liquid. 3 bottles are checked to perform quality control and they are found to have a content of 124 ml, 127 ml, 120 ml, respectively. What is the percentage error in the juice content of each bottle, using the label as the «true» value?
HINT The relative error is the difference between the found value and the «true» value, thus...
[0.8%; 1.6%; 4%]

47 Calculate both the relative errors in the following results:
$t = (40.1 \pm 0.1)$ °C $\qquad l = (200.15 \pm 0.01)$ m
$m = (58 \pm 2)$ kg
[0.00249; 0.00123; 0.0334]

1.4 Il Sistema Internazionale di Unità

48 Completa la seguente tabella.

prefisso	simbolo	potenza di 10
giga	G	10^9
micro	μ	10^{-6}
milli	m	10^{-3}
kilo	K	10^3
centi	c	10^{-2}
pico	p	10^{-12}
micro	μ	10^{-6}

49 Esegui le seguenti equivalenze.
a) 28 kilowatt = 28 000 watt
b) 3,60 ns = 0,00000000360 s
c) 94 400 000 hertz = 94,4 megahertz

50 Esegui le seguenti equivalenze.
a) 465 milliampere = 0,465 ampere
b) 950 centivolt = 9,5 volt
c) 84,2 nm = 0,00000842 cm

51 What SI prefixes and symbols correspond to the following multipliers?
a) 10^6 b) 10^9 c) 10^{-6}

52 Arrange the following quantities in order of decreasing length:
a) $1.00 \cdot 10^{-4}$ hm   b) 1.0 dam
c) $1.00 \cdot 10^6$ nm

1.5 Notazione scientifica e ordine di grandezza

53 Scrivi in notazione scientifica:
a) $100\,000 =$
b) $7193 =$
c) $57\,572 =$
d) $900\,000\,000\,000 =$

54 Scrivi in notazione scientifica:
a) $0,5 =$
b) $0,0021 =$
c) $0,0000573 =$
d) $0,00000009 =$

55 Scrivi in notazione scientifica:
a) $0,00002 =$
b) $0,8126 =$
c) $0,0000000000004 =$
d) $0,00037 =$

56 Scrivi in notazione decimale:
a) $3,34185 \cdot 10^3 =$
b) $78 \cdot 10^5 =$
c) $1 \cdot 10^7 =$
d) $2,6934 \cdot 10^2 =$

57 Scrivi in notazione decimale:
a) $2,53172 \cdot 10^{-3} =$
b) $37 \cdot 10^{-5} =$
c) $6,75 \cdot 10^{-4} =$
d) $8,92 \cdot 10^{-3} =$

58 Determina l'ordine di grandezza di:
a) massa della Terra: $5\,980\,000\,000\,000\,000\,000\,000\,000$ kg
b) velocità della luce: $300\,000\,000$ m/s
c) carica dell'elettrone: $0,000\,000\,000\,000\,000\,000\,160$ C
d) raggio atomico: $0,000\,000\,000\,010$ m
e) distanza Sole-Terra: $149\,000\,000\,000$ m

Problemi

La risoluzione dei problemi richiede la conoscenza di argomenti trasversali a più paragrafi. Con il pallino sono contrassegnati i problemi che presentano una maggiore complessità.

1 Una misurazione ha fornito per il valore di una lunghezza un intervallo di indeterminazione che va da 28,8 m a 29,0 m. Scrivi il risultato della misura, dopo aver individuato l'incertezza e il valore della grandezza.

SUGGERIMENTO Ti conviene fare un disegno dell'intervallo in questione per capire meglio la situazione. Il valore medio dell'intervallo sarà..., mentre la metà di tale intervallo...

[$(28,9 \pm 0,1)$ m]

2 La figura qui sotto rappresenta l'intervallo di indeterminazione relativo a una misura. Scrivi il risultato corrispondente, dopo aver individuato l'incertezza e il valore della grandezza.

[(280 ± 40) g]

3 The boiling point of a liquid is found by a student to be 77.8 °C. The correct temperature, according to a chemistry hand book, is 78.4 °C. Calculate the percentage error in the student's result.

[0.8%]

• 4 Completa la seguente tabella.

Δx (kg)	...	0,1	1	5	0,2	...
x_M (kg)	0,400	50,0	...	160	...	2500
ε_r	0,005	...	0,025	...	0,0625	0,1

• 5 Nella figura che segue sono riportate due bilance per la misurazione della massa, la prima analogica e la seconda digitale. Dopo aver esaminato attentamente la situazione:
a) individua quale delle due bilance è più sensibile;
b) scrivi la misura rilevata da ciascuna bilancia;
c) individua la misura più precisa.

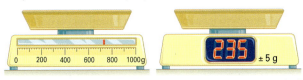

[b) (740 ± 20) g; (235 ± 5) g]

Competenze alla prova

ASSE SCIENTIFICO-TECNOLOGICO

Osservare, descrivere e analizzare fenomeni appartenenti alla realtà...

1. Dopo avere acquisito le conoscenze relative a questa unità, individua nell'abitazione, nell'ambiente in cui studi o passi parte del tuo tempo libero, o anche nei luoghi di svago (una sala giochi, un campo sportivo ecc.) tutto quello che è riconducibile in un modo o nell'altro al concetto di misurazione, evidenziando:
   a) a quali strumenti bisogna fare ricorso per le misurazioni che hai ipotizzato di realizzare;
   b) quali sono i valori più piccoli e più grandi che potresti misurare con gli strumenti che hai scelto.

Spunto Quando si controlla il regolare funzionamento del sistema di riscaldamento di un appartamento (la caldaia, le stufe elettriche o a gas...) bisogna stare attenti che certe grandezze non scendano al di sotto e non superino ben precisi valori di sicurezza...

ASSE SCIENTIFICO-TECNOLOGICO

Essere consapevole delle potenzialità e dei limiti delle tecnologie...

2. Nel concetto di unità di misura è molto importante la tecnologia, tant'è vero che la definizione di metro, per esempio, è cambiata con il progresso nella costruzione dei laser, che ha permesso misurazioni sempre più precise. Confrontando la definizione della massa con quelle della lunghezza e del tempo, cerca di mettere in evidenza il modo con cui la tecnologia ha influenzato la definizione dei rispettivi campioni. Infine, aiutandoti con il materiale che puoi trovare in Internet, analizza le proposte per definire un nuovo campione dell'unità di massa.

Spunto Per il kilogrammo si fa ancora riferimento a un campione fisico, vale a dire il cilindro di platino-iridio conservato con grande cura. Invece, per il metro e il secondo le cose stanno diversamente...

ASSE MATEMATICO

Individuare le strategie appropriate per la soluzione di problemi

3. Dopo attenta osservazione delle due immagini, rileva per ciascuna la sensibilità e il valore della grandezza, riporta le rispettive scritture in modo completo (usando nella prima F per la forza e nella seconda T per la temperatura) e quindi confronta la precisione delle due misure, effettuando i calcoli necessari e motivando compiutamente la risposta.

Spunto Per la parte finale è necessario ricorrere all'errore relativo, che consente di valutare la precisione della singola misura e di confrontare tra loro anche misure di grandezze non omogenee, cioè di tipo diverso.

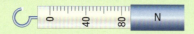 

ASSE LINGUISTICO

Padroneggiare gli strumenti espressivi e argomentativi...

4. Immaginando di dover fare una breve spiegazione a un compagno di classe appena arrivato e che non conosce ancora l'argomento, prepara uno schema che illustri il concetto di *errore relativo*.

Spunto Come prima cosa descrivi le parti che costituiscono la scrittura di una misura, quindi mostra come si calcola l'errore relativo corrispondente e, infine, confrontalo con quello di un'altra misura, dopo esserti però assicurato che il secondo errore relativo non sia troppo simile al primo...

UNITÀ 2
Propagazione degli errori

2.1 I tipi di errore

A questo punto dovresti essere ormai convinto del fatto che le operazioni di misurazione non portano mai a trovare valori delle grandezze che abbiano una precisione assoluta. Piuttosto, riusciamo a individuare degli intervalli di valori, detti **intervalli di indeterminazione**, che possono essere più o meno ampi a seconda dell'incertezza che caratterizza quella misura. Esaminiamo ora un po' più a fondo le cause di errore, oltre a quelle legate strettamente alla sensibilità dello strumento.

Supponiamo di misurare varie volte, tramite un cronometro manuale, il periodo di un pendolo semplice, vale a dire il tempo che esso impiega a compiere un'oscillazione completa (da A a B e ritorno). Molto probabilmente accadrà che i valori trovati ogni volta saranno fra loro un po' diversi, senza che cambino le caratteristiche del pendolo. È chiaro: dovendo far partire e arrestare *a occhio* il cronometro, l'operatore influenza in modo imprevedibile la misura.

In nessun caso potremo dire in anticipo con assoluta certezza se i nuovi valori saranno più grandi o più piccoli di quelli già disponibili: si parla perciò di **errori casuali** o **accidentali**.

> Gli **errori casuali** o **accidentali** sono quegli errori che influenzano la misura sia per eccesso sia per difetto in maniera non prevedibile.

errori casuali o accidentali

Se per esempio sappiamo che il periodo *vero* di un certo pendolo semplice è di 2,14 s, allora misurazioni affette da errori casuali possono fornire una sequenza di questo tipo:

| 2,13 | 2,12 | 2,15 | 2,13 | 2,17 | 2,15 | 2,16 | 2,14 | 2,11 | s |

cioè valori sia maggiori sia minori di 2,14 s.

ricorda...
I motivi che possono generare **errori casuali** sono:
- intervento dell'operatore;
- condizioni ambientali della misura (cambiamento della temperatura, della pressione, dell'umidità ecc.);
- condizioni operative (legate al funzionamento dello strumento con cui si effettua la misurazione).

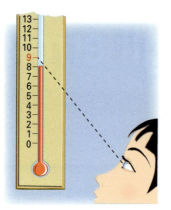 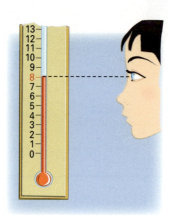

Un classico errore accidentale è quello che si commette nella lettura di uno strumento a causa del non corretto allineamento tra gli occhi dell'operatore, l'indice (quando c'è) e la scala riprodotta sullo strumento. È il cosiddetto **errore di parallasse**. La sua rilevanza è tanto maggiore quanto più è angolata la collocazione di chi effettua la misurazione rispetto alla posizione corretta, che è sopra il punto di lettura perpendicolarmente al piano nel quale è riportata la scala.

Esiste anche un'altra tipologia di errori. Ti sarà capitato di avere a che fare con orologi che non funzionano bene. Di solito accade che un orologio che tende ad «andare avanti», andrà sempre avanti, fornendo perciò un orario sempre in eccesso rispetto a quello reale. Il contrario accade con orologi che viceversa hanno la tendenza ad «andare indietro», a ritardare: il loro orario sarà sempre in difetto. In questi casi abbiamo a che fare con **errori sistematici**.

errori sistematici — Gli **errori sistematici** sono quegli errori che influenzano la misura solo in uno dei due sensi: o sempre per eccesso oppure sempre per difetto.

Riprendendo l'esempio precedente, se il valore *vero* di un intervallo di tempo è 2,14 s, effettuando varie misure di tale grandezza condizionate da errori sistematici, potremmo trovare:

| 2,16 | 2,18 | 2,15 | 2,16 | 2,17 | 2,15 | 2,16 | 2,17 | 2,19 | s |

cioè sempre valori più grandi di 2,14 s; oppure:

| 2,13 | 2,12 | 2,11 | 2,13 | 2,10 | 2,13 | 2,09 | 2,12 | 2,11 | s |

cioè sempre valori più piccoli di 2,14 s.

Gli errori sistematici possono, se individuati, essere del tutto o parzialmente eliminati. Infatti, riprendendo l'esempio dell'orologio difettoso, se ipotizzi di sapere che ogni ora effettiva esso va avanti di due minuti e sai di averlo messo a punto (tramite il segnale orario della radio) alle sette, quando segnerà le tredici e dodici minuti, saprai che in realtà sono solamente le tredici.

Propagazione degli errori UNITÀ 2 **31**

Un classico errore sistematico è quello legato a un **azzeramento** non corretto dello strumento.
Per esempio, se la bilancia, quando è scarica, segna già 30 g, evidentemente darà valori superiori di tale entità a ogni lettura.

> **! ricorda...**
>
> Fra le cause di **errori sistematici** si hanno:
> - utilizzo degli strumenti in condizioni diverse da quelle previste dal costruttore;
> - interferenza dello strumento con la grandezza da misurare;
> - difetti costruttivi dello strumento.

2.2 Le serie di misure

Ipotizziamo che si voglia fare un'indagine sull'altezza dei banchi della scuola per verificare se sono adeguati alla statura degli studenti che la frequentano. Cominciamo a raccogliere i dati nelle singole classi. Ogni alunno misura con il metro a nastro l'altezza del proprio banco.

I dati, per una classe di 25 studenti, potrebbero essere quelli contenuti nella tabella che segue (misurati con un metro avente sensibilità pari a 0,1 cm).

TABELLA 1

h (cm)				
78,1	78,0	79,5	78,5	77,7
77,3	77,8	78,0	78,3	78,0
77,8	77,2	77,7	79,1	77,8
77,8	78,1	78,0	78,2	78,2
77,7	78,0	77,6	77,5	76,9

Ciò che abbiamo ottenuto è una **serie di misure**.

> Si parla di **serie di misure** in due casi:
> - quando si ha un certo numero di valori riguardanti la stessa grandezza relativa però a misurazioni effettuate su tanti oggetti, o relativi a fenomeni ripetuti ma teoricamente uguali;
> - quando i valori della grandezza riguardano sempre un unico oggetto o un unico fenomeno, ma la misurazione viene effettuata molte volte.

serie di misure

Il primo caso è quello che stiamo trattando noi; il secondo lo avremmo avuto se, per esempio, ognuno dei 25 alunni avesse eseguito la misurazione dell'altezza del medesimo.
Se la persona incaricata di raccogliere i dati delle varie classi ti venisse a chiedere qual è il risultato sintetico di quanto riportato nella tabella 1, che cosa gli risponderesti? Scegli il dato dell'alunno che secondo te ha eseguito meglio la misurazione (che ha fornito magari 78,2 cm)? Oppure prendi per sicurezza il valore massimo della serie (79,5 cm)? O, ancora, opti per quello che si ripete più spesso (78,0 cm, che compare cinque volte)? In realtà, nessuna delle tre scelte è corretta. Infatti, per tenere conto con equità di tutti i contributi occorre calcolare il **valore medio**.

Cerchiamo di capire il significato di *valore medio*. Immaginiamo che tre amici dispongano rispettivamente di 10, 9 e 5 euro. *Insieme* hanno dunque:

10 + 9 + 5 = 24 euro

Che cosa accadrebbe se, invece, avessero 8 euro *ciascuno*? In questo caso avrebbero tutti e tre assieme la *stessa* cifra complessiva di prima (8 + 8 + 8 = 24 euro), con la differenza che ognuno possiederebbe la stessa quantità di denaro degli altri due; 8 euro è appunto il *valore medio* di 10, 9 e 5 euro.

valore medio

> **INFORMAZIONE** Il **valore medio** di una serie di misure è quel particolare valore che, se si ripetesse costante in ogni misurazione, ci darebbe, sommando tutti i valori, la stessa somma ottenuta con i valori della serie.
>
> Lo definiamo nel seguente modo:
>
> **DEFINIZIONE** Il **valore medio** di una serie di misure si trova sommando fra loro tutti i valori delle misure della serie e dividendo tale somma per il numero delle misure:
>
> $$\text{valore medio} = \frac{\text{somma dei valori delle misure}}{\text{numero delle misure}}$$
>
> Matematicamente, scriviamo:
>
> **FORMULA** $$x_M = \frac{x_1 + x_2 + x_3 + \ldots + x_N}{N}$$

Nel caso della tabella 1, con pazienza puoi trovare:

$$x_M = \frac{78{,}1 + 77{,}3 + 77{,}8 + \ldots + 76{,}9}{25} = 77{,}952 \text{ cm}$$

Il problema che si pone adesso è: che cosa prendiamo come incertezza? La soluzione più semplice sembrerebbe quella di considerare la stessa incertezza delle singole misure, cioè 0,1 cm. La conseguenza sarebbe che l'intervallo di indeterminazione andrebbe (dovendo arrotondare il valore medio a 78,0 cm) da 77,9 cm a 78,1 cm.
Tuttavia, puoi facilmente verificare che la maggior parte delle misure cade al di fuori di tale intervallo nel quale, invece, il valore della misura dovrebbe rientrare con probabilità... elevata! Dunque, questa scelta non è realistica.
Esistono molti metodi per determinare l'incertezza in una serie di misure. Talvolta si ricorre persino alla statistica, che fa uso di particolari funzioni matematiche. Il procedimento più semplice che viene applicato quando le misure non sono molte e sono affette soltanto da errori casuali, consiste nel calcolare l'**errore massimo** (o **semidispersione**).

INFORMAZIONE **L'errore massimo** ci dà l'ampiezza dell'intervallo, centrato sul valore medio, nel quale cadono tutti i valori delle varie misure della serie.

DEFINIZIONE **L'errore massimo** è dato dalla differenza, divisa per due, fra il valore massimo e il valore minimo della serie di misure.
Quindi possiamo scrivere:

$$\text{errore massimo} = \frac{\text{valore massimo} - \text{valore minimo}}{2}$$

> errore massimo

cioè:

FORMULA $\Delta x = \dfrac{x_{max} - x_{min}}{2}$

Con i dati a disposizione, abbiamo dunque:

$$\Delta x = \frac{79{,}5 - 76{,}9}{2} = 1{,}3 \cong 2 \text{ cm}$$

(il simbolo $\cong$ si legge «circa uguale»).

Per cui la scrittura della misura diventa:

$x = (78 \pm 2)$ **cm**

L'intervallo di indeterminazione della misura, che va da 78 − 2 = 76 cm a 78 + 2 = 80 cm, comprende tutti i valori delle singole misure della serie.

2.3 Le misure indirette

> Scheda Lab

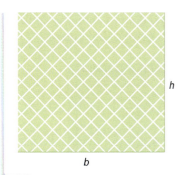

Vogliamo ricoprire il pavimento di una stanza con uno strato di linoleum. Quanti metri quadrati di linoleum dobbiamo acquistare? Non esiste uno strumento che consenta di effettuare in modo diretto la misura dell'area che devi ricoprire. Però, grazie agli studi di geometria, trattandosi della superficie di un rettangolo, sappiamo che basta misurare la base b, quindi l'altezza h e poi eseguire la moltiplicazione: $A = b \cdot h$.

Quello che abbiamo fatto in questo caso è una **misura indiretta**, vale a dire la misurazione di una grandezza fisica tramite un calcolo matematico.

La **misura indiretta** di una grandezza è quella misura ottenuta effettuando dei calcoli a partire dalla conoscenza delle misure di altre grandezze.

> misura indiretta

Le grandezze misurate indirettamente prendono il nome di **grandezze derivate**.

> grandezze derivate

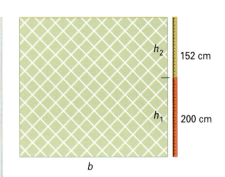

Misuriamo allora h. Abbiamo a disposizione un metro a nastro che arriva a 200 cm e che ha un errore di sensibilità di 0,5 cm. Dato che la lunghezza di h è maggiore del metro a nastro completamente disteso, mettiamo con cura lo zero a un'estremità della stanza, quindi là dove arriva lo strumento, cioè 200 cm, facciamo un segno con un gessetto. Dopodiché, portiamo lo zero sul segno e rileviamo quanto manca all'altra estremità della stanza (per esempio, 152 cm).
Alla fine abbiamo:

$$h = h_1 + h_2 \quad \Rightarrow \quad h_M = 200{,}0 + 152{,}0 = 352{,}0 \text{ cm}$$

Nasce a questo punto il problema di che cosa dobbiamo prendere come incertezza di h. Ancora 0,5 cm?
In realtà, quello stesso tipo di errore è stato commesso tanto nella misura del primo tratto quanto del secondo:

$$h_1 = (200{,}0 \pm 0{,}5) \text{ cm}$$
$$h_2 = (152{,}0 \pm 0{,}5) \text{ cm}$$

> **ricorda...**
> Se si presentasse la necessità di effettuare la differenza tra due grandezze e determinare, per esempio, $h = h_1 - h_2$ l'incertezza sarebbe data comunque dalla somma delle incertezze di h_1 e h_2, per cui si avrebbe (48 ± 1) cm.

Quindi l'incertezza di 0,5 cm è presente due volte, per cui possiamo ritenere che nel caso dell'altezza totale si debbano sommare le incertezze di h_1 e h_2:

$$\Delta x(h) = \Delta x(h_1) + \Delta x(h_2) \quad \Rightarrow \quad \Delta x(h) = 0{,}5 + 0{,}5 = 1 \text{ cm}$$

Il risultato finale dell'altezza è perciò:

$$h = (352 \pm 1) \text{ cm}$$

incertezza nella somma e nella differenza

> L'**incertezza** di una grandezza fisica ottenuta come **somma** oppure come **differenza** fra altre grandezze è data dalla **somma** delle incertezze di tali grandezze.

Procediamo con il nostro problema, supponendo che la misura della base sia:

$$b = (390 \pm 1) \text{ cm}$$

Per trovare la superficie basterà calcolare:

$$A_M = b_M \cdot h_M = 390 \cdot 352 = 137\,280 \text{ cm}^2$$

Purtroppo le complicazioni non sono terminate. Infatti, dopo quanto abbiamo detto, non possiamo pensare che il valore dell'area in questione sia privo di incertezza.

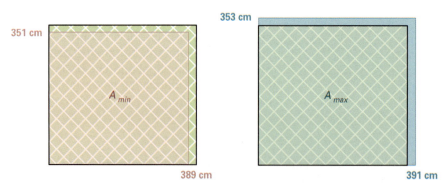

L'area può variare tra un valore minimo ottenuto moltiplicando i valori minimi di b e h:

$$A_{min} = b_{min} \cdot h_{min} = 389 \cdot 351 = 136\,539 \text{ cm}^2$$

e un valore massimo, ottenuto moltiplicando i valori massimi di b e h:

$$A_{max} = b_{max} \cdot h_{max} = 391 \cdot 353 = 138\,023 \text{ cm}^2$$

È evidente che anche per l'area dobbiamo trovare un modo per individuare l'incertezza.

Adesso però entrano in gioco gli **errori relativi** e non direttamente le incertezze, come nei casi visti in precedenza per la somma e la differenza.

Vediamo come devi procedere, una volta calcolato il valore della grandezza (nel nostro caso l'area A) definita dal prodotto fra altre due grandezze (b e h), per trovare la sua incertezza.

a) Calcoli gli errori relativi di b e di h:

$$\varepsilon_r(b) = \frac{1}{390} = 0{,}00256$$

$$\varepsilon_r(h) = \frac{1}{352} = 0{,}00284$$

b) Fai la somma degli errori relativi di b e h, trovando così l'errore relativo dell'area A:

$$\varepsilon_r(A) = \varepsilon_r(b) + \varepsilon_r(h) = 0{,}00256 + 0{,}00284 = 0{,}00540$$

c) Moltiplichi l'errore relativo di A per il valore della grandezza stessa, in modo da determinare la sua incertezza:

$$\Delta x(A) = \varepsilon_r(A) \cdot A_M = 0{,}00540 \cdot 137\,280 = 741{,}312 \text{ cm}^2$$

In maniera del tutto analoga si procede nel caso del prodotto o del quoziente tra due grandezze.

> L'**errore relativo** di una grandezza fisica ottenuta come **prodotto** oppure come **quoziente** fra altre grandezze è ottenuto come **somma** tra gli errori relativi di tali grandezze.

errore relativo nel prodotto e nel quoziente

Riepiloghiamo sinteticamente le **leggi di propagazione degli errori** per mezzo di una tabella.

operazione	legge di propagazione
somma: $S = A + B$	$\Delta x(S) = \Delta x(A) + \Delta x(B)$
differenza: $D = A - B$	$\Delta x(D) = \Delta x(A) + \Delta x(B)$
prodotto: $P = A \cdot B$	$\varepsilon_r(P) = \varepsilon_r(A) + \varepsilon_r(B)$
quoziente: $Q = A/B$	$\varepsilon_r(Q) = \varepsilon_r(A) + \varepsilon_r(B)$

leggi di propagazione degli errori

Cifre significative

In una misura l'incertezza impone che si esprima il valore della grandezza non oltre la cifra che rappresenta l'incertezza stessa.

Se facciamo una misurazione in cui **0,5** cm è l'errore di sensibilità dello strumento, non è possibile riportare il valore oltre la prima cifra decimale, corrispondente appunto a **0,5**.

Potremo avere, per esempio, $L = (\mathbf{12{,}5 \pm 0{,}5})$ cm:

incertezza **0,5** cm $\Rightarrow$ valore della grandezza **12,5** cm

In effetti non avrebbe senso scrivere **12,52** cm (anche se dovessimo vedere che il valore è in realtà un po' più di **12,5** cm), in quanto la sensibilità dello strumento non ci consente di andare oltre, e nessuno può assicurarci che non si tratti invece di **12,5197** cm! Si dice allora che il valore **12,5** cm è espresso con **tre** cifre significative, vale a dire due cifre certe (l'**1** e il **2**) e la prima cifra incerta (il **5**).

cifre significative — Si intendono come **cifre significative** del valore di una grandezza tutte le cifre certe fino alla prima cifra incerta compresa.

Gli zeri compresi tra cifre significative sono anch'essi significativi.

Le cifre significative di un numero non coincidono necessariamente con le cifre dopo la virgola, cioè i decimali. Può succedere, ma si tratta di casi particolari.

Che cosa succede quando si fanno delle operazioni tra misure i cui valori sono riportati con le rispettive cifre significative?

cifre significative nella somma o nella differenza — Nel risultato di una somma o di una differenza si conservano soltanto quelle cifre che sono state ottenute sommando o sottraendo cifre significative.

Facciamo la somma tra **34,2** cm e **5,64** cm:

$$\begin{array}{r} 34{,}2\square\ + \\ 5{,}64\ = \\ \hline 39{,}8\,4\ \text{cm} \end{array}$$

Il **4** non è stato ottenuto come somma di cifre significative (perché sopra di esso c'è uno $\boxed{0}$ non significativo che quindi non è stato riportato), per cui la somma è **39,8 cm**.

cifre significative nel prodotto o nel quoziente — Il risultato di un prodotto o di un quoziente viene riportato scrivendolo con un numero di cifre significative pari a quello della misura che ne ha di meno.

Facciamo il prodotto tra **22,3** cm e **7,4** cm.

$$\begin{array}{r} 22{,}3\ \cdot \\ 7{,}4\ = \\ \hline 1\,6\,5{,}02\ \text{cm}^2 \end{array}$$

Il **7,4** cm ha due cifre significative, mentre **22,3** cm ne ha tre; dunque il risultato va riportato analogamente a **7,4** cm con due sole cifre significative: il **5** non può comparire e viene sostituito dallo **0**, mentre il 6 arrotondato diventa **7**. Il valore finale è perciò $\boxed{1\,7\,0}$ **cm²**.

Criteri di arrotondamento

Il discorso svolto sulle cifre significative riguarda un aspetto puramente matematico del problema. Vediamo allora quali sono i **criteri di arrotondamento** che si possono seguire da un punto di vista fisico quando è necessario arrotondare sia l'incertezza sia il valore di una grandezza derivata e che noi adotteremo.

È doveroso precisare che questi criteri costituiscono un primo semplificato approccio, per il loro carattere per così dire «prudenziale». Tuttavia, essi trovano delle ben precise motivazioni fisiche, che analizziamo una alla volta.

> **ricorda...**
> Le **cifre significative** di un numero non sono le cifre scritte dopo la virgola, cioè i decimali. È solo un caso particolare quello nel quale vi è coincidenza fra di esse. Il numero 34,572 ha tre cifre decimali e cinque cifre significative.

1. Una sola cifra significativa per l'incertezza

L'incertezza deve essere arrotondata alla prima cifra significativa, vale a dire alla prima cifra diversa da zero che si incontra leggendo l'incertezza da sinistra verso destra.

Se facciamo l'ipotesi che l'incertezza relativa a una misura indiretta valga **0,04275** m, per cui siamo informati che il **4** dei centesimi (**0,04275** m) costituisce l'incertezza di maggiore rilevanza nella misura, a che cosa può servire tenersi le cifre che vengono dopo? In ogni caso l'incertezza sui millesimi data dal **2** (**0,04275** m) e sulle cifre restanti viene inglobata da quella maggiore, rappresentata ovviamente dalla prima cifra significativa.

2. L'incertezza arrotondata sempre per eccesso

Se l'incertezza, avendo più di una cifra significativa, deve essere arrotondata, è opportuno farlo sempre **per eccesso**, anche se la cifra subito a destra della prima cifra significativa è minore di 5 (solo se è 0 è il caso di arrotondare per difetto).

Arrotondando **0,04275** m alla prima cifra significativa, si dovrebbe scrivere **0,04** m, dal momento che la cifra a destra del **4** è un **2** (**0,04275** m) e quindi l'arrotondamento andrebbe fatto per difetto. Perché scrivere invece **0,05** m? In pratica non facciamo altro che allargare l'intervallo di indeterminazione, per cui, se anche perdiamo in precisione della misura (dal momento che l'errore relativo risulta incrementato), abbiamo però una certezza maggiore che il valore sia effettivamente dentro quell'intervallo così allargato. L'incertezza diventa dunque **0,05** m.

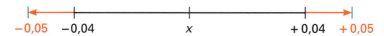

3. Valore della grandezza espresso fino alla cifra dell'incertezza

Il valore della grandezza va arrotondato per eccesso o per difetto a seconda dei casi, in corrispondenza della posizione dell'unica cifra diversa da zero dell'incertezza (una volta arrotondata).

Il ragionamento è analogo a quello svolto nel punto 1. Supponiamo che il valore calcolato sia risultato **6,83196** m. L'incertezza vale **0,05** m e impone, perciò, che siano i centesimi a essere instabili: la prima cifra incerta è perciò il **3** (**6,83196** m). È ragionevole supporre, di conseguenza, che le cifre successive, vale a dire **196**, siano ancora più incerte del **3**, cioè fondamentalmente... di pura fantasia! Viceversa, arrotondare addirittura a **6,8** m comporterebbe una perdita di informazione. Il valore deve essere riportato quindi come **6,83** m.

Vediamo di chiarire quanto esposto con qualche esempio.

esempi

1 Supponiamo che il valore di una grandezza sia 7,84216 kg, mentre la corrispondente incertezza risulti essere di 0,05429 kg. Come dobbiamo esprimere il risultato?

Incertezza:

$$\Delta x = 0,05429 \text{ kg}$$

la prima cifra significativa è il 5

$$\Delta x = 0,05429 \text{ kg}$$

anche se a destra del 5 c'è 4, si arrotonda per eccesso

$$\Delta x = 0,06 \text{ kg}$$

Valore della grandezza:

$$x_M = 7,84216 \text{ kg}$$

dato che l'incertezza è di 6 centesimi, non scriviamo il valore oltre il 4 dei centesimi e lo arrotondiamo per difetto perché a destra del 4 c'è 2

$$x_M = 7,84 \text{ kg}$$

Risultato della misura: $x = (7,84 \pm 0,06) \text{ kg}$

2 Vediamo un altro esempio, in cui il valore della grandezza è 375,047 dm^3 con un'incertezza pari a 20,741 dm^3.

Incertezza:

$$\Delta x = 20,741 \text{ dm}^3$$

la prima cifra significativa è il 2

$$\Delta x = 20,741 \text{ dm}^3$$

a destra del 2 c'è 0: è l'unico caso in cui arrotondiamo l'incertezza per difetto (altrimenti, avremmo dovuto portarlo a 30)

$$\Delta x = 20 \text{ dm}^3$$

Valore della grandezza:

$$x_M = 375,047 \text{ dm}^3$$

poiché l'incertezza è di 2 decine, non esplicitiamo il valore oltre il 7 delle decine, e lo arrotondiamo per eccesso perché a destra del 7 c'è 5

$$x_M = 380 \text{ dm}^3$$

Risultato della misura: $x = (380 \pm 20) \text{ dm}^3$

Finalmente, siamo in grado di scrivere la misura della estensione di linoleum che ci serve per ricoprire il pavimento della stanza determinate nelle pagine precedenti. Riportiamo quanto avevamo trovato:

$$A_M = 137\,280 \text{ cm}^2 \qquad \Delta x(A) = 741,312 \text{ cm}^2$$

Applicando i criteri di arrotondamento visti, si ha:

$$\Delta x = \mathbf{7}41,312 \text{ cm}^2 \quad \Rightarrow \quad 800 \text{ cm}^2$$

$$x_M = 137\,\mathbf{2}80 \text{ cm}^2 \quad \Rightarrow \quad 137\,300 \text{ cm}^2$$

Quindi:

$$A = (137\,300 \pm 800) \text{ cm}^2$$

Se cambiamo scala, dividendo per 10 000 in modo da riportarci ai m^2, abbiamo una scrittura più appropriata:

$$A = (13,73 \pm 0,08) \text{ m}^2$$

I vari tipi di scrittura

Riassumiamo con un disegno le differenti situazioni che possono portare a ottenere una misura.

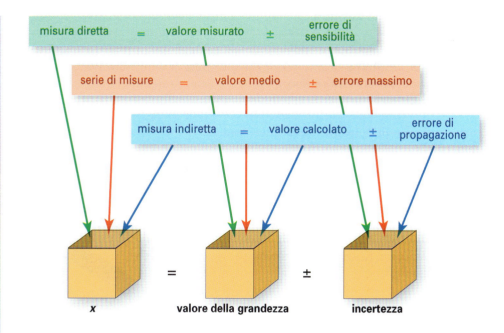

Quando ti trovi di fronte alla scrittura di una misura relativa a una determinata grandezza fisica, per esempio $v = (58 \pm 3)$ km/h, ciò che in generale chiamiamo **valore della grandezza** e **incertezza** possono avere origini differenti.
A seconda dei casi, le varie «scatole» che costituiscono la misura vengono riempite con contenuti che dipendono dal tipo di misurazione effettuata.

Anche se la scrittura deve rispettare, qualunque sia la sua origine, le stesse regole formali nell'aspetto finale, tuttavia è possibile notare delle differenze. Per esempio: la velocità $v = (58 \pm 3)$ km/h scritta prima può essere frutto della lettura eseguita direttamente su un tachimetro?

No. Infatti, se il valore letto è corretto, cioè **58** km/h, l'incertezza (nella fattispecie l'errore di sensibilità dello strumento) non può essere **3** km/h. Non c'è coerenza.
Poteva essere **2** km/h, nel qual caso il valore letto sarebbe potuto essere **56**, **58** o **60** km/h (e mai **57**, **59** o **61** km/h).

Se però quella è proprio la scrittura corretta di una velocità, $v = (58 \pm 3)$ **km/h**, non può trattarsi di una lettura diretta, bensì del frutto di un calcolo (una serie di misure o la velocità determinata tramite la sua formula, vale a dire spazio percorso diviso intervallo di tempo).

2.4 Gli strumenti

Soffermiamoci ora su alcune sintetiche informazioni riguardanti gli strumenti di misura. Il procedimento che rende idonei gli strumenti per l'effettuazione di una misurazione viene chiamato **taratura**.

taratura > La **taratura** è quell'insieme di operazioni che devono essere compiute per collocare una **scala graduata** su uno strumento, tramite il confronto tra il valore di una grandezza misurata con tale strumento e il valore ottenuto con uno strumento campione.

Gli strumenti sono principalmente caratterizzati da:
- *sensibilità*;
- *portata* o *fondo scala*;
- *precisione*.

errore di sensibilità > L'**errore di sensibilità** è la più piccola variazione della grandezza fisica che lo strumento è in grado di misurare.

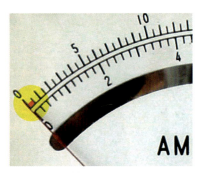

L'errore di sensibilità corrisponde, dunque, al valore di una divisione nella scala dello strumento.

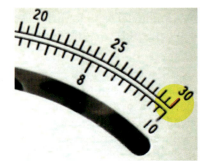

portata o valore di fondo scala > La **portata** o **valore di fondo scala** è il valore massimo della grandezza che lo strumento è in grado di rilevare.

In certi casi, se lo strumento viene impiegato in modo tale che i valori della grandezza ne oltrepassano la portata, il suo funzionamento può venire compromesso. Quindi è importante, prima di utilizzare un dato strumento, assicurarsi se è in grado di sopportare il valore più elevato che prevediamo possa raggiungere la grandezza fisica da misurare.

precisione > La **precisione** è una caratteristica che consente di valutare l'affidabilità dello strumento nella rilevazione delle misure.

Quest'ultima è una definizione puramente qualitativa, collegata a quella che viene indicata come **classe** di uno strumento e che studierai nell'ambito delle discipline specialistiche.

 ricorda...

La *sensibilità* non va confusa con la *precisione dello strumento*. Infatti, non è detto che uno strumento molto sensibile sia necessariamente anche molto preciso, cioè affidabile.

idee e personaggi

Carl Friedrich Gauss e la teoria degli errori

LA CURVA GAUSSIANA

Gli errori di misura sono inevitabili e una misura non ha significato se non viene accompagnata da una ragionevole stima dell'errore. Immaginiamo, per esempio, di voler determinare la durata di un'oscillazione di un pendolo misurando il tempo di 100 oscillazioni.

Si chiama *frequenza statistica* il numero di volte che la variabile osservata assume un certo valore. I valori assunti dalla variabile e il numero di volte che essa assume ciascun valore ci permettono di costruire un grafico che chiamiamo *distribuzione delle frequenze* e che descrive come la variabile si distribuisca rispetto ai valori che può assumere. Se disegniamo in un grafico la distribuzione di frequenza dei valori ottenuti nelle nostre misure, otterremo una caratteristica curva simmetrica a forma di campana, centrata sul valore più ricorrente ($\bar{x}$): la distribuzione ottenuta è detta *distribuzione normale* o *curva gaussiana*, dal nome del matematico tedesco **Carl Friedrich Gauss** (1777-1855) che la elaborò per primo.

UN MATEMATICO GENIALE

Gauss è uno dei padri della teoria degli errori. Nato nel ducato di Brunswick-Lüneburg, durante il periodo degli studi universitari (1795-1798) lavorò sui numeri primi e sulla costruzione dei poligoni regolari; nel 1799 dimostrò il cosiddetto *teorema fondamentale dell'algebra* sulle radici di un polinomio. Nel 1801 Gauss presentò il suo lavoro *Disquisitiones Arithmeticae*, in cui introduceva i numeri complessi.

GLI STUDI DI ASTRONOMIA E IL METODO DEI MINIMI QUADRATI

Negli stessi anni, Gauss si dedicò a un problema di astronomia che appassionava la comunità scientifica del tempo: l'asteroide Cerere, scoperto nel 1801, era scomparso dietro al bagliore del Sole dopo pochi mesi di osservazioni. In tre mesi di studio e calcoli, Gauss sviluppò una vera e propria «pietra miliare» della teoria degli errori, il metodo di calcolo detto *metodo dei minimi quadrati* e grazie a esso predisse con estrema accuratezza la posizione in cui Cerere effettivamente riapparve, nel dicembre 1801. Il metodo dei minimi quadrati, che Gauss pubblicò ufficialmente nel 1809, è una tecnica usata a tutt'oggi per ottimizzare la ricerca di una funzione (nel caso di Gauss, la traiettoria di Cerere) che si avvicini il più possibile a interpolare un insieme di punti; la funzione ottenuta con questo metodo, detta *curva di regressione*, deve minimizzare la somma dei quadrati (da cui il nome del metodo) delle differenze, o degli scarti, tra i valori osservati (y_i) e quelli della curva ipotizzata (y_i^*), $\sum (y_i^* - y_i)^2$.

DALLA GEODESIA AGLI STUDI DI ELETTROMAGNETISMO

Nel 1818 Gauss fu chiamato per effettuare degli studi di geodesia e aggiornare la cartografia della regione dell'Hannover. Negli ultimi vent'anni della sua vita, Gauss rivolse la propria attenzione principalmente alla fisica e collaborò attivamente con il professore di fisica Wilhelm Eduard Weber negli studi sull'elettromagnetismo. Gauss si spense a Gottinga nel 1855.

IN SINTESI

- L'**errore casuale**, o accidentale, può essere sia per eccesso sia per difetto; è un errore che può essere dovuto all'intervento dell'operatore, alle condizioni ambientali della misura o alle condizioni operative, cioè legate al funzionamento dello strumento con cui si effettua la misurazione.

- L'**errore sistematico** può essere solo per eccesso oppure solo per difetto. Le sue cause più comuni includono l'utilizzo degli strumenti in condizioni diverse da quelle previste dal costruttore, un'interferenza dello strumento con la grandezza da misurare e i difetti costruttivi dello strumento.

- In relazione a una **serie di misure**:
  - il **valore medio** è quel particolare valore che, se si ripetesse costante in ogni misurazione, ci darebbe, sommando tutti i valori, lo stesso risultato ottenuto con la serie effettiva. Lo si trova sommando tra loro tutti i valori delle misure della serie e dividendo tale somma per il numero delle misure:

  $$\text{valore medio} = \frac{\text{somma dei valori delle misure}}{\text{numero delle misure}}$$

  in formula: $x_M = \dfrac{x_1 + x_2 + x_3 + \ldots + x_N}{N}$

  - l'**errore massimo** è l'ampiezza dell'intervallo, centrato sul valore medio, nel quale cadono (quasi) tutti i valori delle varie misure della serie. Lo si calcola dalla differenza, divisa per due, tra il valore massimo e il valore minimo della serie di misure, cioè:

  $$\text{errore massimo} = \frac{\text{valore massimo} - \text{valore minimo}}{2}$$

  in formula: $\Delta x = \dfrac{x_{\max} - x_{\min}}{2}$

- La misura si dice **indiretta** quando viene ottenuta effettuando dei calcoli a partire dalla conoscenza delle misure di altre grandezze. Le grandezze si dicono **derivate** quando sono misurate indirettamente.

- Le **leggi di propagazione degli errori** possono essere riassunte come nella tabella: l'**incertezza** di una grandezza ottenuta come *somma* o *differenza* tra altre grandezze è data dalla somma delle incertezze di tali grandezze e l'**errore relativo** di una grandezza ottenuta come *prodotto* o *quoziente* tra altre grandezze è dato dalla somma degli errori relativi di tali grandezze.

operazione	legge di propagazione
somma: $S = A + B$	$\Delta x(S) = \Delta x(A) + \Delta x(B)$
differenza: $D = A - B$	$\Delta x(D) = \Delta x(A) + \Delta x(B)$
prodotto: $P = A \cdot B$	$\varepsilon_r(P) = \varepsilon_r(A) + \varepsilon_r(B)$
quoziente: $Q = A/B$	$\varepsilon_r(Q) = \varepsilon_r(A) + \varepsilon_r(B)$

- Nel valore di una grandezza, sono **cifre significative** tutte le cifre certe più la prima cifra incerta (per esempio, 12,5 è espresso con tre cifre significative, di cui 1 e 2 sono certe, 5 è la prima cifra incerta).
  Se si eseguono operazioni, valgono le seguenti regole per le cifre significative del risultato:
  - nel risultato di una somma o di una differenza si conservano soltanto quelle cifre che sono state ottenute sommando o sottraendo cifre significative;
  - il risultato di un prodotto o di un quoziente viene riportato scrivendolo con un numero di cifre significative pari a quello della misura che ne ha di meno.

- L'incertezza ottenuta tramite le leggi di propagazione degli errori segue due **criteri di arrotondamento**:
  - deve essere arrotondata alla prima cifra significativa;
  - l'arrotondamento viene fatto, in genere, per eccesso.

  Il valore della grandezza, di conseguenza, viene scritto arrotondando in corrispondenza della posizione dell'unica cifra significativa, diversa da zero, dell'incertezza già arrotondata.

- La **taratura** è un insieme di operazioni che serve per disporre sullo strumento una **scala graduata**, tramite il confronto tra il valore di una grandezza misurata con tale strumento e il valore ottenuto con uno strumento campione. Le caratteristiche principali degli strumenti di misura sono:
  - **sensibilità**: la più piccola variazione della grandezza fisica che lo strumento è in grado di misurare;
  - **portata** o **valore di fondo scala**: valore massimo della grandezza che lo strumento può rilevare;
  - **precisione**: caratteristica che consente di valutare l'affidabilità dello strumento.

SCIENTIFIC ENGLISH

CLIL

Error Propagation

- **Random error** may be in both directions, that is to say, positive and negative; the error may be due to some action of the individual performing the measurement, to the environmental conditions in which the measurement is performed, or to operating conditions, i.e. factors associated with the functioning of the measurement instrument that is used.

- **Systematic error** can only be in one direction, so either positive or negative. The most common causes include use of the instrument under conditions not envisaged by the manufacturer, interference of the instrument with the quantity to be measured, and structural defects in the instrument.

- When performing a **series of measurements**:
  - the **mean value** is that specific value which, if constantly observed in each measurement, would be the same as the value obtained by adding all the results observed in the actual series. It is obtained by adding together all the measurement values in the series and then dividing the result by the number of measurements:

$$\text{mean value} = \frac{\text{sum of all the measurement values}}{\text{number of measurements}}$$

  - the **maximum error** is the range, around the mean value, in which all the values of the various measurements in the series lie. It is determined by calculating the difference between the maximum value and the minimum value in the series of measurements and then dividing this by two, i.e.:

$$\text{maximum error} = \frac{\text{maximum value} - \text{minimum value}}{2}$$

- A measurement is **indirect** when it involves some kind of computation based on known measurements of other quantities. Quantities are **derived** when they are measured indirectly.

- For the **laws of error propagation**, the **uncertainty** of a quantity obtained as the *sum* of or *difference* between other quantities is given by the sum of the uncertainties of such quantities, and the **relative error** of a quantity obtained as the *product* or *quotient* of other quantities is given by the sum of the relative errors of such quantities.

- In the value of a quantity, **significant digits** are all the digits that are known with certainty plus the first estimated one (for example, 12.5 is expressed with three significant digits, of which 1 and 2 are known for certain, 5 is the first uncertain digit).

- In mathematical operations, the following rules apply for the number of significant digits in the result:
  - for addition and subtraction the result must only contain digits obtained by adding or subtracting significant digits;
  - for multiplication and division, the product or quotient should contain the same number of significant digits as are contained in the number with the fewest significant digits.

- According to the laws of error propagation, the two **rules for rounding off** state that:
  - results must be rounded off to the first significant digit;
  - results should, as a general rule, be rounded up.

- **Calibration** is a set of operations to provide the instrument with a **graduated scale**, by comparing the value of a quantity measured using that instrument with the value obtained using a standard instrument.
The main characteristics of measurement instruments are:
  - **sensitivity**: the smallest change in a physical quantity that the instrument can detect;
  - **capacity** or **full-scale**: the maximum quantity that the instrument can detect;
  - **precision**: the measure of the reliability of the instrument.

strumenti per SVILUPPARE le COMPETENZE

VERIFICHIAMO LE CONOSCENZE

Vero-falso

V F

1. Gli errori casuali influenzano una misura solo per eccesso. ☐ ☐
2. Un cronometro che fornisce valori in eccesso a causa di un cattivo azzeramento darà luogo a errori di tipo sistematico. ☐ ☐
3. L'errore di parallasse è un errore di lettura dovuto al fatto che l'indice dello strumento oscilla continuamente. ☐ ☐
4. Il risultato di una serie di misure viene rappresentato dal valore medio. ☐ ☐
5. Il risultato di una serie di misure non presenta alcuna incertezza. ☐ ☐
6. La misura di una lunghezza è un esempio di misura indiretta. ☐ ☐
7. L'incertezza di una grandezza ottenuta come differenza tra altre due grandezze è data dalla somma delle incertezze di queste ultime. ☐ ☐
8. L'errore relativo di una grandezza ottenuta come prodotto tra altre due grandezze è dato dal prodotto degli errori relativi di queste ultime. ☐ ☐
9. Dopo averla determinata, è bene arrotondare l'incertezza di una grandezza derivata sempre per eccesso. ☐ ☐
10. La precisione di uno strumento corrisponde alla sua sensibilità. ☐ ☐

Test a scelta multipla

1. Gli errori sistematici possono essere dovuti a:
   - **A** intervento accidentale dell'operatore durante l'esecuzione della misurazione
   - **B** mutazione imprevedibile delle condizioni ambientali durante la misurazione
   - **C** difetto di funzionamento tecnico dello strumento (per esempio, cattivo azzeramento)
   - **D** instabilità del valore della grandezza in fase di misurazione

2. Se una grandezza C è ottenuta come differenza fra due grandezze A e B, allora possiamo dire che l'incertezza di C è:
   - **A** la differenza fra le incertezze di A e di B
   - **B** il prodotto fra le incertezze di A e di B
   - **C** la somma delle incertezze di A e di B
   - **D** la somma degli errori relativi di A e di B moltiplicata per il valore di C

3. Come valore di una grandezza ricavata da una serie di misure si prende:
   - **A** il valore che ha una maggiore frequenza, cioè che si ripete più spesso
   - **B** il valore medio, vale a dire la somma di tutti i valori divisa per il numero delle misure
   - **C** il valore minore della serie, per motivi di sicurezza
   - **D** il valore rilevato al centro fra la prima misurazione e l'ultima

4. L'errore massimo di una serie di misure (detto anche semidispersione):
   - **A** è la somma di tutti i valori delle misure divisa per il numero di misure
   - **B** è il valore massimo meno il valore minimo della serie diviso due
   - **C** è il valore massimo più il valore minimo della serie diviso per il numero delle misure
   - **D** coincide con l'incertezza di ognuna delle misure che compone la serie

5. Data la serie di misure, in metri:
   4,25   4,20   4,19   4,26   4,21   4,27
   il risultato si scrive come:
   - **A** $(4,19 \pm 0,01)$ m
   - **C** $(4,23 \pm 0,08)$ m
   - **B** $(25,38 \pm 0,06)$ m
   - **D** $(4,23 \pm 0,04)$ m

6. Data la serie di misure, in volt:
   6,20   6,35   6,30   6,25   6,40
   possiamo dire che l'errore di sensibilità dello strumento è:
   - **A** 0,1 volt
   - **C** 0,01 volt
   - **B** 0,02 volt
   - **D** 0,05 volt

7. Se una grandezza C è ottenuta come prodotto fra due grandezze A e B, allora possiamo dire che l'errore relativo di C è:
   - **A** la somma delle incertezze di A e di B divisa per il valore di C
   - **B** il valore medio fra gli errori relativi di A e di B
   - **C** la differenza fra gli errori relativi di A e di B
   - **D** la somma degli errori relativi di A e di B

8 Se una grandezza *C* è ottenuta come rapporto fra due grandezze *A* e *B*, allora possiamo dire che l'incertezza di *C* è:

- **A** la somma degli errori relativi di *A* e di *B* moltiplicata per il valore di *C*
- **B** il rapporto fra le incertezze di *A* e di *B*
- **C** la somma delle incertezze di *A* e di *B*
- **D** il rapporto fra gli errori relativi di *A* e di *B* moltiplicato per il valore di *C*

9 Che cosa si intende con portata o valore di fondo scala di uno strumento?

- **A** Il valore della prima divisione indicata sulla scala graduata
- **B** Il valore oltre il quale lo strumento non funziona correttamente e può danneggiarsi
- **C** Il primo valore numerico indicato esplicitamente sulla scala graduata
- **D** Lo scostamento medio tra valore reale e valore rilevato dallo strumento

10 Che cos'è la precisione di uno strumento?

- **A** Un sinonimo dell'errore di sensibilità, la più piccola variazione della grandezza che lo strumento è in grado di rilevare
- **B** Il valore più grande che lo strumento può misurare
- **C** La velocità con cui lo strumento arriva a stabilizzarsi su un valore della misura
- **D** Una caratteristica che valuta la corrispondenza tra il valore reale della grandezza e quello rilevato dallo strumento

VERIFICHIAMO LE ABILITÀ

➤ Esercizi

2.1 I tipi di errore

1 A causa di un azzeramento non corretto, l'indice di un cronometro si ferma sempre su 0,02 s. Se una lettura su tale strumento fornisce il valore 1,18 s, sapendo che l'errore di sensibilità è di un centesimo di secondo, riporta il risultato della misura, eliminando l'errore sistematico.

Per lo svolgimento dell'esercizio, completa il percorso guidato, inserendo gli elementi mancanti dove compaiono i puntini.

1 L'errore sistematico è in questo caso per eccesso, per cui il valore effettivo è: $t_M = 1{,}18 - 0{,}02 = \ldots\ldots\ldots\ldots\ldots\ldots$

2 L'errore di sensibilità dello strumento è: $\Delta x(t) = \ldots\ldots\ldots\ldots$

3 Il risultato della misura finale è perciò: $t = \ldots\ldots\ldots\ldots\ldots\ldots$

[(1,16 ± 0,01) s]

2 Misurando il diametro di un CD con un righello che ha un errore di sensibilità di 0,5 mm, uno studente allinea il bordo del piccolo disco con l'estremità dello strumento, dal quale lo zero della scala dista però 3,5 mm. Se la lettura fornisce un valore di 11,70 cm, scrivi la misura eliminando l'errore sistematico.

[(12,05 ± 0,05) cm]

3 Un orologio, che ha un errore di sensibilità di 1 minuto, va indietro di 2 minuti ogni ora effettivamente trascorsa. Subito dopo avere sincronizzato l'orario da esso segnato con un orologio più preciso, hai rilevato un evento della durata di 87 minuti. Scrivi in modo completo la misura in minuti relativa a tale intervallo di tempo, eliminando l'errore sistematico.

[(90 ± 1) min]

4 Un commerciante, con una bilancia che ha un errore di sensibilità di 1 g, pesa 212 g di prosciutto. La carta sulla quale ha riposto la merce determina una tara di 8 g.

a) A causa della tara, viene commesso un errore casuale o sistematico? ....

b) L'errore nel peso è commesso per difetto o per eccesso? ....

c) Si può eliminare l'errore dovuto alla presenza della tara? ....

d) Qual è la quantità effettiva di prosciutto pesata? ....

e) Quanto vale l'incertezza determinata dalla bilancia? ....

f) Come si scriverebbe la misura, in kg, una volta eliminata la tara? $m = (\ldots\ldots\ldots \pm \ldots\ldots\ldots)$ kg

5 Una fabbrica produce una certa quantità di cuscinetti a sfere che devono avere un diametro interno di 35,00 mm. Immagina di controllare, misurandolo sei volte, il diametro di un cuscinetto campione tramite un calibro ventesimale, che ha un errore di sensibilità pari a 1/20 di millimetro (cioè 0,05 mm).

a) Indica a piacere sei valori del diametro, ipotizzando che siano incorsi degli errori casuali rispetto al valore vero, tenendo conto dell'errore di sensibilità dello strumento usato. ....

b) Gli errori hanno determinato solo valori più grandi di 35,00 mm? ....

c) Gli errori hanno determinato solo valori più piccoli di 35,00 mm? ....

d) Gli errori casuali che hanno condizionato i valori da te immaginati, possono essere eliminati? ....

e) Se adoperi al posto del calibro uno strumento meno sensibile (per esempio, il tuo righello), gli errori casuali sarebbero più o meno evidenti? ....
Perché? ....

f) Scrivi la misura del primo valore del diametro da te riportato, considerando l'errore di sensibilità del calibro: $d = (35{,}\ldots\ldots\ldots \pm \ldots\ldots\ldots)$ mm

6 Per un'imperfetta taratura, un righello dà come valore di una grandezza 15,6 cm. Con uno strumento più preciso, si ottiene invece il valore di 15,2 cm. Sulla base di questa informazione, scrivi il risultato corretto e completo della misura nel caso in cui il righello abbia fornito il valore di 11,7 cm.

SUGGERIMENTO Per trovare la misura senza l'errore sistematico, devi fare ricorso a una proporzione. Invece, l'errore di sensibilità del righello è...
[(11,4 ± 0,1) cm]

7 Because of an incorrect zero setting, the zero value reading on a balance scale actually corresponds to 0.04 kg, so that all the readings are affected by a systematic error. A reading on this balance – whose sensitivity error is 1 dag – yields the value 2.18 kg. Determine the real value of the measurement, taking both the sensitivity error and the systematic error into account.
[(2.14 ± 0.01) kg]

2.2 Le serie di misure

8 Data la serie di misure in kilogrammi:

| 320 | 310 | 290 | 330 | 340 | 300 |
| 280 | 310 | 330 | 320 | 280 | 340 |

trova:
a) il valore medio;
b) l'errore massimo o semidispersione.

Per lo svolgimento dell'esercizio, completa il percorso guidato, inserendo gli elementi mancanti dove compaiono i puntini.

1 Calcola il valore medio, facendo la somma di tutti i valori e dividendo per il numero di misure:

x_M = ...

2 Calcola l'errore massimo, sottraendo il valore minimo da quello massimo e dividendo per due:

Δx = ...

[a) 312,5 kg; b) 30 kg]

9 Data la serie di misure, in °C:

19,4   20,4   21,0   20,8   19,6   20,0

determina il suo valore medio.
[20,2 °C]

10 Data la serie di misure, in metri:

0,724   0,721   0,728   0,729   0,725

calcola l'errore massimo o semidispersione.
[0,004 m]

11 Data la serie di misure, in secondi:

9,95   9,80   9,65   9,70   9,55   9,75   9,90

individua l'errore di sensibilità dello strumento con cui sono state effettuate le misurazioni e l'errore massimo o semidispersione.
[0,05 s; 0,2 s]

12 Data la serie di misure, in millimetri:

| 4,15 | 4,10 | 4,20 | 4,20 | 4,30 | 4,10 |
| 4,25 | 4,05 | 4,25 | | | |

a) trova il valore medio;
b) trova l'errore massimo o semidispersione;
c) arrotonda l'errore massimo e il valore alla prima cifra decimale.
[(4,2 ± 0,2) mm]

13 Hai acquistato tre confezioni di cioccolatini: una da 40, una da 20 e una da 15.

a) Quanti cioccolatini hai comprato complessivamente?

....

b) Se vuoi fare tre confezioni uguali con tutti i cioccolatini acquistati, quanti ne metti in ognuna delle tre confezioni uguali? ....

c) C'è una confezione che contiene già il numero medio di cioccolatini? ....

d) Che cosa trovi, se moltiplichi il numero medio di cioccolatini per il numero di confezioni? ....

....

14 Un giocatore di pallacanestro in cinque partite giocate ha realizzato i seguenti punteggi:

25   12   18   32   23

a) Quanti punti ha realizzato complessivamente? ....

b) Quanti punti ha realizzato in media a partita? ....

c) Il punteggio medio trovato è minore di 12? ....
È maggiore di 32? ....

d) Il punteggio medio corrisponde a uno dei punteggi ottenuti effettivamente? ....

e) Che cosa trovi, se moltiplichi il punteggio medio per il numero di partite giocate? ....

f) Qual è la differenza tra il punteggio massimo e quello minimo? ....

g) Qual è la differenza tra il punteggio massimo e quello minimo? ....

h) Qual è la differenza tra il punteggio medio e quello minimo? ....

i) Vedi una relazione tra il risultato del punto f e quelli dei punti g e h? ....

l) Se dovessi riassumere con un'unica scrittura tutti i risultati, scriveresti: (.......... ± ....) punti

15 Data la serie di misure, in secondi:

12,5   12,4   11,9   11,8   12,4   12,6   12,1   12,0   11,7

trova:
a) il valore medio;
b) l'errore massimo o semidispersione;
c) la scrittura della misura.
[c) (12,2 ± 0,5) s]

16 In an experiment to measure the density of an unknown liquid, the following data (in g/cm³) were determined:

1.85 1.86 1.91 1.90 1.88 1.82

Calculate the average experimental density.

[1.87 g/cm³]

17 A series of temperature measurements gave the following results (expressed in °C):

28.6 28.3 29.1 28.9 29.3 28.7

Calculate:
a) the average temperature;
b) the maximum error.

[a) 28.8; b) 0.5]

2.3 Le misure indirette

18 La misurazione relativa a due masse ha fornito i seguenti risultati: $m_1 = (46,0 \pm 0,2)$ kg; $m_2 = (19,6 \pm 0,2)$ kg. Determina la somma $M = m_1 + m_2$, riportando la scrittura completa della misura: $M = (\dots \pm \dots)$ kg.

Per lo svolgimento dell'esercizio, completa il percorso guidato, inserendo gli elementi mancanti dove compaiono i puntini.

1 La somma dei valori delle due masse dà: $M_M = \dots\dots\dots$

2 Per trovare l'incertezza di M si sommano quelle di m_1 ed m_2: $\Delta x(M) = \dots\dots\dots\dots\dots\dots\dots\dots\dots\dots$

3 C'è bisogno di eseguire degli arrotondamenti? $\dots\dots\dots$
$\dots\dots\dots\dots\dots\dots\dots\dots\dots\dots\dots\dots\dots\dots\dots\dots$

4 La misura finale è perciò: $M = \dots\dots\dots\dots\dots\dots$

[(65,6 ± 0,4) kg]

19 Determina la somma $T = t_1 + t_2$, riportando la scrittura completa della misura $T = (\dots \pm \dots)$ s, sapendo che:

$t_1 = (6,23 \pm 0,01)$ s e $t_2 = (3,05 \pm 0,01)$ s

[(9,28 ± 0,02) s]

20 È stata effettuata la misurazione relativa a due masse e si è ottenuto $M = (24,7 \pm 0,1)$ hg e $m = (8,5 \pm 0,1)$ hg; determina la scrittura della differenza tra M ed m:

$M - m = (\dots \pm \dots)$ hg

[(16,2 ± 0,2) hg]

21 È stata effettuata la misurazione relativa a due intervalli di tempo e si è ottenuto: $T = (1,28 \pm 0,02)$ s, $t = (0,43 \pm 0,01)$ s; determina la scrittura sia della somma sia della differenza fra le due grandezze:

$T + t = (\dots \pm \dots)$ s e $T - t = (\dots \pm \dots)$ s

[(1,71 ± 0,03) s; (0,85 ± 0,03) s]

22 Nella seguente tabella, in cui le colonne sono state già completate del tutto o in parte, inserisci in luogo dei puntini i valori o le incertezze debitamente arrotondati. (Con la scrittura u.d.m. si intende una generica **u**nità **di m**isura.)

x_M (u.d.m.)	Δx (u.d.m.)	$(x_M \pm \Delta x)$ (u.d.m.)
0,27147	0,005408	… ± 0,006
13,4971	0,08274	13,50 ± …
87,6542	4,74474	88 ± …
290,925	8,3329	… ± 9
525,083	14,625	… ± 20
743,425	47,386	740 ± …
3196,37	242,61	… ± 300
6732,00	165,93	… ± …

SUGGERIMENTO Tieni conto che si arrotonda prima l'incertezza e poi il valore della grandezza.

23 Date le grandezze $A = (12,5 \pm 0,5)$ m, $B = (35,5 \pm 0,5)$ m e $C = (18,0 \pm 0,5)$ m, calcola l'errore relativo del prodotto $V = A \cdot B \cdot C$.

Per lo svolgimento dell'esercizio, completa il percorso guidato, inserendo gli elementi mancanti dove compaiono i puntini.

1 Calcola l'errore relativo di A con almeno tre cifre significative:

$\varepsilon_r(A) = \dfrac{\Delta x(A)}{A_M} = \dots\dots\dots\dots\dots\dots\dots\dots\dots\dots\dots$

2 Fai la stessa cosa per le altre due grandezze:

$\varepsilon_r(B) = \dots\dots\dots\dots\dots\dots$; $\varepsilon_r(C) = \dots\dots\dots\dots\dots\dots$

3 Effettua la somma fra i tre errori relativi:

$\varepsilon_r(V) = \varepsilon_r(A) + \varepsilon_r(B) + \varepsilon_r(C) = \dots\dots\dots\dots\dots\dots$

[0,08186]

24 Date le seguenti tre grandezze $B = (3,79 \pm 0,01)$ dm, $L = (5,20 \pm 0,02)$ dm e $H = (9,45 \pm 0,05)$ dm, calcola l'errore relativo del prodotto $P = B \cdot L \cdot H$.

[0,01178]

25 Date le due grandezze $S = (400 \pm 10)$ m² e $b = (25 \pm 1)$ m, calcola l'errore relativo del rapporto h fra S e b: $h = \dfrac{S}{b}$.

SUGGERIMENTO Ricorda che nel quoziente, così come nel prodotto, gli errori relativi devono essere… fra loro.

[0,065]

26 Date le grandezze $A = (85,0 \pm 0,1)$ cm, $B = (42,6 \pm 0,1)$ cm e $C = (22,0 \pm 0,1)$ m, calcola il volume $V = A \cdot B \cdot C$, determinane l'errore relativo e l'incertezza, arrotonda i risultati e scrivi la misura.

SUGGERIMENTO Una volta che hai trovato l'errore relativo di V come nell'Esercizio 23, per calcolare l'incertezza devi utilizzare la formula inversa $\Delta x(V) = \varepsilon_r(V) \cdot V_M$…

[(79 700 ± 700) cm³]

27 Il lato di un quadrato misura $L = (4{,}85 \pm 0{,}05)$ mm. Calcola la sua area S, pervenendo alla scrittura completa.

Per lo svolgimento dell'esercizio, completa il percorso guidato, inserendo gli elementi mancanti dove compaiono i puntini.

1. Calcola il valore della superficie:
$S_M = L_M^2 = (4{,}85)^2$ mm^2 = ...
2. Calcola l'errore relativo di L con almeno tre cifre significative:
$\varepsilon_r(L) = \dfrac{\Delta x(L)}{L_M} = $ ....
3. Essendo $S = L^2 = L \cdot L$, applica la regola della propagazione degli errori valida per il prodotto:
$\varepsilon_r(S) = \varepsilon_r(L) + \varepsilon_r(L) = 2 \cdot \varepsilon_r(L) = $ ....
4. Utilizza la formula inversa per trovare l'incertezza:
$\Delta x(S) = \varepsilon_r(S) \cdot S_M = $ ....
5. Arrotonda incertezza e valore della grandezza, ottenendo così: $S = ($ .... $\pm$ .... $)$ ....

[$(23{,}5 \pm 0{,}5)$ mm^2]

28 È stata misurata una grandezza fisica chiamata intensità di corrente elettrica I, la cui unità di misura è l'ampere e si indica con la lettera A, trovando: $I = (1{,}15 \pm 0{,}05)$ A. Calcola I^2, scrivendone la misura.
[$(1{,}3 \pm 0{,}2)$ A^2]

29 Calcola il volume di un cubo e la sua incertezza, sapendo che il valore della misura del lato del cubo è 19,5 cm e che l'errore di sensibilità del metro adoperato è di mezzo centimetro. (Riporta la scrittura finale sia in cm^3 sia in dm^3.)
[(7400 ± 600) cm^3; $(7{,}4 \pm 0{,}6)$ dm^3]

30 Calcola l'area di un cerchio, sapendo che il suo raggio vale: $R = (15{,}3 \pm 0{,}1)$ cm.

Per lo svolgimento dell'esercizio, completa il percorso guidato, inserendo gli elementi mancanti dove compaiono i puntini.

1. Calcola l'area del cerchio, prendendo π con almeno 5 cifre decimali ($\pi = 3{,}14159$), in modo da poter trascurare l'errore commesso sul suo valore:
$S_M = \pi \cdot R_M^2 = 3{,}14159 \cdot (1{,}53)^2$ cm^2 = ...
....
2. Calcola l'errore relativo di S con almeno tre cifre significative:
$\varepsilon_r(S) = 2 \cdot \varepsilon_r(R) = $ ....
3. Utilizza la formula inversa per trovare l'incertezza:
$\Delta x(S) = \varepsilon_r(S) \cdot S_M = $ ....
4. Arrotonda incertezza e valore della grandezza, ottenendo così: $S = ($ .... $\pm$ .... $)$ ....

[(740 ± 10) cm^2]

31 Calcola la lunghezza di una circonferenza C, sapendo che il raggio vale: $R = (32{,}0 \pm 0{,}5)$ cm.

SUGGERIMENTO Ricorderai che $C = 2\pi R$. Il numero 2 devi considerarlo come un numero puro, quindi senza incertezza; mentre per π puoi rivedere i consigli dati nell'Esercizio 30.
[(201 ± 4) cm]

32 Underline the significant figures in each of the following numbers:
0.0924   0.09240   0.8124
1.00019   0.0000190
[0.0**924**; 0.0**9240**; 0.**8124**; **1.00019**; 0.0000**190**]

33 During a storm, the duration of some flashes of lightning is measured and the following data are collected:

flash 1	(3.20 ± 0.02) s
flash 2	(3.10 ± 0.01) s
flash 3	(2.55 ± 0.01) s

What is the total duration of the flashes during the storm?
[(8.85 ± 0.04) s]

34 The lengths of two segments, AB and CD, are as follows:
AB: (12.8 ± 0.1) cm CD: (22.9 ± 0.2) cm
What is the length of the difference, $CD - AB$?
[(10.1 ± 0.3) cm]

35 Round off the following numbers to three significant figures:
31.48   0.2577   1.5618
[31.5; 0.258; 1.56]

▶ Problemi

La risoluzione dei problemi richiede la conoscenza degli argomenti trasversali a più paragrafi. Con il pallino sono contrassegnati i problemi che presentano una maggiore complessità. Le soluzioni dei problemi 2 ÷ 5 sono relative al caso di un righello con sensibilità di 1 mm.

1 La serie di misure riguardante le lunghezze di un certo numero di listelli di legno, teoricamente uguali, presenta un errore massimo di 20 mm. Sapendo che ogni listello è stato misurato tramite un'asta millimetrata con errore di sensibilità 0,5 cm e che l'errore relativo della misura di quello più corto è di 0,2%, determina la lunghezza del listello più lungo.
[254 cm]

2 Prendi un righello, misura il lato L del quadrato rappresentato sotto, riportando correttamente la sua misura. Quindi, calcola il perimetro P, l'area S del quadrato, con le corrispondenti incertezze tramite le leggi di propagazione degli errori, giungendo alle scritture finali delle misure tramite gli opportuni arrotondamenti.

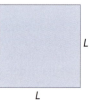

[(88 ± 4) mm; (480 ± 50) mm^2]

3 Prendi un righello, misura base b e altezza h del rettangolo, riportando correttamente le due misure. Quindi, calcola il perimetro P, l'area S del rettangolo, con le corrispondenti incertezze tramite le leggi di propagazione degli errori, giungendo alle scritture finali delle misure tramite gli opportuni arrotondamenti.

[$(11,0 \pm 0,4)$ cm; $(6,2 \pm 0,6)$ cm^2]

4 Prendi un righello, misura lunghezza a, altezza b e larghezza c del parallelepipedo, riportando correttamente le tre misure. Quindi, calcola il volume del parallelepipedo e la corrispondente incertezza tramite le leggi di propagazione degli errori, giungendo alla scrittura finale con gli opportuni arrotondamenti. (Esprimi il risultato finale in cm^3.)

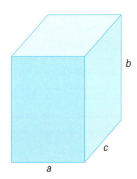

[(8 ± 2) cm^3]

5 Prendi un righello, misura il lato L del quadrato esterno e il diametro d della circonferenza interna della figura sotto, riportando correttamente le due misure. Quindi, calcola l'area della regione in rosso.

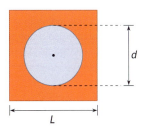

SUGGERIMENTO Devi calcolare l'area del quadrato e del cerchio e le corrispondenti incertezze tramite le leggi di propagazione degli errori, pervenendo alle scritture finali con gli opportuni arrotondamenti (per il cerchio puoi rivedere il percorso guidato dell'Esercizio 30). Quindi, a partire da queste due aree procederai a...

[(380 ± 80) mm^2]

6 Un rettangolo ha dimensioni: $B = (45,5 \pm 0,5)$ cm, $H = (12,0 \pm 0,5)$ cm; un altro rettangolo ha dimensioni: $b = (15,2 \pm 0,2)$ cm, $h = (7,4 \pm 0,2)$ cm.

Calcola le aree dei due rettangoli, le rispettive incertezze e riporta la scrittura delle due misure. Dopodiché, procedi al calcolo della somma delle due aree e della sua incertezza, pervenendo anche in questo caso alla scrittura della misura completa e corretta.

[(550 ± 30) cm^2; (112 ± 5) cm^2; (660 ± 40) cm^2]

7 The basis and height of a rectangle measure (20.2 ± 0.1) m and (10.5 ± 0.1) m, respectively. Calculate the value of the rectangle area and its relative error.

[(212 ± 3) m^2]

•8 Dopo aver effettuato nei due strumenti sotto riportati la misurazione rispettivamente di intensità di corrente elettrica I (unità di misura: ampere, A) e di tensione elettrica ΔV (unità di misura: volt, V), calcola il rapporto tra la tensione elettrica ΔV e la corrente elettrica I, che prende il nome di resistenza elettrica R (unità di misura: ohm, Ω), e la sua incertezza, trovando infine:

$$R = \frac{\Delta V}{I} = (\ldots\ldots \pm \ldots\ldots) \ldots\ldots$$

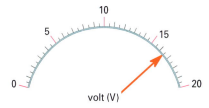

[$(9,2 \pm 0,8)$ Ω]

•9 Date le grandezze $M = (1280 \pm 20)$ g e $m = (860 \pm 20)$ g, calcola: a) l'errore relativo della loro somma; b) l'errore relativo della loro differenza.

[a) 0,01869; b) 0,09524]

•10 Trova la misura dell'area di un trapezio, avendo a disposizione i seguenti dati: base maggiore $a = (12,1 \pm 0,1)$ cm, base minore $b = (7,5 \pm 0,1)$ cm, altezza $h = (4,7 \pm 0,1)$ cm.

SUGGERIMENTO Ricorderai che l'area del trapezio è $S = 1/2 \, (a+b) \cdot h$. Prima di procedere al calcolo dell'errore relativo di S ti conviene risolvere la scrittura di $a + b$: a quel punto ti troverai di fronte a un semplice prodotto...

[(46 ± 2) cm^2]

Competenze alla prova

ASSE SCIENTIFICO-TECNOLOGICO

Osservare, descrivere e analizzare fenomeni appartenenti alla realtà...

1. Scegli i dati relativi a un'attività, oppure riguardanti un personaggio (un atleta, eventualmente) o una squadra di tuo interesse, che in ogni caso puoi considerare alla stregua di una serie di misure. Devi individuarne quindi il valore medio, la semidispersione e l'intervallo di indeterminazione, cercando di commentarli in modo critico.

Spunto Per esempio, nel caso della coppia canadese di pattinaggio su ghiaccio Virtue-Moir, puoi trovare i punteggi delle singole gare suddivisi per anno. Quindi, potresti elaborare i dati per ciascun anno e vedere se l'anno del punteggio migliore coincide con quello del valore medio migliore. Una cosa analoga potresti farla con i punti ottenuti nei vari campionati dalla tua squadra del cuore...

ASSE SCIENTIFICO-TECNOLOGICO

Essere consapevole delle potenzialità e dei limiti delle tecnologie...

2. Dopo avere analizzato attentamente la figura, sapendo che ogni quadretto ha un lato pari a 5 mm, devi escogitare un sistema per valutare approssimativamente l'area del cerchio, senza ovviamente utilizzare la nota formula dell'area ($A = \pi r^2$). Dopodiché, analizza criticamente il risultato ottenuto, confrontandolo con quello che si ottiene dalla formula. In che modo si potrebbe raffinare ulteriormente il procedimento?

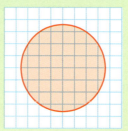

Spunto Puoi determinare il numero di quadretti interamente contenuti dentro il cerchio e ne trovi l'area. Quindi trovi il numero minimo di quadretti che contengono interamente il cerchio e... Una volta che hai due superfici, una che approssima quella del cerchio per difetto e l'altra per eccesso, puoi... Che cosa succede se, lasciando inalterato il cerchio, usiamo invece quadretti con la misura del lato inferiore?

ASSE MATEMATICO

Individuare le strategie appropriate per la soluzione di problemi

3. Determina l'area della superficie in colore, utilizzando le leggi di propagazione degli errori e pervenendo quindi alla scrittura finale arrotondata, comprendente il valore calcolato e la corrispondente incertezza.

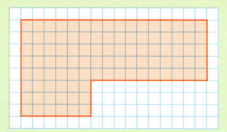

Spunto Misura con il righello ciò che ti serve... Puoi calcolare due aree e quindi fare la loro differenza o, viceversa, trovare due aree da sommare, in modo tale da individuare comunque l'area richiesta e la sua incertezza. Potresti anche usare due procedimenti diversi e valutare eventuali differenze nel risultato...

ASSE LINGUISTICO

Padroneggiare gli strumenti espressivi e argomentativi...

4. Immagina di voler vendere uno strumento di misura (a tua scelta), per cui devi cercare di esporre sinteticamente le sue caratteristiche tecniche al fine di convincere l'acquirente.

Spunto Tramite Internet puoi effettuare una ricerca, digitando per esempio "dinamometro scheda tecnica", e provare a esporre ciò che caratterizza lo strumento in modo positivo, rimarcandone i pregi e tralasciandone, invece, gli eventuali limiti...

SCIENTIFIC ENGLISH

Standards of Length, Mass, and Time

The goal of physics is to provide an understanding of the physical world by developing theories based on experiments. A physical theory is essentially a guess, usually expressed mathematically, about how a given physical system works. The theory makes certain predictions about the physical system which can then be checked by observations and experiments. If the predictions turn out to correspond closely to what is actually observed, then the theory stands, although it remains provisional. No theory to date has given a complete description of all physical phenomena, even within a given subdiscipline of physics. Every theory is a work in progress.

The basic laws of physics involve such physical quantities as force, velocity, volume, and acceleration, all of which can be described in terms of more fundamental quantities. In mechanics, the three most fundamental quantities are **length** (L), **mass** (M), and **time** (T); all other physical quantities can be constructed from these three.
To communicate the result of a measurement of a certain physical quantity, a *unit* for the quantity must be defined. For example, if our fundamental unit of length is defined to be 1.0 meter, and someone familiar with our system of measurement reports that a wall is 2.0 meters high, we know that the height of the wall is twice the fundamental unit of length. Likewise, if our fundamental unit of mass is defined as 1.0 kilogram, and we are told that a person has a mass of 75 kilograms, then that person has a mass 75 times as great as the fundamental unit of mass.

If 1960, an international committee agreed on a standard system of units for the fundamental quantities of science, called **SI** (Système International). Its units of length, mass, and time are the meter, kilogram, and second, respectively.

Thousands of years ago, people in southern England built Stonehenge, which was used as a calendar. The position of the sun and stars relative to the stones determined seasons for planting or harvesting.

Length

In 1799, the legal standard of length in France became the meter, defined as one ten-millionth of the distance from the equator to the North Pole. Until 1960, the official length of the meter was the distance between two lines on a specific bar of platinum-iridium alloy stored under controlled conditions. This standard was abandoned for several reasons, the principal one being that measurements of the separation between the lines are not precise enough. In 1960, the meter was defined as 1 650 763.73 wavelengths of orange-red light emitted from a krypton-86 lamp. In October 1983, this definition was abandoned also, and **the meter was redefined as the distance traveled by light in vacuum during a time interval of 1/299 792 458 second**. This latest definition establishes the speed of light at 299 792 458 meters per second.

Mass

The SI unit of mass, the kilogram, is defined as the mass of a specific platinum-iridium alloy cylinder kept at the International Bureau of Weights and Measures at Sèvres, France. Mass is a quantity used to measure the resistance to a change in the motion of an object. It's more difficult to cause a change in the motion of an object with a large mass than an object with a small mass.

Time

Before 1960, the time standard was defined in terms of the average length of a solar day in the year 1900. (A solar day is the time between successive appearances of the Sun at the highest point it reaches in the sky each day.) The basic unit of time, the second, was defined to be (1/60) (1/60) (1/24) = 1/86 400 of the average solar day. In 1967, the second was redefined to take advantage of the high precision attainable with an atomic clock, which uses the characteristic frequency of the light emitted from the cesium-133 atom as its "reference clock."

The **second** is now defined as 9 192 631 700 times the period of oscillation of radiation from the cesium atom.

Approximate Values for Length, Mass, and Time Intervals

Approximate values of some lengths, masses, and time intervals are presented in Tables 1 and 2, respectively. Note the wide ranges of values. Study these tables to get a feel for a kilogram of mass (this book has a mass of about 2 kilograms), a time interval of 10^{10} seconds (one century is about 3×10^9 seconds) or two meters of length (the approximate height of a forward on a basketball team).

System of units commonly used in physics are the Système International, in which the units of length, mass, and time are the meter (m), kilogram (kg), and second (s); the cgs, or Gaussian, system, in which the units of length, mass, and time are the centimeter (cm), gram (g), and second; and the U.S. customary system, in which the units of length, mass, and time are the foot (ft), slug, and second. SI units are almost universally accepted in science and industry, and will be used throughout the book. Limited use will be made of Gaussian and U.S. customary units.

TABLE 1 Approximate Values of Some Measured Lengths	Length (m)
Distance from Earth to nearest star	4×10^{16}
Mean orbit radius of Earth about Sun	2×10^{11}
Mean distance from Earth to Moon	4×10^{8}
Mean radius of Earth	6×10^{6}
Typical altitude of satellite orbiting Earth	2×10^{5}
Length of football field	9×10^{-1}
Length of housefly	5×10^{-3}
Size of smallest dust particles	1×10^{-4}
Size of cells in most living organisms	1×10^{-5}
Diameter of hydrogen atom	1×10^{-10}
Diameter of atomic nucleus	1×10^{-14}
Diameter of proton	1×10^{-15}

TABLE 2 Approximate Values of Some Masses	Mass (kg)
Observable Universe	1×10^{52}
Milky Way galaxy	7×10^{41}
Sun	2×10^{30}
Earth	6×10^{24}
Moon	7×10^{22}
Shark	1×10^{2}
Human	7×10^{1}
Frog	1×10^{-1}
Mosquito	1×10^{-5}
Bacterium	1×10^{-15}
Hydrogen atom	2×10^{-27}
Electron	9×10^{-31}

from SERWAY/VUILLE, *Essentials of College Physics*, © 2007

Le forze e l'equilibrio

MODULO 2

UNITÀ 3
Forze e loro misurazione

UNITÀ 4
Vettori ed equilibrio

UNITÀ 5
Equilibrio del corpo rigido

UNITÀ 6
Fluidi

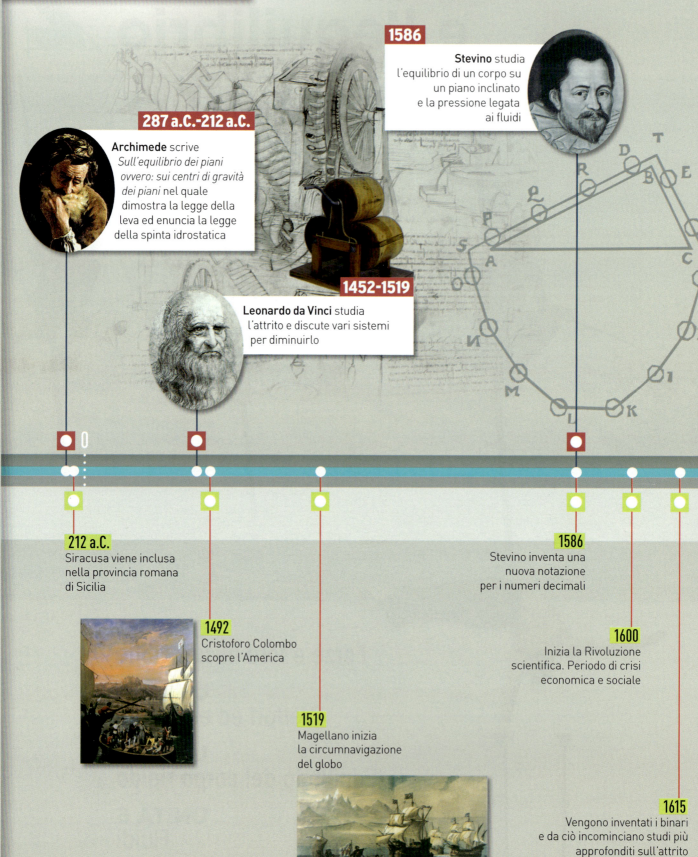

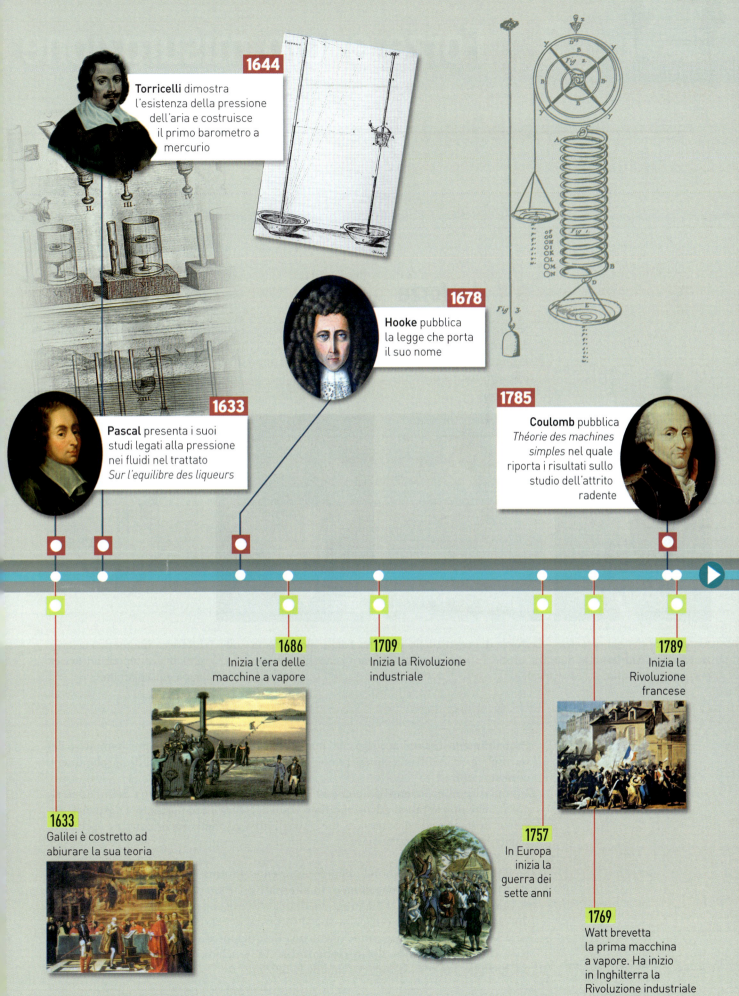

UNITÀ 3
Forze e loro misurazione

3.1 Le forze

Nel linguaggio comune il termine *forza* è associato a quello di *sforzo muscolare* e quindi di contatto.
Eppure basta riflettere per accorgersi che vi sono diversi tipi di forza e che alcune di esse agiscono a distanza.

Al termine del salto la **forza elastica richiama** le due persone verso l'alto.

La **forza di gravità** della Terra attrae l'atleta durante il salto.

La **forza elettrica** fa sollevare i capelli in testa.

La **forza magnetica** costringe spille e chiodi ad avvicinarsi alla calamita.

Probabilmente ti sarai accorto che, pur conoscendo il significato approssimativo del termine *forza*, è difficile spiegare con chiarezza, e senza vuoti giri di parole, di che cosa si tratta.
In una disciplina scientifica come la Fisica, occorre introdurre una definizione rigorosa che non si presti ad ambiguità o equivoci. Proviamo pertanto a costruirla insieme, cominciando a osservare che è sbagliato dire che la forza consiste esclusivamente in uno sforzo muscolare.

Se il motore di un'automobile improvvisamente si ferma, possiamo cercare di farlo ripartire spingendo la macchina o, in alternativa, se siamo fortunati, la nostra fatica può essere sostituita dalla presenza di una discesa che provoca lo stesso effetto di una spinta. In realtà, le difficoltà che si incontrano nel descrivere la forza sono dovute al fatto che non è possibile darne una definizione diretta.
Ricorriamo allora a una **definizione indiretta**, tentiamo cioè di descriverla dicendo, anziché che cosa la forza *è*, ciò che la forza *fa*.

▶ Effetti delle forze

Nelle foto vediamo che una forza può...

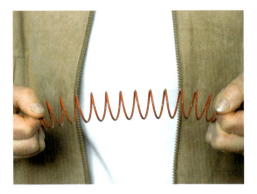

... deformare un corpo eventualmente fino a romperlo.

... provocare il movimento di un corpo che in precedenza era fermo.

... causare l'arresto di un corpo che si stava muovendo.

... cambiare le caratteristiche del moto di un corpo in movimento (variazione di velocità e/o cambiamento di direzione).

Il primo effetto è di tipo *statico*, in quanto causa un cambiamento della forma del corpo, ma non della sua posizione. Gli altri sono invece effetti *dinamici*, poiché comportano modifiche dello stato di moto o di quiete di un corpo.
Riassumendo quanto appena detto, possiamo dire che:

> La **forza** è una grandezza fisica che può causare la deformazione oppure la modificazione dello stato di quiete o delle condizioni di moto di un corpo.

forza

3.2 Definizione operativa e rappresentazione grafica delle grandezze fisiche

La caratteristica fondamentale di una grandezza fisica è il fatto di poter essere misurata. Quindi, prima ancora di esaminare il significato e le implicazioni di una grandezza, è importante darne la **definizione operativa**.

> La **definizione operativa** di una *grandezza fisica* consiste nel descrivere chiaramente l'insieme di tutte quelle operazioni che devono essere eseguite per consentire la sua misurazione.

definizione operativa

Domandiamoci, perciò, senza preamboli: come si misura una forza? Ci sarà bisogno di uno strumento.

Questo strumento lo costruiremo sfruttando la deformazione di un corpo sottoposto all'azione di una forza (effetto statico).

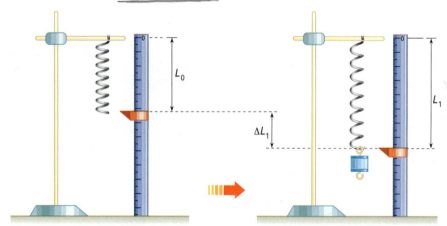

Consideriamo una molla appesa a un punto fisso (il soffitto o un'asta di supporto). Al suo fianco abbiamo disposto verticalmente un'asta millimetrata. Quando la molla è libera, senza alcun pesetto agganciato alla sua estremità inferiore, rileviamo la sua *lunghezza a riposo*, L_0.

Appendiamo quindi un pesetto e rileviamo la nuova lunghezza della molla, L_1. L'allungamento sarà dato dalla differenza:

$$\Delta L_1 = L_1 - L_0$$

Supponiamo che valga 2 cm.

> **ricorda...**
> Il simbolo Δ (si legge «delta») è una lettera dell'alfabeto greco e viene generalmente utilizzato per indicare una variazione della grandezza.

Raddoppiamo i pesetti che pertanto diventano 2 e misuriamo la lunghezza finale L_2. Il nuovo allungamento è:

$$\Delta L_2 = L_2 - L_0$$

Si trova che esso vale 4 cm. E così via. Alla fine avremo una tabella come quella a lato.

TABELLA 1

allungamenti (cm)	forza (numero pesetti)
2	1
4	2
6	3
8	4
...	...

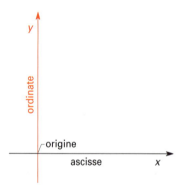

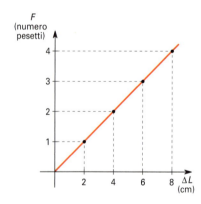

La matematica ci fornisce uno strumento efficace per rappresentare la tabella 1: il *sistema di assi cartesiani ortogonali*.
Si tratta di due rette perpendicolari e orientate, il cui punto d'intersezione è detto *origine*.

Sulla retta orizzontale (detta **asse delle ascisse** o delle *x*) vengono riportati di solito i valori di una data grandezza (variabile). Nel nostro caso è l'allungamento ΔL.
Sulla retta verticale (detta **asse delle ordinate** o delle *y*) vengono riportati i valori dell'altra variabile, cioè la forza F.
Congiungendo i punti rappresentativi (2 cm e 1 pesetto, 4 cm e 2 pesetti e così via), si ottiene una retta. Tutte le volte che la rappresentazione grafica di due grandezze è una retta passante per l'origine, si dice che esse sono **direttamente proporzionali**.

3.3 La proporzionalità diretta

Consideriamo nuovamente i dati della tabella 1. Calcoliamo il quoziente, tra i termini della seconda colonna e quelli della prima. Indichiamo tali rapporti con $\frac{F}{\Delta L}$, dove F rappresenta la forza esercitata dai pesetti e ΔL è il corrispondente allungamento.

TABELLA 2

x	y	$\frac{y}{x}$
ΔL (cm)	F (numero pesetti)	$\frac{F}{\Delta L}$ $\left(\frac{\text{numero pesetti}}{\text{cm}}\right)$
2	1	$\frac{1}{2} = 0{,}5$
4	2	$\frac{2}{4} = 0{,}5$
6	3	$\frac{3}{6} = 0{,}5$
8	4	$\frac{4}{8} = 0{,}5$
...	...	...

> **ricorda...**
> Il diagramma che rappresenta gli allungamenti di una molla in funzione delle forze a essa applicate, se la molla non è sollecitata in modo anomalo (in altre parole, non viene caricata eccessivamente), è una *retta*.

Come puoi osservare, nella terza colonna si ha che:

$$\frac{F}{\Delta L} = \text{costante} = 0{,}5 \, \frac{\text{numero pesetti}}{\text{cm}}$$

Questo vuol dire che una molla si comporta in maniera tale per cui il rapporto tra la forza e il corrispondente allungamento è costante.
In generale, quando due grandezze qualunque x, y possiedono questa proprietà, si dice che sono **direttamente proporzionali**, quindi forza e allungamento (entro certi limiti) sono direttamente proporzionali.

> Due grandezze si dicono **direttamente proporzionali** se il loro rapporto è costante:
> $$\frac{y}{x} = \text{costante}$$

grandezze direttamente proporzionali (I)

Con riguardo alla tabella 2, indichiamo la forza di un pesetto con un quadratino ☐ e l'allungamento di 1 cm con un cerchietto ○. Possiamo schematizzare i risultati nel seguente modo:

TABELLA 3

x	y
ΔL (cm)	F (numero pesetti)
2 = ○○	☐ = 1
4 = ○○○○	☐☐ = 2
6 = ○○○○○○	☐☐☐ = 3
8 = ○○○○○○○○	☐☐☐☐ = 4
...	...

·2 ·3 ·4

Osservando la tabella 3, completa tu le seguenti considerazioni.

a) Se la forza raddoppia, anche l'allungamento raddoppia.

b) Se la forza triplica, allora l'allungamento ....

c) Se la forza quadruplica, l'allungamento ....

Questa è una caratteristica molto importante delle grandezze direttamente proporzionali.

grandezze direttamente proporzionali (II)

Due grandezze si dicono **direttamente proporzionali** se aumentano o diminuiscono allo stesso modo, per cui raddoppiando, triplicando... una grandezza, anche l'altra raddoppia, triplica... E se una diventa la metà, un terzo... a sua volta l'altra diventa la metà, un terzo...

Osserva la tabella 4 e rispondi alle domande riportate di seguito.

x, y sono grandezze direttamente proporzionali?
....

Perché? ....
....

La risposta è negativa, in quanto non è sufficiente che entrambe le grandezze aumentino per poterle definire direttamente proporzionali.

ricorda...
Non è esatto (in quanto è un'affermazione incompleta) dire che due grandezze sono direttamente proporzionali se aumentando l'una anche l'altra aumenta.

TABELLA 4

x	y
0,1	12
0,2	20
0,3	24
0,4	32
...	...

3.4 La legge di Hooke

Riprendiamo in esame la tabella 3, riportando solo ○ e □.

TABELLA 5

x	y
ΔL (cm)	F (numero pesetti)
	□
○○○○	□□
○○○○○○	□□□
○○○○○○○○	□□□□
...	...

(con ΔL · 0,5 come fattore di conversione)

Non è difficile notare che, moltiplicando l'allungamento ΔL per la costante (che vale 0,5 numero pesetti/cm e che viene in genere indicata con la lettera K), si ottiene proprio il valore della forza F:

$$2 \cdot 0,5 = 1 \quad \Rightarrow \quad \Delta L \cdot K = F \quad \Rightarrow \quad F = K \cdot \Delta L$$

Questo è un altro modo per esprimere il legame di diretta proporzionalità che collega la forza F all'allungamento ΔL. Tale relazione si chiama **legge di Hooke**.

legge di Hooke

La **legge di Hooke** afferma che l'allungamento elastico di una molla è direttamente proporzionale alla forza che lo ha provocato:

$F = K \cdot \Delta L$

F è la forza applicata alla molla, ΔL è l'allungamento subìto dalla molla a causa della forza applicata, K è una costante che prende il nome di **costante elastica**.

> In generale, tutte le volte che due grandezze x e y sono direttamente proporzionali, fra esse intercorre una relazione matematica (detta *equazione*) del tipo:
>
> $$y = K \cdot x$$
>
> dove K rappresenta una costante.

equazione della diretta proporzionalità

Se osservi attentamente l'equazione $y = K \cdot x$, ti puoi accorgere che è analoga alla relazione della legge di Hooke precedentemente vista, in cui la F (forza) gioca il ruolo della y, mentre l'allungamento prende il posto della x.

Ritorniamo all'espressione matematica della legge di Hooke: $F = K \cdot \Delta L$. Partendo da questa legge, per ottenere l'allungamento si dividono ambo i membri per K, cioè per il coefficiente di ΔL.
Pertanto si ha:

$$F = K \cdot \Delta L \quad \Rightarrow \quad \frac{F}{K} = \frac{K \cdot \Delta L}{K} \quad \Rightarrow \quad \Delta L = \frac{F}{K}$$

Come procederesti per ottenere la costante K? Dividendo ambo i membri di $F = K \cdot \Delta L$ per ΔL, si trova:

$$K = \ldots\ldots\ldots\ldots$$

Dalla legge di Hooke, è dunque possibile ricavare le formule *inverse*, che forniscono rispettivamente K e ΔL in funzione delle grandezze rimanenti. Le riassumiamo a fianco tutte insieme.

Più in generale, per grandezze direttamente proporzionali, abbiamo le formule scritte a fianco.

ricorda...

Due grandezze x e y sono *direttamente proporzionali* se:
- la rappresentazione grafica della loro relazione è una retta passante per l'origine;
- il loro rapporto è costante: $\frac{y}{x} = K$;
- raddoppiando, triplicando... una delle due grandezze, anche l'altra raddoppia, triplica...;
- soddisfano una relazione del tipo: $y = K \cdot x$.

La legge di Hooke non è sempre valida. Se appendiamo a una molla numerosi pesetti, può accadere che a un certo punto essa si deformi irrimediabilmente nel senso che, anche una volta tolti i pesetti, non torna più alla lunghezza a riposo iniziale.
Inoltre, se la forza applicata è molto elevata, la molla può addirittura rompersi.

> Se una molla si comporta secondo la legge di Hooke, per cui essa torna alla lunghezza iniziale quando la forza che la sollecita si annulla, allora si dice che la molla si comporta in modo **elastico**.

comportamento elastico

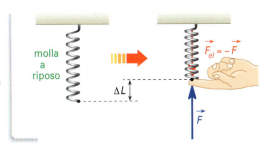

La forza con la quale la molla *risponde* alla forza che la deforma viene detta **forza elastica** (F_{el}) e all'equilibrio è uguale e contraria a quella esterna, per cui si scrive:

$$F_{el} = -K \cdot \Delta L$$

Grazie al fatto che, entro certi limiti, la molla sollecitata da una forza ha un comportamento regolare (a ogni aumento costante della forza corrisponde in ogni momento lo stesso allungamento), è possibile usarla per misurare le forze.
Tale strumento si chiama **dinamometro**.

dinamometro > Il **dinamometro** è lo strumento con il quale si misurano le forze sfruttandone gli effetti statici. Alla base della sua costruzione vi è il concetto per il quale secondo la legge di Hooke una forza applicata a una molla produce, nei limiti del comportamento elastico, allungamenti regolari della molla stessa.

Per costruire il dinamometro e per tararlo, bisogna scegliere una particolare molla, individuare come unità di misura la forza che causa un ben preciso allungamento della molla scelta e fissare una scala.

Nel Sistema Internazionale l'unità di misura delle forze si chiama **newton** e si indica con **N**. Tale unità è stata definita però sulla base degli effetti dinamici prodotti dalla forza, perciò, dato che per ora abbiamo approfondito solo gli aspetti statici, illustreremo in seguito in dettaglio come è avvenuta questa scelta.

newton > Nel SI la forza si misura in **newton**, che è una unità basata sugli effetti dinamici. Il simbolo che la rappresenta è **N**.

Per avere un'idea di massima sulla forza che corrisponde a 1 newton, basta prendere in mano una mozzarella da un etto: la forza che cerca di trascinare la mano verso il basso e che bilanciamo con uno sforzo muscolare è molto prossima (sia pure non proprio uguale) a 1 newton.

3.5 La costante elastica

Abbiamo già notato, a proposito della tabella 2, che il rapporto tra la forza applicata e l'allungamento della molla risulta costante. Cerchiamo ora di capire quale tipo di informazione ci può comunicare la *costante elastica K*, osservando la seguente situazione.

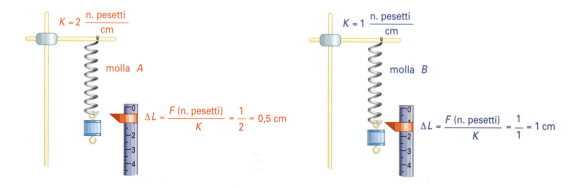

Avendo applicato a entrambe le molle un pesetto identico, vediamo che la molla *A*, avente una costante *K* maggiore rispetto alla molla *B*, subisce un allungamento minore.

A parità di pesetti applicati alle due molle, la A subirà sempre un allungamento minore rispetto a quello di B. Possiamo pertanto concludere che la K è da mettere in relazione con le particolari caratteristiche fisiche della molla che sono la causa dei differenti allungamenti.

INFORMAZIONE La **costante elastica** è una *spia* del comportamento della molla, cioè ci dice quanto essa cede se viene sollecitata da una forza esterna.

DEFINIZIONE La **costante elastica** viene definita come il rapporto tra la forza esterna applicata e la variazione di lunghezza che la molla subisce:

$$\text{costante elastica} = \frac{\text{forza applicata}}{\text{variazione di lunghezza}}$$

> costante elastica

E quindi:

FORMULA $K = \dfrac{F}{\Delta L}$

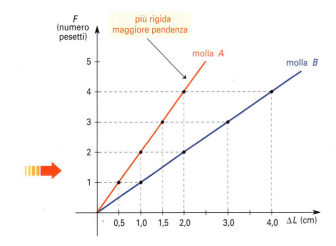

TABELLA 6	molla A K = 2 (n. pesetti/cm) $\Delta L_A = \dfrac{F}{K}$ (cm)	molla B K = 1 (n. pesetti/cm) $\Delta L_B = \dfrac{F}{K}$ (cm)
F		
1	0,5	1,0
2	1,0	2,0
3	1,5	3,0
4	2,0	4,0

Applicando, prima alla molla A e poi alla molla B, 1, 2, 3, 4 pesetti, otteniamo gli allungamenti della tabella 6. Riportiamo i risultati nel grafico cartesiano.

ricorda...
La pendenza della retta in un grafico forza-allungamento rappresenta la **rigidezza** della molla. La pendenza aumenta man mano che si utilizzano molle più **rigide**.

Dato che applicando un pesetto la molla A si allunga di 0,5 cm e la molla B di 1 cm, possiamo dire che A è più rigida di B. Questa maggiore rigidezza si riflette nella pendenza maggiore della retta relativa alla molla A rispetto a quella della molla B.

Se vogliamo sapere qual è l'unità di misura della costante elastica nel SI, basta partire dalla sua definizione:

$K = \dfrac{F}{\Delta L}$ ⇒ $\dfrac{\text{forza (misurata in newton)}}{\text{allungamento (misurato in metri)}}$ ⇒ $\dfrac{N}{m}$

L'unità di misura della costante elastica è il **N/m**.

> unità di misura di K

ricorda...
Ogni molla è caratterizzata da una propria costante, detta **costante elastica**, che dipende dalle caratteristiche fisiche (dal materiale con cui è costruita) e geometriche (dalla sezione e dal modo con cui sono state strutturate le spire).

3.6 Peso e massa

Nel linguaggio comune peso e massa sono usati praticamente come sinonimi. In realtà non lo sono.
Cerchiamo di capire da dove deriva la necessità di tale distinzione.

L'esperienza insegna che quando ti immergi nell'acqua, ti senti più leggero. Eppure non hai subìto un improvviso dimagrimento! Possiamo dire che la sensazione di leggerezza che provi ha a che fare con il tuo peso, mentre la quantità di materia che costituisce il tuo corpo, immutata durante il bagno, ne riflette la massa.

Un altro esempio è quello degli astronauti che sulla Luna si muovono con maggiore agilità (ingombro della tuta a parte) come conseguenza del fatto che il peso di un uomo sul nostro satellite naturale è minore rispetto alla Terra. Tuttavia, gli astronauti sono fisicamente gli stessi, sia qui sia sulla Luna: la loro massa non è sostanzialmente cambiata.

Avendo dunque a che fare con due aspetti dei corpi che si manifestano in modo diverso, anche se fra loro strettamente correlati, nasce l'esigenza di introdurre due grandezze fisiche distinte.

peso e massa
> Il **peso** sostanzialmente ci informa sull'entità della forza con la quale un corpo viene attratto verso la Terra. La **massa** ci dà un'idea, invece, della quantità di materia di cui è composto un corpo.

Una volta appurato che la massa non coincide con il peso, non è cioè una forza, per comprenderne il significato in modo esauriente ricorriamo per il momento alla sua *definizione operativa*, descrivendo come la misuriamo.

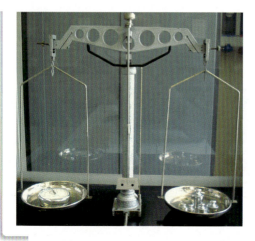

Lo strumento utilizzato per la misurazione della massa è la *bilancia a bracci uguali*. Prima di rilevare la misura, ci assicuriamo che, a piatti scarichi, l'indice della bilancia sia sullo zero.
Poniamo l'oggetto di cui si vuole misurare la massa su un piatto e sull'altro piatto gli opportuni campioni calibrati, che potranno essere sottomultipli e multipli della massa unitaria, fino a equilibrare il sistema, cioè a riportare l'indice sullo zero.

Il campione utilizzato nel SI come unità di misura della massa è un cilindro equilatero di platino-iridio il cui diametro misura 39 mm, al quale è stato convenzionalmente attribuito il valore di un kilogrammo (1 kg). La definizione operativa della massa è perciò la seguente.

La **massa** è una grandezza che si misura mediante la bilancia a bracci uguali. La sua unità di misura nel SI è il **kilogrammo**.

> massa (definizione operativa)

Abbiamo più volte ribadito che massa e peso sono due grandezze fisiche differenti. Eppure, quando si dimagrisce, cioè quando si perde massa, anche il peso diminuisce! Questo accade perché vi è uno stretto legame tra le due grandezze, che viene espresso dalla relazione:

$$P = m \cdot g$$

> relazione peso-massa

dove: P (misurato in N) rappresenta il peso del corpo;
  m (misurata in kg) è la sua massa;
  g (9,81 m/s²) è una costante chiamata accelerazione di gravità.

Il significato di g e della sua unità di misura saranno approfonditi in seguito. Per ora è sufficiente sapere che è necessaria per ricavare il peso di un corpo di cui sia nota la massa. Il valore di g cambia a seconda del corpo celeste a cui si riferisce e sulla Terra è pari circa a 9,81 m/s² a patto di trovarsi in prossimità del livello del mare.

Le formule inverse in questo caso sono:

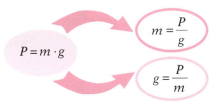

ricorda...
Peso e **massa** sono due grandezze fisiche fra loro diverse.

esempio

1 L'astronauta David Scott, comandante della missione Apollo 15, lasciò cadere sul suolo lunare un martello (e una piuma) in caduta libera. Supponiamo che il martello avesse una massa di 350 g, vogliamo trovare:

a) il peso del martello sia sulla Terra sia sulla Luna (dove l'accelerazione di gravità vale 1,62 m/s²);

b) quale dovrebbe essere la massa del martello per avere sul nostro satellite naturale lo stesso peso che ha qui da noi.

a) Calcoliamo il peso del martello.
  1) Negli esercizi di fisica può capitare che ci siano dei dati impliciti, cioè non riportati direttamente nel testo, ma la cui conoscenza è necessaria e data per acquisita. In questo caso si tratta dell'accelerazione di gravità della Terra:

$$g = 9{,}81 \ \frac{m}{s^2}$$

2) Dopodiché, analizzando i dati, si vede che l'unità di misura della massa è da esprimere in kg:

$$m = 350 \text{ g} = \frac{350}{1000} = 0{,}350 \text{ kg}$$

3) Ora possiamo calcolare il peso del martello sulla Terra e sulla Luna usando le rispettive g:

  Terra: $P = m \cdot g = 0{,}350 \cdot 9{,}81 = 3{,}43$ N
  Luna: $P = m \cdot g = 0{,}350 \cdot 1{,}62 = 0{,}567$ N

b) Utilizzando il peso terrestre (3,43 N), determiniamo la massa che dovrebbe avere il martello sulla Luna per avere il medesimo peso:

$$P = m \cdot g \ \Rightarrow \ m = \frac{P}{g} = \frac{3{,}43}{1{,}62} = 2{,}12 \text{ kg}$$

Si tratta di una massa (2,12/0,350 ≅ 6) circa sei volte maggiore!

idee e personaggi

Robert Hooke, uno scienziato poliedrico (1635-1703)

UNA LEGGE FISICA NASCOSTA DIETRO A UN ANAGRAMMA

Fu con un anagramma che, nel 1678, Robert Hooke pubblicò per la prima volta la legge che porta il suo nome. Solo tre anni dopo lo scienziato rivelò che la misteriosa scrittura «CEIIINOSSSTTUV» nascondeva in realtà le parole «ut tensio sic vis». La legge è oggi più conosciuta come *legge di Hooke*, ovvero l'allungamento prodotto in una molla è direttamente proporzionale alla forza applicata alla molla: $F = K \cdot \Delta L$. Hooke fu uno scienziato poliedrico, che nel secolo XVII contribuì alla Rivoluzione scientifica per fare della scienza una disciplina rigorosa e svincolata dalla metafisica.

HOOKE A OXFORD

Nato sull'Isola di Wight, dopo la morte del padre, nel 1635, si trasferì a Londra, dove la sua intelligenza non sfuggì a Richard Busby, preside del Royal College (tuttora una delle più prestigiose scuole private del Regno Unito). Busby fece di Hooke un suo pupillo e lo ammise a studiare al Royal College a soli tredici anni. In seguito, Hooke frequentò l'Università di Oxford, dove lavoravano i migliori scienziati dell'epoca. Qui Hooke iniziò a dar prova della propria genialità nella messa a punto di dispositivi sperimentali e ciò gli fruttò, nel 1657, l'assunzione come assistente personale del chimico e fisico Robert Boyle. Negli anni in cui lavorò per lui, Hooke ideò e costruì la pompa pneumatica con cui Boyle poté realizzare i celebri studi sui gas (vedi Unità 18).

L'INCARICO COME «CURATORE DEGLI ESPERIMENTI»

Hooke fu un geniale inventore di strumenti scientifici e contribuì in modo originale al perfezionamento di quelli già esistenti.
Alla fine del 1662, diventò dipendente della Royal Society, l'Accademia inglese delle scienze, con la mansione di «curatore degli esperimenti»: doveva ideare esperimenti da mostrare ai soci durante le riunioni settimanali dell'Accademia.
Gli esperimenti di Hooke erano così brillanti che per anni costituirono l'attività scientifica principale e più nota della Royal Society, di cui lo scienziato divenne segretario nel 1677.
Hooke perfezionò il telescopio e con esso osservò per primo, nel maggio del 1664, la Grande Macchia Rossa di Giove, l'enorme tempesta anticiclonica che si sviluppa sotto l'equatore del

pianeta. Grazie a questa osservazione, Hooke fu in grado di dimostrare la rotazione di Giove intorno al proprio asse. Anche il microscopio ottico, ideato in Olanda alla fine del XVI secolo, fu significativamente migliorato da Hooke con nuovi sistemi ottici e di illuminazione. Egli poté quindi realizzare osservazioni estremamente dettagliate, che espose nel suo libro *Micrographia*. In una sezione del testo, descrisse addirittura l'identificazione, in sottilissime sezioni di sughero, di piccole cavità separate da pareti, che per primo denominò *cells*, ovvero «cellule».

LA CONTESA SCIENTIFICA CON NEWTON

A partire dagli anni Settanta del XVII secolo, la vita di Hooke fu dominata dalla contesa scientifica con Newton. Nel 1672, alla vigilia della sua ammissione alla Royal Society,

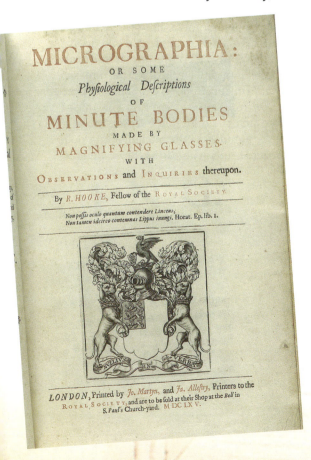

Newton scrisse la famosa relazione in cui dimostrava che la luce bianca è composta dalla somma di tutti i colori.
Egli sviluppò la *teoria corpuscolare della luce*, che considerava composta da particelle, mentre Hooke era un accanito sostenitore di una visione opposta, o *teoria ondulatoria*, e osteggiò Newton. La scienza, secoli dopo, ha dato ragione a entrambi, mostrando che la luce gode di entrambe le nature, corpuscolare e ondulatoria, ma all'epoca la contesa si trascinò per anni e divenne un'accesa battaglia personale.
Nei primi anni i favori della comunità scientifica andarono a Hooke, ma a partire dal 1687, dopo la pubblicazione dei *Principia* di Newton, la situazione si rovesciò.
Nei *Principia*, Newton gettò le basi della fisica «classica», che dominò la cultura scientifica nei tre secoli successivi, e ottenne il favore generale della comunità. Nel 1703 Hooke morì e Newton divenne presidente della Royal Society. Negli anni seguenti, il rivale rimasto in vita si adoperò per seppellire il ricordo del povero Hooke, il cui ritratto fu addirittura rimosso dai locali della Royal Society, e solo di recente gli effettivi meriti di questo scienziato sono stati riportati alla luce.

IN SINTESI

- La definizione di forza è di tipo indiretto perché si basa sugli effetti della forza stessa, anziché descrivere ciò che una forza è.

  Gli effetti possibili di una forza sono:
  - la *deformazione* di un corpo, eventualmente fino a romperlo;
  - il *movimento* di un corpo che in precedenza era fermo;
  - l'*arresto* di un corpo che si stava muovendo;
  - la *variazione* delle *caratteristiche del moto* di un corpo in movimento (variazione di velocità e/o di direzione).

  La **forza**, pertanto, è una grandezza fisica che può causare la deformazione oppure la modificazione dello stato di quiete o delle condizioni di moto di un corpo.

- In Fisica una grandezza è introdotta correttamente se si è in grado di darne una **definizione operativa**, cioè di descrivere le operazioni necessarie per consentirne la misurazione.

  Due grandezze x e y sono **direttamente proporzionali** se:
  - il loro grafico è una retta passante per l'origine;
  - il rapporto è costante, secondo l'equazione
    $$\frac{y}{x} = \text{costante};$$
  - raddoppiando, triplicando... l'una, anche l'altra raddoppia, triplica..., cioè le due grandezze aumentano (o diminuiscono) allo stesso modo.

  L'equazione della proporzionalità diretta si può anche scrivere nella forma $y = K \cdot x$, dove K rappresenta la costante di proporzionalità.

- Forza F e allungamento ΔL di una molla sono un esempio di grandezze direttamente proporzionali. La relazione che le lega è la **legge di Hooke**:
  $$F = K \cdot \Delta L$$
  da cui si possono ricavare le formule inverse:
  $$\Delta L = \frac{F}{K} \quad \text{e} \quad K = \frac{F}{\Delta L}$$

- Se una molla si comporta secondo la legge di Hooke, per cui essa torna alla lunghezza iniziale quando la forza che la sollecita si annulla, allora si dice che la molla si comporta in modo **elastico**.

- La forza si può misurare basandosi sugli effetti statici tramite uno strumento chiamato **dinamometro**. Alla base della sua costruzione vi è il concetto per cui, secondo la legge di Hooke, una forza applicata a una molla produce (nei limiti del comportamento elastico) allungamenti regolari della molla stessa.

- L'unità di misura della forza nel SI è il **newton** (N), che si basa sugli effetti dinamici della forza.

- Alla maggiore pendenza della retta in un grafico forza-allungamento corrisponde una molla più rigida.

- La costante di proporzionalità K nell'equazione della legge di Hooke è detta **costante elastica**; essa ci informa sul comportamento della molla e ci dice quanto essa cede se viene sollecitata da una forza esterna. La sua unità di misura nel SI è il N/m.

- Secondo la sua definizione operativa, la **massa** è una grandezza che si misura mediante la bilancia a bracci uguali. La massa è una grandezza fondamentale del SI e la sua unità di misura è il kilogrammo.

- La differenza tra massa e peso consiste nel fatto che mentre il **peso** è una forza, la **massa** è una caratteristica intrinseca del corpo, legata alla quantità di materia di cui esso è composto. Le due grandezze sono correlate dalla relazione peso-massa: $P = m \cdot g$, dove P (misurato in N) rappresenta il peso del corpo; m (misurata in kg) è la sua massa; g (9,81 m/s²) è una costante detta *accelerazione di gravità*. Il peso, quindi, ci informa sull'entità della forza con la quale un corpo di massa m viene attratto verso la Terra per effetto della gravità.

SCIENTIFIC ENGLISH

Forces and their Measurement

- The definition of force is indirect, since it is based on the effects of the force rather than actually describing the force itself.
  The possible effects of a force are:
  – *deformation* of an object, even up to breaking point;
  – *movement* of an object that was previously stationary;
  – *stopping* an object that was previously moving;
  – *changing* the *motion* of a moving object (speed and/or direction).
  Force is thus a physical quantity that can cause the deformation of an object or change its state of rest or motion.

- In order to understand a new physical quantity we need an **operational definition**, i.e., a definition that spells out the steps required in order to measure that quantity.
  Two quantities x and y are said to be **directly proportional** if:
  – the resulting graph is a straight line through the origin;
  – their ratio is constant, i.e.,
  $$\frac{y}{x} = \text{constant};$$
  – when one is doubled, tripled, etc., the other is also doubled, tripled, etc., so that the two quantities increase (or decrease) in the same way.

- The equation of direct proportionality can also be written as $y = k \cdot x$, where K is the constant of proportionality.

- The force F and the elongation ΔL of a spring are examples of directly proportional quantities. **Hooke's law** describes the relation between them:
  $$F = K \cdot \Delta L$$
  from which the inverse relationships can be derived:
  $$\Delta L = \frac{F}{K} \quad \text{and} \quad K = \frac{F}{\Delta L}$$

- If a spring behaves according to Hooke's law, so that when the force is removed it returns to its original length, the spring is said to be **elastic**.

- A device called a **dynamometer** can be used to measure the effects of force under static conditions. Such devices are based on the concept that, according to Hooke's law, a force applied to a spring will cause the spring to stretch in proportion to the applied force (within its elastic limits).

- The SI unit of force is the **newton** (N), which is based on the effects of force on motion.

- In a force-elongation graph, the steeper the line, the stiffer the spring.

- The proportionality constant K in the equation of Hooke's law is called the **elastic constant**; it tells us how the spring behaves and how much it would resist when an external force is applied. The SI unit is the N/m.

- According to its operational definition, **mass** is a quantity that is measured using an equal-arm balance. Mass is one of the SI base units and its unit is the kilogram.

- The difference between weight and mass is that **weight** is a force and **mass** is an intrinsic property of the object, linked to the amount of matter present in the object. The relationship between weight and mass is given by:
  $$P = m \cdot g$$
  where P (measured in N) is the weight of the object; m (measured in kg) is its mass; g (9.81 m/s^2) is the so-called *gravitational acceleration* constant. The weight therefore indicates the size of the force that gravity exerts on an object with a mass m.

strumenti per SVILUPPARE le COMPETENZE

VERIFICHIAMO LE CONOSCENZE

Vero-falso

		V	F
1	La forza in Fisica è sinonimo di sforzo muscolare.	☐	☐
2	La forza viene definita descrivendo *che cosa è* in termini rigorosi.	☐	☐
3	Una definizione operativa è basata sulla misurazione.	☐	☐
4	Se due grandezze aumentano contemporaneamente, possiamo dire che sono direttamente proporzionali.	☐	☐
5	Numero di libri uguali acquistati e cifra totale pagata sono grandezze direttamente proporzionali.	☐	☐
6	Se il rapporto tra due grandezze dà sempre lo stesso numero, esse sono direttamente proporzionali.	☐	☐
7	La legge di Hooke afferma che se raddoppia la forza applicata raddoppia la lunghezza della molla.	☐	☐
8	La legge di Hooke è sempre valida.	☐	☐
9	Il dinamometro serve a misurare le masse.	☐	☐
10	Se una molla ha una costante elastica maggiore di un'altra, significa che è più rigida.	☐	☐

Test a scelta multipla

1 Due grandezze fisiche *A* e *B* sono fra loro direttamente proporzionali se:
- **A** $A \cdot B$ = costante
- **B** $A + B$ = costante
- **C** A/B = costante
- **D** $A \cdot B = 1$

2 Due grandezze fisiche *A* e *B* sono fra loro direttamente proporzionali se:
- **A** al crescere di *A*, *B* rimane approssimativamente costante
- **B** al crescere di *A*, *B* diminuisce in proporzione (se *A* raddoppia, *B* diventa la metà)
- **C** al crescere di *A*, *B* cresce con la stessa legge (se *A* raddoppia, anche *B* raddoppia)
- **D** al crescere di *A*, *B* varia secondo una propria legge (se *A* raddoppia, *B* per esempio triplica)

3 Osserva la seguente relazione: $\dfrac{A+B}{C} = D$ (con *D* costante). Allora possiamo dire che:
- **A** non è rintracciabile alcuna relazione di proporzionalità diretta
- **B** *A* e *C* sono direttamente proporzionali
- **C** *C* e *D* sono direttamente proporzionali
- **D** la somma *A* + *B* e *C* sono direttamente proporzionali

4 La legge di Hooke può essere formulata in uno dei modi seguenti:
- **A** l'allungamento della molla e la forza applicata sono direttamente proporzionali
- **B** la lunghezza finale della molla e la forza applicata sono direttamente proporzionali
- **C** la somma fra l'allungamento e una costante che dipende dalla molla sono proporzionali alla forza applicata
- **D** il rapporto tra la forza applicata e l'allungamento della molla non è costante

5 Una deformazione si chiama *elastica* quando:
- **A** il corpo deformato al cessare della sollecitazione non torna più alla lunghezza iniziale
- **B** il corpo si deforma in modo tale che l'allungamento varia secondo il quadrato della forza che lo sollecita
- **C** il corpo si deforma in modo tale che l'allungamento varia in modo inversamente proporzionale rispetto alla forza che lo sollecita
- **D** il corpo deformato al cessare della sollecitazione riacquista la lunghezza iniziale

6 L'unità di misura della forza nel SI è:
- **A** il kilogrammo
- **B** il newton
- **C** il grammo
- **D** la libbra

7 Qual è lo strumento utilizzato per la misurazione della forza?
- **A** La bilancia a bracci uguali
- **B** Il calibro
- **C** Il dinamometro
- **D** Non esistono strumenti tarati per la misurazione della forza

8 Che cos'è la costante elastica di una molla?

- **A** Una variabile proporzionale all'allungamento che una molla subisce quando è sollecitata
- **B** Una costante che ci informa sulla cedevolezza o rigidezza di una molla
- **C** Una forza campione utilizzata per valutare il comportamento delle molle
- **D** Una grandezza che si misura in newton e che dipende dalla forza applicata alla molla

9 Qual è la differenza tra massa e peso?

- **A** La massa resta invariata mentre il peso può cambiare (spostandosi per esempio dalla Terra alla Luna)
- **B** Non c'è alcuna differenza: massa e peso sono sinonimi utilizzati per la medesima grandezza fisica
- **C** Il peso resta invariato mentre la massa può cambiare (spostandosi per esempio dalla Terra alla Luna)
- **D** Non c'è alcuna differenza, se non per il fatto che l'unità di misura della massa è un sottomultiplo dell'unità di misura del peso

10 Qual è lo strumento utilizzato per la misurazione della massa?

- **A** La bilancia a bracci uguali
- **B** Il calibro
- **C** Il dinamometro
- **D** Non esistono strumenti tarati per la misurazione della massa

VERIFICHIAMO LE ABILITÀ

Esercizi

3.3 La proporzionalità diretta

1 Ogni CD costa 15 €.
- a) Quanto spende Lorenzo per acquistare 4, 12, 18, 25 CD?
- b) Rappresenta in una tabella numero di CD acquistati-spesa.
- c) Che tipo di relazione matematica intercorre tra numero di CD e spesa?
- d) Dato che abitualmente si indica con y la variabile che dipende dall'altra detta x (variabile indipendente), in questo caso sceglieresti come x la spesa totale o il numero di CD acquistati?
- e) Individua il valore numerico della costante nella relazione $\frac{y}{x}$ = costante.

[a) 60 €, 180 €...; e) 15]

2 Una palestra propone la seguente offerta.

mesi	1	3	6	12
costo (€)	45	130	250	480

- a) Il costo totale è direttamente proporzionale al numero dei mesi della frequenza?
- b) È possibile dire in base alla tabella qual è la spesa per 9 mesi di frequenza? Se la risposta è affermativa, determinala.
- c) Come variabile indipendente (x) sceglieresti il numero di mesi o il costo totale?

3 Disegna quattro quadrati A, B, C, D, rispettivamente di lato 0,5 cm, 1 cm, 2 cm, 4 cm.
- a) Completa la tabella inserendo nella terza riga i valori dei perimetri e nella quarta le aree.

quadrato	A	B	C	D
lato (cm)	0,5	1	2	4
perimetro (cm)	...	...	...	...
area (cm²)	...	...	...	...

- b) Lati dei quadrati (x) e perimetri (y) sono grandezze direttamente proporzionali? In caso di risposta affermativa individua la costante nella relazione y/x = costante.
- c) Lati dei quadrati (x) e aree (y) sono grandezze direttamente proporzionali? In caso di risposta affermativa individua la costante nella relazione y/x = costante.

[b) 4]

4 Osserva il seguente grafico.

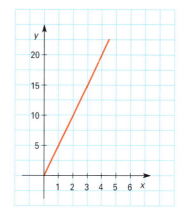

- a) Le grandezze rappresentate nel grafico sono direttamente proporzionali?
- b) In corrispondenza di x = 1 qual è il valore di y?
- c) Ricordando che $\frac{y}{x} = K$, determina K.
- d) È possibile determinare il corrispondente di x = 5? Se la risposta è affermativa, trovalo.

MODULO 2 Le forze e l'equilibrio

5 Riconosci tra le seguenti tabelle quale rappresenta grandezze direttamente proporzionali e quale no.

Tabella A

x	4	8	12	16	...
y	1	2	4	8	...

Tabella B

x	10	15	20	30	...
y	2,5	3,75	5,0	7,5	...

Per lo svolgimento dell'esercizio, completa il percorso guidato, inserendo gli elementi mancanti dove compaiono i puntini.

Tabella A

1 Verifica se la *x* raddoppia, triplica, ... regolarmente in tutta la tabella. Risposta: ....

2 Verifica se la *y* fa la stessa cosa in tutta la tabella.
Risposta: ....

3 Se le due risposte precedenti sono entrambe positive, allora le grandezze sono direttamente proporzionali; se una è positiva e l'altra no, allora non lo sono. Nel nostro caso *x* e *y*:
....

Tabella B
Seguiamo un metodo diverso rispetto al precedente.

1 Calcola il rapporto in tutti i casi: $\frac{y}{x}$ = ...;
$\frac{y}{x}$ = ...; $\frac{y}{x}$ = ...; $\frac{y}{x}$ = ...

2 Se il rapporto dà sempre lo stesso valore, cioè è costante, allora *x* e *y* sono direttamente proporzionali; se il rapporto cambia, allora *x* e *y* non sono direttamente proporzionali.
Nel nostro caso: ....

[*A*: no; *B*: sì]

6 Completa le seguenti tabelle in modo che *x* e *y* risultino grandezze direttamente proporzionali.

Tabella A

x	0,5	1	1,5	2	2,5
y	30	...	...	...	...

Tabella B

x	3	6	9	12	15
y	1/5	2/5	3/5	4/5	1

Tabella C

x	0,4	0,8	1,2	1,2	2,0
y	0,8	1,6	2,4	3,2	4,0

Tabella D

x	150	45	50	37,5	30
y	54	27	18	13,5	0,6

7 Riconosci quali delle seguenti tabelle rappresentano grandezze direttamente proporzionali e quali no.

Tabella A

x	2	4	6	8	...
y	1/2	1	3/2	2	...

Tabella B

x	2	4	8	16	...
y	3	6	9	12	...

Tabella C

x	0,1	0,2	0,3	0,4	...
y	1/3	2/3	1	4/3	...

Tabella D

x	4	8	10	12	...
y	6	12	18	24	...

Tabella E

x	15	30	45	60	...
y	10	20	30	40	...

Tabella F

x	0,2	0,4	0,8	1,2	...
y	0,5	1,0	1,2	2,0	...

[*A*: sì; *B*: no; *C*: sì; ...]

8 A baker uses 2,400 grams of flour to make 4 loaves of bread.
a) How much flour will he need to use if he wants to make 2, 16, 20, 40 loaves?
b) If *x* = loaves of bread, *y* = flour, what kind of formula will represent the relationship between *x* and *y*? Determine the value of the constant *K* in such an equation.
c) Use the data to plot a graph showing the increase in the amount of flour required as the number of loaves varies.

3.4 La legge di Hooke

9 Una molla si allunga secondo la relazione $F = 100 \cdot \Delta L$.
a) Utilizzando la relazione data, completa la seguente tabella.

F (N)	100	...	...	...
ΔL (m)	1	2	3	4

b) Qual è l'unità di misura della costante elastica?

10 Una molla si allunga secondo la relazione $F = 500 \cdot \Delta L$.
a) Utilizzando la relazione, completa la seguente tabella:

F (N)	5	...	...	20	40
ΔL (m)	0,01	0,02	0,03	...	...

b) Rappresenta la relazione in un sistema di riferimento cartesiano, riportando sull'asse *x* gli allungamenti della molla e sull'asse *y* le forze applicate.

11 Considera la seguente tabella:

forza applicata y (N)	50	100	150	200
allungamento x (m)	0,1	...	...	...

a) Completa la tabella nell'ipotesi che forze e allungamenti soddisfino la legge di Hooke.
b) Rappresenta la relazione in un sistema di riferimento cartesiano, riportando sull'asse x gli allungamenti e sull'asse y le forze applicate.
c) Individua il valore numerico della costante elastica.
d) Scrivi tutte le proprietà di cui godono forze applicate e allungamenti in quanto grandezze direttamente proporzionali.

12 Una molla, disposta verticalmente, è caratterizzata da una costante elastica di 80 N/m. Determina quale forza verticale si deve applicare per ottenere un allungamento di 20 cm.

Per lo svolgimento dell'esercizio, completa il percorso guidato, inserendo gli elementi mancanti dove compaiono i puntini.

1 I dati sono: ....
2 Le unità di misura sono coerenti con quelle del SI?
....
3 In caso di risposta negativa, esegui le equivalenze necessarie: ....
4 La formula da usare, dato che ti viene richiesta la forza, è:
$F = $ ....
5 Sostituisci nella formula i dati, trovando perciò:
$F = $ .... = ...
[16 N]

13 Una molla, disposta verticalmente, è caratterizzata da una costante elastica di 120 N/m e una lunghezza a riposo di 45 cm. Dopo che le si applica una forza verticale, la sua lunghezza totale diventa di 60 cm. Calcola l'intensità della forza applicata.

SUGGERIMENTO Ricordati di trasformare, se necessario, le unità di misura delle grandezze in quelle del SI. Non confondere, poi, lunghezza con allungamento... [18 N]

14 Una molla ha una costante elastica pari a 25 N/m. La sua lunghezza a riposo è di 18 cm. Se la lunghezza finale della molla è di 22,5 cm, qual è la forza che la sollecita?
[1,125 N]

15 Una molla, disposta verticalmente, ha una lunghezza a riposo di 20 cm. Dopo che le si applica una forza verticale pari a 2,50 N, la sua lunghezza totale diventa di 22 cm. Calcola la costante elastica della molla, esprimendola nell'unità di misura del Sistema Internazionale.

SUGGERIMENTO Ricordati di trasformare, se necessario, le unità di misura delle grandezze in quelle del SI. Dalla legge di Hooke $F = K \cdot \Delta L$ puoi ricavare la formula inversa $K = ...$ Non confondere la lunghezza della molla con l'allungamento... [125 N/m]

16 Una molla, disposta verticalmente, ha una lunghezza a riposo di 24 cm. Dopo che le si applica una forza verticale pari a 12 N, la sua lunghezza totale diventa di 27 cm. Calcola la costante elastica della molla, esprimendola nell'unità di misura del Sistema Internazionale. [400 N/m]

17 Una molla è caratterizzata da una costante elastica pari a 120 N/m. Se le viene applicata una forza pari a 30 N secondo la direzione dell'asse della molla, qual è l'allungamento subìto dalla molla?

SUGGERIMENTO Devi applicare una formula inversa, ricavabile dalla definizione della costante elastica. Se $K = \dfrac{F}{\Delta L}$, allora puoi scrivere per l'allungamento: $\Delta L = \dfrac{F}{...}$ [25 cm]

18 Una molla è caratterizzata da una costante elastica pari a 50 N/m. La sua lunghezza a riposo è di 15 cm. Se le viene applicata una forza pari a 1,75 N secondo la direzione dell'asse della molla, qual è la sua lunghezza finale?
[18,5 cm]

19 Una molla è caratterizzata da una costante elastica pari a 60 N/m. Se le viene applicata una forza pari a 3 N secondo la direzione dell'asse della molla la sua lunghezza finale è di 42 cm. Calcola la sua lunghezza a riposo. [37 cm]

20 In figura con i punti rossi sono riportati gli allungamenti di una molla ottenuti aumentando ogni volta la forza di quantità uguali (per esempio 0,50 N). Si può dire che forza e allungamento sono direttamente proporzionali? (Motiva la risposta.)

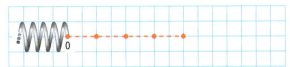

21 Nell'immagine con i punti rossi sono riportati gli allungamenti di una molla all'aumentare progressivo di quantità uguali della forza. Completa la figura, riportando i valori della forza nelle varie posizioni a partire dalla conoscenza del dato già indicato.

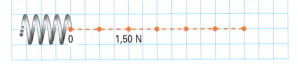

22 Osserva la figura. Se la forza è stata ridotta ogni volta, partendo dal massimo allungamento, di quantità tra loro uguali, è possibile affermare, osservando i punti rossi che indicano le posizioni della molla, che ci sia una diretta proporzionalità tra forza e allungamento? In altre parole: la molla si è comportata normalmente? (Motiva la risposta.)

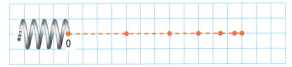

23 Se gli allungamenti sono quelli riportati nella figura con i punti rossi, potendo ipotizzare che la molla abbia un comportamento regolare, è possibile affermare che la forza applicata sia stata incrementata ogni volta della stessa quantità (per esempio 0,50 N)? (Motiva la risposta.)

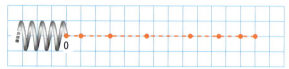

24 Sapendo che gli allungamenti nell'immagine rappresentati con i punti rossi riguardano una molla che si comporta con regolarità, completa i dati della forza in tutti i punti in cui il suo valore non è riportato.

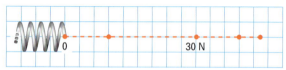

25 A spring stretches according to the equation:
$F = 400 \cdot \Delta L$.
a) Use the equation to complete the following table.

F (N)	2	...	...	...
ΔL (m)	0.005	0.010	0.020	0.040

b) Plot the applied force F on x-axis, against the stretches ΔL of the string on y-axis.

3.5 La costante elastica

26 Una molla ha una costante elastica di 150 N/cm.
a) Se alla molla viene applicata una forza di 150 N, quanto si allunga?
b) Se la costante elastica aumentasse, la molla, a parità di forza applicata, si allungherebbe di più o di meno?
c) Completa la seguente tabella.

F (N)	300	...	...	...
ΔL (m)	2	3	4	5

[a) 1 cm; ...]

27 Una molla ha una costante elastica di 250 N/m.
a) Se alla molla è applicata una forza di 25 N, di quanto si allunga? E se la forza è di 50 N, come cambia l'allungamento?
b) Se la costante elastica diminuisce, la molla, a parità di forza applicata, si allungherebbe di più o di meno?
c) Completa la seguente tabella.

F (N)	50	100	150	200
ΔL (m)	...	...	...	...

[a) 0,1 m; ...]

28 È dato il seguente grafico.

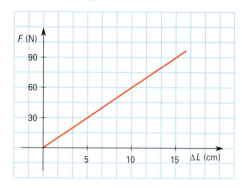

a) Determina la costante elastica della molla (ricordati che nel SI l'allungamento deve essere in...).
b) Forza e allungamento sono grandezze tra loro ....
Elenca tutte le proprietà che ne conseguono.
c) Aggiungi nel grafico la rappresentazione relativa a una molla meno rigida. Che cosa deve cambiare? ....
d) Determina la costante elastica della molla da te rappresentata.

[a) 600 N/m]

29 Data la tabella forza-allungamento riportata qui sotto, traccia il grafico corrispondente e ricava il valore della costante elastica della molla.

F (N)	0,60	1,20	1,80	2,40
ΔL (m)	0,012	0,024	0,036	0,048

SUGGERIMENTO Se hai dei dubbi, vedi il Paragrafo 3.5...

[50 N/m]

30 Dato il grafico forza-allungamento riportato qui sotto, completa la tabella corrispondente e calcola la costante elastica della molla.

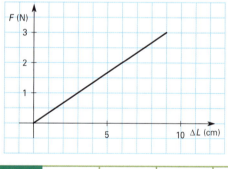

F (N)	1,0	1,5	2,0	2,5
ΔL (m)	...	...	...	...

[33,3 N/m]

31 Esaminato il grafico forza-allungamento riportato nella pagina seguente, ragionando sulle rette (senza effettuare calcoli...) e motivando la risposta, individua quale delle due rette è relativa alla molla meno rigida.

Quindi, calcola le costanti elastiche delle due molle.

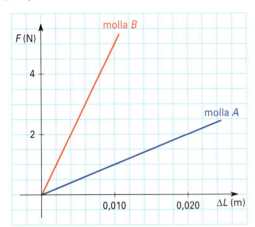

SUGGERIMENTO Per calcolare le costanti elastiche, basta che, scelto un punto sulla retta, vada a leggere i corrispondenti valori di F e di ΔL, e poi...
[100 N/m; 500 N/m]

32 When a force of 120 N is applied on the top of a vertical spring, the spring compresses 20 cm. Find the spring constant K. By how much would the spring stretch, if the constant K were 400 N/m?
[K = 600 N/m; 30 cm]

33 To compress spring A by 0.20 m requires a force of 150 N. Stretching spring B by 0.30 m requires 210 N of work. Which spring is stiffer?
[spring A]

34 A spring stretches 1.2 dm when a force of 30 N is applied. Determine the spring constant.
[250 N/m]

3.6 Peso e massa

35 In un giornale appare la seguente frase: «In seguito a una dieta dimagrante un uomo è passato dal peso di 82 kg a quello di 70 kg».
 a) In Fisica la frase è da considerare esatta o sbagliata? Motiva la risposta. ....
 b) Nel caso la reputi errata, riformula la frase in modo corretto. ....

36 Osserva la seguente tabella relativa a oggetti sulla Terra.

massa (kg)	1	2	3	4
peso (N)	9,8	19,6	29,4	39,2

 a) Possiamo affermare che massa e peso sono grandezze direttamente proporzionali? ....
 b) Qual è la variabile indipendente? ....
 c) Riformula la tabella nell'ipotesi che gli oggetti vengano trasferiti sulla Luna dove g = 1,6 m/s².

37 Un tuo amico ti comunica che durante una dieta il suo peso è diminuito di 5 kg. La frase in Fisica è sbagliata. Di quanto è effettivamente diminuito il suo peso?
[49 N]

38 Una bilancia ha fornito il seguente valore per la massa di un uomo di media statura: 750 hg (ettogrammi). Calcola il suo peso nell'unità di misura del Sistema Internazionale.

Per lo svolgimento dell'esercizio, completa il percorso guidato, inserendo gli elementi mancanti dove compaiono i puntini.

1 I dati sono: ....
....

2 Le unità di misura sono coerenti con quelle del SI? ....
....
....

3 In caso di risposta negativa, esegui le equivalenze necessarie:
....
....

4 Un dato non riportato esplicitamente, in quanto si tratta di una costante, è: ....
....

5 La formula da usare, dato che ti viene richiesto il peso, è:
P = ...

6 Sostituisci nella formula i dati, trovando perciò:
P = ... = ...
[736 N]

39 Un neonato, posto su una bilancia molto sensibile, risulta essere passato da 3,650 kilogrammi a 3,810 kilogrammi dopo un'abbondante poppata. Calcola il peso di latte preso dal neonato.
[1,57 N]

40 Il peso di un corpo è pari a 1,18 N. Si vuole sapere a quanto equivale in grammi la sua massa.
SUGGERIMENTO Devi utilizzare la formula inversa, dividendo ambo i membri per g. Quindi: m = ...
[120 g]

41 Trova la massa di un corpo, sapendo che il suo peso è di 490,5 N.
[50 kg]

42 What is the weight of a 40 kg object?
[392.4 N]

43 When some objects are weighed on the Moon, the following data are found:

mass (kg)	2	5	10
found weight (N)	3.2	8	32

What is the value of g on the Moon? How much do the same objects weigh on Earth?
[g = 1.6 m/s²; 19.62 N; 49.05 N; 98.1 N]

Problemi

La risoluzione dei problemi richiede la conoscenza di argomenti trasversali a più paragrafi. Con il pallino sono contrassegnati i problemi che presentano una maggiore complessità.

1 A una molla vengono applicate verticalmente e nello stesso verso le forze $F_1 = 1,5$ N e $F_2 = 0,5$ N, prima separatamente e poi congiuntamente. La costante elastica della molla è pari a 20 N/m. Verifica che l'allungamento della molla sottoposta alla forza $F = F_1 + F_2$ è uguale alla somma degli allungamenti provocati dalle singole forze.

SUGGERIMENTO Devi trovare i tre allungamenti ΔL_1, ΔL_2 e ΔL e poi verificare che $\Delta L = ...$
[0,10 m]

•2 Due molle di peso trascurabile hanno costante elastica rispettivamente pari a $K_1 = 100$ N/m e $K_2 = 200$ N/m. Esse sono agganciate verticalmente l'una all'altra, in modo tale che l'estremità superiore della prima è fissa, mentre all'estremità libera della seconda viene applicato un peso di 2,5 N. Determina l'allungamento complessivo delle due molle. Sapresti trovare, quindi, la costante elastica K di una molla che, sottoposta sempre a una forza di 2,5 N, presenti lo stesso allungamento complessivo? Quale relazione si può ipotizzare fra K, K_1 e K_2?

SUGGERIMENTO Devi, come nel precedente problema, trovare i tre allungamenti ΔL_1, ΔL_2 e ΔL, dopodiché calcolare K e poi verificare, per esempio, se $K = K_1 + K_2$ oppure se $\dfrac{1}{K} = \dfrac{1}{K_1} + \dfrac{1}{K_2}$...
[3,75 cm; 67 N/m]

3 Una molla ha una lunghezza a riposo che è stata misurata e per la quale si è ottenuto il seguente risultato: 16,5 cm. Appendendole una massa di 865 g, la molla si allunga raggiungendo la lunghezza finale di 19,7 cm. Calcola la costante elastica della molla.
[265 N/m]

4 Gravitational acceleration g on Mars is only 38% of the gravity on Earth. What would be the weight of a body on Mars, expressed in newton, if its mass is 70 kg?

HINT First of all you have to determine the value of g on Mars...
[261 N]

5 Due molle elastiche identiche sono collegate come in figura. Alle due molle è applicata una forza di 12 N. Se la costante elastica di ciascuna delle due molle è 60 N/m, qual è l'allungamento subìto da ciascuna di esse?

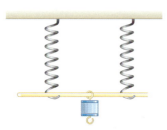

SUGGERIMENTO Quando le molle sono posizionate come in figura (in parallelo) le costanti elastiche si sommano...
[0,1 m]

•6 Sono date tre molle A, B, C di peso trascurabile posizionate come in figura. Sapendo che la forza applicata è 3,6 N e che le costanti delle molle sono $K_A = K_B = 30$ N/m e $K_C = 15$ N/m, determina l'allungamento complessivo subìto dal sistema.

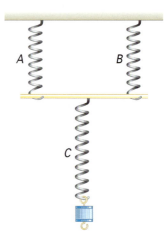

SUGGERIMENTO Prima determina $K_{AB} = K_A + K_B$ relativo al sistema costituito dalle due molle. Considera le molle A e B come una sola molla posizionata in verticale con la molla C.
Si avrà: $\dfrac{1}{K_{sistema}} = \dfrac{1}{K_{AB}} + \dfrac{1}{K_C}$ ...
[3 dm]

•7 Riprendendo i dati dell'Esercizio 15 di questa Unità, nell'ipotesi che lo strumento per la misura della lunghezza a riposo e della lunghezza finale della molla avesse una sensibilità di 1 mm e che il dinamometro con cui è stata misurata la forza avesse una sensibilità di 0,05 N, trova l'intervallo di indeterminazione della costante elastica K.

SUGGERIMENTO Dopo avere scritto le misure di L_0, L ed F, ti conviene applicare le leggi di propagazione degli errori gradualmente, prima per trovare l'incertezza dell'allungamento ΔL (differenza) e poi per trovare l'incertezza di K (divisione)... Non arrotondare ΔK...
[(110 ÷ 140) N/m]

•8 Sapendo che la massa di un corpo è pari a 30 kg e che è stata misurata con una bilancia il cui errore di sensibilità è 0,2 kg, determina la misura del peso corrispondente. Per l'accelerazione di gravità assumi $g = (9,81 \pm 0,01)$ m/s^2.
[(294 ± 3) N]

9 A mass of 12.5 kg is placed on top of a vertical spring with a constant of 245 N/m. Calculate the spring stretch.

HINT The force applied on the spring is the weight of the object...
[0.5 m]

Competenze alla prova

ASSE SCIENTIFICO-TECNOLOGICO

Osservare, descrivere e analizzare fenomeni appartenenti alla realtà...

1. Devi mettere insieme una sorta di album fotografico commentato, come quelli che talvolta si fanno in un viaggio oppure in una vacanza, ma questa volta il soggetto è... la forza. Usando uno smartphone per scattare delle fotografie, scaricando delle immagini da Internet o semplicemente disegnando qualcosa che hai visto, rileva almeno tre situazioni in cui a tuo parere si manifesta una forza. Ogni *immagine* – reale o virtuale che sia – deve essere accompagnata da un commento che spieghi in che modo la forza agisce.

> **Spunto** Se per esempio fotografi un compagno di spalle che se ne sta andando a casa dopo che è suonata la campanella, il suo pesante zaino pieno di libri certamente evidenzia la presenza della forza peso che è equilibrata dalla .... del ragazzo.

ASSE SCIENTIFICO-TECNOLOGICO

Essere consapevole delle potenzialità e dei limiti delle tecnologie...

2. Utilizzando le possibilità messe a disposizione dall'applet:
   http://phet.colorado.edu/sims/mass-spring-lab/mass-spring-lab_en.html
   elabora una semplice simulazione sperimentale per verificare la legge di Hooke, immaginando che debba essere ripetuto da una persona che non conosce la legge o la fisica in generale. Descrivi le azioni che deve fare sotto forma di elenco numerato, in modo da guidarla nell'esecuzione dell'esperimento.

> **Spunto** Si può far vedere che appendendo alla stessa molla pesi più grandi, essa si allunga... Oppure, appendendo lo stesso peso a diverse molle, si vede che gli allungamenti... Volendo, si può anche cambiare pianeta e allora...

ASSE MATEMATICO

Individuare le strategie appropriate per la soluzione di problemi

3. Ti trovi in un laboratorio situato in un pianeta del sistema solare. Disponi di una molla con costante elastica di 25 N/m e di un pesetto la cui massa è pari a 400 g. Appendendo il pesetto alla molla vedi che essa si allunga passando dalla lunghezza a riposo di 50,0 cm alla lunghezza finale di 66,8 cm. Con questi dati devi riuscire a scoprire in quale pianeta ti trovi.

> **Spunto** Ogni pianeta, tra le altre cose, è caratterizzato da una propria accelerazione di gravità, di cui puoi trovare i valori nelle tabelle in fondo al libro di testo, per confrontarla con quella da te trovata utilizzando la legge di Hooke...

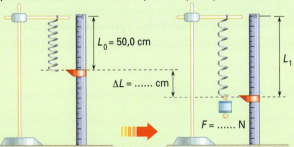

ASSE LINGUISTICO

Padroneggiare gli strumenti espressivi e argomentativi...

4. Prendendo come esempio un normale dizionario di italiano, costruisci un mini-vocabolarietto di almeno dieci parole relativo ai termini più importanti incontrati in questa Unità, senza scrivere formule matematiche e cercando di riportare le definizioni più sintetiche rispetto al testo.

> **Spunto** *Allungamento*: differenza tra la lunghezza finale e la lunghezza...
> *Legge di Hooke*: legge che esprime la diretta proporzionalità tra...
> *Peso*: forza che attira un corpo con una certa massa verso...

UNITÀ 4
Vettori ed equilibrio

Lezione multimediale

4.1 I vettori

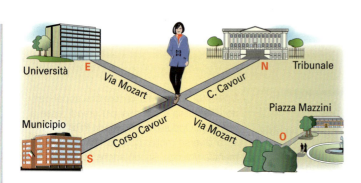

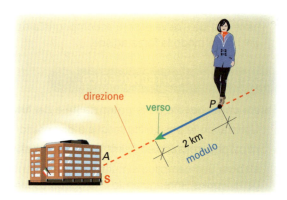

Anna, la ragazza della figura, si trova al centro di un incrocio. Si trova alla stessa distanza dall'Università, dal Municipio, da piazza Mazzini e dal Tribunale, e deve recarsi a una sola di queste possibili destinazioni.
Sapere che per arrivare alla propria meta dovrà percorrere 2 km, non ci aiuta a conoscere la sua meta.

Per avere un'informazione più completa su certe grandezze, come per esempio lo spostamento, occorre conoscere:
a) il **modulo** o **intensità**, cioè il valore che la grandezza assume in una determinata unità di misura;
b) la **direzione**, individuata dalla retta *PA* lungo cui avviene lo spostamento;
c) il **verso**, che permette di scegliere fra i due possibili sensi di percorrenza, cioè da *P* verso *A* o da *A* verso *P*.

Non sempre è così: quando chiedi la durata di una canzone, non ti poni il problema della direzione in senso spaziale del... tempo. Quindi, esistono delle grandezze, dette **grandezze scalari**, che possono essere rappresentate semplicemente da un valore; mentre altre, come lo spostamento, dette **grandezze vettoriali**, o più brevemente **vettori**, per essere correttamente individuate richiedono ulteriori elementi oltre al valore numerico. Riassumendo:

vettori
> I **vettori** sono quelle grandezze caratterizzate da:
> • **modulo** o **intensità**;
> • **direzione**;
> • **verso**.

ricorda...
Mentre il *peso*, essendo una forza, è una *grandezza vettoriale*, la *massa* è una *grandezza scalare*: per identificare quest'ultima non abbiamo bisogno né di direzione né di verso, ma soltanto del modulo.

In tabella 1 sono riportate alcune grandezze fisiche di tipo scalare e alcune di tipo vettoriale, di cui possiedi un'idea per lo meno intuitiva.

TABELLA 1

grandezze scalari	grandezze vettoriali
intervallo di tempo	spostamento
temperatura	velocità
densità	accelerazione
massa	forza (peso)

Riprendendo la questione della differenza tra massa e peso, oltre a quelle già viste nell'Unità 3, ora possiamo aggiungere un'altra considerazione: il peso è un vettore, la massa no.

Come vengono rappresentate le grandezze vettoriali? È molto semplice: si sceglie l'unità di misura, che qui indichiamo genericamente con u, e poi si disegna il vettore in modo tale che:

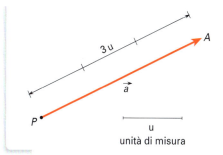

- la **direzione** della retta su cui giace il vettore coincida con la direzione lungo la quale agisce il vettore stesso (retta *PA* nel nostro caso);
- il **verso** sia stabilito dalla freccia posta a una estremità del vettore (il punto *A*);
- la **lunghezza** del segmento riproduca il modulo della grandezza in relazione all'unità di misura u (tre volte u).

Per indicare simbolicamente un vettore, si traccia una frecciatta sopra la lettera: $\vec{a}$, che si legge «vettore *a*». Quando si fa riferimento al modulo del vettore, allora si può scrivere $|\vec{a}|$ oppure semplicemente *a*. Nel caso in figura: $a = 3$ u.

Il punto a partire dal quale è riportato il vettore (nel caso in figura: il punto *P*) si chiama **punto di applicazione**.

4.2 Le operazioni con i vettori

Dato che le forze sono un esempio di grandezze vettoriali, le utilizzeremo per capire come si svolgono le operazioni tra vettori.

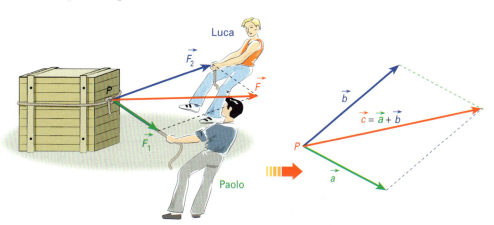

Se Paolo e Luca tirano la cassa con due corde secondo direzioni diverse, essa si muove come se in *P* fosse applicata una sola forza $\vec{F}$ avente come direzione la diagonale del parallelogramma che ha per lati le forze $\vec{F_1}$ ed $\vec{F_2}$.

Questo risultato viene sintetizzato come *regola del parallelogramma*, che possiamo generalizzare per qualunque vettore.

Secondo la **regola del parallelogramma**, la somma di due vettori $\vec{a}$ e $\vec{b}$ non paralleli applicati nello stesso punto *P* è un vettore $\vec{c}$, chiamato **vettore risultante**, che ha:
- **modulo** uguale alla lunghezza della diagonale del parallelogramma avente come lati $\vec{a}$ e $\vec{b}$;
- **direzione** individuata dalla diagonale del parallelogramma;
- **verso** che va dal punto comune di applicazione *P* all'altro estremo della diagonale del parallelogramma.

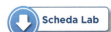 **Scheda Lab**

Possiamo in generale determinare il modulo del vettore somma $\vec{c} = \vec{a} + \vec{b}$ solo per via grafica, misurando cioè la lunghezza della diagonale, in quanto a questo punto del tuo percorso scolastico non conosci ancora gli strumenti matematici necessari per individuare, noti i lati e l'angolo tra di essi, la lunghezza della diagonale di un parallelogramma.

Esiste, però, un caso particolare in cui puoi determinare il modulo anche numericamente.

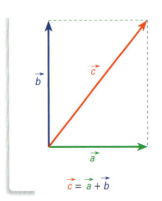

Prova ad applicare la regola del parallelogramma quando $\vec{a}$ e $\vec{b}$ sono perpendicolari; il parallelogramma diventa un rettangolo, per cui il modulo c del vettore $\vec{c}$ non è altro che:

$$c = \sqrt{a^2 + b^2}$$

dove a e b sono rispettivamente i moduli dei vettori $\vec{a}$ e $\vec{b}$.

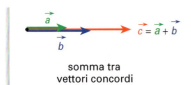

somma tra vettori concordi

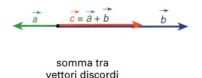

somma tra vettori discordi

Vi sono altri casi di somma tra vettori i cui risultati sono di immediata comprensibilità.

esempio

1 Consideriamo due forze $\vec{F}_1$ ed $\vec{F}_2$ i cui moduli siano $F_1 = 20$ N ed $F_2 = 50$ N.
Vogliamo calcolarne la somma nei quattro casi riportati qui sotto.

a)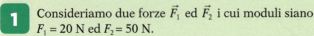

$\vec{F}_1$ ed $\vec{F}_2$ sono concordi:

$$F = F_1 + F_2 = 20 + 50 = 70 \text{ N}$$

b)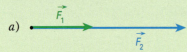

$\vec{F}_1$ ed $\vec{F}_2$ sono discordi:

$$F = F_2 - F_1 = 50 - 20 = 30 \text{ N}$$

c)

$\vec{F}_1$ ed $\vec{F}_2$ formano un angolo di 90°:

$$F = \sqrt{F_1^2 + F_2^2} = \sqrt{20^2 + 50^2} = \sqrt{2900} \cong 54 \text{ N}$$

d)

$\vec{F}_1$ ed $\vec{F}_2$ formano un angolo di 30°:

$$F \cong 68 \text{ N (per via grafica)}$$

> **ricorda...**
> Non confondere i vettori con le forze. La forza è un esempio di grandezza fisica che ha la caratteristica di appartenere alla categoria dei vettori.

4.3 La scomposizione di vettori

Immagina di voler andare da Rimini a Torino con un aereo da turismo. Lo **spostamento** – che è un vettore in quanto è definito oltre che dal **modulo**, cioè la distanza tra le due città, anche dalla **direzione** e dal **verso** – può essere quello di un volo diretto rappresentato dal vettore $\vec{c}$.

Ma per qualche ragione potresti decidere, come illustrato nella figura a sinistra, di andare prima a Bergamo (vettore $\vec{a}$) e da lì, dopo uno scalo tecnico, a Torino (vettore $\vec{b}$). La scelta potrebbe essere anche un'altra, riportata nella figura a destra: vai da Rimini a Venezia (vettore $\vec{a}'$) e quindi da questo aeroporto alla meta finale (vettore $\vec{b}'$). È evidente che il risultato è sempre lo stesso, vale a dire l'arrivo a Torino, per cui in sostanza la somma dei due spostamenti, $\vec{a}$ e $\vec{b}$ nel primo caso, così come di $\vec{a}'$ e $\vec{b}'$ nel secondo, è sempre $\vec{c}$:

$$\vec{c} = \vec{a} + \vec{b} \qquad \vec{c} = \vec{a}' + \vec{b}'$$

Quello che è stato fatto non è altro che la **scomposizione di un vettore** in altri due vettori la cui somma però è uguale proprio al vettore originario.

Come puoi intuire, le scelte possono essere moltissime e, tra l'altro, la scomposizione può essere fatta anche in più di due vettori: ora il tragitto è suddiviso in tre parti, poiché anche lo spostamento fino a Bergamo è stato a sua volta scomposto in due tratti...

Ricapitolando, dato un vettore $\vec{c}$ si possono determinare i due vettori componenti $\vec{a}$ e $\vec{b}$ secondo due direzioni scelte arbitrariamente in modo tale che $\vec{c} = \vec{a} + \vec{b}$.

Noto il vettore $\vec{c}$, scegli a piacere due direzioni r ed s.

Dal secondo estremo di $\vec{c}$, mandi la parallela alla retta s fino a intersecare la retta r. Ottieni il vettore $\vec{a}$.

Dal secondo estremo di $\vec{c}$, mandi la parallela alla retta r fino a intersecare la retta s. Ottieni il vettore $\vec{b}$.

In questo modo abbiamo individuato i due vettori componenti $\vec{a}$ e $\vec{b}$ tali che:

$$\vec{c} = \vec{a} + \vec{b}$$

La costruzione può essere ripetuta cambiando le direzioni delle rette r ed s.

Affrontiamo ora un caso particolare di scomposizione.

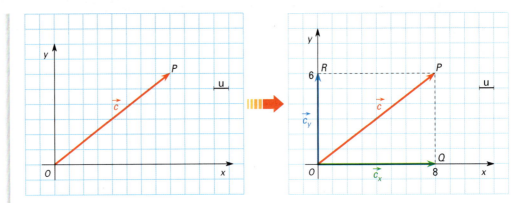

Dato un vettore $\vec{c}$, prendiamo un sistema di riferimento di assi cartesiani ortogonali che ha l'origine O coincidente con quella del vettore e poi scomponiamo $\vec{c}$ secondo le direzioni individuate dagli assi cartesiani x e y.
Dall'estremo P del vettore mandiamo la perpendicolare all'asse delle x (che equivale a tracciare da P la parallela all'asse delle y fino a intersecare l'asse delle x) ottenendo così il vettore componente $\vec{c}_x$ e, analogamente, mandando la perpendicolare all'asse delle y, si determina $\vec{c}_y$. Vale la relazione:

$$\vec{c} = \vec{c}_x + \vec{c}_y$$

c_x e c_y si definiscono componenti scalari cartesiane o più brevemente **componenti cartesiane** e si scrive:

$$\vec{c}(c_x; c_y)$$

Applicando il teorema di Pitagora nel triangolo OPQ si ha:

$$c = \sqrt{c_x^2 + c_y^2}$$

Nel nostro caso si avrà: $c = \sqrt{8^2 + 6^2} = 10$ u (dove u rappresenta l'unità di misura scelta).

L'utilizzo delle componenti cartesiane ci permette di effettuare rapidamente somme e sottrazioni di vettori.

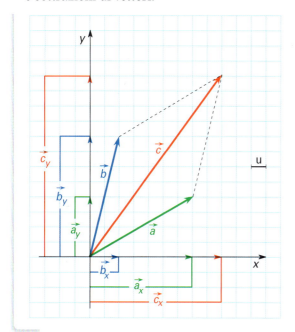

Per esempio, nella figura si hanno i vettori $\vec{a}$ (7; 4) e $\vec{b}$ (2; 8).
Non è difficile dedurre che:

$$c_x = a_x + b_x \quad e \quad c_y = a_y + b_y$$

Ricavando i dati dalla figura, puoi verificare che:

$$c_x = 9 \text{ u}$$
$$c_y = 12 \text{ u}$$
$$c = \sqrt{81 + 144} = 15 \text{ u}$$

Approfondimento

Seno e coseno di un angolo

Nel caso in cui è noto l'angolo α che un vettore $\vec{c}$ forma con la direzione positiva dell'asse x, si possono ricavare le componenti cartesiane utilizzando le funzioni goniometriche dell'angolo denominate **seno** e **coseno**.

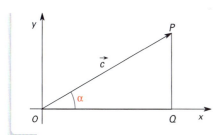

In un triangolo rettangolo OPQ valgono le seguenti relazioni dette **funzioni goniometriche**:

$$\text{sen}\,\alpha = \frac{PQ}{OP} = \frac{\text{cateto } \textbf{opposto} \text{ all'angolo } \alpha}{\text{ipotenusa}}$$

$$\cos\alpha = \frac{OQ}{OP} = \frac{\text{cateto } \textbf{adiacente} \text{ all'angolo } \alpha}{\text{ipotenusa}}$$

Nella tabella si riportano i valori di seno e coseno di alcuni angoli particolari.

α	senα	cosα	α	senα	cosα
0°	0	1	135°	$\frac{\sqrt{2}}{2} = 0{,}707$	$-\frac{\sqrt{2}}{2} = -0{,}707$
30°	$\frac{1}{2} = 0{,}5$	$\frac{\sqrt{3}}{2} = 0{,}866$	150°	$\frac{1}{2} = 0{,}5$	$-\frac{\sqrt{3}}{2} = -0{,}866$
45°	$\frac{\sqrt{2}}{2} = 0{,}707$	$\frac{\sqrt{2}}{2} = 0{,}707$	180°	0	-1
60°	$\frac{\sqrt{3}}{2} = 0{,}866$	$\frac{1}{2} = 0{,}5$	270°	-1	0
90°	1	0	360°	0	1
120°	$\frac{\sqrt{3}}{2} = 0{,}866$	$-\frac{1}{2} = -0{,}5$			

esempio

2 Determina le componenti cartesiane di $\vec{c}$ il cui modulo c è 5.

$$\cos 30° = \frac{OQ}{OP} = \frac{c_x}{c} \Rightarrow c_x = c \cos 30°$$

$$c_x = 5 \cdot 0{,}866 = 4{,}33$$

$$\text{sen } 30° = \frac{PQ}{OP} = \frac{c_y}{c} \Rightarrow c_y = c \text{ sen } 30°$$

$$c_y = 5 \cdot 0{,}5 = 2{,}5$$

In sintesi $\vec{c}$ (4,33; 2,5).

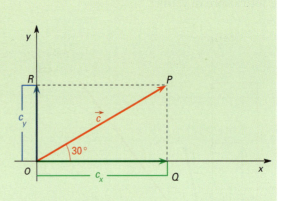

4.4 L'equilibrio del punto materiale

Hai mai provato ad appoggiare tanti libri uno sopra l'altro?
Inizialmente si riesce a organizzare una pila senza problemi. Se si continua, però, prima o poi arriva inesorabile il momento del crollo. Eppure, sino al penultimo libro tutto era immobile...
È bastata l'aggiunta dell'ultimo elemento per modificare le condizioni necessarie perché la pila di libri rimanesse ferma, cioè *in equilibrio*, e farla così cadere.

equilibrio | Un corpo è in **equilibrio** se è fermo e persevera nel suo stato di quiete al trascorrere del tempo.

Che cosa è successo realmente alla pila di libri? È importante capire quali sono le condizioni affinché i corpi rimangano in equilibrio.

Se provi a pensare agli edifici nei quali abitiamo, lavoriamo, studiamo, ci divertiamo, oppure a costruzioni come i ponti o le dighe, non potrai che essere d'accordo sul fatto che l'equilibrio dei corpi è fondamentale per la nostra vita, perché quando viene a cessare, come nel caso di un terremoto, le conseguenze possono essere disastrose: non a caso la branca della Fisica che se ne occupa, cioè la **statica**, si è sviluppata sin dall'antichità.

Per capire quali sono le condizioni che consentono l'equilibrio dei corpi, riveste molta importanza il concetto di **modello**.

> Un **modello** è la semplificazione di una situazione reale, utile per concentrare lo studio di alcuni aspetti di un fenomeno, ignorandone altri.

modello

Considera un sasso fermo su un tavolo: per quale motivo sta fermo? Se ne prendessimo in esame ogni elemento (forma, volume, composizione ecc.), ci disperderemmo in troppi dettagli, non riusciremo a cogliere l'essenza del problema.
Infatti, ai fini dell'equilibrio, la sua composizione non è rilevante. Allora, per semplificare l'approccio, possiamo pensare al sasso come a un **punto materiale**, vale a dire un punto senza dimensioni che contiene tutta la massa, trascurando ogni altro aspetto.

> Il **punto materiale** è una semplificazione di un corpo reale, in cui si immagina concentrata tutta la materia presente nel corpo.

punto materiale

Tale punto, che non corrisponde ad alcunché di reale, ma è un'invenzione della mente umana, costituisce un esempio di modello.
La scelta del modello a sua volta non è casuale, ma dipende da molti fattori. Il modello del punto materiale, per esempio, è efficace se il corpo studiato è piccolo rispetto al contesto in cui si trova e se tutte le forze possono essere considerate applicate nel punto stesso.

Dall'alto di un aereo, un'automobile può essere assimilata a un punto materiale in movimento sulla strada.

Se vogliamo capire gli effetti dell'accelerazione sul conducente, non possiamo più studiare il nostro oggetto come se fosse un punto.

Tornando al sasso sul tavolo, pensiamolo come punto materiale e analizziamo le forze che agiscono su di esso. Dato che in presenza di una forza si ha una deformazione (effetto statico) o un cambiamento nello stato di quiete o di moto (effetto dinamico) del corpo, il sasso è fermo in quanto: o sul sasso non agisce alcuna forza, oppure le forze che agiscono sul sasso sono tali che la loro somma vettoriale è nulla.

La prima ipotesi è da escludersi, in quanto il sasso ha un peso e il peso è una forza che, in assenza del tavolo, farebbe cadere il corpo a terra. Qual è allora la forza che annulla il peso? La risposta la troviamo proprio nel tavolo che, subendo il peso del sasso, ha una deformazione elastica non visibile ai nostri occhi. In questa ottica particolare, il tavolo è detto **vincolo** e la forza da esso esercitata sui corpi appoggiati sul suo piano è detta **reazione vincolare**.

vincolo e reazione vincolare
> Il **vincolo** è un impedimento che impedisce parzialmente o totalmente a un corpo di muoversi liberamente, mentre la **reazione vincolare** è la forza che il vincolo esercita su tale corpo.

La forza elastica esercitata dal tavolo sul sasso è diretta dal basso verso l'alto ed equilibra esattamente il peso del sasso (analogamente a quanto accade a una molla verticale alla quale viene agganciato un pesetto), per cui la somma vettoriale è: $\vec{F}_{TOT} = \vec{F}_1 + \vec{F}_2 = 0$.

Il caso del sasso fermo sul tavolo rappresenta un esempio in cui si verifica la **condizione di equilibrio del punto materiale**.

condizione di equilibrio del punto materiale
> Un punto materiale fermo rimane in equilibrio se è nulla la **somma vettoriale** $\vec{F}_{TOT}$ (detta anche forza risultante) di tutte le forze che sono applicate su di esso:
> $$\vec{F}_{TOT} = 0$$

▶ Animazione
🔗 Virtual Lab

4.5 L'equilibrio sul piano inclinato

Se una sferetta (assimilabile a un punto materiale) scende lungo un piano inclinato di lunghezza l e altezza h, quale forza equilibrante $\vec{F}_e$ occorre esercitare per tenerla ferma? Dato che la condizione di equilibrio di un punto materiale è $\vec{F}_{TOT} = 0$ bisogna esaminare quali sono le forze che agiscono sulla sferetta.

La forza peso $\vec{P}$ agisce sulla sfera cercando di trascinarla verso il basso. Il piano inclinato impedisce alla sfera di cadere verticalmente, ma esercita su di essa una forza, la reazione vincolare $\vec{R}$ perpendicolare al piano stesso. La forza equilibrante $\vec{F}_e$ impedisce alla sferetta di scivolare lungo il piano.

Per capire come si sommano vettorialmente le tre forze $\vec{P}$, $\vec{R}$ ed $\vec{F}_e$ procediamo come riportato qui di seguito.

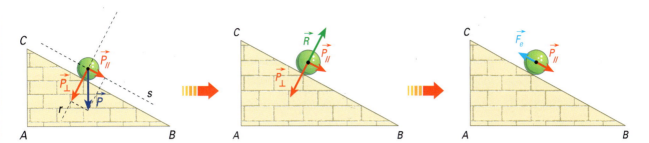

Scomponiamo la forza peso $\vec{P}$ secondo le direzioni r perpendicolare al piano ed s parallela al piano. Otteniamo le componenti $\vec{P}_\perp$ e $\vec{P}_{//}$.

La componente $\vec{P}_\perp$ viene annullata dalla reazione vincolare $\vec{R}$.

Per mantenere ferma la sferetta basta che la forza equilibrante $\vec{F}_e$ equilibri la $\vec{P}_{//}$ che è detta **componente attiva** della forza peso: $\vec{F}_e = -\vec{P}_{//}$.

> La relazione che intercorre tra il peso e la forza equilibrante è data da:
>
> $F_e = P \cdot \dfrac{h}{l}$

condizione di equilibrio su un piano inclinato

dove P è il peso del corpo appoggiato, l la lunghezza del piano inclinato e h la sua altezza. Viene ricavata da alcune considerazioni geometriche (la **dimostrazione** si trova a p. 258) che portano a scrivere:

$F_e : P = h : l$

È importante notare come il modulo di $\vec{F}_e$ dipenda da $\dfrac{h}{l}$.

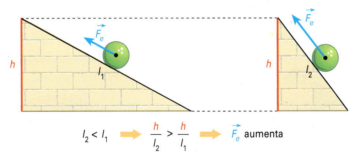

$l_2 < l_1 \implies \dfrac{h}{l_2} > \dfrac{h}{l_1} \implies \vec{F}_e$ aumenta

Se il rapporto $\dfrac{h}{l}$ aumenta, cresce anche la forza equilibrante.

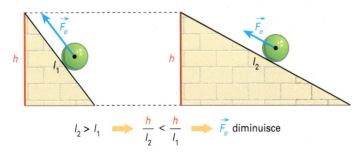

$l_2 > l_1 \implies \dfrac{h}{l_2} < \dfrac{h}{l_1} \implies \vec{F}_e$ diminuisce

Se il rapporto $\dfrac{h}{l}$ diminuisce, decresce anche la forza equilibrante.

4.6 Le forze d'attrito

Con il termine **forza di attrito** si intende, a livello generale, quella forza che si manifesta ogni volta che due materiali solidi sono a contatto tra loro e che si oppone al moto. Nel caso in cui si abbia l'accoppiata solido-liquido e solido-gas questo tipo di forza prende il nome di **resistenza del mezzo**.
Le forze d'attrito sono causate da complessi fenomeni di natura elettromagnetica che si verificano fra gli atomi di superficie.

flash))) Il suono dell'attrito

Perché il gesso, quando si scrive sulla lavagna, talvolta stride?

Una superficie che a livello macroscopico ci appare liscia è a livello microscopico caratterizzata da un alternarsi di picchi e avvallamenti.
Per questo motivo quando si scrive alla lavagna con il gesso, una piccola percentuale degli atomi delle due superfici è sufficientemente vicina a livello microscopico in modo da poter realizzare delle microsaldature, grazie a interazioni di tipo elettromagnetico. Strisciando il gesso si esercita una forza che causa lo stiramento e la rottura di queste microsaldature, a cui seguono, in rapida successione, la formazione e poi la rottura di nuove microsaldature. L'effetto complessivo è il noto e fastidioso cigolio!

Supponiamo di spingere un grande e pesante baule su un pavimento non molto liscio. Sicuramente l'operazione è faticosa!

Qualunque superficie è caratterizzata da una certa scabrosità, anche se non visibile a occhio nudo, con picchi e avvallamenti. Quando due corpi strisciano, quelle scabrosità tendono a incastrarsi fra di loro, dando origine a una forza che si oppone allo strisciamento. Questo fenomeno prende il nome di **attrito radente**.

attrito radente > La forza che agisce fra due corpi che possono strisciare l'uno sull'altro opponendosi al loro moto relativo è detta **forza d'attrito radente**.

Attrito radente statico

Supponiamo di voler spostare un baule inizialmente fermo. L'**attrito radente** è **statico** quando ostacola la messa in moto di un corpo fermo.

L'esperienza ci insegna che riuscire a mettere in movimento un baule appoggiato a un pavimento scabro non solo è faticoso ma talvolta, se si è da soli, può risultare impossibile e di conseguenza si è costretti a chiedere aiuto. Cerchiamo di capirne le ragioni.

Quando iniziamo a spingere il baule, man mano che la forza $\vec{F}$ aumenta si ha una forza di attrito statico $\vec{F}_a$ anch'essa crescente che ha la stessa direzione e modulo di $\vec{F}$, ma verso opposto, per cui impedisce il movimento: il baule rimane fermo.

Tuttavia, la forza di attrito statico non cresce indefinitamente, bensì raggiunge un valore massimo che indicheremo con $\vec{F}_s$ e che viene denominato **forza al distacco** perché rappresenta la minima forza che si deve esercitare per mettere in movimento il baule. A partire dall'istante nel quale la forza $\vec{F}$ uguaglia (e poi supera) $\vec{F}_s$ il baule comincia a spostarsi.

Su base sperimentale è possibile rilevare che il modulo della forza massima di attrito statico $\vec{F}_s$:

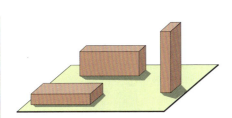
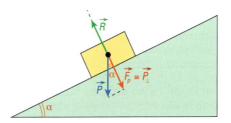

non dipende dall'estensione della superficie di contatto;

dipende dalla forza premente $\vec{F}_p$, cioè dalla componente della forza perpendicolare alla superficie di contatto. Nel caso rappresentato $\vec{F}_p$ coincide con $\vec{P}_\perp$;

dipende dalle caratteristiche delle due superfici a contatto.

Complessivamente possiamo dire che:

> Il modulo della forza di attrito statico assume, al variare della forza applicata, valori che vanno da 0 fino al valore massimo (o di distacco):
>
> $$F_s = K_s \cdot F_p$$
>
> dove K_s rappresenta il coefficiente di attrito statico, che dipende dalle caratteristiche delle superfici a contatto, ed F_p individua la componente della forza premente che agisce perpendicolarmente alla superficie di contatto.

forza di attrito radente statico

Il coefficiente K_s, in base all'equazione vista prima, lo possiamo scrivere come:

coefficiente d'attrito radente statico
$$K_s = \frac{F_s}{F_p}$$

K_s è *adimensionale* (non ha unità di misura, è un numero puro). I suoi valori possono oscillare fra 0,01 e 1,5 a seconda che le superfici a contatto siano più o meno levigate.

Per completezza aggiungiamo che la forza d'attrito è una grandezza vettoriale parallela alla superficie di contatto, avente cioè la stessa direzione, ma verso opposto, rispetto alla forza esterna che cerca di spostare il corpo.

flash))) Camminare grazie all'attrito

Abbiamo detto che la forza di attrito si oppone al movimento. In automobile circa il 20% del carburante viene utilizzato per contrastare gli attriti. Tuttavia la forza di attrito è indispensabile per muoversi. Infatti, quando appoggiamo un piede a terra mentre l'altro viene sollevato, la forza di attrito è diretta nello stesso verso del moto della persona, in quanto si oppone al moto del piede di appoggio che altrimenti scivolerebbe indietro. Per convincersi del ruolo fondamentale svolto dall'attrito, basta pensare alla difficoltà che incontriamo quando tentiamo di muoverci sul ghiaccio.

Quando una persona riesce a stare in equilibrio su una roccia in verticale significa che le forze esercitate con le mani e i piedi perpendicolarmente alla roccia determinano una forza d'attrito statico rivolta verso l'alto sufficiente per equilibrare la forza peso.

Una volta che il baule è in movimento, lo sforzo che devi fare per continuare a spostarlo è minore di quello iniziale necessario per metterlo in movimento da fermo. Si parla allora di **attrito radente dinamico** K_d: il *coefficiente d'attrito dinamico* è minore di quello statico.

> attrito radente dinamico

TABELLA 2 Coefficienti di attrito statico e dinamico*

materiali a contatto	coefficiente di attrito statico K_s	coefficiente di attrito dinamico K_d
acciaio-acciaio	0,74	0,54
gomma-cemento (asciutto)	0,65	0,5
gomma-cemento (bagnato)	0,4	0,35
legno-pietra	0,7	0,3
legno-neve	0,05	0,03

* I valori dei coefficienti di attrito statico e dinamico possono cambiare per una stessa coppia di materiali al variare delle caratteristiche delle superfici.

Confrontando, per ogni coppia di superfici, i coefficienti di attrito statico e dinamico si rileva che $K_s > K_d$. Questa relazione si riflette nel fatto che, a parità di altre condizioni, è più faticoso mettere in moto un oggetto rispetto a mantenerlo in moto.

Un modo per diminuire significativamente lo sforzo da esercitare nella spinta, è quello di appoggiare il baule su un supporto dotato di rotelle.

Quando si può avere un moto di rotolamento, come in tutti i casi in cui vi sono delle ruote in movimento su una superficie, l'attrito diviene molto inferiore. Si parla in tal caso di **attrito volvente**. In questo esempio si vede lo pneumatico di un'automobile che viene premuto contro l'asfalto grazie al peso del mezzo.
Quando il motore costringe la ruota a girare, la forza d'attrito le impedisce di scivolare a vuoto sulla superficie e, di conseguenza, l'auto viene spinta in avanti.

La forza che agisce fra due corpi che rotolano l'uno sull'altro si chiama **forza d'attrito volvente**.

> attrito volvente

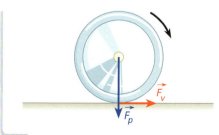

La forza dovuta all'attrito volvente $\vec{F}_v$ è in generale molto minore rispetto a quella derivante dall'attrito radente.

esempio

3 Un uomo sta spingendo una cassaforte di massa 82,0 kg.

a) Se il coefficiente di attrito statico tra cassaforte e pavimento è 0,50, quale forza parallela al suolo deve applicare affinché la cassa si metta in movimento?

b) Mentre la cassaforte si sta muovendo il coefficiente di attrito dinamico è 0,40; determina la forza necessaria a equilibrare l'attrito dinamico.

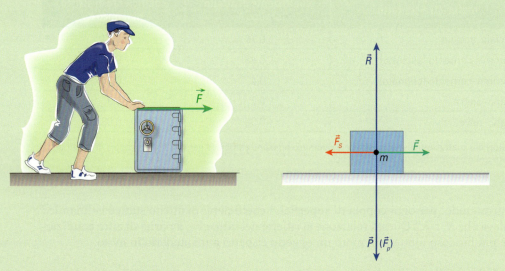

a) Applichiamo il diagramma del corpo libero.
Osservando le forze che agiscono lungo l'asse x possiamo affermare che la cassaforte si mette in movimento se la forza applicata dall'uomo supera la forza di massimo attrito statico $F_{s,max}$:

$$F_{s,max} = K_s \cdot F_p$$

la forza premente F_p coincide con la forza peso, quindi:

$$F_{s,max} = 0{,}50 \cdot 82{,}0 \cdot 9{,}81 = 402 \text{ N}$$

La cassaforte inizia a muoversi dal momento in cui la forza applicata F supera 402 N.

b) Dato che la forza necessaria a equilibrare l'attrito dinamico è data da:

$$F_d = K_d \cdot F_p$$

risulta:

$$F_d = 0{,}40 \cdot 82{,}0 \cdot 9{,}81 = 322 \text{ N}$$

esempio

4 Una cassa di 40,0 kg si trova in equilibrio sul piano inclinato rappresentato in figura, lungo 10,0 m e alto 6,00 m, grazie alla forza massima di attrito statica F_s (detta forza di distacco) che agisce tra il piano e la cassa.

$m = 40,0$ kg
$h = 6,00$ m
$l = 10,0$ m

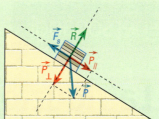

Determina:

a) il coefficiente di attrito statico;

b) la reazione vincolare.

a) Le forze che agiscono sulla cassa sono la forza peso $\vec{P}$, la forza d'attrito massima $\vec{F}_s$ e la reazione vincolare $\vec{R}$. Se la cassa è ferma grazie a $\vec{F}_s$ significa che la forza d'attrito è pari alla forza equilibrante. Passando ai moduli:

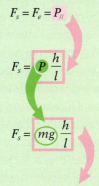

$F_s = F_e = P_{//}$

utilizzando la condizione di equilibrio del piano inclinato

$F_s = P \dfrac{h}{l}$

per la definizione di peso

$F_s = mg \dfrac{h}{l}$

e sostituendo i dati numerici

$F_s = 40,0 \cdot 9,81 \cdot \dfrac{6,00}{10,0} = 235$ N   (forza esercitata dall'attrito)

Nota la forza d'attrito si ha:

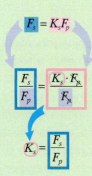

$F_s = K_s F_p$

da cui si ricava, dividendo ambo i membri per F_p

$\dfrac{F_s}{F_p} = \dfrac{K_s \cdot F_p}{F_p}$

quindi il coefficiente di attrito statico è dato da

$K_s = \dfrac{F_s}{F_p}$

la forza premente F_p in questo caso coincide con $P_\perp$ per cui, applicando il teorema di Pitagora, si ha:

$F_p = P_\perp = \sqrt{P^2 - P_{//}^2}$

$F_p = \sqrt{(40,0 \cdot 9,81)^2 - (235)^2} = 314$ N

Sostituendo i dati numerici nella formula del coefficiente di attrito statico K_s si ha:

$K_s = \dfrac{235}{314} = 0,75$

b) La reazione vincolare $\vec{R}$, che è equilibrata da $\vec{P}_\perp$, avrà dunque come modulo:

$R = P_\perp = 314$ N

idee e personaggi

La riduzione dell'attrito

LE PRIME SOLUZIONI AL PROBLEMA

Il concetto di **attrito** accompagna la vita quotidiana dell'uomo sin dalla preistoria: per l'uomo primitivo, infatti, imparare a sfruttare l'attrito tra due pietre ha significato scoprire il fuoco; viceversa, ridurre l'attrito a proprio vantaggio ha prodotto l'invenzione della ruota, la più geniale soluzione antiattrito della storia dell'umanità. Numerosi resti archeologici testimoniano come l'uomo sia riuscito a fronteggiare i problemi creati dall'attrito; per esempio, nel lago di Nemi (nei pressi di Roma), sono stati ritrovati i resti di una piattaforma girevole proveniente da una nave romana del I secolo d.C., in cui erano utilizzati gli antenati dei moderni cuscinetti a sfera. I cuscinetti sono dispositivi utilizzati ancora oggi per ridurre l'attrito tra due corpi in movimento rotatorio tra loro; sono composti di due anelli, uno esterno più grande e uno interno più piccolo, e tra i due anelli si trovano vari tipi di sfere o rulli, opportunamente lubrificati con grasso o olio per ridurre sensibilmente l'attrito, dissipare il calore prodotto e minimizzare l'usurarsi delle parti in movimento. Esistono tipi diversi di cuscinetti, ma si possono tutti ricondurre a due categorie fondamentali, in base al tipo di attrito che riducono: i **cuscinetti radenti** e quelli **volventi**, detti anche *a sfera*.

DAL PROBLEMA PRATICO ALLO STUDIO TEORICO

È interessante notare che gli scienziati antichi non avevano mai identificato e studiato l'attrito come fenomeno fisico. Bisogna attendere la fine del Seicento perché nasca l'esigenza di una vera e propria trattazione scientifica sull'attrito, sempre finalizzata alla risoluzione di problemi pratici quotidiani. Nella seconda metà del Settecento, con l'avvento delle macchine a vapore, esplode l'interesse per l'attrito: addirittura, l'Accademia delle Scienze francese mette in palio un premio per il migliore studio sulle leggi dell'attrito e sui suoi effetti sulle macchine. Durante il XIX secolo, con la Rivoluzione industriale e l'avvento delle ferrovie, gli studi a riguardo si concentrano sui problemi di lubrificazione e in generale sull'attrito volvente. Nel secolo successivo, infine, il boom della produzione industriale sposta l'attenzione su un altro aspetto: il problema dell'usura derivante dall'attrito. Nel 1966 il governo inglese istituisce addirittura una *Commissione di studio sull'attrito e la lubrificazione*, la *Commissione Jost*, che conia il termine *tribologia* (dal greco *tribos*, strofinamento, sfregamento), per definire l'insieme degli studi su attrito, lubrificazione, adesione e usura. Attualmente, continua la ricerca mirata a migliorare la qualità dei lubrificanti, che rappresentano oggi un elemento fondamentale di qualsiasi dispositivo meccanico. La maggior parte dei lubrificanti è rappresentata da oli, ma oggi vengono utilizzati anche materiali di tipo diverso, come le polveri di grafite (la grafite è la sostanza di cui sono fatte le mine delle matite ed è costituta da carbonio) e il teflon, la materia plastica con cui sono comunemente ricoperte le pentole antiaderenti. Non sarà azzardato, allora, affermare che una padella antiaderente e dei cuscinetti a sfera hanno qualcosa in comune: entrambi, infatti, sono in grado di ridurre l'attrito, la padella grazie al teflon di cui è rivestita, i cuscinetti grazie alle sfere che contengono!

IN SINTESI

- Un vettore è una grandezza individuata dalle seguenti informazioni:
  - **modulo** o **intensità**, cioè il valore che la grandezza assume in una determinata unità di misura;
  - **direzione**, individuata dalla retta lungo la quale è posto il vettore;
  - **verso**, che permette di scegliere tra i due possibili sensi lungo la retta.

  Il punto a partire dal quale viene riportato il vettore si chiama **punto di applicazione**.

- Esistono **grandezze vettoriali** (per esempio, la forza peso o lo spostamento) e **grandezze scalari** (per esempio, la massa o la temperatura). Queste ultime sono rappresentate semplicemente dal loro valore numerico.

- In generale, la somma tra due grandezze vettoriali viene effettuata secondo la **regola del parallelogramma**: a partire dai due vettori applicati nello stesso punto, si costruisce un parallelogramma e quindi si traccia la diagonale dal punto di applicazione. Il vettore così ottenuto è detto **vettore risultante**.

- Un vettore può essere scomposto in due direzioni scelte arbitrariamente, ottenendo i **vettori componenti**.

- Il **punto materiale** è una semplificazione di un corpo reale, in cui si immagina concentrata tutta la materia presente nel corpo.
  Un punto materiale fermo rimane in *equilibrio* se è nulla la **somma vettoriale** (detta anche **forza risultante**) di tutte le forze che sono applicate su di esso:

  $$\vec{F}_{\text{TOT}} = 0$$

- Il **vincolo** è un impedimento che limita parzialmente o totalmente il movimento di un corpo (per esempio, un oggetto appoggiato su un tavolo o un piano inclinato). La **reazione vincolare** è la forza che il vincolo esercita su tale corpo.

- La condizione di equilibrio di un punto materiale su un piano inclinato è:

  $$F_e = P \cdot \frac{h}{l}$$

  dove F_e è detta **forza equilibrante**, P è il peso del corpo appoggiato, l è la lunghezza del piano inclinato e h è la sua altezza.
  La relazione mostra che F_e è tanto più grande quanto maggiore è il rapporto tra l'altezza del piano inclinato e la sua lunghezza.

- Tra le forze d'attrito ci sono:
  - la **forza d'attrito radente statico**, che ostacola l'inizio del moto di un corpo fermo; il suo modulo al distacco è:

    $$F_s = K_s \cdot F_p$$

    dove K_s è il **coefficiente di attrito** (adimensionale) e F_p è il modulo della forza premente;
  - la **forza di attrito radente dinamico**, che si oppone al movimento e, a parità di condizioni è minore di quello statico;
  - la **forza di attrito volvente**, che agisce tra due corpi che rotolano l'uno sull'altro.

SCIENTIFIC ENGLISH

Vectors and Equilibrium

- A vector is a quantity that must be specified by the following information:
  - **magnitude** or **size**, i.e., the value that the quantity assumes in a given unit of measurement;
  - **direction**, given by the straight line along which the vector lies;
  - **sense**, which may be one of the two possible senses along the straight line.

  The starting point of a vector is known as the **point of application**.

- We can categorise quantities as **vector quantities** (e.g., weight or displacement) and **scalar quantities** (e.g., mass or temperature). The latter can be fully defined by just a number.

- Generally speaking, the sum of two vectors can be obtained by the **parallelogram rule**: if we start from two vectors with the same point of application and complete a parallelogram, then the diagonal of that parallelogram drawn from the point of application represents the **resultant vector**.

- A vector can be broken down into two arbitrarily chosen directions to obtain the **component vectors**.

- The **point mass** is a simplified model of an actual object, in which the entire mass of the object is assumed to be concentrated.

  A point mass at rest is said to be in *equilibrium* if the **vector sum** (also known as the **resultant force**) of all the forces applied to it:

  $$\vec{F}_{TOT} = 0$$

- A **constraint** is a hindrance that partially or totally limits the movement of an object (e.g., an object that has been placed on a table or on a sloping surface). The **constraint reaction force** is the force that the constraint exerts on said object.

- The condition of equilibrium of a point mass on a sloping surface is:

  $$F_e = P \cdot \frac{h}{l}$$

  where F_e is the **equilibrium force**, P is the weight of the object on the surface, l is the length of the sloping surface and h is its height.

  The relation shows that the greater the ratio between the height of the sloping surface and its length, the greater is F_e.

- The forces of friction include:
  - **static sliding friction**, the force which opposes the start of motion of a stationary object; its magnitude is:

    $$F_s = K_s \cdot F_p$$

    where K_s is the **friction coefficient** (adimensional) and F_p is the magnitude of the pressing force;
  - **dynamic sliding friction**, which opposes the motion and, conditions being equal, is smaller than the static force;
  - **rolling friction**, the force resisting the motion when an object rolls on a surface.

Vettori ed equilibrio UNITÀ 4 **97**

strumenti per SVILUPPARE le COMPETENZE

VERIFICHIAMO LE CONOSCENZE

Vero-falso
V F

1. I vettori sono delle forze.
2. La massa è una grandezza vettoriale.
3. Per sommare due vettori occorre sempre sommare i loro moduli.
4. Se $\vec{a}$ e $\vec{b}$ sono due vettori paralleli e discordi con $a = b$, si ha che il modulo del vettore somma è nullo.
5. Nella scomposizione di un vettore $\vec{c}$ secondo due vettori componenti $\vec{a}$ e $\vec{b}$ si ha sempre che $a > c$ e $b > c$.
6. Il punto materiale è un esempio di modello.
7. Se su un punto materiale agiscono due forze aventi lo stesso modulo e la stessa direzione, ma versi opposti, allora il corpo materiale è in equilibrio.
8. In un piano inclinato la forza equilibrante è sempre maggiore della forza peso.
9. Una passerella collega due punti con un dislivello di 2 m. Se il dislivello aumenta, la forza equilibrante cresce.
10. La ruota di un'automobile in movimento (non in fase di frenata) è soggetta alla forza d'attrito radente.

Test a scelta multipla

1. Che cosa differenzia una grandezza scalare da una grandezza vettoriale?
   - A La grandezza vettoriale non ha unità di misura
   - B La grandezza scalare viene denotata da una freccetta sopra il suo simbolo letterale
   - C La grandezza vettoriale, oltre al modulo, possiede anche direzione e verso
   - D La grandezza scalare, oltre al modulo, possiede anche direzione e verso

2. Quale fra i seguenti gruppi di grandezze fisiche è interamente costituita da vettori?
   - A Densità, volume, velocità, forza
   - B Spostamento, velocità, accelerazione, peso
   - C Momento, massa, temperatura, tempo
   - D Forza, peso, massa, velocità

3. La somma fra due grandezze vettoriali parallele e concordi ha come modulo:
   - A il modulo del vettore ottenuto con la regola del parallelogramma
   - B il modulo ottenuto dalla somma dei moduli delle due grandezze
   - C il modulo del vettore ottenuto con la regola del cavatappi
   - D il modulo ottenuto dalla differenza dei moduli delle due grandezze

4. La somma fra due grandezze vettoriali formanti un angolo di 45° ha come modulo:
   - A il modulo ottenuto dalla differenza dei moduli delle due grandezze
   - B il modulo ottenuto dalla somma dei moduli delle due grandezze
   - C il modulo del vettore ottenuto con la regola del parallelogramma
   - D il modulo del vettore ottenuto con la regola del cavatappi

5. Due vettori, di moduli 6 u e 8 u, sono perpendicolari. Il vettore somma ha come modulo:
   - A 10 u
   - B 48 u
   - C 2 u
   - D 14 u

6. Un vettore $\vec{c}$ è stato scomposto secondo due vettori componenti $\vec{a}$ e $\vec{b}$. Quale delle seguenti affermazioni è errata?
   - A a può essere maggiore di c
   - B a può essere maggiore di b
   - C b è sempre minore di c
   - D $\vec{a}$ può essere perpendicolare a $\vec{b}$

7. La reazione vincolare è:
   - A un impedimento totale al movimento di un corpo per cui esso rimane fermo
   - B una forza che ha sempre la stessa direzione e modulo della forza peso, ma verso contrario
   - C un impedimento parziale al movimento del corpo
   - D la forza che il vincolo esercita su un corpo

8. La condizione di equilibrio di un punto materiale su un piano inclinato è:
   - A $F_e = P \cdot \dfrac{h}{l}$
   - B $P = F_e \cdot \dfrac{h}{l}$
   - C $P = F_e$
   - D $F_e = P \cdot \dfrac{l}{h}$

MODULO 2 — Le forze e l'equilibrio

9 In un piano inclinato è corretto affermare che per un dato punto materiale la forza equilibrante:

- **A** è sempre maggiore della forza peso
- **B** dipende solo dall'altezza h del piano inclinato
- **C** diminuisce se aumenta il rapporto h/l
- **D** aumenta se diminuisce il rapporto l/h

10 La forza d'attrito radente e la forza premente perpendicolare alle due superfici a contatto sono fra loro:

- **A** inversamente proporzionali
- **B** tali che il loro rapporto aumenta con la velocità del corpo
- **C** direttamente proporzionali
- **D** tali che la loro somma è costante

3 Un equilibrista percorre su un filo 10 metri da A a B e poi torna indietro, percorrendo 7 metri.
   a) Rappresenta mediante due vettori gli spostamenti dell'equilibrista.
   b) Calcola il modulo del vettore somma.

4 Due ragazzi, Sergio e Gianluca, giocano al tiro alla fune. Sergio esercita una forza di 400 N, Gianluca di 320 N.
   a) Rappresenta mediante due vettori la situazione.
   b) Disegna il vettore somma.

5 Disegna, nel caso illustrato in figura, la somma $\vec{c}$ dei vettori $\vec{a}$ e $\vec{b}$.

Per lo svolgimento dell'esercizio, completa il percorso guidato.

1 A partire dall'estremo con la freccia del vettore $\vec{a}$ traccia la parallela al vettore $\vec{b}$.
2 A partire dall'estremo con la freccia del vettore $\vec{b}$ traccia la parallela al vettore $\vec{a}$.
3 A partire dal comune punto di applicazione di $\vec{a}$ e $\vec{b}$ fino all'intersezione delle due rette disegnate prima, traccia il vettore $\vec{c}$ mettendo la freccia in modo opportuno.

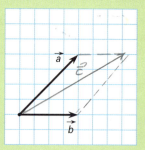

VERIFICHIAMO LE ABILITÀ

Esercizi

4.2 Le operazioni con i vettori

1 Osserva il seguente vettore.

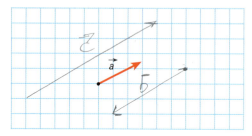

a) Disegna un vettore $\vec{b}$ che abbia la stessa direzione, verso opposto e modulo doppio.
b) Disegna un vettore $\vec{c}$ che abbia la stessa direzione, lo stesso verso e modulo triplo.

2 Osserva il seguente vettore.

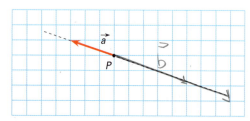

a) Disegna un vettore $\vec{b}$ che abbia la stessa direzione, verso opposto e modulo triplo con punto di applicazione in P.
b) Disegna il vettore $\vec{a} + \vec{b}$ e calcola il suo modulo.

6 Supponiamo che il rettangolo rappresenti in scala la stanza di un appartamento. Marco si sposta di 3 m da A verso B e Luigi contemporaneamente si sposta di 2 m da A verso D.

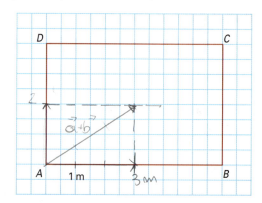

a) Rappresenta mediante i vettori $\vec{a}$ e $\vec{b}$ gli spostamenti di Marco e Luigi.
b) Il vettore somma $\vec{a} + \vec{b}$ ha modulo 5 m? Motiva la risposta.
c) Disegna il vettore somma.

7 Disegna, nei casi illustrati nelle tre figure seguenti, la somma $\vec{c}$ dei vettori $\vec{a}$ e $\vec{b}$.

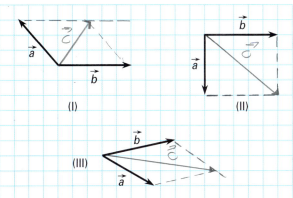

8 Dati due vettori $\vec{a}$ e $\vec{b}$ modifichiamo l'angolo tra di essi. Osserva i tre disegni.

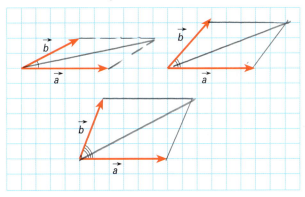

a) Disegna in ciascuno dei tre casi il vettore somma $\vec{a} + \vec{b}$.
b) Che cosa noti sul vettore risultante al crescere dell'angolo?
c) Secondo te quale dovrebbe essere l'angolo tra $\vec{a}$ e $\vec{b}$ affinché il modulo del vettore somma sia massimo?

9 Due forze, una pari a 40 N e l'altra pari a 30 N, agiscono perpendicolarmente fra loro su un punto materiale. Traccia un disegno che illustri la situazione e calcola il valore del modulo della somma delle due forze. [50 N]

10 Determina la somma delle tre forze rappresentate in figura, sapendo che ogni quadretto vale 1 N.

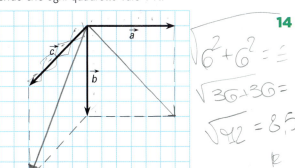

SUGGERIMENTO Esegui la somma dei primi due vettori $\vec{a}$ e $\vec{b}$; il vettore che ottieni lo sommi quindi al vettore $\vec{c}$. [10,2 N]

11 Look carefully at the following vector.

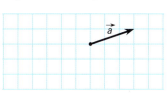

a) Draw a vector $\vec{b}$ with the application point of $\vec{a}$, in the opposite direction and double the magnitude.
b) Draw the vector $\vec{a} + \vec{b}$ and calculate its magnitude.

12 A plane flies from South towards North for 500 km, then from West towards East for 1200 km.
a) Describe the motion of the plane by means of two vectors $\vec{a}$ and $\vec{b}$.
b) Draw the vector $\vec{c} = \vec{a} + \vec{b}$ and calculate its magnitude. [1,300]

4.3 La scomposizione di vettori

13 Osserva il seguente vettore.

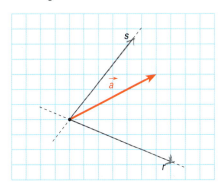

Disegna, secondo la direzione individuata dalle rette r ed s, i due vettori componenti $\vec{b}$ e $\vec{c}$ tali che $\vec{a} = \vec{b} + \vec{c}$.

14 Osserva il seguente vettore.

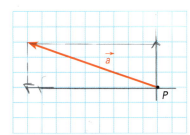

Dopo aver scelto arbitrariamente due rette passanti per P, individua su di esse i due vettori componenti e tali che: $\vec{a} = \vec{b} + \vec{c}$.

15 Dato il vettore illustrato nelle figure che seguono, costruisci, rappresentando situazioni diverse, due vettori la cui somma dia come risultato il vettore $\vec{c}$.

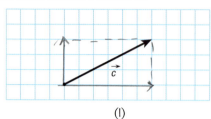

(I)

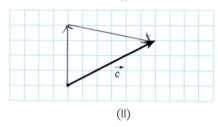

(II)

16

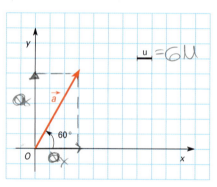

a) Disegna le componenti del vettore $\vec{a}$ secondo le direzioni individuate dall'asse x e dall'asse y.
b) Sapendo che $a = 6$ u, dopo aver denominato $\vec{a}_x$ e $\vec{a}_y$ i due vettori componenti, determina il modulo di tali vettori.
c) Traccia una coppia qualsiasi di rette r ed s passanti per O e disegna i vettori componenti di $\vec{a}$ secondo le direzioni individuate da r ed s.

SUGGERIMENTO In un triangolo 30° - 60° - 90° si ha:

[b) 3 u; 5,2 u]

17

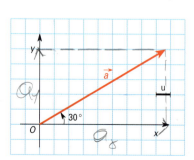

a) Disegna le componenti del vettore $\vec{a}$ secondo le direzioni individuate dall'asse x e dall'asse y.

b) Sapendo che $a = 10$ u, dopo aver denominato $\vec{a}_x$ e $\vec{a}_y$ i due vettori componenti, determina il modulo di tali vettori.
c) Nell'ipotesi che il vettore $\vec{a}$ formi un angolo di 45° con la direzione positiva dell'asse delle x, determina il modulo dei vettori componenti $\vec{a}_x$ e $\vec{a}_y$.

SUGGERIMENTO In un triangolo 45° - 90° - 45° si ha:

[b) 8,7 u; 5 u; c) 7,1 u; 7,1 u]

18 Look carefully at the following diagram. Resolve the vector $\vec{a}$ into its components $\vec{a}_x$ and $\vec{a}_y$. Determine graphically the magnitude of the two vectors.

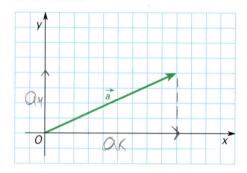

19 The vector $\vec{a}$ forms an angle $\alpha = 45°$ with the x-axis. The magnitude of both its components, $\vec{a}_x$ and $\vec{a}_y$, is 6. Calculate the magnitude of $\vec{a}$.

HINT Since $\vec{a}_x$ and $\vec{a}_y$ have the same magnitude and $\alpha = 45°$, $\vec{a}$ is the diagonal of a square.

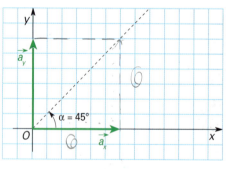

[8.5 u]

4.4 L'equilibrio del punto materiale

20 Due ragazzi, Roberto e Nicolò, si contendono un pallone tirandolo nella stessa direzione, ma da parti opposte, rispettivamente con forze di 250 N e 180 N.
a) Rappresenta graficamente la situazione.
b) La palla è in equilibrio?
c) Se la risposta è negativa, disegna il vettore rappresentativo della forza di un terzo ragazzo che equilibri la situazione.

21 Sul punto P agiscono due forze $\vec{F_1}$ ed $\vec{F_2}$ di modulo 6 N e 8 N fra loro perpendicolari.
   a) Rappresenta graficamente la situazione.
   b) Calcola il modulo del vettore somma e disegnalo.
   c) Disegna il vettore $\vec{F_1}$ rappresentativo della forza che occorre applicare in P affinché vi sia equilibrio.

22 Stabilisci, nel caso riportato in figura, se il punto materiale si trova in equilibrio.

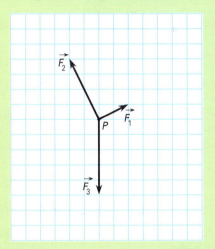

Per lo svolgimento dell'esercizio, completa il percorso guidato, inserendo gli elementi mancanti dove compaiono i puntini.

1 Applicando la regola del parallelogramma, trova il vettore risultante $\vec{F}_{TOT}$ delle forze $\vec{F_1}$ ed $\vec{F_2}$.

2 Effettua la somma vettoriale fra $\vec{F}_{TOT}$ e la forza $\vec{F_3}$.

3 Se quest'ultimo risultato è nullo, allora il corpo è ....
....
[sì]

23 Stabilisci, nel caso illustrato in figura, se il punto materiale si trova in equilibrio.

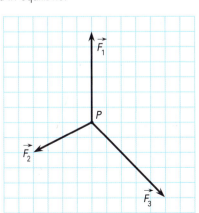

[no]

24 Osserva la situazione della figura, che rappresenta le forze agenti su P.

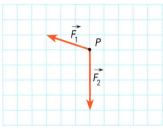

a) Il punto P è in equilibrio? Motiva la risposta.
b) Se la risposta è negativa, disegna il vettore rappresentativo di una forza che equilibri la situazione.

SUGGERIMENTO Sommate vettorialmente le due forze, devi applicare sul punto materiale un'ulteriore forza che abbia stessa direzione e stesso modulo, ma...

25 Disegna, nel caso illustrato in figura, una forza in modo tale che il punto materiale, sul quale già agiscono le forze indicate, sia in equilibrio.

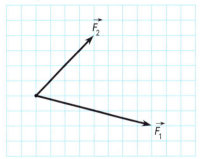

26 Three forces, $\vec{F_1}$, $\vec{F_2}$ and $\vec{F_3}$ are applied on P as shown in this diagram.
Determine whether the point P is in equilibrium, or not.

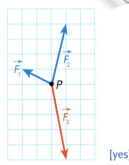

[yes]

27 Two forces $\vec{F_1}$ and $\vec{F_2}$ are applied on the point P, as shown in this diagram.
Draw a third force $\vec{F_3}$ acting on the same point, so that P is in equilibrium.

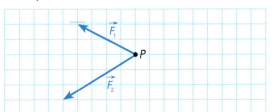

4.5 L'equilibrio sul piano inclinato

I seguenti esercizi vanno svolti nell'ipotesi che non vi sia attrito.

28 Osserva la seguente figura.

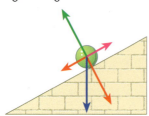

a) Precisa quali sono i vettori $\vec{P}_{/\!/}$ (componente attiva), $\vec{P}_\perp$ (componente perpendicolare), $\vec{R}$ (reazione vincolare), $\vec{F}_e$ (forza equilibrante).
b) Può risultare $P_{/\!/}$ maggiore di P? Motiva la risposta.
c) Il modulo di $P_\perp$ deve essere uguale al modulo di ....
d) Affinché vi sia equilibrio occorre che il modulo di $\vec{P}_{/\!/}$ sia uguale al modulo di ....

---

29 Una sfera di 100 N è in equilibrio su un piano inclinato lungo 5 m e alto 3 m. Calcola la forza equilibrante.

Per lo svolgimento dell'esercizio, completa il percorso guidato, inserendo gli elementi mancanti dove compaiono i puntini.

1 I dati sono: ....
2 La formula da usare, dato che ti viene chiesta la forza equilibrante, è F_e = ...
3 Sostituendo nella formula i dati si ha: F_e = ...
[60 N]

---

30 Un carrello di 1200 N viene tenuto in equilibrio lungo una discesa di 6 m la cui sommità è sollevata di 2 m rispetto al punto finale.
a) Determina la forza equilibrante.
b) Trova la componente attiva della forza peso.
[a) 400 N]

31 Osserva la seguente figura.

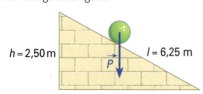

a) Scomponi graficamente il vettore peso nelle sue componenti $\vec{P}_{/\!/}$ (componente attiva) e $\vec{P}_\perp$ (componente perpendicolare).
b) Quali sono i due vettori la cui somma è sempre nulla?
c) Disegna il vettore forza equilibrante affinché la sferetta sia in equilibrio.
d) Utilizzando le informazioni in figura e sapendo che P = 800 N, calcola la forza equilibrante.
[d) 320 N]

32 Un masso si trova in equilibrio lungo un pendio assimilabile a un piano inclinato di lunghezza 48 m, la cui sommità rispetto al fondo si trova a 8 m di altezza. Se la forza equilibrante che agisce sul masso è 64 N, qual è il suo peso?

SUGGERIMENTO Per trovare il peso P devi moltiplicare ambo i membri della formula nota per l/h...
[384 N]

33 Osserva la seguente figura che rappresenta una sferetta in equilibrio grazie all'azione della forza equilibrante.

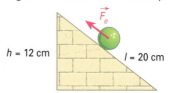

a) Disegna il vettore $\vec{P}_{/\!/}$ (componente attiva).
b) Quale relazione intercorre tra il modulo della forza equilibrante e quello della componente attiva del peso?
c) Disegna i vettori $\vec{P}$ (peso), $\vec{P}_\perp$ (componente perpendicolare) e $\vec{R}$ (reazione vincolare).
d) Utilizzando le informazioni in figura e sapendo che $P_{/\!/}$ = 1,50 N, determina P.

SUGGERIMENTO $P_{/\!/} = F_e$ ...
[d) 2,50 N]

34 Una palla è tenuta in equilibrio su un piano inclinato lungo 60 cm e alto 15 cm da una forza di 0,825 N. Determinane il peso.
[3,3 N]

35 Uno slittino con sopra un bambino ha un peso complessivo di 250 N e viene trattenuto in equilibrio dal padre che esercita una forza equilibrante di 100 N. Sapendo che la pista è lunga 30 m, qual è il dislivello fra il punto di partenza e quello d'arrivo?

SUGGERIMENTO Per trovare la formula inversa necessaria devi procedere come nell'Esercizio 32, però il termine per il quale devi moltiplicare ambo i membri della formula è $l/\!/$...
[12 m]

36 Un ciclista che ha un peso (compresa la bici) di 720 N, agendo sui pedali esercita una forza equilibrante di 90 N riuscendo a mantenersi in equilibrio lungo una salita di 200 m per aspettare dei compagni in ritardo. Determina il dislivello fra punto iniziale e finale della salita.
[25 m]

37 In un piano inclinato alto 40 cm una biglia di 0,20 N di peso si mantiene in equilibrio grazie a una forza di 0,05 N. Determina la lunghezza del piano.
[1,6 m]

38 In un laboratorio di Fisica, nella fase iniziale di un esperimento, un ragazzo esercita una forza di 0,12 N per trattenere una sferetta di 32 g posizionata all'inizio di una guidovia inclinata e di altezza 15 cm. Determina la lunghezza della guidovia.

SUGGERIMENTO Per determinare il peso della sferetta basta utilizzare P = ...
[39,2 cm]

Vettori ed equilibrio — **UNITÀ 4** — **103**

39 A 1.2 m long board has one end raised to a height of 40 cm to form an inclined plane. Calculate the force (parallel to the inclined plane surface) required to ensure that a mass of 4.0 kg remains stationary, without sliding down the plane. **[13 N]**

4.6 Le forze d'attrito

40 Prendi in esame un oggetto appoggiato sul tuo banco.
- a) Da che cosa dipende il coefficiente d'attrito radente statico?
- b) Descrivi che cosa potresti fare per diminuirlo.

41 Uno sciatore di massa 75,0 kg è fermo sulla neve fresca. Determina la forza al distacco (coefficiente d'attrito radente statico 0,04).

Per lo svolgimento dell'esercizio, completa il percorso guidato, inserendo gli elementi mancanti dove compaiono i puntini.

1 I dati sono: ....

2 La formula della forza d'attrito statico al distacco è:

$F_s =$ ....

3 Per determinare la forza premente F_p, che in questo caso rappresenta la forza peso dell'uomo, occorre utilizzare:

$F_p = P =$ ....

4 Sostituendo nella formula i valori, trovi infine:

$F_s =$ ....

[29,4 N]

42 È data la seguente tabella di coefficienti d'attrito radente statico.

superfici a contatto	gomma-asfalto asciutto	gomma-asfalto bagnato
coefficiente d'attrito radente statico	0,8	0,5

- a) Per un'automobile la forza d'attrito è maggiore sull'asfalto asciutto o su quello bagnato?
- b) Se l'automobile pesa 12 000 N, determina la forza al distacco nel caso venga trainata con le ruote bloccate prima sull'asfalto asciutto e poi su quello bagnato.

[b) 9600 N; 6000 N]

43 Un parallelepipedo di legno di 2 kg è appoggiato sul banco (coefficiente di attrito radente statico 0,4).
- a) Se lo spingi in orizzontale applicando una forza di 5 N, il parallelepipedo comincia a muoversi strisciando sul banco?
- b) Per quale valore della forza esso comincia a muoversi?

[b) 7,85 N]

---

44 Hai a disposizione dei cubi di legno uguali la cui massa è 0,4 kg e che si trovano su un piano d'acciaio.
- a) Sapendo che il coefficiente d'attrito radente statico è 0,5, qual è la forza necessaria da applicare in orizzontale affinché uno dei cubi cominci a muoversi strisciando?
- b) Qual è la forza necessaria per spostare due cubi posti uno sull'altro (in verticale)?

[a) 1,96 N; b) 3,92 N]

45 Calcola il coefficiente d'attrito radente statico, sapendo che per spostare un parallelepipedo di legno che pesa 29,0 N sopra una superficie anch'essa di legno, è necessaria una forza orizzontale pari a 7,25 N.

Per lo svolgimento dell'esercizio, completa il percorso guidato, inserendo gli elementi mancanti dove compaiono i puntini.

1 I dati sono: ....

2 Scrivendo la formula del coefficiente cercato, hai:

$K_s =$ ....

3 Sostituendo i valori delle forze, trovi infine:

$K_s =$ ....

[0,25]

46 Per spostare un corpo su una superficie orizzontale con strisciamento, gli si applica da fermo una forza parallela alla superficie pari a 1,75 N. Calcola il coefficiente d'attrito radente statico, nel caso in cui la forza peso che agisce sul corpo equivalga a 35 N. **[0,05]**

47 Un corpo, la cui forza peso è di 9,4 N, striscia su una superficie orizzontale. Il coefficiente d'attrito radente statico vale 0,12. Trova la forza minima necessaria per mettere in movimento il corpo. **[1,13 N]**

48 Un corpo fermo, su cui agisce una forza peso di 18,0 N, può strisciare su una superficie orizzontale. Il coefficiente d'attrito radente statico vale 0,15.
- a) Per quale delle due forze $F_1 = 2,0$ N ed $F_2 = 2,5$ N applicate orizzontalmente il corpo è in movimento? Motiva la risposta.
- b) Se a parità di forza peso si ha che, con una forza orizzontale pari a soli 1,8 N, il corpo inizia a muoversi, che cosa è cambiato?

[nessuna delle due; vale 0,1...]

Problemi

La risoluzione dei problemi richiede la conoscenza di argomenti trasversali a più paragrafi. Con il pallino sono contrassegnati i problemi che presentano una maggiore complessità.

1 Nella figura che segue sono rappresentate tre forze in equilibrio. Sapendo che $F_1 = 50$ N, determina l'intensità di $\vec{F}_2$ ed $\vec{F}_3$.

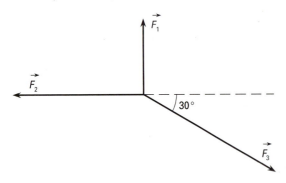

SUGGERIMENTO La condizione di equilibrio è $\vec{F}_1 + \vec{F}_2 + \vec{F}_3 = 0 \rightarrow \vec{F}_1 + \vec{F}_2 = -\vec{F}_3$. Applica la regola del parallelogramma ai vettori $\vec{F}_1$ ed $\vec{F}_2$. Affinché vi sia equilibrio, la diagonale del parallelogramma deve avere la stessa direzione e modulo di $\vec{F}_3$, ma verso opposto. In definitiva le componenti di $\vec{F}_3$ non sono altro che...

[$F_2 = 86{,}6$ N; $F_3 = 100$ N]

2 Una molla è disposta orizzontalmente su una superficie. Un suo estremo è fisso, mentre all'altro estremo è fissato un corpo, su cui agisce una forza verticale di 60 N, che può strisciare sulla superficie. Il coefficiente d'attrito statico vale 0,085.
Se la molla risulta allungata di 6,0 cm, quanto deve valere la sua costante elastica, affinché la forza di richiamo che essa esercita sia in grado di far muovere il corpo?

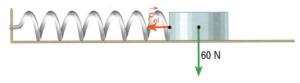

SUGGERIMENTO La forza esercitata dalla molla deve essere uguale alla forza d'attrito statico radente, quindi...

[85 N/m]

3 In assenza di attrito, su un piano inclinato, lungo 2,4 m, una cassa di massa 50 kg viene trattenuta grazie a una forza equilibrante parallela al piano di 196 N.
a) Determina il dislivello tra le due estremità.
b) Se la lunghezza del piano si dimezza, qual è la forza necessaria per l'equilibrio?

[a) 0,96 m; b) 392 N]

•4 La cassa A di 110 kg è tenuta in equilibrio, su un piano inclinato lungo 8 m e avente un'inclinazione di 30° rispetto all'orizzontale, da una cassa B.

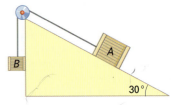

a) Determina, in assenza di attrito, qual è il peso della cassa B.
b) Quale sarebbe la forza equilibrante poco prima che la cassa inizi a muoversi, se tra essa e il piano inclinato vi fosse un coefficiente di attrito statico di 0,3?

SUGGERIMENTO La forza d'attrito è data da $F_s = K_s \cdot F_p$ ed è tale che in sua presenza la forza equilibrante diminuisce.

[a) 540 N; b) 259 N]

•5 Un cubo di marmo di peso 4000 N è in equilibrio su un piano orizzontale.
a) Determina la reazione vincolare.
b) Calcola la forza minima necessaria affinché il cubo cominci a muoversi, nel caso in cui il coefficiente di attrito statico fra il marmo e la superficie di appoggio è 0,15.
c) Se sul cubo agisse anche una forza $\vec{F}$ di intensità 800 N, diretta come in figura, quale intensità dovrebbe avere una forza orizzontale F_O affinché il cubo inizi a muoversi?

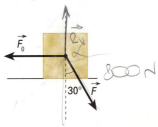

SUGGERIMENTO Scomponi la forza $\vec{F}$ in due direzioni, una perpendicolare al piano di appoggio del cubo (per cui ha la stessa direzione e lo stesso verso della forza peso) e l'altra parallela al piano d'appoggio...

[b) 600 N; c) 1104 N]

•6 A una molla elastica di costante $K = 120$ N/m viene appesa una sferetta di massa 750 g. Di quanto si allunga la molla per mantenere la sfera in equilibrio?

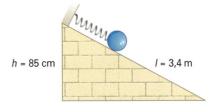

[1,5 cm]

•7 Un baule di 70 kg è fermo su un piano inclinato di altezza 1,20 m e lunghezza 3,60 m.
a) Determina la forza d'attrito statico, sapendo che il coefficiente d'attrito statico fra il baule e il piano è 0,7.
b) Dopo che il piano inclinato è stato pulito e lucidato, per mantenere in equilibrio il baule è sufficiente una forza equilibrante di 35 N. Qual è il nuovo coefficiente d'attrito statico?

[a) 453 N; b) 0,3]

8 La molla in figura si trova in equilibrio, essendo sottoposta alle due forze rappresentate, entrambe di modulo pari a 16,9 N.
La lunghezza attuale della molla è di 32 cm. Calcola la lunghezza a riposo, vale a dire a molla scarica, sapendo che la sua costante elastica vale 400 N/m.

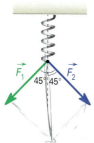

[26 cm]

9 Il lampadario della stanza di Veronica pesa 5 kg. Determina l'intensità delle forze che agiscono lungo i cavetti.

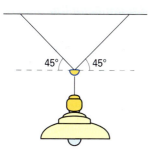

SUGGERIMENTO La situazione può essere schematizzata nel seguente modo, con $F_1 = F_2$:

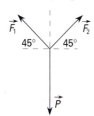

La condizione di equilibrio è $\vec{F}_1 + \vec{F}_2 + \vec{P} = 0 \rightarrow \vec{F}_1 + \vec{F}_2 = -\vec{P}$ per cui applicando la regola del parallelogramma a...

[$F_1 = F_2 = 34{,}7$ N]

10 Uno sciatore è fermo su una rampa alta 9 m grazie alla forza d'attrito massima che vale 85 N, agente tra gli sci e la neve, il cui coefficiente d'attrito radente statico vale 0,11. Determina:
a) la reazione vincolare;
b) la massa dello sciatore;
c) la lunghezza della rampa.

[a) 773 N; b) 79 kg; c) 82 m]

11 Fai il disegno e ripeti il Problema 9, nell'ipotesi che l'angolo formato dai cavetti con la linea dell'orizzonte sia di 30°.

[$F_1 = F_2 = 49$ N]

•12 Un disco di 800 g, agganciato a una molla e appoggiato su un piano inclinato, è in equilibrio così come riportato in figura. L'altezza del piano inclinato è di 20 cm, mentre la sua lunghezza è di 60 cm. La molla ha una costante elastica pari a 35 N/m e risulta allungata di 4 cm rispetto alla lunghezza a riposo.
Individua il modulo della forza equilibrante minima parallela al piano inclinato, sapendo che il coefficiente d'attrito statico tra la superficie del piano e il disco vale 0,121.

[1,89 N]

•13 La lunghezza di un piano inclinato vale $(84{,}5 \pm 0{,}5)$ cm, mentre la sua altezza è $(25{,}0 \pm 0{,}1)$ cm. Sapendo che il peso di un corpo appoggiato senza attrito è pari a (160 ± 2) N, trova la misura del modulo della componente attiva della forza peso che agisce parallelamente al piano stesso.

[(47 ± 1) N]

14 In George's bedroom, a picture with weight of 100 N hangs on a wall; two wires are used to support the picture, so that each wire must support one half of the picture's weight. The angle that the wires make with the horizontal is 45°, as shown in the diagram. Calculate the tension in each wire. What happens to the tension if the angle is varied?

[$T_1 = T_2 = 70{,}7$ N; as the angle with the horizontal increases, the amount of tensional force required to hold the picture at equilibrium decreases]

Competenze alla prova

ASSE SCIENTIFICO-TECNOLOGICO

Osservare, descrivere e analizzare fenomeni appartenenti alla realtà...

1. A partire dall'ambiente in cui vivi, analizza due o tre situazioni in cui l'attrito gioca un ruolo positivo, favorendo determinate attività, e due o tre situazioni in cui invece sarebbe più opportuno che non ci fosse per niente, descrivendo in che modo secondo te la sua presenza condiziona il fenomeno che hai osservato alla luce anche dei materiali che si trovano a contatto.

Spunto Nel primo caso potresti evidenziare le conseguenze dovute a un pavimento molto liscio tirato a lucido con la cera (che cosa succederebbe se una persona dovesse camminare con le stampelle?); e, nel secondo, dire che cosa cambierebbe se negli scivoli montati nei parchi giochi acquatici non ci fosse lo straterello d'acqua tra il canottino e la pista...

ASSE SCIENTIFICO-TECNOLOGICO

Analizzare qualitativamente e quantitativamente fenomeni....

2. Descrivi una situazione fisica in cui un corpo può essere considerato come un punto materiale, per cui non è necessario distinguere tra le parti che lo costituiscono, e un'altra in cui lo stesso corpo non può essere ritenuto tale in quanto è necessario analizzarne i dettagli. Ripeti questa analisi con almeno altri tre corpi diversi dal precedente (in tutto devi quindi proporre quattro o più casi).

Spunto Se stai seguendo dall'elicottero una gara ciclistica, puoi studiare il movimento dei singoli atleti come se si trattasse di tanti puntini e segnalare momento per momento la posizione lungo il percorso; tuttavia, se vuoi controllare in che modo due atleti si sono toccati provocando la caduta di entrambi, ecco che devi prendere in esame anche le biciclette e il corpo dei ciclisti in azione... Non porre limiti alla tua possibilità di spostamento: volendo puoi salire a bordo di un'astronave e viaggiare a qualunque velocità... purché inferiore a quella della luce!

ASSE MATEMATICO

Individuare le strategie appropriate per la soluzione di problemi

3. A una molla con costante elastica 60 N/m, disposta parallelamente a un piano inclinato, viene agganciata una sfera di massa 1250 g, anch'essa appoggiata al piano inclinato. Sapendo che l'altezza di tale piano è di 42,5 cm mentre la sua lunghezza è di 1,70 m, trova di quanto si è allungata la molla in assenza di attrito.

Spunto Dopo aver calcolato il peso della massa agganciata alla molla, ricorrendo alla formula del piano inclinato, trovi la componente del peso parallela al piano e a quel punto, tramite la legge di...

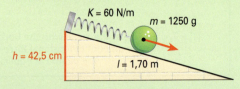

UNITÀ 5
Equilibrio del corpo rigido

5.1 Il corpo rigido esteso

Come già detto in precedenza, il punto materiale è una semplificazione della realtà, ma non sempre questo modello è sufficiente a descrivere determinate situazioni.

Quando da un elicottero guardi una persona camminare o correre per la strada, puoi considerarla alla stregua di un punto, senza però poter capire in che modo si muova.

Se con un potente binocolo fai uno zoom, puoi vedere il corpo nella sua estensione, individuarne le parti costituenti e renderti conto del movimento che impegna le gambe e le braccia dell'uomo.

Tuttavia, è problematico studiare l'equilibrio di un oggetto alquanto articolato quale può essere il corpo umano.
Allora, il passo successivo verso un modello più complesso rispetto a quello del punto materiale, che comunque consenta di allargare l'analisi dell'equilibrio, è quello che porta al cosiddetto **corpo rigido esteso**.

> Il **corpo rigido esteso** è il modello di un corpo reale dotato di estensione e che non è possibile ridurre a punto materiale. Sottoposto all'azione delle forze, il corpo rigido esteso non subisce deformazioni apprezzabili.

corpo rigido esteso

Il *corpo rigido*, che chiameremo così per brevità, è per definizione *esteso* e perciò può accadere che le forze a cui è soggetto siano applicate in punti diversi, anziché in un unico punto come accadeva per il punto materiale. Le conseguenze di ciò sono significative e le tratteremo in seguito.

5.2 Somma di forze su un corpo rigido

In quali modi due amici, Paolo e Luca, con l'aiuto di due corde possono tentare di spostare una enorme cassa (ipotizzando che non possa ruotare)?

 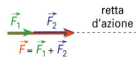

Forze che hanno la stessa retta d'azione: si sommano vettorialmente

 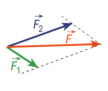

Forze concorrenti, cioè le rette d'azione si intersecano: si applica la regola del parallelogramma

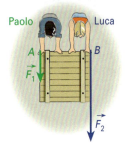 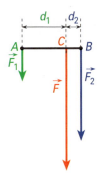

Forze parallele e concordi

$\vec{F} \begin{cases} \text{modulo}: F = F_1 + F_2 \\ \text{direzione: la stessa di } \vec{F_1} \text{ ed } \vec{F_2} \\ \text{verso: lo stesso di } \vec{F_1} \text{ ed } \vec{F_2} \end{cases}$

Il punto di applicazione C è tale che
$$F_1 : F_2 = d_2 : d_1$$

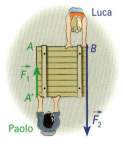 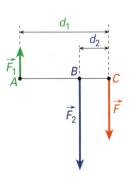

Forze parallele e discordi

$\vec{F} \begin{cases} \text{modulo}: F = F_2 - F_1 \\ \text{direzione: la stessa di } \vec{F_1} \text{ ed } \vec{F_2} \\ \text{verso: concorde con quello della forza di modulo maggiore } (\vec{F_2}) \end{cases}$

Il punto di applicazione C (esterno ad AB) è tale che
$$F_1 : F_2 = d_2 : d_1$$

5.3 Momento di una forza rispetto a un punto

Cerchiamo di capire come una forza può provocare la rotazione del corpo rigido. Partiamo da una situazione semplice.

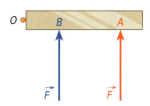

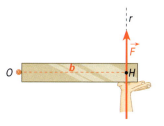

Per aprire un portone devi spingerlo: l'azione della forza da te applicata provoca la sua rotazione attorno ai cardini (i vincoli) ai quali è fissato.

Osservando la figura che riproduce il portone visto dall'alto, secondo te occorre una forza maggiore quando si spinge in A o in B? Oppure non c'è alcuna differenza?
Se provi con una qualunque porta di casa, puoi verificare che applicando la forza vicino allo stipite, la fatica aumenta: quindi gli effetti dipendono non solo dall'intensità della forza $\vec{F}$, ma anche dalla distanza della retta d'azione della forza dai cardini, cioè dai punti attorno ai quali la porta è costretta a ruotare. Tale distanza b si chiama **braccio**.

Il braccio lo si individua come segue:
- da O si traccia la perpendicolare alla retta di azione r della forza $\vec{F}$, trovando H;
- OH è il braccio b di $\vec{F}$ rispetto a O.

Per tenere conto che la rotazione dipende sia dalla forza $\vec{F}$ sia dal braccio b occorre introdurre una nuova grandezza fisica: il **momento** di una forza.

> **INFORMAZIONE** Il **momento** di una forza è un vettore che tiene conto della presenza di un movimento di rotazione del corpo rigido.
>
> **DEFINIZIONE** Il modulo del **momento** di una forza è definito come il prodotto del **modulo della forza** per il suo **braccio**, cioè la distanza tra il centro di rotazione e la retta lungo la quale agisce la forza:
>
> momento = forza · braccio
>
> Usando i simboli, il modulo del momento diventa:
>
> **FORMULA** $M = F \cdot b$

momento

L'unità di misura del momento di una forza è **N · m**.

 ricorda...

Essendo il momento una grandezza vettoriale, oltre al modulo, possiede una direzione e un verso, per cui deve essere indicato con il simbolo $\vec{M}$:
- la direzione di $\vec{M}$ indica l'asse attorno al quale ruota il corpo rigido (nel nostro esempio si tratta della retta perpendicolare al pavimento passante per i cardini della porta);
- il verso di $\vec{M}$ dà informazioni sul senso in cui avviene la rotazione.

In particolare se $\vec{M}$ è diretto verso l'alto assume segno positivo ed è associato a una rotazione antioraria e viceversa.

> **ricorda...**
> La rotazione in senso *orario* è quella individuata dal movimento delle lancette dell'orologio; in caso contrario, si parla di senso *antiorario*.

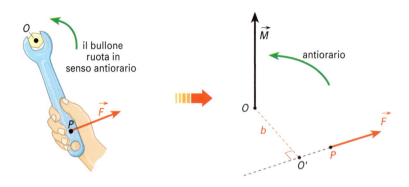

Un operaio svita un bullone applicando il momento $\vec{M}$ della forza rispetto al punto O. Il bullone si svita ruotandolo in senso antiorario.

Se la rotazione del bullone avviene in senso antiorario, allora $\vec{M}$ ha segno positivo ed è diretto verso l'alto. Nel caso contrario, $\vec{M}$ ha segno negativo ed è diretto verso il basso.

5.4 Coppia di forze

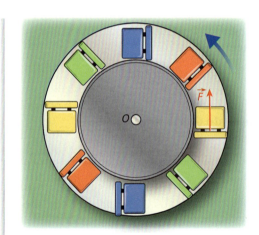
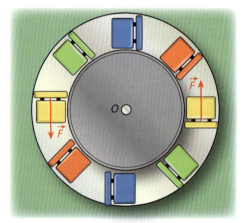

Considera la giostra girevole rappresentata nella figura, inizialmente ferma. Se immagini che sullo schienale di un seggiolino venga applicata la forza $\vec{F}$, dato che la forza complessiva non è nulla, è evidente che la giostra non resterà in equilibrio e comincerà a ruotare attorno al centro O. Nella figura a destra, invece, ci sono due forze in azione esattamente uguali in modulo e direzione, ma con verso opposto (si parla in questo caso di **coppia di forze**). Adesso la forza totale è zero ($\vec{F} - \vec{F} = 0$), eppure anche in questa situazione la giostra si mette in rotazione...

> **ricorda...**
> La condizione che la forza risultante sia nulla, $\vec{F}_{TOT} = 0$, **non è sufficiente** a garantire l'equilibrio di un corpo rigido.

coppia di forze — Un sistema formato da due forze parallele e opposte, non agenti sulla stessa retta e con uguale modulo, costituisce una **coppia di forze**.

Essendo nullo in questo caso il modulo della forza risultante, dovremmo concludere che la giostra resta ferma. Eppure l'esperienza ci insegna che nella situazione esaminata la giostra non sta ferma, bensì ruota: una coppia di forze causa una rotazione del corpo rigido al quale è applicata.

5.5 Momento di una coppia di forze

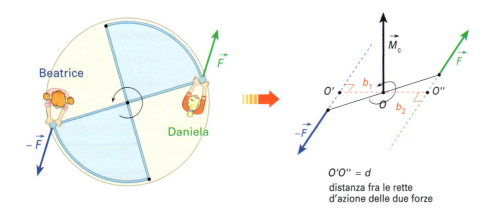

O'O" = d
distanza fra le rette d'azione delle due forze

Daniela e Beatrice esercitano due forze $\vec{F}$ e $-\vec{F}$ uguali in modulo, parallele, ma di verso opposto. Si tratta di una **coppia di forze** la cui azione provoca la rotazione della porta girevole attorno a un asse passante per il centro.

Daniela esercita un momento $\vec{M}_1$ di modulo $M_1 = F \cdot b_1$; Beatrice esercita un momento $\vec{M}_2$ di modulo $M_2 = F \cdot b_2$.
$\vec{M}_1$ ed $\vec{M}_2$ causano entrambi una rotazione in senso antiorario e sommandoli si ha il **momento risultante** della coppia $\vec{M}_C$:

$$M_C = M_1 + M_2 = F \cdot b_1 + F \cdot b_2 =$$
$$= F \cdot (b_1 + b_2) = F \cdot d$$

> **INFORMAZIONE** Il **momento di una coppia di forze** individua la presenza di un moto di rotazione del corpo rigido a causa dell'azione di due forze che formano una coppia.
>
> **DEFINIZIONE** Il modulo del **momento di una coppia di forze** è dato dal prodotto dell'intensità di una delle due forze per la distanza tra le rette d'azione delle forze stesse, cioè:
>
> momento della coppia = forza · distanza tra le rette d'azione

momento di una coppia di forze

Sintetizzando, il modulo del momento di una coppia diventa:

FORMULA $M_C = F \cdot d$

Anche il momento di una coppia è una grandezza vettoriale e su di esso, per quanto concerne la direzione e il verso, vale il medesimo discorso fatto precedentemente per il momento di una singola forza.

Per esempio nel caso illustrato $\vec{M}$ è rivolto verso l'alto, ha quindi segno positivo e la porta ruota in senso antiorario.

5.6 Condizione di equilibrio di un corpo rigido esteso

In base a quanto abbiamo fin qui detto, deduciamo che un corpo rigido soggetto a un momento diverso da zero, pur essendo la risultante delle forze nulla, non sta fermo, bensì presenta un movimento di rotazione. In definitiva: non è in equilibrio.
Quand'è allora che un corpo rigido effettivamente non si muove?
Quando, oltre a verificarsi la condizione $\vec{F}_{TOT} = 0$, si ha anche che la somma dei momenti, indicata con $\vec{M}_R$ (**momento risultante**), è nulla:

$$\vec{M}_R = 0$$

condizioni di equilibrio del corpo rigido

Un corpo rigido fermo rimane in equilibrio se:
- la somma vettoriale di tutte le forze applicate al corpo rigido è nulla: $\vec{F}_{TOT} = 0$;
- la somma vettoriale di tutti i momenti delle forze ad esso applicate, rispetto ad uno stesso punto O comunque scelto, è nulla: $\vec{M}_R = 0$.

5.7 Il centro di gravità

Corpo appoggiato

Hai mai provato, stando eretto a piedi uniti, a inclinare progressivamente il tuo corpo in avanti o indietro in modo tale che il busto resti allineato con gli arti ben tesi? Di solito il tentativo si conclude rapidamente!
Per istinto, non appena ti accorgi di stare per cadere, sposti un piede in avanti o all'indietro e ristabilisci l'equilibrio. Ma perché questo movimento impedisce la caduta?

Il fatto è che i corpi rigidi estesi si comportano come se la forza peso che agisce su di essi fosse applicata in un punto particolare detto **centro di gravità** o **baricentro**.

centro di gravità o baricentro

Il **centro di gravità** o **baricentro** (G) di un corpo rigido esteso è quel punto in cui possiamo pensare applicata la forza peso dell'intero corpo.

Si può verificare facilmente che un corpo appoggiato resta in equilibrio e non si rovescia fintanto che la retta verticale tracciata dal centro di gravità verso il suolo cade all'interno della base di appoggio.

Equilibrio del corpo rigido   UNITÀ 5   **113**

Con un parallelepipedo articolato si può vedere che si ha l'equilibrio fintanto che la verticale passante per il baricentro (filo collegato al pesetto) cade nella base di appoggio.

Il clown non perde l'equilibrio perché il suo baricentro cade ancora nell'area di appoggio: le scarpe sono molto lunghe.

Nel caso di un uomo fermo e in piedi, il baricentro si trova all'interno del corpo all'altezza dell'addome e normalmente la verticale passante per tale punto G rientra nell'area delimitata dai piedi. Tuttavia, se la persona si inclina, questo non si verifica più e cade. Lo spostamento in avanti del piede fa sì che aumenti l'area di appoggio ed impedisce la caduta.

▸ Corpo appeso

equilibrio stabile

> **ricorda...**
> Un corpo rigido sospeso è in equilibrio se il baricentro si trova nella posizione più vicina possibile a terra, compatibilmente con i vincoli.

Collegata al baricentro è anche la posizione assunta da un quadro appeso a una parete: se lo spostiamo significativamente di lato, ritorna spontaneamente nella posizione originale. In effetti, un corpo appeso tende a posizionarsi in modo che il suo baricentro assuma la posizione più bassa, sempre che i vincoli glielo consentano.

Esistono tre tipi di equilibrio:

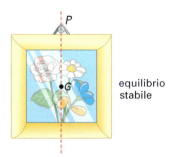
equilibrio stabile

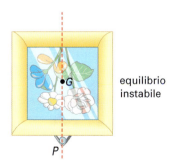
equilibrio instabile

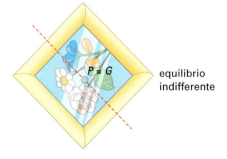
equilibrio indifferente

- **stabile**: il quadro allontanato di poco dalla posizione di equilibrio tende a ritornarci; il baricentro G si posiziona lungo la verticale che parte dal punto di sospensione P e al di sotto di quest'ultimo;

- **instabile**: il quadro spostato dalla posizione di equilibrio se ne allontana senza tornare alla situazione iniziale; il baricentro G si trova lungo la verticale che passa da P, ma al di sopra del punto di sospensione;

- **indifferente**: il quadro ogni volta che viene spostato dalla posizione di equilibrio rimane in equilibrio anche nella nuova posizione assunta; il baricentro G coincide con il punto di sospensione.

5.8 Le leve

 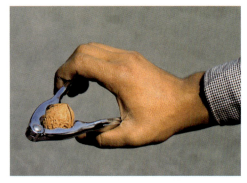

Sin dall'antichità Archimede (287-212 a.C.), un famoso matematico greco vissuto a Siracusa, aveva intuito che si potevano sfruttare a vantaggio dell'uomo le condizioni di equilibrio di un corpo rigido tramite delle *macchine*, intendendo con questo termine qualsiasi dispositivo che permetta di ottenere una forza utilizzando un'altra forza. Nell'immagine si vede la vite di Archimede in grado di sollevare l'acqua.

Se tenti di spaccare il guscio di una noce stringendolo fra le mani, difficilmente raggiungi lo scopo. La forza (che chiamiamo **forza motrice**) da te esercitata non è sufficiente a vincere la durezza (che indichiamo come **resistenza**) del guscio. Se invece usi lo schiaccianoci, riesci tranquillamente a romperla. Evidentemente questo *banale* oggetto ti fornisce un vantaggio, rendendo in qualche modo la tua forza più efficace.

> **ricorda...**
> Noi parliamo di equilibrio perché è una condizione più facile da studiare. Tuttavia è chiaro che con lo schiaccianoci quello che ci interessa è spezzare l'equilibrio e... rompere la noce!

macchina semplice   Una **macchina semplice** è un dispositivo che permette di equilibrare una forza detta **resistenza** con un'altra forza detta **motrice**.

Esempi di macchine semplici possono essere le altalene a bilico dei parchi, le pinze del pasticciere, le carrucole o il piano inclinato. Noi ora ci occuperemo di un particolare tipo di tali macchine: le **leve**.

leva   La **leva** è una macchina semplice costituita da un **asse** fisso e rigido, libero di ruotare attorno a un punto fisso detto **fulcro**.

▶ Classificazione delle leve

A seconda della posizione del fulcro, le leve possono essere di tre tipi.

  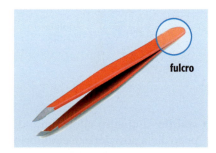

- **Leva di primo genere**: il fulcro è posizionato tra forza motrice e resistenza.
- **Leva di secondo genere**: la resistenza è posizionata tra fulcro e forza motrice.
- **Leva di terzo genere**: la forza motrice è posizionata tra fulcro e resistenza.

Per ottenere l'equilibrio delle leve, occorre che siano soddisfatte entrambe le condizioni per il corpo rigido.

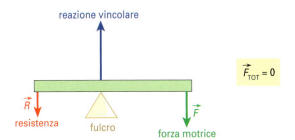

Somma vettoriale di tutte le forze uguale a zero ($\vec{F}_{TOT} = 0$): è sempre soddisfatta, perché le forze in gioco sono controbilanciate dalle reazioni vincolari, per cui la somma vettoriale complessiva è nulla.

Somma vettoriale dei momenti uguale a zero ($\vec{M}_{TOT} = 0$): è questa la condizione che dobbiamo fare in modo che si realizzi.

La **condizione di equilibrio di una leva** si verifica quando il momento della forza motrice e il momento della resistenza hanno modulo uguale:

$$\vec{M}_{TOT} = 0 \implies M_F = M_R$$

> condizione di equilibrio di una leva (I)

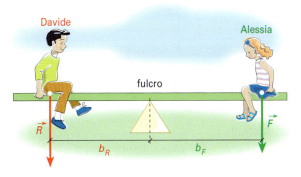

Consideriamo l'altalena a bilico, che è una *leva di primo genere*. Di tale leva, così come di quelle che seguono, trascuriamo il loro proprio peso.
Per la condizione di equilibrio ($\vec{M}_{TOT} = 0$) dovrà verificarsi che il modulo M_F del momento della forza $\vec{F}$ sia uguale al modulo M_R del momento dell'altra forza $\vec{R}$:

$$M_F = M_R \implies F \cdot b_F = R \cdot b_R$$

Se per ipotesi è $F < R$ allora, affinché si raggiunga l'equilibrio, deve essere $b_F > b_R$: Alessia che è più leggera dovrà risultare più lontana dal fulcro per far sì che riesca a equilibrare il compagno più pesante.

$$F \cdot b_F = R \cdot b_R$$

> condizione di equilibrio di una leva (II)

Nel caso particolare in cui i due amici abbiano lo stesso peso ($F = R$), l'equilibrio si avrà se $b_R = b_F$ e la leva si definisce *indifferente*.

Le leve sono **indifferenti** quando la forza motrice F è uguale alla resistenza R.

> leve indifferenti

Osserva adesso uno schiaccianoci, *leva di secondo genere*, e la sua schematizzazione.

Sfruttando le caratteristiche di uno schiaccianoci, si può ottenere l'effetto di rompere il duro guscio delle noci con una forza minima applicata alle estremità delle impugnature.

Dato che il braccio della resistenza è minore del braccio della forza motrice, per ottenere l'equilibrio si dovrà avere una resistenza che sia maggiore della forza motrice $b_R < b_F \Rightarrow R > F$. In altri termini, la forza motrice F equilibra una forza resistente R a essa superiore, per cui si parla di leva *vantaggiosa*.

leve vantaggiose > Le **leve** sono **vantaggiose** quando la forza motrice F è sempre minore della resistenza R.

Discorso esattamente opposto vale per le pinzette, che sono una *leva di terzo genere*.

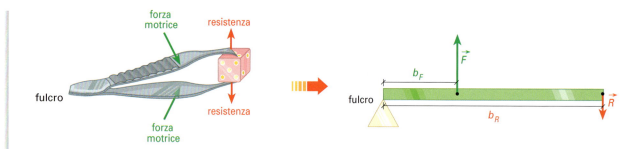

La pinzetta è un esempio di leva di terzo genere.

Il braccio della forza motrice è minore di quello della resistenza, cioè $b_F < b_R$: all'equilibrio si ha $F > R$. La pinzetta è una leva *svantaggiosa*.

leve svantaggiose > Le **leve** sono **svantaggiose** quando la forza motrice F è sempre maggiore della resistenza R.

Qui di seguito riportiamo uno schema delle formule utili nelle applicazioni della condizione di equilibrio delle leve.

$$F = \frac{b_R}{b_F} R \qquad R = \frac{b_F}{b_R} F$$

$$F \cdot b_F = R \cdot b_R$$

$$b_F = \frac{R}{F} b_R \qquad b_R = \frac{F}{R} b_F$$

> **! ricorda...**
>
> La leva di secondo genere è sempre vantaggiosa e quella di terzo genere è sempre svantaggiosa. La leva di primo genere, invece, può essere:
> - *vantaggiosa*: forza motrice < resistenza (fulcro più vicino alla resistenza);
> - *svantaggiosa*: forza motrice > resistenza (fulcro più vicino alla forza motrice);
> - *indifferente*: forza motrice = resistenza (fulcro equidistante dalla forza motrice e dalla resistenza).

Equilibrio del corpo rigido UNITÀ 5

idee e personaggi

Archimede

UNO SCIENZIATO MULTIFORME...

Nato nella città greca di Siracusa, **Archimede** (287-212 a.C.) compì i propri studi nella capitale culturale dell'epoca, Alessandria d'Egitto. Figlio di un astronomo, dotato di fervida immaginazione e di grande spirito pratico, fu matematico e scienziato ma anche inventore e ingegnere: una combinazione molto rara ai suoi tempi, poiché nell'antica Grecia gli scienziati erano solitamente filosofi, ma non si interessavano mai di meccanica, idraulica o altre applicazioni.

... UN PRATICO INVENTORE...

L'attenzione di Archimede per la ricaduta pratica delle sue riflessioni fu invece evidente sin dalla sua permanenza in Egitto. In quegli anni, lo scienziato escogitò una pompa a spirale per il sollevamento dell'acqua, nota come *vite d'Archimede*, o *còclea*.
Gli Egizi utilizzarono questo strumento per l'irrigazione delle terre in cui non arrivavano le esondazioni del Nilo. La vite di Archimede è tuttora utilizzata in Medio Oriente, oltre che per l'irrigazione, anche per sollevare il grano e trasferirlo nei silos. Come indica il nome, essa è costituita da una grossa vite posta all'interno di un tubo. La parte inferiore del tubo è immersa nell'acqua (o in generale nel materiale da sollevare); quando si pone in rotazione la vite, ogni passo raccoglie un certo quantitativo di liquido e lo solleva lungo la spirale. Il liquido esce poi dalla parte superiore. Rientrato in patria dopo il soggiorno in Egitto, Archimede fornì nuove prove del suo genio e scrisse il primo trattato di statica a noi pervenuto, in cui dimostrò la *legge della leva*. La famosa frase a lui attribuita, «Offritemi un punto di appoggio e io solleverò il mondo», sarebbe stata pronunciata in occasione del varo di una lunghissima nave, dopo che Archimede era riuscito a spostarla da solo, sfruttando un sistema di pulegge. L'episodio del varo della nave ci mostra anche che lo scienziato, anticipando di diciotto secoli il metodo scientifico moderno, contrapponeva la *verifica sperimentale* alla pura speculazione teorica, tipica dei pensatori e scienziati suoi contemporanei. Gli interessi di Archimede erano molteplici: tra le sue realizzazioni tecniche, Cicerone descrive un *planetario*, mentre un manoscritto arabo contiene la descrizione di un ingegnoso *orologio ad acqua* da lui ideato. Archimede scoprì inoltre il principio che porta il suo nome ed è alla base del *galleggiamento*: lo scienziato l'intuì mentre faceva il bagno in una vasca e si narra che il suo entusiasmo fu tale, che uscì di corsa dall'acqua completamente nudo gridando *Eureka!* (in greco: «Ho trovato!»).

... E UN UOMO CORAGGIOSO

Nel 212 a.C., mentre i Romani assediavano Siracusa, Archimede contribuì alla difesa della città ideando diverse macchine da guerra, tra cui gli *specchi ustori*, specchi concavi che riflettevano e concentravano la luce del Sole sulle navi da guerra romane, incendiandole. Tuttavia, durante il saccheggio della città, lo stesso Archimede perse la vita, verosimilmente ucciso da un soldato romano. Sulla sua fine esistono leggende discordanti. Di certo, la versione che meglio rappresenta lo spirito del grande scienziato è quella tramandata da Valerio Massimo: Archimede, sorpreso dai soldati romani mentre era intento a svolgere una dimostrazione, sarebbe morto cercando di difendere i suoi risultati, al grido di *Noli, obsecro, istum disturbare* («Non rovinare, ti prego, questo disegno»).

IN SINTESI

- Un **corpo rigido esteso** è il modello di un corpo reale dotato di estensione e che, sottoposto all'azione di forze, non subisce deformazioni apprezzabili.

- La **somma di due forze parallele e concordi** $\vec{F}_1$ e $\vec{F}_2$ che agiscono secondo differenti rette d'azione su un corpo rigido è una forza $\vec{F}$ che ha:
  - modulo: $F = F_1 + F_2$;
  - direzione: la stessa di $\vec{F}_1$ e $\vec{F}_2$;
  - verso: lo stesso di $\vec{F}_1$ e $\vec{F}_2$;
  - punto di applicazione: sul segmento congiungente i punti di applicazione di $\vec{F}_1$ e $\vec{F}_2$ tale che $F_1 : F_2 = d_2 : d_1$.

- La **somma di due forze parallele e discordi** $\vec{F}_1$ e $\vec{F}_2$ che agiscono secondo differenti rette d'azione su un corpo rigido è una forza $\vec{F}$ che ha:
  - modulo: $F = F_1 + F_2$;
  - direzione: la stessa di $\vec{F}_1$ e $\vec{F}_2$;
  - verso: concorde con quello della forza di modulo maggiore ($\vec{F}_2$);
  - punto di applicazione: all'esterno del segmento congiungente i punti di applicazione di $\vec{F}_1$ e $\vec{F}_2$ e tale $F_1 : F_2 = d_2 : d_1$.

- Il **momento di una forza** è una grandezza vettoriale che ha:
  - modulo: $M = F \cdot b$, dove b (braccio) è la distanza tra il centro di rotazione e la retta d'azione della forza;
  - direzione: corrisponde all'asse attorno al quale ruota il corpo rigido;
  - verso: positivo (cioè verso l'alto), se la rotazione avviene in senso antiorario; negativo (verso il basso) se la rotazione avviene in senso orario.

- Una **coppia di forze** è costituita da due forze parallele e opposte, non agenti sulla stessa retta e con uguale modulo.

- Il **momento di una coppia** è una grandezza vettoriale, che individua la presenza di un moto di rotazione del corpo rigido a causa dell'azione della coppia e che ha:
  - modulo: $M_C = F \cdot d$, dove d è la distanza tra le rette d'azione delle forze;
  - direzione: quella dell'asse di rotazione;
  - verso: dipendente dal senso di rotazione.

- Un corpo rigido fermo rimane in *equilibrio* se:
  - la somma vettoriale di tutte le forze applicate al corpo rigido è nulla: $\vec{F}_{TOT} = 0$;
  - la somma vettoriale di tutti i momenti delle forze applicate al corpo rigido rispetto a un punto O qualsiasi (*momento risultante*, $\vec{M}_R$) è nulla: $\vec{M}_R = 0$.

- Il **baricentro** (o **centro di gravità**) G di un corpo rigido esteso è quel punto in cui possiamo pensare applicata la forza peso dell'intero corpo.
  - Un corpo *appoggiato* è in equilibrio se la perpendicolare mandata dal baricentro cade all'interno della base d'appoggio.
  - Un *corpo appeso* può essere in equilibrio stabile, instabile o indifferente.

- Le **macchine semplici** sono dispositivi che permettono di equilibrare una forza detta *resistenza* con un'altra forza detta *motrice*.

- Le **leve** sono macchine semplici costituite da un asse rigido, libero di ruotare attorno a un punto fisso detto *fulcro*. La loro condizione di equilibrio si verifica quando il momento della forza motrice e il momento della resistenza sono uguali:

  $$M_F = M_R \quad \Rightarrow \quad F \cdot b_F = R \cdot b_R$$

  Le leve possono essere di:
  - **primo genere** (*vantaggiose, svantaggiose* o *indifferenti*): il fulcro è posizionato tra forza motrice e resistenza (es.: altalena a bilico);
  - **secondo genere** (*vantaggiose*): la resistenza è posizionata tra fulcro e forza motrice (es.: schiaccianoci);
  - **terzo genere** (*svantaggiose*): la forza motrice è posizionata tra fulcro e resistenza (es.: pinzette).

SCIENTIFIC ENGLISH

Equilibrium of a Rigid Body

- An extended **rigid body** is an idealised model of an extended solid body which does deform under the action of forces.
- The **resultant of two like parallel forces** $\vec{F}_1$ and $\vec{F}_2$ acting along different lines of action on a rigid body is a force $\vec{F}$ with:
  – magnitude: $F = F_1 + F_2$;
  – direction: the same as $\vec{F}_1$ and $\vec{F}_2$;
  – sense: the same as $\vec{F}_1$ and $\vec{F}_2$;
  – point of application: on the segment joining the points of application of $\vec{F}_1$ and $\vec{F}_2$ so that $F_1 : F_2 = d_2 : d_1$.
- The **resultant of two unlike parallel forces** $\vec{F}_1$ and $\vec{F}_2$ acting along different lines of action on a rigid body is a force $\vec{F}$ with:
  – magnitude: $F = F_1 + F_2$;
  – direction: the same as $\vec{F}_1$ and $\vec{F}_2$;
  – sense: the same as that of the force with the greater magnitude ($\vec{F}_2$);
  – point of application: on the outside of the segment joining the points of application of $\vec{F}_1$ and $\vec{F}_2$ so that $F_1 : F_2 = d_2 : d_1$.
- The **moment of a force** is a vector quantity with:
  – magnitude: $M = F \cdot b$, where b (moment arm) is the distance between the centre of rotation and the line of action of the force;
  – direction: same as the axis about which the rigid body rotates;
  – sense: positive (i.e. upwards) with anti-clockwise rotation; negative (downwards) with clockwise rotation.
- A **force couple** consists of two parallel but opposite forces acting along different lines of action and of equal magnitude.
- The **moment of a couple** is a vector quantity which indicates a rotational motion of the rigid body due to the action of the couple and which has:
  – magnitude: $M_C = F \cdot d$, where d is the distance between the lines of action of the forces;
  – direction: same as the axis of rotation;
  – sense: depends on the direction of rotation.

- A stationary rigid body remains in *equilibrium* if:
  – the resultant of all the forces applied to the rigid body is zero: $\vec{F}_{TOT} = 0$;
  – the resultant moment of the forces applied to the rigid body about any point O (*resultant moment*, $\vec{M}_R$) is zero: $\vec{M}_R = 0$.
- The **centre of gravity** G of an extended rigid body is the point through which the whole weight of the body acts.
  – A *supported* body is in equilibrium if the vertical through the centre of gravity falls within the supporting base.
  – A *suspended body* may be in a state of stable, unstable or indifferent equilibrium.
- A **simple machine** is a device that balances a force of *resistance* against an applied force, called *effort*.
- A **lever** is a simple machine consisting of a rigid beam that is free to rotate about a fixed point called the *fulcrum*. A lever is in a state of equilibrium when the moment of the applied force and that of the resistance are equal:
  $$M_F = M_R \quad \Rightarrow \quad F \cdot b_F = R \cdot b_R$$
  Levers are classified as:
  – **Class 1** (*mechanically advantageous, disadvantageous or neutral*): the fulcrum is between the applied force and the resistance (e.g.: a see-saw);
  – **Class 2** (*mechanically advantageous*): the resistance is between the fulcrum and the applied force (e.g.: nutcrackers);
  – **Class 3** (*mechanically disadvantageous*): the force is applied between the fulcrum and the resistance (e.g.: tweezers).

strumenti per SVILUPPARE le COMPETENZE

VERIFICHIAMO LE CONOSCENZE

Vero-falso

V F

1. Le forze parallele non si possono sommare. ☐ ☐
2. Le forze parallele si sommano con la regola del parallelogramma. ☐ ☐
3. La forza risultante di due forze parallele e discordi è nulla. ☐ ☐
4. La forza risultante di due forze parallele e discordi è maggiore di ciascuna delle due. ☐ ☐
5. Il corpo rigido esteso è un esempio di modello. ☐ ☐
6. Un corpo sottoposto a una coppia di forze subisce una traslazione. ☐ ☐
7. Se in un corpo appeso il baricentro è sopra il vincolo allora non può esservi mai equilibrio. ☐ ☐
8. Una sfera d'acciaio sospesa al soffitto tramite un filo e in quiete è un esempio di equilibrio stabile. ☐ ☐
9. Una leva è un esempio di macchina semplice. ☐ ☐
10. Le leve di primo genere sono sempre vantaggiose. ☐ ☐

Test a scelta multipla

1. Due forze parallele, concordi e diverse in modulo sono applicate alle estremità di un righello e perpendicolarmente a esso. Quale delle seguenti affermazioni è esatta?
   - A La forza risultante è applicata al centro del righello
   - B Il modulo della forza risultante è dato dalla somma dei moduli delle due forze
   - C Il modulo della forza risultante è dato dalla differenza dei moduli delle due forze
   - D Le due forze non si possono sommare perché sono parallele

2. Due forze parallele, discordi e diverse in modulo sono applicate alle estremità di un righello e perpendicolarmente a esso. Quale delle seguenti affermazioni è errata?
   - A Il punto di applicazione della forza risultante è più vicino a quello della forza maggiore
   - B Il modulo della forza risultante è dato dalla differenza dei moduli delle due forze
   - C Il verso della forza risultante è lo stesso verso della maggiore tra le due forze applicate
   - D Le due forze si possono sommare con la regola del parallelogramma

3. Due forze parallele discordi e di modulo diverso sono applicate a un corpo rigido. L'intensità della risultante è sempre:
   - A uguale alla differenza tra i moduli delle due forze
   - B nulla
   - C uguale alla somma dei moduli delle due forze
   - D uguale al modulo della maggiore tra le due forze

4. Qual è la definizione corretta del modulo del momento di una forza?
   - A È il rapporto tra il modulo della forza e il braccio
   - B È la somma tra il modulo della forza e il braccio
   - C È il prodotto tra il modulo della forza e il braccio
   - D È la distanza tra il centro di rotazione e la retta d'azione della forza

5. Per raddoppiare il modulo del momento di una forza $\vec{F}$ rispetto a un punto O si può:
   - A raddoppiare sia il braccio sia il modulo della forza
   - B dimezzare sia il braccio sia il modulo della forza
   - C raddoppiare o il braccio o il modulo della forza
   - D dimezzare il modulo della forza e contemporaneamente raddoppiare il braccio

6. Che cos'è una coppia di forze?
   - A Due forze disposte in un modo qualunque, purché siano due e non più di due
   - B Due forze parallele con stesso verso e modulo uguale
   - C Due forze parallele con verso opposto e modulo uguale disposte su rette d'azione diverse
   - D Due forze parallele con stesso verso e modulo dell'una il doppio di quello dell'altra

7. Quale effetto produce una coppia di forze applicate a un corpo rigido esteso libero di muoversi?
   - A Nessuno perché le forze hanno modulo uguale, ma verso opposto
   - B Una traslazione nella direzione individuata dalle forze
   - C L'equilibrio perché la somma delle forze è nulla
   - D Una rotazione in senso orario o antiorario

Equilibrio del corpo rigido UNITÀ 5 **121**

8 Quali sono le condizioni di equilibrio di un corpo rigido?
   A La forza risultante e il momento risultante devono essere uguali a zero
   B La forza risultante e il momento risultante devono essere paralleli
   C La forza risultante deve essere uguale a zero
   D Il momento risultante deve essere uguale a zero

9 Se un corpo, allontanato dalla posizione di equilibrio, tende a tornarvi possiamo dire che il suo equilibrio:
   A è instabile
   B dipende dall'altezza dal suolo
   C è indifferente
   D è stabile

10 Lo schiaccianoci è un tipo di leva:
   A vantaggioso
   B indifferente
   C vantaggioso, svantaggioso o indifferente a seconda del valore della forza motrice
   D svantaggioso

2 In un campeggio Stefano e Valeria devono spostare insieme la roulotte schematizzata nella figura e dotata di 4 maniglie.

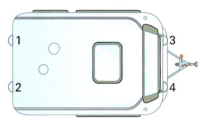

Individua per ogni situazione descritta a quale dei casi studiati corrispondono le forze applicate (perpendicolarmente alla parete della roulotte) da Stefano e Valeria.
a) Stefano spinge in 1 e Valeria spinge in 2
b) Stefano spinge in 1 e Valeria tira in 3
c) Stefano e Valeria spingono in 1
d) Stefano spinge in 2 e Valeria tira in 3

3 Sugli estremi di un'asta lunga 2 m agiscono (perpendicolarmente a essa) due forze $\vec{F_1}$ ed $\vec{F_2}$ parallele e concordi rispettivamente di intensità 25 N e 100 N. Determina modulo e punto di applicazione della forza risultante $\vec{F}$.

Per lo svolgimento dell'esercizio, completa il percorso guidato, inserendo gli elementi mancanti dove compaiono i puntini.

1 In questo tipo di esercizio può essere utile una rappresentazione grafica:

2 I dati sono: ....
3 Le due forze sono tra loro: ....
4 Dal punto 3 deduci che per ottenere il modulo di $\vec{F}$ è sufficiente .... i moduli di $\vec{F_1}$ ed $\vec{F_2}$:
$F = $ ....
5 Dal punto 3 deduci anche la regola da applicare per trovare il punto di applicazione, che è:
$F_1 : F_2 = $ ....
6 Essendo nota la lunghezza di $AB = 2$ m, puoi porre: $d_1 = x$ e $d_2 = 2 - x$.
7 Sostituendo i dati, la proporzione diventa: $25 : 100 = (2 - x) : x$.
8 Utilizzando la proprietà fondamentale delle proporzioni si ha: $25 \cdot x = 100 \cdot (2 - x)$.
9 Risolvendo l'equazione, ottieni: $x = $ .... m (cioè d_1).
E quindi: $d_2 = 2 - $ .... m.
[125 N; 1,6 m; ...]

VERIFICHIAMO LE ABILITÀ

Esercizi

5.2 Somma di forze su un corpo rigido

1 Su un corpo rigido agiscono due forze $\vec{F_1}$ ed $\vec{F_2}$.

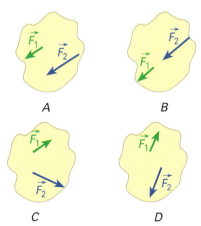

Abbina a ogni disegno la rispettiva descrizione delle forze.

forze...	disegno
... che agiscono sulla stessa retta d'azione	
... concorrenti	
... parallele e concordi	
... parallele e discordi	

4 Uno studente applica agli estremi di un righello lungo 30 cm (perpendicolarmente a esso) due forze $\vec{F_1}$ ed $\vec{F_2}$ parallele e discordi rispettivamente di intensità 5 N e 25 N.
Determina modulo e punto di applicazione della forza risultante $\vec{F}$.
[20 N; d_1 = 37,5 cm]

5 Federico e Laura stanno spingendo agli estremi un tavolo lungo 2,4 m con forze parallele e concordi di moduli rispettivamente di 250 N e 150 N.
a) Determina il modulo della forza risultante $\vec{F}$, sapendo che Federico e Laura applicano due forze perpendicolari al lato del tavolo.
b) A quale distanza da Laura si trova il punto di applicazione della forza risultante?
[a) 400 N; b) 1,5 m]

6 Due forze $\vec{F_1}$ ed $\vec{F_2}$ parallele e concordi sono applicate a un'asta rigida in A e in B (perpendicolarmente all'asta stessa) e hanno come risultante una forza $\vec{F}$ di modulo 22,5 N.

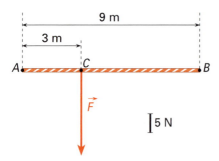

Sapendo che il modulo di $\vec{F_1}$ è il doppio di quello di $\vec{F_2}$, determina il modulo delle due forze e poi rappresentale graficamente rispettando l'unità di misura indicata.
[15 N; 7,5 N]

7 Due forze $\vec{F_1}$ ed $\vec{F_2}$ parallele e discordi sono applicate a un'asta rigida in A e in B (perpendicolarmente a essa) e hanno come risultante una forza $\vec{F}$ di modulo 45 N.

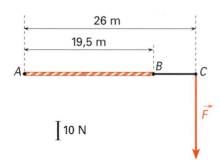

Sapendo che il modulo di $\vec{F_1}$ è il quadruplo di quello di $\vec{F_2}$, determina il modulo delle due forze e poi rappresentale graficamente rispettando l'unità di misura indicata.
[15 N; 60 N]

8 Monica e Flavia sollevano una panca lunga 1,80 m, disposta orizzontalmente, su cui si trova seduto un bambino di 30 kg a 60 cm da Monica.
a) Quale delle due ragazze deve esercitare una forza maggiore?
b) Quali sono le intensità delle due forze?

SUGGERIMENTO Applicando alla relazione $F_1 : F_2 = d_2 : d_1$ la proprietà del comporre, si ha: $F_1 : (F_1 + F_2) = d_2 : (d_1 + d_2)$.
[b) 196,2 N; 98,1 N]

9 Osserva la figura. In A e B sono applicate rispettivamente le due forze $\vec{F_1}$ ed $\vec{F_2}$ parallele e discordi, perpendicolari ad AB. $\vec{F_2}$ ha modulo pari a 600 N, mentre la risultante $\vec{F}$ è applicata nel punto C.

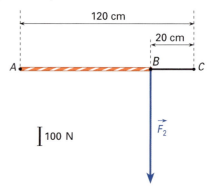

a) Determina il modulo di $\vec{F_1}$ e della risultante $\vec{F}$.
b) Disegna, rispettando l'unità di misura riportata nella figura, $\vec{F_1}$ ed $\vec{F}$.
[a) 100 N; 500 N]

10 Daniele e suo figlio Lorenzo devono spostare un pianoforte da una parete a un'altra di una stanza. Per ottenere lo scopo applicano in A e in B due forze parallele e concordi di moduli rispettivamente 135 N e 225 N. Determina a piacere, ma coerentemente con le relazioni studiate, due forze parallele e concordi applicate tra A' e B' in modo tale da equilibrare le forze $\vec{F_1}$ ed $\vec{F_2}$ indicate, individuandone moduli e posizione.

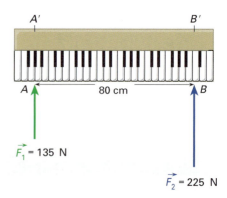

SUGGERIMENTO Una volta trovata la risultante di $\vec{F_1}$ ed $\vec{F_2}$ con il suo punto di applicazione, ti basta dalla parte opposta del pianoforte disegnare la forza che equilibra la risultante e, come fatto nell'Esercizio 9, ...

11 Two unlike parallel forces are acting on a rigid body and they are applied at point A and point B, respectively. If $\vec{F}_1$ = 15 N and $\vec{F}_2$ = 10 N, determine the resultant R and the point C at which it is acting.

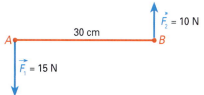

HINT Remember that the resultant of two unlike parallel forces lies outside the line joining the points of action of the two forces and on the same side as the larger force...

[5 N; BC = 40 cm]

12 Three like parallel forces with magnitudes 100 N, 200 N and 300 N, are acting at points A, B and C respectively on a straight line ABC, as shown in the diagram. The distances are AB = 30 cm and BC = 40 cm. Determine the resultant R and find its distance from point A on ABC.

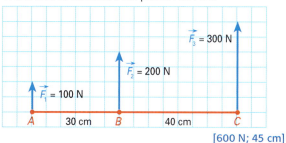

[600 N; 45 cm]

5.3 Momento di una forza rispetto a un punto

13 Osserva la seguente figura.

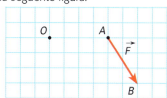

a) Il braccio della forza $\vec{F}$ rispetto al punto O è OA?
b) Se la risposta è negativa, traccia il braccio della forza.
c) È possibile, spostando il vettore $\vec{F}$, fare in modo che il braccio della forza sia nullo?

14 Osserva la seguente figura.

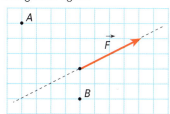

a) Disegna il braccio della forza rispetto al punto A e poi rispetto al punto B.
b) Il momento della forza è maggiore rispetto ad A o rispetto a B?

15 Calcola il modulo del momento di una forza di 25 N applicata in un punto di un corpo rigido, sapendo che la retta d'azione di tale forza ha una distanza di 70 cm dal centro di rotazione del corpo stesso.

Per lo svolgimento dell'esercizio, completa il percorso guidato, inserendo gli elementi mancanti dove compaiono i puntini.

1 I dati sono: ....
2 Le unità di misura sono coerenti con quelle del SI? ....
3 In caso di risposta negativa, esegui le equivalenze necessarie: ....
4 La formula che dà il momento di una forza, noto il braccio, è: M = ...
5 Sostituendo i valori, ottieni infine: M = ...

[17,5 N·m]

16 La retta d'azione di una forza dista 24 dm dal centro di rotazione di un corpo rigido esteso. Calcola il modulo del momento di una forza di 150 N applicata in un punto P di tale corpo rigido rispetto al centro di rotazione.

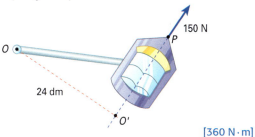

[360 N·m]

17 Un operaio agisce con una forza $\vec{F}$ di 40 N su un bullone mediante una chiave inglese come mostrato in figura.

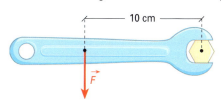

a) Calcola il momento della forza.
b) Se non riesce a svitare il bullone, quale soluzione si può adottare, nell'ipotesi che non sia possibile esercitare una forza maggiore?

[a) 4 N·m]

18 Il modulo del momento di una forza, applicata a un corpo rigido in un punto distante b dal suo centro di rotazione, vale 20 N·m. Se la forza applicata è pari a 60 N, quanto vale il braccio b?

SUGGERIMENTO Dalla definizione di momento, ricava la formula inversa per trovare il braccio...

[33,3 cm]

19 Il modulo del momento di una forza, applicata a un corpo rigido in un punto distante 120 cm (braccio b) dal centro di rotazione del corpo, vale 32 N·m. Trova il valore della forza applicata.

[26,7 N]

20 Calculate the magnitude of the moment of a force applied to a rigid body at a point A, assuming that the magnitude of the force is 35 N and the distance between its line of action and the point O (see diagram) is 60 cm.

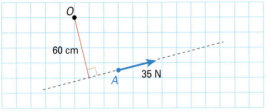

[21 N·m]

21 A force is applied to a rigid body at point A; the distance between its application line and the rotation centre Q is 240 cm and the moment about Q has magnitude M = 400 N·m. Calculate the magnitude of the applied force.

[166.7 N]

5.5 Momento di una coppia di forze

22 Un'asticella può ruotare attorno al punto A e vi sono applicate due forze uguali e opposte di modulo 50 N.

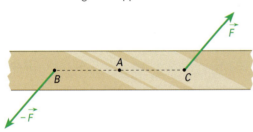

a) La distanza fra le rette d'azione delle forze è BC?
b) In caso di risposta negativa, disegna tale distanza.
c) Se la distanza fra le due rette d'azione è 25 cm, qual è il momento della coppia?

[c) 12,5 N·m]

23 Osserva le seguenti figure relative a coppie di forze tutte di modulo 20 N.

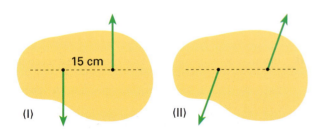

a) Quale delle due coppie ha il modulo del momento maggiore?
b) Calcola il momento della prima coppia.
c) In quale caso una coppia di forze determina un momento nullo?

[b) 3,0 N·m]

24 Un automobilista applica al volante due forze di verso opposto, di intensità di 30 N, che agiscono lungo rette d'azione parallele e distanti fra loro 20 cm.
a) Rappresenta graficamente la situazione descritta.
b) Calcola il momento della coppia.
c) Se il braccio diventa 10 cm, come dovrebbe modificarsi la forza affinché il momento non cambi?

[b) 6,0 N·m; c) 60 N]

25 Calcola il modulo del momento della coppia di forze rappresentata in figura, sapendo che il lato di un quadretto corrisponde a 1 dm, mentre le forze hanno un'intensità di 35 N.

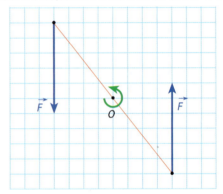

[28 N·m]

26 A couple of forces are acting on a 1 m long rigid bar, as shown in the diagram. The two forces have a magnitude of 50 N and 60 N, respectively, and the bar can rotate about point O. Calculate the moment of the couple, assuming that the angle between each force and the bar is 60°. Does the couple produce a clockwise or a counterclockwise rotation?
HINT Apply Pythagoras' theorem to calculate the arm AC: BC is the half of...

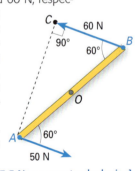

[43.5 N·m; counterclockwise]

5.8 Le leve

27 Hai a tua disposizione una leva di primo genere e dei pesetti uguali. Nel punto A che si trova a 5 cm dal fulcro sono posizionati due di questi pesetti.
a) A quale distanza dal fulcro posizionerai un pesetto per raggiungere l'equilibrio?
b) E se in A venisse aggiunto un terzo pesetto, a quale distanza dal fulcro posizioneresti il tuo pesetto per raggiungere l'equilibrio?
c) È possibile equilibrare i tre pesetti di A usando sei pesetti? Se la risposta è affermativa, precisa a quale distanza dal fulcro vanno posizionati i sei pesetti.

[a) 10 cm; b) 15 cm; c) 2,5 cm]

Equilibrio del corpo rigido UNITÀ 5 **125**

28 In una leva di primo genere, la resistenza di 40 N si trova a 65 cm dal fulcro. Qual è il valore della forza motrice che equilibra la leva, se quest'ultima dista dal fulcro 104 cm? (Resistenza e forza motrice sono perpendicolari alla leva.)

Per lo svolgimento dell'esercizio, completa il percorso guidato, inserendo gli elementi mancanti dove compaiono i puntini.

1 I dati sono: ……………………………………………
2 Uguagliando i momenti della forza motrice e della resistenza, trovi: $F \cdot b_F =$ ……………………………
3 Ricavi la forza motrice, dividendo ambo i membri per il suo braccio: $F =$ ……………………………………
4 Sostituendo i valori, ottieni infine: $F =$ ……………………
5 Perché in questo caso non è necessario riportare le lunghezze in metri? ……………………………………

[25 N]

29 Due bambini giocano su un'altalena a bilico la cui lunghezza misura 2,5 m. Il fulcro è posizionato al centro dell'asse. Se il bambino di 20 kg si pone a una delle estremità dell'asse, a quale distanza dal fulcro si deve mettere il secondo bambino di 25 kg, affinché si verifichino le condizioni di equilibrio?

SUGGERIMENTO Se vuoi trovare la forza peso in N corrispondente a una certa massa in kg, devi moltiplicare il suo valore per 9,81 (m/s^2)...   [1,0 m]

30 Un ragazzo solleva una cassa che pesa 750 N utilizzando come leva (primo genere) un'asta di ferro lunga 1,0 m.
a) Disegna una schematizzazione della leva.
b) Per avere una leva vantaggiosa, il fulcro deve essere più vicino al ragazzo o alla cassa?
c) Se il fulcro si trova a 25 cm dalla cassa, quale forza deve impiegare il ragazzo per sollevarla?   [250 N]

31 Esaminata la figura qui sotto, individua di quale tipo di leva si tratta, se è vantaggiosa o svantaggiosa, e calcola il valore della forza motrice.

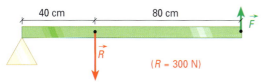

[100 N]

32 Esaminata la figura qui sotto, individua di quale tipo di leva si tratta, se è vantaggiosa o svantaggiosa, e trova la distanza a cui deve essere applicata la resistenza R affinché si abbia l'equilibrio.

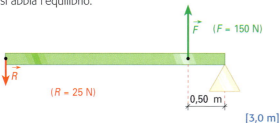

[3,0 m]

33 Una leva di primo genere si trova nella situazione illustrata nella figura sotto. Stabilisci, motivando la risposta, se si trova nella condizione di equilibrio alla rotazione attorno al fulcro.

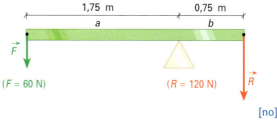

[no]

34 In una carriola un operaio ha caricato 30 kg di piastrelle.

a) Di quale genere di leva si tratta?
b) È vantaggiosa, svantaggiosa o indifferente?
c) Se il braccio della resistenza è di 40 cm e quello della forza motrice di 120 cm, determina quale forza deve esercitare l'operaio per equilibrare il peso delle piastrelle.

SUGGERIMENTO Se vuoi trovare la forza peso in N corrispondente a una certa massa in kg, devi moltiplicare il suo valore per ……. (m/s^2).   [98 N]

35 La canna da pesca è una leva.

a) Di quale genere di leva si tratta?
b) È vantaggiosa, svantaggiosa o indifferente?
c) Se il braccio della resistenza è di 3 m e quello della forza motrice è di 30 cm, determina quale forza occorre esercitare per equilibrare un pesce di 0,4 kg.

SUGGERIMENTO Leggi la nota dell'Esercizio 34.   [39 N]

36 John and Jane have masses of 60 kg and 40 kg, respectively. They are both sitting on a seesaw. If John is seated 2 m away from Jane, how far should each be from the fulcrum of the seesaw?

[John: 0.8 m from the fulcrum; Jane: 1.2 m]

37 The diagram shows a simple crowbar, which is an example of first order lever. If the load is 40 N, what effort should be applied in order to lift the stone?

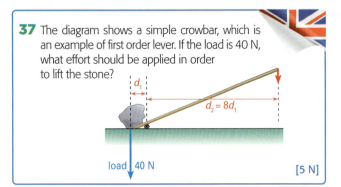

[5 N]

▶ Problemi

La risoluzione dei problemi richiede la conoscenza di argomenti trasversali a più paragrafi. Con il pallino sono contrassegnati i problemi che presentano una maggiore complessità.

1 Su un'asta lunga 4 m e vincolata in O sono applicate due forze $\vec{F}_A$ ed $\vec{F}_B$ di modulo rispettivamente 50 N e 57 N come rappresentato in figura.

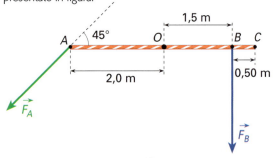

a) Determina il momento di $\vec{F}_A$ rispetto al punto O.
b) Affinché sia in equilibrio l'asta, quale forza occorre applicare perpendicolarmente all'asta in C? Quale verso deve avere tale forza?

SUGGERIMENTO Se la forza provoca una rotazione in senso orario il momento ha segno negativo, altrimenti è positivo, per cui il momento di $\vec{F}_A$ rispetto a O è negativo mentre il momento di $\vec{F}_B$ rispetto a O è...

[a) 71 N·m; b) 7,4 N diretta verso l'alto]

2 Un asse rigido, che può ruotare attorno al proprio centro, è collegato ai suoi due estremi con due molle uguali che agiscono in verso opposto l'una rispetto all'altra. La loro costante elastica è pari a 45 N/m. L'asse ha una lunghezza di 40 cm e viene ruotato in modo tale che le molle si allunghino entrambe di 3 cm, risultando parallele tra loro e perpendicolari all'asse. Calcola la coppia che agisce su di esso a causa dell'azione della forza di richiamo delle molle.

[0,54 N·m]

•**3** In una pasticceria la commessa utilizza le apposite pinze per dolci per trasferire una pasta, di massa 80 g, dal bancone espositivo a un vassoio. La ragazza applica la forza motrice a 5,0 cm dal fulcro, mentre il dolce dista da esso 20 cm.
a) Determina quale forza esercita la ragazza.
b) Se la dipendente volesse esercitare una forza motrice pari a 2,5 N, a quale distanza dal fulcro dovrebbe stringere la pinza?

[a) 3,1 N; b) 6,3 cm]

•**4** L'avambraccio di Fulvia è schematizzato in figura.
a) Si tratta di una leva vantaggiosa, svantaggiosa o indifferente?
b) Quale forza deve essere esercitata dal bicipite per sollevare un corpo di 2,0 kg?
c) Se per ragioni di salute la forza esercitata dal bicipite non deve superare mai i 30 N, qual è il valore massimo della massa che può essere sorretta con la mano da Fulvia?

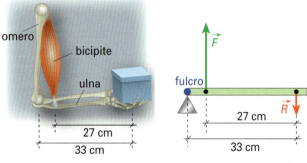

[a) 108 N; b) 16,8 kg]

5 Due bambini sono disposti su un'altalena a bilico come rappresentato in figura. In quale posizione si dovrà sedere un bambino di 11,4 kg affinché si abbia equilibrio?

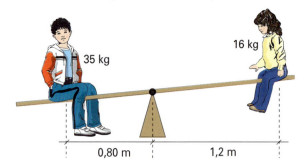

[0,77 m a destra del fulcro]

6 Si hanno due forze $\vec{F}_1$ ed $\vec{F}_2$ che, in relazione allo stesso centro di rotazione O, hanno bracci rispettivamente b_1 e b_2. Si sa che i moduli delle due forze e i bracci sono i seguenti:

$F_1 = (15,6 \pm 0,2)$ N $b_1 = (4,5 \pm 0,1)$ cm
$F_2 = (9,8 \pm 0,1)$ N $b_2 = (6,3 \pm 0,1)$ cm

Scrivi il risultato del modulo del momento risultante, dato da $M = M_1 + M_2$, essendo M_1 ed M_2 i moduli dei momenti delle due forze.

[$(1,32 \pm 0,05)$ N·m]

•**7** Su un'altalena a bilico orizzontale due bambini si trovano a distanza di $(1,30 \pm 0,05)$ m e $(0,95 \pm 0,05)$ m rispettivamente dal fulcro. Sapendo che la massa del primo bambino è pari a $(28,8 \pm 0,2)$ kg, trova il peso del secondo bambino, giungendo alla scrittura completa del risultato.

SUGGERIMENTO Ti serve, per trovare il peso del primo bambino, il valore della costante g; esso è (..... ± 0,01) m/s²...

[(390 ± 40) N]

Equilibrio del corpo rigido **UNITÀ 5** **127**

Competenze alla prova

ASSE SCIENTIFICO-TECNOLOGICO

Osservare, descrivere e analizzare fenomeni appartenenti alla realtà...

1 Vai a *caccia* di tutto quello che presenta un moto di rotazione attorno a un punto o a un asse fisso in un'automobile: devi trovare almeno cinque elementi. Puoi organizzare il tuo lavoro compilando una tabella di tre colonne: nella prima scrivi l'oggetto esaminato, nella seconda il punto o l'asse attorno a cui si ha la rotazione e nella terza colonna in quale direzione agisce il vettore momento...

Spunto Se per esempio prendi in esame il cofano dell'automobile, puoi dire che ruota attorno a delle cerniere fisse allineate orizzontalmente e che aprendolo verso l'alto facciamo un movimento in senso orario osservandolo da destra per cui il vettore momento è diretto..., mentre invece quando lo chiudiamo...

ASSE SCIENTIFICO-TECNOLOGICO

Essere consapevole delle potenzialità e dei limiti delle tecnologie...

2 Esistono degli oggetti che sono rimasti praticamente immutati nel corso dei secoli (se non dei millenni), nonostante i progressi della tecnologia. Uno di questi è rappresentato dalle forbici. Prova a stendere una pagina in cui: *a*) descrivi le forbici in termini di macchina semplice; *b*) ne spieghi i dettagli operativi (vantaggiosità); *c*) elenchi con il supporto dei materiali consultabili in rete almeno cinque modelli diversi, analizzando le loro caratteristiche a seconda della destinazione d'uso.

Spunto Basta cercare i tipi di forbici che abbiamo in casa per notare dettagli e differenze: dalle forbicine per unghie al trinciapollo, da quelle per tagliare la carta alle forbici da sarto. Ma ci sono anche strumenti analoghi usati nella chirurgia...

ASSE MATEMATICO

Individuare le strategie appropriate per la soluzione di problemi

3 Una leva di secondo genere è costituita da un'asta lunga 2,0 m fissata a un'estremità (fulcro), attorno a cui può ruotare. La leva è in equilibrio in posizione orizzontale. All'altra estremità sono applicate due forze $\vec{F}_1$ ed $\vec{F}_2$ di moduli 40 N e 96 N, che formano tra loro un angolo di 180° e la cui risultante è perpendicolare alla leva stessa e diretta verso l'alto. Se la resistenza è ottenuta con un peso di una massa di 42,4 kg, a quale distanza dal fulcro deve essere applicata per avere l'equilibrio?

Spunto La somma vettoriale di $\vec{F}_1$ ed $\vec{F}_2$, dato che le forze sono parallele e discordi, ha come modulo la differenza tra..., in quanto la carrucola modifica solo la direzione di $\vec{F}_2$. Dopodiché, non dimenticare il peso della massa che produce la resistenza...

ASSE LINGUISTICO

Padroneggiare gli strumenti espressivi e argomentativi...

4 Costruisci un glossarietto di 8/10 termini relativo alle leve.

Spunto Puoi iniziare con la definizione di macchina semplice, quindi passare alle diverse parti della leva e, infine, alla classificazione in base al genere e alla vantaggiosità o meno...

UNITÀ 6 Fluidi

6.1 La pressione

Vi sono molte situazioni in cui, per valutare e sfruttare al meglio le conseguenze dell'applicazione di una forza, occorre tenere presente l'estensione della superficie su cui essa agisce.

Ti sei mai chiesto perché i chiodi hanno un'estremità appuntita?

O per quale ragione un coltello affilato taglia facilmente il salame che a mano nuda, usando la stessa forza, è impossibile invece affettare?

Dato che la conoscenza della sola forza non è sufficiente a descrivere situazioni di questo genere, nasce l'esigenza di introdurre una nuova grandezza, che prende il nome di **pressione**.

pressione

> **INFORMAZIONE** La **pressione** ci informa sulla concentrazione della forza, ci dice cioè su quanta superficie essa si distribuisce.
>
> Dunque, possiamo definire questa nuova grandezza così:
>
> **DEFINIZIONE** La **pressione** è il rapporto tra la forza applicata in direzione perpendicolare su una superficie e l'area di tale superficie:
>
> $$\text{pressione} = \frac{\text{forza applicata}}{\text{superficie su cui la forza agisce}}$$
>
> Traducendo quanto detto in termini matematici, possiamo scrivere:
>
> **FORMULA** $p = \dfrac{F}{S}$

Bisogna adesso determinarne l'unità di misura. Ricorrendo alla sua definizione abbiamo:

$$p = \frac{F}{S} \Rightarrow \frac{\text{forza (misurata in newton)}}{\text{superficie (misurata in metri quadrati)}} \Rightarrow \frac{N}{m^2}$$

per cui l'unità di misura sarà $\frac{N}{m^2}$ (si legge «newton al metro quadrato»), che prende il nome di **pascal** (dal nome del celebre studioso Blaise Pascal vissuto in Francia dal 1623 al 1662), il cui simbolo è **Pa**:

$$1 \text{ Pa} = 1 \frac{N}{m^2}$$

> pascal

Si ha la pressione di 1 pascal quando una forza pari a 1 newton agisce perpendicolarmente su una superficie di 1 m².

Gli strumenti con i quali si misura la pressione sono detti **manometri**. Ne esistono di moltissimi tipi. Per esempio, la pressione delle gomme delle automobili o dei motori la rileviamo con questo strumento.
Se in casa hai una caldaia, prova a individuare il manometro che rileva la pressione dell'acqua.

6.2 La densità

Il concetto di pressione risulta particolarmente utile per descrivere il comportamento delle sostanze liquide o aeriformi (gas e vapori), che nel loro insieme si chiamano **fluidi**. I fluidi sono costituiti da particelle (non visibili a occhio nudo) dette *molecole*. Mentre nei solidi le particelle sono costrette a mantenere la stessa posizione, per cui essi possiedono forma e volume propri, nei fluidi possono spostarsi con relativa libertà.
In particolare, nei liquidi possono scorrere le une sulle altre e negli aeriformi hanno la possibilità di muoversi liberamente.

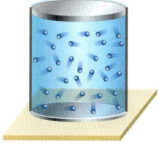

modello di gas

Un gas, per esempio, può essere pensato (modello) come un insieme di numerose sferette, piccolissime e leggerissime (le molecole), libere di muoversi le une rispetto alle altre.

> **ricorda...**
> La **molecola** è la più piccola parte di una sostanza che può esistere conservando tutte le caratteristiche e le proprietà chimiche della sostanza stessa.

Da tali caratteristiche derivano importanti conseguenze a livello delle proprietà visibili a occhio nudo (perciò «macroscopiche»).

solidi — I **solidi** hanno forma e volume propri.

liquidi — I **liquidi** non hanno una forma propria, ma hanno un volume proprio e sono perciò **incomprimibili** (difficilmente si può ridurre il loro volume con un semplice aumento della pressione).

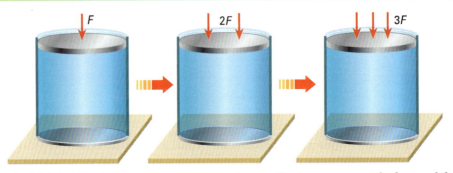

Se 1 dm³ (cioè 1 litro) d'acqua viene versato in un cilindro, assumerà la forma del recipiente che lo contiene, in quanto il liquido non possiede forma propria; tuttavia, se tentiamo di diminuirne il volume spingendo su un pistone, non otterremo risultati significativi nella diminuzione del suo volume, perché il liquido ha un volume proprio che è praticamente impossibile ridurre.

aeriformi — Gli **aeriformi** sono per loro natura **comprimibili**, poiché non hanno né forma né volume proprio.

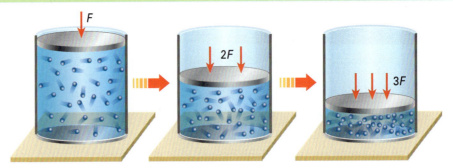

Un aeriforme tende a espandersi, occupando tutto lo spazio del contenitore in cui si trova e adattandosi sia al suo volume sia alla sua forma. Pertanto, la stessa quantità di un gas può occupare, a seconda del contenitore, sia un volume di 1 dm³ sia un volume di 1 m³. Se interveniamo con un pistone in un cilindro contenente del gas, è facile ottenere una diminuzione del volume.

Vediamo ora di riflettere su una particolare caratteristica che riguarda tutte le sostanze, indipendentemente dal loro stato solido, liquido o aeriforme.

Le due bottigliette hanno la stessa capienza, ma sono riempite con sostanze diverse: l'una con sabbia, l'altra con alcol. La sensazione che ne ricavi prendendo in mano prima una e poi l'altra è assai diversa. Lo sforzo che devi fare per sorreggere la bottiglietta è assai maggiore nel caso della sabbia. Evidentemente queste sostanze, visto che occupano volumi fra loro uguali, sono caratterizzate da una diversa *consistenza*: la sabbia risulta più *consistente* dell'alcol. Per tenere conto di questa proprietà si introduce il concetto di **densità**.

INFORMAZIONE La **densità** ci dà informazioni sulla quantità di materia di una determinata sostanza che occupa una ben precisa regione di spazio.

Le grandezze messe in gioco sono la massa e il volume.

DEFINIZIONE La **densità** è il rapporto tra la massa di una sostanza e il volume che tale massa occupa:

$$\text{densità} = \frac{\text{massa}}{\text{volume}}$$

> densità

Sintetizzando in una formula quanto appena scritto, abbiamo:

FORMULA $\rho = \dfrac{m}{V}$ (la lettera greca ρ si legge «ro»)

Come sempre, per completare l'introduzione di questa grandezza, occorre determinarne l'unità di misura. Dato che la densità è:

$$\rho = \frac{m}{V} \implies \frac{\text{massa (misurata in kg)}}{\text{volume (misurato in m}^3\text{)}} \implies \frac{\text{kg}}{\text{m}^3}$$

l'unità di misura sarà:

$$\frac{\text{kg}}{\text{m}^3} \quad \text{(che si legge «kilogrammi } al \text{ metro cubo»)}$$

> unità di misura di ρ

Una sostanza ha una densità di 1 kg/m³ se una massa pari a 1 kg della sostanza occupa un volume di 1 m³.

> **! ricorda...**
> 1 m³ di acqua ha una massa di 1000 kg (una tonnellata!), ovvero 1 dm³ di acqua (cioè 1 litro) ha una massa pari a 1 kg.

TABELLA 1

sostanza	densità (kg/m³)	sostanza	densità (kg/m³)
biossido di carbonio	1,977	acqua di mare	$1,03 \cdot 10^3$
aria	1,293	benzina	$0,70 \cdot 10^3$
azoto	1,251	mercurio	$13,6 \cdot 10^3$
elio	0,178	ebano	$1,26 \cdot 10^3$
idrogeno	0,090	marmo di Carrara	$2,72 \cdot 10^3$
ossigeno	1,429	ferro	$7,88 \cdot 10^3$
acqua distillata	$1,00 \cdot 10^3$	oro	$19,25 \cdot 10^3$

6.3 Le grandezze inversamente proporzionali

Per una data massa di sostanza, per esempio 1 kg, si ha che a densità maggiore corrisponde un volume minore, ma il prodotto $\rho \cdot V$ resta comunque costante e pari alla massa. Si dice in questo caso che le due grandezze (ρ e V) sono **inversamente proporzionali**.
Generalizziamo questo tipo di relazione per due grandezze x e y qualsiasi.

Due grandezze x e y si dicono inversamente proporzionali fra loro se il loro prodotto è una costante (K):

$$x \cdot y = K$$

> grandezze inversamente proporzionali

Le formule inverse della relazione di proporzionalità inversa sono rappresentate a fianco.

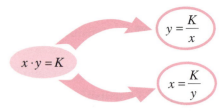

Evidenziamo ora un altro aspetto delle grandezze inversamente proporzionali.

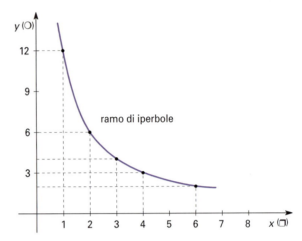

Consideriamo il caso in cui $K = 12$, per cui $x \cdot y = 12$. Poniamo come unità di riferimento per la x il simbolo ◻ e per la y il simbolo ◯. Ovviamente, quando x vale 1 ◻, la y deve valere 12 ◯, in modo tale che il loro prodotto sia $1 \cdot 12 = 12$. Quando la x è 2 ◻, la y diventa allora 6 ◯, perché $2 \cdot 6 = 12$ e così via... Si vede che se la x raddoppia, triplica, quadruplica, allora la y diventa la metà, un terzo, un quarto... È una tipica proprietà delle grandezze inversamente proporzionali.

Rappresentando graficamente la tabella 2, si ottiene il ramo di una particolare curva che in matematica viene detta **iperbole**.

! ricorda...

Due grandezze x e y sono inversamente proporzionali se:
- il loro prodotto è costante ($x \cdot y = K$);
- soddisfano la relazione $y = K/x$;
- al raddoppiare, triplicare... dell'una, l'altra diventa un mezzo, un terzo...
- il grafico cartesiano dà luogo a un ramo di iperbole.

6.4 Il principio di Pascal

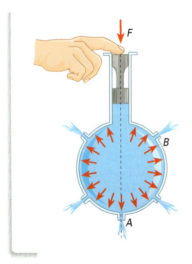

L'acqua si trova in una sfera di vetro, che presenta dei fori dello stesso diametro posizionati in vari punti e sufficientemente piccoli (per cui l'acqua non fuoriesce). Quando premiamo il pistone in alto, esercitando in questo modo una pressione sul liquido, osserviamo che l'acqua zampilla da ogni foro nello stesso modo, uscendo dalla sfera perpendicolarmente alla sua superficie. In particolare il foro A, che è posizionato lungo la retta d'azione della forza premente, e il foro B presentano zampilli della medesima intensità. Questo significa che la pressione da noi esercitata tramite il pistone, grazie all'azione del liquido, si trasmette nello stesso modo in tutte le direzioni. Tale fenomeno è sintetizzato dal **principio di Pascal**.

principio di Pascal: La pressione esercitata in un punto qualsiasi di un fluido si trasmette in ogni altro punto del fluido con la stessa intensità, indipendentemente dalla direzione.

▸ Torchio idraulico

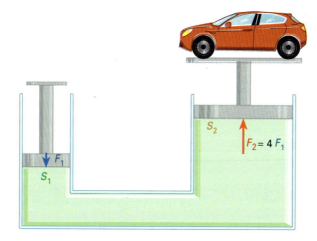

Un'utile conseguenza di tale principio è costituita dal *torchio idraulico*, nel quale si sfrutta la relazione:

$$\frac{F_1}{S_1} = \frac{F_2}{S_2}$$

Da questa proporzione si vede che, se S_2 è più grande di S_1, allora applicando una forza F_1 si ottiene una forza F_2 maggiore di F_1.
Se vogliamo per esempio quadruplicare la F_1, è sufficiente che l'area di S_2 sia il quadruplo di quella di S_1.
Nelle applicazioni pratiche, il principio viene sfruttato, oltre che nelle presse idrauliche, anche nei freni a disco delle automobili e delle motociclette, in cui il fluido usato è l'olio.

esempio

 Calcoliamo il valore della forza F_2 che riusciamo a trasmettere, applicando una forza F_1 pari a 20 N, con S_1 ed S_2 rispettivamente di diametro $d_1 = 2{,}5$ cm e $d_2 = 15{,}0$ cm.

Risoluzione

- Utilizziamo le conseguenze del principio di Pascal:

$$\frac{F_1}{S_1} = \frac{F_2}{S_2}$$

- Ricaviamo la grandezza che ci interessa, cioè F_2:

$$S_2 \cdot \frac{F_1}{S_1} = \frac{F_2}{S_2} \cdot S_2 \quad \Rightarrow \quad F_2 = \frac{S_2}{S_1} \cdot F_1$$

- Calcoliamo le aree delle due superfici:

$$a)\ S_1 = \frac{\pi}{4} \cdot d_1^2 = \frac{\pi}{4} \cdot (2{,}5)^2 = 4{,}91\ \text{cm}^2 = 4{,}91 \cdot 10^{-4}\ \text{m}^2 \qquad b)\ S_2 = \frac{\pi}{4} \cdot d_2^2 = \frac{\pi}{4} \cdot (15{,}0)^2 = 177\ \text{cm}^2 = 177 \cdot 10^{-4}\ \text{m}^2$$

- Determiniamo, infine, la forza cercata:

$$F_2 = \frac{177 \cdot 10^{-4}}{4{,}91 \cdot 10^{-4}} \cdot 20 \cong 36 \cdot 20 = 720\ \text{N}$$

La forza trasmessa sulla superficie S_2 è 36 volte quella applicata sulla superficie S_1!

6.5 La legge di Stevino e i vasi comunicanti

In un recipiente colmo di liquido, il cui livello viene mantenuto costante, sono stati effettuati dei fori dello stesso diametro a diverse altezze. L'acqua uscente dal foro in alto *A* arriva meno lontano rispetto a quella proveniente dal foro più in basso *B* che, a sua volta, cade più vicino rispetto al getto uscente da *C*: scendendo in profondità a partire dal livello superficiale del liquido i getti diventano più energici. Quale può essere una spiegazione di questo fenomeno?

Sulla superficie del liquido è presente la pressione dell'aria sovrastante, detta **pressione atmosferica**.
Se l'unica causa degli zampilli fosse tale pressione, le distanze di caduta dovrebbero essere uguali. Ma così non è.

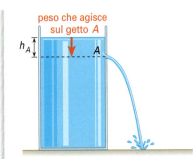
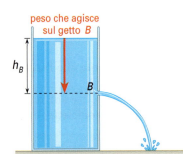
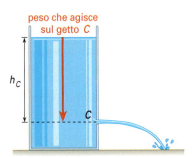

L'unica cosa che cambia andando da un foro all'altro è la diversa altezza dello strato di liquido rispetto ai fori. Man mano che si scende nel recipiente, l'altezza di fluido al di sopra del foro aumenta e con essa il peso che preme sulle parti sottostanti, determinando perciò all'interno del fluido pressioni via via crescenti. Di conseguenza, le distanze di caduta dei getti d'acqua uscenti dai fori posti più in basso sono maggiori.

La relazione tra la pressione in un liquido e la profondità *h* è data dalla **legge di Stevino**.

$$p = \rho \cdot g \cdot h$$  legge di Stevino

dove *p* è la pressione esercitata dal liquido, ρ è la sua densità, *g* è una costante (*accelerazione di gravità*) numericamente pari a 9,81 m/s^2 e *h* è la profondità misurata a partire dalla superficie esterna verso il basso.

Osservando la legge di Stevino, possiamo concludere che la pressione in un liquido è direttamente proporzionale:
- alla densità del liquido (più è denso il liquido, tanto maggiore sarà la pressione);
- all'accelerazione di gravità (in un pianeta nel quale la *g* è più elevata, come Giove, a parità di liquido e di profondità si ha una pressione maggiore);
- alla profondità (all'aumentare della profondità un sommozzatore deve sopportare una pressione crescente).

Osserva i recipienti: in tutti e tre i casi, la pressione del liquido che agisce sulle basi dei recipienti è la stessa perché dipende solo dalla profondità, non dalla forma del contenitore.

Dalla legge di Stevino possiamo ricavare le formule inverse:

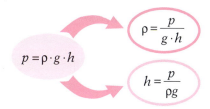

▶ Vasi comunicanti

Esaminiamo una conseguenza della legge di Stevino.

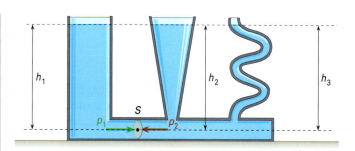
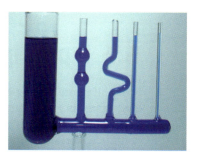

In tutti i vasi messi in comunicazione il liquido raggiunge la stessa altezza. Concentriamo l'attenzione sui primi due. Dato che il liquido è fermo, la pressione p_1 esercitata nel primo vaso sulla sezione S deve essere uguale alla pressione p_2 nel secondo vaso esercitata sulla stessa sezione.
Per il principio di Pascal si avrà:

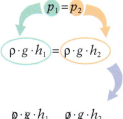

applicando la legge di Stevino, poiché risulta $p_1 = \rho \cdot g \cdot h_1$ e $p_2 = \rho \cdot g \cdot h_2$, possiamo scrivere

dividendo ambo i membri per $\rho \cdot g$ (la densità è la stessa perché il fluido non cambia e l'accelerazione di gravità è costante), si ricava

e semplificando

!ricorda...

La pressione data dalla legge di Stevino è quella dovuta al solo liquido – cioè non tiene conto della pressione esterna, come potrebbe essere quella atmosferica – e viene chiamata **pressione idrostatica**.

In questo modo si giustifica il fatto che in tutti i vasi l'acqua salga comunque, indipendentemente dalla loro forma, allo stesso livello. Per cui possiamo esprimere il **principio dei vasi comunicanti**.

principio dei vasi comunicanti ▶ Nei vasi comunicanti il livello raggiunto dal liquido in essi contenuto è lo stesso.

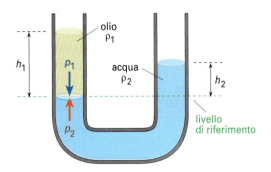

Se nei vasi comunicanti vi sono due liquidi diversi non mescolabili, allora essi raggiungono altezze inversamente proporzionali alle rispettive densità secondo la relazione:

$$\frac{h_1}{h_2} = \frac{\rho_2}{\rho_1}$$

L'olio essendo meno denso dell'acqua raggiunge pertanto un livello più elevato.

6.6 Il principio di Archimede

Probabilmente ti è capitato di provare una sensazione di *leggerezza* quando sei in acqua, tanto da riuscire con poco sforzo a restare a galla: l'acqua, pur così facilmente penetrabile, ti garantisce un sufficiente sostegno mentre nuoti. Per quale motivo? Una domanda simile se l'era già posta Archimede.
Dal momento che dove c'è un effetto ci deve essere una causa che lo ha provocato, allora possiamo affermare che l'acqua riesce in qualche modo a spingerti verso l'alto, esercitando su di te una forza.

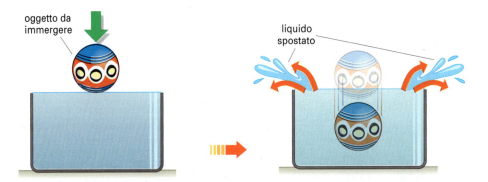

Se cerchi di immergere totalmente una palla di plastica in una vasca piena d'acqua, avverti una certa resistenza (tanto maggiore quanto più grande è la palla). E se vuoi mantenere la palla sott'acqua, devi continuare a spingere.

La quantità di liquido caduta sul pavimento durante l'immersione, supponendo che l'acqua arrivasse sino al bordo, avrà un volume ovviamente pari a quello dell'oggetto che hai immerso.

Fluidi UNITÀ 6 **137**

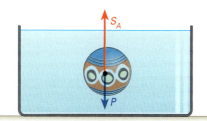

Possiamo allora dire che la resistenza che ostacola l'immersione è dovuta al fatto che il liquido cerca di rioccupare ogni spazio al suo interno, contrapponendosi, tramite una spinta verso l'alto, all'affondamento del corpo.
Quindi su un corpo immerso in un fluido agiscono due forze: il peso P e una forza S_A dovuta al fluido stesso diretta verso l'alto e chiamata **spinta di Archimede**.

Archimede scoprì che tale spinta era esattamente uguale al peso del liquido spostato (nel nostro caso, al peso dell'acqua fatta traboccare). Questa conclusione è il famoso **principio di Archimede**.

> Un corpo immerso in un fluido riceve una spinta diretta verso l'alto uguale al peso del fluido spostato.

principio di Archimede

In forma matematica, il principio di Archimede si può esprimere come:

$$S_A = P_{fluido}$$

dove S_A è la spinta e P_{fluido} il peso del fluido generico.
Da questa formula, dato che

$$P_{fluido} = m_{fluido} \cdot g = (\rho_{fluido} \cdot V) \cdot g$$

si ricava che la **spinta di Archimede** S_A è data da:

$$S_A = \rho_{fluido} \cdot V \cdot g$$

spinta di Archimede

> **ricorda...**
> La densità è definita come:
> $$\rho = \frac{m}{V}$$
> da cui si ricava:
> $$m = \rho \cdot V$$

ρ_{fluido} è la densità del fluido (acqua nel nostro esempio), V il volume del fluido spostato (il volume di acqua spostata dalla palla, vale a dire il volume della palla stessa) e g l'accelerazione di gravità.

esempio

2 Consideriamo il corpo di un uomo di 85,6 kg, che può avere un valore medio della sua densità di 1025 kg/m³. Tenuto conto che la densità dell'aria al livello del mare è pari circa a 1,293 kg/m³, vogliamo trovare l'ammontare della spinta di Archimede sul corpo dovuto alla presenza dell'aria.

1) Come prima cosa, tenuto conto che la spinta di Archimede è data dalla formula $S_A = \rho_{fluido} \cdot V \cdot g$, cerchiamo il volume del corpo dell'uomo di 85 kg, usando la definizione di densità:

$$\rho = \frac{m}{V} \Rightarrow V = \frac{m}{\rho}$$

Sostituendo i rispettivi valori $V = \frac{85,6}{1025} = 0,0835 \text{ m}^3$ (corrispondente a 83 dm³).

2) A questo punto possiamo applicare la formula della spinta di Archimede S_A:

$$S_A = \rho_{fluido} \cdot V \cdot g = 1,293 \cdot 0,0835 \cdot 9,81 = 1,06 \text{ N}$$

Quindi grazie alla spinta di Archimede ci alleggeriamo in peso di poco più di 1 newton che, in termini di massa, corrisponde a:

$$m = \frac{P}{g} = \frac{1,06}{9,81} = 0,108 \text{ kg} = 108 \text{ g}$$

Certamente una quantità piccola, ma non insignificante!

Il galleggiamento dei corpi

Adesso siamo in grado di capire qual è la situazione che si deve verificare affinché un corpo galleggi.

Su un corpo immerso in un fluido agiscono due forze: la forza peso (diretta verso il basso) e la spinta di Archimede (diretta verso l'alto).

La condizione perché il corpo galleggi è che la spinta d'Archimede S_A sia maggiore o uguale al peso P del corpo, cioè:

$$S_A \geq P_{corpo}$$

da cui segue che deve essere $\rho_{fluido} \geq \rho_{corpo}$.

condizione di galleggiamento

La **condizione di galleggiamento** di un corpo in un fluido è che la densità del fluido sia maggiore o uguale rispetto a quella del corpo:

$\rho_{fluido} \geq \rho_{corpo}$

Le grandi navi, pur essendo costruite con materiali *pesanti* come il ferro o l'acciaio, che hanno una densità (dell'ordine di $7{,}9 \cdot 10^3$ kg/m^3) assai maggiore dell'acqua, riescono a galleggiare ugualmente perché, grazie alle parti vuote che si trovano all'interno, la densità *media* alla fine è minore di quella del liquido: il volume d'acqua spostato è sufficiente a bilanciare il peso complessivo dell'imbarcazione.

6.7 La pressione atmosferica

L'aria, alla stregua dei liquidi ai quali abbiamo fin qui fatto riferimento, è un fluido e pertanto esercita una pressione su qualunque superficie al suo interno. Evangelista Torricelli (1608-1647), un fisico italiano di fama mondiale, in proposito scrisse: «Viviamo sommersi sul fondo di un oceano costituito di aria». Nel 1644 egli eseguì un esperimento che possiamo sintetizzare come segue.

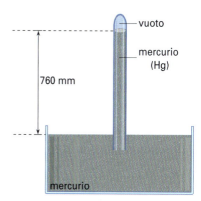 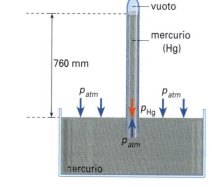

Riempito di mercurio un tubo di vetro alto un metro (di diametro qualsiasi), lo si rovescia, immergendolo in una bacinella contenente mercurio. Si constata, ripetendo varie volte la prova, che nel tubo il mercurio scende sempre sino all'altezza di 760 mm, lasciando vuota la parte superiore.

L'aria che sovrasta il mercurio della vaschetta esercita una pressione p_{atm} sulla superficie del liquido. D'altra parte i 760 mm di mercurio del tubo esercitano a loro volta una certa pressione, che chiamiamo p_{Hg}. Essendo il liquido in equilibrio, per il principio di Pascal le due pressioni devono essere uguali.

Con semplici calcoli si ottiene così il valore della p_{atm} cioè della **pressione atmosferica** al livello del mare:

$$p_{atm} = 1{,}013 \cdot 10^5 \text{ Pa}$$

> pressione atmosferica

Per quale ragione, ti chiederai, non avvertiamo tale pressione, ovvero la forza con cui l'aria comprime il nostro corpo? Il fatto è che il corpo umano possiede una pressione interna che, opponendosi alla pressione atmosferica esterna, ne equilibra gli effetti. Se in montagna compiamo una rapida ascensione con una funivia, possiamo sentire una sensazione fastidiosa alle orecchie proprio perché la pressione esterna diminuisce bruscamente e quindi ai due lati del timpano si esercitano pressioni diverse.

Lo strumento per misurare la pressione atmosferica, che si ispira all'esperienza di Torricelli, è detto **barometro**.

> barometro

Nella tabella che segue riassumiamo le principali unità di misura della pressione (tra cui l'ettopascal usato in meteorologia), riferite al pascal.
Esempi: 1 bar = 10^5 Pa   1 atm = $1{,}013 \cdot 10^5$ Pa = 1,013 bar

TABELLA 3

unità di misura	conversione in pascal (Pa)
bar	10^5
millibar (mbar)/ettopascal (hPa)	10^2
atmosfera (atm)	$1{,}013 \cdot 10^5$
760 mm di mercurio (mm$_{Hg}$)	$1{,}013 \cdot 10^5$

idee e personaggi

Esiste il vuoto?

Pompa a vuoto e semisfere originali di von Guericke conservati al Deutsches Museum di Monaco di Baviera.

Tra le questioni scientifiche che hanno scatenato i più accesi dibattiti, fin dai tempi dell'antica Grecia, vi è sicuramente l'esistenza del vuoto.
Mentre per Democrito l'Universo era spazio vuoto, in cui si muovevano unità immutabili dette *atomi* (indivisibili), Aristotele pose le basi per il netto rifiuto del vuoto, l'*horror vacui*, che dettò legge nei secoli successivi. Il rifiuto del vuoto fu messo in discussione solo a partire dalla metà del XVI secolo, quando il metodo scientifico portò a considerare la natura come un campo di ricerca sperimentale svincolato dalla metafisica. Numerosi scienziati, tra cui Evangelista Torricelli, Robert Boyle, Blaise Pascal, combatterono una vera e propria battaglia intellettuale e realizzarono esperimenti ingegnosi con i quali dimostrare che il vuoto esiste in natura e che l'aria ha un peso, e quindi esercita una pressione.

LE SEMISFERE DI OTTO VON GUERICKE

Incuriosito dalle discussioni sull'esistenza del vuoto e della pressione atmosferica, anche il tedesco **Otto von Guericke** (1602-1686) compì degli esperimenti in merito. Il più noto è sicuramente quello in cui egli riuscì a estrarre, con una pompa pneumatica, l'aria contenuta tra due semisfere di bronzo perfettamente combacianti, di circa mezzo metro di diametro. Una delle semisfere aveva un tubo con una valvola di chiusura, collegato alla pompa. Dopo che l'aria era stata estratta, la valvola veniva chiusa e il tubo poteva essere staccato. A questo punto, le semisfere restavano strettamente saldate tra loro.
Von Guericke eseguì l'esperimento, per la prima volta, l'8 maggio 1654 a Ratisbona, alla presenza del Reichstag e dell'imperatore Ferdinando III. Alle semisfere furono attaccate due pariglie di cavalli, che con la forza del loro tiro avrebbero dovuto separarle; tuttavia, i cavalli non riuscirono a dividere le semisfere finché non fu riaperta la valvola ed eliminato il vuoto. Due anni dopo von Guericke ripeté l'esperienza nella sua città natale, Magdeburgo, che da allora lega il proprio nome al celebre esperimento; l'aria teneva unite le due semisfere con una forza talmente grande che per separarle ci vollero ben 16 cavalli per pariglia!

UNA BREVE SPIEGAZIONE...

Come si spiega l'esperimento delle semisfere di Magdeburgo? Producendo il vuoto al loro interno con la pompa, si rompe l'equilibrio tra la pressione interna (che diventa praticamente nulla) e quella esterna; si ha quindi una forza risultante che agisce su ciascuna semisfera diretta verso il centro della sfera. Le semisfere sono quindi fortemente compresse l'una contro l'altra ed è possibile separarle solo applicando una forza esterna maggiore di quella che le tiene unite. Tale forza è uguale all'area del cerchio moltiplicata per la differenza di pressione tra l'interno e l'esterno. Dato che all'interno è stato fatto il vuoto, la differenza di pressione è pari alla pressione atmosferica ($1{,}013 \cdot 0^5$ Pa).

IN SINTESI

- La **pressione** è definita come il rapporto tra la forza applicata in direzione perpendicolare su una superficie e l'area di tale superficie; in formula, scriviamo:

$$p = \frac{F}{S}$$

- La pressione si misura con strumenti detti *manometri*. L'unità di misura SI della pressione è il **pascal** $\left(\text{simbolo: Pa; } 1\ \text{Pa} = 1\ \dfrac{\text{N}}{\text{m}^2}\right)$.

- Il termine **fluido** indica sia le sostanze liquide sia quelle aeriformi (gas e vapori).

- I **solidi** hanno forma e volume propri; i **liquidi** non hanno una forma propria, ma hanno volume proprio perciò sono *incomprimibili*; gli **aeriformi** non hanno né forma né volume proprio perciò sono *comprimibili*.

- La **densità** è definita come ρ (rho) $= \dfrac{m}{V}$.

- Due grandezze x e y sono **inversamente proporzionali** quando:
  - il loro prodotto è costante (K);
  - la loro relazione è del tipo $y = \dfrac{K}{x}$;
  - raddoppiando, triplicando... l'una, l'altra diventa un mezzo, un terzo...;
  - il loro grafico è un ramo di **iperbole**.

- Il **principio di Pascal** afferma che la pressione esercitata in un punto qualsiasi di un fluido si trasmette in ogni altro punto del fluido con la stessa intensità, indipendentemente dalla direzione.

Un'applicazione del principio di Pascal è costituita dal torchio idraulico, per il quale vale la relazione:

$$\frac{F_1}{S_1} = \frac{F_2}{S_2}$$

- La **legge di Stevino**:

$$p = \rho \cdot g \cdot h$$

stabilisce che la pressione all'interno di un fluido è direttamente proporzionale:
  - alla densità ρ del fluido;
  - all'accelerazione di gravità g;
  - alla profondità h.

- Secondo il **principio dei vasi comunicanti** accade che il livello raggiunto dal fluido è lo stesso, indipendentemente dalla forma dei contenitori.

- Il **principio di Archimede** afferma che un corpo di volume V immerso in un fluido riceve una spinta (S_A) diretta verso l'alto uguale al peso del liquido spostato. In formula, la *spinta di Archimede* è:

$$S_A = P_{fluido} = \rho_{fluido} \cdot V \cdot g$$

Un corpo *galleggia* se la sua densità media è minore o uguale rispetto a quella del fluido in cui è immerso:

$$\rho_{corpo} \leq \rho_{fluido}$$

- La **pressione atmosferica**, determinata tramite l'esperienza di Evangelista Torricelli, è al livello del mare pari alla pressione esercitata da una colonna di mercurio di altezza 760 mm, corrispondente a $1{,}013 \cdot 10^5$ Pa. Lo strumento per misurare la pressione atmosferica si chiama *barometro*. In meteorologia, per misurare la pressione si usa solitamente come unità di misura il millibar (mbar, o ettopascal, hPa), che è pari a 10^2 Pa.

SCIENTIFIC ENGLISH

Fluids

- **Pressure** is defined as the ratio of the force acting perpendicular to a surface area on which the force acts; the formula is:
$$p = \frac{F}{A}$$
- Pressure is measured by instruments called *pressure gauges*. The SI unit of pressure is the **pascal** (symbol: Pa; $1\ \text{Pa} = 1\ \frac{\text{N}}{\text{m}^2}$).
- The term **fluids** refers to both liquids and gases (or vapours).
- **Solids** have a definite shape and volume; **liquids** have no definite shape but do have a definite volume and are therefore *incompressible*; **gases** have no definite shape or volume and are therefore *compressible*.
- **Density** is defined as ρ (rho) $= \frac{m}{V}$.
- Two quantities x and y are said to be **inversely proportional** when:
  - their product is constant (K);
  - their ratio is $y = \frac{K}{x}$;
  - when one is doubled, tripled, etc., the other is halved, divided by three, etc.;
  - the resulting graph is a **hyperbola**.
- **Pascal's principle** states that pressure exerted anywhere in a confined fluid is transmitted equally in all directions throughout the fluid. An example of Pascal's law is a hydraulic press, for which the following formula applies:
$$\frac{F_1}{A_1} = \frac{F_2}{A_2}$$
- **Stevin's law**:
$$p = \rho \cdot g \cdot h$$
states that into the fluid pressure is directly proportional to:
  - the density ρ of the fluid;
  - the acceleration of gravity g;
  - depth h.
- According to the **principle of communicating vessels**, the level of the fluid in each container will always be the same, regardless of their shape.
- **Archimedes' principle** states that the buoyant force (B) that is exerted on a body with volume V immersed in a fluid is equal to the weight of the fluid that the body displaces. The formula to describe *Archimedes' upthrust* is:
$$B = P_{fluid} = \rho_{fluid} \cdot V \cdot g$$
An object *floats* if its average density is less than or equal to that of the fluid in which it is immersed:
$$\rho_{object} \leq \rho_{fluid}$$
- **Atmospheric pressure** was first explained by Evangelista Torricelli. At sea level it is equal to the pressure exerted by a column of mercury 760 mm high, which is $1{,}013 \cdot 10^5$ Pa.
The instrument used to measure atmospheric pressure is called a *barometer*.
In meteorology, the millibar (mbar, or hectopascal, hPa) is normally used as the unit of pressure. This is equal to 10^2 Pa.

strumenti per SVILUPPARE le COMPETENZE

VERIFICHIAMO LE CONOSCENZE

Vero-falso

V F

1. Una ballerina classica esercita sul pavimento una pressione maggiore quando balla sulle punte rispetto a quando appoggia tutto il piede. ☐ ☐
2. Due amici, Davide di massa 60 kg e Roberto di 70 kg, indossano sci identici. La pressione esercitata da Roberto è maggiore di quella esercitata da Davide. ☐ ☐
3. Se due liquidi hanno la stessa massa, ma il primo ha un volume maggiore del secondo, è possibile dedurre che il primo è più denso del secondo. ☐ ☐
4. Il principio dei vasi comunicanti è una conseguenza del principio di Pascal. ☐ ☐
5. La pressione che un liquido esercita sul fondo del contenitore dipende dalla sua densità. ☐ ☐
6. Se portassi un bicchiere colmo di acqua su Giove, aumenterebbe la pressione esercitata dall'acqua sul fondo del bicchiere stesso. ☐ ☐
7. La spinta di Archimede è pari al peso del corpo immerso. ☐ ☐
8. A parità di condizioni, la spinta di Archimede sulla Luna risulterebbe maggiore che sulla Terra. ☐ ☐
9. Una mongolfiera resta sospesa in aria grazie alla spinta di Archimede. ☐ ☐
10. Due grandezze sono inversamente proporzionali se il loro rapporto è costante. ☐ ☐

Test a scelta multipla

1. L'unità di misura della pressione nel SI, il pascal, è definita come:
   A N/cm^3
   B kg/km
   C kg/dm^2
   D N/m^2

2. Indica la definizione corretta di densità:
   A è il prodotto tra la forza peso del corpo e il suo volume
   B è il rapporto tra la massa del corpo e il suo volume
   C è il rapporto tra la pressione agente sul corpo e la costante g per la profondità
   D è il prodotto tra la pressione atmosferica e la superficie esterna del corpo su cui essa agisce

3. Individua tra i seguenti enunciati quello relativo al principio di Pascal.
   A La pressione su una superficie all'interno di un fluido è massima quando la superficie è orizzontale
   B La spinta che un corpo immerso in un fluido riceve verso l'alto dipende in modo direttamente proporzionale dalla profondità
   C La pressione all'interno di un fluido è direttamente proporzionale alla densità del fluido stesso
   D La pressione entro un fluido si trasmette invariata in tutte le direzioni

4. La legge di Stevino mette in relazione:
   A la pressione con la densità del fluido e la profondità
   B la densità con la massa e il volume del fluido
   C la forza con la profondità e la superficie unitaria
   D la costante elastica di una molla con il peso applicato

5. Nei vasi comunicanti è uguale:
   A il volume di fluido contenuto in ogni vaso
   B il volume dei vasi, indipendentemente dal livello raggiunto dal fluido nei vasi stessi
   C il livello raggiunto dai fluidi, ma solo se forma e dimensioni dei vasi sono le stesse
   D il livello raggiunto dai fluidi, qualunque sia la forma dei vasi

6. Quale fra i seguenti enunciati è falso?
   A La pressione entro un fluido si trasmette invariata in tutte le direzioni
   B La pressione entro un fluido aumenta all'aumentare della densità
   C La spinta di Archimede è diretta verso l'alto
   D La pressione entro un fluido dipende unicamente dalla profondità

7. Se un corpo viene immerso in un liquido che ha una densità minore della sua, si ha che:
   A il corpo galleggia perché la spinta di Archimede è superiore al peso del corpo
   B il corpo rimane in equilibrio in una qualunque posizione entro il fluido in quanto il rapporto tra le densità del corpo e del fluido non influenza il galleggiamento
   C il corpo affonda perché la spinta di Archimede è inferiore al peso del corpo
   D il corpo può galleggiare solo se il rapporto tra la profondità a cui viene posto e l'altezza del liquido non supera il rapporto tra la densità del fluido e quella del corpo

8 Il torchio idraulico è un dispositivo che sfrutta:
- **A** la legge di Stevino
- **B** il principio di Pascal
- **C** la spinta di Archimede
- **D** la differenza di pressione

9 Qual è lo strumento che misura la pressione atmosferica?
- **A** Barometro
- **B** Termometro
- **C** Sfigmomanometro
- **D** Altimetro

10 Quale relazione fra le seguenti unità di misura di Pa è corretta?
- **A** $1\,Pa = 1{,}013 \cdot 10^5\,atm$
- **B** $1\,atm = 10^5\,Pa$
- **C** $1\,atm = 1{,}013\,bar$
- **D** $1\,bar = 10^{-5}\,Pa$

VERIFICHIAMO LE ABILITÀ

Esercizi

6.1 La pressione

Nei prossimi esercizi, quando non specificato, si sottintende che l'accelerazione di gravità g sia quella terrestre, cioè 9,81 m/s².

1 Perpendicolarmente a una sezione circolare di area pari a 25 cm² agisce una forza di 5 N. Calcola la pressione che si ha sulla superficie.

Per lo svolgimento dell'esercizio, completa il percorso guidato, inserendo gli elementi mancanti dove compaiono i puntini.

1. I dati sono: ....
2. Le unità di misura sono coerenti con quelle del SI?
   ....
3. In caso di risposta negativa, esegui le equivalenze necessarie:
   ....
4. La formula da usare, dato che ti viene richiesta la pressione, è: $p = $ ....
5. Sostituisci nella formula i dati, trovando perciò:
   $p = $ .... = ...

[2000 Pa]

2 Hai due parallelepipedi uguali di massa 3 kg, ma posti in posizione diversa.

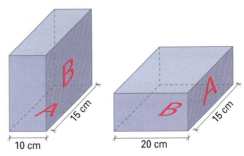

a) Esercita una pressione maggiore il parallelepipedo appoggiato sulla faccia A o quello sulla faccia B? Calcola la pressione esercitata dal parallelepipedo appoggiato sulla faccia A.
b) Se sovrapponi a tale parallelepipedo il secondo in modo che la faccia appoggiata sia sempre A, come varia la pressione?
c) Esiste un modo per far sì che la pressione esercitata dai due parallelepipedi sovrapposti sia uguale a quella esercitata da un solo parallelepipedo appoggiato sulla faccia A?

SUGGERIMENTO Se conosci la massa, per calcolare il peso devi utilizzare la formula $P = m \cdot g$...

[a) 1962 Pa; b) 3924 Pa; c) sì, basta...]

3 Completa la seguente tabella.

forza (N)	10	20	...	80
superficie (m²)	1	5	4	...
pressione (Pa)	10	...	50	5

4 Sono dati 3 volumi di un'enciclopedia uguali tra loro, ciascuno dei quali con massa di 2 kg.

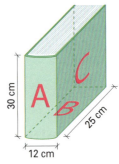

a) Calcola la pressione quando un volume è appoggiato sulla faccia A.
b) Calcola la pressione quando un volume è appoggiato sulla faccia B.
c) Calcola la pressione quando un volume è appoggiato sulla faccia C.
d) Supponendo di dover sovrapporre i tre volumi appoggiandoli su un tavolo su una faccia a tuo piacere, determina la pressione massima e minima che essi possono esercitare.

SUGGERIMENTO Se conosci la massa, per calcolare il peso devi utilizzare la formula $P = m \cdot g$...

[a) 545 Pa; b) 654 Pa; c) 262 Pa]

5 Una donna di massa 63 kg indossa un paio di scarpe sportive di estensione complessiva pari a 360 cm².
 a) Quale pressione esercita sul terreno?
 b) Se indossa scarpe con tacco a spillo la pressione aumenta o diminuisce?
 [$17{,}2 \cdot 10^3$ Pa]

6 Un laghetto ghiacciato può sopportare al massimo una pressione di 2,1 N/cm². Marco di 75 kg vorrebbe attraversarlo tenendo sulla spalle suo figlio Luigi di 22 kg.
 a) Perché se l'area d'appoggio dei piedi di Marco è 420 cm² sprofonda? Motiva la risposta.
 b) Quale dovrebbe essere l'area d'appoggio dei suoi piedi per riuscirci?
 SUGGERIMENTO A partire dalla definizione di pressione, ricava la formula inversa necessaria...
 [453 cm²]

7 Su una superficie circolare con diametro di 740 mm agisce, in direzione perpendicolare, una forza di 250 N. Calcola la pressione. Supponendo che la forza sia distribuita uniformemente sulla superficie, che cosa succede alla pressione se il diametro diventa la metà?
 SUGGERIMENTO Ricordati che l'area del cerchio è data da πr^2.
 [581 Pa]

8 Su una superficie rettangolare con base b di 20 cm e altezza h di 12 cm si ha una pressione pari a 0,045 bar. Calcola la forza che agisce perpendicolarmente sulla superficie.
 [108 N]

9 Su una superficie circolare di diametro 30 cm si ha una pressione pari a 180 Pa. Calcola la forza che agisce perpendicolarmente sulla superficie.
 [12,7 N]

10 Una forza di 40 N, applicata perpendicolarmente su una superficie di forma quadrata, provoca una pressione di 500 Pa. Calcola il lato della superficie.
 SUGGERIMENTO A partire dalla definizione di pressione, ricava la formula inversa necessaria. Stesso discorso vale per determinare il lato del quadrato, una volta nota la sua area...
 [28,3 cm]

11 A girl of mass 55 kg stands on one stiletto heel of area $0{,}25 \cdot 10^{-4}$ m², and an elephant of mass 4,800 kg stands on one foot of area $2{,}5 \cdot 10^{-2}$ m². Calculate the pressure that each exerts on the ground.
 [girl: $21 \cdot 10^6$ Pa; elephant: $1{,}9 \cdot 10^6$ Pa; the pressure exerted by the girl is more than 10 times of that exerted by the elephant!]

12 When a force of 1,000 N is applied in a perpendicular direction to a rectangular surface, the exerted pressure is $2{,}5 \cdot 10^4$ Pa. If the width of the rectangle is 25 cm, calculate its height.
 [16 cm]

6.2 La densità

13 Sono date due sfere A e B di ferro. La sfera A ha raggio r, la B raggio $2r$. Individua la sfera avente:
 a) massa maggiore;
 b) volume maggiore;
 c) densità maggiore.

14 Nei contenitori A e B di volume uguale si trovano due liquidi diversi. La massa del liquido contenuto in A è maggiore della massa di quello contenuto in B.

 a) Quale dei due liquidi ha la densità maggiore?
 b) Spiega che cosa significa che un liquido è più denso di un altro.

15 Calcola la densità di un corpo la cui massa, contenuta in un volume di $5 \cdot 10^{-2}$ m³, ammonta a 135 kg. La sua densità è maggiore o minore di quella dell'acqua?

Per lo svolgimento dell'esercizio, completa il percorso guidato, inserendo gli elementi mancanti dove compaiono i puntini.

1 I dati sono: ....
2 Le unità di misura sono coerenti con quelle del SI?
 ....
3 In caso di risposta negativa, esegui le equivalenze necessarie:
 ....
4 La formula da usare, dato che ti viene richiesta la pressione, è: ρ = ...
5 Sostituisci nella formula i dati, trovando perciò:
 ρ = ... = ...
 [2700 kg/m³]

16 Un campione di sangue di volume 3,5 cm³ ha una massa pari a 3,71 g. Determinane la densità. A quale densità nota il suo valore è molto vicino?
 SUGGERIMENTO Ricordati di trasformare, se necessario, le unità di misura delle grandezze in quelle del SI...
 [1060 kg/m³]

17 Completa la seguente tabella.

massa (kg)	10	150	...	...	120	200
volume (m³)	1	0,01	0,02	0,5	...	...
densità (kg/m³)	...	...	10⁴	2	30	50

 a) Quale relazione di proporzionalità vi è tra massa e densità, a parità di volume?
 b) Quale relazione di proporzionalità vi è tra volume e densità, a parità di massa?

18 Osserva la seguente figura.

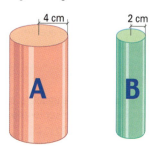

I due solidi sono della stessa altezza e hanno entrambi massa 5 kg.
a) Quale dei due ha maggior densità?
b) Quale massa dovrebbe avere il secondo, affinché i due solidi abbiano la stessa densità?

SUGGERIMENTO L'altezza dei cilindretti non è data, per cui puoi attribuirle tu un valore arbitrario a piacere... Come mai?

[1,25 kg/m³]

19 In una bombola vi sono 10 l di un gas di massa $5 \cdot 10^{-3}$ kg ($5 \cdot 10^{-3}$ significa 5/1000 = 0,005).
a) Qual è la densità del gas?
b) Se la massa del gas raddoppiasse a parità di volume, la sua densità aumenterebbe o diminuirebbe?

SUGGERIMENTO 1 l individua un volume di 1 dm³.

[a) 0,5 kg/m³]

20 Un gas è contenuto in un cilindro a pistone mobile. Il cilindro ha un diametro di 24 cm e un'altezza di 32 cm. La massa del gas contenuto è 2 g.
a) Qual è la densità del gas?
b) Se il pistone si alzasse di 8 cm, quale diventerebbe la densità del gas?
c) Di quanto si dovrebbe alzare il pistone affinché la densità iniziale si dimezzi?

[a) 0,14 kg/m³; b) 0,11 kg/m³; c) 64 cm]

21 La densità di un corpo ha il valore di $0,58 \cdot 10^3$ kg/m³ (legno di abete) e la sua massa è pari a 113,68 kg: determinane il volume in dm³.

SUGGERIMENTO A partire dalla definizione di densità, ricava la formula inversa necessaria...

[196 dm³]

22 Sapendo che la densità di un corpo ha il valore di $0,27 \cdot 10^3$ kg/m³ (alluminio) e che la sua massa è pari a 66,15 kg, determinane il volume in dm³.

[245 dm³]

23 Un cilindro omogeneo di gesso (densità $2,32 \cdot 10^3$ kg/m³) ha un diametro di 5 cm e un'altezza di 12 cm. Calcola la sua massa.

SUGGERIMENTO A partire dalla definizione di densità, trova la formula inversa necessaria, nella quale l'incognita geometrica residua è ricavabile dai dati...

[0,55 kg]

24 Un cono omogeneo di ghiaccio (densità $9,17 \cdot 10^2$ kg/m³) ha un diametro di 8 cm e un'altezza di 15 cm. Calcola la sua massa.

SUGGERIMENTO Ricorda la formula del volume del cono $V = \dfrac{\pi r^2 \cdot h}{3}$ ...

[230 g]

25 Calculate the mass of ocean water (density = $1.030 \cdot 10^3$ kg/m³) contained in a cylinder, with height = 1.2 m and base radius = 40 cm.

[621 kg]

26 Given that the air in a building has a density of $1.18 \cdot 10^{-3}$ kg/m³, how much does the air weigh in a room measuring 3.5 m wide by 4.0 m long by 2.8 m high?

[0.45 N]

6.3 Le grandezze inversamente proporzionali

27 In una ditta un qualsiasi piastrellista è in grado di montare in 30 minuti 1 m² di un determinato tipo di pavimento. Occorre piastrellare il pavimento di un salone di 240 m².
a) Se la ditta impiega 1 piastrellista, quanto tempo occorre per finire il pavimento?
b) Se la ditta impiega 2 piastrellisti, quanto tempo occorre per finire il pavimento?
c) Completa la seguente tabella.

n. piastrellisti	1	2	3	4	5	6
tempo impiegato (h)	120	...	...	...	...	...

d) Che relazione intercorre tra il numero dei piastrellisti e il tempo impiegato?

[a) 120 h; b) 60 h]

28 È data la relazione $x \cdot y = 20$.
a) In quali altri modi può essere scritta la relazione?
b) È corretto affermare che aumentando x diminuisce y? Motiva la risposta.
c) Completa la seguente tabella.

x	1	2	...	...	10	20
y	...	...	5	4	...	...

29 È data la relazione $y = 50/x$.
a) Scrivi la relazione in altri due modi.
b) Completa la seguente tabella.

x	2	5	...	...	50
y	...	...	5	2	...

c) Rappresentala graficamente.

30 Osserva il seguente grafico.

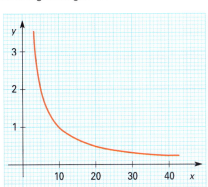

a) Utilizzando le informazioni ricavabili dal grafico, completa la seguente tabella:

x	10	20	...	...
y	...	...	0,50	0,25

b) Di che tipo di proporzionalità si tratta?
c) Completa l'equazione $y = .../x$ inserendo il dato numerico mancante.

31 Riconosci quali delle seguenti tabelle rappresentano grandezze inversamente proporzionali e quali no.

Tabella A

x	4	8	12	16	...
y	1/2	1	3/2	2	...

Tabella B

x	5	10	15	20	...
y	1,2	0,6	0,4	0,3	...

Tabella C

x	0,1	0,2	0,3	0,4	...
y	1/3	1/6	1/9	1/12	...

[A: no; B: sì; C: sì]

32 Completa le seguenti tabelle in modo che x, y risultino grandezze inversamente proporzionali.

Tabella A

x	0,5	...	...	2	...
y	30	...	...	...	...

Tabella B

x	5	...	...	...	...
y	4/5	...	...	1/5	...

Tabella C

x	0,6	...	...	...	...
y	3,6	...	...	0,9	...

33 It takes 48 hours for 6 strawberry pickers to clear a field. How many hours will be required for 12 pickers to complete the same job? Write the equation linking the number of pickers to the required number of hours. Complete the table below and plot the data. What kind of graph do you obtain?

pickers	3	6	12	...
hours	...	48	...	12

6.4 Il principio di Pascal

34 In un torchio idraulico due pistoni separati da un fluido hanno diametro rispettivamente di 25 cm e 7,5 cm. Se sul primo viene applicata una forza di 50 N, trova quale forza si trasmette al secondo pistone. Quanto vale la pressione che sollecita i pistoni?

Per lo svolgimento dell'esercizio, completa il percorso guidato, inserendo gli elementi mancanti dove compaiono i puntini.

1 I dati sono: ....
2 La formula da usare, dato che ti viene richiesta la forza che agisce sul pistone più piccolo, è: $F_2 = $ ....
3 Calcola l'area delle due superfici:
   $S_1 = $ ...., $S_2 = $ ....
4 Sostituisci nella formula i dati, trovando perciò:
   $F_2 = $ .... = ...

[4,5 N; 1019 Pa]

35 Dimensiona un cilindro di un torchio idraulico, cioè stabilisci quale deve essere il diametro, in modo tale che, se su un pistone di superficie pari a 0,025 m² viene applicata una forza di 500 N, esso possa trasmettere una forza di 9500 N.

SUGGERIMENTO A partire dalla relazione che lega forze e superfici secondo il principio di Pascal, ricava da essa la grandezza necessaria. Il diametro lo ottieni poi applicando la formula inversa relativa all'area del cerchio... [77,8 cm]

36 Con un torchio idraulico vogliamo quadruplicare una forza di 125 N. Sapendo che il diametro del pistone a cui si applica la forza è di 10 cm, stabilisci quale deve essere il diametro del secondo pistone. [20 cm]

37 Osserva il seguente torchio idraulico.

L'area del pistone A sia 1/4 di quella del pistone B.
a) Se si esercita sul pistone A una forza di 800 N, quale forza si trasmette al pistone B?
b) Quale forza occorre esercitare su A affinché su B si trasmetta una forza di 6000 N? [a) 3200 N; b) 1500 N]

38 Il peso di un ippopotamo viene equilibrato, tramite un torchio idraulico, da un uomo che ha una massa di 82 kg. Se la superficie del pistone su cui sta in piedi quest'ultimo è di 0,77 m² mentre quella su cui si trova l'animale è 13,2 m², qual è la massa dell'ippopotamo?

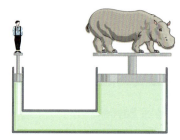

[1410 kg]

39 In an hydraulic press, the diameter of the smaller piston is 6 cm and that of the larger piston is 30 cm.
What force on the smaller causes the larger piston to exert a compressive force of 600 N?

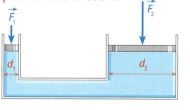

[24 N]

6.5 La legge di Stevino e i vasi comunicanti

N.B. *La densità dell'acqua è $1,00 \cdot 10^3$ kg/m³.*

40 Calcola, riportando la pressione in bar, la pressione a una profondità di 120 cm in un fluido che ha una densità di $0,80 \cdot 10^3$ kg/m³.

Per lo svolgimento dell'esercizio, completa il percorso guidato, inserendo gli elementi mancanti dove compaiono i puntini.

1. I dati sono: ....
2. Le unità di misura sono coerenti con quelle del SI?
   ....
3. In caso di risposta negativa, esegui le equivalenze necessarie:
   ....
4. La formula da usare, ricorrendo alla legge di Stevino, è:
   $p = $ ....
5. Sostituisci nella formula i dati, trovando perciò:
   $p = $ .... = ...

[0,094 bar]

41 In un grosso contenitore di olio (densità $0,92 \cdot 10^3$ kg/m³) alto 3 m, calcola la pressione a 1 m dal fondo e sul fondo stesso.

[18 050 Pa; 27 076 Pa]

42 Hai un recipiente cilindrico alto 1 m contenente acqua. Completa la seguente tabella dove l'altezza è quella della colonna d'acqua calcolata a partire dalla superficie libera e non dal fondo del recipiente.

altezza (cm)	10	30	40	80
pressione (Pa)	...	...	...	...

a) Nell'ultimo caso della tabella, a quale distanza si è dal fondo del recipiente?
b) Qual è la pressione esercitata dall'acqua sul fondo del recipiente?
c) Quale tipo di proporzionalità intercorre tra altezza e pressione?

[*b*) 9810 Pa]

43 Osserva la seguente ampolla colma di olio di oliva ($\rho = 0,92 \cdot 10^3$ kg/m³).
a) Qual è la pressione esercitata dall'olio sul tappo?
b) Qual è la pressione esercitata dall'olio sul fondo dell'ampolla?

SUGGERIMENTO Ricordati che l'altezza del fluido va considerata a partire dalla...

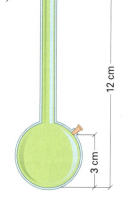

[*a*) 812 Pa; *b*) 1083 Pa]

44 Si progetta per un acquario un'enorme vasca d'acqua con una parete trasparente.
a) La sezione del vetro è di spessore crescente. Spiega il motivo.
b) Per il calcolo dello spessore del vetro occorre tenere conto dell'ampiezza della vasca?
c) Se l'altezza della vasca deve essere di 8 m, qual è la massima pressione a cui il vetro sarà sottoposto?

[78 480 Pa]

45 Il relitto del Titanic, transatlantico affondato nel 1912, è stato ritrovato nel 1985 alla profondità di circa 3800 m. Determina a quale pressione idrostatica era sottoposto, sapendo che la densità dell'acqua marina è $1,03 \cdot 10^3$ kg/m³.

[$39,5 \cdot 10^3$ Pa]

46 Se tra il cuore e la testa di un uomo vi sono 45 cm, assimilando la densità del sangue a quella dell'acqua, determina quale pressione deve imprimere il cuore per consentire al sangue di giungere fino alla testa con una pressione minima di 60 mm$_{Hg}$ (1 mm$_{Hg}$ = 1 torr = 133 Pa).

[3570 Pa]

47 Il fondo di un'ampolla può sopportare al massimo una pressione di 10 000 Pa. Quale altezza massima può raggiungere nell'ampolla una colonnina di mercurio (densità pari a $13,6 \cdot 10^3$ kg/m³) senza che essa esploda?

[7,5 cm]

48 Calcola a quale profondità si deve scendere entro un fluido la cui densità è di $1,49 \cdot 10^3$ kg/m^3, affinché si abbia una pressione di $2 \cdot 10^4$ Pa.
SUGGERIMENTO A partire dalla legge di Stevino, ricava la formula inversa necessaria... [1,37 m]

49 Determina a quale profondità si deve scendere nell'oceano (densità pari a $1,030 \cdot 10^3$ kg/m^3) affinché si sia soggetti a una pressione di $5,05 \cdot 10^5$ Pa. [50 m]

50 Nel Sole alla profondità di 50 m dalla superficie si registra una pressione di $1,92888 \cdot 10^7$ Pa; calcola la densità media di questa stella, sapendo che l'accelerazione di gravità è 273,6 m/s^2. [1410 kg/m^3]

51 Individua la densità di una sostanza, sapendo che in un contenitore alla profondità di 5 cm vi è una pressione di 6671 Pa. [$13,6 \cdot 10^3$ kg/m^3]

52 Calculate the depth below the surface of ocean water where the total pressure is $1.105 \cdot 10^8$ Pa. Density of ocean water is 1.025 g/cm^3. [11.0 km]

53 A bottle is filled with glycerine (density $\rho = 1.261$ kg/m^3). Its height is 30 cm. Calculate the pressure exerted by glycerine on the bottom of the bottle. [$3.7 \cdot 10^3$ Pa]

6.6 Il principio di Archimede

N.B. *La densità dell'acqua è $1,00 \cdot 10^3$ kg/m^3.*

54 Un corpo che ha un volume di un milione di centimetri cubici viene immerso nell'acqua. Quanto vale la spinta di Archimede che l'acqua esercita su di esso?

Per lo svolgimento dell'esercizio, completa il percorso guidato, inserendo gli elementi mancanti dove compaiono i puntini.

1 I dati sono: ....

2 Le unità di misura sono coerenti con quelle del SI? ....

3 In caso di risposta negativa, esegui le equivalenze necessarie: ....

4 La densità dell'acqua è $1,00 \cdot 10^3$ kg/m^3:
$\rho_{acqua} = $ ....

5 La formula da usare, ricorrendo al principio di Archimede, è $S_A = $ ....

6 Sostituisci nella formula i dati, trovando perciò:
$S_A = $ .... = ... [9810 N]

55 Una palla con raggio di 4 cm viene immersa prima nell'acqua, poi nell'olio (densità $0,92 \cdot 10^3$ kg/m^3) e infine nel mercurio (densità $13,6 \cdot 10^3$ kg/m^3). Quanto valgono le spinte di Archimede che i rispettivi fluidi esercitano su di essa?
SUGGERIMENTO Ricordati la formula del volume della sfera: $V = \frac{4}{3}\pi r^3$. Per il resto procedi come nel caso dell'Esercizio 35... [2,6 N; 2,4 N; 35,8 N]

56 Sono date due sfere A e B entrambe di volume 1 m^3. La sfera A è di ferro, B è d'oro.
a) Se vengono immerse in acqua ricevono la stessa spinta? Motiva la risposta.
b) Se A viene immersa nella benzina (densità $0,70 \cdot 10^3$ kg/m^3), riceve la stessa spinta che riceveva in acqua?
c) Calcola la spinta che riceve A prima in acqua e poi nella benzina. [9810 N; 6867 N]

57 Abbiamo alcuni cubi di ferro con lato crescente (vedi tabella).
a) Determina al variare del lato la spinta che essi ricevono in acqua.

lato (cm)	1	2	4	8
spinta (N)	...	...	...	...

b) Se i cubi fossero stati di marmo, che cosa sarebbe cambiato nella spinta? Motiva la risposta.

58 È data una sfera di legno di raggio 10 cm.
a) Calcola la spinta che riceve immersa in acqua, olio (densità $0,92 \cdot 10^3$ kg/m^3), mercurio (densità $13,6 \cdot 10^3$ kg/m^3).
b) Se il raggio della sfera aumenta, la spinta cambia? Motiva la risposta. [41 N; 38 N; 560 N]

59 Sono dati un tappo di sughero con volume di 1 cm^3 e un sasso con volume di 10 cm^3.
a) Se li immergi entrambi nell'acqua chi riceve una spinta maggiore?
b) Chi dei due galleggia? Motiva la risposta.

60 A una fiera un bambino ha comprato un palloncino di raggio 15 cm gonfiato con idrogeno (densità 0,090 kg/m^3) e lo trattiene legato mediante una cordicella.
a) Riesci a spiegare perché il palloncino vola via se non è opportunamente trattenuto?
b) Perché questo non accade quando gonfi un palloncino utilizzando la stessa aria che respiri?
c) Quale spinta riceve il palloncino quando si trova in aria? (Considera il palloncino come se fosse una sfera).
d) Se il palloncino fosse gonfiato con elio (densità pari a 0,178 kg/m^3) si otterrebbe un effetto analogo a quello ottenuto con l'idrogeno? [c) 0,18 N]

61 Un oggetto di ferro (densità $7,88 \cdot 10^3$ kg/m^3) avente massa 1,3 kg è agganciato a un dinamometro e immerso prima in acqua e poi nell'olio. Determina che cosa segna il dinamometro: a) nell'aria (peso reale); b) in acqua (peso apparente); c) nell'olio (densità $0,920 \cdot 10^3$ kg/m^3).
SUGGERIMENTO a) La spinta di Archimede, dovuta all'aria, è trascurabile ai fini del peso; b) il peso apparente è dato dalla differenza tra il peso reale e la spinta di Archimede... [a) 12,7 N; b) 11,1 N; c) 11,2 N]

62 Un lingotto d'oro (densità $19,25 \cdot 10^3$ kg/m^3) di dimensioni (80 cm) · (40 cm) · (18 cm) si trova sul fondo del mare.
a) Qual è la forza minima da applicare per recuperarlo sino a quando il lingotto si trova completamente immerso in acqua (densità dell'acqua di mare $1,030 \cdot 10^3$ kg/m^3)?
b) Qual è la forza necessaria per sollevarlo una volta in aria? [a) 10 295 N; b) 10 877 N]

63 Calcola la densità di un fluido, sapendo che immergendo in esso un corpo di volume pari a 64 cm³, quest'ultimo subisce una spinta verso l'alto di 0,70 N.

SUGGERIMENTO A partire dalla formula che esprime il principio di Archimede, scrivi la formula inversa per trovare...
[1115 kg/m³]

64 Immergiamo un lingottino d'oro (densità uguale a $1,93 \cdot 10^4$ kg/m³) di massa 243,6 g in un fluido. Calcola la densità del fluido, sapendo che il lingottino subisce una spinta verso l'alto di 0,13 N.

SUGGERIMENTO A partire dalla definizione di densità, trova il dato del lingottino necessario per utilizzare poi il principio di Archimede...
[1050 kg/m³]

65 Un corpo immerso nell'olio (densità $0,92 \cdot 10^3$ kg/m³) subisce una spinta verso l'alto di 2254 N. Determina il volume del corpo immerso in dm³.
[250 dm³]

66 Un cubo immerso nel mercurio (densità $13,6 \cdot 10^3$ kg/m³) subisce una spinta verso l'alto di 1067 N. Determina il lato del cubo.

SUGGERIMENTO La formula del volume del cubo è $V = l^3$, da cui si ha $l = \sqrt[3]{...}$.
[2 dm]

67 Abbiamo misurato che una sfera, il cui raggio è di 3 cm, riceve, se immersa in acqua, una spinta verso l'alto di 0,183 N. Stabilisci, motivando la risposta, se ci troviamo sulla superficie della Terra oppure su una base posta sulla Luna.

SUGGERIMENTO Tieni presente che la Luna ha una massa più piccola di quella terrestre e che perciò su di essa l'accelerazione di gravità è minore (un po' meno di $\frac{1}{6}$ di quella terrestre)...
[$g = 1,62$ m/s², quindi...]

68 Si vuole che un corpo immerso nell'acqua subisca una spinta di Archimede in modo tale che il suo peso diminuisca di un ventesimo. Sapendo che il suo peso reale (vale a dire in aria) è di 500 N, quale deve essere allora il suo volume?
[2,55 dm³]

69 An object weighs 200 N in the air, but when it is completely immersed in water, its weight is only 110 N. Calculate its volume.

HINT The buoyancy is the difference between the weight of the body in the air and its weight in water. After calculating the buoyancy, apply the reverse formula to calculate the volume V from Archimedes' principle.
[$9.2 \cdot 10^{-3}$ m³]

70 A cubic object has an edge length of 20 cm. If it is placed in an unknown fluid, the buoyancy is 99 N. Calculate the density of the unknown fluid.
[1.261 g/cm³ – it's glycerine]

▸ Problemi

La risoluzione dei problemi richiede la conoscenza di argomenti trasversali a più paragrafi. Con il pallino sono contrassegnati i problemi che presentano una maggiore complessità.

1 Calcola la pressione entro un fluido a una profondità di 1,991 km, sapendo che una massa di tale fluido di 5120 kg occupa un volume di 5 m³.
[200 bar]

●2 In un fluido si registra a una profondità di 15 m una pressione di 1,23 atm. Di quanti metri bisogna risalire affinché la pressione divenga di 0,85 atm?

SUGGERIMENTO Una via alternativa alla risoluzione del problema consiste nel ragionare sulla legge di Stevino e riflettere sulla diretta proporzionalità fra la pressione e...
[4,6 m]

●3 I due vasi comunicanti rappresentati in figura sono occupati in parte da acqua e in parte da mercurio. Sapendo che la densità del mercurio è di 13 600 kg/m³ e che la sua altezza rispetto alla membrana scorrevole di separazione T è di 25 cm, determina l'altezza della colonna d'acqua necessaria per equilibrare quella di mercurio. Se le due superfici S_1 ed S_2, anziché uguali, fossero state l'una il doppio dell'altra, in quale modo sarebbe cambiato il risultato?

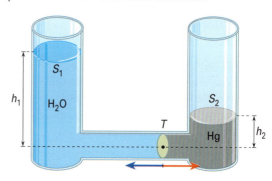

SUGGERIMENTO Devi partire dalla legge di Stevino, applicandola sia all'acqua sia al mercurio. Quindi, ricorrendo a un'altra legge, ti accorgerai che resta una sola incognita, cioè proprio quella che stai cercando...
[3,40 m]

●4 È stata eseguita la seguente prova sperimentale. Una sfera di ottone di diametro pari a 6 cm è stata immersa in un fluido di natura non nota. Tramite un dinamometro, hai rilevato che il peso della sfera è di 9,40 N. Dopo averla immersa nel fluido trovi che, invece, il suo peso apparente ammonta a 8,00 N. Determina la densità del fluido incognito.
[$1,26 \cdot 10^3$ kg/m³]

5 Una massa di fluido pari a 190 kg si trova in un contenitore cilindrico e occupa un volume di 0,25 m³. La pressione che esso esercita sul fondo del contenitore cilindrico è di 9500 Pa. Trova l'altezza del fluido.

SUGGERIMENTO Puoi trovare una via rapida alla soluzione ricorrendo direttamente alla definizione di pressione...
[1,27 m]

6 Siamo atterrati su un pianeta sconosciuto. La temperatura è ragionevole (25 °C), ma la pressione al suolo è dieci volte quella terrestre. Vogliamo studiare un lago formato da uno strano liquido sul quale raccogliamo i seguenti dati:
- un volume di 0,50 dm^3 di fluido contiene una massa di 301 g;
- a un metro e mezzo di profondità nel lago su un disco di ferro (densità uguale a 7,88 · 10^3 kg/m^3) di area 0,25 dm^2 si esercita una forza di 58,72 N.

Vogliamo trovare l'accelerazione di gravità g del pianeta.

SUGGERIMENTO Non farti confondere dai dati sovrabbondanti...
[26 m/s^2]

7 Una sfera d'acciaio (densità 7,8 · 10^3 kg/m^3) è stata immersa in un fluido (densità 1,26 · 10^3 kg/m^3) e il suo peso apparente è risultato essere di 2,8 N. Considerato che la massa della sfera è pari a 856 g, stabilisci se la sfera è cava oppure no.
[ρ_{sfera} = 1,89 · 10^3 kg/m^3; ...]

8 Un tubo molto lungo, chiuso alle due estremità, nel quale è stato fatto il vuoto, viene posto verticalmente con un'estremità immersa entro un contenitore al cui interno si trova dell'acqua. Determina fino a quale altezza, rispetto al livello del liquido nel contenitore, sale l'acqua nel tubo quando viene aperta l'estremità immersa.

SUGGERIMENTO Responsabile del fenomeno è sempre la pressione atmosferica che agisce sulla superficie libera di acqua nel contenitore...
[10,33 m]

9 Il pistone 1 ha un diametro di 5 cm, mentre il pistone 2 ha un diametro di 11,3 cm. Sapendo che la molla ha una costante elastica di 1200 N/m, determina la massa che si deve disporre sul pistone 1 per fare in modo che la molla risulti allungata di 8 cm rispetto alla sua lunghezza a riposo.

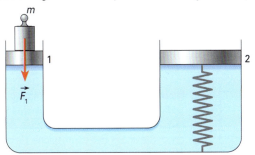

[1,92 kg]

•10 Una sfera di acciaio (densità 7,8 · 10^3 kg/m^3), agganciata a una molla con costante elastica 40 N/m, si trova immersa in un fluido la cui massa di 725 g occupa un volume di 500 ml (detersivo liquido). La sfera ha a sua volta una massa di 110 g. Trova l'allungamento della molla.

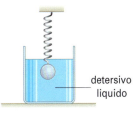

detersivo liquido

[2,2 cm]

11 Una mongolfiera di 8 m di raggio (da immaginare di forma perfettamente sferica) ha un carico complessivo, esclusa l'aria al suo interno, di 715 kg. Sapendo che l'aria esterna ha una densità di 1,293 kg/m^3, per far sì che la mongolfiera possa sollevarsi dal suolo è sufficiente riscaldare l'aria interna in modo tale che la sua densità divenga di 0,850 kg/m^3?

[spinta di Archimede: 27 200 N; peso complessivo: 24 900 N...]

12 Pervieni alla scrittura della misura della pressione dovuta a una forza di (160 ± 5) N, la quale agisce perpendicolarmente su una superficie la cui area vale (5,6 ± 0,2) cm^2.
[(2,9 ± 0,2) bar]

•13 Calcola il volume e la sua incertezza, scrivendo la misura con i corretti arrotondamenti, relativamene a un solido, sapendo che il suo peso in aria, misurato con il dinamometro, è (45,0 ± 0,1) N, mentre nell'acqua diventa (38,5 ± 0,1) N. La densità dell'acqua è (1000 ± 1) kg/m^3 e il valore della costante g è invece (9,81 ± 0,01) m/s^2.
[(0,66 ± 0,03) dm^3]

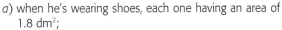

14 A man, with a mass of 80 kg, is standing on the snow. Calculate the pressure exerted by him:
a) when he's wearing shoes, each one having an area of 1.8 dm^2;
b) when he's wearing snow rackets, each one having an area of 6.5 dm^2.
[a) 2.2 · 10^4 Pa; b) 0.6 · 10^4 Pa]

15 A student measures the density of an object; he repeats the measurement 4 times and obtains the following results (expressed in g/cm^3): 2.7; 3.0; 3.3; 3.1.
a) Calculate the average density.
b) If the object has a mass of 90 g, what is its volume?
c) Calculate the buoyancy of that object when it is immersed in olive oil (density 0.92 g/cm^3).
[a) 3.03 g/cm^3; b) 30 cm^3; c) 0.27 N]

Competenze alla prova

ASSE SCIENTIFICO-TECNOLOGICO

Osservare, descrivere e analizzare fenomeni appartenenti alla realtà...

1. Un uomo riesce a galleggiare facilmente sull'acqua in condizioni statiche (cioè senza nuotare) se inspira l'aria, mentre se la espira tende, al contrario, ad andare a fondo. Ancora, se durante un esercizio le braccia sono prima tenute immerse e poi vengono portate fuori dall'acqua, la condizione di galleggiamento peggiora. Descrivi quali fattori si modificano nei casi illustrati dal punto di vista della spinta di Archimede e spiega come incidono (se favorevolmente o meno) sulla possibilità di restare a galla.

Spunto Devi riflettere su che cosa cambia con l'inspirazione e l'espirazione in termini di densità media del corpo umano (sono dati reperibili eventualmente in Internet) e in che modo le braccia tenute dentro o fuori dall'acqua aumentano o riducono...

ASSE SCIENTIFICO-TECNOLOGICO

Essere consapevole delle potenzialità e dei limiti delle tecnologie...

2. Ti sei mai chiesto per quale motivo un sommergibile ha una forma tondeggiante e non è invece un lungo e squadrato parallelepipedo? Scrivi le tue ipotesi e confrontale in classe con quelle elaborate dai tuoi compagni per individuare insieme quella più efficace e plausibile.

Spunto Tra i principi e le leggi studiati in questa Unità, potrebbe essere utile ragionare sia sulla legge di Stevino, ma soprattutto, per capire come agisce la pressione, sul principio di...

ASSE MATEMATICO

Individuare le strategie appropriate per la soluzione di problemi

3. Alla profondità di 50,0 cm all'interno di un fluido c'è una pressione di 6180 Pa. Su una sfera omogenea di alluminio immersa completamente in tale fluido agisce una spinta di Archimede pari a 21 N. Determina la massa della sfera, sapendo che la densità dell'alluminio è di 2700 kg/m³. Stabilisci, motivando la risposta, se la sfera tende a risalire nel fluido oppure ad affondare.

Spunto Partendo dalla richiesta (attraverso la definizione di densità), individua le grandezze di cui hai bisogno sulla base della legge di Stevino e dell'espressione della spinta di Archimede. Non confondere nelle varie formule la densità del fluido con quella dell'alluminio.

ASSE LINGUISTICO

Padroneggiare gli strumenti espressivi e argomentativi...

4. L'enunciato relativo alla spinta di Archimede sembra un po' complicato. Prova a spiegarlo con parole tue, scrivendolo in modo più esteso e magari con il ricorso a un esempio concreto.

Spunto «Se immergiamo una palla nell'acqua sentiamo una forza che ostacola l'immersione in quanto è diretta verso... Questa forza è...»

SCIENTIFIC ENGLISH

Fluids

Variation of Pressure with Depth

When a fluid is at rest in a container, **all portions of the fluid must be in static equilibrium** – at rest with respect to the observer. Furthermore, **all points at the same depth must be at the same pressure**. If this were not the case, fluid would flow from the higher pressure region to the lower pressure region. For example, consider the small block of fluid shown in Figure 1a. If the pressure were greater on the left side of the block than on the right, $\vec{F}_1$ would be greater than $\vec{F}_2$, and the block would accelerate to the right and thus would not be in equilibrium.

Next, let's examine the fluid contained within the volume indicated by the darker region in Figure 1b. This region has cross-sectional area A and extends from position y_1 to position y_2 below the surface of the liquid. Three external forces act on this volume of fluid: the force of gravity, Mg; the upward force P_2A exerted by the liquid below it; and a downward force P_1A exerted by the fluid above it. Because the given volume of fluid is in equilibrium, these forces must add to zero, so we get

$$P_2A - P_1A - Mg = 0 \qquad [1]$$

From the definition of density, we have

$$M = \rho V = \rho A(y_1 - y_2) \qquad [2]$$

Substituting Equation 2 into Equation 1, canceling the area A, and rearranging terms, we get

$$P_2 = P_1 + \rho g(y_1 - y_2) \qquad [3]$$

Notice that $(y_1 - y_2)$ is positive, because $y_2 < y_1$. The force P_2A is greater than the force P_1A by exactly the weight of water between the two points. This is the same principle experienced by the person at the bottom of a pileup in football or rugby.

Atmospheric pressure is also caused by a piling up of fluid – in this case, the fluid is the gas of the atmosphere. The weight of all the air from sea level to the edge of space results in an atmospheric pressure of $P_0 = 1.013 \times 10^5$ Pa at sea level. This result can be adapted to find the pressure P at any depth $h = (y_1 - y_2) = (0 - y_2)$ below the surface of the water:

$$P = P_0 + \rho g h \qquad [4]$$

According to Equation 4, **the pressure P at a depth h below the surface of a liquid open to the atmosphere is greater than atmospheric pressure by the amount $\rho g h$**. Moreover, the pressure isn't affected by the shape of the vessel, as shown in Figure 2.

Checkpoint

True or False: The pressure at the bottom of a lake of a given depth doesn't depend on the elevation of the lake's surface relative to sea level.

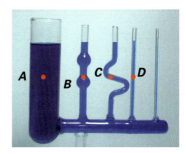

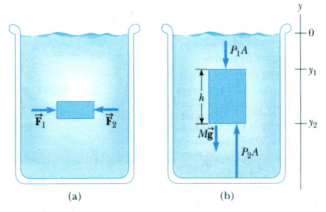

Figure 1
(a) If the block of fluid is to be in equilibrium, the force $\vec{F}_1$ must balance the force $\vec{F}_2$.
(b) The net force on the volume of liquid within the darker region must be zero.

Figure 2
This photograph illustrates the fact that the pressure in a liquid is the same at all points lying at the same elevation. For example, the pressure is the same at points A, B, C, and D. Note that the shape of the vessel does not affect the pressure.

> **QUICK QUIZ**
>
> The pressure at the bottom of a glass filled with water ($\rho = 1\,000$ kg/m^3) is P. The water is poured out and the glass is filled with ethyl alcohol ($\rho = 806$ kg/m^3). The pressure at the bottom of the glass is now (a) smaller than P (b) equal to P (c) larger than P.

In view of the fact that the pressure in a fluid depends on depth and on the value of P_0, any increase in pressure at the surface must be transmitted to every point in the fluid. This was first recognized by the French scientist Blaise Pascal (1623–1662) and is called **Pascal's principle**:

Pascal's principle

> A change in pressure applied to an enclosed fluid is transmitted undiminished to every point of the fluid and to the walls of the container.

APPLICATION
Hydraulic Lifts

An important application of Pascal's principle is the hydraulic press (Fig. 3). A downward force $\vec{F}_1$ is applied to a small piston of area A_1. The pressure is transmitted through a fluid to a larger piston of area A_2. As the pistons move and the fluids in the left and right cylinders change their relative heights, there are slight differences in the pressures at the input and output pistons. Neglecting these small differences, the fluid pressure on each of the pistons may be taken to be the same; $P_1 = P_2$. From the definition of pressure, it then follows that $F_1/A_1 = F_2/A_2$. Therefore, the magnitude of the force $\vec{F}_2$ is larger than the magnitude of $\vec{F}_1$ by the factor A_2/A_1. That's why a large load, such as a car, can be moved on the large piston by a much smaller force on the smaller piston. Hydraulic brakes, car lifts, hydraulic jacks, forklifts, and other machines make use of this principle.

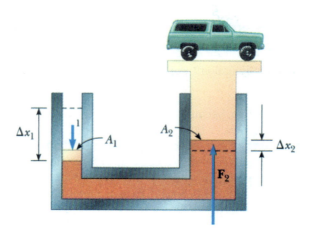

Figure 3
Diagram of a hydraulic press. Because the pressure is the same at the left and right sides, a small force $\vec{F}_1$ at the left produces a much larger force $\vec{F}_2$ at the right.

from SERWAY/VUILLE, *Essentials of College Physics*, © 2007

Le forze e il moto

MODULO 3

UNITÀ 7
Moto rettilineo uniforme

UNITÀ 8
Moto rettilineo uniformemente accelerato

UNITÀ 9
Moto circolare uniforme e moto armonico

UNITÀ 10
Principi della dinamica

UNITÀ 11
Forze applicate al movimento

UNITÀ 12
Dai modelli geocentrici al campo gravitazionale

LA FISICA e... la storia

100-178
Tolomeo elabora un modello geocentrico, in cui ogni pianeta descrive una circonferenza avente centro la Terra

1542
Copernico pubblica *De Revolutionibus Orbium Coelestium* nel quale rielabora la teoria eliocentrica di Aristarco

384 a.C.-322 a.C.
Aristotele studia i moti naturali e violenti; elabora il modello geocentrico, in cui la Terra è sferica ed è immobile al centro dell'Universo

310 a.C.-230 a.C.
Aristarco di Samo teorizza il primo modello eliocentrico

1478-1518
Leonardo da Vinci scrive *Codice Atlantico* nel quale studia la traiettoria dei proiettili

212 a.C.
Siracusa viene inclusa nella provincia romana di Sicilia

117-138
Governa Adriano

14
Muore Augusto, viene eletto Tiberio

XIII secolo
Si diffonde nell'Europa cristiana l'aristotelismo

1492
Cristoforo Colombo scopre l'America

98-117
Governa Traiano

138-180
Governano Antonino e Marco Aurelio

1519
Magellano inizia la circumnavigazione del globo

1527
Sacco di Roma da parte delle truppe di Carlo V

1583
Galileo Galilei scopre l'isocronismo delle piccole oscillazioni del pendolo

1644
Cartesio pubblica *Principi di filosofia* (tratto da *Trattato sul mondo*) nel quale illustra le leggi del movimento dei corpi e il principio di inerzia

1798
Cavendish calcola con buona approssimazione il valore della costante di gravitazione universale

1609
Keplero pubblica *Astronomia nova* nel quale enuncia le prime due leggi che portano il suo nome

1619
Pubblica *Harmonices mundi libri quinque* nel quale enuncia la terza legge che porta il suo nome

1687
Newton pubblica *Philosophiae Naturalis Principia Mathematica* nel quale stabilisce i fondamenti della meccanica classica ed elabora l'ipotesi dell'esistenza della forza gravitazionale

1632
Galileo Galilei pubblica *Dialogo sopra i due massimi sistemi del mondo* nel quale espone le sue idee sulla cosmologia

1638
Pubblica *Discorsi e dimostrazioni matematiche intorno a due nuove scienze* nel quale illustra e dimostra le sue scoperte relative al principio d'inerzia, al piano inclinato e al moto dei proiettili

1851
Foucault esegue l'esperimento del pendolo, che mostra la rotazione della Terra

1583
Rodolfo II d'Asburgo si dedica al culto delle arti e delle scienze occulte. Richiama a Praga diversi ospiti tra cui Keplero

1633
Galileo è costretto ad abiurare la sua teoria

1756
In Europa inizia la guerra dei 7 anni

1600
Inizia la rivoluzione scientifica. Periodo di crisi economica e sociale

1804
Napoleone Bonaparte diventa imperatore di Francia

1624
Il cardinale Richelieu diventa primo ministro di Luigi XIII

1789
Inizia la rivoluzione francese

UNITÀ 7
Moto rettilineo uniforme

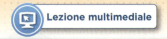

Lezione multimediale

Video Lab

7.1 La velocità

Qual è il significato della parola «movimento»? La risposta non è semplice come potrebbe sembrare. In una situazione come quella della figura, per esempio, Elisa è ferma dal punto di vista di Davide, ma si muove dal punto di vista di Andrea.

Ogni volta che vogliamo rispondere alla domanda se un corpo si stia muovendo oppure no, bisogna precisare... *rispetto a che cosa*. Nel linguaggio comune, quando si parla di **movimento**, ci si riferisce alla Terra che costituisce, quindi, il **sistema di riferimento** abituale. Ma si possono ovviamente scegliere sistemi di riferimento diversi.

movimento > Essere in **movimento** significa cambiare la propria posizione nel tempo rispetto a un determinato **sistema di riferimento**.

Un sistema di riferimento usato abitualmente è costituito da tre assi tra loro disposti perpendicolarmente, chiamati **assi cartesiani**, che si intersecano in un punto comune O, detto **origine**.

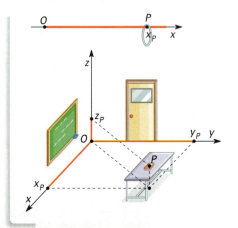

Nel caso in cui un oggetto possa occupare posizioni diverse soltanto su una retta (per esempio, un anello infilato in un'asticella), per sapere dove si trova basta, come sistema di riferimento, un asse sul quale viene fissata un'origine.

La posizione di un oggetto all'interno di una stanza, invece, viene individuata senza equivoci dando le distanze da tre pareti scelte a piacere, le cui intersezioni (gli spigoli) sono assunte appunto come assi cartesiani di un sistema di riferimento tridimensionale.

Moto rettilineo uniforme **UNITÀ 7** **159**

Immagina di progettare un viaggio da Milano a Parigi. Osservando la cartina, constati che per andare da *A* a *B* vi sono diverse possibilità.
In che cosa differiscono fra loro i percorsi?
Il primo e il terzo seguono una linea spezzata, il secondo una retta. In definitiva, è diversa la **traiettoria**: è questo il primo elemento che dobbiamo prendere in considerazione nello studio del moto.

La **traiettoria** è la successione delle posizioni occupate dal corpo durante il suo moto. ⟨ **traiettoria**

La traiettoria è sufficiente per descrivere un viaggio?
Se i tuoi genitori sanno soltanto che vai, per esempio, da Bologna ad Ancona, non possono sapere *quando* arrivi a destinazione. Quale altro dato è necessario fornire per avere un'informazione più completa?
La risposta naturale è che occorrono i tempi di percorrenza. Del resto, se ci pensi, quando scegli di prendere un Intercity anziché un treno Regionale, valuti che, pur restando la lunghezza del tragitto sempre la stessa, il primo impiega un tempo minore. Quindi, metti intuitivamente in relazione la strada da fare con il tempo impiegato a percorrerla.

INFORMAZIONE La grandezza fisica che ci dice quanto spazio un corpo percorre in un certo intervallo di tempo si chiama **velocità**.

DEFINIZIONE La **velocità** è il rapporto fra lo spazio percorso e il tempo impiegato a percorrere quello spazio:

$$\text{velocità} = \frac{\text{spazio percorso}}{\text{tempo impiegato a percorrerlo}}$$

⟨ **velocità**

In termini matematici possiamo scrivere:

FORMULA $v = \dfrac{s}{t}$

! **ricorda...**

Il termine *spazio* viene usato in questo contesto con il significato di *distanza*.

Supponi adesso di trovarti sull'Intercity Bologna-Ancona e di chiedere al controllore, per curiosità, quale sia la velocità del treno.
Egli ti risponde che di solito la velocità è pari a «cento kilometri all'ora», vale a dire 100 km/h (che si scriva così di certo lo sai dall'osservazione del tachimetro di un'auto o di un motorino).
La risposta del controllore, dal punto di vista dell'unità di misura è corretta, in quanto:

$$v = \frac{s}{t} \quad \Rightarrow \quad \frac{\text{spazio (misurato in kilometri)}}{\text{tempo (misurato in ore)}} \quad \Rightarrow \quad \frac{\text{km}}{\text{h}}$$

Utilizzando le unità di misura del SI, abbiamo invece:

$$v = \frac{s}{t} \quad \Rightarrow \quad \frac{\text{spazio (misurato in metri)}}{\text{tempo (misurato in secondi)}} \quad \Rightarrow \quad \frac{m}{s}$$

che si legge «metri *al* secondo».

unità di misura di v — Nel SI l'unità di misura della velocità è il $\frac{m}{s}$, vale a dire il *metro al secondo*.

Diremo allora che un corpo ha una velocità di 1 metro al secondo quando in 1 secondo esso percorre uno spazio pari a 1 metro.

Per iniziare a studiare i moti è necessario esaminare situazioni semplici. Il caso più elementare è quello di un movimento in cui la traiettoria sia una linea retta e la velocità sia costante, rimanga cioè sempre la stessa. Si parla in tal caso di **moto rettilineo uniforme**.

moto rettilineo uniforme — Un moto è **rettilineo uniforme** se il corpo percorre una traiettoria che giace su una retta (*rettilineo*) e se la velocità è costante (*uniforme*).

esempio

1 Vogliamo trasformare la velocità 100 km/h in m/s e, viceversa, la velocità 50 m/s nei corrispondenti km/h.

I passaggi sono i seguenti:

$$v = 100 \, \frac{km}{h}$$

tenendo conto che 1 km = 1000 m
e che 1 h = 3600 s, possiamo scrivere

$$v = 100 \cdot \frac{1000}{3600} \, \frac{m}{s}$$

e considerato che $\frac{1000}{3600} = \frac{1}{3,6}$

$$v = 100 \cdot \frac{1}{3,6} \, \frac{m}{s}$$

da cui, infine

$$v = \frac{100}{3,6} = 27,8 \, \frac{m}{s}$$

Perciò, tenendo conto dell'approssimazione, si ha che 100 km/h equivalgono a 27,8 m/s. Per la seconda richiesta, puoi procedere in modo del tutto analogo, trovando:

$$v = 50 \cdot \frac{3600}{1000} = 50 \cdot 3,6 = 180 \, \frac{km}{h}$$

Riassumendo si ha:

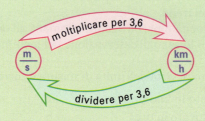

Moto rettilineo uniforme UNITÀ 7 **161**

flash))) I record di velocità
Qual è il record di velocità per...

...gli uomini
37,578 km/h (2009)

...gli animali
120,5 km/h

...le auto
1227,98 km/h (1997)

...Apollo 10 al rientro
39 885 km/h (1969)

7.2 Il grafico del moto rettilineo uniforme

 Animazione

 Virtual Lab

Nella realtà è difficile avere a che fare con moti davvero rettilinei e uniformi, che avvengono davvero su una linea retta e con velocità immutata. Tuttavia, dato che stiamo semplicemente immaginando un viaggio in treno, nessuno ci proibisce di pensare che il treno non si fermi mai e che la velocità non subisca cambiamenti né in modulo né in direzione. Vediamo quali sono le conseguenze – e non sono poche – del fatto che la velocità resti invariata durante il moto.

TABELLA 1

tempo dalla partenza (h)	distanza da Bologna (km)
$\frac{1}{4}$	25
$\frac{1}{2}$	50
$\frac{3}{4}$	75
1	100
...	...

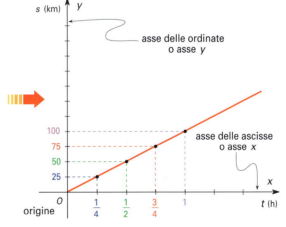

Con l'aiuto di una cartina, supponiamo di aver elaborato la tabella di marcia relativa all'Intercity Bologna-Ancona, in cui con il trascorrere del tempo, misurato in ore, abbiamo indicato le distanze percorse in kilometri. Riportiamo tali misure in un **sistema di assi cartesiani ortogonali**.

Sull'asse delle x riportiamo i valori del tempo, trattandosi di una variabile che non dipende da nessun'altra grandezza (detta perciò variabile **indipendente**), mentre sull'asse delle y riportiamo i valori dello spazio (variabile **dipendente**) i cui valori, viceversa, cambiano al cambiare della prima. Congiungendo i punti rappresentativi di ogni coppia di valori del tempo e dello spazio, si ottiene una retta.

> **! ricorda...**
> Da un grafico spazio-tempo non è possibile ricavare informazioni sulla traiettoria. La retta disegnata **non** è infatti la traiettoria, ma semplicemente una particolare *rappresentazione* del moto.

Il diagramma spazio-tempo di un moto rettilineo uniforme è una **retta**. — **diagramma spazio-tempo**

Quindi, quando ci troviamo in presenza di un diagramma spazio-tempo nel quale è riportata una retta, sappiamo di avere a che fare con un moto uniforme.

TABELLA 2

x	y	y/x
t (h)	s (km)	s/t (km/h)
1/4	25	100
1/2	50	100
3/4	75	100
1	100	100
...	...	...

7.3 La diretta proporzionalità tra spazio e tempo

Consideriamo nuovamente i dati della tabella 1 ed elaboriamoli, effettuando per ogni coppia di valori il rapporto fra spazi percorsi e tempi impiegati: dividendo 25 km per $\frac{1}{4}$ h (cioè 0,25 h), ottieni facilmente 100 km/h.

Come puoi constatare osservando la terza colonna della tabella 2, il rapporto fra spazio e tempo è sempre costante:

$$\frac{s}{t} = \text{costante} = 100 \, \frac{\text{km}}{\text{h}}$$

Il valore della costante è proprio quello della velocità, cioè 100 km/h. Si tratta di una proprietà tipica delle grandezze direttamente proporzionali (vedi paragrafo 3.3).

Di conseguenza possiamo dedurre che:

conseguenze della diretta proporzionalità

> In un moto rettilineo uniforme il rapporto tra lo spazio percorso e il tempo impiegato a percorrerlo è costante e tale costante è la velocità.
>
> Ciò equivale anche a dire che:
>
> In un moto rettilineo uniforme, in tempi uguali, vengono percorsi spazi uguali.

In effetti, nella terza frazione di tempo, che è come le altre di un quarto d'ora $\left(\frac{1}{4} \text{ h}\right)$, il treno ha percorso 75 − 50 = 25 km, esattamente come nella prima frazione.

7.4 La legge oraria del moto rettilineo uniforme

Riesaminiamo i dati della tabella 2. Se poniamo, per visualizzare meglio la situazione, $\frac{1}{4}$ h = ☐ e 25 km = ○, avremo:

TABELLA 3

x	y
t (h)	s (km)
1/4 = ☐	○ = 25
1/2 = ☐☐	○○ = 50
3/4 = ☐☐☐	○○○ = 75
1 = ☐☐☐☐	○○○○ = 100
...	...

In un moto rettilineo uniforme, se raddoppia il tempo (t) anche lo spazio (s) raddoppia; se, invece, il tempo diventa la metà, allora lo spazio diventa la metà e così via. Questa è un'altra caratteristica delle **grandezze direttamente proporzionali**. Moltiplicando la velocità v per il tempo t si ottiene ogni volta lo spazio percorso:

$$v \cdot t = s \qquad 100 \cdot \frac{1}{4} = 25 \text{ km} \qquad 100 \cdot \frac{1}{2} = 50 \text{ km}$$

Quindi possiamo scrivere:

spazio = **v**elocità · **t**empo

---

ricorda...

Non è sufficiente dire che due grandezze sono direttamente proporzionali quando, all'aumentare dell'una, anche l'altra aumenta. Bisogna precisare che le due grandezze cambiano allo stesso modo, seguendo cioè la stessa legge.

ricorda...

Nel caso in cui, per esempio, un oggetto si muova alla velocità costante di 5 m/s, la sua legge oraria diventa:

$$s = 5 \cdot t$$

Questa è un'altra maniera per esprimere il legame fra il tempo e lo spazio in un moto uniforme e prende il nome di **legge oraria** del moto. Usando i simboli letterali delle grandezze implicate, abbiamo quanto segue.

$$s = v \cdot t$$ ⟨ **legge oraria**

La legge oraria del moto ci consente di conoscere, per qualunque valore di t, la posizione del corpo, cioè s, a patto di conoscerne la velocità.

▸ Formule inverse

Se devi coprire una distanza di 150 km con un'auto alla velocità costante di 50 km/h, sapresti dire quanto tempo impieghi?
La risposta è 3 ore, perché dividendo lo spazio per la velocità, si ha:

$$\frac{150}{50} \frac{\text{km}}{\text{km/h}} = 3 \text{ h}$$

Riconsidera la legge oraria del moto rettilineo uniforme: $s = v \cdot t$.
Come procederesti da questa per ottenere il tempo?

$$s = v \cdot t$$

dividendo ambo i membri per v, che è il termine che moltiplica t, si ottiene

$$\frac{s}{v} = \frac{\cancel{v} \cdot t}{\cancel{v}}$$

e semplificando

$$t = \frac{s}{v}$$

E per ottenere la velocità? Dividendo ambo i membri di $s = v \cdot t$ per il coefficiente di v, che è ...., si trova: $v = $ .... Dalla legge oraria del moto rettilineo uniforme è dunque possibile ricavare le *formule inverse*, che forniscono rispettivamente t e v in funzione delle grandezze rimanenti, come rappresentato a fianco.

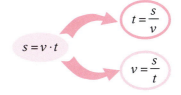

7.5 La pendenza della retta

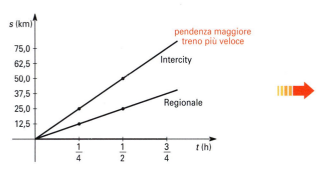

Nel grafico spazio-tempo relativo a un Intercity che va da Bologna ad Ancona aggiungiamo il diagramma del treno Regionale che percorre il medesimo tratto. Osserva le due rette. Quella che rappresenta il moto dell'Intercity, cioè il treno più veloce, ha una maggiore pendenza, è più inclinata dell'altra rispetto all'asse orizzontale.

Desumiamo dal grafico le due velocità. Per $t = \frac{3}{4}$ h avremo:

- Intercity: $\quad v_1 = \dfrac{s_1}{t_1} = \dfrac{75}{\frac{3}{4}} = 100 \dfrac{\text{km}}{\text{h}}$

- Regionale: $\quad v_2 = \dfrac{s_2}{t_2} = \dfrac{37{,}5}{\frac{3}{4}} = 50 \dfrac{\text{km}}{\text{h}}$

È facile concludere che nel moto rettilineo uniforme la pendenza della retta in un grafico spazio-tempo riflette la velocità: a maggiore pendenza corrisponde una maggiore velocità, e viceversa.

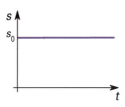
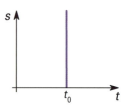

Una retta parallela all'asse x rappresenta un corpo con velocità nulla, dato che al trascorrere del tempo la posizione iniziale s_0 non cambia mai.

Mentre, se la retta fosse verticale, si tratterebbe di un ipotetico moto a velocità... infinita, perché nell'istante t_0 il corpo occuperebbe contemporaneamente tutte le posizioni s.

7.6 La legge oraria nel caso generale

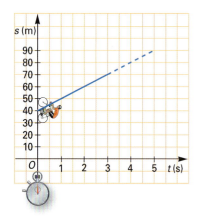

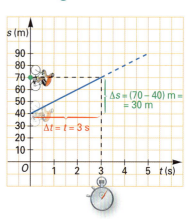

Il grafico rappresenta il moto di un ciclista lungo una pista rettilinea con velocità costante. Il cronometro parte alcuni secondi dopo il suo passaggio dall'origine O.

A quale distanza dall'inizio della pista si trovava il ciclista quando è scattato il cronometro? La risposta si ottiene osservando che per $t_0 = 0$ s sul grafico si ha $s_0 = $ ....

A quale distanza dall'inizio della pista si trova dopo 3 secondi?
In corrispondenza di $t_3 = $ .... si ha $s_3 = $ ....

Qual è il tratto di pista percorso in 3 secondi? Per determinare la distanza effettivamente percorsa nell'intervallo di tempo $\Delta t = t_3 - t_0 = (3 - 0)$ s = 3 s occorre calcolare:

$\Delta s = s_3 - s_0 = (70 - 40)$ m = ... m

Nei casi trattati nei paragrafi precedenti il cronometro scattava nello stesso istante in cui il mezzo passava dall'origine, per cui si aveva $s_0 = 0$ m.
Il caso generale, invece, si ha quando per $t_0 = 0$ s l'intervallo di spazio percorso, cioè s_0, è diverso da 0 m. La definizione di **velocità** pertanto diventa:

$$v = \frac{\Delta s}{\Delta t}$$

velocità (caso generale)

È possibile leggere direttamente questa velocità sul grafico? Il metodo non cambia, rispetto a quello utilizzato per calcolare la pendenza nel caso della retta passante per l'origine.
Puoi verificare agevolmente che:

$$v = \frac{\Delta s}{\Delta t} = \frac{s_3 - s_0}{t_3 - t_0} = \frac{\cdots}{\cdots} = 10 \text{ m/s}$$

Rimane da generalizzare la legge oraria $s = v \cdot t$, valida solo se $s_0 = 0$, a questo caso generale.
Dato che ora deve essere $s = s_0$ quando $t = 0$, si trova facilmente la **legge oraria del moto rettilineo uniforme nel caso generale**.

$$s = v \cdot t + s_0$$

legge oraria (caso generale)

Pertanto, nel caso specifico del moto del ciclista rappresentato nella figura, essendo $v = 10$ m/s e $s_0 = 40$ m, la sua legge oraria risulterà:

$s = 10 \cdot t + 40$

riferita alle unità di misura del SI.

ricorda...
Non confondere la posizione (s) con lo spazio percorso ($\Delta s = s - s_0$).

7.7 Spostamento e velocità come vettori

Per quanto riguarda lo spostamento, abbiamo già evidenziato nell'Unità 4 che, se pure indichiamo il punto da cui partiamo e quanta strada percorriamo, così facendo non diamo nessuna informazione sul luogo nel quale arriviamo: è necessario quindi fornire anche la direzione e, su questa, il verso nel quale ci muoviamo. In termini vettoriali lo spostamento è rappresentato con $\Delta \vec{s}$.

Oltre allo spostamento, anche la velocità è una grandezza vettoriale, caratterizzata cioè da *modulo* (o *intensità*), *direzione* e *verso*.

L'ipotesi fatta in questa Unità che la traiettoria del moto sia sempre rettilinea, fa sì che della velocità si debba precisare unicamente se è costante oppure no.
Nell'esperienza quotidiana situazioni di questo tipo si verificano raramente o comunque per tratti più o meno lunghi. Allarghiamo allora le possibilità.

Se decidi di raccontare ai tuoi amici di essere partito in automobile da Bologna alla velocità costante di 60 km/h, che cosa possono sapere realmente del tuo tragitto? Prima di tutto non è chiaro quale strada hai scelto; inoltre, anche precisando di avere scelto la strada *A*, ciò non fa capire se ti sei diretto verso Padova o verso Firenze. Per fornire un'informazione completa occorre, quindi, specificare la direzione, cioè la retta lungo la quale ti sei mosso, e anche il verso (per esempio, da Bologna a Firenze).

In altri termini, la **velocità** $\vec{v}$ è una **grandezza vettoriale** perché occorrono tre elementi per poterla individuare in modo completo:

- *modulo* o *intensità* (indicato con v): è il valore numerico espresso in una prestabilita unità di misura (m/s nel SI) che nel nostro caso è 60 km/h;
- *direzione*: la retta in cui giace il vettore, che per noi è la retta Bologna-Firenze;
- *verso*: uno dei due sensi possibili sulla retta orientata, che in figura è individuato dalla freccia all'estremità del segmento.

Il **vettore velocità** sarà pertanto definito come segue:

$$\vec{v} = \frac{\Delta \vec{s}}{\Delta t}$$

> vettore velocità

La sua direzione e il suo verso coincidono con quelli del vettore spostamento $\Delta \vec{s}$.

idee e personaggi

Aristotele e il moto

Tra i pensatori dell'antichità, forse nessuno più di Aristotele (384 a.C.-322 a.C.) ha goduto per secoli e secoli di tanto prestigio. Fu un grande filosofo greco, pensatore eclettico e uomo di enorme cultura. Figlio del medico personale del re di Macedonia, Aristotele si trasferì ad Atene a diciassette anni, ed entrò nella famosa Accademia, fondata da Platone una ventina di anni prima, per studiare matematica e astronomia, oltre alla filosofia. Nel tempo, i suoi interessi si allargarono alla geometria, alla fisica e alla zoologia, ma anche alla politica e alla retorica.

Pagina della Fisica di Aristotele commentata da Averroè, da un libro del XV secolo (Padova, Biblioteca Civica).

GLI STUDI E L'OPERA

L'opera di Aristotele a noi pervenuta è molto ampia e comprende otto volumi dedicati alla fisica, in buona parte incentrati sullo studio del movimento, o *mutamento*, e dei concetti di *infinito*, *luogo*, *tempo*, *continuo*. Secondo il filosofo, l'Universo è il risultato di un disegno prestabilito, che tende alla perfezione: «Ogni cosa in natura è fatta per un fine». Nel mondo cosiddetto sublunare esistono quattro elementi (Terra e Acqua, pesanti; Aria e Fuoco, leggeri). Un quinto elemento, l'etere, è proprio del mondo celeste ed è inalterabile. La natura di ogni corpo è determinata dalla miscela dei quattro elementi che lo compongono; in funzione della sua natura, al corpo compete un luogo naturale in cui si mantiene in quiete, se non intervengono cause esterne. Viceversa, ogni corpo si muove con il fine di riunirsi all'elemento dal quale è composto in maggioranza. Per esempio, secondo la fisica aristotelica, una pietra cade verso il basso poiché l'elemento Terra, che in essa è predominante, è portato a tornare al suo luogo naturale, ovvero al di sotto degli altri tre: è questa l'origine del *moto naturale*. Nel moto naturale, un oggetto mantiene sempre una velocità (v) di caduta costante, determinata dal peso (p) dell'oggetto; quest'ultimo è a sua volta determinato dall'elemento maggiormente presente in esso. La velocità è inoltre inversamente proporzionale alla resistenza (r) del mezzo. Scrive Aristotele: «Il movimento sarà tanto più veloce quanto il mezzo sarà più incorporeo, meno resistente e più facilmente divisibile». In formula, potremmo

sintetizzare il concetto con un'equazione di proporzionalità: $v \propto p/r$ (dove $\propto$ si legge: «è proporzionale a»).
Oltre al moto naturale, per Aristotele esiste un altro tipo di movimento, il *moto violento*. La sua causa è un «motore esterno», che deve essere necessariamente in contatto con il mobile. Eliminata la causa, naturale o violenta, il moto cesserà.
Come abbiamo già visto nella scheda *Idee e personaggi* dell'Unità 6, Aristotele negò fermamente l'esistenza del vuoto: infatti, nella sua visione del movimento, il vuoto renderebbe impossibile tanto il moto naturale quanto quello violento. Aristotele immaginò che nel moto naturale, senza la resistenza offerta dal mezzo, la velocità di un corpo avrebbe toccato valori infiniti e quindi il corpo avrebbe potuto compiere spostamenti in tempi nulli, ovvero istantaneamente. D'altra parte, nel caso del moto violento, il vuoto, non essendo un mezzo, non può ricevere o trasmettere il movimento; pertanto un moto violento nel vuoto equivarrebbe a un moto senza motore, concetto assurdo tanto quanto quello di un moto naturale con velocità infinita. È interessante osservare come le idee sul moto di Aristotele, che alla luce della fisica galileiana e newtoniana sono oggi completamente superate, sarebbero pienamente condivisibili da qualunque persona digiuna di fisica: si basano infatti molto più sul ragionamento logico che sull'effettiva e approfondita osservazione dei fenomeni.

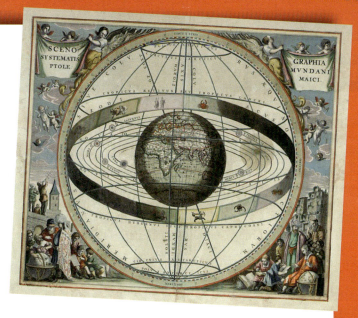

LA FORTUNA DI ARISTOTELE NEI SECOLI

La fisica aristotelica dominò il panorama scientifico per numerosi secoli. Nel Medioevo fu riscoperta e approfondita dai filosofi dell'epoca, che la consideravano addirittura una verità intoccabile. Aristotele godeva di tale prestigio da essere considerato un pensatore infallibile, al punto che le sue conclusioni furono assunte come veri e propri dogmi. La frase *Ipse dixit*, «lui l'ha detto», bastava a tacitare qualsiasi dubbio e a concludere ogni eventuale discussione. La scienza moderna nascerà solo nel XVI secolo quando questo atteggiamento, detto *aristotelismo*, fu superato e si comprese l'importanza di sottoporre qualunque affermazione concernente la realtà a una revisione critica basata sull'esperienza.

IN SINTESI

- *Essere in movimento* significa cambiare la propria posizione nel tempo rispetto a un determinato sistema di riferimento. Il **sistema di riferimento** è costituito abitualmente da tre assi tra loro disposti perpendicolarmente e detti *assi cartesiani* (sistema di riferimento tridimensionale). Nel caso in cui un oggetto possa occupare posizioni diverse solo su una retta, come sistema di riferimento basta un asse sul quale sia fissata un'origine.

- La **traiettoria** è la successione delle posizioni occupate dal corpo durante il proprio moto.

- La **velocità** è definita come il rapporto tra lo spazio percorso da un corpo e il tempo impiegato a percorrere quello spazio. In formula:

$$v = \frac{s}{t}$$

  Nel SI la velocità si misura in m/s (si legge «metri al secondo»).

- Un **moto** è **rettilineo** se il corpo percorre una traiettoria che giace su una retta, ed è **uniforme** se la sua velocità è costante. Quindi, in un moto rettilineo uniforme il rapporto tra lo spazio percorso e il tempo impiegato a percorrerlo è costante e tale costante è la velocità.

- Tempo e spazio in un moto uniforme sono grandezze *direttamente proporzionali*. Pertanto, il diagramma spazio-tempo di un moto rettilineo uniforme è una retta, in cui il tempo costituisce la *variabile indipendente* (x) e lo spazio la *variabile dipendente* (y). Alla maggiore pendenza della retta in un grafico spazio-tempo corrisponde una velocità più grande. Se il grafico è una retta parallela all'asse x, il corpo è fermo.

- La **legge oraria del moto uniforme** (con $t_0 = 0$ e $s_0 = 0$) è:

$$s = v \cdot t$$

  Dalla legge oraria del moto uniforme possiamo ricavare le formule inverse:

$$t = \frac{s}{v} \quad e \quad v = \frac{s}{t}$$

- L'equazione oraria del moto uniforme nel caso generale è:

$$s = v \cdot t + s_0$$

  dove s_0 è la distanza percorsa al tempo $t_0 = 0$ (l'equazione si riduce a $s = v \cdot t$ se $s_0 = 0$). Nell'intervallo di tempo Δt viene percorsa la distanza Δs e quindi nel caso generale la velocità è:

$$v = \frac{\Delta s}{\Delta t}$$

- La velocità è una grandezza di tipo *vettoriale*; si indica con il simbolo v e per individuarla occorrono:
  – *modulo* o *intensità* (v);
  – *direzione*, cioè la retta su cui giace il vettore;
  – *verso* (uno dei due versi possibili sulla retta orientata).

- Il **vettore velocità** è pertanto definito come:

$$\vec{v} = \frac{\Delta \vec{s}}{\Delta t}$$

  La sua direzione e il suo verso coincidono con quelli dello spostamento $\Delta \vec{s}$.

SCIENTIFIC ENGLISH

Uniform Linear Motion

- *Motion* is a change in position of an object in time with respect to a given frame of reference. A **frame of reference** is generally made up of three axes perpendicular to one another, known as *Cartesian axes* (three-dimensional frame of reference). For objects that can only move along straight-line paths, the frame of reference can simply be one axis on which there is a fixed origin.
- The **path** is the succession of positions occupied by the body during its motion.
- **Velocity** is defined as the ratio of the distance travelled by a moving object to the time it takes to cover that distance. The formula is:

$$v = \frac{s}{t}$$

The SI unit for velocity is m/s (metres per second).

- **Linear motion** is when an object moves in a straight line, and it is **uniform** if the object moves at a constant speed. Thus, in a uniform linear motion the ratio of the distance covered to the time taken is constant and that constant is the velocity.
- In uniform motion, time and space are *directly proportional* quantities. Hence, in a space-time diagram, a uniform linear motion is represented as a straight line, in which time is the *independent variable* (x) and space is the *dependent variable* (y). The steeper the gradient of the straight line on a space-time graph, the greater the velocity. If the line is parallel to the x axis, the object is stationary.

- The **space-time law of uniform motion** (with $t_0 = 0$ and $s_0 = 0$) is:

$$s = v \cdot t$$

From the space-time law of uniform motion we can derive the inverse laws:

$$t = \frac{s}{v} \quad \text{and} \quad v = \frac{s}{t}$$

- The general space-time equation for uniform motion is:

$$s = v \cdot t + s_0$$

where s_0 is the distance travelled in time $t_0 = 0$ (the equation is reduced to $s = v \cdot t$ if $s_0 = 0$). In the time interval Δt the distance travelled is Δs and so, for the general case, the velocity is:

$$v = \frac{\Delta s}{\Delta t}$$

- Velocity is a *vector* quantity; it is denoted by the letter v and must be specified by the following information:
  - *magnitude* or *intensity* (v);
  - *direction*, i.e. the straight line on which the vector lies;
  - *sense* (one of the two possible senses along the straight line).
- The **velocity vector** is thus defined as:

$$\vec{v} = \frac{\Delta \vec{s}}{\Delta t}$$

Its direction and sense are the same as those of the displacement $\Delta \vec{s}$.

strumenti per SVILUPPARE le COMPETENZE

VERIFICHIAMO LE CONOSCENZE

Vero-falso

	V	F
1 «La Terra si muove» è un'affermazione fisicamente corretta.	☐	☐
2 Gianni è più veloce di Matteo se percorre lo stesso spazio in più tempo.	☐	☐
3 18 m/s è una velocità superiore a 18 km/h.	☐	☐
4 In un grafico spazio-tempo la retta rappresenta la traiettoria del moto.	☐	☐
5 Numero di maglioni uguali acquistati e cifra totale pagata sono grandezze direttamente proporzionali.	☐	☐
6 Se la legge oraria di un moto è $s = 3\,t$ significa che lo spazio è maggiore del tempo.	☐	☐

In relazione al grafico, rispondi ai quesiti 7, 8, 9 e 10.

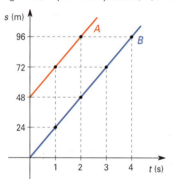

	V	F
7 Si può leggere la velocità di B ma non quella di A.	☐	☐
8 B è più veloce di A.	☐	☐
9 A è più veloce di B.	☐	☐
10 La legge oraria del moto di B è $s = 24 \cdot t + 48$.	☐	☐

Test a scelta multipla

1 Se in una stazione sei fermo rispetto alla Terra e stai salutando un'amica seduta nello scompartimento di un treno in movimento rispetto alla Terra, quale delle seguenti affermazioni è esatta?
- **A** La tua amica è in moto
- **B** La tua amica è ferma
- **C** Tu sei fermo
- **D** Tu sei in moto rispetto al treno

2 Se A viaggia a 36 km/h e B a 12 m/s, possiamo dire che:
- **A** A è più veloce di B
- **B** B è più veloce di A
- **C** A e B possiedono la stessa velocità
- **D** la velocità di A non è confrontabile con quella di B

3 Con riferimento al grafico qui sotto, quale delle seguenti deduzioni è errata?

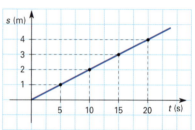

- **A** Il corpo è fermo
- **B** La velocità è costante
- **C** Il tempo t e lo spazio s sono direttamente proporzionali
- **D** Il rapporto s/t è costante

4 Per trasformare i m/s in km/h bisogna:
- **A** moltiplicare per 1000
- **B** dividere per 3600
- **C** moltiplicare per 3,6
- **D** dividere per 10

5 Un pedone percorre 50 m in 20 s. La sua velocità vale:
- **A** $v = 50 \cdot 20 = 1000$ km/h
- **B** $v = 50/20 = 2,5$ m/s
- **C** $v = 50 + 20 = 70$ m/s
- **D** $v = 20/50 = 0,4$ s/m

6 È data la formula $Z = M \cdot N$ con M costante. Quale delle seguenti affermazioni è falsa?
- **A** Z ed N sono direttamente proporzionali
- **B** Il rapporto tra Z ed N è costante
- **C** Il rapporto tra N e Z è costante
- **D** Z ed N sono inversamente proporzionali

7 Da quale delle seguenti affermazioni non è possibile dedurre che x e y sono grandezze direttamente proporzionali?
- **A** Il grafico in un sistema di assi cartesiani è una retta passante per l'origine
- **B** Il rapporto y/x è costante
- **C** Se x quadruplica, anche y quadruplica
- **D** All'aumentare della variabile x, aumenta anche la variabile y

8 In relazione al grafico spazio-tempo di un moto rettilineo uniforme non è corretto affermare che:
  A si può ricavare la velocità
  B si può dedurre la direzione della traiettoria
  C per un determinato valore t del tempo si può trovare il corrispondente valore s dello spazio
  D si può individuare la posizione iniziale

9 Dopo aver esaminato il grafico spazio-tempo rappresentato sotto, è possibile affermare che:
  A il corpo è fermo
  B il corpo si sta allontanando dall'origine
  C la velocità non è costante
  D la traiettoria è una curva

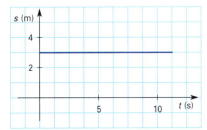

10 Dal grafico spazio-tempo rappresentato sotto, quale fra le seguenti deduzioni è errata?
  A Nel tratto OA la velocità è di 3 m/s
  B La velocità è la stessa mentre il corpo percorre i tratti OA e BC
  C Durante tutto il moto la velocità è costante
  D Nell'intervallo di tempo da $t = 1$ s a $t = 4$ s il corpo è fermo

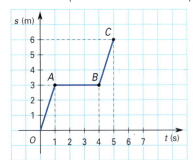

VERIFICHIAMO LE ABILITÀ

Esercizi

7.1 La velocità

1 In una piscina Marco sta nuotando, il suo amico Luca si limita a galleggiare e l'allenatore corre lungo il bordo.
  a) Marco e Luca sono fermi rispetto al pavimento della piscina?
  b) L'allenatore è fermo o in movimento rispetto a Marco?
  c) Descrivi la situazione in un sistema di riferimento solidale con Luca e poi ripeti la descrizione in un sistema di riferimento solidale con Marco.

2 In una metropolitana un nastro trasportatore si muove con velocità di 2 m/s rispetto al suolo. Sara è ferma sul tappeto mobile, mentre la sua amica Lucia, che non è voluta salire sul tappeto, cammina sul pavimento accanto a lei con velocità di 2 m/s rispetto al suolo.
Un poliziotto, fermo nella sua postazione, osserva da lontano la scena.
  a) Sara e Lucia sono ferme rispetto al suolo?
  b) Sara e Lucia sono ferme rispetto al nastro trasportatore?
  c) Il poliziotto è in movimento rispetto a Sara?
  d) Lucia è ferma o è in movimento rispetto a Sara?

3 Individua esempi di moto la cui traiettoria sia:
  a) una circonferenza ....
  b) una spezzata ....
  c) una curva qualsiasi ....
  d) una retta ....

4 Andrea percorre la distanza casa-scuola (3 km) nello stesso tempo in cui suo padre raggiunge l'ufficio (2400 m).
  a) Hanno la stessa velocità?
  b) Per fare in modo che abbiano la stessa velocità, chi dovrebbe ridurre il tempo di percorrenza?

5 La tabella che segue rappresenta il moto di un'automobile.

t (min)	5	15	30	45	60
s (km)	7,5	22,5	45		

  a) La velocità è costante?
  b) Se la risposta è affermativa completa la tabella.
  c) È corretto affermare che la traiettoria dell'automobile è certamente una retta?

6 Un'auto percorre con moto uniforme un tratto di strada rettilinea di 5 km impiegando 10 min.
Determina la sua velocità in m/s.

Per lo svolgimento dell'esercizio, completa il percorso guidato, inserendo gli elementi mancanti dove compaiono i puntini.

1 I dati sono: ....
2 Trasforma lo spazio in m e il tempo in s: ....
3 La formula da usare, dato che è richiesta la velocità, è:
  $v = $ ....
4 Sostituisci nella formula i dati, trovando perciò:
  $v = $ ....
  [8,3 m/s]

7 Trasforma in m/s le seguenti velocità:
  a) 108 km/h = ...
  b) 27 km/h = ...
  c) 65 km/h = ...

SUGGERIMENTO Puoi riguardare l'Esempio svolto all'interno dell'Unità.
  [a) 30 m/s; ...]

8 Trasforma in km/h le seguenti velocità:
 a) 40 m/s = ...
 b) 76,5 m/s = ...
 c) 15 m/s = ...
 [a) 144 km/h; ...]

9 Un atleta percorre 10 km in 35 min. Supponendo costante la velocità durante la corsa, calcolane il valore.
[4,8 m/s]

10 Mentre il pattinatore sui roller si sta muovendo vengono scattate, a partire dall'istante iniziale $t = 0$ s, tre foto, una ogni 0,45 secondi.
 a) Si può dire che il moto sia rettilineo uniforme?
 b) Determina la velocità del pattinatore nel caso in cui il primo tratto (in giallo) sia di 1,60 m.

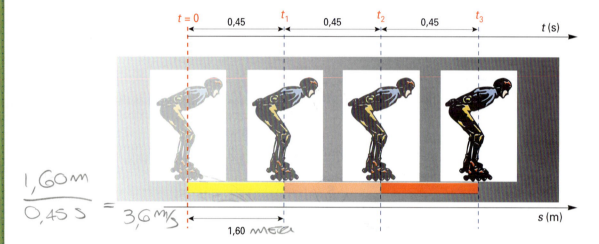

[a) sì, perché...; b) 3,6 m/s]

11 Le fotografie sono state scattate in tutti e tre i casi ogni 0,60 s.
 a) Individua motivando la risposta, quale di questi casi è relativo a un moto rettilineo uniforme.
 b) Calcola la velocità (sia in m/s sia in km/h) dell'auto che si muove con velocità costante lungo tutto il percorso.

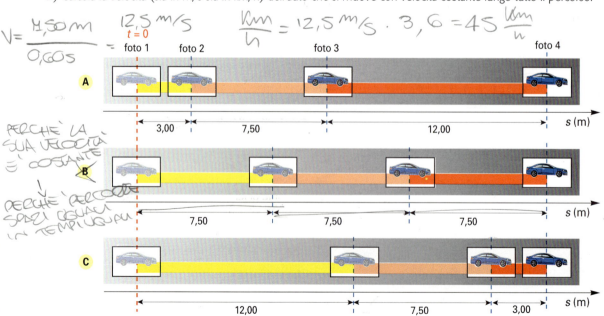

[a) B, perché...; b) 12,5 m/s, 45 km/h]

12 Le due auto si muovono a velocità costante. Le foto dell'auto A sono state scattate ogni 1,10 s, mentre quelle dell'auto B ogni 1,50 s.
a) Determina la velocità delle due auto, stabilendo quale delle due va più veloce.
b) Se le due auto partono insieme, dove si trova l'auto A quando l'auto B ha percorso 54,0 m?

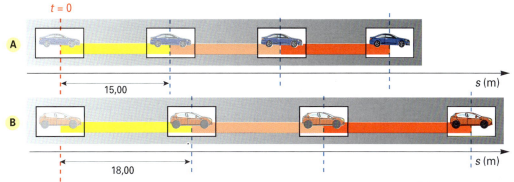

[a) 13,6 m/s, 12,0 m/s; b) 61,2 m]

13 Le due auto si muovono a velocità costante. Le foto dell'auto A sono state scattate ogni 1,85 s, mentre quelle dell'auto B ogni 3,50 s.
a) Stabilisci in modo qualitativo (cioè senza usare la calcolatrice) quale delle due auto procede con la velocità maggiore.
b) Se i tratti uguali dell'automobile A sono di 10,0 m, calcola la velocità dei due mezzi in km/h.

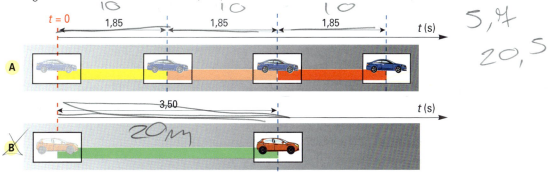

[a) B...; b) 19,5 km/h, 20,6 km/h]

14 L'auto si muove a velocità costante. Nella posizione iniziale il tempo è $t = 0$ s. Il tratto in giallo viene percorso in 3,20 s ed è lungo 44,8 m.
a) Individua, senza effettuare calcoli, la posizione – A oppure B – dell'auto all'istante di tempo 6,40 s.
b) Calcola la velocità dell'automobile e trova il tempo che impiega per arrivare in B a partire dalla posizione occupata all'istante 3,20 s.

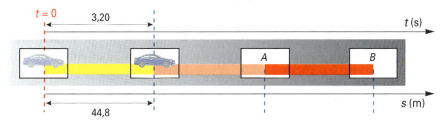

[b) 50,4 km/h, 6,40 s]

15 La velocità dell'automobile è costante e nella posizione iniziale il tempo è $t = 0$ s. Il tratto in giallo viene percorso in 5,20 s e ha una lunghezza di 60 m.
a) Individua tra quelle indicate con A, B, C e D la posizione dell'auto all'istante di tempo 13,0 s e la distanza totale percorsa.
b) Calcola la velocità dell'automobile e trova il tempo che impiega per arrivare da A a D.

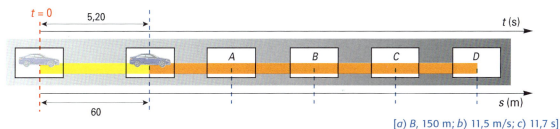

[a) B, 150 m; b) 11,5 m/s; c) 11,7 s]

16 Durante il movimento dell'auto tutte le foto sono state scattate a intervalli uguali di 0,95 s. Individua la sequenza di tratti in cui il mezzo sta procedendo a velocità costante. Se la lunghezza complessiva del percorso effettuato con moto rettilineo uniforme è di 21 m, calcola la velocità in quel tratto.

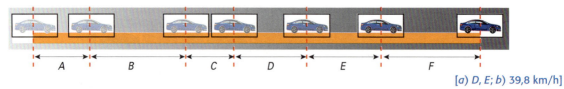

[a) D, E; b) 39,8 km/h]

17 L'automobile procede a velocità costante. La posizione C è stata rilevata dopo 2,50 s. L'intero percorso ha una lunghezza di 90 m. Determina la velocità dell'auto e gli istanti di tempo corrispondenti alle posizioni B e D.

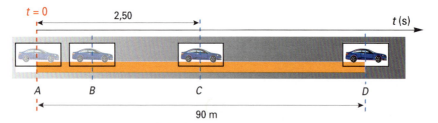

[18 m/s; 0,83 s; 5,00 s]

18 Il primo tratto del percorso ha una lunghezza di 63 m ed è coperto dall'automobile alla velocità costante di 40,5 km/h. Sapendo che il mezzo si muove a velocità costante su tutto il tragitto, dopo quale intervallo di tempo dallo scatto precedente vengono effettuate le foto in C e D?

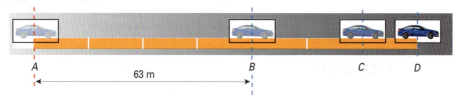

[2,80 s; 1,40 s]

19 Il primo tratto di 5 m è percorso dal pallone alla velocità di 7,2 km/h. Quanto tempo il pallone impiega a percorrere ciascun tratto, sapendo che si tratta di un moto rettilineo uniforme?

[2,5 s; 1,5 s; 1,0 s; 0,25 s]

20 I fermo-immagine del pallone sono effettuati ogni 0,38 s. Sapendo che la sua velocità nei tratti in cui si sposta di moto rettilineo uniforme è pari a 4,5 km/h, calcola la lunghezza della parte in cui il pallone si sposta a velocità costante.

[1,9 m]

21 L'automobile viaggia a velocità costante pari a 63 km/h. Se la terza foto è rilevata dopo 24 s, individua istante e posizione di ciascuna rilevazione.

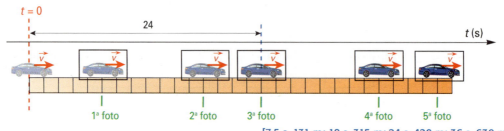

[7,5 s, 131 m; 18 s, 315 m; 24 s, 420 m; 36 s, 630 m; 42 s, 735 m]

22 While on vacation, Mary and John travelled a total distance of 570 km; their trip took 6 hours.
What was their average speed? Express the result both in km/h and in m/s.

[95 km/h; 26.4 m/s]

7.2 Il grafico del moto rettilineo uniforme

23 Osserva il seguente grafico.

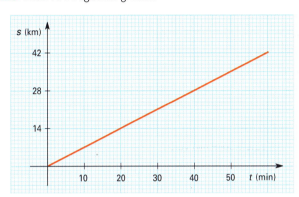

Individua le affermazioni esatte.
a) In 30 minuti sono stati percorsi 42 km.
b) La traiettoria è sicuramente una retta.
c) Viene raggiunta la distanza di 35 km in 50 minuti.
d) In 15 minuti si sono percorsi 21 km.

24 Ricava dalla tabella il relativo diagramma cartesiano.

x	2	4	6	8	...
y	25	50	75	100	...

Per lo svolgimento dell'esercizio, completa il percorso guidato.
1 Traccia due assi perpendicolari, chiamando x l'asse orizzontale e y quello verticale.
2 Riporta sui due assi le corrispondenti scale. (Per esempio, puoi scegliere pari a 1 l'unità del quadretto sulle x e pari a 5 o a 10 l'unità del quadretto sulle y.)
3 Riporta sul piano cartesiano i punti corrispondenti alle quattro coppie indicate: (2, 25), (4, 50) ecc.
4 Collega i punti con una linea retta.

25 Ricava dalla tabella il relativo diagramma cartesiano.

x	0,1	0,2	0,5	1	1,2
y	3	6	15	30	36

26 Ricava dalla tabella il relativo diagramma cartesiano.

x	5	10	20	40	...
y	0,5	1	2	4	...

27 In base al grafico, completa le caselle vuote della tabella a esso corrispondente.

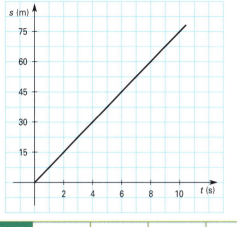

t (s)	2	6	...	...
s (m)	...	...	60	75

SUGGERIMENTO Individua sulla retta il punto relativo a una determinata coordinata, mandando la parallela a seconda dei casi a uno dei due assi, e quindi trova l'altra coordinata di quello stesso punto...

28 In base al grafico, completa le caselle vuote della tabella a esso corrispondente.

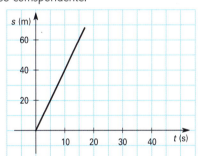

t (s)	5	...	...	15
s (m)	...	30	40	...

29 In base al grafico, completa le caselle vuote della tabella a esso corrispondente.

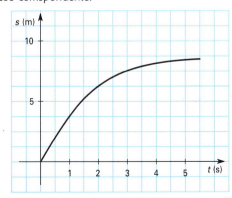

t (s)	1	2	...
s (m)	...	...	7,5

176 MODULO 3 Le forze e il moto

30 An object is moving at a constant speed. Complete the following table, and then plot a graph of the covered distance against time.

time (s)	distance (m)
0	0
2	...
4	20
...	30
...	40

7.4 La legge oraria del moto rettilineo uniforme

31 Rappresenta graficamente un moto rettilineo uniforme sapendo che, utilizzando il SI, la sua legge oraria è $s = 3\,t$ e spiega che cosa rappresenta 3.

VELOCITÀ

32 La legge oraria di un moto rettilineo uniforme è $s = 4,5\,t$ (s in metri, t in secondi).
a) Rappresentala graficamente.
b) Qual è la velocità del corpo?
c) Qual è lo spazio percorso al tempo $t_0 = 0$ s?
d) Qual è lo spazio percorso al tempo $t = 5$ s?
e) Dopo quanto tempo avrà percorso 27 m?

[*d*) 22,5 m; *e*) 6 s]

33 Un ciclista si muove alla velocità di 12 m/s.
a) Scrivi la sua legge oraria.
b) Qual è lo spazio percorso al tempo $t = 9$ s?
c) Quanto tempo è necessario per percorrere 144 m?

[*b*) 108 m; *c*) 12 s]

34 Un'automobile si muove a 80 km/h.
a) Scrivi la sua legge oraria.
b) Rappresentala graficamente.
c) Qual è lo spazio percorso al tempo $t = 30$ min?
d) Dopo quanto tempo avrà percorso 240 km?

[*c*) 40 km; *d*) 3 h]

35 Dopo aver riconosciuto quale fra le due tabelle rappresenta l'andamento di grandezze direttamente proporzionali, scrivine la relativa equazione.

Tabella A

s (m)	1	4	9	16	...
t (s)	1	2	3	4	...

Tabella B

s (m)	25	50	75	100	...
t (s)	2	4	6	8	...

Per lo svolgimento dell'esercizio, completa il percorso guidato, inserendo gli elementi mancanti dove compaiono i puntini.

1 Verifica in quale tabella al raddoppiare, triplicare e quadruplicare di *t*, fa la stessa cosa *s*: tabella ....

2 Rileva un valore di *t* e quello corrispondente di *s*:
$t = $ ....; $s = $ ....

3 Calcola la velocità *v* con la nota formula:
$v = $ ....

4 Sostituisci nella formula i dati, trovando perciò:
$v = $ .... = ...

5 Scrivi la legge oraria del moto rettilineo uniforme, riportando in luogo di *v* il suo valore e lasciando indicate le altre due grandezze: $s = $ .... $\cdot\, t$

[$s = 12,5 \cdot t$]

36 Scrivi la legge oraria del moto rettilineo uniforme relativamente alla tabella qui riportata.

s (m)	2	4	6	8	...
t (s)	5	10	15	20	...

[$s = 0,4 \cdot t$]

37 Scrivi la legge oraria del moto rettilineo uniforme relativamente alla tabella qui riportata.

s (m)	3	6	9	12	...
t (s)	150	300	450	600	...

[$s = 0,02 \cdot t$]

38 Scrivi la legge oraria del moto rettilineo uniforme relativamente alla tabella qui riportata.

s (m)	15	60	135	240	...
t (s)	3	12	27	48	...

[$s = 5 \cdot t$]

39 Un treno si muove alla velocità costante di 72 km/h. Quanti metri percorre in 16 minuti?

Per lo svolgimento dell'esercizio, completa il percorso guidato, inserendo gli elementi mancanti dove compaiono i puntini.

1 I dati sono: ....

2 Le unità di misura sono coerenti con quelle del SI?
....

3 In caso di risposta negativa, esegui le equivalenze necessarie: ....

4 La formula da usare, dato che ti viene richiesto lo spazio percorso in un moto uniforme, è:
$s = $ ....

5 Sostituisci nella formula i dati, trovando perciò:
$s = $ .... = ...

[$19,2 \cdot 10^3$ m]

40 Un atleta si muove alla velocità di 8,1 m/s. Quale tratto di pista percorre in 6 minuti?
[2916 m]

41 Un'automobile percorre 144 km in 1 h e 20 minuti. Determina la velocità in km/h e m/s.

SUGGERIMENTO Ti conviene trasformare dapprima il tempo in secondi e, quindi, risalire dalla v espressa in m/s al suo valore in km/h...
[30 m/s; 108 km/h]

42 Nel percorso da casa a scuola, che è di 5 km, Luca impiega con il motorino 9 minuti e 22 secondi. Calcola la sua velocità, immaginando che resti costante nel tragitto.
[32 km/h]

43 Un ciclista percorre la distanza di 50 km fra Brescia e Bergamo alla velocità costante di 6,25 m/s. Trova il tempo impiegato dal ciclista per andare da una città all'altra.

SUGGERIMENTO Devi utilizzare la formula inversa per trovare...
[2 h 13 min 20 s]

44 Un'automobile va da Rimini a Bologna, distanti 112 km, alla velocità costante di 128 km/h. Determina il tempo impiegato dall'auto per andare da una città all'altra.
[52 min 30 s]

45 Un camion parte da Pescara e si muove lungo l'autostrada a velocità costante. Dopo 42 minuti si trova a 63 km dal punto in cui ha iniziato il viaggio. Scrivi la legge oraria del moto nelle unità del SI e calcola a quale distanza da Pescara si trova dopo 1 h 15 min e 36 s.
[$s = 25 \cdot t$; 113,4 km]

46 A cross-country runner covers a distance of 6 m every second. How many km will he cover in 20 minutes?
[7.2 km]

47 A truck is moving on the motorway at a constant speed of 80 km/h.
a) Calculate the time required to cover the distance between Turin and Novara, i.e., 96 km.
b) How many km will it cover in 4 hours? And in 30 minutes?
[a) 1 h 12 min; b) 320 km; 40 km]

7.5 La pendenza della retta

48 Considera la seguente tabella.

t (s)	3	6	9	12
s (m)	15	30	45	60
v (m/s)	...	...	...	...

a) Calcola la velocità mediante la formula $v = ...$
b) Rappresenta graficamente il moto.
c) Ricava dal grafico la pendenza della retta.
d) Quale relazione c'è fra pendenza e velocità?
e) Aggiungi il grafico relativo a un moto con velocità minore.

49 Osserva il seguente grafico.

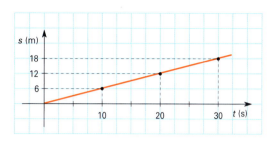

a) Ricava dal grafico la velocità.
b) Scrivi la legge oraria.
c) Dopo quanto tempo avrà percorso 21 m?
d) Aggiungi il grafico relativo a un moto con velocità maggiore.
[c) 35 s]

50 Osserva il seguente grafico: quale retta, e per quale motivo, rappresenta il moto con velocità più elevata? Determina quindi le velocità dei due moti rappresentati.

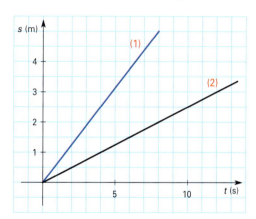

SUGGERIMENTO Dato che le rette passano per l'origine, è indifferente calcolare la velocità come s/t oppure $\Delta s/\Delta s$...
[0,625 m/s; 0,25 m/s]

51 Trova il valore delle velocità dei moti relativi alle rette tracciate nella figura riportata qui sotto.

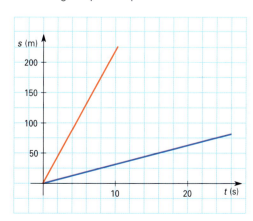

[22 m/s; 3,1 m/s]

52 Osserva il grafico qui sotto, relativo a un immaginario viaggio. Inserisci le risposte dove appaiono i puntini.

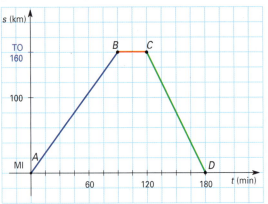

- Da *A* a *B* l'automobile si sta allontanando da Milano e avvicinando a Torino. La sua velocità è ....
....
- Da *B* a *C* l'automobile è ....
....
  Quindi la sua velocità è ....
....
- Da *C* a *D* l'automobile si sta ....
  da Torino e si sta .... a ....
  La sua velocità è ....
....
- In *A* e *D* l'automobile si trova nella città di ....
....
- In *B* e *C* l'automobile si trova nella città di ....
....

53 The graph represents two joggers, *A* and *B*, who are each jogging at a constant speed.
a) Which jogger is going faster?
b) From the graph, calculate the speeds of the two joggers (in km/h).

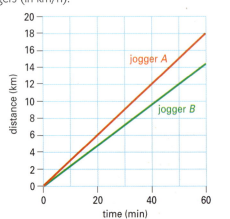

[*A*: 18 km/h; *B*: 14.4 km/h]

7.6 La legge oraria nel caso generale

54 L'equazione $s = 7{,}5\, t + 25$ rappresenta il moto rettilineo uniforme di un corpo. Il tempo *t* è espresso in secondi e lo spazio in metri.
a) Che cosa rappresenta 7,5? VELOCITÀ
b) Che cosa rappresenta 25? SO = SPAZIO PERCORSO AL TEMPO 0
c) Traccia il grafico del moto.
d) A quale distanza dall'origine si trova il corpo per $t = 12$ s?
[115 m]

55 La legge oraria di un moto rettilineo uniforme è $s = 8\, t + 4$ (tempo in secondi, spazio in metri).
Dove appaiono i puntini inserisci le tue risposte.

a) La velocità è .... m/s, lo spazio iniziale percorso è .... m.
b) A quale distanza dall'origine si trova il corpo per $t = 0$ s?
c) A quale distanza dall'origine si trova il corpo per $t = 5$ s?
d) Dopo quanto tempo avrà percorso 100 m?
e) Rappresenta graficamente il moto.
f) Calcola sul grafico la velocità, utilizzando due punti presi a piacere.
[*c*) 44 m; *d*) 12 s]

56 Rappresenta graficamente la legge oraria $s = 2\, t + 3$.

57 Osserva il seguente grafico che rappresenta un moto rettilineo uniforme con s_0 diverso da 0.

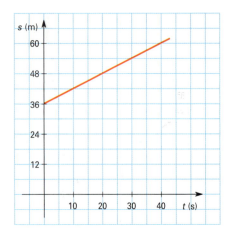

a) Calcola la velocità.
b) Scrivi la legge oraria del moto.
c) A quale distanza dall'origine si trova il corpo per $t = 0$ s?
d) A quale distanza dall'origine si trova il corpo per $t = 15$ s?
e) Dopo quanto tempo avrà percorso 105 m?
f) Quanto spazio è stato percorso fra $t_1 = 15$ s e $t_2 = 40$ s?
[*a*) 0,6 m/s; *e*) 115 s]

58 Osserva l'estratto dell'orario ferroviario riportato nella pagina seguente e considera il moto del treno Intercity da Albenga a Savona, nell'ipotesi che la velocità sia costante.

Tenuto conto che il moto è cominciato da Ventimiglia alle 10:59 e che la distanza tra Albenga e Savona è di 41 km, calcola la velocità in tale tratto.

Da:	Ventimiglia	10:59
A:	Savona	12:30
Durata:	01:31	
Intercity:	745	

km	Stazione	Ora arrivo
–	Ventimiglia	
5	Bordighera	11:05
16	San Remo	11:14
39	Imperia Porto Maurizio	11:30
46	Diano Marina	11:39
61	Alassio	11:52
67	Albenga	12:02
85	Finale Ligure Marina	12:17
108	Savona	12:30

[24,4 m/s]

59 Elabora su carta millimetrata il grafico spazio-tempo del moto inerente all'Intercity (tabella dell'esercizio 58) che va da Ventimiglia a Savona, tenendo conto solo delle fermate indicate in grassetto. Dopodiché, calcola le velocità nei singoli tratti.
[17,8 m/s; 24 m/s; ...]

60 Elabora su carta millimetrata il grafico spazio-tempo del moto inerente all'Intercity (tabella dell'Esercizio 58) da Bordighera ad Alassio. Dopodiché, calcola le velocità nei singoli tratti.
[20,4 m/s; 24 m/s; ...]

61 Esamina il grafico raffigurato sotto, relativo all'ipotetico viaggio di due automobili sulla stessa autostrada, e soddisfa le seguenti richieste.

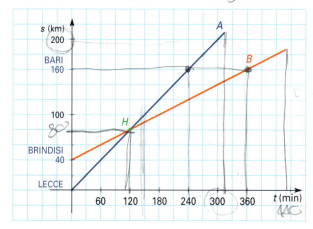

- Al tempo $t = 0$ s si trovavano entrambe a Lecce?
- Dove si trovava la vettura B?

- Qual è la velocità della vettura A?
- Qual è la velocità della vettura B?
- Scrivi la legge oraria della vettura A:
- Scrivi la legge oraria della vettura B:
- Che cosa è accaduto in H?
- Quale mezzo è arrivato prima a Bari?
- Quanto tempo è trascorso fra l'arrivo della prima e della seconda automobile?

62 Esamina il grafico e rispondi alle domande.

- Al tempo $t = 0$ s a quale distanza dall'origine si trova A?
- Al tempo $t = 0$ s a quale distanza dall'origine si trova B?
- Alla partenza qual è la distanza fra A e B?
- Che cosa accade in corrispondenza del punto T?
- Al tempo $t = 6$ s qual è la distanza fra A e B?
- Quale retta rappresenta il moto più veloce? Perché?
- Determina le velocità dei due moti rappresentati utilizzando il concetto di pendenza:
- Scrivi le leggi orarie dei due moti:

63 The equation $d = 8t + 30$ represents the uniform linear motion of an object. Time t is expressed in s, distance d in m.
a) What is the meaning of 8? And the meaning of 30?
b) Plot the graph of such a motion.
c) Calculate the distance of the object from the origin, at $t = 3$ and $t = 10$, respectively.
[54 m; 110 m]

Problemi

La risoluzione dei problemi richiede la conoscenza di argomenti trasversali a più paragrafi. Con il pallino sono contrassegnati i problemi che presentano una maggiore complessità.

1 La gara tra Andrea e Marta sulla distanza di 300 m si svolge come riportato nel grafico che segue: Andrea, resosi conto della propria superiorità, si ferma alcuni secondi fingendo un inconveniente a una scarpa.
Determina:
a) la velocità media di Andrea durante l'intera gara;
b) la velocità di Marta;
c) la distanza percorsa rispettivamente da Andrea e Marta nei primi 50 secondi;
d) chi vince la gara e con quale vantaggio;
e) quale velocità avrebbe dovuto tenere Andrea dopo la fermata per arrivare contemporaneamente a Marta.

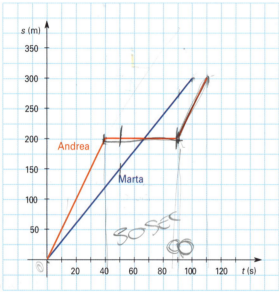

[a) 2,7 m/s; b) 3,0 m/s; c) 200 m; 150 m;
d) Marta; 50 m; e) 10 m/s]

●2 Un treno Intercity sorpassa un treno Regionale, muovendosi rispetto a esso alla velocità costante di 43,2 km/h. Il Regionale a sua volta si sposta rispetto al suolo alla velocità costante di 64,8 km/h. Scrivi la legge oraria del moto dell'Intercity rispetto alla Terra, riportando il valore della velocità in m/s e supponendo nulla la posizione iniziale s_0. Trova, poi, la distanza che separa i due treni dopo un quarto d'ora.

SUGGERIMENTO La legge oraria dell'Intercity rispetto al Regionale – a cui puoi ricorrere eventualmente per rispondere alla seconda domanda – ha la solita forma del moto rettilineo uniforme (in questo caso con $s_0 = 0$), salvo che devi utilizzare la velocità (in m/s) del primo treno rispetto al secondo.

[$s = 30 \cdot t$; 10,8 km]

3 Un raggio di luce partito dal Sole si sta muovendo di moto rettilineo uniforme a 300 000 km/s. Un osservatore ha fatto scattare il cronometro nel momento in cui il raggio di luce gli è passato davanti.

Se il cronometro segna 35 min quando il raggio giunge in prossimità di Giove, che dista $780 \cdot 10^6$ km dal Sole, a quale distanza dalla nostra stella si trova l'osservatore?

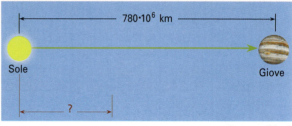

[$150 \cdot 10^6$ km]

4 Due corpi viaggiano, in relazione al medesimo sistema di riferimento, alla velocità costante rispettivamente di 5 m/s e 7,5 m/s. Ipotizzando che la posizione iniziale fosse nulla per entrambi i corpi:
a) scrivi le leggi orarie;
b) costruisci le tabelle orarie a partire dal valore $t = 0$ s fino a $t = 10$ s, incrementando ogni volta il tempo di 2 secondi;
c) traccia i grafici spazio-tempo nello stesso piano cartesiano;
d) calcola la distanza fra di essi dopo 5 secondi, sia tramite il grafico sia con l'uso delle leggi orarie.

[a) $s = 5 \cdot t$; $s = 7,5 \cdot t$; d) 12,5 m]

5 Un motorino si muove secondo il grafico riportato qui sotto.
a) Determina la velocità costante con la quale dovrebbe muoversi un altro motorino affinché, partendo da $s_0 = 0$ m, raggiunga il primo dopo 16 secondi.
b) Scrivi le due leggi orarie.
c) Trova dopo quanto tempo la distanza che separa i due motorini è di 100 m.

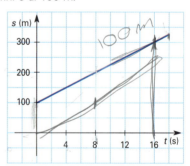

SUGGERIMENTO Per calcolare la velocità del primo motorino, ricorda di ricorrere alla formula $v = \Delta s/\Delta t$... Inoltre, per il terzo quesito, ti basta porre $s_A - s_B$ uguale a 100 m e...

[a) 18,75 m/s; b) $s = 12,5 \cdot t + 100$; $s = 18,75 \cdot t$; c) 32 s]

●6 Due pedoni si muovono su una traiettoria rettilinea: il primo con velocità 0,75 m/s e posizione iniziale 15 m, il secondo con velocità 2,00 m/s e posizione iniziale 5 m. Stabilisci in quale posizione il secondo pedone raggiunge il primo e quanta strada hanno percorso rispettivamente.

SUGGERIMENTO Puoi trovare la soluzione sia per via grafica sia per via matematica tramite le leggi orarie...

[21 m; 6 m; 16 m]

7 Due amici si sfidano in una corsa, ma essendo *A* più veloce di *B* gli concede un vantaggio di 20 m.

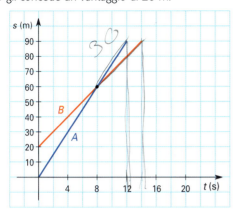

Determina:
a) la legge oraria relativa al moto di *A* e di *B*;
b) chi vince la gara e quanto tempo prima del secondo arriva al traguardo posto a 90 m;
c) a quale distanza dal traguardo *A* raggiunge *B*.

[b) ..., 2 s; c) 30 m]

8 Esaminato il grafico qui sotto, trova la velocità dei due moti rappresentati e la distanza che separa i due oggetti dopo 3 h e $3/4$.

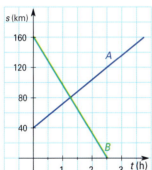

[32 km/h; −64 km/h; 240 km]

9 La distanza in autostrada tra Roma e Napoli è 230 km. Giulia passa da Roma diretta a Napoli nello stesso istante in cui Eugenio passa dal casello di Napoli diretto verso Roma. Giulia mantiene la velocità costante di 90 km/h mentre Eugenio viaggia a 115,2 km/h.

a) Dopo quanto tempo i due veicoli si incrociano?
b) A quale distanza dalla città di Roma avviene l'incrocio tra i due veicoli?

SUGGERIMENTO a) Il viaggio può essere schematizzato nel seguente modo:

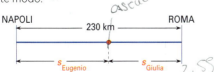

Eugenio e Giulia si incontrano in un determinato istante *t* (da porre come incognita) e in quel momento la somma delle distanze percorse dai due è 230 km, per cui basta impostare un'equazione del tipo:

$s_{Eugenio} + ...?... = ...?...$

[a) 1 h 7 min 15 s; b) 100 km e 880 m]

10 Un'auto si trova a 350 m da un incrocio e sta procedendo alla velocità costante di 63 km/h. Un camion si sta muovendo alla velocità costante di 45 km/h e si trova a 230 m dall'incrocio, ma sulla strada perpendicolare rispetto a quella che percorre l'automobile.
Verifica che i due mezzi non si scontrano, attraversando l'incrocio senza rallentare. Scrivi quindi la legge oraria dei loro moti, nell'ipotesi che venga fatto partire il cronometro nell'istante $t_0 = 0$ s in cui passa all'incrocio il mezzo che vi giunge per secondo.

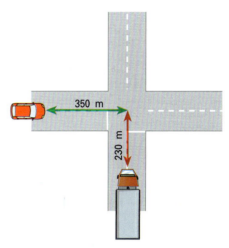

[auto: $s = 17,5 \cdot t$; ...]

11 Trova la velocità di un corpo, sapendo che in un intervallo di tempo pari a $(0,91 \pm 0,01)$ s con moto rettilineo uniforme si sposta dalla posizione iniziale $(12,5 \pm 0,1)$ cm alla posizione finale $(81,4 \pm 0,1)$ cm.

[(76 ± 1) cm/s]

12 Un carrello che si muove di moto rettilineo uniforme sulla rotaia a cuscino d'aria alla velocità di $(22,0 \pm 0,1)$ cm/s, ha percorso uno spazio pari a $(45,0 \pm 0,1)$ cm. Stabilisci l'intervallo di tempo impiegato per tale spostamento e disegna il corrispondente intervallo di indeterminazione.

[$(2,05 \pm 0,02)$ s]

13 Two trains, travelling towards each other at a constant speed, left from two separate stations that are 440 km apart, at the same time. If the speed of the first train is 100 km/h and the speed of the second train is 120 km/h, how long will it take for them to pass each other?

[2 h]

14 An object moves according to the formula $d = 10\,t + 50$, where *d* is the distance from the origin in meters and *t* is time in seconds.

a) Represent the motion law in a graph.
b) Find the distance covered after 10 seconds.
c) How long will it take to cover 1 km?

[b) 150 m; c) 95 s]

Competenze alla prova

ASSE SCIENTIFICO-TECNOLOGICO

Osservare, descrivere e analizzare fenomeni appartenenti alla realtà...

1. Individua almeno cinque fenomeni in cui la velocità svolga un ruolo significativo, spiegando che cosa riguardano, a quanto ammonta il valore numerico delle velocità prese in esame, in che modo sono state rilevate (se possibile) e per quale motivo le situazioni scelte ti hanno colpito o divertito.

Spunto Puoi sfogliare i testi di fisica a tua disposizione oppure ricorrere alla rete (per esempio, alle pagine di Wikipedia), cercando comunque di verificare l'attendibilità dell'informazione magari rintracciando gli articoli che ne hanno parlato più in dettaglio.

ASSE SCIENTIFICO-TECNOLOGICO

Analizzare qualitativamente e quantitativamente fenomeni...

2. Un aereo di linea viaggia da Roma a Londra e, dopo una breve sosta, rientra a Roma. Durante l'intero viaggio di andata e ritorno soffia un vento costante che da Roma a Londra è nella stessa direzione e nello stesso verso del moto, mentre al ritorno ha verso opposto rispetto a quello dell'aereo.
   Prova a riflettere se:
   a) il vento, compensando il suo effetto tra l'andata e il ritorno, è come se non ci fosse e non provoca alcuna variazione nel tempo del viaggio;
   b) prevale l'azione di aiuto all'andata, per cui il viaggio complessivo ha una durata minore;
   c) prevale l'ostacolo al ritorno che provoca un aumento del tempo totale. Dopo aver scelto una delle tre opzioni, schematizza il ragionamento che hai utilizzato per rispondere.

Spunto Per farti un'idea generale, prova a pensare quale sarebbe il risultato se il modulo della velocità del vento sia all'andata sia al ritorno fosse esattamente uguale a quello dell'aereo...

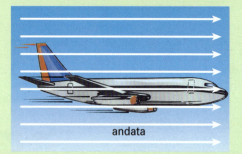
andata

ritorno

ASSE MATEMATICO

Individuare le strategie appropriate per la soluzione di problemi

3. Alessandro e Giacomo stanno correndo a velocità costante in un tratto rettilineo di parco, mentre Martina è seduta su una panchina. All'istante di tempo iniziale 0 s Alessandro ha già superato la panchina e si trova a 20 m da Martina, mentre Giacomo è proprio di fronte a lei nella posizione 0 m. Dopo 25 s a 100 m dalla panchina Alessandro e Giacomo sono momentaneamente affiancati.
   Determina dopo quanto tempo (a partire da $t = 0$ s) la distanza tra di loro diventa di 120 m.

Spunto Come prima cosa puoi scrivere le due leggi orarie: le velocità dei due ragazzi sono differenti, ovviamente, e in una devi inserire il valore della posizione iniziale. Dopodiché, se non vuoi ricorrere agli strumenti matematici (si tratta comunque di un'equazione di primo grado), puoi procedere per tentativi successivi: scegli un valore di t, vedi quali sono le due posizioni e quale la distanza reciproca, quindi incrementi (o riduci) t e vedi come vanno le cose, finché...

UNITÀ

8 Moto rettilineo uniformemente accelerato

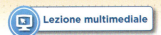 Lezione multimediale

8.1 L'accelerazione

Quando spingiamo il pedale dell'acceleratore di un'automobile, la velocità aumenta, mentre il contrario accade se il pedale su cui agiamo è il freno. Nel primo caso diciamo che stiamo *accelerando*, nel secondo che stiamo *decelerando*.
Tra l'altro, come risulta dalle schede tecniche fornite dalle case costruttrici, possono esserci auto, come quelle da corsa, che impiegano meno di 3 secondi per raggiungere, con partenza da fermo ($v_0 = 0$), la velocità di 100 km/h e altre che di secondi ne impiegano 12. La prestazione della prima è ovviamente migliore, dato che è in grado di raggiungere la stessa velocità finale in un intervallo di tempo minore.

Dunque, fa parte della nostra esperienza quotidiana associare il concetto di **accelerazione** a situazioni nelle quali si ha una variazione di velocità.

INFORMAZIONE L'**accelerazione** è una grandezza fisica che ci informa sul fatto che la velocità subisce dei cambiamenti nel tempo.

Definiamo l'**accelerazione** come il rapporto tra la variazione di velocità e l'intervallo di tempo in cui tale variazione avviene:

DEFINIZIONE
$$\text{accelerazione} = \frac{\text{variazione di velocità}}{\text{intervallo di tempo impiegato a ottenerla}}$$

accelerazione

Ricorrendo al formalismo, scriviamo:

FORMULA $a = \dfrac{\Delta v}{\Delta t}$

La variazione di velocità Δv è data dalla differenza tra la velocità finale v e la velocità iniziale v_0, cioè $\Delta v = v - v_0$.

Ricaviamo adesso l'unità di misura dell'accelerazione:

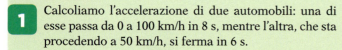

$$a = \frac{\Delta v}{\Delta t} \Rightarrow \frac{\text{misurata in m/s}}{\text{misurato in s}} \Rightarrow \frac{\text{m}}{\text{s}^2}$$

che si legge «metri al secondo quadrato».

unità di misura di a > L'accelerazione si misura in **m/s²**.

esempio

1 Calcoliamo l'accelerazione di due automobili: una di esse passa da 0 a 100 km/h in 8 s, mentre l'altra, che sta procedendo a 50 km/h, si ferma in 6 s.

Ricordando che 100 km/h = 100/3,6 ≅ 27,8 m/s, avremo:

$$a = \frac{27,8 - 0}{8} = 3,5 \frac{\text{m}}{\text{s}^s}$$

Quanto vale l'accelerazione dell'automobile che si ferma? Ripetendo i passaggi appena eseguiti qui trovi facilmente:

$$a = \frac{0 - 13,9}{6} = -2,3 \frac{\text{m}}{\text{s}^2}$$

L'accelerazione è negativa in quanto l'auto decelera, cioè la velocità decresce.

Analogamente a quanto fatto in situazioni precedenti, nel caso avessimo bisogno di ricavare Δt oppure Δv dalla definizione dell'accelerazione, le formule inverse sono quelle rappresentate sotto.

$$a = \frac{\Delta v}{\Delta t} \quad\Rightarrow\quad \Delta t = \frac{\Delta v}{a}$$
$$\Delta v = a \cdot \Delta t$$

> **ricorda...**
> Quando la velocità finale è minore della velocità iniziale, vale a dire quando il corpo subisce una *decelerazione*, allora davanti al valore dell'accelerazione compare il *segno negativo*.

Come puoi intuire, dato che la velocità è un vettore, anche l'accelerazione è in realtà una grandezza vettoriale. Il **vettore accelerazione** viene definito nel modo seguente:

vettore accelerazione > $\vec{a} = \dfrac{\Delta \vec{v}}{\Delta t}$

flash))) Qual è l'accelerazione che si può sperimentare...

...in fase di salita iniziale di una montagna russa: 12,63 m/s²

...in moto: 18,5 m/s²

...nel giro della morte: 39,2 m/s²

...nell'allenamento dei piloti militari: 88,2 m/s²

A partire da valori di circa 19,6 m/s² possono cominciare a manifestarsi i primi disturbi che diventano più significativi se la sollecitazione dura più di qualche secondo.

8.2 La relazione tra velocità e tempo ($v_0 = 0$)

Supponi che una piccola biglia di vetro cada dal primo piano di un grattacielo costituito di sedici piani. Al momento dell'impatto al suolo la sua velocità è modesta. Se però cade dall'ultimo piano, la pallina si trasforma in una specie di proiettile!

Per quale motivo? Qual è la differenza tra le due situazioni? ....
....
....
....
....
....

Se facessimo qualche misura, noteremmo che spazio e tempo non sono direttamente proporzionali, per cui il moto non è uniforme: la velocità, anzi, aumenta rapidamente. Sottoponiamo a verifica quanto appena affermato, al fine di determinare il legame esistente tra la velocità e il tempo.

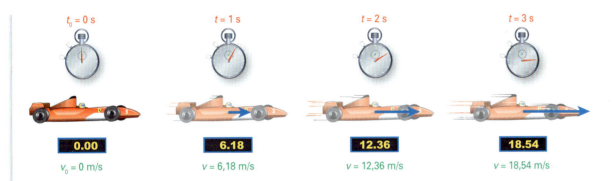

Immagina la partenza di una gara automobilistica.
Il pilota di un'auto della prima fila inizialmente spinge l'acceleratore al massimo. Sul tachimetro si può rilevare man mano la velocità per ogni secondo trascorso.

Le condizioni iniziali sono:
- il cronometro parte nell'istante in cui inizia la corsa $t_0 = 0$ per cui $\Delta t = t - t_0 = t$;
- il moto avviene con partenza da fermo ($v_0 = 0$), di conseguenza la velocità coincide con la variazione di velocità ($\Delta v = v - v_0 = v$).

I dati raccolti vengono riportati nelle prime due colonne della tabella 1.
Quale tipo di relazione si presenta tra Δv e Δt?
....
....

Come puoi constatare, dato che il rapporto tra Δv e Δt è costante (per cui al raddoppiare, triplicare ecc., dell'intervallo di tempo, la variazione di velocità si comporta allo stesso modo), si tratta di una relazione di proporzionalità diretta.

TABELLA 1

x	y	x/y
Δt (s)	Δv (m/s)	$\Delta v/\Delta t$ (m/s^2)
1	6,18	6,18
2	12,36	6,18
3	18,54	6,18
4	24,72	6,18
...	...	...

Ripensando alla definizione di accelerazione, constatiamo che il moto rettilineo da noi esaminato è caratterizzato da un'accelerazione costante e per questo è detto **moto rettilineo uniformemente accelerato**.

moto rettilineo uniformemente accelerato

Il **moto rettilineo uniformemente accelerato** è un tipo di moto nel quale la traiettoria è una linea retta e la variazione di velocità in intervalli di tempo uguali, ovvero l'*accelerazione*, resta sempre costante.

Dato che quando scatta il cronometro ($t_0 = 0$) l'auto è ferma (velocità iniziale $v_0 = 0$), si ha:

$$\Delta v = v - v_0 = v \qquad e \qquad \Delta t = t - t_0 = t$$

per cui: $a = \dfrac{\Delta v}{\Delta t} = \dfrac{v}{t}$

La relazione tra la velocità e il tempo diventa quindi:

relazione tra v e t ($v_0 = 0$)

$$v = a \cdot t$$

Questa è la **velocità istantanea**, cioè la velocità che un corpo ha in una data posizione in un ben preciso istante. Nel moto rettilineo uniformemente accelerato l'accelerazione è costante e, se la partenza è da fermo, la velocità è direttamente proporzionale al tempo.

8.3 Il grafico velocità-tempo ($v_0 = 0$)

Riportiamo in un grafico velocità-tempo i valori delle prime due colonne della tabella 1, ricordando che $v_0 = 0$. Congiungendo i punti ottenuti, dal momento che ci troviamo in un caso di proporzionalità diretta, otteniamo una retta passante per l'origine.

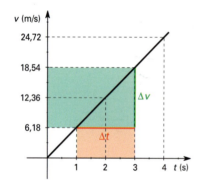

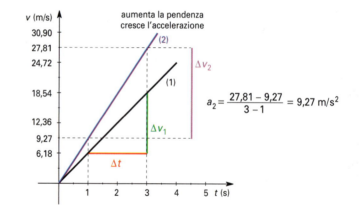

In questo grafico possiamo considerare un intervallo qualunque dell'asse delle ascisse, relativo a un certo intervallo Δt, e rilevare il corrispondente valore di Δv sull'asse delle ordinate. Se facciamo il rapporto troviamo:

$$\dfrac{\Delta v}{\Delta t} = \dfrac{18,5 - 6,18}{3 - 1} = \dfrac{12,36}{2} = 6,18 \, \dfrac{m}{s^2}$$

che è l'accelerazione (costante) dell'auto. Quindi, ne deriva che in un grafico velocità-tempo l'**accelerazione** corrisponde alla **pendenza della retta** (che in matematica si chiama *coefficiente angolare*).

Se l'auto partisse con un'accelerazione maggiore, come sarebbe la pendenza della retta?
Prova a rispondere, motivando la tua risposta.

....

....

Dato che, a parità di intervallo di tempo, deve risultare una variazione di velocità più elevata, evidentemente la pendenza della retta deve aumentare.
Possiamo notare che un'auto capace di un'accelerazione di 9,27 m/s² raggiungerebbe i 100 km/h in circa... 3 secondi!

! ricorda...

In un **moto rettilineo uniformemente accelerato** con partenza da fermo:
- il grafico velocità-tempo dà luogo a una retta passante per l'origine, in quanto le due grandezze sono fra loro direttamente proporzionali;
- la pendenza della retta del grafico velocità-tempo fornisce informazioni sull'accelerazione: a una maggiore pendenza corrisponde una maggiore accelerazione.

8.4 Il grafico spazio-tempo e la proporzionalità quadratica ($v_0 = 0$)

Cerchiamo ora la relazione fra lo spazio percorso e l'intervallo di tempo nel caso dell'auto che parte con un'accelerazione costante di 6,18 m/s². A lato della pista rileviamo la posizione. Per semplicità, quando scatta il cronometro ($t_0 = 0 \rightarrow \Delta t = t$) l'auto parte da ferma ($v_0 = 0 \rightarrow \Delta v = v$) e il calcolo dello spazio percorso inizia in quell'istante ($s_0 = 0 \rightarrow \Delta s = s$).

TABELLA 2

x	x/y
t (s)	s (m)
1	3,09
2	12,36
3	27,81
4	49,44
...	...

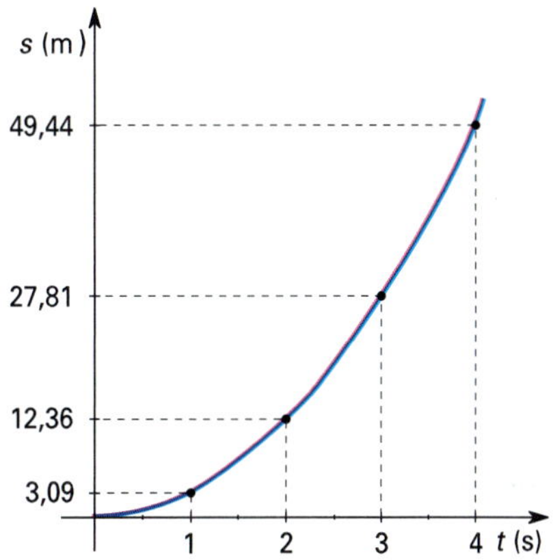

Nella tabella trascriviamo le letture dei tempi effettuate con il cronometro e le distanze dell'auto dal punto di partenza. Si nota che al raddoppiare, triplicare ecc., del tempo t non corrisponde un analogo andamento dello spazio s.

Riportiamo in un sistema di assi cartesiani i valori della tabella. Questa volta la linea che congiunge i punti non è più una retta, bensì una curva particolare che si chiama **parabola**. Si parla in questo caso di **proporzionalità quadratica**, che è diversa dalla già nota proporzionalità diretta.

Approfondiamo le caratteristiche di questo nuovo tipo di relazione. Osservando la tabella si veda che se t raddoppia s diventa quattro volte più grande, se t triplica s cresce di nove volte...

Riesci a ipotizzare in termini matematici il legame x tra lo spazio e il tempo? Non è facile. Comunque, dopo averlo scritto verifica se *funziona*, sostituendo i valori della tabella.

$s = \dots\dots\dots\dots\dots\dots\dots\dots\dots\dots\dots\dots\dots\dots\dots\dots\dots\dots\dots\dots\dots\dots\dots\dots\dots$

TABELLA 3

x	x²	y
t (s)	t² (s²)	s (m)
1	1	3,09
2	4	12,36
3	9	27,81
4	16	49,44
...	...	...

Per trovare la risposta rielaboriamo la tabella 2, inserendo una colonna in cui riportiamo i quadrati dei tempi. La relazione fra il tempo e lo spazio comporta che se il tempo viene moltiplicato per 2, 3, 4..., lo spazio risulta moltiplicato per $2^2 = 4$, $3^2 = 9$, $4^2 = 16$ ..., che sono i relativi quadrati.

Quindi i valori di una grandezza (s) e i quadrati dell'altra (t^2) sono direttamente proporzionali.

Tutte le volte che si verifica un legame matematico di questo genere, si dice che vi è una **proporzionalità quadratica**.

In generale diremo che:

proporzionalità quadratica

Due grandezze *x* e *y* sono in relazione di **proporzionalità quadratica** se vi è una diretta proporzionalità tra una grandezza e il quadrato dell'altra:

$$y = K \cdot x^2$$

dove *K* è una costante.

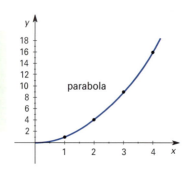

Riportando in un sistema di assi cartesiani questo tipo di relazione, si ha una parabola.

> **ricorda...**
>
> Quando due grandezze *x* e *y* hanno una relazione di proporzionalità quadratica, come il tempo e lo spazio nel moto uniformemente accelerato con partenza da fermo e con posizione iniziale nulla, si ha che *y* e x^2:
> - sono direttamente proporzionali, per cui il loro rapporto è costante (y/x^2 = costante);
> - soddisfano una relazione del tipo $y = K \cdot x^2$;
> - il grafico che le rappresenta è una *parabola*.

Considerando l'equazione generale, le formule inverse sono:

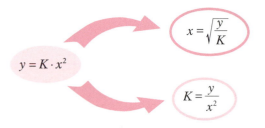

8.5 La legge oraria del moto rettilineo uniformemente accelerato ($v_0 = 0$)

Dato che le grandezze direttamente proporzionali, come *s* e t^2 nel nostro caso, hanno un rapporto costante, dalla tabella 3 si ricava:

$$\frac{s}{t^2} = \text{costante} = 3{,}09 \, \frac{\text{m}}{\text{s}^2}$$

che è proprio la metà dell'accelerazione 6,18 m/s² determinata in precedenza a partire dalla tabella velocità-tempo. Possiamo perciò scrivere:

$$\frac{s}{t^2} = \frac{1}{2} a$$

Abbiamo così individuato il legame esistente tra lo spazio percorso e il tempo, cioè la **legge oraria del moto rettilineo uniformemente accelerato**, nel caso di partenza da fermo ($v_0 = 0$) e posizione iniziale nulla ($s_0 = 0$):

legge oraria ($v_0 = 0$)

$$s = \frac{1}{2} a \cdot t^2$$

Ricaviamo dalla legge oraria le formule inverse, che diventeranno utili in sede di applicazione.

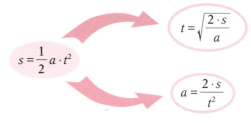

In un grafico velocità-tempo, in corrispondenza di un certo istante t, troviamo l'area compresa fra la retta OP rappresentativa della velocità e l'asse del tempo. In altri termini determiniamo l'area del triangolo OPQ:

$$Area = \frac{PQ \cdot OQ}{2} = \frac{a \cdot t \cdot t}{2} = \frac{1}{2} a \cdot t^2$$

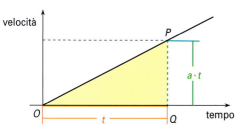

Come puoi vedere nel grafico velocità-tempo, l'area sottesa alla retta $v = a \cdot t$ individua, al variare di t, la legge oraria del moto $s = \frac{1}{2} a \cdot t^2$.

Prova a verificare se questa relazione vale anche per il grafico velocità-tempo di un moto rettilineo e uniforme.

esempio

2 Un'automobile, che si muove di moto rettilineo, sta accelerando con accelerazione costante pari a 1,25 m/s². Vogliamo trovare quale velocità raggiunge in mezzo minuto e quanto spazio ha percorso in tale intervallo di tempo, nell'eventualità che sia partita da ferma.

Osservando che $\frac{1}{2}$ min = $\frac{1}{2}$ 60 = 30 s troviamo direttamente:

$v = a \cdot t \qquad v = 1{,}25 \cdot 30 = 37{,}5$ m/s

che in kilometri all'ora diventa:

$v = 37{,}5 \cdot 3{,}6 = 135$ km/h

E, per quanto riguarda lo spazio:

$s = \frac{1}{2} a \cdot t^2 = \frac{1}{2} \cdot 1{,}25 \cdot (30)^2 = 562{,}5$ m

Nella tabella 4 riassumiamo le caratteristiche principali dei due moti rettilinei affrontati (**uniforme** e **uniformemente accelerato**), che ti consigliamo di esaminare con attenzione, in quanto comprenderne le differenze ti aiuta a capire meglio ognuno di essi.

TABELLA 4

	moto rettilineo uniforme	moto rettilineo uniformemente accelerato ($v_0 = 0$)
legge oraria	$s = v \cdot t$ $\quad (s_0 = 0)$	$s = \frac{1}{2} a \cdot t^2$ $\quad (s_0 = 0)$
velocità	v = costante	$v = a \cdot t$
accelerazione	$a = 0$	a = costante $\neq 0$
grafico (s, t)	retta crescente	parabola
grafico (v, t)	retta orizzontale	retta crescente

8.6 La relazione tra velocità e tempo e grafico relativo ($v_0 \neq 0$)

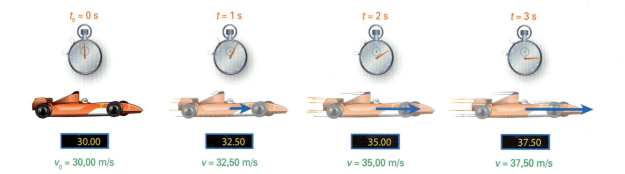

Immaginiamo di seguire uno dei momenti più emozionanti di una gara automobilistica: il sorpasso. Facciamo scattare il cronometro nel momento in cui un pilota, che sta andando a 30 m/s, inizia a superare un concorrente ($t_0 = 0$) e sul tachimetro della sua auto possiamo leggere la velocità per ogni secondo trascorso. Durante il sorpasso egli tiene sempre premuto il pedale dell'acceleratore. Analizziamo come varia la velocità per ogni secondo trascorso.

I dati raccolti vengono riportati nelle prime due colonne della tabella 5.

TABELLA 5

x	y	x/y
Δt (s)	Δv (m/s)	Δv/Δt (m/s²)
1	32,50 − 30,00 = 2,50	2,50
2	35,00 − 30,00 = 5,00	2,50
3	37,50 − 30,00 = 7,50	2,50
4	40,00 − 30,00 = 10,00	2,50
...	...	...

In questo caso, in cui la velocità iniziale $v_0 \neq 0$, quale tipo di relazione intercorre tra la variazione di velocità Δv e l'intervallo di tempo Δt in cui essa avviene?

....
....

Come puoi constatare, il rapporto tra Δv e Δt è costante, per cui si tratta di una proporzionalità diretta. Anche in questo caso il moto rettilineo da noi esaminato è caratterizzato da un'**accelerazione costante, per cui si tratta di un moto rettilineo uniformemente accelerato**.

Dalla definizione di accelerazione si ha:

$$\frac{\Delta v}{\Delta t} = a$$

moltiplicando ambo i membri per Δt e semplificando

$$\Delta t \frac{\Delta v}{\Delta t} = a \, \Delta t$$

$$v - v_0 = a \, (t - t_0)$$

nella ipotesi $t_0 = 0$

$$v - v_0 = a \cdot t$$

portando v_0 al II membro:

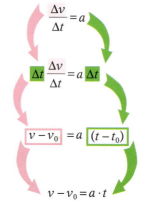

ricorda...
Nel moto rettilineo uniformemente accelerato se la partenza non è da fermo, la relazione tra velocità e tempo **non** è di diretta proporzionalità.

relazione tra v e t ($v_0 \neq 0$) $\quad v = v_0 + a \cdot t$

Riportiamo in un grafico velocità-tempo i valori delle prime due colonne della tabella 5 ricordando che $v_0 = 30{,}00$ m/s.

> **ricorda...**
>
> In un moto **rettilineo uniformemente accelerato**:
> - la variazione di velocità Δv è direttamente proporzionale alla variazione di tempo Δt;
> - la velocità è direttamente proporzionale al tempo solo se la partenza è da fermo;
> - il grafico velocità-tempo è sempre una retta, ma passa per l'origine solo se la partenza è da fermo.

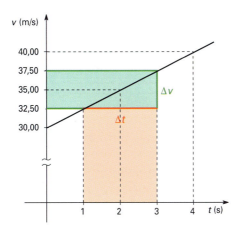

Il grafico velocità-tempo relativo a un moto rettilineo uniformemente accelerato con velocità iniziale diversa da 0 è una retta che **non** passa per l'origine poiché in questo caso velocità e tempo **non** sono direttamente proporzionali.

Il tipo di relazione tra due grandezze rappresentato graficamente da una retta non passante per l'origine si definisce **dipendenza lineare**. ⟩ **dipendenza lineare**

Anche in questo caso possiamo considerare un intervallo qualunque dell'asse delle ascisse relativo a un certo intervallo Δt e rileviamo il corrispondente Δv sull'asse delle ordinate. Se facciamo il rapporto si ha:

$$\frac{\Delta v}{\Delta t} = \frac{37{,}50 - 32{,}50}{2} = 2{,}50 \, \frac{\text{m}}{\text{s}^2}$$

che è l'accelerazione (costante) dell'auto. L'**accelerazione** corrisponde alla **pendenza della retta**.

8.7 La legge oraria del moto rettilineo uniformemente accelerato ($v_0 \neq 0$)

Se il corpo ha velocità iniziale non nulla, per determinare la legge oraria, allo spazio percorso a causa dell'accelerazione a costante che si riflette nel termine:

$$s = \frac{1}{2} a \cdot t^2$$

va aggiunto lo spazio percorso in quanto conseguenza della velocità iniziale v_0 e cioé $v_0 \cdot t$. La legge generale risulta:

$$s = \frac{1}{2} a \cdot t^2 + v_0 \cdot t$$

⟩ **legge oraria ($v_0 \neq 0$)**

La rappresentazione grafica della legge oraria è una parabola.

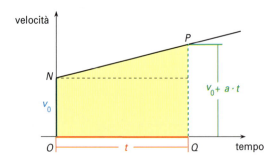

In un grafico velocità-tempo proviamo a trovare, in corrispondenza di un istante t, l'area compresa fra la retta NP rappresentativa della velocità e l'asse del tempo. In altri termini determiniamo l'area del trapezio $ONPQ$:

$$Area = \frac{(B+b)\cdot h}{2} = \frac{(PQ+ON)\cdot OQ}{2} = \frac{(v_0 + a\cdot t + v_0)\cdot t}{2} = \frac{1}{2}a\cdot t^2 + v_0 \cdot t$$

Anche in questo caso si individua la legge oraria.

rappresentazione grafica della legge oraria
In un grafico velocità-tempo l'area compresa fra la funzione che rappresenta la velocità e l'asse dei tempi individua la legge oraria.

Le caratteristiche di quest'ultimo moto rettilineo affrontato, il moto uniformemente accelerato con partenza in movimento, si possono riassumere nella seguente tabella.

TABELLA 6

	moto rettilineo uniformemente accelerato $v_0 \neq 0$
legge oraria	$s = \frac{1}{2}a\cdot t^2 + v_0 \cdot t$
velocità	$v = a\cdot t + v_0$
accelerazione	a = costante
grafico (s, t)	parabola
grafico (v, t)	retta non passante per l'origine

8.8 Il moto vario

Supponiamo di aver compiuto un viaggio di 216 km in autostrada da Firenze a Roma in 2 ore e 5 minuti. Non è realistico ipotizzare di avere mantenuto sempre la stessa velocità; è molto più probabile che la velocità sia diminuita nelle gallerie, aumentata durante i sorpassi e scesa a 0 quando ci siamo fermati in un autogrill per uno spuntino e così via.
In altri termini, il moto non è stato né uniforme né uniformemente accelerato, bensì un **moto vario**.

moto vario
Il **moto vario** è un tipo di moto in cui la velocità varia nel tempo in modo non uniforme.

La grandezza che in questo caso caratterizza il modo con il quale un corpo si muove è la **velocità media**.

INFORMAZIONE La **velocità media** è il rapporto tra lo spazio percorso complessivamente, anche a differenti velocità, e l'intervallo di tempo impiegato a percorrerlo.

La possiamo dunque definire così:

DEFINIZIONE
$$\text{velocità media} = \frac{\text{spazio percorso}}{\text{intervallo di tempo impiegato a percorrerlo}}$$

> velocità media

In termini matematici possiamo scrivere:

FORMULA
$$v_M = \frac{\Delta s}{\Delta t}$$

Se calcoliamo la velocità media del viaggio Firenze-Roma, tenendo conto che in 2 ore e 5 minuti ci sono 7200 + 300 = 7500 secondi, otteniamo:

$$v_M = \frac{\Delta s}{\Delta t} = \frac{216\,000}{7500} = 28{,}8 \,\frac{m}{s} \approx 104 \,\frac{km}{h}$$

> **ricorda...**
> La velocità media non corrisponde (se non in casi particolari) alla media delle velocità nei vari tratti del percorso.

È possibile che in nessun momento del viaggio il tachimetro abbia segnato tale velocità?

....
....
....
....
....

La velocità media è una velocità che probabilmente coincide con quella reale solo per brevissimi istanti, durante le fasi di accelerazione o di rallentamento. Non rappresenta, quindi, la velocità momento per momento.

La velocità media è molto significativa in quanto è quella velocità che, se mantenuta costante dall'inizio alla fine del viaggio, ci consentirebbe di effettuare lo stesso percorso nello stesso intervallo di tempo.

Se ci pensi, dovendo programmare uno spostamento, per sapere a che ora è necessario partire da casa per non arrivare a un appuntamento troppo presto o troppo tardi, non fai altro che ipotizzare una plausibile velocità media da tenere durante l'intero tragitto...

idee e personaggi

Galileo Galilei

Quanto alla scienza stessa ella non può se non avanzare...

PISA

Galileo Galilei nacque a Pisa nel 1564, ma la famiglia si trasferì a Firenze nel 1574 dove egli cominciò i suoi primi studi di logica e letteratura. A 17 anni si iscrisse, per volere del padre, alla facoltà di medicina di Pisa, ma non concluse il corso perché probabilmente non lo interessava. A 19 anni cominciò studi di geometria che, al contrario, lo appassionarono. Nel 1583 scoprì l'isocronismo delle piccole oscillazioni di un pendolo, iniziò a formulare alcuni teoremi sul centro di massa e scrisse saggi di idrostatica. Sei anni più tardi ottenne la cattedra di matematica all'Università di Pisa. In questo periodo scrisse appunti di meccanica e sviluppò l'idea di utilizzare la matematica come mezzo per risolvere problemi concreti.

PADOVA

Nel 1592 si trasferì a Padova. Lì insegnò geometria e astronomia, creò un laboratorio scientifico e maturò la maggior parte delle sue scoperte di meccanica, tra cui un'analisi del moto uniformemente accelerato. In questo periodo pubblicò pochissimo. Avendo saputo dell'invenzione del telescopio, nel 1609 ne realizzò uno giungendo, in rapida successione, a una serie di scoperte notevoli: dai satelliti di Giove alla natura stellare della via Lattea, dalle fasi di Venere ai satelliti di Saturno, dall'osservazione delle macchie solari ai monti della Luna.

Entusiasta delle proprie scoperte, nel 1610 pubblicò un testo intitolato *Sidereus Nuncius* (*Avviso astronomico*). La fama ottenuta da Galileo indusse il Granduca di Toscana, Cosimo de' Medici, a offrirgli una buona sistemazione a Firenze, città di cui lo studioso cominciava a sentire nostalgia. Accettò e lasciò così Padova, dove comunque aveva goduto di una preziosa libertà accademica.

FIRENZE

Ormai convinto della validità dell'ipotesi copernicana, iniziò a prendere posizione pubblicamente, finendo per scontrarsi con gli aristotelici e gli ecclesiastici, rigidi sostenitori della teoria tolemaica, fino a ricevere nel 1616 un'ammonizione da parte dell'Inquisizione. Sincero cattolico (due sue figlie erano suore), probabilmente pensava di poter convincere la Chiesa della validità della teoria copernicana. In una famosa lettera a un membro della famiglia Medici egli chiarisce la propria visione circa il rapporto tra fede e scienza, sostenendo che le Sacre Scritture hanno validità teologica, ma non possono essere usate in ambito scientifico per trattare fatti sperimentali. Nel frattempo, continuò i suoi studi e pubblicò nel 1623 il *Saggiatore* in cui si occupò delle comete e al tempo stesso espose delle considerazioni a carattere metodologico, evidenziando tra l'altro ottime doti letterarie e una vivace capacità polemica.
Nel 1630, essendo papa Urbano VIII che gli aveva mostrato benevolenza, pubblicò *Dialogo sopra i due massimi sistemi del mondo, tolemaico e copernicano*. Il testo

era concepito come un confronto dialettico tra tre personaggi in cui uno, Simplicio, filosofo aristotelico sostenitore del sistema tolemaico, risulta già a partire dal nome decisamente poco acuto. Nel testo emerge la grandezza del fondatore del metodo scientifico, capace di affrontare ogni problema in modo nuovo e rigoroso. Per ottenere dalla Chiesa l'autorizzazione alla pubblicazione (*imprimatur*) accettò di scrivere nella prefazione che il sistema copernicano era solo un'ipotesi ed era errata. Questa astuzia dialettica non fu però sufficiente e nel settembre del 1632 fu convocato a comparire davanti al tribunale del Santo Uffizio di Roma. Il processo si svolse dall'aprile al giugno del 1633 concludendosi con l'abiura dell'ormai anziano scienziato, pronunciata in ginocchio, che tuttavia gli permise di avere salva la vita. Non risulta che davvero egli, ascoltando la sentenza, abbia pronunciato la famosa frase *Eppur si muove*; in ogni caso sulla sua copia personale del *Dialogo* aggiunse una scritta a mano in cui ribadisce la sua posizione.

ARCETRI

Scontò il confino nella villa di Arcetri, vicino a Firenze, dove scrisse *Discorsi e dimostrazioni matematiche intorno a due nuove scienze*. Si tratta di un testo, suddiviso in giornate, in cui spazia su numerosi temi sia di fisica sia di matematica.
Qui emerge chiaramente una perfetta comprensione della legge di inerzia, anche se non la enuncia in modo esplicito come principio. Tratta, inoltre, dell'accelerazione e del moto uniformemente accelerato. Ebbe alcuni discepoli di valore fra cui il più noto è Evangelista Torricelli, però la condanna della Chiesa non favorì il nascere in Italia di una vera e propria scuola, perché il clima era sicuramente poco favorevole allo sviluppo libero della scienza. Così, le nazioni dell'Europa settentrionale in poco tempo diventarono egemoni in ambito scientifico. Galileo morì nel 1642, l'anno di nascita di Newton.

LA RIABILITAZIONE

Nel 1992 la Chiesa ha riabilitato Galileo Galilei e papa Giovanni Paolo II, che è stato il fautore della revisione del processo e della conseguente cancellazione della condanna, ha espresso sui rapporti tra scienza e religione una posizione simile a quella galileiana.
Una sintesi efficace della grandezza di Galileo Galilei emerge negli scritti di Einstein: «Il motivo di fondo che io trovo nell'opera di Galileo è costituito dalla lotta appassionata contro ogni tipo di dogma basato sull'autorità. Per Galileo, solo l'esperienza e la riflessione accurata sono criteri accettabili di verità. Per noi, oggi, è difficile capire come una tendenza del genere potesse essere insolita e rivoluzionaria nell'epoca galileiana...».
Quanto a Galileo visto semplicemente come padre del metodo sperimentale in antitesi a quello deduttivo, ancora Einstein dichiara che si tratta di un grande equivoco: «Non esiste alcun metodo sperimentale in mancanza di concetti e sistemi speculativi, e non esiste alcuna forma speculativa di pensiero i cui concetti non rivelino, a esami accurati, il materiale empirico da cui emergono...».

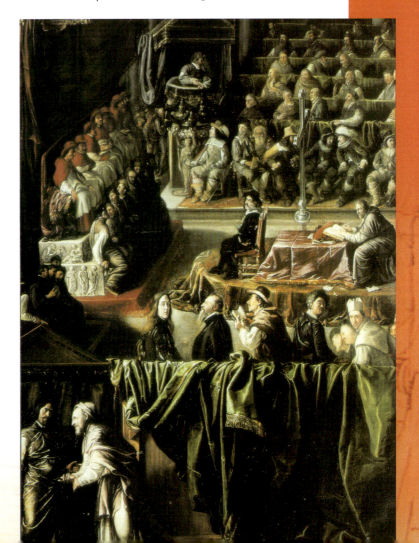

IN SINTESI

- L'**accelerazione** è definita come il rapporto tra la variazione di velocità e l'intervallo di tempo in cui tale variazione avviene:

$$a = \frac{\Delta v}{\Delta t}$$

Il valore dell'accelerazione ha segno negativo quando il corpo subisce una *decelerazione*. Nel SI l'accelerazione si misura in: m/s^2.
Anche l'accelerazione è una grandezza vettoriale e il **vettore accelerazione** è definito come:

$$\vec{a} = \frac{\Delta \vec{v}}{\Delta t}$$

- Il **moto uniformemente accelerato** è caratterizzato da un'accelerazione costante.
Si possono distinguere due casi, a seconda che il corpo parta da fermo (velocità iniziale nulla) oppure sia già in movimento.

- Nel caso di partenza da fermo (con $t_0 = 0$), v e t sono grandezze tra loro direttamente proporzionali. L'equazione che esprime la relazione tra v e t è:

$$v = a \cdot t$$

dove v è detta **velocità istantanea**.

- Il grafico velocità-tempo è costituito da una retta passante per l'origine degli assi, la cui *pendenza* dipende dal valore assunto dall'accelerazione: a una maggiore pendenza della retta corrisponde una maggiore accelerazione.

- s e t sono grandezze legate da una relazione di *proporzionalità quadratica*, cioè da una relazione del tipo $y = K \cdot x^2$ dove K è una costante.

- La *legge oraria del moto rettilineo uniformemente accelerato*, con $v_0 = 0$, è:

$$s = \frac{1}{2} a \cdot t^2$$

- Il grafico spazio-tempo è costituito da una *parabola*.

- Dalla legge oraria del moto uniformemente accelerato si possono ricavare le *formule inverse*:

$$t = \sqrt{\frac{2 \cdot s}{a}}$$

$$a = \frac{2 \cdot s}{t^2}$$

- Nel caso di **velocità iniziale v_0 non nulla**, la relazione tra velocità e tempo è data da:

$$v = v_0 + a \cdot t$$

- Il grafico velocità-tempo è una retta che **non** passa per l'origine. Si tratta di una *dipendenza lineare*.

- La legge oraria è:

$$s = \frac{1}{2} a \cdot t^2 + v_0 \cdot t$$

la cui rappresentazione grafica è una parabola.

- In un grafico velocità-tempo, la legge oraria è individuata dall'area compresa tra la funzione che rappresenta la velocità e l'asse dei tempi.

- Le caratteristiche del moto rettilineo uniforme e di quello uniformemente accelerato sono riassunte nella tabella che segue.

	moto rettilineo uniforme	moto rettilineo uniformemente accelerato ($v_0 = 0$)	moto rettilineo uniformemente accelerato ($v_0 \neq 0$)
legge oraria	$s = v \cdot t$ ($s_0 = 0$)	$s = \frac{1}{2} a \cdot t^2$ ($s_0 = 0$)	$s = \frac{1}{2} a \cdot t^2 + v_0 \cdot t$ ($s_0 = 0$)
velocità	$v = $ costante	$v = a \cdot t$	$v = a \cdot t + v_0$
accelerazione	$a = 0$	$a = $ costante	$a = $ costante
grafico (s, t)	retta passante per l'origine	parabola	parabola
grafico (v, t)	retta parallela all'asse x	retta passante per l'origine	retta non passante per l'origine

- Il **moto vario** è un tipo di moto in cui la velocità varia nel tempo in modo non uniforme. In questo caso, il moto è caratterizzato da una **velocità media**, data da:

$$v_M = \frac{\Delta s}{\Delta t}$$

SCIENTIFIC ENGLISH

Uniformly Accelerated Linear Motion

- **Acceleration** is defined as the ratio of the change in velocity to the time during which the change occurs:

$$a = \frac{\Delta v}{\Delta t}$$

Acceleration is negative when the object *decelerates*. The SI unit for measuring acceleration is the m/s^2. Acceleration is a vector quantity and the **acceleration vector** is defined as:

$$\vec{a} = \frac{\Delta \vec{v}}{\Delta t}$$

- **Uniformly accelerated motion** is characterised by a constant acceleration. It can be classified according to whether the object is accelerated from a standstill (zero initial speed) or while already moving.

- If starting from a standstill (with $t_0 = 0$), the two quantities v and t are directly proportional to one another. The equation that expresses the relation between v and t is:

$$v = a \cdot t$$

where v is the **instantaneous velocity**.

- The velocity vs. time graph is a straight line that intercepts the origin of the axes, the *slope* of which depends on the value of the acceleration: the steeper the slope of the line, the greater the acceleration.

- The quantities s and t are *quadratically proportional*, and thus linked by the formula $y = K \cdot x^2$ where K is a constant.

- The *space-time law of uniformly accelerated linear motion*, with $v_0 = 0$, is:

$$s = \frac{1}{2} a \cdot t^2$$

- The space vs. time graph is a *parabola*.

- From the space-time law of uniformly accelerated motion we can derive the *inverse laws*:

$$t = \sqrt{\frac{2 \cdot s}{a}} \qquad a = \frac{2 \cdot s}{t^2}$$

- If the object is already moving, the relation between velocity and time is given by:

$$v = v_0 + a \cdot t$$

- The speed vs. time graph is a line that does **not** intercept the origin. It shows a *linear dependence*.

- The space-time law is:

$$s = \frac{1}{2} a \cdot t^2 + v_0 \cdot t$$

and the graph is a parabola.

- On a velocity vs. time graph, the space-time law is given by the area comprised between the function that represents the velocity and the time axis.

- The characteristics of uniform linear motion and uniformly accelerated linear motion are summarised in the table below.

	uniform linear motion	uniformly accelerated linear motion ($v_0 = 0$)	uniformly accelerated linear motion ($v_0 \neq 0$)
space-time law	$s = v \cdot t$ ($s_0 = 0$)	$s = \frac{1}{2} a \cdot t^2$ ($s_0 = 0$)	$s = \frac{1}{2} a \cdot t^2 + v_0 \cdot t$ ($s_0 = 0$)
velocity	$v =$ constant	$v = a \cdot t$	$v = a \cdot t + v_0$
acceleration	$a = 0$	$a =$ constant	$a =$ constant
graph (s, t)	line intercepts origin	parabola	parabola
graph (v, t)	line parallel to x axis	line intercepts origin	line does not intercept origin

- **Variable motion** is a type of motion in which the speed varies in time in a non-uniform manner. In that case the motion is characterized by an **average velocity**, given by:

$$v_M = \frac{\Delta s}{\Delta t}$$

strumenti per SVILUPPARE le COMPETENZE

VERIFICHIAMO LE CONOSCENZE

» Vero-falso

V F

In un moto rettilineo uniformemente accelerato con $v_0 = 0$:

1. dato che l'accelerazione è costante lo è anche la velocità.
2. tempo e accelerazione sono grandezze direttamente proporzionali.
3. raddoppiando il tempo raddoppia lo spazio percorso.
4. velocità e tempo sono grandezze direttamente proporzionali.
5. il grafico spazio-tempo è una parabola.
6. il grafico velocità-tempo è una parabola.
7. raddoppiando il tempo quadruplica la velocità.

In un moto rettilineo uniformemente accelerato con $v_0 \neq 0$:

8. il rapporto tra spazio e quadrato del tempo non è costante.
9. il grafico proposto sotto rappresenta un moto avente come legge oraria $s = 0{,}5\ t^2 + 2\ t$.

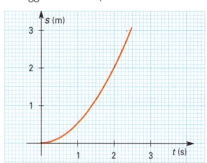

10. la variazione di velocità è direttamente proporzionale alla variazione di tempo.

» Test a scelta multipla

1. L'accelerazione è:
   - A il rapporto tra lo spazio percorso e l'intervallo di tempo
   - B il prodotto tra la variazione di velocità e lo spazio percorso
   - C il rapporto tra la variazione di velocità e l'intervallo di tempo
   - D il prodotto fra l'intervallo di tempo e la velocità

2. L'unità di misura dell'accelerazione è:
   - A m^2/s
   - B m/s
   - C m^2/s^2
   - D m/s^2 ✗

3. Dalla relazione del moto rettilineo uniformemente accelerato con partenza da fermo $v = a \cdot t$ si ricava che:
   - A raddoppiando il tempo, l'accelerazione diventa la metà
   - B la velocità è costante
   - C il prodotto fra l'accelerazione e il tempo è costante
   - D raddoppiando il tempo, raddoppia anche la velocità

4. Quale dei seguenti grafici rappresenta la relazione $v = v_0 + at$?

   A 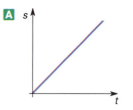   B ✗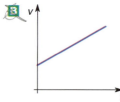

   C 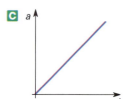   D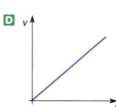

5. In relazione alla figura qui sotto, quale affermazione è corretta?
   - A L'accelerazione di A è maggiore di quella di B
   - B L'accelerazione di A è minore di quella di B
   - C L'accelerazione di A è uguale a quella di B
   - D Non è possibile confrontare l'accelerazione di A con quella di B

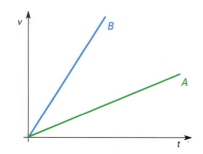

6 In relazione alla legge oraria del moto rettilineo uniformemente accelerato con $s_0 = 0$ e $v_0 = 0$, quale affermazione è errata?

- **A** L'accelerazione è costante
- **B** Il grafico velocità-tempo è rappresentato da una parabola
- **C** Lo spazio è direttamente proporzionale al quadrato del tempo
- **D** La velocità aumenta costantemente al trascorrere del tempo

7 Se x e y sono grandezze che hanno una relazione di proporzionalità quadratica, quale delle seguenti affermazioni è errata?

- **A** Se la x diventa quattro volte maggiore, la y si dimezza
- **B** La rappresentazione grafica è una parabola
- **C** Se la x diventa un terzo, la y diventa un nono
- **D** Il rapporto y/x^2 è costante

8 Quale dei seguenti grafici può rappresentare la legge oraria di un moto rettilineo uniformemente accelerato?

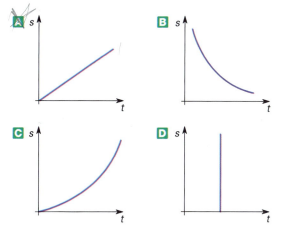

9 Se la legge oraria di un moto è $s = 9t^2 + 3t$, quanto vale la sua accelerazione?

- **A** 4,5 m/s²
- **B** 9 m/s²
- **C** 18 m/s²
- **D** 3 m/s²

10 Un motociclista dice di aver mantenuto la velocità media di 80 km/h durante il percorso Venezia-Trieste. Quale delle seguenti deduzioni è corretta?

- **A** Il suo tachimetro ha sempre segnato 80 km/h
- **B** Il suo tachimetro non ha mai segnato 80 km/h
- **C** Il suo tachimetro può aver segnato diverse velocità, ma tutte maggiori di 80 km/h
- **D** Il suo tachimetro può aver segnato diverse velocità: maggiori, minori o anche uguali a 80 km/h

VERIFICHIAMO LE ABILITÀ

Esercizi

8.1 L'accelerazione

1 Un'automobile, che parte da ferma, raggiunge la velocità di 100 km/h in 9,2 s. Qual è la sua accelerazione?

Per lo svolgimento dell'esercizio, completa il percorso guidato, inserendo gli elementi mancanti dove compaiono i puntini.

1) I dati sono: ....
2) Le unità di misura sono coerenti con quelle del SI? ....
3) In caso di risposta negativa, esegui le equivalenze necessarie: ....
4) La formula che devi usare è la definizione di accelerazione: $a =$ ....
5) Sostituisci nella formula i dati, trovando perciò: $a =$ ....

[3 m/s²]

2 Una motocicletta, partendo da ferma, dopo un intervallo di tempo di 5,0 s ha una velocità di 81 km/h. Determina la sua accelerazione, ipotizzando che sia costante.
[4,5 m/s²]

3 Un motoscafo che sta viaggiando a 27 km/h triplica la sua velocità in 15 secondi. Qual è la sua accelerazione?

SUGGERIMENTO L'unica differenza rispetto all'Esercizio 1 consiste nella velocità iniziale, che è diversa da zero...
[1,0 m/s²]

4 Un ghepardo passa da fermo a 56 km/h in 6,8 s. Qual è la sua accelerazione?
[2,3 m/s²]

5 Un motociclista accelera da 50 km/h a 135 km/h in 5,5 s. Calcola la sua accelerazione.
[4,3 m/s²]

6 Durante l'allenamento in pista di un ciclista, l'allenatore compila la seguente tabella:

t (s)	20	40	60	80	100	120
v (m/s)	8,3	10,5	12,7	10,1	8,5	9

a) In quali intervalli vi è stata decelerazione?
b) In quali intervalli vi è stata accelerazione?
c) Qual è stata la massima accelerazione?
d) Qual è stata la massima decelerazione?

[c) 0,11 m/s²; d) – 0,13 m/s²]

7 Un camion, che sta andando alla velocità di 90 km/h, si ferma in 12,5 s. Qual è la sua decelerazione?
[–2,0 m/s²]

8 Durante una gara automobilistica un veicolo è passato da 0 a 180 km/h in 10 s. Poi ha viaggiato per 7 minuti alla velocità di 180 km/h e subito dopo si è fermato in 25 s per un'avaria al motore.
  a) Il moto nella seconda fase può essere definito con accelerazione uniforme non nulla?
  b) Calcola l'accelerazione nella fase iniziale.
  c) Calcola la decelerazione nella fase finale.
[b) 5,0 m/s^2; c) −2,0 m/s^2]

9 Un'automobile ha un'accelerazione di 4,4 m/s^2. Determina quale velocità raggiunge in 3 s, se la velocità iniziale è di 60 km/h.
SUGGERIMENTO Dalla definizione di accelerazione, ricavi Δv e quindi, considerando che Δv = v − v$_0$, trovi il valore di v...
[108 km/h]

10 Se un treno che sta andando a 110 km/h frena, subendo una decelerazione di 3,0 m/s^2, quale velocità raggiunge dopo 6,0 secondi?
[45 km/h]

11 Se un'automobile che sta andando a 140 km/h frena, decelerando di 6,0 m/s^2, quale velocità raggiunge dopo 5,0 secondi?
[32 km/h]

12 A race car accelerates uniformly from 18.5 m/s to 45.0 m/s in 2.55 seconds. Determine the acceleration of the car.
[10.4 m/s^2]

8.2 La relazione tra velocità e tempo (v$_0$ = 0)

13 Un sasso, inizialmente fermo, cade lungo un pendio con accelerazione costante di 0,8 m/s^2. Calcola la velocità che raggiunge dopo 9,0 s.

Per lo svolgimento dell'esercizio, completa il percorso guidato, inserendo gli elementi mancanti dove compaiono i puntini.

1 I dati sono: ....
2 La formula che devi usare è la relazione tra velocità e tempo:
v = ...
3 Sostituisci nella formula i dati, trovando perciò:
v = ... = ...
[7,2 m/s]

14 La velocità di un ciclista nella fase iniziale di una gara segue la legge v = 0,6 · t, in cui le grandezze sono espresse secondo le unità di misura del SI.
  a) Qual è l'accelerazione del ciclista?
  b) Velocità e tempo sono grandezze direttamente proporzionali?
  c) Quale velocità ha raggiunto il ciclista dopo 3 s?
  d) È possibile che il ciclista possa accelerare per 1 minuto se al massimo è in grado di raggiungere la velocità di 40 km/h?
[c) 1,8 m/s]

15 Un pallone sta percorrendo una traiettoria rettilinea con un'accelerazione costante di 5,0 m/s^2. Sapendo che è partito da fermo, stabilisci quale velocità in km/h raggiunge dopo 3,0 secondi.
[54 km/h]

16 Un pattinatore nella fase iniziale di una gara ha un'accelerazione di 1,8 m/s^2.

  a) Scrivi la legge della velocità.
  b) Completa la seguente tabella tempo-velocità.

t (s)	1	2	3	4	5
v (m/s)	1,8	...	...	...	...

17 Un veicolo, inizialmente fermo, segue la legge v = 3 · t per i primi 4 secondi e poi per i successivi 10 secondi mantiene costante la velocità raggiunta.
Completa la seguente tabella tempo-velocità.

t (s)	1	2	4	6	8	10
v (m/s)	...	...	...	...	...	...

18 Dopo quanti secondi raggiunge la velocità di 28 km/h un ciclista che parte da fermo con un'accelerazione di 1,2 m/s^2?
SUGGERIMENTO È necessario ricavare il tempo dalla relazione di velocità e tempo valida nel moto rettilineo uniformemente accelerato...
[6,5 s]

19 Un razzo ha un'accelerazione costante di 25 m/s^2. Ipotizzando che si muova secondo una traiettoria rettilinea e che inizialmente fosse fermo, trova in quanto tempo raggiunge la velocità di fuga di 11 000 m/s.
[440 s]

20 Due moto A e B partono contemporaneamente da ferme. In fase iniziale A ha un'accelerazione di 3 m/s^2 e B di 2 m/s^2.
  a) Scrivi la legge della velocità per A e per B.
  b) Che velocità ha A dopo 5 s?
  c) Dopo quanto tempo B raggiunge la stessa velocità?
[b) 15 m/s; c) 7,5 s]

21 Quanto tempo impiega a fermarsi un motorino che procede a 45 km/h, se rallenta con una decelerazione di −2 m/s^2?
[6,25 s]

22 Un camion con velocità iniziale di 75,6 km/h sta decelerando con $a = -1,4$ m/s².

a) Completa la seguente tabella tempo-velocità.

t (s)	1	2	4	6	8	10
v (m/s)	...	...	...	...	...	...

b) Quanto tempo impiega per fermarsi (cioè per raggiungere la velocità 0 m/s)? [15 s]

23 Calcola il tempo necessario a un'automobile da corsa per arrestarsi nel caso in cui, avendo una velocità di 270 km/h, i freni la facciano decelerare di −20 m/s². [3,75 s]

24 A dragster moves from rest for 5 seconds, with an uniform acceleration of 16.1 m/s². Determine the final speed achieved by the car. [80.5 m/s]

8.3 Il grafico velocità-tempo ($v_0 = 0$)

25 Osserva il seguente grafico.

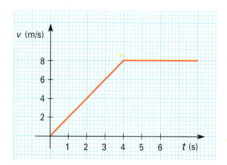

a) Il moto è uniforme o uniformemente accelerato?
b) In quali intervalli di tempo l'accelerazione è costante?
c) In quali tratti la velocità è costante?

26 Esaminata la figura qui sotto:

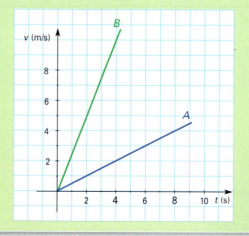

a) determina l'accelerazione di A e di B;
b) ricava dal grafico dopo quanto tempo la velocità di A è pari a 4,5 m/s e la velocità di B è 7,5 m/s.

Per lo svolgimento dell'esercizio, completa il percorso guidato, inserendo gli elementi mancanti dove compaiono i puntini.

1 Scegli sull'asse dei tempi due valori opportuni di t per le due rette:
$t_A = $ .... ; $t_B = $ ....

2 In corrispondenza di t_A sulla retta di A leggi la relativa velocità:
$v_A = $ ....

3 In corrispondenza di t_B sulla retta di B leggi la relativa velocità:
$v_B = $ ....

4 Poiché entrambe le rette passano per l'origine, per calcolare l'accelerazione, in base alla sua definizione, ti basta fare il rapporto tra le v e i corrispondenti t:
$a_A = $ .... ; $a_B = $ ....

5 Per il secondo quesito devi leggere il grafico in senso inverso rispetto a quanto fatto nei punti 1, 2 e 3 per trovare i tempi:
$t (v_A = 4,5$ m/s$) = $ .... ;
$t (v_B = 7,5$ m/s$) = $ ....

[a) 0,5 m/s²; 2,5 m/s²; b) 9,0 s; 3,0 s]

27 Un carrello, inizialmente fermo, ha accelerato con $a = 0,5$ m/s² per 4 secondi e poi ha proseguito con moto uniforme per altri 6 secondi.
Rappresenta in un grafico velocità-tempo il moto del carrello.

28 Osserva il seguente grafico.

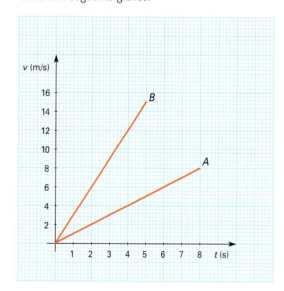

a) Ricava dal grafico la velocità di A e di B per t = 2,0 s.
b) Ricava dal grafico la velocità di A e di B per t = 4,0 s.
c) Trova dopo quanto tempo la velocità di B risulta maggiore di quella di A di 10 m/s.
d) Calcola l'accelerazione di A e di B.

[d) 1,0 m/s²; 3,0 m/s²]

29 Osserva il seguente grafico.

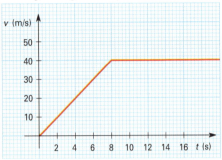

a) In quale intervallo di tempo il moto è uniforme?
b) Quanto vale la velocità nell'intervallo di tempo in cui il moto è uniforme?
c) Calcola l'accelerazione relativa all'intervallo di tempo compreso fra $t_1 = 0$ s e $t_2 = 8{,}0$ s.

30 Un'auto è partita da ferma e ha avuto un'accelerazione di $2{,}5$ m/s^2 per i primi 12 secondi, poi si è mossa di moto uniforme per altri 10 secondi e infine si è fermata in 8 secondi.
a) Rappresenta in un grafico velocità-tempo il moto dell'auto.
b) In quale intervallo di tempo ha avuto accelerazione nulla?
c) Utilizzando la pendenza, calcola la decelerazione.

31 Un motociclista parte da fermo e si muove di moto rettilineo uniformemente accelerato con accelerazione $2{,}5$ m/s^2.
a) Disegna il grafico velocità-tempo relativo ai primi 4 secondi.
b) Ricava dal grafico quanti secondi occorrono affinché il motociclista raggiunga la velocità di 15 m/s.

[b) 6 s]

32 This graph shows velocity as a function of time for some unknown object.

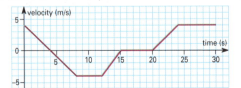

Which sections of the graph represent a deceleration of the object? What can we say about the motion of this object from $t = 8$ to $t = 16$, and from $t = 16$ to $t = 20$?
What did the object do from $t = 12$ to $t = 16$? Is there any other time interval in the graph where the object had the same acceleration? Calculate its acceleration in the time interval from $t = 12$ to $t = 16$.

8.4 Il grafico spazio-tempo e la proporzionalità quadratica ($v_0 = 0$)

33 Osservando la figura che segue, completa la tabella sottostante.

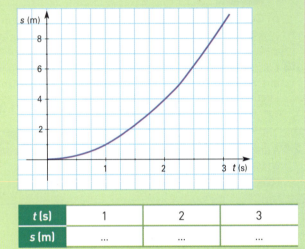

t (s)	1	2	3
s (m)	...	...	...

Per lo svolgimento dell'esercizio, completa il percorso guidato, inserendo gli elementi mancanti dove compaiono i puntini.

1 Trova sull'asse dei tempi il primo valore del tempo ($t_1 = 1{,}0$ s) e in corrispondenza sulla parabola leggi il corrispondente valore dello spazio: $s_1 = $ ....

2 Ripeti quanto fatto al punto precedente per i valori successivi del tempo ($t_2 = 2{,}0$ s e $t_3 = 3{,}0$ s), trovando:

$s_2 = $ ....;
$s_3 = $ ....

[1,0 m; 4,0 m; ...]

34 Osservando la figura, completa la tabella a essa abbinata.

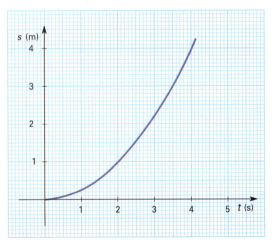

t (s)	...	2	...	4
s (m)	...	...	...	...

35 Sono dati 5 cerchi di raggio crescente. Completa la seguente tabella.

r (cm)	1	2	3	4	5
circonferenza (cm)	...	...	...	...	...
area (cm²)	...	...	...	...	...

a) Che relazione intercorre tra raggio e lunghezza della circonferenza?
b) Che relazione intercorre tra raggio e area del cerchio?
c) Rappresenta in un grafico la relazione tra raggio e area del cerchio, riportando sull'asse x i valori dei raggi e sull'asse y le aree.
d) Che tipo di curva è quello rappresentato nel grafico?
e) Quando il raggio triplica, che cosa succede all'area?

36 Nel grafico proposto è rappresentato il moto di un vaso di fiori caduto con accelerazione costante di 9,8 m/s² da un balcone.

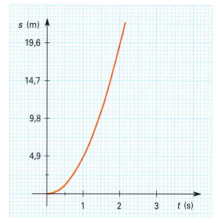

a) Dopo 1 s quanto spazio ha percorso?
b) Quanto tempo impiega per percorrere 19,6 m?
c) Quale relazione intercorre tra tempo e spazio?

[b) 2 s]

37 Un moto uniformemente accelerato ha legge oraria $s = 3t^2$.
a) Completa la seguente tabella tempo-spazio.

t (s)	1	2	3	4	5
s (m)	...	...	...	...	...

b) Rappresenta i dati della tabella in un grafico cartesiano, riportando i tempi sull'asse x e gli spazi sull'asse y.

38 Riconosci quali delle seguenti tabelle rappresentano grandezze x e y legate fra loro da una relazione di proporzionalità quadratica e, in tale caso, rappresenta graficamente y in funzione sia di x sia di x^2.

Tabella A

x	3	6	9	12	...
y	1/4	1/2	9/4	1	...
x²	...	...	...	...	...
y/x²	...	...	...	...	...

Tabella B

x	1	2	3	4	...
y	2	8	18	32	...

Tabella C

x	0,5	1,0	1,5	2,0	...
y	1	1/2	1/3	1/4	...

Per lo svolgimento dell'esercizio, completa il percorso guidato, inserendo gli elementi mancanti dove compaiono i puntini.

1 Costruisci nelle tabelle una terza riga nella quale calcoli il quadrato di x per ogni colonna: $x^2 = 3^2 = $ ....
....

2 Costruisci nelle tabelle una quarta riga nella quale calcoli per ogni colonna il rapporto: $y/x^2 = $ ....
....

3 Se tutti i valori della quarta riga sono uguali, allora ciò vuol dire che ....
....

[A: no; B: sì; C: no]

39 Riconosci quali delle seguenti tabelle rappresentano grandezze X e Y legate fra loro da una relazione di proporzionalità quadratica e, in tale caso, rappresenta graficamente Y in funzione sia di X sia di X^2.

Tabella A

x	2	4	6	8	...
y	12	48	108	192	...

Tabella B

x	2	4	8	16	...
y	5	25	45	85	...

Tabella C

x	1/2	1	3/2	2	...
y	1/4	1	9/4	4	...

[A: sì; B: no; C: sì]

40 Completa la tabella sotto nell'ipotesi che x e y siano grandezze che hanno fra loro una relazione di proporzionalità quadratica.

x	1	...	3	...	...
y	1	...	...	16	...

41 Completa la tabella sotto nell'ipotesi che x e y siano grandezze che hanno fra loro una relazione di proporzionalità quadratica.

x	...	4	...	8	...
y	3	...	27	...	...

42 Completa la tabella sotto nell'ipotesi che x e y siano grandezze che hanno fra loro una relazione di proporzionalità quadratica.

x	1/2	...	...	2	...
y	5	...	45	...	...

43 Consider a square with side length l, perimeter p and area A. Complete the following table:

l (cm)	p (cm)	A (cm²)
1	4	1
2	...	...
3	...	...
5	...	...
10	...	...

What kind of mathematical relationship links the side length l to the area A? And the side length l to the perimeter p? Plot two graphs showing A and p, respectively, as a function of l.

8.5 La legge oraria del moto rettilineo uniformemente accelerato ($v_0 = 0$)

44 Un'automobile, che parte da ferma, si muove con traiettoria rettilinea e accelerazione costante di 2,5 m/s². Quale distanza percorre in 6,0 secondi?

Per lo svolgimento dell'esercizio, completa il percorso guidato, inserendo gli elementi mancanti dove compaiono i puntini.

1 I dati sono: ....

2 La formula che devi usare è la legge oraria del moto rettilineo uniformemente accelerato: $s =$ ....

3 Sostituisci nella formula i dati, trovando perciò:

$s =$ .... $=$ ....

[45 m]

45 Un bambino, inizialmente immobile, scende lungo uno scivolo con accelerazione costante di 3,5 m/s². Determina quanto spazio percorre in 4,0 secondi.

[28 m]

46 Un moto uniformemente accelerato ha legge oraria $s = 0,2 \cdot t^2$.
a) Che cosa rappresenta 0,2?
b) Quanto spazio sarà percorso in 2,0 s, 4,0 s, 8,0 s?

[b) 0,8 m; ...; ...]

47 Uno sciatore inizialmente fermo scende lungo una pista con accelerazione costante di 1,5 m/s².
a) Scrivi la legge oraria.
b) Rappresentala graficamente.
c) Quale distanza percorre lo sciatore in 5,0 secondi?
d) In quanto tempo percorre 36,75 m?

[c) 18,75 m; d) 7,0 s]

48 Sapendo che un sasso percorre un tratto rettilineo di 147 metri impiegando 14 secondi, determina la sua accelerazione nel caso in cui nell'istante iniziale sia fermo.

SUGGERIMENTO Dalla legge oraria ottieni la formula inversa al fine di poter calcolare l'accelerazione...

[1,5 m/s²]

49 Partendo da fermo, un corpo copre 5,760 km in 120 secondi. Trova la sua accelerazione.

[0,80 m/s²]

50 Un aereo in fase di decollo, partendo da fermo, percorre 128 m in 8,0 s.
a) Qual è l'accelerazione?
b) Scrivi la legge oraria.
c) Qual è lo spazio percorso dall'aereo in 3,0 s?
d) Qual è lo spazio percorso in 6,0 s?

[a) 4,0 m/s²; c) 18 m; d) 72 m]

51 Quando un semaforo diventa verde un'automobile, partendo da ferma, accelera percorrendo 39,2 m in 5,6 s.
a) Determina l'accelerazione.
b) Scrivi la legge oraria.
c) Determina quanti metri il veicolo ha percorso in 3,0 s.

[a) 2,5 m/s²; c) 11,25 m]

52 Un camion, dal momento in cui ha iniziato a frenare con decelerazione di $-4,0$ m/s², ha percorso 20,48 m prima di fermarsi. Determina il tempo che ha impiegato per arrestarsi completamente.

SUGGERIMENTO L'intervallo di tempo richiesto è lo stesso necessario per percorrere la medesima distanza con velocità iniziale nulla e accelerazione costante di 4,0 m/s². Perciò, dopo avere ricavato v^2 dalla nota formula...

[3,2 s]

53 Un'automobile, inizialmente ferma, parte con un'accelerazione costante di 0,7 m/s², mantenendo una traiettoria rettilinea. Quanto tempo impiega a percorrere 140 metri?

[20 s]

54 Supponendo che un corpo parta da fermo con accelerazione costante di 3,2 m/s², completa la seguente tabella oraria e poi traccia il grafico corrispondente nel piano cartesiano spazio-tempo.

t (s)	1	2	3	4	5
s (m)	...	...	14,4	...	...

55 A bike accelerates uniformly from rest, with an acceleration of 0.735 m/s². What is the distance covered in 8 seconds?

[23.5 m]

56 A feather is dropped on the Moon from a height of 1.50 meters. The acceleration of gravity on the Moon is 1.67 m/s². Determine the time for the feather to fall to the Moon surface.

[1.34 s]

8.6 La relazione tra velocità e tempo e grafico relativo ($v_0 \neq 0$)

57 In un moto la relazione tra velocità e tempo è data da $v = 0,4\,t + 3$. Tutte le grandezze sono espresse nell'unità del SI.
a) Determina la velocità iniziale e l'accelerazione.
b) Rappresenta la relazione in un grafico velocità tempo.
c) Quale velocità raggiunge per $t = 7,3$ s?
[c) 5,9 m/s]

58 Esaminata la figura qui sotto:

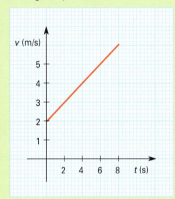

a) determina l'accelerazione del corpo;
b) ricava dal grafico dopo quanto tempo la velocità del corpo è il doppio di quella iniziale.

Per lo svolgimento dell'esercizio, completa il percorso guidato, inserendo gli elementi mancanti dove compaiono i puntini.

1 Scegli sull'asse dei tempi due valori opportuni di t:
$t_1 = $ .... $t_2 = $ ....
2 In corrispondenza di t_1 leggi sulla retta la relativa velocità
$v_1 = $ ....
3 Analogamente in corrispondenza di t_2 determini
$v_2 = $ ....
4 Per calcolare l'accelerazione basta applicare la formula
$a = \dfrac{\Delta v}{\Delta t} = \dfrac{v_2 - v_1}{t_2 - t_1} = $ ....
5 Per il secondo quesito, dopo avere letto sul grafico il valore di v_0, lo moltiplichi per due, cerchi sull'asse delle velocità il valore $2v_0$ e poi, procedendo in senso inverso rispetto a quanto fatto nei punti 1 e 2, trovi il tempo richiesto:
$t = $ ....
[0,5 m/s²]

59 Un camion che si sta muovendo con una velocità iniziale di 57,6 km/h accelera con $a = 0,3$ m/s² per 12 s. Qual è la sua velocità finale?
SUGGERIMENTO La velocità iniziale è $v_0 = 57,6$ km/h, quindi basta utilizzare la formula $v = $ ...
[19,6 m/s]

60 Un atleta sta correndo durante un allenamento a 4,0 m/s e poi accelera di 0,2 m/s² per 7,0 s. Quale velocità raggiunge?
[5,4 m/s]

61 Un motoscafo accelera per 6,0 s di 1,2 m/s². Se raggiunge la velocità di 45 km/h, qual era la velocità iniziale?
[5,3 m/s]

62 Un ciclista per sorpassare un'altra bici accelera per 8,0 s di 0,5 m/s². Alla fine del sorpasso ha raggiunto la velocità di 32,4 km/h. Qual era la velocità iniziale?
[18 km/h]

63 Una pattinatrice durante una gara di velocità sul ghiaccio accelera con $a = 0,2$ m/s² in prossimità del traguardo per 5,0 s e lo taglia alla velocità di 43,2 km/h. Qual era la velocità dell'atleta prima dell'accelerazione finale?
[39,6 km]

64 Un aereo in fase di decollo passa da 170 km/h a 290 km/h in 24 s. Determina:
a) l'accelerazione;
b) la velocità raggiunta dopo i primi tre secondi di accelerazione.
[a) 1,39 m/s²; b) 185 km/h]

65 Osserva il seguente grafico.

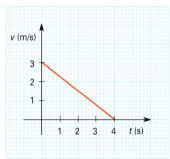

a) Qual è la velocità per $t = 0$? E per $t = 4,0$ s?
b) Calcola la decelerazione.
[b) –0,75 m/s²]

66 Osserva il seguente grafico.

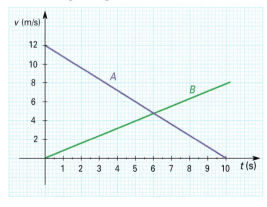

a) Ricava dal grafico la velocità di A e di B per $t = 0$ s.
b) Ricava dal grafico la velocità di A e di B per $t = 4,0$ s.
c) Trova dopo quanto tempo la velocità di A diventa la metà di quella iniziale e poi uguale a zero.
d) Determina in quale momento A e B hanno uguale velocità.
e) Calcola l'accelerazione di A e di B.
[e) –1,2 m/s²; 0,8 m/s²]

67 Osserva il seguente grafico.

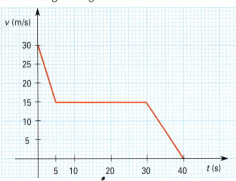

a) In quale intervallo di tempo l'accelerazione è nulla?
b) Quanto vale la velocità nell'intervallo di tempo in cui il moto è uniforme?
c) Calcola l'accelerazione relativa all'intervallo di tempo compreso fra $t = 0$ s e $t = 5,0$ s.
d) Calcola la decelerazione relativa all'ultimo tratto.
[b) 15 m/s; c) –3,0 m/s²; d) –1,5 m/s²]

68 Se un'auto, che sta procedendo a 75,6 km/h, si ferma in 3,5 s, qual è la decelerazione? [–6,0 m/s²]

69 Un motociclista che sta andando a 126 km/h decelera con $a = -4,8$ m/s². Quanto tempo impiega per fermarsi? [7,3 s]

70 A e B frenano come indicato nel grafico. Calcola la decelerazione di entrambi.

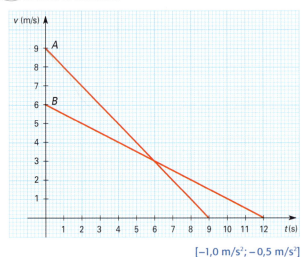

[–1,0 m/s²; –0,5 m/s²]

71 During take-off, a plane accelerates from a speed of 150.0 km/h to 310 km/h. Calculate the acceleration, in the knowledge that it takes 25 seconds for the plane to reach its final speed. [1.8 m/s²]

72 A train accelerates uniformly from 60.0 m/s to 83.5 m/s in 3.5 seconds. Determine the acceleration of the train and the distance travelled. [6.7 m/s²; 41 m]

8.7 La legge oraria del moto rettilineo uniformemente accelerato ($v_0 \neq 0$)

Con il simbolo ■ sono contrassegnati gli esercizi in cui è necessaria la risoluzione di equazioni complete di secondo grado.

73 Un'auto, che si sta muovendo alla velocità di 59,4 km/h, accelera per 10 s con accelerazione costante $a = 1,3$ m/s². Quanto spazio percorre in fase di accelerazione?

Per lo svolgimento dell'esercizio, completa il percorso guidato, inserendo gli elementi mancanti dove compaiono i puntini.

1 I dati sono: ....
2 La legge che devi usare è la legge oraria del moto rettilineo uniformemente accelerato con velocità iniziale v_0 diversa da 0:
$s = $ ....
3 Sostituisci nella formula i dati, trovando perciò:
$s = $ .... = ...
[230 m]

74 La legge oraria di un moto uniformemente accelerato con partenza in movimento è $s = 0,5 \, t^2 + 3t$. Determina, sapendo che le grandezze sono espresse nelle unità del SI:
a) l'accelerazione;
b) la velocità iniziale;
c) lo spazio percorso in 4 s. [20 m]

75 Uno sciatore che sta scendendo a 32,4 km/h percorre un tratto molto inclinato con un'accelerazione costante $a = 1,8$ m/s² per 5 s. Determina:
a) lo spazio percorso;
b) la velocità raggiunta. [a) 67,5 m; b) 64,8 km/h]

76 Un aereo in fase di atterraggio decelera senza fermarsi per 18 s con $a = -3,4$ m/s². Se nel momento in cui tocca terra si muove alla velocità di 68 m/s, qual è lo spazio percorso durante la frenata? [673 m]

77 Nel grafico è rappresentata la velocità di un corpo: determina quale spazio ha percorso nei primi 6,0 secondi.

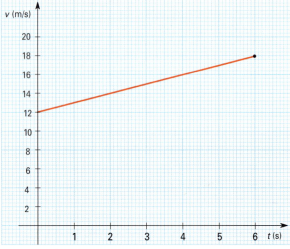

[90 m]

78 Un ciclista che sta andando a 34,2 km/h percorre gli ultimi 50 m di un percorso con accelerazione costante $a = 1,0$ m/s². In quanto tempo percorre questo ultimo tratto? [4,3 s]

79 Un animale che sta correndo a 16 m/s si trova a 200 m dal branco, per cui accelera con $a = 0,2$ m/s². Quanto tempo impiega a raggiungerlo? [11,7 s]

80 A car is moving at a speed of 24 m/s, when it accelerates and reaches its final speed of 36 m/s in 3 seconds. Determine the distance covered during this interval of time. [90 m]

81 What is the displacement of a car whose initial velocity is 5 m/s and then accelerates 2 m/s² for 10 seconds? [150 m]

8.8 Il moto vario

82 In un viaggio da Bari ad Ancona hai viaggiato alla media di 90 km/h.
a) Da questa affermazione puoi dedurre che sei sempre andato a 90 km/h?
b) Il valore della velocità media esclude che possa esserti fermato a un autogrill?
c) Prova a descrivere una situazione compatibile con una velocità media di 90 km/h, sapendo che durante il viaggio non hai tenuto sempre la stessa velocità.

83 Un ciclista percorre 6 km in 9 minuti. Qual è la sua velocità media?

Per lo svolgimento dell'esercizio, completa il percorso guidato, inserendo gli elementi mancanti dove compaiono i puntini.

1 I dati sono: ....
2 Le unità di misura sono coerenti con quelle del SI? ....
3 In caso di risposta negativa, esegui le equivalenze necessarie: ....
4 La formula che devi usare è semplicemente la definizione di velocità media: $v =$ ....
5 Sostituisci nella formula i dati, trovando perciò:
$v =$ .... = ...
[11,1 m/s]

84 Un treno percorre 80 km in 1 ora e 10 minuti. Qual è la sua velocità media in m/s e km/h?
SUGGERIMENTO Se trovi difficile trasformare l'intervallo di tempo in frazione di ore, trova prima il risultato in m/s e poi trasformalo in km/h... [19 m/s; 68,6 km/h]

85 Dario percorre il tragitto casa-ufficio di 1 km impiegando 8 minuti per i primi 600 m e dopo una sosta di 4 minuti in un bar il restante tratto in 6 minuti.
a) La velocità media di Dario è maggiore prima o dopo la fermata al bar?
b) Qual è la velocità media di Dario sull'intero tragitto?
SUGGERIMENTO Tieni conto della fermata. [0,93 m/s]

86 In una piscina di 25 metri Sara ha percorso la vasca nella fase di andata in 12 s e in fase di ritorno in 15 s.
a) Dalle informazioni che conosci è corretto dedurre che Sara ha sempre tenuto la stessa velocità in fase di andata? Motiva la risposta.
b) Calcola la velocità media di Sara sull'intero percorso. [1,85 m/s]

87 Osserva la seguente tabella relativa a un viaggio in autostrada.

fermate	Milano	Bologna	Firenze	Roma	Napoli
km	0	210	300	575	785
orario	10.00	12.00	13.05	15.10	17.00

a) La velocità è costante nei vari tratti?
b) Qual è la velocità media nel tratto Milano-Firenze e nel tratto Firenze-Napoli?
c) È corretto affermare che la velocità media del treno sull'intero percorso coincide con la media delle velocità nei singoli tratti? Prova a verificare.
[b) 97,3 km/h; 123,8 km/h]

88 Se Marco impiega 7 min per andare da casa sua alla fermata dell'autobus, camminando alla velocità media di 2,5 m/s, quale distanza percorre?
SUGGERIMENTO Devi utilizzare la formula inversa a partire dalla definizione di velocità media... [1050 m]

89 Quale distanza ha percorso un camion in 1 h e 34 min, se ha viaggiato alla velocità media di 75 km/h? [117,5 km]

90 Se un impiegato per recarsi al lavoro percorre ogni giorno in motorino 8 km alla velocità media di 36 km/h, quanto tempo impiega per raggiungere la sede di lavoro?
SUGGERIMENTO La formula inversa questa volta è... Inoltre, ti conviene effettuare i calcoli dopo aver trasformato le unità di misura in quelle fondamentali del SI, tenendo presente che 13 min 20 s equivalgono in secondi a $13 \cdot 60 + 20 = ...$ [13 min 20 s]

91 Un aereo sta volando a una velocità media di 900 km/h. Quanto tempo impiega per percorrere 3000 km? [3 h 20 min]

92 Determina la velocità media nei tre tratti del grafico rappresentato qui sotto e poi calcola la velocità media complessiva.

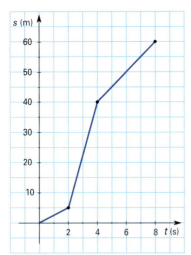

SUGGERIMENTO Rifletti attentamente sulla circostanza che la velocità media dell'intero tragitto in generale è diversa dal valore medio delle velocità dei singoli tratti, per cui devi fare il rapporto tra tutto lo spazio percorso e...

[2,5 m/s; 17,5 m/s; 5,0 m/s; 7,5 m/s]

93 Trova la velocità media nei quattro tratti del grafico rappresentato qui sotto e determina, quindi, la velocità media complessiva.

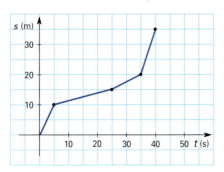

[2,0 m/s; 0,25 m/s; 0,5 m/s; 3,0 m/s; 0,875 m/s]

94 A motorbike moves at a constant speed of 60 km/h for 2 hours, it stops for a rest of half an hour, and then it travels at a constant speed of 80 km/h for the following 1.5 hours.
a) What is the total distance covered?
b) What is its average speed for the whole trip?
c) Show the motion in a speed-time graph.

HINT Do not forget to include the 30 minute rest in the calculation of the total trip time.

[a) 240 km; b) 60 km/h]

Problemi

La risoluzione dei problemi richiede la conoscenza degli argomenti trasversali a più paragrafi. Con il pallino sono contrassegnati i problemi che presentano una maggiore complessità; il simbolo ■ segnala i problemi che richiedono la risoluzione di una equazione di secondo grado completa.

1 Osserva il grafico.

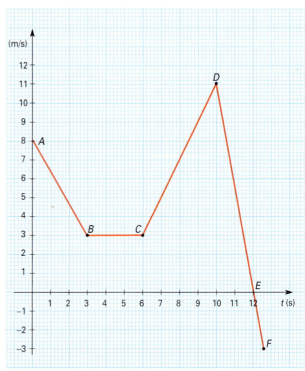

a) Determina l'accelerazione nei tratti *AB*, *BC*, *CD*, *DE*, *EF*.
b) Individua la legge oraria del moto relativamente ai singoli tratti *AB*, *BC*, *CD*, *DE*.
c) Calcola lo spazio complessivo percorso nei primi 12 secondi.
d) In corrispondenza del tratto *EF* il segno della velocità risulta negativo. Qual è il significato fisico?

[a) $-1{,}67$ m/s^2; ...;
b) AB: $s = \dfrac{1}{2}(-1{,}67) \cdot t^2 + 8t$; BC: $s = 3t$; ...; c) 64,5 m]

2 Un corpo *A* parte da fermo dalla posizione $s_0 = 0$ m con accelerazione costante pari a 0,2 m/s^2, mentre un corpo *B* transita nella medesima posizione con velocità costante di 1,0 m/s. Entrambi i corpi si muovono di moto rettilineo.
a) Scrivi le equazioni orarie dei moti dei due corpi.
b) Traccia nello stesso piano cartesiano le curve rappresentative dei due moti.
c) Trova la distanza che separa *A* da *B* dopo 6 secondi.
d) Determina dopo quanto tempo *A* raggiunge *B*.

SUGGERIMENTO Per individuare i punti necessari per tracciare il grafico, ti conviene costruire una tabella oraria, assegnando al tempo valori a piacere non troppo grandi...

[a) $s = 0{,}1 t^2$; $s = 1 t$; c) 2,4 m; d) 10 s]

3 Un corpo A si muove di moto rettilineo uniformemente accelerato con $s_0 = 0$ m, $v_0 = 0$ m/s e accelerazione di 2,5 m/s². Un corpo B si muove di moto rettilineo uniforme con velocità pari a 5,0 m/s e posizione iniziale 15 m.
a) Scrivi le due leggi orarie.
b) Traccia nello stesso piano cartesiano le curve rappresentative dei due moti.
c) Determina la distanza tra i corpi in questione per t pari a 0, 2, 4, 6 e 8 s.
d) Calcola la velocità di A quando raggiunge B.

[a) $s = 1,25 t^2$; $s = 5t + 15$;
c) 15 m; 20 m; 15 m; 0 m; 25 m; d) 15 m/s]

4 Esamina il grafico qui sotto.

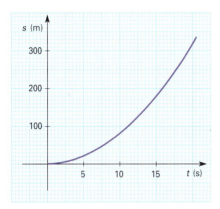

a) Stabilisci a quale tipo di moto si riferisce e perché.
b) Calcola la grandezza che tra la velocità e l'accelerazione ritieni costante.
c) Scrivi la legge oraria del moto.
d) Determina la posizione del corpo dopo 40 s.
e) Trova la velocità del corpo dopo 1 min.

SUGGERIMENTO Individua una coppia (t, s) di valori corrispondenti a un punto appartenente alla parabola, calcola immediatamente la... tramite la formula inversa...

[c) $s = 0,8 t^2$; d) 1,28 km; e) 96 m/s]

5 Un'auto accelera lungo il tratto rettilineo di un circuito da 0 a 100 km/h in 10,5 s. Immaginando che l'accelerazione sia costante, determina lo spazio percorso in tale intervallo di tempo e la velocità che l'auto raggiungerebbe dopo 400 m dalla partenza.

[146 m; 46 m/s]

6 Completa la tabella sottostante di confronto fra il moto rettilineo uniforme e quello uniformemente accelerato con partenza da fermo.

caratteristiche	moto rettilineo uniforme	moto rettilineo uniformemente accelerato
traiettoria	rettilinea	...
velocità	...	variabile ($v = a \cdot t$)
accelerazione	nulla	...
grandezze direttamente proporzionali	...	velocità e tempo
grandezze con proporzionalità quadratica	nessuna	...
legge oraria (con $s_0 = 0$)	$s = v \cdot t$	$s = ...$
rappresentazione grafica $v - t$	...	retta
rappresentazione grafica $s - t$	...	...

7 Nello stesso istante in cui Diletta parte da ferma con il suo motorino, Filippo, che la sta superando, inizia a frenare con decelerazione costante perché vuole fermarsi a parlare con la sua amica.

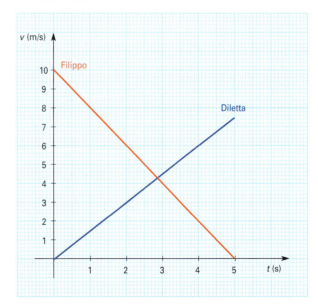

Utilizzando i dati ricavabili dal grafico, determina:
a) l'accelerazione di Diletta e Filippo;
b) dopo quanto tempo Diletta raggiunge Filippo;
c) quanto spazio percorre Diletta prima di raggiungere Filippo.

[a) 1,5 m/s²; −2,0 m/s²; b) 5,77 s; c) 25 m]

■ **8** Elena si sta muovendo a piedi lungo una strada rettilinea a velocità costante di 3,0 m/s e si trova 200 m davanti al suo amico Jacopo che parte in auto con un'accelerazione costante di 1,2 m/s².
  a) Dopo quanto tempo Jacopo raggiunge Elena?
  b) Quale distanza ha percorso Jacopo?
  c) Qual è la velocità di Jacopo quando raggiunge Elena?
  SUGGERIMENTO La distanza complessiva percorsa da Jacopo con moto uniformemente accelerato è uguale a quella percorsa da Elena con moto rettilineo e uniforme aumentata di 200 m. Quindi: $s_{Jacopo} = s_{Elena} + 200$.
  [a) 20,9 s; b) 263 m; c) 90 km/h]

● **9** Mirco guida il suo camion su una strada rettilinea con velocità costante di 60 km/h, mentre il suo collega Daniele sta andando a velocità costante di 64,8 km/h. Alle ore 15:00 Daniele, nel momento in cui vede il mezzo di Mirco che lo precede a distanza di 300 m, azzera il contakilometri. Alle ore 15:01 Daniele accelera in modo costante e raggiunge Mirco quando il suo contakilometri segna 1 km e 900 m.
  a) Quale distanza complessiva percorre Mirco durante l'inseguimento?
  b) Quanto dura in totale l'inseguimento?
  c) Dalle ore 15:00 alle 15:01 quale distanza percorre Daniele?
  d) Qual è l'accelerazione di Daniele?
  e) Qual è la velocità di Daniele quando raggiunge Mirco?
  [a) 1600 m; b) 96 s; c) 1080 m; d) 0,265 m/s²; e) 99 km/h]

10 Un macchinista alla guida del treno individua un ostacolo sulle rotaie a 200 m e comincia a frenare con una decelerazione di –1,6 m/s².
  a) Determina il tempo necessario per fermarsi (cioè per raggiungere la velocità di 0 m/s), sapendo che la velocità iniziale è di 86,4 km/h.
  b) Il macchinista riesce a evitare l'ostacolo?
  [a) 15 s; b) sì, perché...]

11 Mentre viaggia alla velocità di 108 km/h un automobilista vede sulla sua strada un tronco d'albero che dista 100 m. L'automobilista, a causa del tempo di reazione, inizia la frenata dopo 0,3 s dal momento in cui ha visto l'ostacolo, dopodiché decelera fino a fermarsi dopo 6 s.
  a) Quanto spazio percorre prima di iniziare la frenata?
  b) A quanti metri dall'ostacolo riesce a fermarsi?
  [a) 9 m; b) 1 m]

12 Un'automobile fugge a un posto di blocco alla velocità costante di 162 km/h. La macchina della polizia, partendo da ferma, inizia un inseguimento con un'accelerazione di 4,00 m/s².
  a) Dopo quanto tempo l'automobile della polizia raggiunge la velocità dell'auto inseguita?
  b) Nell'istante in cui la macchina della polizia raggiunge la velocità dei fuggiaschi, di quanti metri essi precedono gli inseguitori?
  c) Se durante la corsa a 162 km/h all'improvviso si scorgesse sulla strada un ostacolo a 200 m di distanza, si riuscirebbe a fermare in tempo per evitarlo qualora la decelerazione fosse di –4,50 m/s²?
  d) Se la macchina della polizia mantiene sempre la stessa accelerazione, dopo quanto tempo raggiunge l'automobile?
  [a) 11,3 s; b) 253 m; c) no, perché...; d) 22,5 s]

● **13** Analizza il grafico riportato qui sotto.

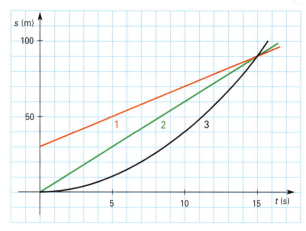

  a) Scrivi la legge oraria di ciascuno dei tre moti rappresentati nel grafico.
  b) Calcola la velocità dei pedoni 1 e 2 e del ciclista 3 quando si incontrano.
  c) Determina istante e posizione in cui il ciclista 3 ha la stessa velocità del pedone 1, dopodiché la stessa velocità del pedone 2. Che cosa accomuna in quei punti la parabola alle rette?
  d) Trova la velocità media del ciclista 3 nei primi 15 s.
  [b) 4 m/s, 6 m/s, 12 m/s; c) 5 s, 10 m; 7,5 s, 22,5 m; d) 6 m/s]

14 Un'auto accelera da (8,6 ± 0,2) m/s a (25,5 ± 0,5) m/s in un intervallo di tempo di (7,2 ± 0,1) s. Determina la scrittura dell'accelerazione.
Come valuti l'incertezza dell'accelerazione? Per quale motivo l'errore relativo è aumentato rispetto a quelli iniziali delle velocità e dell'intervallo di tempo?
  [(2,3 ± 0,2) m/s²]

● **15** In laboratorio sono stati rilevati i seguenti dati, necessari per il calcolo dell'accelerazione del carrello che si è mosso sulla guidovia a cuscino d'aria con accelerazione costante: $s = (62,8 ± 0,2)$ cm, $t = (1,35 ± 0,01)$ s. Scrivi la misura dell'accelerazione del carrello.
  SUGGERIMENTO Devi ricorrere alla formula inversa che dà l'accelerazione a partire dalla legge oraria del moto, in cui il 2 non è influente ai fini dell'incertezza...
  [(0,69 ± 0,02) m/s²]

16 A thief is riding a motorbike, at a constant speed of 100 km/h, when a policeman starts his chase. The police car accelerates from rest and succeeds in catching the thief after 2.20 km. Assume that the motorbike has a constant speed, whereas the car moves with constant acceleration.
  a) Calculate how long it takes for the policeman to reach the thief.
  b) What is the police car speed when it reaches the motorbike?
  [a) 79,2 s; b) 200 km/h]

Competenze alla prova

ASSE SCIENTIFICO-TECNOLOGICO

Osservare, descrivere e analizzare fenomeni appartenenti alla realtà...

1. Immagina di essere in un grande parco giochi. Individua almeno tre attrazioni in cui l'accelerazione svolge un ruolo centrale per il divertimento dei fruitori e analizza in quale maniera agisce, ovvero con quali modalità si hanno i cambiamenti di velocità.

> **Spunto** Un esempio potrebbero essere le *montagne russe*: durante il tormentato percorso l'accelerazione entra in azione alla partenza, all'inizio di una discesa, durante il giro della morte, in una frenata improvvisa...

ASSE SCIENTIFICO-TECNOLOGICO

Essere consapevole delle potenzialità e dei limiti delle tecnologie...

2. Nella scheda tecnica delle automobili si trova sempre il tempo necessario al mezzo per passare da 0 a 100 km/h, indicato solitamente come *accelerazione 0-100 km/h*. Raccogli per una decina di modelli commerciali, cioè non destinati alle gare, questo dato, trasformalo nell'unità del SI (m/s^2) ed elabora una classifica delle auto selezionate in ordine decrescente di accelerazione...

> **Spunto** In entrambi i casi puoi ricorrere alle informazioni desumibili tramite la rete o le riviste specializzate.

ASSE MATEMATICO

Individuare le strategie appropriate per la soluzione di problemi

3. Un ciclista transita per la posizione 48 m all'istante di tempo iniziale $t_0 = 0$ s, muovendosi di moto rettilineo alla velocità costante di 18 km/h. Sempre all'istante iniziale $t_0 = 0$ s un motociclista, che è fermo nella posizione 0 m, si mette in movimento lungo la stessa traiettoria del ciclista e nel medesimo verso con accelerazione costante. Sapendo che il motociclista sorpassa il ciclista dopo 12 s, trova la sua velocità istantanea al momento del sorpasso.

> **Spunto** Ti conviene scrivere le due leggi orarie relative al moto rettilineo uniforme e uniformemente accelerato. Per sapere lo spazio percorso dal motociclista è necessario che, con i dati relativi al ciclista, individui la posizione del sorpasso. Una rappresentazione grafica ti può aiutare...

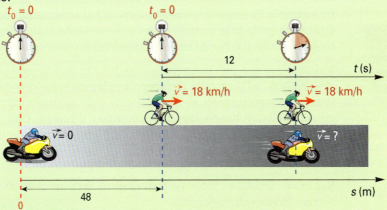

ASSE LINGUISTICO

Padroneggiare gli strumenti espressivi e argomentativi...

4. Descrivi al massimo in venti righe, discorsivamente e senza scrivere alcuna formula, gli elementi principali del moto rettilineo uniformemente accelerato, sottolineando in particolare la correlazione tra la velocità istantanea e l'accelerazione.

> **Spunto** Un buon inizio potrebbe essere quello di spiegare il nome di questo moto parola per parola: perché si parla di "moto", cosa si intende con "rettilineo", che cosa vuol dire "accelerato" in generale e quindi "uniformemente accelerato"...

UNITÀ 9
Moto circolare uniforme e moto armonico

Lezione multimediale

Virtual Lab

9.1 Il moto circolare uniforme

Sinora abbiamo trattato moti rettilinei. Però, se pensiamo a un motociclista mentre percorre un circuito, sappiamo che la traiettoria non è sempre rettilinea, bensì in certi punti curvilinea. I moti con traiettoria curvilinea qualunque non sono facili da studiare, di conseguenza fra tutte le curve scegliamo quella più regolare: la circonferenza. Inoltre, per quanto riguarda la velocità, ipotizziamo che il suo modulo sia costante.
Parliamo in definitiva del **moto circolare uniforme**.

moto circolare uniforme
> Il **moto circolare uniforme** è un moto nel quale la traiettoria è una circonferenza e il modulo del vettore velocità è costante.

ricorda...
I termini *curvilineo* e *circolare* non sono sinonimi: il primo è più generico e si riferisce a una curva qualunque; il secondo, invece, è relativo esclusivamente alla circonferenza.

Un esempio di moto circolare uniforme è il movimento descritto dal cavallo di una giostra. Dopo la fase iniziale di avviamento della piattaforma, il cavallino compie, rispetto a chi lo osserva da terra, tante circonferenze con velocità costante (in modulo).

Vediamo come si può ottenere la velocità. Per definizione essa è il rapporto tra lo spazio percorso e l'intervallo di tempo impiegato a percorrerlo. Per quanto riguarda lo spazio, concentriamoci su un solo giro della piattaforma: il cavallo descrive l'intera circonferenza di lunghezza $2\pi \cdot r$, essendo r il raggio. L'intervallo di tempo sarà quello necessario per compiere un giro completo, che prende il nome di **periodo** e viene indicato con T.

periodo
> Nel moto circolare uniforme il **periodo** T è l'intervallo di tempo necessario per percorrere l'intera circonferenza.

Trattandosi di un intervallo di tempo, l'unità di misura del periodo nel SI è il secondo (s).

velocità tangenziale
> Il modulo della velocità (detta **velocità tangenziale**) è il rapporto tra la lunghezza della circonferenza ($2\pi \cdot r$) e l'intervallo di tempo necessario a percorrerla, cioè il periodo:
> $$v = \frac{2\pi \cdot r}{T}$$

Trattandosi di una velocità, l'unità di misura nel SI è il m/s.

Rimane solo da individuare direzione e verso del vettore velocità.
Rifletti nuovamente sul moto del cavallo della giostra: la direzione della velocità è sempre la stessa oppure cambia? Ogni quanto cambia?
Possiamo dire che si modifica di continuo. Per chiarire meglio questo aspetto, consideriamo il caso di un sasso legato a una corda e fatto ruotare.

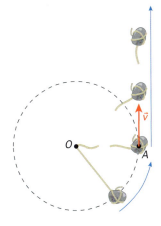
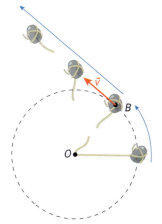
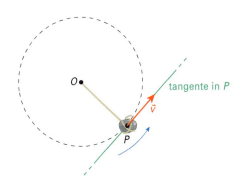

Se la corda viene tagliata quando il sasso si trova nella posizione A, esso va via secondo una certa direzione e un certo verso.

Se invece il sasso si trovava nel punto B, allora la direzione è completamente diversa.

La direzione del vettore velocità in un punto P della traiettoria è data dalla retta tangente alla circonferenza in P, mentre il verso è concorde con il senso con cui il corpo percorre la circonferenza stessa.

Secondo te nel moto circolare uniforme, considerato che il modulo della velocità è costante, vi è accelerazione? Prova a rispondere.

....
....

> **ricorda...**
> In un punto P di un moto circolare il vettore velocità tangenziale $\vec{v}$ presenta le seguenti caratteristiche:
> - il modulo vale $\dfrac{2\pi \cdot r}{T}$;
> - la direzione è tangente alla circonferenza in P;
> - il verso è concorde con quello di percorrenza della traiettoria circolare.

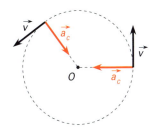

La velocità è un vettore e di conseguenza, anche se il suo modulo non varia, la sua direzione può variare: in tal caso dunque la velocità in un modo o nell'altro cambia.
E ogni volta che si ha una variazione di velocità, c'è inevitabilmente un'accelerazione. Nel moto da noi esaminato quest'ultima prende il nome di **accelerazione centripeta** (a_c) e vale:

$$a_c = \frac{v^2}{r}$$

accelerazione centripeta

in cui v è il modulo della velocità tangenziale e r è il raggio della circonferenza.

> **ricorda...**
> Il vettore accelerazione centripeta $\vec{a}_c$ presenta le seguenti caratteristiche:
> - il modulo vale $\dfrac{v^2}{r}$;
> - la direzione è il raggio della circonferenza;
> - il verso è verso il centro della circonferenza.

9.2 La frequenza

I vecchi dischi di vinile si distinguevano in 33 o 45 giri (risalendo ancora più indietro nel tempo, esistevano addirittura i 78 giri). La classificazione «45 giri» indicava che il disco compiva in un minuto 45 rotazioni complete. Quanti giri venivano allora compiuti ogni secondo? Tenuto conto che in 1 min ci sono 60 s, la risposta è:

$$\frac{45 \text{ giri}}{60 \text{ secondi}} = 0{,}75 \frac{\text{giri}}{\text{s}}$$

Quindi, tre quarti di giro al secondo, cioè meno di un giro completo.

È evidente che ci troviamo di fronte a una nuova grandezza fisica, detta **frequenza**, utile per capire quante volte il fenomeno studiato (la rotazione del disco) si ripete nell'unità di tempo, ovvero in 1 secondo.

frequenza

> **INFORMAZIONE** La **frequenza** ci informa sul numero di giri effettuati da un oggetto che si muove di moto circolare uniforme in un intervallo di tempo unitario.
>
> **DEFINIZIONE** La **frequenza** è il rapporto tra il numero di giri effettuati e l'intervallo di tempo impiegato a compierli:
>
> $$\text{frequenza} = \frac{\text{numero di giri compiuti}}{\text{intervallo di tempo impiegato}}$$
>
> In termini matematici abbiamo:
>
> **FORMULA** $f = \dfrac{1}{T}$

Per giustificare la formula, notiamo che, essendo il periodo T il tempo necessario per fare un giro, il tempo di n giri sarà allora $n \cdot T$, da cui:

$$f = \frac{\cancel{n}}{\cancel{n} \cdot T} = \frac{1}{T}$$

Troviamo l'unità di misura della frequenza:

$$f = \frac{1}{T \text{ (misurato in secondi)}} \quad \Rightarrow \quad \frac{1}{\text{s}} = 1 \text{ Hz}$$

hertz

> L'unità di misura della frequenza si chiama **hertz (Hz)**, che è pari a $\dfrac{1}{\text{s}}$; che si indica anche come s^{-1} (secondi alla meno uno).

Si ha la frequenza di 1 Hz quando in 1 s viene compiuto 1 giro.

> **! ricorda...**
>
> Mentre il **periodo** è l'intervallo di tempo nel quale viene compiuto un giro completo sulla circonferenza, la **frequenza** è il numero di giri che vengono compiuti in un secondo.

TABELLA 1		
T (s)	f (Hz)	$f \cdot T$
1,00	1,00	1
2,00	0,50	1
3,00	0,33	1
4,00	0,25	1
5,00	0,20	1
...	...	...

In questa tabella, ipotizzando moti circolari uniformi nei quali i periodi siano pari a 1 s, 2 s, 3 s ecc. abbiamo calcolato le corrispondenti frequenze tramite la formula vista, $f = 1/T$.

Si vede che al raddoppiare, triplicare, quadruplicare ecc. del periodo, la frequenza diventa man mano la metà, un terzo, un quarto ecc. del valore iniziale. Questo tipo di dipendenza viene chiamata **proporzionalità inversa**.

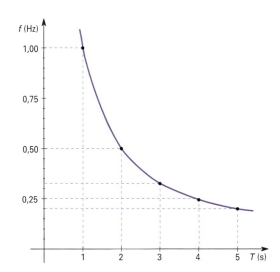

Rappresentando in un piano cartesiano f in funzione di T, si ha un *ramo di iperbole*.

La frequenza e il periodo sono grandezze fra loro inversamente proporzionali, per cui al raddoppiare, triplicare ecc. dell'una, l'altra diventa la metà, un terzo e così via.

relazione tra frequenza e periodo

esempio

1 Il cavallo di una giostra si trova a 2,5 m dall'asse di rotazione della piattaforma girevole, la quale impiega 8 s a fare un giro completo. Vogliamo calcolare il modulo della velocità tangenziale a cui è sottoposto il cavallo e la frequenza.

Il raggio è dunque $r = 2,5$ m, mentre il periodo è $T = 8$ s, per cui:

$$v = \frac{2\pi \cdot r}{T} = \frac{2 \cdot 3,14159 \cdot 2,5}{8} \cong 1,96 \text{ m/s}$$

$$f = \frac{1}{T} = \frac{1}{8} = 0,125 \text{ Hz}$$

9.3 La velocità angolare

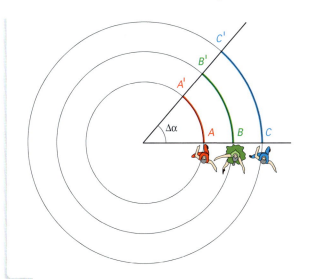

Una fila di ballerini sta percorrendo circonferenze di raggio crescente. Ciascuno di essi si muove con velocità tangenziale costante; tuttavia, se vogliono mantenere l'allineamento occorre che Carlo percorra l'arco CC' nello stesso intervallo di tempo in cui Beatrice percorre BB' e Andrea AA'. Pertanto la velocità tangenziale di Carlo deve essere maggiore di quella di Beatrice e di Andrea.

Ma anche se gli archi CC', BB', AA' percorsi dai tre ragazzi sono diversi, vi è un elemento comune perché l'angolo al centro $\Delta\alpha$ che insiste su di essi è lo stesso. Possiamo introdurre una grandezza, detta **velocità angolare** (indicata con la lettera ω, "omega"), che sottolinei che nell'intervallo Δt, mentre A va in A' descrivendo l'angolo $\Delta\alpha$, anche B va in B' e C in C' descrivendo lo stesso angolo.

velocità angolare

INFORMAZIONE La **velocità angolare** ci informa sull'ampiezza dell'angolo al centro che insiste sull'arco percorso in un certo intervallo di tempo.

DEFINIZIONE La **velocità angolare** è il rapporto tra l'angolo descritto dal raggio e il tempo impiegato a descriverlo:

$$\text{velocità angolare} = \frac{\text{ampiezza dell'angolo al centro}}{\text{intervallo di tempo}}$$

FORMULA $\omega = \dfrac{\Delta\alpha}{\Delta t}$

Applicando la formula a un giro completo di circonferenza percorsa con moto uniforme si ha:

$$\omega = \frac{\Delta\alpha}{\Delta t} \Rightarrow \omega = \frac{2\pi}{T} = \left(\frac{\text{misura in radianti dell'angolo giro}}{\text{periodo}}\right) \quad (1)$$

La velocità angolare si misura in radianti al secondo (rad/s).
Nel moto circolare uniforme la velocità tangenziale è costante in modulo per cui si ha:

$$v = \underbrace{\frac{2\pi \cdot r}{T}}_{\text{per la formula (1)}} = \omega r \quad (2)$$

Per quanto riguarda l'accelerazione centripeta si ha:

$$a_c = \underbrace{\frac{v^2}{r}}_{\text{per la formula (2)}} = \frac{(\omega \cdot r)^2}{r} = \frac{\omega^2 \cdot r^2}{r} = \omega^2 \cdot r \quad (3)$$

Approfondimento

Misura degli angoli

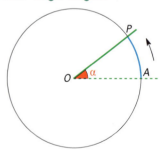

La posizione di un punto P che gira su una circonferenza può essere individuata dall'angolo $\alpha = A\widehat{O}P$.
Gli angoli che probabilmente finora hai misurato in gradi sessagesimali (simbolo °) nel SI si misurano in radianti.
Vediamo come procedere per determinare la misura di un angolo in radianti:

$$\text{angolo } \alpha \text{ misurato in radianti} = \frac{\text{misura arco } \widehat{AP}}{\text{misura raggio } OA}$$

Dato che arco e raggio sono grandezze omogenee (si misurano entrambe in m) il radiante è un numero puro (adimensionale). Per trasformare un angolo misurato in gradi ($\alpha°$) in un angolo misurato in radianti (α_{rad}) e viceversa si usa la proporzione: $\alpha° : 360° = \alpha_{rad} : 2\pi$.

TABELLA 2 Alcuni angoli notevoli in gradi e in radianti

α	0°	30°	45°	60°	90°	120°	135°	150°	180°	270°	360°
α_{rad}	0	$\dfrac{\pi}{6}$	$\dfrac{\pi}{4}$	$\dfrac{\pi}{3}$	$\dfrac{\pi}{2}$	$\dfrac{2\pi}{3}$	$\dfrac{3\pi}{4}$	$\dfrac{5\pi}{6}$	π	$\dfrac{3\pi}{2}$	2π

esempio

2 Determinare la misura in radianti di un angolo di 75°.

$$75° : 360° = \alpha_{rad} : 2\pi \qquad\qquad \alpha_{rad} = \frac{75°}{360°} \cdot 2\pi = \frac{5}{24} \cdot 2 \cdot 3{,}14 = 1{,}31 \text{ rad}$$

9.4 Il moto armonico

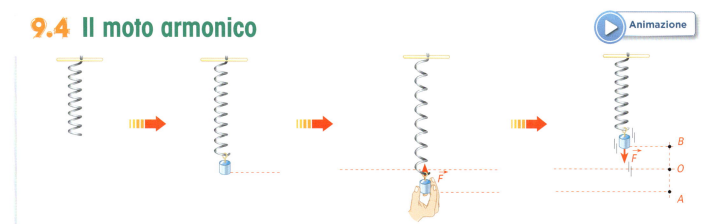

Abbiamo una molla a riposo.

Agganciamo un peso per cui la molla subisce un allungamento e raggiunge una posizione di equilibrio.

Tiriamo il peso di qualche centimetro ulteriormente verso il basso e poi lo lasciamo andare. Esso inizia a effettuare un moto oscillatorio.

Inizialmente sale più in alto della posizione iniziale di equilibrio (*B*). Poi scende fino a raggiungere la posizione in cui lo avevamo portato (*A*) e di nuovo...

In sostanza, il peso *P* compie un moto di andirivieni fra i punti *A* e *B*, uno sopra e l'altro sotto il punto iniziale *O*. Molto simili sono le oscillazioni di...

... un orologio a pendolo

... una corda di chitarra quando viene pizzicata

... un tappo di sughero che galleggia su onde regolari

Tutte le volte che un corpo oscilla attorno a un punto fisso con un movimento che presenta caratteristiche analoghe a quelle del pesetto, con una fase di *andata* e una di *ritorno*, si dice che si muove di **moto armonico**.
Per studiare questo genere di moti è opportuno ricorrere a un modello.

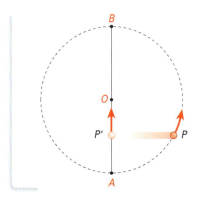

Se indichiamo con *P* un punto materiale che si muove lungo la circonferenza, come credi che si comporti la sua proiezione *P'* sul diametro verticale?
Compirà una serie di oscillazioni tra *A* e *B* proprio come faceva il peso agganciato alla molla nell'esempio iniziale. Dunque, il moto di *P'* costituirà il nostro modello per lo studio del moto armonico.

Dato un punto *P* che si muove di moto circolare uniforme, si definisce **moto armonico** quello della sua proiezione *P'* su un diametro della circonferenza.

moto armonico

Velocità del moto armonico

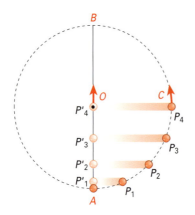 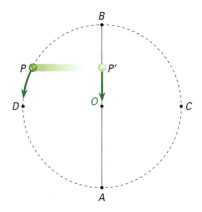

Fotografiamo il moto di P ogni decimo di secondo (0,1 s). Mentre P va da A a C, gli spazi percorsi dalla sua proiezione sul diametro P' sono crescenti e quindi la velocità aumenta. Viceversa, se P si muove da C verso B sono decrescenti e quindi la velocità diminuisce. Quando P' passa per O, possiamo rilevare che la velocità raggiunge il suo valore massimo.

Quando P supera il punto B si ha un'inversione nella direzione della velocità di P'. Per quanto riguarda il modulo la velocità aumenta mentre P va da B a D e diminuisce quando P va da D ad A.

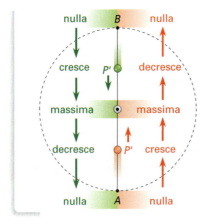

Possiamo sintetizzare in questo modo le osservazioni sulla velocità che risulta nulla agli estremi e massima al centro.

Accelerazione del moto armonico

Dato che la sua velocità varia continuamente, ciò significa che P' è soggetto ad accelerazione (positiva in fase di velocità crescente e negativa in fase di velocità decrescente). Tale accelerazione non è costante; possiamo però osservare che l'istante di massima accelerazione lo si ha in A e in B, perché lì il punto P' è costretto addirittura a fermarsi per poi tornare indietro, mentre l'accelerazione è nulla in O perché in quel punto non vi è nessuna variazione di velocità.

ricorda...
In un moto armonico si ha:

posizione	velocità	accelerazione
estremi A e B	0	massima
centro O	massima	0

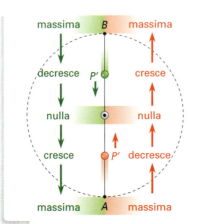

Possiamo sintetizzare in questo modo le osservazioni sull'accelerazione che risulta nulla al centro e massima agli estremi.

9.5 Il pendolo semplice

Fra gli esempi più significativi di moto armonico vi è quello del **pendolo semplice**.

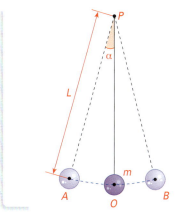

Il **pendolo semplice** è costituito da una massa m appesa a un filo inestensibile (cioè non soggetto ad allungamenti) di lunghezza L e sospeso a una estremità.

> pendolo semplice

Se spostiamo di poco la massa m dalla posizione di equilibrio O, in modo tale che l'angolo $\widehat{OPA}$ non superi i 5° circa, il moto di oscillazione andirivieni tra A e B è di tipo armonico. α è l'angolo di oscillazione.

In quali punti il pendolo ha la massima accelerazione? ....

In quali punti il pendolo ha la massima velocità? ....

Il **periodo** T del pendolo semplice è l'intervallo di tempo che esso impiega per compiere un'oscillazione completa, cioè per andare da A a B e ritornare in A.

> periodo del pendolo (definizione)

Per piccole oscillazioni il periodo del pendolo semplice ha alcune importanti proprietà:
- non dipende dalla massa m;
- non dipende dall'ampiezza di oscillazione (se aumenta l'angolo di oscillazione, il pendolo si muove più velocemente in modo da impiegare sempre lo stesso intervallo di tempo per una oscillazione: **isocronismo delle piccole oscillazioni**);
- dipende dalla lunghezza L (se questa aumenta, anche T aumenta);
- dipende dall'accelerazione di gravità g (sulla Luna, dove la g è minore rispetto alla Terra, il periodo del medesimo pendolo aumenta, cioè il movimento risulta più lento).

Le caratteristiche appena elencate possono essere sintetizzate nella seguente legge, che permette di determinare il periodo T del pendolo:

$$T = 2\pi \cdot \sqrt{\frac{L}{g}}$$

> periodo del pendolo (formula)

Da questa formula si possono ricavare le formule inverse.

esempio

3 Se in laboratorio hai trovato che il periodo di un pendolo di lunghezza 1,25 m vale 3,10 s, possiamo dire che hai effettuato una buona misurazione? È sufficiente applicare la formula del periodo:

$$T = 2\pi \cdot \sqrt{\frac{L}{g}} = 2 \cdot 3{,}14 \cdot \sqrt{\frac{1{,}25}{9{,}81}} \cong 2{,}24 \text{ s}$$

È proprio il caso di ripetere la misurazione!

idee e personaggi

Il pendolo di Foucault e la rotazione terrestre

Jean Bernard Léon Foucault nacque il 18 settembre 1819 a Parigi. Il padre lo indirizzò agli studi di medicina, ma presto Léon abbandonò la medicina per dedicarsi alla fisica. Le discipline che attirarono il suo interesse vanno dalla meccanica celeste all'elettricità, dall'ottica al magnetismo. Eseguì misure della velocità della luce in mezzi diversi e fu il primo a misurare la velocità della luce nell'aria e in altri mezzi trasparenti, come l'acqua. Tra i maggiori risultati di Foucault vi è anche l'individuazione di quelle che oggi chiamiamo «correnti di Foucault», che si generano quando masse di metallo si muovono all'interno dei poli di un magnete e alle quali si deve, per esempio, il funzionamento dei moderni sistemi di frenatura dei treni.

L'ESPERIMENTO

Il nome di Foucault è soprattutto legato all'esperimento del pendolo del 1851. Nel 1855 la grande notorietà dell'esperimento del pendolo gli fruttò anche la nomina di assistente in fisica dell'osservatorio imperiale di Parigi, cui seguirono, quella a membro del *Bureau des Longitudes* e, infine, il conferimento della Legion d'onore. L'esperimento del pendolo fu eseguito nel Pantheon di Parigi e costituì una dimostrazione visiva della rotazione della Terra. Foucault sospese alla cupola un pendolo costituito da una sfera di 28 kg e da un filo di 68 m; grazie a queste caratteristiche, il pendolo si manteneva in oscillazione per un lungo tempo. Il pavimento era stato cosparso di sabbia e a ogni oscillazione una punta applicata alla sfera vi lasciava una traccia. La traccia andò spostandosi, fino a compiere un giro completo in poco meno di 32 ore: infatti, essendo il pendolo in un edificio solidale con la superficie terrestre, esso ruota con il pianeta, mantenendo tuttavia costante il proprio piano di oscillazione. Mentre le oscillazioni mantengono sempre lo stesso orientamento rispetto alle stelle fisse, la Terra ruota in senso antiorario, causando così l'apparente rotazione oraria del pendolo per gli osservatori che si trovano sulla superficie terrestre.

DAL PENDOLO ALLA GIROBUSSOLA: ORIENTARSI CON LA ROTAZIONE TERRESTRE

Basandosi sui concetti che giustificano la rotazione dell'asse del pendolo, nel 1852 Foucault ideò un ingegnoso strumento detto *giroscopio*. L'asse del rotore del giroscopio segue sempre le stelle fisse e il suo asse di rotazione appare ruotare sempre una volta al giorno, a qualunque latitudine. La più importante applicazione pratica derivata dal giroscopio è la **bussola giroscopica** o *girobussola*: si tratta di un particolare tipo di bussola che non si basa sulla ricerca del Nord magnetico terrestre, ma che è in grado di determinare il Nord geografico «vero» ed è diventata il cuore dei sistemi di guida automatica di aerei e missili e delle navi di grande tonnellaggio. La prima girobussola fu messa a punto una trentina d'anni dopo l'invenzione del giroscopio da parte di Foucault, ma presentava alcuni problemi di funzionamento. All'inizio del secolo scorso, H. Anschütz-Kaempfe, e E.A. Sperry si contesero il brevetto della prima girobussola perfettamente funzionante ed entrambi cercarono di venderla alla marina militare tedesca durante la Prima guerra mondiale. Fu Einstein a occuparsi di dirimere la questione.

IN SINTESI

- Un moto è **circolare** se la traiettoria è una circonferenza e **uniforme** se il modulo della velocità è costante. Nel moto circolare uniforme, la velocità v è detta **velocità tangenziale**; in un punto P:

  – il modulo della velocità tangenziale è $v = \dfrac{2\pi \cdot r}{T}$;

  – la direzione è individuata dalla tangente alla circonferenza in P;

  – il verso è concorde con quello di percorrenza della traiettoria circolare.

- Il **periodo** T è l'intervallo di tempo impiegato a percorrere un giro completo e si misura in secondi.

- La **frequenza** è il rapporto tra i giri effettuati e l'intervallo di tempo impiegato a compierli, ovvero il numero di giri che vengono compiuti in un secondo; in formula: $f = \dfrac{1}{T}$.

  La frequenza si misura in **hertz** (Hz), dove $1 \text{ Hz} = 1/\text{s} = \text{s}^{-1}$.

  La frequenza e il periodo sono grandezze *inversamente proporzionali*.

- Anche se la velocità tangenziale non varia in modulo, in ogni istante essa varia la sua direzione. Poiché si ha una variazione di velocità, nel moto circolare uniforme è quindi presente un'accelerazione, che si chiama **accelerazione centripeta**.

  Il *modulo* dell'accelerazione centripeta vale $a_c = \dfrac{v^2}{r}$ (dove v è il modulo della velocità tangenziale); la direzione è parallela al raggio della circonferenza e diretta verso il centro della circonferenza.

- La **velocità angolare** ω è il rapporto tra l'angolo descritto dal raggio e il tempo impiegato a descriverlo:

  $$\omega = \frac{\Delta\alpha}{\Delta t}$$

Per una circonferenza completa percorsa con moto uniforme: $\omega = \dfrac{2\pi}{T}$.

La velocità angolare si misura in radianti al secondo (rad/s).

La relazione tra velocità tangenziale v e velocità angolare ω è $v = \omega r$; la relazione tra accelerazione centripeta a_c e velocità angolare è $a_c = \omega^2 r$.

- Se un punto P si muove di moto circolare uniforme, il moto della sua proiezione P' sul diametro della circonferenza è un **moto armonico**.

  Nel moto armonico:

  – la *velocità* agli estremi dell'oscillazione è nulla, mentre al centro dell'oscillazione è massima;

  – l'*accelerazione* agli estremi dell'oscillazione è massima, mentre al centro dell'oscillazione è nulla.

- Per piccole oscillazioni, un pendolo si muove di moto armonico. Il *periodo del pendolo semplice* dipende da:

  – lunghezza L del filo inestensibile;

  – accelerazione di gravità, g;

  mentre *non* dipende da:

  – massa m appesa al filo;

  – ampiezza dell'oscillazione (questo fenomeno è chiamato **isocronismo delle piccole oscillazioni**).

- Il **periodo del pendolo semplice** è:

  $$T = 2\pi \sqrt{\frac{L}{g}}$$

  da cui si ricavano le formule inverse:

  $$g = 4\pi^2 \frac{L}{T^2}$$

  e

  $$L = \frac{g}{4\pi^2} \cdot T^2$$

SCIENTIFIC ENGLISH

Uniform Circular Motion and Harmonic Motion

- **Circular** motion is a movement of an object along a circular path. It is **uniform** if the speed is constant. In uniform circular motion, the speed v is referred to as the **tangential speed**; at a point P:
  - the magnitude of the tangential velocity is $v = \frac{2\pi \cdot r}{T}$;
  - the direction is given by the tangent to the circumference at P;
  - the sense is that in which the object is moving along the circular path.

- The **period** T is the time required for the object to complete one revolution. It is measured in seconds.

- The **frequency** is the ratio of the number of revolutions to the time required to complete them, i.e., the number of revolutions per second; the formula is: $f = \frac{1}{T}$.
  Frequency is measured in **hertz** (Hz), where $1 \text{ Hz} = 1/s = s^{-1}$. Frequency and period are *inversely proportional*.

- Although the magnitude of the tangential velocity is constant, its direction is constantly changing. Since the velocity changes, an object moving in a circle at constant speed is accelerating. This acceleration is called **centripetal acceleration**.
  The *magnitude* of centripetal acceleration is $a_c = \frac{v^2}{r}$
  (where v is the magnitude of the tangential velocity); the direction is parallel to the radius of the circle and towards the centre of the circle.

- The **angular speed** ω refers to the angular displacement per unit time:
  $$\omega = \frac{\Delta\alpha}{\Delta t}$$

To complete one revolution with uniform motion: $\omega = \frac{2\pi}{T}$.
Angular speed is measured in radians per second (rad/s).
The relation between tangential speed v and angular speed ω is $v = \omega r$; the relation between centripetal acceleration a_c and angular speed is $a_c = \omega^2 r$.

- If a point P moves in a uniform circular motion, the motion of its projection P' on the diameter of the circle is a **harmonic motion**.
  In harmonic motion:
  - the *speed* at the ends of the oscillation is zero, and the maximum speed occurs in the middle of the oscillation;
  - the magnitude of the *acceleration* is greatest at the ends of the oscillation, and the acceleration is zero in the middle of the oscillation.

- For small oscillations, a pendulum moves with harmonic motion. The *period of a simple pendulum* depends on:
  - the length L of the non-extensible string;
  - the acceleration of gravity, g;

  it is *not* dependent on:
  - the mass m attached to the string;
  - the amplitude of the pendulum's swing (this property is called the **isochronism of small oscillations**).

- The **period of the simple pendulum** is:
  $$T = 2\pi\sqrt{\frac{L}{g}}$$

  from which we can derive the inverse laws:
  $$g = 4\pi^2\frac{L}{T^2} \quad \text{and} \quad L = \frac{g}{4\pi^2}\cdot T^2$$

Strumenti per SVILUPPARE le COMPETENZE

VERIFICHIAMO LE CONOSCENZE

▶ Vero-falso

V F

1. Moto circolare significa che la traiettoria è una circonferenza.
2. Moto curvilineo significa che la traiettoria non può essere una circonferenza.
3. Il periodo di un moto circolare uniforme è sempre di 1 s.
4. La velocità tangenziale in un moto circolare uniforme è una grandezza scalare.
5. La frequenza e il periodo sono grandezze direttamente proporzionali.
6. La frequenza si misura in secondi.
7. L'accelerazione centripeta è direttamente proporzionale alla velocità angolare.
8. Se due punti materiali A e B percorrono due circonferenze concentriche con la stessa velocità angolare ω, allora hanno la stessa velocità tangenziale.
9. In un moto armonico la velocità varia continuamente.
10. Il periodo di un pendolo su Giove (g_{Giove} = = 26,0 m/s²) è minore di quello sulla Terra.

▶ Test a scelta multipla

1. **Per definire la velocità nel moto circolare uniforme:**
   - A è sufficiente il modulo, perché la direzione e il verso non cambiano
   - B occorrono modulo, direzione e verso
   - C è sufficiente il modulo, perché la velocità è una grandezza scalare e non vettoriale
   - D occorrono solo direzione e verso, in quanto il modulo non cambia mai

2. **Nel moto circolare uniforme vale la seguente relazione:**
   - A $v = 2\pi \cdot f/r$
   - B $v = 2\pi \cdot T/r$
   - C $v = 2\pi \cdot r/f$
   - D $v = 2\pi \cdot r/T$

3. **Nel moto circolare uniforme, la velocità tangenziale:**
   - A cambia in modo direttamente proporzionale al raggio
   - B cambia in modo inversamente proporzionale al raggio
   - C non cambia, in quanto è fissa al variare del raggio
   - D cambia secondo una proporzionalità quadratica rispetto al raggio

4. **Nel moto circolare uniforme l'accelerazione è:**
   - A diversa da zero
   - B sempre uguale a zero
   - C negativa, positiva o nulla a seconda del valore del raggio
   - D negativa, positiva o nulla a seconda del valore del periodo

5. **Il periodo può essere definito come:**
   - A l'intervallo di tempo necessario per compiere mezzo giro
   - B il numero di giri diviso l'intervallo di tempo necessario a compierlo
   - C l'intervallo di tempo necessario a compiere un giro
   - D il numero di giri compiuto in un minuto

6. **Qual è l'unità di misura della frequenza nel SI?**
   - A 1/s
   - B m/s
   - C m/s²
   - D 1/m

7. **Quale relazione intercorre tra la frequenza e il periodo di un moto circolare uniforme?**
   - A $f/T = 1$
   - B $f \cdot T = 1$
   - C $T/f = 1$
   - D $f = \dfrac{1}{T^2}$

8. **In un moto circolare uniforme quale fra le seguenti relazioni non è valida?**
   - A $a_c = \omega \cdot r$
   - B $\omega = \dfrac{v}{r}$
   - C $a_c = \dfrac{v^2}{r}$
   - D $v = \dfrac{2\pi r}{T}$

9. **Quale delle seguenti affermazioni è corretta, in relazione al moto armonico?**
   - A La velocità è costante
   - B La velocità è sempre crescente
   - C La velocità è variabile
   - D La velocità è sempre decrescente

10. **Se la lunghezza di un pendolo semplice quadruplica, come diventa il suo periodo?**
    - A Un quarto
    - B La metà
    - C Quattro volte
    - D Il doppio

VERIFICHIAMO LE ABILITÀ

Esercizi

9.1 Il moto circolare uniforme

1 Una giostra è costituita da una piattaforma girevole che impiega 9,4 s a compiere un giro completo. Se un aeroplanino è posto alla distanza di 90 cm dal centro di rotazione, qual è la sua velocità tangenziale? E se una carrozza si trova invece a 2,70 m dal centro, a che velocità si muove?

Per lo svolgimento dell'esercizio, completa il percorso guidato, inserendo gli elementi mancanti dove compaiono i puntini.

1 Le unità di misura sono coerenti con quelle del SI?
   ....

2 In caso di risposta negativa, esegui le equivalenze necessarie: ....

3 La formula da usare, dato che ti viene richiesta la velocità tangenziale, è:
   $v = $ ....

4 Sostituisci nella formula i dati, trovando perciò:
   $v = $ ....

5 Ripeti il calcolo per la seconda domanda, modificando solo il valore del raggio:
   $v = $ .... = ...

[0,60 m/s; 1,8 m/s]

2 Una pallina ruota entro un tubo circolare che ha un raggio di 85 cm, impiegando 4,2 s per compiere un giro completo in senso antiorario. Determina la velocità e rappresenta il relativo vettore nei punti M e N della figura.

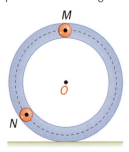

[1,27 m/s]

3 Nella figura è schematizzata una ruota panoramica di raggio 20 m che si muove in senso antiorario. Una navicella impiega 5 minuti per compiere un giro completo.

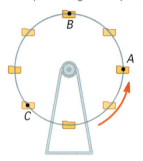

a) Calcola lo spazio percorso dalla navicella.
b) Quale grandezza rappresentano i 5 minuti?
c) Determina la velocità tangenziale.
d) Disegna il vettore velocità in A, in B e in C.

[a) 126 m; c) 0,42 m/s]

4 Qual è il diametro di una ruota i cui punti del copertone più esterni si stanno muovendo alla velocità di 8,3 m/s, impiegando 0,36 s per compiere un giro completo?

SUGGERIMENTO Ricavi r (o direttamente 2·r) dalla formula della velocità tangenziale e poi... [0,95 m]

5 Quanto sono lunghe le pale di un ventilatore, se le loro estremità si muovono alla velocità di 40 m/s, impiegando 0,05 s per compiere un giro completo? [32 cm]

6 Una piattaforma, per la realizzazione dei vasi di argilla, ha un diametro di 41 cm e il suo bordo esterno ruota con una velocità di 7,5 m/s. Qual è il periodo?

SUGGERIMENTO Per trovare la formula inversa, è sufficiente scambiare di posto v con T. [0,17 s]

7 Sapendo che l'orbita della Luna attorno alla Terra è assimilabile a una circonferenza di raggio pari a $3,84 \cdot 10^8$ m e che la sua velocità è di 1022 m/s, verifica che il periodo di rivoluzione sia di circa 28 giorni. [27,3 giorni]

8 Una sfera che si trova all'estremità di una fune di 80 cm viene fatta ruotare alla velocità tangenziale di 4,0 m/s. Calcola l'accelerazione centripeta della sfera.

Per lo svolgimento dell'esercizio, completa il percorso guidato, inserendo gli elementi mancanti dove compaiono i puntini.

1 Le unità di misura sono coerenti con quelle del SI?
   ....

2 In caso di risposta negativa, esegui le equivalenze necessarie: ....

3 La formula da usare, dato che ti viene richiesta l'accelerazione centripeta, è $a_c = $ ....

4 Sostituisci nella formula i dati, trovando perciò:
   $a_c = $ .... = ...

[20 m/s^2]

9 Un'automobile compie una curva di 90 m di raggio alla velocità di 54 km/h. Calcola l'accelerazione centripeta che ha l'auto durante l'effettuazione della curva.
[2,5 m/s²]

10 Un ciclista percorre con moto uniforme una pista circolare di raggio 800 m in 7 minuti e 30 secondi.

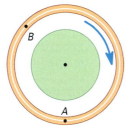

a) Se il ciclista percorre 12 giri, qual è lo spazio totale percorso?
b) Calcola la velocità tangenziale.
c) Calcola l'accelerazione centripeta.
d) Disegna il vettore accelerazione centripeta in A e in B.

SUGGERIMENTO Trovi v^2 moltiplicando per r ambo i membri della formula che dà l'accelerazione centripeta e quindi...
[a) 60 300 m; b) 40,2 km/h; c) 0,16 m/s²]

11 La Terra gira attorno al Sole descrivendo un'orbita che (approssimativamente) è una circonferenza di raggio $1,49 \cdot 10^{11}$ m in $3,16 \cdot 10^7$ s.
a) Calcola la velocità tangenziale.
b) Calcola l'accelerazione centripeta.
[a) $2,96 \cdot 10^4$ m/s; b) $5,9 \cdot 10^{-3}$ m/s²]

12 Un giocattolo automatico percorre con moto uniforme una pista circolare di raggio 10 cm per 20 volte, impiegando complessivamente 4 minuti.
a) Calcola il periodo.
b) Calcola la velocità tangenziale.
c) Calcola l'accelerazione centripeta.
[a) 12 s; b) $5,2 \cdot 10^{-2}$ m/s; c) $2,7 \cdot 10^{-2}$ m/s²]

13 Il copertone della ruota di una bicicletta ha un'accelerazione centripeta di 210 m/s². Sapendo che la ruota ha un raggio di 32 cm, determina la velocità tangenziale del copertone.
[29,5 km/h]

14 A quale distanza dal centro di un *long playing* è posizionata la puntina di un giradischi nel caso in cui quella parte del disco possieda una velocità tangenziale di 0,38 m/s e un'accelerazione centripeta di 1,31 m/s²?
[11 cm]

15 A stirrer in a food mixer rotates so that the end of it is moving round once every 0.05 s. If the length of this stirrer arm is 10.0 cm calculate:
a) the linear speed at the end of the arm;
b) the linear speed half way along the arm.
[a) 12.6 m/s; b) 6.3 m/s]

9.2 La frequenza

16 Un ciondolo appeso a un portachiavi, se fatto ruotare, impiega 25 s a fare 100 giri. Determinane la frequenza e il periodo.

Per lo svolgimento dell'esercizio, completa il percorso guidato, inserendo gli elementi mancanti dove compaiono i puntini.

1 La formula da usare, dato che ti viene richiesta la frequenza, è $f = $ ....
2 Sostituisci nella formula i dati, trovando perciò:
$f = $ ....
3 Nota la frequenza trovi direttamente il periodo:
$T = 1/$........... $= $ ....
[4,0 Hz; 0,25 s]

17 Ipotizzando che le lancette dell'orologio si muovano di moto circolare uniforme (in realtà avanzano a piccoli scatti), calcola la frequenza delle lancette delle ore, dei minuti e dei secondi.
[$2,3 \cdot 10^{-5}$ Hz; $2,8 \cdot 10^{-4}$ Hz; $1,7 \cdot 10^{-2}$ Hz]

18 Il cestello di una lavatrice in fase di centrifuga compie 800 giri al minuto. Determinane il periodo.
SUGGERIMENTO Se la frequenza è l'inverso del periodo, allora il periodo è l'inverso...
[0,075 s]

19 Trova il periodo di un disco di vinile a 45 giri (al minuto).
[1,3 s]

20 Un sasso legato a una corda lunga 15 cm viene fatto ruotare su una traiettoria circolare con frequenza 2,0 Hz. Qual è la sua velocità tangenziale? Qual è la sua accelerazione centripeta?

Per lo svolgimento dell'esercizio, completa il percorso guidato, inserendo gli elementi mancanti dove compaiono i puntini.

1 Le unità di misura sono coerenti con quelle del SI?
....
2 In caso di risposta negativa, esegui le equivalenze necessarie: ....
3 La formula da usare, dato che ti viene richiesta la velocità tangenziale, è $v = $ ....
4 Dato che ti manca il periodo, lo puoi ricavare dalla frequenza, trovando perciò $T = $ ....
5 Sostituisci nella formula della velocità tangenziale i dati, trovando $v = $ .... $= $ ....
6 Per trovare l'accelerazione centripeta sostituisci i dati nella formula $a_c = $ .... $= $ ....
[1,9 m/s; 24 m/s²]

21 La velocità tangenziale di un punto materiale che si muove su una circonferenza di raggio 4,0 m è di 40 m/s. Determina la frequenza.
[1,6 Hz]

22 Qual è il raggio dell'orbita di un elettrone in un atomo d'idrogeno, se la frequenza è $6{,}55 \cdot 10^{15}$ Hz e la velocità tangenziale è $2{,}18 \cdot 10^{6}$ m/s?
[$0{,}53 \cdot 10^{-10}$ m]

23 In un moto circolare uniforme l'accelerazione centripeta è 8 m/s² e la velocità tangenziale è 4,0 m/s. Determina il raggio della circonferenza e la frequenza.
[2,0 m; 0,32 Hz]

24 A helicopter's rotor blades rotate so that the speed of the tip is roughly the same for all helicopters, regardless of the length of the blades. Calculate the speed if the rotor blades are 6.80 m long and they rotate with a frequency of 5.22 Hz.
[223 m/s]

9.3 La velocità angolare

25 Un punto materiale percorre archi di circonferenza con moto circolare uniforme. Nella tabella sono riportati gli angoli al centro che insistono sugli archi misurati in gradi.

tempo (s)	0	0,6	1,2	1,8	2,4	3,0
angolo (°)	0	25	50	75	100	125
angolo (rad)	0	0,44	…	…	…	…

a) Completa la tabella con le misure corrispondenti in radianti.
b) Determina la velocità angolare.
c) Determina il periodo del moto.

SUGGERIMENTO a) Utilizza la proporzione che trovi nella scheda di approfondimento sulla misura degli angoli; b) $\omega = \dfrac{\Delta \alpha}{\Delta t} = \dfrac{...}{...}$; c) $\omega = \dfrac{2\pi}{T} \to T = \dfrac{...}{...}$
[b) 0,73 rad/s; c) 8,6 s]

26 Un punto materiale percorre archi di circonferenza con moto circolare uniforme. Nella tabella sono riportati gli angoli al centro che insistono sugli archi percorsi e i relativi tempi di percorrenza.

tempo (s)	0	0,5	1	1,5	2	2,5
angolo (°)	0	20	…	60	…	100
angolo (rad)	0	…	0,70	…	1,40	…

a) Completa la tabella con le misure mancanti.
b) Determina la velocità angolare.
c) Determina il periodo del moto.
[b) 0,70 rad/s; c) 9,0 s]

27 In una circonferenza di raggio 6,0 cm un punto materiale percorre un arco di 12 cm in 4,0 s.
Determina la velocità angolare e il periodo del moto.
Per lo svolgimento dell'esercizio, completa il percorso guidato, inserendo gli elementi mancanti dove compaiono i puntini.

1 I dati nel SI sono: …

2 La misura in radianti dell'angolo è: $\alpha = \dfrac{\text{misura arco}}{\text{misura raggio}}$

3 La velocità angolare è data da $\omega = $ ………

4 Il periodo si può ricavare dalla velocità angolare
$\omega = \dfrac{2 \cdot \pi}{T} \to T = \dfrac{...}{...} = $ ………
[0,50 rad/s; 12,6 s]

28 Nella vetrinetta di un museo alcuni oggetti di particolare pregio sono posizionati su una piattaforma di diametro 28 cm che gira con moto uniforme. Una moneta si trova a 10 cm dal centro e percorre un arco di 25 cm in 10 s.
a) Qual è la velocità angolare e il periodo del moto della moneta?
b) Determina l'accelerazione centripeta.
c) La moneta viene spostata sul bordo della piattaforma: qual è ora la velocità angolare?

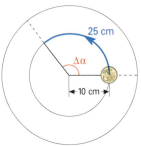

[a) 0,25 rad/s; 25 s; b) $6{,}25 \cdot 10^{-3}$ m/s²]

29 Un punto percorre una circonferenza di raggio 2,0 cm in 4,0 s; determina la velocità angolare, la velocità tangenziale e l'accelerazione centripeta.
[1,57 rad/s; $3{,}14 \cdot 10^{-2}$ m/s; $4{,}93 \cdot 10^{-2}$ m/s²]

30 Un punto percorre un arco lungo 12 cm di una circonferenza di raggio 2,0 cm in 5,0 s; calcola la velocità angolare, la velocità tangenziale e l'accelerazione centripeta.
[1,2 rad/s; $2{,}4 \cdot 10^{-2}$ m/s; $2{,}9 \cdot 10^{-2}$ m/s²]

31 Un orologio analogico ha le lancette per le ore, per i minuti e per i secondi. Individua la velocità angolare delle lancette.

SUGGERIMENTO La lancetta delle ore compie un giro completo in 12 ore che, convertite in secondi, sono…; la lancetta dei minuti compie un giro completo in 1 h che, convertita in secondi, diventa…
[$1{,}45 \cdot 10^{-4}$ rad/s; $1{,}75 \cdot 10^{-3}$ rad/s; $1{,}05 \cdot 10^{-1}$ rad/s]

32 Il cestello di una lavatrice che ha un raggio di 20 cm in fase di centrifuga compie 800 giri al minuto. Calcola la velocità angolare e l'accelerazione centripeta.

SUGGERIMENTO Dalla frequenza si ricava il periodo.

$$[84 \text{ rad/s}; 1,4 \cdot 10^3 \text{ m/s}^2]$$

33 Nel modello di atomo di idrogeno di Bohr-Rutherford l'elettrone, in condizioni normali, compie $6,7 \cdot 10^{15}$ giri al secondo e ha una distanza dal nucleo $5,3 \cdot 10^{-11}$ m. Trova la velocità angolare, la velocità tangenziale e l'accelerazione centripeta.

$$[4,2 \cdot 10^{16} \text{ rad/s}; 2,2 \cdot 10^6 \text{ m/s}; 9,4 \cdot 10^{22} \text{ m/s}^2]$$

34 Un punto materiale posizionato in coincidenza dell'equatore ha una velocità tangenziale di 464 m/s a causa del moto di rotazione della Terra attorno al proprio asse. Determina la velocità angolare e l'accelerazione centripeta.

SUGGERIMENTO Dalla tabella in fondo al volume si ottiene il raggio della Terra; quindi basta utilizzare la relazione $v = \omega \cdot r$ per ricavare la velocità angolare...

$$[7,28 \cdot 10^{-5} \text{ rad/s}; 3,38 \cdot 10^{-2} \text{ m/s}^2]$$

35 Il disco rigido di un computer ha una frequenza di 7200 Hz e un punto sul bordo ha una velocità tangenziale di $2,0 \cdot 10^3$ m/s. Calcola il raggio del disco.

SUGGERIMENTO Da $\omega = \dfrac{2 \cdot \pi}{T}$ che ti permette di ricavare...

$$[4,4 \text{ cm}]$$

36 Un'automobile percorre con velocità $v = 64$ km/h una curva di raggio 100 m. Trova l'accelerazione centripeta del moto.

$$[3,2 \text{ m/s}^2]$$

37 La Terra si muove attorno al Sole con un moto che, in prima approssimazione, può essere considerato circolare e uniforme. Se l'accelerazione centripeta della Terra è $6,0 \cdot 10^{-3}$ m/s^2, quanto valgono la velocità angolare e quella tangenziale?

$$[1,99 \cdot 10^{-7} \text{ rad/s}; 3,0 \cdot 10^4 \text{ m/s}]$$

38 Calculate the angular speed and the frequency of the stirrer described in exercise 15.

$$[126 \text{ rad/s}; 20 \text{ Hz}]$$

39 A car is travelling at 70 km/h. Calculate the angular speed of its 35 cm radius wheels.

$$[55.6 \text{ rad/s}]$$

9.5 Il pendolo semplice

40 Si ha un pendolo di lunghezza 20 cm.
a) Dal dato a tua disposizione è possibile ricavare la massa del pendolo?
b) Se la lunghezza quadruplica, come varia il periodo?
c) Se la massa del pendolo viene raddoppiata, il periodo varia?

41 Si ha un pendolo di lunghezza 15 cm.
a) Dal dato a tua disposizione è possibile ricavare il periodo?
b) Se la lunghezza del pendolo diventa 135 cm, come varia il periodo?
c) Se la massa del pendolo triplica, che cosa succede? Motiva la risposta.

42 Determina il periodo di un pendolo semplice appeso a un filo inestensibile di lunghezza 72 cm.

Per lo svolgimento dell'esercizio, completa il percorso guidato, inserendo gli elementi mancanti dove compaiono i puntini.

1 Le unità di misura sono coerenti con quelle del SI?
....
2 In caso di risposta negativa, esegui le equivalenze necessarie: ....
3 Un dato implicito è costituito dall'accelerazione di gravità: $g =$ ....
4 La formula da usare, dato che ti viene richiesto il periodo del pendolo, è $T =$ ....
5 Sostituisci nella formula i dati, trovando perciò:
$T =$ .... $=$ ....

$$[1,7 \text{ s}]$$

43 Determina il periodo di un pendolo lungo 1,20 m. Effettua nuovamente il calcolo, nell'ipotesi che lo stesso pendolo si trovi prima sulla Luna ($g_{Luna} = 1,62$ m/s^2) e poi su Giove ($g_{Giove} = 26,0$ m/s^2).

$$[2,20 \text{ s}; 5,41 \text{ s}; 1,35 \text{ s}]$$

44 Supponi di poter variare arbitrariamente la lunghezza L di un pendolo.
a) Calcola i relativi periodi T e inseriscili nella tabella.

L (cm)		10	20	30	40	100
T (s) $= 2\pi\sqrt{\dfrac{L}{g}}$	$2 \cdot 3,14 \sqrt{\dfrac{0,1}{9,81}} = ...$	...	...	...	...	...

b) Osservando i numeri ottenuti, noti qualche relazione fra lunghezza e periodo?

45 Immaginiamo che un pendolo avente una lunghezza di 18 cm venga portato sui pianeti del Sistema solare.
a) Su Nettuno, che ha un'accelerazione di gravità maggiore di quella terrestre, il periodo aumenta o diminuisce?
b) Conseguenza della risposta a) è che il moto del pendolo è più lento o più veloce?

46 Se un pendolo ha un periodo di 0,50 s, qual è la sua lunghezza?

$$[6,2 \text{ cm}]$$

47 Un pendolo portato su Marte ($g_{Marte} = 3,73$ m/s^2) ha un periodo di 1,39 s. Calcola la sua lunghezza.

$$[18,3 \text{ cm}]$$

48 Atterriamo su un misterioso pianeta di cui non sappiamo nulla. Tuttavia, constatiamo che un pendolo lungo 34 cm è caratterizzato da un periodo di 4,3 s. Qual è l'accelerazione di gravità che agisce in questo pianeta?

SUGGERIMENTO Dalla formula usata nei due esercizi precedenti, puoi provare a ricavare g...

$$[0,73 \text{ m/s}^2]$$

49 A pendulum of length $L = 1.30$ m oscillates on the Moon, where $g = 1.67$ m/s^2. Calculate its period, T.
[5.5 s]

▶ Problemi

La risoluzione dei problemi richiede la conoscenza degli argomenti trasversali a più paragrafi. Con il pallino sono contrassegnati i problemi che presentano una maggiore complessità.

1 Un pendolo ha una lunghezza di 155 cm. Calcola quante oscillazioni complete compie in 5 minuti. [120]

•2 Non disponendo di cronometri, vuoi costruire dei pendoli che (sulla Terra) abbiano un periodo che, in secondi, sia numericamente uguale alla loro lunghezza espressa in metri, di modo che la misurazione di quest'ultima fornisca automaticamente anche quella del periodo. Trova un metodo per risolvere il problema e determina il valore cercato della lunghezza del filo.
SUGGERIMENTO Se le formule inverse non ti sono familiari, puoi sempre procedere per tentativi, attribuendo a L valori crescenti e osservando che cosa accade al corrispondente valore di T...

•3 Un ciclista si muove di moto rettilineo uniforme per un tempo pari a tre quarti d'ora. La ruota della sua bicicletta, che ha un diametro di 56 cm, compie 300 giri al minuto. Trova:
 a) l'accelerazione centripeta delle parti esterne della ruota;
 b) la distanza percorsa dal ciclista, ipotizzando uguale a zero la sua posizione iniziale e tenendo conto che, in assenza di fenomeni di slittamento, la velocità tangenziale della ruota è uguale a quella del ciclista.
SUGGERIMENTO Una volta trovata la velocità tangenziale, devi ricorrere alla legge oraria del...
[*a*) 276 m/s^2; *b*) 23,750 km]

4 In un parco giochi vi è una giostra costituita da una piattaforma dal diametro di 3,0 m che ruota di moto uniforme con velocità angolare 0,2 rad/s. Un bambino dimentica un giocattolo in un punto a 1,20 m dal centro.

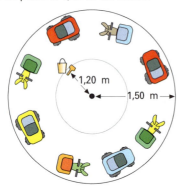

 a) Determina la velocità tangenziale e l'accelerazione centripeta di un punto P posto sul bordo della piattaforma.
 b) Quale velocità angolare dovrebbe avere la piattaforma affinché il giocattolo sia sottoposto a un'accelerazione centripeta pari a 1/10 g?
[*a*) 0,30 m/s; 0,06 m/s^2; *b*) 0,9 rad/s]

5 Un pendolo lungo 0,50 m che si trova sul pianeta Marte presenta un determinato periodo. Di quanto deve essere allungato affinché oscilli con lo stesso periodo sulla Terra? ($g_{Marte} = 3,73$ m/s^2)
[81,5 cm]

6 Un lanciatore di martello fa ruotare l'attrezzo con un'accelerazione centripeta di 1,14 m/s^2.
Sapendo che la lunghezza del martello da considerare, comprensiva delle braccia dell'atleta, è pari a 158 cm, determina la velocità tangenziale e il periodo con cui avviene tale rotazione.
[1,34 m/s; 7,4 s]

•7 Un lanciatore di martello fa ruotare l'attrezzo in modo tale che compia un giro completo in un tempo pari a $(0,74 \pm 0,02)$ s. Sapendo che la lunghezza del martello da considerare, comprensiva delle braccia, è pari a $(158,0 \pm 0,5)$ cm, determina la misura della velocità tangenziale dell'estremità esterna dell'attrezzo, supponendo il moto uniforme e circolare.

[$(13,4 \pm 0,4)$ m/s]

8 Un'auto percorre una curva di raggio (30 ± 1) m alla velocità di $(14,0 \pm 0,2)$ m/s. Determina la scrittura dell'accelerazione centripeta che consente all'automobile di effettuare la curva.
[$(6,5 \pm 0,4)$ m/s^2]

9 A pendulum has length $L = 1.1$ m and its mass is 250 g.
 a) How many swings does it perform in one hour?
 b) How many swings would the same pendulum perform on Mars, where $g = 3.73$ m/s^2?
 c) How is its period affected by a doubling of the mass?
[*a*) 1714; *b*) 1056]

Moto circolare uniforme e moto armonico — UNITÀ 9 — **229**

Competenze alla prova

ASSE SCIENTIFICO-TECNOLOGICO

Osservare, descrivere e analizzare fenomeni appartenenti alla realtà...

1. Individua – guardandoti intorno, pensando a cose che hai visto, riflettendo su fenomeni di cui hai sentito parlare – tre situazioni nelle quali è implicato il moto circolare (anche se non proprio perfettamente uniforme), analizzandone le caratteristiche più importanti e calcolando con una certa approssimazione i valori della velocità tangenziale.

> **Spunto** Ci sono molte cose su cui ti puoi soffermare, a partire dalla ruota di una bicicletta per arrivare a uno sport come il lancio del martello. Ma potresti anche valutare la rotazione della Terra su se stessa (immaginando per semplicità di abitare all'equatore) oppure attorno al Sole, dato che con l'aiuto delle tabelle sul Sistema solare in fondo al libro puoi ottenere i dati che ti servono...

ASSE SCIENTIFICO-TECNOLOGICO

Analizzare qualitativamente e quantitativamente fenomeni...

2. Hai a disposizione un'asta di supporto, un filo inestensibile, un pesetto, un metro pieghevole e un cronometro. Ti trovi all'interno di un ambiente chiuso e non puoi osservare l'ambiente esterno. Descrivi le azioni che devi compiere usando questo materiale per verificare se ti trovi sulla Terra.

> **Spunto** Ragionando sulla formula che fornisce il periodo del pendolo, puoi notare che in essa compare una grandezza legata proprio al pianeta in cui ti trovi e che puoi quindi calcolare...

ASSE MATEMATICO

Individuare le strategie appropriate per la soluzione di problemi

3. Due ciclisti, Alex e Ben, stanno percorrendo una pista circolare con modulo della velocità costante. Alex procede a 37,4 km/h ed è sottoposto a un'accelerazione centripeta di 6,76 m/s². Trova il periodo di Ben, sapendo che, mentre lui completa 3 giri, Alex ne ha già compiuti 4.

> **Spunto** Il metodo risolutivo più lineare è quello di trovare il periodo del primo ciclista e da lì risalire tramite una semplice proporzione a quello del secondo... Oppure potresti considerare che puoi conoscere anche il rapporto tra le velocità dei due ciclisti, dato che sono inversamente proporzionali ai rispettivi periodi.

ASSE MATEMATICO

Padroneggiare gli strumenti espressivi e argomentativi...

4. Cerca il significato della parola *frequenza* in un vocabolario, rilevando in che modo può essere usata nel linguaggio di tutti i giorni e, poi, trova almeno tre contesti di carattere fisico in cui si fa ricorso a questa grandezza.

> **Spunto** Per la prima parte, è relativamente semplice tirare in ballo la... frequenza scolastica: è intesa nello stesso modo che hai visto nel moto circolare uniforme? Per la seconda parte della domanda, puoi scegliere i fenomeni fisici che più ti piacciono: la frequenza del suono, per esempio...

UNITÀ 10
Principi della dinamica

10.1 Le cause del moto

Fin qui abbiamo analizzato le caratteristiche di alcuni semplici moti senza chiederci quale ne fosse l'origine.
Vediamo di approfondire questo aspetto, che prende il nome di **dinamica** e che, come vedrai, nasconde delle sorprese rispetto alle convinzioni dettate dal senso comune.

> **dinamica** — La **dinamica** è quella parte della Fisica che indaga le cause che determinano il movimento dei corpi.

L'affermazione che alla base del moto, e quindi della velocità, ci debba essere necessariamente una forza, resistette sino ai tempi di Galileo Galilei (1564-1642), proprio per la sua apparente evidenza.
Questi fu il primo a sottoporla a una revisione sperimentale, dimostrandone la falsità ed evidenziando come l'intuito o il buon senso possano talvolta ingannarci.
Dopo di lui, l'inglese Isaac Newton (1642-1727) giunse a sistematizzare e a formulare con chiarezza i principi fondamentali della dinamica, dando loro una forma definitiva.

10.2 Il primo principio

Consideriamo il caso dell'automobile a cui viene spento il motore mentre si sta spostando.

Che cosa succede alla forza esercitata dal motore nell'istante in cui lo spegniamo? Come varia la velocità dell'auto?
....

Quando spegniamo il motore, la forza diventa nulla, ma il veicolo continua a muoversi: perché la velocità (*effetto*) non si annulla quando si azzera la forza (*causa*)? L'eventuale legame tra forza e velocità comincia ad apparire meno semplice.

superficie ghiacciata

Modifichiamo alcune condizioni e in luogo della strada consideriamo una superficie ghiacciata. Adesso, dall'istante in cui il motore viene spento, il tratto compiuto dall'auto prima di fermarsi è molto più lungo di prima. Dunque, sempre in assenza di forza, il percorso è addirittura aumentato!

Che cosa è cambiato nel secondo caso rispetto a quello precedente? Perché c'è stato un aumento del tragitto fatto a motore spento?

....

....

È sicuramente diminuito l'attrito tra le ruote del mezzo e la superficie stradale. Ecco che cominciamo a intravedere la possibilità che la forza del motore serva in realtà a vincere le forze d'attrito che contrastano il moto, poiché agiscono in direzione opposta.

E se l'attrito diventasse sempre più piccolo fino a scomparire del tutto? Possiamo pensare di realizzare questa ipotesi con un **esperimento ideale**.

> Un **esperimento ideale** è un esperimento che, a causa di difficoltà di realizzazione pratica, non può essere realizzato concretamente, ma può soltanto essere immaginato a tavolino.

esperimento ideale

Nel nostro caso possiamo immaginare di eliminare sia l'attrito tra gli pneumatici e il pavimento stradale, sia quello dovuto alla presenza dell'aria. Se le forze d'attrito fossero totalmente eliminate, la strada percorsa anche una volta spento il motore diventerebbe infinitamente lunga, cioè l'auto, in assenza di qualunque tipo di forza, continuerebbe a muoversi all'infinito.
D'altro canto, l'esperienza ci insegna che un'automobile ferma, in assenza di spinte, resta immobile...
La sintesi di queste deduzioni costituisce il **primo principio della dinamica**, in cui la parola «principio» evidenzia il fatto di essere basato su un esperimento ideale.

ricorda...
La forza **non** è la causa della velocità.

> In assenza di forze, se un corpo è fermo continua a rimanere fermo; invece, se si muove di moto rettilineo uniforme, prosegue secondo tale moto.

primo principio della dinamica

Questo è detto anche **principio d'inerzia**, in quanto esprime l'**inerzia** dei corpi, vale a dire la loro tendenza, quando le forze sono nulle, a continuare a rimanere nello stato in cui si trovano, cioè fermi se sono fermi o in moto rettilineo e uniforme se quello è già il loro moto. Puoi pensarlo come una specie di *resistenza* ad adeguarsi ai cambiamenti della situazione esistente.
Nell'esempio che abbiamo visto, l'automobile continua a essere soggetta al proprio peso, che è comunque una forza, mentre noi parliamo insistentemente di forze *nulle*. Soltanto a costo di rintanarci nello spazio più profondo e più vuoto, possiamo pensare di non risentire di alcuna forza.
Tuttavia, il peso viene equilibrato totalmente dalla reazione vincolare della superficie stradale, per cui, una volta eliminato l'attrito, la risultante delle forze è zero.

 ricorda...
In generale, dato che è improbabile che le forze siano del tutto assenti, è opportuno parlare di *equilibrio di forze*, nel senso che le forze, anche se presenti, sono tali per cui la loro somma è nulla, cioè è zero la loro risultante.

Le cinture di sicurezza

Perché in caso di incidente le cinture di sicurezza allacciate possono salvare la vita?

In occasione di una violenta frenata il passeggero tende, per il principio di inerzia, a perseverare nel proprio stato di moto.
Quindi, mentre l'auto sta decelerando, il passeggero continua a muoversi con la stessa velocità che il mezzo ha all'inizio della frenata e potrebbe finire per urtare con violenza contro le parti interne dell'abitacolo.
Le cinture di sicurezza, trattenendolo al sedile, impediscono questo tipo di impatto.

Virtual Lab

10.3 I sistemi di riferimento

Occupandoci del moto, abbiamo detto che occorre sempre precisare il sistema rispetto al quale il moto si riferisce. Il primo principio della dinamica vale in qualsiasi sistema di riferimento? Immaginiamo un autobus di linea con i finestrini oscurati, in modo tale da non poter vedere all'esterno. Inoltre, durante il percorso i passeggeri non sanno ciò che accadrà all'autobus, dal momento che la cabina di guida è isolata.

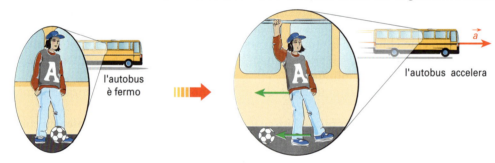

Matteo ha appoggiato sul pavimento un pallone. Sia Matteo sia il pallone sono fermi rispetto al sistema di riferimento costituito dall'autobus e, secondo il primo principio, dovrebbero restare fermi.

All'improvviso Matteo si sente spinto verso il fondo dell'autobus e lo stesso fa il pallone.
Poco dopo, Matteo si accorge di essere sbilanciato di lato come il pallone...
Il primo principio è apparentemente violato.

Quale può essere la spiegazione di questi *strani* fenomeni?
....

Nell'autobus in certi momenti del viaggio il principio d'inerzia non è valido, perché un corpo fermo, come è inizialmente il pallone, cambia il proprio stato di quiete senza che una forza agisca su di esso. Dobbiamo quindi ipotizzare che i sistemi di riferimento possano essere suddivisi in **sistemi inerziali**, se in essi vale il primo principio, e *non inerziali*, se invece non vale.
L'autobus quando accelera o curva non è un sistema di riferimento inerziale, mentre la strada, rispetto a quanto capita sull'autobus, è un sistema di riferimento inerziale.

sistema inerziale — Un sistema di riferimento si dice **sistema inerziale** se in esso vale il primo principio della dinamica.

Quali sono i sistemi di riferimento inerziali? Alla domanda non è possibile rispondere in modo semplice: per tre secoli, sino ad Albert Einstein (1879-1955), i fisici si sono confrontati in un complesso dibattito su questo tema. Dato che non è facile comprenderlo subito in tutte le sue implicazioni, ci accontentiamo di dire che la Terra costituisce con buona approssimazione un sistema di riferimento inerziale, così come tutti i sistemi in moto rettilineo e uniforme rispetto a essa.

L'autobus, evidentemente, si è rivelato un sistema non inerziale nella fase in cui ha accelerato rispetto al terreno (quando Matteo si è sentito spinto, assieme al pallone, verso il fondo) e nei cambiamenti di direzione (quando Matteo è stato sbilanciato lateralmente). Sono le stesse sensazioni che percepisci stando dentro un'automobile durante l'accelerazione o l'effettuazione di una curva.

> **ricorda...**
> La Terra e tutti i sistemi di riferimento in moto rettilineo uniforme rispetto a essa sono dei sistemi di riferimento inerziali soddisfacenti.

10.4 La relazione tra forza e accelerazione

Il primo principio ha evidenziato che la forza non è la causa della velocità. Eppure, se sei in bicicletta e vuoi metterla in movimento, bisogna che eserciti sui pedali la forza necessaria. Nuovamente, siamo tentati di concludere che la forza è causa della velocità. Come vedi, non è facile superare questa convinzione errata, nella quale tendiamo di continuo a ricadere. È sufficiente riflettere meglio, per capire che quel che accade realmente è un passaggio della velocità della bicicletta da zero a un determinato valore. Dunque, *la forza produce una variazione di velocità, cioè un'accelerazione*.

Una volta avviato il moto, la forza applicata ti serve soltanto per vincere le forze d'attrito e quindi a mantenere costante la velocità. Se intensifichi il ritmo della pedalata, aumentando perciò la forza, anche la velocità aumenta. La prima conclusione che possiamo trarre è che vi è una relazione tra forza e variazione di velocità, vale a dire tra forza e accelerazione.

Un uomo spinge un'auto con una forza F e ottiene un'accelerazione a.

Se due uomini spingono con una forza $2F$ anche l'accelerazione raddoppia e diventa $2a$.

TABELLA 1

y	x	y/x
F (N)	a (m/s²)	F/a (kg)
□	○	800
□□	○○	800
□□□	○○○	800
□□□□	○○○○	800
...	...	...

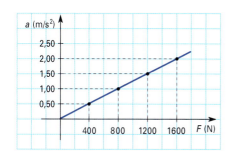

Se indichiamo con il simbolo grafico □ la forza F esercitata da un uomo (per esempio, 400 N) e con ○ la conseguente accelerazione a (0,50 m/s²), otteniamo la tabella 1 da cui emerge chiaramente che raddoppiando, triplicando, ... la forza, raddoppia, triplica, ... anche l'accelerazione. Questo significa che le due grandezze sono direttamente proporzionali.

Le conseguenze (vedi Unità 3) sono che:
- la rappresentazione grafica dell'accelerazione in funzione della forza dà luogo a una retta;
- il rapporto F/a è costante (vedi terza colonna della tabella).

Quanto appena detto costituisce in sostanza l'enunciato del **secondo principio della dinamica** (o **principio fondamentale della dinamica**).

secondo principio della dinamica (enunciato) | L'accelerazione di un punto materiale è direttamente proporzionale alla forza che ne è la causa.

Fin qui ci siamo riferiti alla forza e all'accelerazione in termini puramente scalari (considerando, cioè, esclusivamente il loro modulo). Per completare il discorso, rileviamo che la direzione e il verso dell'accelerazione sono gli stessi della forza applicata che la determina.

! ricorda...

Se un corpo presenta un'accelerazione (in quanto cambiano il modulo o la direzione della velocità), allora esso è necessariamente soggetto a una forza; viceversa, se su un corpo libero di muoversi agisce una forza, allora esso avrà necessariamente un'accelerazione. La presenza dell'una è la spia della presenza dell'altra.

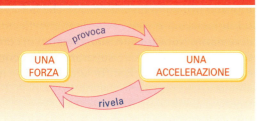

10.5 La massa inerziale

Abbiamo visto che il secondo principio della dinamica implica che il rapporto tra forza applicata e la conseguente accelerazione sia costante. Vediamo di scoprire quale sia la natura di questa costante.

Due amici spingono un'auto e ottengono un'accelerazione a.

Se ora i due amici spingono quest'altra auto con la stessa forza di prima, ottengono un'accelerazione molto minore.

Che cosa cambia da una situazione all'altra? Che cos'è che provoca, a parità di forza applicata, un'accelerazione via via più piccola?

....

....

....

Probabilmente avrai risposto che aumenta il *peso* che sei costretto a spingere, rendendo meno efficace la tua azione.
Con maggiore precisione, ciò che aumenta è la **massa inerziale** (che denoteremo più semplicemente con il nome di **massa**).

INFORMAZIONE La **massa** ci dice come reagisce un corpo quando viene sollecitato da una forza esterna, cioè quanta *resistenza* oppone al fatto di venire accelerato.

DEFINIZIONE La **massa** è il rapporto tra la forza applicata e l'accelerazione che ne deriva:

$$\text{massa} = \frac{\text{forza}}{\text{accelerazione}}$$

> massa

Utilizzando i simboli, scriviamo:

FORMULA
$$m = \frac{F}{a}$$

La massa è una grandezza scalare, quindi è sufficiente il valore numerico espresso in una certa unità di misura a rappresentarla. L'unità di misura della massa, il **kilogrammo**, è fra quelle fondamentali del SI; pertanto, ha una definizione autonoma che non dipende da quella della massa stessa (vedi Unità 1).

Il **kilogrammo (kg)** è la massa di un campione cilindrico di platino-iridio conservato nell'Ufficio Internazionale dei Pesi e delle Misure di Sèvres, vicino a Parigi.

> kilogrammo

10.6 Il secondo principio

Riprendendo la formula che definisce la massa, si avrà:

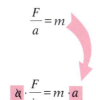

moltiplicando ambo i membri per a

e semplificando

$$F = m \cdot a$$

Il **secondo principio della dinamica** (o **principio fondamentale della dinamica**) può essere espresso sinteticamente nel seguente modo:

$$F = m \cdot a$$

> secondo principio della dinamica (formula)

La forza applicata e l'accelerazione hanno stessa direzione e stesso verso.
Perciò, il secondo principio della dinamica, tenendo conto degli aspetti vettoriali delle grandezze in gioco, si scrive:

$$\vec{F} = m \cdot \vec{a}$$

Fin qui, parlando delle forze, abbiamo detto che si misurano in **newton** (N), senza però spiegare come si determina a tutti gli effetti questa unità di misura.
Adesso siamo in grado di farlo.

$$F = m \cdot a \quad \Rightarrow \quad m \text{ (misurata in kg)} \cdot a \text{ (misurata in m/s}^2\text{)} \quad \Rightarrow \quad \text{kg} \cdot \frac{\text{m}}{\text{s}^2}$$

L'unità di misura della forza si chiama **newton** (N) ed è definito come:

$$1\,\text{N} = 1\,\text{kg} \cdot \frac{\text{m}}{\text{s}^2}$$

> newton

> **ricorda...**
> Quando diciamo che su un corpo agisce la forza $\vec{F}$ intendiamo, più esattamente, che $\vec{F}$ è la risultante di tutte le forze che eventualmente agiscono sul corpo stesso.

Una forza vale 1 newton quando, applicandola a un corpo che ha una massa di 1 kilogrammo, ne provoca l'accelerazione di 1 metro al secondo quadrato nella direzione e nel verso della forza stessa.

Il newton viene detto unità di misura **derivata**, poiché lo si ricava a partire dalle unità di misura delle grandezze fondamentali del SI (metro, secondo, kilogrammo).

flash))) Air-bag

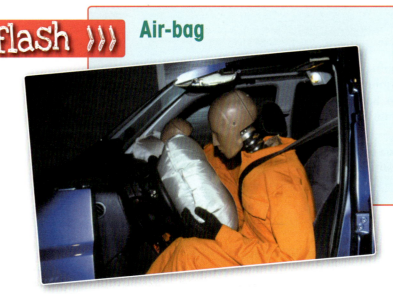

Il secondo principio evidenzia che quando vi è un'accelerazione elevata il corpo è soggetto a una forza molto intensa. Il cuscino dell'air-bag aumenta il tempo di arresto del nostro corpo.
Di conseguenza diminuisce la decelerazione ($a = \Delta v / \Delta t$) e le forze che agiscono sul nostro organismo risultano minori.

10.7 Considerazioni sui principi della dinamica

Aggiungiamo alcune osservazioni relative ai due principi studiati nei paragrafi precedenti.
Il primo principio può essere ritenuto un caso particolare del secondo principio. In effetti, nell'ipotesi di equilibrio di forze (cioè risultante delle forze nulla) si ha:

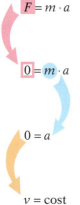

$$F = m \cdot a$$

se le forze si equilibrano è $F = 0$, quindi

$$0 = m \cdot a$$

essendo $m \neq 0$, ne consegue che

$$0 = a$$

ma se l'accelerazione è nulla, allora non vi è variazione di velocità, per cui la velocità si mantiene costante

$$v = \text{cost}$$

Perciò, se il corpo è fermo ($v = 0$) tale continua a restare; viceversa, se si muove di moto rettilineo uniforme, la sua velocità non varia e il moto permane quale era inizialmente. Queste conclusioni collimano esattamente con il primo principio.
I principi della dinamica non sono sempre validi. Non sono adatti, per esempio, a descrivere il moto delle particelle su scala microscopica (che richiede le conoscenze elaborate dalla teoria quantistica), né il comportamento delle particelle che viaggiano a velo-

Principi della dinamica UNITÀ 10 **237**

cità prossime a quella della luce, cioè 300 000 km/s (studiate nella teoria della relatività). Tuttavia, su scala macroscopica, al livello della nostra realtà quotidiana e dei fenomeni ai quali assistiamo normalmente, in cui non abbiamo a che fare con corpi piccolissimi o velocissimi, le leggi della dinamica conservano pienamente la loro validità.
Analizziamo ora i grafici forza-accelerazione e massa-accelerazione.

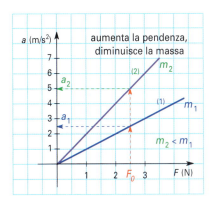

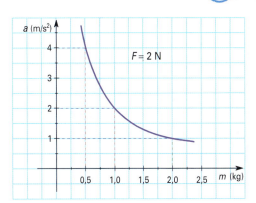

L'inclinazione della retta nel grafico forza-accelerazione ha un significato ben preciso.
Si tratta della nota situazione legata alla diretta proporzionalità: applicando la stessa forza F_0, a una maggiore inclinazione (retta 2) corrisponde un'accelerazione più elevata ($a_2 > a_1$).
Ne deduciamo, allora, che la massa del corpo è minore ($m_2 < m_1$).

Dal secondo principio possiamo ricavare facilmente:

$$a = \frac{F}{m}$$

Facendo l'ipotesi che F sia costante e valga per esempio 2 N, rappresentiamo in un piano cartesiano l'accelerazione (asse y) in funzione della massa (asse x). Il grafico è un ramo di iperbole. Dunque, a e m sono **inversamente proporzionali**, per cui se la massa raddoppia, l'accelerazione diventa la metà.

Riassumiamo a fianco le formule che potrebbero esserti utili.

10.8 Trasformazioni di Galileo

È in corso una partita di biliardo. Il moto delle sfere può essere descritto mediante le leggi della fisica.

Se la stessa partita si svolge su una nave, che si muove di moto rettilineo uniforme rispetto alla Terra, le sfere seguiranno leggi diverse?

 ricorda...
Per il principio di relatività galileiano, se una legge della fisica vale in un dato sistema di riferimento inerziale, allora è valida in qualsiasi altro sistema di riferimento inerziale.

Il primo a rispondere a questa domanda fu Galileo Galilei, il quale affermò che:

Le leggi della fisica sono le stesse in tutti i sistemi di riferimento che si muovono tra loro di moto rettilineo uniforme.

principio di relatività galileiano

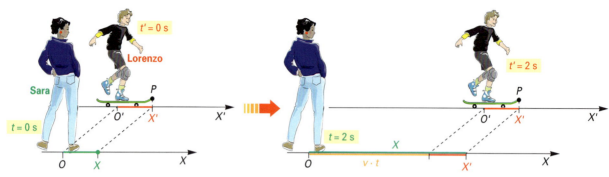

Situazione iniziale

Lorenzo è in piedi su uno skate-board, di fianco a Sara, la quale lo osserva dal marciapiede. Lorenzo effettua le misure nel sistema di riferimento $O'X'$ solidale con lo skate-board; Sara, invece, nel sistema OX solidale con la Terra. Proviamo a chiedere a entrambi di leggere il tempo sul proprio orologio e contemporaneamente trovare la distanza del punto P rispetto all'origine.

Lorenzo: $t' = 0$ s $\quad X' = 0{,}3$ m
Sara: $\quad\ t = 0$ s $\quad X = 0{,}3$ m

Situazione finale

Lorenzo si sta muovendo di moto rettilineo uniforme con velocità $v = 0{,}5$ m/s. Ripetiamo la domanda posta prima (dove si trova il punto P) nell'ipotesi che siano trascorsi 2 s a partire dall'istante $t' = t = 0$ s.

Lorenzo: $\quad t' = 2$ s $\quad X' = 0{,}3$ m
Sara: $\quad\ t = 2$ s $\quad X = (0{,}3 +$ tratto percorso da P rispetto al sistema $OX) =$
$\qquad\qquad\qquad\qquad = 0{,}3 + 0{,}5 \cdot 2 = 1{,}3$ m

Il tempo nei due sistemi di riferimento coincide, mentre la posizione di P risulta diversa: infatti, per il principio di relatività galileiano, mentre le leggi sono le stesse, le equazioni dipendono dal sistema di riferimento scelto.

equazioni delle trasformazioni galileiane
$$\begin{cases} t = t' \\ X = X' + v \cdot t \end{cases}$$

Composizione delle velocità

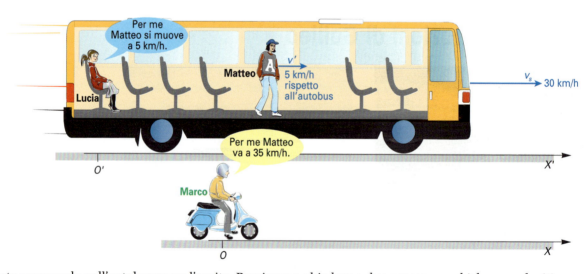

Matteo sta avanzando nell'autobus verso l'uscita. Proviamo a chiedere a due persone qual è la sua velocità.

Lucia

Io sono solidale con il sistema di riferimento $O'X'$ e Matteo si muove rispetto al sistema di riferimento solidale con l'autobus alla velocità di 5 km/h:

$v'_{\text{Matteo}} = 5$ km/h

Marco

Io sono solidale con il sistema di riferimento OX. Per me la velocità di Matteo è data dalla velocità dell'autobus alla quale va aggiunta la velocità con cui Matteo cammina rispetto all'autobus:

$v_{\text{Matteo}} = v_{\text{autobus}} + v'_{\text{Matteo}} = 30$ km/h $+ 5$ km/h $= 35$ km/h

Generalizzando:

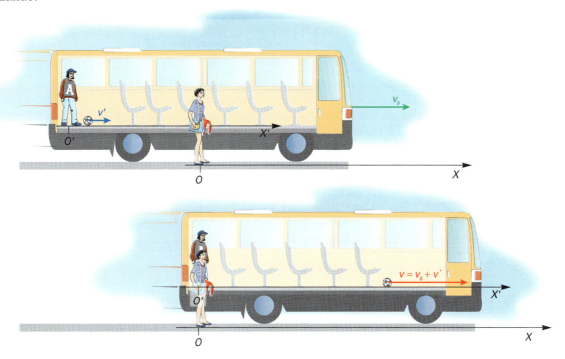

Il sistema $O'X'$ si muove di moto rettilineo uniforme rispetto al sistema OX con velocità v_s. Se v è la velocità della palla nel sistema OX e v' quella nel sistema $O'X'$, vale allora la seguente relazione:

$$v = v_s + v'$$

> **composizione della velocità**

10.9 Il terzo principio

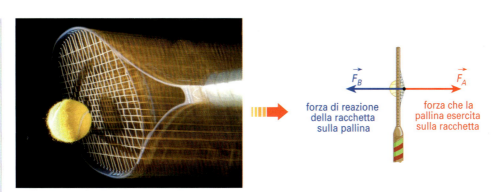

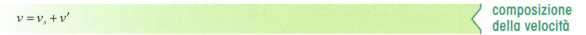

forza di reazione della racchetta sulla pallina

forza che la pallina esercita sulla racchetta

Se durante una partita di tennis potessimo vedere da vicino e al rallentatore ciò che accade quando la pallina lanciata a grande velocità urta contro la racchetta, ci accorgeremmo che la racchetta risulta deformata dalla pallina. Questo significa che la pallina ha esercitato una forza sulla racchetta. Al tempo stesso, zoomando ulteriormente sulla pallina, vedremo che anch'essa risulta deformata dalla racchetta.

La racchetta ha risposto alla sollecitazione, esercitando a sua volta sulla pallina una forza, detta **reazione**. La reazione ha la caratteristica di avere uguali intensità e direzione alla forza agente, ma verso opposto. Il **terzo principio della dinamica** (chiamato anche **principio di azione e reazione**) esprime questa situazione.

| terzo principio della dinamica | A ogni azione corrisponde una reazione uguale in modulo e direzione, ma di verso opposto: $\vec{F}_A = -\vec{F}_B$ |

Riflettiamo brevemente sulle conseguenze del terzo principio.
Il fatto che a *ogni* azione corrisponda una reazione, implica che il principio ora visto valga sia per le forze di contatto, come quella tra la pallina e la racchetta, ma anche per le forze che si esercitano a distanza, come quelle gravitazionali.

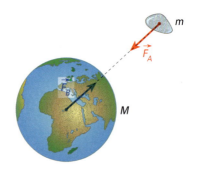

Dato che, per esempio, la Terra esercita una forza $\vec{F}_A$ su un sasso (il quale, se lasciato andare, cade...), allora pure il sasso esercita una reazione $\vec{F}_B$ sulla Terra uguale in modulo alla $\vec{F}_A$? Se la risposta è sì, perché la Terra non cade sul sasso?

....
....
....
....

La risposta è nelle masse. La forza $\vec{F}_A$ che la Terra esercita sul sasso è tale da vincere l'inerzia della sua massa e metterlo in moto: così il sasso cade con un'accelerazione che vale 9,81 m/s². Viceversa, la forza $\vec{F}_B$ che il sasso esercita sulla Terra, pur essendo uguale in modulo a $\vec{F}_A$, non è sufficiente a spostare significativamente il nostro pianeta vincendone la ben più consistente... inerzia!

esempio

1 Sapendo che la Terra, di massa pari a circa $5{,}98 \cdot 10^{24}$ kg, esercita su una grossa mela una forza di 2,5 N, calcola l'accelerazione che la reazione della mela determina sulla Terra.

Dal secondo principio della dinamica ricaviamo l'accelerazione:

$$a = \frac{F}{m}$$

Per il terzo principio la reazione della mela sulla Terra è uguale a 2,5 N; quindi, sostituendo i valori:

$$a = \frac{2{,}5}{5{,}98 \cdot 10^{24}} \simeq 4{,}2 \cdot 10^{-25} \text{ m/s}^2$$

Un'accelerazione davvero... piccola!

Riesci a indicare alcune situazioni nelle quali secondo te si manifesta il terzo principio della dinamica?

....
....
....
....
....

Ce ne sono moltissime.

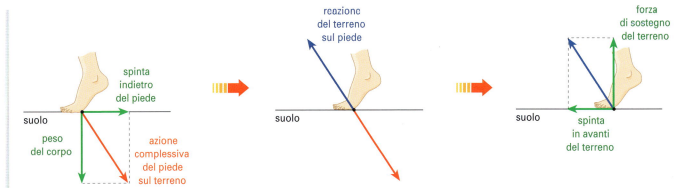

Per esempio, quando camminiamo il piede esercita un'azione sul terreno.

Per il terzo principio si ha una reazione del terreno sul piede.

La reazione si scompone e, grazie alla spinta del terreno sul piede, possiamo avanzare.

Quando una persona è seduta, il suo peso agisce sul sedile che reagisce con una forza diretta verso l'alto. Questa reazione «sorregge» la persona, che rimane in equilibrio e non cade.

Quando una persona rema, la forza che esercita sull'acqua è uguale e contraria alla reazione dell'acqua sul remo.

Lo Shuttle si muove perché ai gas espulsi in un verso secondo una data direzione $\vec{F}_A$ corrisponde una reazione sulla navicella in verso opposto $\vec{F}_B$.

MODULO 3 Le forze e il moto

idee e personaggi

Summus Newton

«La Natura e le sue leggi erano nascoste nella notte.
Dio disse: 'Sia Newton' e tutto fu luce»

(Alexander Pope)

I PRIMI ANNI

Isaac Newton nacque il 25 dicembre del 1642, prematuro e orfano di padre. La madre, quando lui aveva tre anni, si risposò e lo affidò a una nonna. Lo riprese con sé quando aveva undici anni, una volta rimasta vedova. Non possiamo dire che la vita di uno dei massimi geni del pensiero sia cominciata sotto i migliori auspici. Alunno diligente, ma non particolarmente brillante se si esclude la sua attitudine alla costruzione di giocattoli meccanici, nonostante le difficoltà economiche, riuscì a iscriversi nel 1661 al Trinity College dell'Università di Cambridge, dove rapidamente attrasse l'attenzione del professore di matematica Isaac Barrow (1630-1677). Nel 1665, a causa di un'epidemia di peste, tornò a casa dove in soli due incredibili anni ebbe le prime intuizioni relative alla maggior parte delle idee che lo avrebbero reso famoso: dai principi della dinamica alla legge di gravitazione universale. Contemporaneamente, elaborò strumenti matematici quali la derivata e l'integrale necessari per supportare le sue teorie. Sempre nello stesso periodo pose le basi di una teoria della luce in cui evidenziò doti straordinarie di originalità, chiarezza metodologica e abilità sperimentale.

Al ritorno all'Università, Barrow contribuì alla divulgazione delle idee del suo allievo e nel 1669 lo aiutò a succedergli nella cattedra universitaria. Qualche anno più tardi, nominato membro della Royal Society, pubblicò sulla rivista della società un saggio sull'ottica, in cui emergeva il collegamento fra i colori e gli indici di rifrazione. Le molte critiche ricevute contribuirono probabilmente al suo rapporto difficile e turbolento con la divulgazione delle sue ricerche.

I *PRINCIPIA* E IL METODO NEWTONIANO

Solo nel 1687 Newton pubblicò i famosissimi *Philosophiae naturalis principia matematica*. Scritta inizialmente in latino, l'opera presenta una sistematizzazione della meccanica a partire dalle tre leggi del moto, oggi note come *principi della dinamica*, e contiene una spiegazione del moto dei satelliti a partire dalla legge di gravitazione universale. Quello che in generale emerge dai *Principia* è una nuova concezione della realtà. Tutto, dalle particelle infinitesime che compongono i corpi ai pianeti, obbedisce a un numero molto limitato di principi dalla struttura molto semplice e riconducibili alla dinamica e alla gravitazione universale. Alla luce di questa convinzione, Newton propone un sistema assiomatico nel tentativo di universalizzare a tutti i fenomeni fisici le leggi che regolano i processi più elementari. I *Principia* hanno condizionato per tutto il Settecento e l'Ottocento gli sviluppi della meccanica che in quegli anni si sono ridotti a meri approfondimenti o estensioni del lavoro di Newton, senza che i concetti fondamentali venissero mai criticati. Solamente nel 1905 Einstein metterà in discussione i concetti di base dello spazio e del tempo assoluti, elaborando più tardi una nuova teoria della gravitazione.

HYPOTHESES NON FINGO

Nell'ultima parte dei *Principia* emergono con chiarezza le sue convinzioni metodologiche. Egli tende a limitare la sua indagine alla pura descrizione dei fatti, senza la pretesa di affrontare domande sulla struttura della natura, ma cercando unicamente di individuare delle relazioni costanti tra i fenomeni. In questo modo il suo utilizzo della matematica è strumentale, perché serve a sistematizzare i dati e non rappresenta, come per Galileo, il vero linguaggio della natura.
Tale atteggiamento emerge con chiarezza quando, di fronte alla difficoltà di giustificare l'azione a distanza della forza di gravità, egli esprime il rifiuto di ricorrere a qualità occulte non deducibili dagli esperimenti: «In verità non sono ancora riuscito a dedurre dai fenomeni la ragione di queste proprietà della gravità, e non invento ipotesi (*hypotheses non fingo*). Qualunque cosa, infatti, non deducibile dai fenomeni va chiamata ipotesi (...)».
In questo modo, nonostante la concezione meccanicistica, si difese anche dall'accusa di ateismo, dato che la pura descrizione dei fenomeni non esclude la possibilità che vi possa essere una causa divina.
Nel suo modo di lavorare era presente, insieme al classico approccio *ipotetico deduttivo*, un'apertura al procedimento *induttivo* che consente di ricavare da pochi casi, grazie alla verifica sperimentale, regole generali: «Le qualità che non sono suscettibili di aumento e di diminuzione e che appartengono a tutti i corpi dei quali si può fare esperienza, devono essere considerate come appartenenti a tutti i corpi in generale (...)».

Lo spirito della metodologia scientifica di Newton basata sulla realtà sperimentale e tesa a rifiutare qualsiasi forma di dogmatismo è ben espresso dalle sue stesse parole: «Un'ipotesi infatti non può indebolire i ragionamenti fondati su indicazioni suggerite dall'esperienza (...)».

OLTRE LA SCIENZA...

A partire dallo stesso anno della pubblicazione dei *Principia* Newton maturò interessi politici che lo portarono a diventare dal 1689 al 1690 deputato. Uomo dal carattere difficile, intollerante verso qualsiasi critica, ebbe scontri durissimi con grandi intellettuali della sua epoca fra cui Hooke, Flamsteed e Leibniz.
Nel 1692 fu colpito da gravi disturbi psichici che gli impedirono gli studi per diciotto mesi.
Un paio di anni più tardi divenne ispettore della Zecca di Londra e svolse al meglio il suo compito diventandone poi il direttore. Nel 1703 fu eletto presidente della Royal Society di Londra.
Non riprese più gli studi scientifici, bensì privilegiò interessi teologici e alchimistici che lo avevano accompagnato per tutta l'esistenza, ma che, per ovvi motivi di prudenza, tenne sempre segreti.
Morì a 85 anni il 20 marzo del 1727 e venne sepolto nell'abbazia di Westminster a Londra.

IN SINTESI

- La **dinamica** è quella parte della Fisica che studia le cause che determinano il movimento dei corpi.

- Il **primo principio della dinamica**, o *principio d'inerzia*, afferma che, in assenza di forze (o in presenza di forze la cui risultante sia nulla), se un corpo è fermo continua a rimanere fermo; se invece si muove di moto rettilineo uniforme, prosegue secondo tale moto. In altre parole, se un corpo presenta un'accelerazione (cioè cambiano modulo o direzione della velocità), esso è necessariamente soggetto a una forza; viceversa, l'azione di una forza su un corpo libero di muoversi implica un'accelerazione dello stesso.

- Il **secondo principio della dinamica**, o *principio fondamentale* della dinamica, afferma che l'accelerazione di un punto materiale è direttamente proporzionale alla forza che ne è la causa. In *termini vettoriali*, la formula che esprime il secondo principio può essere scritta come:

$$\vec{F} = m \cdot \vec{a}$$

- La **massa** (**inerziale**) è definita dalla relazione:

$$m = \frac{F}{a}$$

La massa indica, quindi, quanta resistenza un corpo oppone al fatto di essere accelerato.
L'unità di misura della massa è il **kilogrammo** (kg), che corrisponde alla massa di un campione cilindrico di platino-iridio conservato nell'Ufficio Internazionale dei Pesi e delle Misure di Sèvres, vicino a Parigi.

- Sulla base del secondo principio viene definita *l'unità di misura della forza*, cioè il **newton** (N), che equivale a quella forza che, applicata a un corpo di massa 1 kilogrammo, ne provoca l'accelerazione di 1 metro al secondo quadrato, nella direzione e nel verso della forza stessa:

$$1 \text{ N} = 1 \text{ kg} \cdot \frac{\text{m}}{\text{s}^2}$$

Pertanto, il newton è un esempio di unità di misura derivata.

- Se la massa è costante, rappresentando graficamente l'accelerazione (asse y) in funzione della forza (asse x), si ottiene una retta ($F = m \cdot a$), la cui pendenza è data dalla massa del corpo.
A parità di forza applicata, massa e accelerazione sono fra loro inversamente proporzionali; di conseguenza, rappresentando graficamente l'accelerazione (asse y) in funzione della massa (asse x) si ottiene un *ramo d'iperbole*.

- Il primo principio è valido nei **sistemi di riferimento di tipo inerziale**; tra questi possiamo includere, con buona approssimazione, quello costituito dalla Terra, nonché tutti i sistemi in moto rettilineo uniforme rispetto a essa.

- Secondo il *principio di relatività galileiano*, le leggi della fisica sono le stesse in tutti i sistemi di riferimento inerziali. Le equazioni delle **trasformazioni galileiane** sono:

$$t' = t$$

e

$$X = X' + v \cdot t$$

- Se un corpo si muove con velocità costante v' rispetto a un sistema di riferimento e questo si muove con velocità v_s costante rispetto a un secondo sistema, allora per la composizione delle velocità il corpo si muove rispetto a quest'ultimo sistema di riferimento con velocità:

$$v = v_s + v'$$

- Il **terzo principio della dinamica**, o *principio di azione e reazione*, afferma che a ogni azione corrisponde una reazione uguale in modulo e direzione, ma di verso opposto:

$$\vec{F}_A = -\vec{F}_B$$

SCIENTIFIC ENGLISH

Laws of Dynamics

- **Dynamics** is the branch of Physics that studies the causes of motion.
- The **first law of motion**, or *law of inertia*, states that if no forces act on an object (or if the net force is zero), then the object at rest stays at rest, or an object in motion at a constant speed in a straight line stays in motion at a constant speed in a straight line. In other words, if an object is accelerating (i.e. the magnitude or direction of its velocity are changing), then forces are necessarily acting on that object; vice versa, an object that is free to move will necessarily accelerate under the action of a force.
- The **second law of motion**, or *fundamental principle of dynamics*, states that the acceleration of an object is directly proportionate to the force acting on it. In *terms of vectors*, the formula that expresses the second law can be written as follows:

$$\vec{F} = m \cdot \vec{a}$$

- **Mass** (**inertial**) is defined by the relation:

$$m = \frac{F}{a}$$

The mass is thus the resistance of an object to acceleration.
The *unit of measurement* for mass is the **kilogram** (kg), which is equal to the mass of a prototype of the kilogram, a platinum-iridium cylinder kept at the International Bureau of Weights and Measures at Sèvres, near Paris in France.

- Based on the second law, the *unit of measurement for force*, the **newton** (N), is equal to the force required to accelerate a one kilogram mass at a rate of one metre per second squared, in the same direction and sense as the force:

$$1\ N = 1\ kg \cdot \frac{m}{s^2}$$

The newton is thus an example of a derived unit of measurement.

- If the mass is constant, the graph of the acceleration (y axis) as a function of the force (x axis) is a straight line ($F = m \cdot a$), the slope of which is given by the mass of the object.
When the force being applied is equal, mass and acceleration are inversely proportional; therefore, the graph of the acceleration (y axis) as a function of the mass (x axis) is a *branch of a hyperbola*.

- The first law applies to **inertial frames of reference**; these can reasonably be considered to include the Earth frame, and all frames in uniform linear motion with respect to Earth.

- According to the *principle of Galilean relativity*, the laws of physics are the same in all inertial frames of reference. The **Galilean transformation** equations are:

$$t' = t$$

and

$$X = X' + v \cdot t$$

- If an object is moving at a constant speed v' in relation to a frame of reference which, in turn, is moving at a constant speed v_s in relation to a second frame, then according to the law for the addition of velocities, the object is moving in relation to the second frame of reference at a speed of:

$$v = v_s + v'$$

- The **third law of motion**, or *law of action and reaction*, states that for every action there is a reaction equal in magnitude and direction, but opposite in sense:

$$\vec{F}_A = -\vec{F}_B$$

strumenti per SVILUPPARE le COMPETENZE

VERIFICHIAMO LE CONOSCENZE

Vero-falso

		V	F
1	La causa della velocità è la forza.	☐	☐
2	Il primo principio afferma che in assenza di forze tutti i corpi si fermano.	☐	☐
3	Il primo principio afferma che in assenza di forze un corpo in moto circolare uniforme rimane in moto circolare uniforme.	☐	☐
4	Un'automobile che accelera a un semaforo è un esempio di sistema di riferimento inerziale.	☐	☐
5	L'accelerazione è direttamente proporzionale alla forza che ne è la causa.	☐	☐
6	La massa inerziale è il rapporto tra la forza applicata e l'accelerazione.	☐	☐
7	La massa inerziale si misura in newton.	☐	☐
8	Il primo principio è un caso particolare del secondo.	☐	☐
9	I principi della dinamica sono sempre validi.	☐	☐
10	Per il terzo principio il pavimento su cui sei in piedi esercita su di te una forza.	☐	☐

Test a scelta multipla

1 Di che cosa si occupa la dinamica?
- **A** Della relazione fra il moto e le sue cause
- **B** Del moto indipendentemente dalle cause
- **C** Delle cause della deformazione dei corpi
- **D** Dell'origine delle forze agenti sui corpi

2 Dal primo principio è corretto dedurre che:
- **A** in assenza di forze non vi può essere moto
- **B** in assenza di forze non vi può essere velocità
- **C** in assenza di forze un corpo se sta accelerando continua ad accelerare
- **D** in assenza di forze un corpo fermo rimane fermo

3 L'esperienza ci insegna che una bicicletta, poco dopo che si cessa di pedalare, si ferma e non persevera nel suo moto rettilineo uniforme.
Si tratta di una violazione del primo principio della dinamica?
- **A** Sì, ma ogni principio ammette delle eccezioni purché non siano in numero troppo elevato
- **B** No, perché il primo principio riguarda solo i mezzi a motore
- **C** No, perché il primo principio afferma che la causa della velocità è la forza
- **D** No, perché la bicicletta è soggetta alle forze d'attrito

4 In quale dei seguenti sistemi di riferimento il primo principio può essere considerato valido?
- **A** Una giostra in moto circolare uniforme rispetto alla Terra
- **B** Un autobus in moto rettilineo uniforme rispetto alla Terra
- **C** Un motorino che sta decelerando in prossimità di un semaforo
- **D** Un aereo che sta accelerando lungo una pista rettilinea allo scopo di decollare

5 Quale delle seguenti affermazioni non è corretta per il secondo principio?
- **A** Il rapporto tra forza e accelerazione è costante
- **B** La rappresentazione grafica della relazione accelerazione-forza è una retta
- **C** La massa è data dal rapporto tra accelerazione e forza
- **D** Se raddoppia la massa, a parità di accelerazione, la forza deve essere il doppio

6 In base al secondo principio è corretto dire che:
- **A** la forza è la causa della velocità
- **B** la forza è il prodotto della massa per la velocità
- **C** l'accelerazione ha la stessa direzione e lo stesso verso della forza agente
- **D** l'accelerazione è perpendicolare alla forza agente

7 La massa è una grandezza:
- **A** scalare e si misura in kilogrammi
- **B** vettoriale e il suo modulo si misura in kilogrammi
- **C** scalare e si misura in newton
- **D** vettoriale e il suo modulo si misura in newton

8 Se la forza agente su un corpo è costante, possiamo dire che:
- **A** la massa e l'accelerazione sono inversamente proporzionali
- **B** la massa e l'accelerazione sono direttamente proporzionali
- **C** la massa e l'accelerazione sono legate da una proporzionalità quadratica
- **D** possono variare indipendentemente l'una rispetto all'altra

Principi della dinamica — UNITÀ 10

9 Se un autobus si sposta di moto rettilineo uniforme alla velocità di 12 m/s e un passeggero cammina nello stesso verso lungo l'autobus alla velocità di 2,5 m/s, allora la velocità del passeggero rispetto alla strada è:
- A 9,5 m/s
- B 12 m/s
- C 4,5 m/s
- D 14,5 m/s

10 Il terzo principio è valido:
- A soltanto nel caso di forze di contatto
- B sia per le forze di contatto sia per quelle a distanza
- C soltanto per le forze a distanza
- D né per le forze di contatto né per quelle a distanza

VERIFICHIAMO LE ABILITÀ

Esercizi

10.6 Il secondo principio

1 Qual è la forza necessaria per imprimere a una cassa con massa di 125 hg un'accelerazione pari a 0,8 m/s^2?

Per lo svolgimento dell'esercizio, completa il percorso guidato, inserendo gli elementi mancanti dove compaiono i puntini.

1 Se le unità di misura non sono coerenti con quelle del SI, esegui le equivalenze necessarie:
....

2 La formula da usare direttamente, dato che ti viene richiesta la forza, è quella del secondo principio:
F = ...

3 Sostituisci i dati, trovando subito:
F = ... = ...
[10 N]

2 Un'automobile che ha una massa di 1200 kg resta in panne.
a) Con quale forza occorre spingerla per imprimerle un'accelerazione di 0,3 m/s^2?
b) Quale forza è necessaria per ottenere un'accelerazione doppia di quella precedente?
c) Quanto deve valere la forza necessaria per ottenere sempre l'accelerazione di 0,3 m/s^2, ma nell'ipotesi che la massa sia il doppio?
[a) 360 N; b) 720 N; c) 720 N]

3 Sappiamo che una forza agisce su un carrello.
a) La forza causa velocità o accelerazione?
b) La relazione tra forza e accelerazione è F = 35 a. Che cosa rappresenta 35?
c) Se l'accelerazione acquisita dal carrello è 0,2 m/s^2, qual è la forza che agisce su di esso?
d) Se la forza raddoppia, come varia l'accelerazione?
[c) 7 N]

4 Un trattore, applicando una forza costante, tira un masso di 750 kg.
a) Scrivi la relazione tra forza e accelerazione.
b) Quale tipo di proporzionalità intercorre tra forza e accelerazione?
c) Determina la forza, se l'accelerazione del masso è 0,4 m/s^2.
[c) 300 N]

5 Due uomini stanno spingendo un'automobile di 1100 kg.
a) Scrivi la relazione tra forza e accelerazione.
b) Se l'accelerazione è pari a 0,1 m/s^2, qual è la forza applicata?
c) Completa la seguente tabella.

a (m/s^2)	0,2	0,4	0,6	0,8	1
F (N)	220	440	660	880	1100

[b) 110 N]

6 Per fermare un carretto che sta percorrendo una discesa, interviene una persona la quale ottiene che in 4,0 secondi la velocità passi da 2,8 m/s a 0 m/s.
a) In questa situazione individui un'applicazione del secondo principio? Motiva la risposta.
b) Se la massa del carretto era di 50 kg, qual è stata la forza complessivamente applicata dalla persona intervenuta?
[35 N]

7 Osserva la seguente tabella.

F (N)	100	200	300	400
a (m/s^2)	0,5	1	1,5	2

a) Che tipo di relazione intercorre tra forza e accelerazione?
b) Completa la seguente equazione F = ... a inserendo il valore numerico mancante.
c) Se cambia la forza applicata a un dato corpo, cambia la sua massa o la sua accelerazione?

8 Spingendo un carrello vuoto al supermarket con una forza di 9,0 N si ottiene una sua accelerazione di 0,60 m/s^2. Dopo gli acquisti occorre una forza di 36 N per ottenere la stessa accelerazione. Determina la massa del carrello e la massa dei soli acquisti.
SUGGERIMENTO Devi utilizzare la formula che dà la massa in funzione della forza e della...
[15 kg; 45 kg]

9 Luca spinge un mobile colmo di oggetti con una forza di 60 N, imprimendogli un'accelerazione di 0,20 m/s^2. Dopo alcuni metri, stanco per lo sforzo, toglie tutti gli oggetti e spinge il mobile vuoto. Questa volta basta una forza di 44 N per ottenere un'accelerazione di 0,80 m/s^2. Determina la massa del mobile e quella degli oggetti contenuti.
[55 kg; 245 kg]

10 Calcola l'accelerazione che viene impressa a un'automobile di massa 950 kg da un motore che esercita su di essa una forza di 2945 N.
SUGGERIMENTO Puoi fare riferimento all'Esempio di questa Unità.
[3,1 m/s^2]

11 Trova l'accelerazione impressa a una palla con massa di 250 g dalla forza di 3,6 N. [14,4 m/s²]

12 È dato il grafico velocità-tempo rappresentato sotto, relativo al moto di un'automobile di 900 kg. Determina:
a) l'accelerazione;
b) la forza che ha causato l'accelerazione.

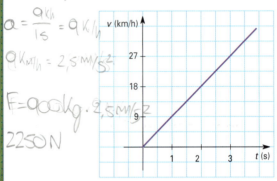

SUGGERIMENTO Per determinare l'accelerazione ti basta scegliere due punti a piacere sulla retta e quindi calcolare il rapporto...   [a) 2,5 m/s²; b) 2250 N]

13 Una massa di 12,5 kg è soggetta all'azione di due forze perpendicolari tra loro (vedi figura). Sapendo che $F_1 = 3$ N e $F_2 = 4$ N, determina l'accelerazione a cui è soggetta la massa.

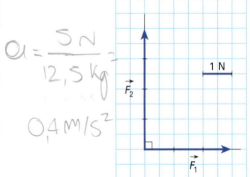

[0,4 m/s²]

14 Una slitta di 100 kg viene trainata sul ghiaccio da due persone, ognuna delle quali esercita una forza di 200 N che forma un angolo di 30° rispetto alla direzione dello spostamento, una a destra e l'altra a sinistra. Trascurando l'attrito, trova l'accelerazione della slitta.   [3,5 m/s²]

15 Complete the table below with the unknown quantities.

Net Force (N)	Mass (kg)	Acceleration (m/s²)
10	2	
20	2	
20	4	
	2	5
10		10

16 A 5 kg object is moving horizontally at a speed of 20 m/s. How much net force is required to keep the object moving at this speed and in this direction?
HINT If the speed remains constant, then the net force is...   [0 N]

17 A net force of 25 N is exerted on a book causing it to accelerate at a rate of 5 m/s². Determine the mass of the book.   [5.0 kg]

10.7 Considerazioni sui principi della dinamica

18 È data la seguente tabella.

F (N)	50	100	150	200	250
a (m/s²)	0,2	0,4	0,6	0,8	1,0

a) Rappresenta i dati della tabella in un grafico cartesiano (forza sull'asse delle x e accelerazione sull'asse delle y).
b) Utilizzando il grafico, qual è l'accelerazione che si ha per una forza di 125 N?
c) Utilizzando il grafico, qual è la forza che determina un'accelerazione di 0,7 m/s²?

19 Determina le masse dei corpi (1) e (2) dei quali qui sotto è riprodotto il grafico forza-accelerazione.

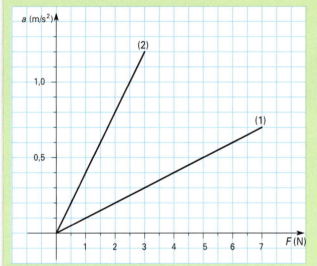

Per lo svolgimento dell'esercizio, completa il percorso guidato, inserendo gli elementi mancanti dove compaiono i puntini.

1 Scegli sull'asse delle x un valore a piacere della forza: $F_1 = $ ....
2 Manda la verticale per tale punto fino a intersecare la retta (1), in modo da leggere il corrispondente valore dell'accelerazione: $a_1 = $ ....
3 Calcola la prima massa: $m_1 = $ ....
4 Ripeti il procedimento per il secondo corpo, trovando infine: $m_2 = $ ....

[10 kg; 2,5 kg]

20 Calcola la massa del corpo di cui qui sotto è riprodotto il grafico forza-accelerazione. Quindi, traccia nel medesimo piano cartesiano la retta relativa a un corpo di massa pari alla metà di quella precedente.

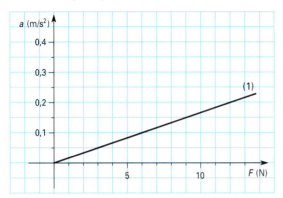

[60 kg]

21 Considera il seguente grafico.

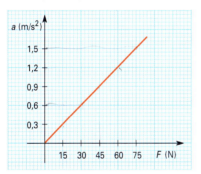

a) Sulla base delle informazioni ricavabili dal grafico, completa la seguente tabella.

F (N)	15	30	45	60	75
a (m/s²)	0,3	0,6	0,9	1,2	1,5

b) Sulla base delle informazioni ricavabili dal grafico è possibile calcolare la massa? Se la risposta è positiva determinala.

$m = \dfrac{15\,N}{0,3\,m/s^2} = 50\,kg$

22 Osserva il grafico.

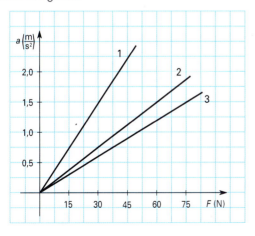

a) Ragionando solo sulla figura (senza effettuare calcoli) e motivando la risposta, stabilisci quale fra i corpi 2 e 3 ha una massa doppia del corpo 1.
b) Determina la massa di tutti e tre i corpi.
c) Quanto vale l'accelerazione del corpo 1 nel caso in cui la forza valga 75 N?

[b) 20 kg; 40 kg; 50 kg; c) 3,75 m/s²]

23 A un corpo di massa variabile è stata applicata una forza costante.
a) Utilizzando la tabella, rappresenta i dati in un grafico cartesiano (massa sull'asse x e accelerazione sull'asse y).

m (kg)	1	2	3	4	5	6
a (m/s²)	60	30	20	15	12	10

b) Che tipo di proporzionalità intercorre tra massa e accelerazione?
c) Completa la relazione $a = \ldots/m$ inserendo il valore numerico mancante.

24 Su un corpo di massa variabile agisce una forza costante di 2 N. Traccia il grafico relativo all'andamento dell'accelerazione in funzione della massa.

SUGGERIMENTO Attribuisci una serie di valori a piacere alla massa, andando ogni volta a calcolare la corrispondente accelerazione. Se lo ritieni opportuno, puoi basarti sulla tabella che ti proponiamo di seguito...

F (N)	2	2	2
m (kg)	0,5	1,0	...
a = F/m (m/s²)	4	...	...

25 Su un corpo di massa variabile agisce una forza costante di 5,0 N. Traccia il grafico massa-accelerazione e trova quanto vale la massa nel caso in cui l'accelerazione valga 0,25 m/s².

[20 kg]

26 Sia dato il grafico sotto.

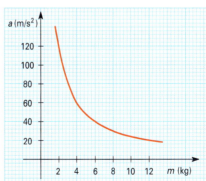

a) Utilizzando il grafico, completa la tabella:

m (kg)	2	...	6	...
a (m/s²)	...	60	...	20

b) Quando la forza è costante, che tipo di proporzionalità intercorre tra massa e accelerazione?
c) Dal grafico è possibile ricavare la forza? In caso di risposta positiva determinala.

27 Osserva il grafico.

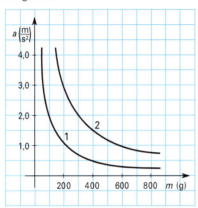

a) A quale delle due curve corrisponde la forza maggiore? (Rispondi esaminando la figura, senza cioè fare calcoli.)
b) Se la massa è di 400 g, quanto vale l'accelerazione nei due casi?
c) Calcola la forza relativa alle due curve.
[c) 0,2 N; 0,6 N]

28 Suppose that a sled is accelerating at a rate of 4 m/s². If the net force is tripled and the mass is halved, what is the new acceleration of the sled?

HINT Since force and acceleration are directly proportional (whereas acceleration and mass are inversely proportional), the original value must be multiplied by... and divided by...
[24 m/s²]

10.8 Trasformazioni di Galileo

Negli esercizi seguenti le distanze si intendono considerate secondo i sistemi di riferimento OX e O'X' tra loro paralleli.

29 Lucia è seduta in fondo all'autobus. Davanti a lei, alla distanza di 1,5 m, è seduta una sua compagna. Sul marciapiede, in corrispondenza di Lucia, mentre l'autobus procede alla velocità di 36 km/h, c'è Francesco. A quale distanza da Francesco si trova la compagna di Lucia dopo 5 s?

Per lo svolgimento dell'esercizio, completa il percorso guidato, inserendo gli elementi mancanti dove compaiono i puntini.

1 I dati sono: ....
2 Nel SI la velocità dell'autobus è: v = ... /3,6 = ...
3 Applicando la trasformazione di Galileo per lo spazio, trovi:
X = X' + ... = ...
[51,5 m]

30 La coda di un treno ti passa davanti alla velocità di 54 km/h. A che distanza da te si trova dopo 10 s una valigia posta sul treno a 40 m dalla coda? [190 m]

31 A quale velocità si sposta una nave se un passeggero, fermo a 15 m dall'accesso al ponte nel senso del movimento (accesso che all'istante iniziale $t_0 = 0$ s è esattamente di fronte al molo), dopo 20 s si trova a 100 m dal molo stesso?
[4,25 m/s]

32 Un ragazzo corre su un treno nella direzione del moto alla velocità di 6 m/s. Se il treno viaggia a 53,4 km/h, calcola con quale velocità si sposta l'uomo per un osservatore fermo in prossimità dei binari. [75 km/h]

33 Se una palla si muove alla velocità costante di 24 km/h in un sistema di riferimento e a 12,5 m/s in un altro sistema di riferimento, trova la velocità del primo sistema rispetto al secondo. [21 km/h]

34 Un'automobilina si sposta a 0,5 m/s su una barca che scivola in senso opposto sull'acqua a 4,0 m/s rispetto a un pontile. A quale distanza dal pontile si trova dopo 2 s l'automobilina se era a 150 cm dalla poppa, quando quest'ultima era di fronte al pontile?

SUGGERIMENTO Tieni presente che la velocità v' è negativa in quanto... Dopodiché, utilizzata la composizione delle velocità, puoi sfruttare le trasformazioni di Galileo. [8,5 m]

35 You are sitting in a park and from your position you can see a bus, moving at a speed of 45 km/h. Your friend John is standing on that bus, 1.5 m away from its rear. At what distance from you is John sighted after 15 s? [189 m]

10.9 Il terzo principio

36 Osserva la seguente figura, in cui m è una massa generica:

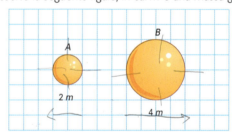

a) Completala rappresentando le forze d'interazione tra A e B.
b) Hai disegnato le due forze con moduli uguali o diversi? Motiva la tua scelta.

37 Osserva la seguente figura, in cui m è una massa generica:

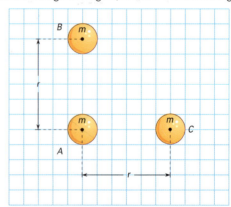

a) Disegna le forze che agiscono su A a causa della presenza di B e C.
b) Disegna il vettore somma delle forze che agiscono su A.

38 Due asteroidi con massa rispettivamente di $1{,}95 \cdot 10^9$ kg (m_1) e $1{,}20 \cdot 10^9$ kg (m_2) viaggiano sulla stessa traiettoria rettilinea uno contro l'altro in rotta di collisione. Sapendo che il primo accelera verso il secondo, a causa della reciproca forza di attrazione, con un'accelerazione a_1 pari a $3{,}2 \cdot 10^{-9}$ m/s², trova l'accelerazione del secondo verso il primo.

Per lo svolgimento dell'esercizio, completa il percorso guidato, inserendo gli elementi mancanti dove compaiono i puntini.

1 Calcola la forza a cui è sottoposto il primo asteroide utilizzando il secondo principio della dinamica:
$F_1 =$ ...$1{,}95 \cdot 10^9$ kg $\cdot$ $3{,}2 \cdot 10^{-9}$ m/s² $= 6{,}24$ N...

2 Per il terzo principio, F_1 è uguale in modulo alla forza agente sul secondo asteroide:
$F_2 = F_1 =$ ...$6{,}24$ N...

3 Utilizza la formula inversa del secondo principio per trovare l'accelerazione del secondo asteroide:
$a_2 =$ ...$\dfrac{6{,}24\,N}{1{,}20 \cdot 10^9\,kg}$... $= 5{,}2 \cdot 10^{-9}$ m/s²
[$5{,}2 \cdot 10^{-9}$ m/s²]

39 Un uomo di 80,0 kg è seduto su una sedia ed è fermo. Se non ci fosse la sedia, egli accelererebbe di 9,81 m/s² verso terra. Determina la reazione della sedia sull'uomo.
[785 N]

40 Una pallina da tennis di 58,0 g subisce un'accelerazione di 900 m/s² a causa di un colpo ricevuto dalla racchetta. Trova la forza che la pallina ha esercitato a sua volta sulla racchetta.
[52,2 N]

41 Un ragazzo spinge orizzontalmente con una forza di 21 N due carrelli, agganciati uno di seguito all'altro, posti su binari. Trova l'accelerazione del sistema costituito dal carrello A di 25 kg e dal carrello B di 10 kg, nonché la forza che il primo esercita sul secondo.

SUGGERIMENTO La forza richiesta equivale alla reazione con cui il carrello B si oppone allo spostamento.
[0,6 m/s²; 6,0 N]

42 What is the net force on 250 g ball when it hits a wall with acceleration of 12 m/s²?
[3 N]

43 When a rifle fires a bullet, the force the rifle exerts on the bullet is exactly the same, but in the opposite direction, as the force that the bullet exerts on the rifle, so the rifle «kicks back».
The bullet has a mass of 15 g and the rifle is 6.0 kg. The bullet leaves the rifle barrel with an acceleration of $3{,}3 \cdot 10^3$ m/s². Determine the force on the bullet and the acceleration of the rifle. Explain why the bullet accelerates more than the rifle if the forces are the same.
[49.5 N; 8.25 m/s²]

Problemi

La risoluzione dei problemi richiede la conoscenza degli argomenti trasversali a più paragrafi. Con il pallino sono contrassegnati i problemi che presentano una maggiore complessità.

1 Un'automobile accelera da 0 a 100 km/h in 10,6 s. Supponendo che l'accelerazione sia costante e che la massa dell'auto valga 950 kg, determina il valore della forza esercitata sull'auto tramite il motore parallelamente allo spostamento.

SUGGERIMENTO Prima di applicare il secondo principio della dinamica, poiché sai la variazione di velocità che si verifica in un certo intervallo di tempo, dovrai ricorrere alla definizione di... [$2{,}5 \cdot 10^3$ N]

2 Un carrello, partito da fermo, scivola senza attrito sulla rotaia a cuscino d'aria e percorre uno spazio di 27 cm in un intervallo di tempo di 1,10 s. Calcola la massa del carrello, conoscendo la forza costante che lo trascina, pari a 0,15 N e parallela allo spostamento.

SUGGERIMENTO Bisogna utilizzare, oltre al principio della dinamica, anche la legge oraria del moto rettilineo... [336 g]

•3 Un ciclista di 65,0 kg di massa, inizialmente fermo, accelera in modo costante per 15,0 s, imprimendo una forza di 45,5 N costante e parallela allo spostamento. Determina la distanza che percorre durante la fase di accelerazione e la velocità finale raggiunta. (Si trascurino gli attriti e la massa della bicicletta.)
[78,8 m; 37,8 km/h]

4 Un carrello ferroviario di 400 kg, disposto su binari rettilinei, viene trainato tramite due funi, entrambe formanti angoli di 60° rispetto ai binari, le quali trasmettono due forze pari rispettivamente a 440 N e 520 N. Trova l'accelerazione a cui viene sottoposto il carrello, senza considerare gli attriti.
[1,21 m/s²]

5 Un motociclo di 300 kg, dopo una prima fase di accelerazione uniforme in cui è sottoposto alla spinta del motore di 937,5 N per la durata di 8 s, si muove poi a velocità costante per altri 20 s. Calcola lo spazio percorso complessivamente dalla moto.

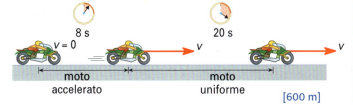

[600 m]

•6 Un blocco A di massa 10 kg è appoggiato su un tavolo orizzontale e collegato, mediante un filo inestensibile che passa sulla gola di una carrucola, a un corpo B di massa 6,0 kg (vedi figura). Non vi sono attriti.

a) Determina l'accelerazione con cui il sistema A + B si muove.

b) Se B si trova inizialmente a 6,0 dm di altezza, dopo quanti secondi dall'inizio del moto giunge a Terra?

[a) 3,68 m/s²; b) 0,57 s]

7 Una cassa di legno di 20 kg è appoggiata su un pavimento di parquet rispetto al quale presenta un coefficiente d'attrito radente statico pari a 0,35. Calcola l'accelerazione della cassa nel momento in cui inizia a muoversi, nella eventualità che venga spinta con la forza orizzontale di: a) 50 N; b) 85 N.

[a) 0 m/s^2; b) 0,82 m/s^2]

•8 Un blocco di acciaio è appoggiato su un tavolo. Il coefficiente d'attrito radente statico vale 0,40.
Il blocco viene tirato con una forza di 6,0 N che forma un angolo di 60° con il piano orizzontale del tavolo. Trova la massa del blocco, sapendo che esso, non appena comincia a muoversi, ha un'accelerazione di 0,65 m/s^2.

[1,1 kg]

9 Un motociclista procede sulla sua motocicletta alla velocità di 80 km/h. In seguito a una frenata piuttosto energica le ruote strisciano sull'asfalto senza girare. Per via della pioggia il coefficiente d'attrito radente statico tra gomme e asfalto vale 0,65. Determina lo spazio che il motociclista percorre prima di fermarsi. La massa complessiva del mezzo e del pilota è di 250 kg. (N.B. In realtà quest'ultimo dato non è necessario perché...)

[39 m]

10 Un astronauta, che si trova all'esterno della navetta nello spazio vuoto, lancia verso un collega un'apparecchiatura di 1500 g, imprimendole un'accelerazione di 12 m/s^2. La massa dell'astronauta, comprensiva della tuta indossata, ammonta a 200 kg. Calcola la velocità che l'astronauta raggiunge in senso opposto rispetto a quello in cui lancia l'oggetto, se l'azione da lui compiuta ha una durata di 2,25 s.

[0,73 km/h]

11 Una pallina da tennis di 57,5 g urta su una racchetta trasmettendole una forza di 68 N. Sapendo che la pallina viene respinta con una velocità di 162 km/h, calcola l'intervallo di tempo durante il quale la forza della racchetta, ipotizzata costante, agisce sulla pallina.
SUGGERIMENTO Si tratta di un intervallo di tempo molto piccolo...

[38 ms]

12 Un carrello di 300 g, posto su una guidovia a cuscino d'aria orizzontale, è inizialmente fermo e viene trascinato dal peso di una massa di 25 g agganciata all'estremità di un filo. Il peso, scendendo verticalmente, dopo un percorso di 15 cm, si ferma sul piano di uno sgabello e conclude la sua azione di traino mentre il carrello continua a muoversi. Determina in quanto tempo dalla partenza il carrello percorre 60 cm.

[1,58 s]

13 La molla di un flipper è stata compressa ed è passata da 8,0 cm a 3,5 cm di lunghezza. La sua costante elastica vale 120 N/m. Calcola l'accelerazione con cui la pallina di 80 g appoggiata all'estremità libera della molla viene lanciata.
SUGGERIMENTO La forza elastica non è costante, ma varia proporzionalmente all'allungamento. Basta però che tu prenda come valore costante il suo valore medio durante l'espansione della molla, che è pari alla metà della forza iniziale...

[34 m/s^2]

14 Un uomo, tramite una fune lunga 2,50 m, tira una slitta con una forza di 150 N. Il dislivello che intercorre tra il gancio della slitta a cui è annodata la fune e la spalla dell'uomo alla quale quest'ultima è appoggiata è pari a 105 cm. Calcola la massa della slitta, sapendo che in assenza di attrito la sua accelerazione è di 1,90 m/s^2.

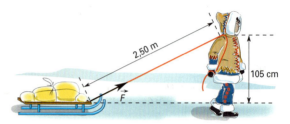

SUGGERIMENTO Devi ricorrere alla similitudine fra triangoli per trovare la componente della forza che...

[72 kg]

15 Un autotreno (peso totale a terra pari a 15 tonnellate) parte da fermo sottoposto all'azione del motore che determina sul mezzo una forza di 7000 N. Dopo 6,0 s il rimorchio di 11,5 tonnellate si stacca.
Trova quanta strada percorre in un intervallo di tempo complessivo di 10 s dall'istante iniziale l'autotreno con e senza rimorchio, nonché la sua velocità finale.

[35,6 m; 39 km/h]

•16 In laboratorio si è misurata un'accelerazione costante di (0,56 ± 0,02) m/s^2, relativamente a un carrello di (250 ± 1) g sul quale sono stati posizionati dei pesi aggiuntivi per un totale di (40 ± 1) g. Trova la misura della forza.
SUGGERIMENTO Tieni conto del fatto che nel sommare le due masse, devi sommare direttamente anche le rispettive... Dopodiché, si tratta di applicare la solita legge di propagazione degli errori riguardante il prodotto...

[(1,62 ± 0,07) · 10^{-1} N]

17 An applied force of 60 N is used to accelerate an object with mass = 8.16 kg to the right, across a frictional surface. The object encounters 16 N of friction. Determine the coefficient of friction between the object and the surface and the acceleration of the object. (Ignore air resistance.)

[0.2; 5.4 m/s^2]

18 Two tugs are pulling a barge of mass 900 kg, each one exerting a constant force of 110 N. The direction of the force forms two angles of 45° with the direction of the barge motion. Calculate the acceleration of the barge and the distance covered in one minute.

[0.173 m/s^2; 311 m]

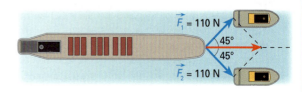

Competenze alla prova

ASSE SCIENTIFICO-TECNOLOGICO

Osservare, descrivere e analizzare fenomeni appartenenti alla realtà...

1. Esamina il moto di almeno quattro oggetti dal punto di vista del primo principio della dinamica. In particolare per ciascuno dei casi esaminati descrivi in che modo, eliminando determinate forze, sarebbe possibile ottenere una situazione del tutto ideale in cui il moto continui per sempre a velocità costante.

Spunto Puoi pensare a una nave che sta viaggiando in mare o a un aereo in volo nel cielo... Ma anche semplicemente a una biglia che sta rotolando su una pista ottenuta nella sabbia umida: se la pista fosse rettilinea e lunghissima, se non avesse alcuna pendenza, se non ci fosse l'attrito soprattutto da parte della sabbia (ma anche, sia pure in minima parte, dell'aria), allora ecco che con un semplice colpetto potresti pensare che la biglia possa arrivare fino a...

ASSE SCIENTIFICO-TECNOLOGICO

Essere consapevole delle potenzialità e dei limiti delle tecnologie...

2. Raccogli per una decina di automobili il dato relativo al tempo necessario al mezzo per passare da 0 a 100 km/h. Lo puoi trovare nelle schede tecniche dei vari modelli, dove viene riportato solitamente in termini di *accelerazione 0-100 km/h*. Quindi, dopo avere rilevato le masse delle diverse auto, calcola il valore della forza esercitata dal motore, considerandola costante durante tutta la fase di accelerazione.

Spunto Puoi utilizzare le informazioni ricavabili attraverso la rete o le riviste specializzate. Ricordati di trasformare i valori delle accelerazioni nella corrispondente unità del SI – e cioè m/s².

ASSE MATEMATICO

Individuare le strategie appropriate per la soluzione di problemi

3. Un corpo è caratterizzato dal grafico forza-accelerazione qui a fianco.
Determina quanto tempo impiega a percorrere 0,720 km nel caso in cui venga sottoposto, essendo inizialmente fermo, a una forza costante di 0,09 N.

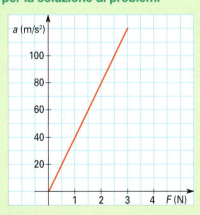

Spunto Dal grafico non puoi desumere direttamente il valore dell'accelerazione quando la forza vale 0,09 N. Tuttavia, considerando una coppia di valori forza-accelerazione ricavata grazie a un punto a piacere (di facile lettura) individuato sulla retta, puoi risalire al valore della... del corpo e, una volta nota tale grandezza, fare i calcoli necessari per rispondere al quesito...

ASSE LINGUISTICO

Padroneggiare gli strumenti espressivi e argomentativi...

4. Facendo riferimento a due o tre casi concreti, esponi con l'aiuto di qualche disegno schematico il terzo principio della dinamica, sottolineando in che modo a seguito di una data azione nasce la reazione.

Spunto Spiega, per esempio, perché possiamo stare in piedi sul pavimento o appoggiati a un muro...

UNITÀ 11
Forze applicate al movimento

11.1 La caduta libera: relazione tra massa e peso

La domanda «Perché i corpi, liberi da impedimenti, cadono accelerando verso la Terra?» non è banale. Vediamo con quali modalità avviene la **caduta libera**, trascurando però gli effetti di disturbo dovuti all'attrito dell'aria.

> La **caduta libera** è il moto rettilineo verticale con il quale si muovono verso il basso i corpi lasciati andare a se stessi e senza ostacoli.

caduta libera

Il secondo principio della dinamica afferma che la causa di un'accelerazione va ricercata nella presenza di una forza.
Quindi, se un oggetto libero cade sulla Terra, significa che quest'ultima esercita su di esso una forza, che chiameremo **forza peso** o, più semplicemente, **peso**.

peso (definizione)

> Il **peso** è la forza con la quale i corpi, dotati di una massa, vengono attirati verso il centro della Terra.

Vedremo ora come su questa problematica dobbiamo vincere una certa resistenza mentale.

Lascia cadere contemporaneamente dalla finestra di un edificio un pezzetto di carta e una biglia di vetro. Che cosa arriva prima al suolo?

....

....

La risposta appare scontata: la biglia. Da come si comportano i due oggetti, però, siamo indotti a pensare che l'aria in qualche modo possa influenzare la caduta (in particolare del pezzettino di carta).

Proviamo allora a metterli all'interno di un lungo tubo nel quale è stato fatto il vuoto, eliminando così l'azione della resistenza dell'aria. Che cosa prevedi che accada?

....

La carta e la biglia arrivano in fondo al tubo contemporaneamente! Questo risultato sperimentale è sorprendente, perché istintivamente ci saremmo aspettati che un oggetto più pesante cada più rapidamente... Non è così!

Osservando tra l'altro che durante la caduta la velocità non è costante, ma aumenta progressivamente, si arriva alla conclusione che i corpi che cadono presentano tutti la stessa accelerazione.

Un corpo inizialmente fermo, trascurando l'attrito dell'aria, cade verticalmente con moto rettilineo uniformemente accelerato e accelerazione costante $g = 9{,}81$ m/s², per cui valgono la legge oraria:

$$s = \frac{1}{2} \cdot g \cdot t^2$$

e la relazione:

$$v = g \cdot t$$

(dove g, l'**accelerazione di gravità**, ha preso il posto di a nelle formule note).

> caduta libera:
> formule del moto

 Scheda Lab

In definitiva, pur non essendo facile da accettare, se non ci fosse l'aria, il pezzettino di carta e la biglia di vetro presenterebbero la stessa accelerazione e arriverebbero al suolo insieme.

! ricorda...

Non prendendo in considerazione l'attrito dell'aria, nella caduta libera i corpi, indipendentemente dalla loro massa, si muovono con la stessa accelerazione, che prende il nome di **accelerazione di gravità g** ed è pari approssimativamente, sul livello del mare, a **9,81 m/s²**.

Se applichiamo il secondo principio al caso particolare della caduta libera, possiamo scrivere:

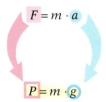

sostituendo la forza F con il peso P e l'accelerazione a con l'accelerazione di gravità g

- la massa m è la caratteristica propria del corpo che cade
- il peso $\vec{P}$ è la forza con cui la Terra attira il corpo

$P = m \cdot g$

> peso (formula)

P è il peso, cioè la forza che la Terra esercita sul corpo, g è l'accelerazione di gravità, uguale all'incirca a 9,81 m/s², ed m è la massa.

Nel linguaggio quotidiano tendiamo a confondere la massa di un corpo con il suo peso, per cui trattiamo le parole *massa* e *peso* come se fossero due sinonimi.
In Fisica, invece, la confusione tra i due concetti è un grave errore.

Chiariamo tale differenza.

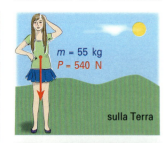

Silvia è una ragazza di 55 kg.
Questo valore è la sua massa m e non il suo peso P, che per definizione sarà:

$$P = 55 \cdot 9{,}81 \cong 540 \text{ N}$$

Un'astronave trasporta Silvia sulla Luna e lì lei si sente leggera, riuscendo a compiere grandi balzi. Forse è dimagrita durante il viaggio? No! A causa del fatto di essere più piccola della Terra, la Luna attrae i corpi con minore forza: l'accelerazione di gravità è un sesto di quella terrestre. Il peso P' della ragazza sul nostro satellite è ora:

$$P' = 55 \cdot 1{,}62 \cong 89 \text{ N}$$

Ma la sua massa non è cambiata, come dimostrerebbe una bilancia a bracci uguali che utilizza per le misure dei campioni basati sul kilogrammo.

> **! ricorda...**
> *Peso* e *massa* non indicano la stessa grandezza fisica: mentre il peso di un corpo può cambiare a seconda del luogo in cui si trova, la massa resta invariata.

Che cosa accadrebbe secondo te se Silvia, dopo la tappa sulla Luna, se ne andasse con la sua astronave su Giove, dove l'accelerazione di gravità è 2,65 volte più grande di quella terrestre? ....

Pur essendo rimasta invariata la sua massa, peserebbe circa 1430 N!
Per completare queste considerazioni, rileviamo che, essendo sia la forza sia l'accelerazione grandezze vettoriali, in generale il peso è dato da:

vettore peso $\vec{P} = m \cdot \vec{g}$

Mentre il peso è una grandezza vettoriale il cui modulo si misura in newton, la massa è una grandezza scalare che si misura in kg.

flash))) Peso o massa?

Nel linguaggio comune si usa dire: "Le mele pesano 0,976 kg". Perché abbiniamo al peso l'unità di misura della massa?

Per pesare sulla Terra si applica il secondo principio della dinamica:

$$\vec{F} = m \cdot \vec{a}$$
$$\vec{P} = m \cdot \vec{g}$$

peso, cioè forza di gravità   massa   accelerazione
che attira il corpo   di gravità

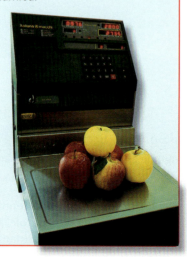

Dato che g è la stessa per tutti i corpi che si trovano in un medesimo luogo della Terra, possiamo affermare che il peso è direttamente proporzionale alla massa. Utilizzando una bilancia, che funziona come un dinamometro, la misura in realtà è in newton, ma in fase di taratura il risultato viene diviso per g e sul display appare la scritta in kg, che è propriamente una misura di massa. In conclusione, dato che la massa è la causa del peso, nel linguaggio comune si confondono i due concetti.

Forze applicate al movimento UNITÀ 11 **257**

11.2 Il piano inclinato

Ripetendo un esperimento eseguito a suo tempo da Galileo Galilei, consideriamo una sfera di massa m e di peso P che si trova sulla sommità di un piano inclinato. Indichiamo con h l'altezza AC e con l la lunghezza BC.

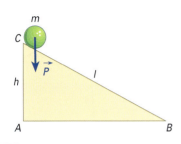

Lasciamo andare la sferetta, che si trova sulla sommità del piano inclinato, e supponiamo che gli attriti siano trascurabili. La forza peso $\vec{P}$ che agisce sulla sfera cerca di trascinarla verso il basso, ma il piano inclinato le impedisce di cadere in verticale sul pavimento, costringendola a scendere secondo la direzione obliqua.

Come si suole dire, a causa della reazione vincolare (vedi Unità 4) il piano si oppone parzialmente al peso, provocando una riduzione della forza operante sulla sfera. Si tratta di scomporre la forza peso $\vec{P}$ nei vettori componenti perpendicolare ($\vec{P}_\perp$) e parallelo ($\vec{P}_{//}$) al piano stesso.

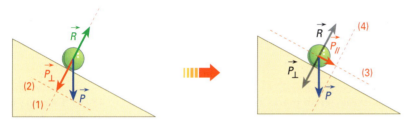

Per determinare il *componente perpendicolare* $\vec{P}_\perp$ del peso: si traccia per il centro della sfera la retta (1) perpendicolare al piano, poi dall'estremità di $\vec{P}$ la retta (2) perpendicolare alla retta (1).

Per determinare il *componente parallelo* $\vec{P}_{//}$ del peso: si traccia per il centro della sfera la retta (3) parallela al piano, poi dall'estremità di $\vec{P}$ la retta (4) perpendicolare alla retta (3).

Come si vede dalla costruzione delle figure, la forza peso $\vec{P}$ è stata scomposta in due componenti:

- $\vec{P}_\perp$ perpendicolare al piano che viene annullato dalla reazione vincolare $\vec{R}$ e quindi non influisce sul moto;
- $\vec{P}_{//}$ parallelo al piano (*componente attivo*) che è la causa del moto.

Si ha $P_{//} < P$ perché in un triangolo rettangolo un cateto ($P_{//}$) è sempre minore dell'ipotenusa (P).
La relazione che intercorre fra $P_{//}$ e P è data da:

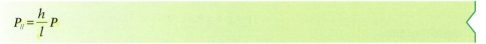

$$P_{//} = \frac{h}{l} P$$

forza peso (piano inclinato)

Da questa formula è possibile ricavare, utilizzando il secondo principio della dinamica e la definizione di peso (come si può vedere nell'esempio alla pagina successiva):

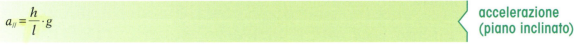

$$a_{//} = \frac{h}{l} \cdot g$$

accelerazione (piano inclinato)

Essendo $h < l$, possiamo concludere che l'accelerazione $a_{//}$ del corpo che scende lungo il piano inclinato è sempre minore dell'accelerazione di gravità g.

> **ricorda...**
>
> Il piano inclinato può essere utilizzato per sollevare corpi molto pesanti: la forza $\vec{F}$ da applicare per fare salire l'oggetto lungo il piano inclinato è uguale e contraria a $\vec{P}_{//}$ e quindi il suo modulo è minore di quello del peso $\vec{P}$.
>
>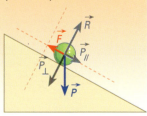

Approfondimento

Dimostrazione geometrica della formula del piano inclinato

I triangoli ABC (piano inclinato) e DKE (P, $P_\perp$, $P_{//}$) sono simili. Infatti:

$C\hat{A}B = D\hat{E}K$ perché entrambi retti
$A\hat{C}B \cong K\hat{D}E$ perché angoli corrispondenti formati dalle rette parallele AC e KD tagliate dalla trasversale BC

per il primo criterio di similitudine ⟹ i due triangoli sono simili cioè hanno i lati in proporzione e gli angoli ordinatamente congruenti

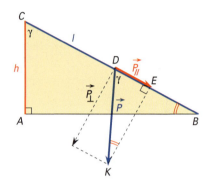

Tenendo conto che i lati opposti ad angoli congruenti sono in proporzione si ha:

$BC : AC = DK : DE$

$l : h = P : P_{//}$

in una proporzione il prodotto degli estremi è uguale a quello dei medi

$l \cdot P_{//} = h \cdot P$

dividendo ambo i membri per l si ha

$P_{//} = \dfrac{h}{l} P$

---

esempio

1 Una sfera di 450 g scende, partendo da ferma, su un piano inclinato lungo 120 cm e alto 48 cm. Calcola l'intervallo di tempo necessario perché giunga al suolo e la velocità finale. Quindi, confronta i risultati con quelli che si avrebbero in caso di caduta libera verticale.

1) Ricordando di utilizzare le unità del SI, troviamo l'accelerazione $a_{//}$ alla quale viene sottoposta la sfera, durante la discesa lungo il piano inclinato. Riscriviamo la relazione che fornisce la componente attiva della forza-peso:

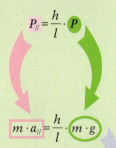

per il peso P e per la sua componente attiva $P_{//}$ valgono rispettivamente le relazioni

$P = m \cdot g$ e $P_{//} = m \cdot a_{//}$

per cui

dividendo ambo i membri per la massa m

semplificando

sostituendo infine i valori, si ha

$a_{//} = \dfrac{0{,}48}{1{,}20} \cdot 9{,}81 \cong 3{,}9 \text{ m/s}^2$

(accelerazione alla quale è soggetta la sfera).

2) A questo punto, tramite la legge oraria del moto rettilineo uniformemente accelerato $s = \dfrac{1}{2} a \cdot t^2$ (vedi Unità 8), determiniamo prima t e poi v:

$t = \sqrt{\dfrac{2 \cdot s}{a_{//}}} = \sqrt{\dfrac{2 \cdot 1{,}20}{3{,}9}} \cong 0{,}78 \text{ s}$

$v = a_{//} \cdot t = 3{,}9 \cdot 0{,}78 \cong 3{,}0 \text{ m/s}$

(velocità finale della sfera che scende sul piano inclinato).

3) Nel caso di caduta libera avremmo avuto, invece:

$t = \sqrt{\dfrac{2 \cdot s}{g}} = \sqrt{\dfrac{2 \cdot 0{,}48}{9{,}81}} \cong 0{,}31 \text{ s}$

$v = g \cdot t = 9{,}81 \cdot 0{,}31 \cong 3{,}0 \text{ m/s}$

(velocità finale della sfera in caduta libera).

I tempi sono dunque diversi, ma il modulo della velocità finale è lo stesso!

11.3 La forza centripeta

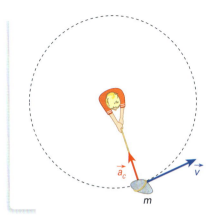

Quando un ragazzino ruota su se stesso facendo muovere un sasso di moto circolare uniforme, abbiamo che il vettore velocità è costante in modulo, ma cambia continuamente direzione.

Il cambiamento di direzione è dovuto all'**accelerazione centripeta**:

$$a_c = \frac{v^2}{r}$$

accelerazione centripeta

Per il secondo principio della dinamica dalla presenza di un'accelerazione possiamo dedurre che sta agendo una forza che ne è la causa, la **forza centripeta**:

$$F_c = m \cdot \frac{v^2}{r}$$

forza centripeta

La forza centripeta è una grandezza vettoriale che ha la stessa direzione e lo stesso verso dell'accelerazione centripeta.

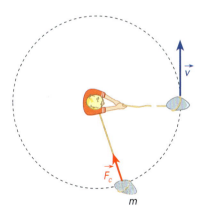

Se si rompe la corda, il sasso vola via tangenzialmente con velocità $\vec{v}$, perché la forza centripeta è la causa che *costringe* il sasso a muoversi lungo la circonferenza; se cessa l'azione della forza centripeta il sasso, per il principio d'inerzia, prosegue il proprio moto rettilineo uniforme lungo la direzione della tangente alla circonferenza.

> **ricorda...**
> Durante il moto circolare uniforme agisce la forza centripeta che modifica la direzione del vettore velocità, ma non il suo modulo.

Nei seguenti esempi la forza centripeta è dovuta...

... alla reazione vincolare della parete del cestello

... alla forza d'attrito degli pneumatici sull'asfalto

... alla forza di gravità esercitata dalla Terra sulla Luna

La forza centrifuga

Nel linguaggio comune si sente parlare spesso di **forza centrifuga**. Cerchiamo di capire di che cosa si tratta.

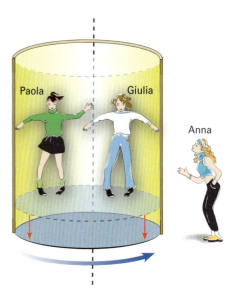

Questa giostra di forma cilindrica ruota velocemente. Dopo un po' il pavimento si abbassa: Paola e Giulia rimangono a una certa altezza, come se fossero appese alla parete.

Sistema di riferimento inerziale

Secondo Anna, che osserva da fuori e quindi è un'osservatrice inerziale, Giulia, per il principio d'inerzia, dovrebbe proseguire in moto rettilineo uniforme, ma è costretta a seguire una traiettoria circolare perché è obbligata a curvare dalla forza centripeta che la parete della giostra esercita su di lei.

Sistema di riferimento non inerziale

Paola, osservatrice non inerziale, sa che su Giulia agisce una forza centripeta diretta verso il centro, così come accade anche a lei; ma dato che per lei l'amica è ferma, per rispettare il primo principio della dinamica, occorre che la risultante delle forze applicate su Giulia sia nulla. Quindi deve esistere una forza diretta verso l'esterno e uguale in modulo a quella centripeta.

Tale forza si chiama **forza centrifuga**.

La forza centrifuga viene chiamata *apparente*, anche se Giulia si sente spinta effettivamente contro la parete del cilindro, perché non è dovuta a un'interazione reale provocata da una causa ben precisa, bensì dipende solo dal fatto di essere in un sistema non inerziale.
Riflettendo sull'esempio della giostra, prova a spiegare perché quando un'auto curva ti senti spinto verso lo sportello: ....
....
....

> **ricorda...**
> La forza centrifuga è una *forza apparente* che si presenta in un sistema di riferimento non inerziale e alla quale si fa ricorso per fare in modo che anche in esso valga il primo principio della dinamica.

11.4 Composizione di moti: il moto parabolico

▸ Moto parabolico con velocità iniziale orizzontale

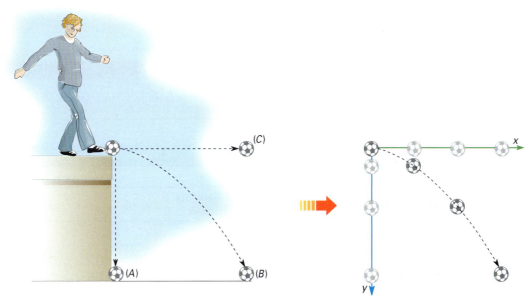

Ti trovi sulla terrazza in cima a un edificio e dai un calcio a un pallone in direzione orizzontale, per cui il pallone si muove con una velocità iniziale v_0 diretta parallelamente al terreno e, ovviamente, il pallone cade dalla terrazza. Osservando la figura, dove pensi si troverà dopo un certo tempo (posizione A, B, C)?
....

La risposta corretta è la B.
Cerchiamo di capire il perché di questa traiettoria, osservando solo le proiezioni del pallone secondo due direzioni: la prima parallela al terreno e orizzontale (asse x) e la seconda verticale (asse y).

In direzione dell'asse x non agisce nessuna forza, pertanto, per il secondo principio della dinamica, si ha che l'accelerazione è nulla:

$$F = 0 \xrightarrow{\text{II principio}} a = 0 \xrightarrow{\text{I principio}} v_0 = \text{costante}$$

In assenza di accelerazione, per il primo principio della dinamica, la velocità v_0 impressa inizialmente rimane costante. Si tratta in sostanza di un moto rettilineo e uniforme.

$\begin{cases} v_x = v_0 & \text{la componente orizzontale } v_x \text{ è costante e uguale alla velocità iniziale } v_0 \\ x = v_0 \cdot t & \text{legge oraria del moto rettilineo e uniforme (secondo l'asse } x\text{)} \end{cases}$

equazioni del moto (componente orizzontale)

In direzione verticale (asse y) non hai impresso nessuna velocità, ma dato che agisce la forza peso del pallone $\vec{P} = m\vec{g}$, che è costante, la proiezione si muove di moto rettilineo uniformemente accelerato con $g = 9{,}81$ m/s^2.
Si tratta perciò di un moto rettilineo uniformemente accelerato con velocità iniziale nulla.

equazioni del moto (componente verticale)
$\begin{cases} v_y = g \cdot t & \text{la componente verticale della velocità } v_y \text{ è la stessa della caduta libera} \\ y = \dfrac{1}{2} g \cdot t^2 & \text{legge oraria del moto uniformemente accelerato (secondo l'asse } y\text{)} \end{cases}$

Componendo i due moti secondo l'asse x e l'asse y si ottiene il moto parabolico.

! ricorda...

Il moto parabolico di un oggetto con velocità iniziale v_0 orizzontale è la composizione di due moti, uno in direzione orizzontale e uno in direzione verticale.

TABELLA 1

moti componenti	velocità	legge oraria
orizzontale: rettilineo uniforme	$v_x = v_0$	$x = v_0 \cdot t$
verticale: rettilineo uniformemente accelerato con velocità iniziale 0	$v_y = g \cdot t$	$y = \dfrac{1}{2} g \cdot t^2$

Analizziamo il moto di un punto materiale che si muove con $v_0 = 3$ m/s. Le sue equazioni orarie sono:

$\begin{cases} x = 3t \\ y = 4{,}9\, t^2 \end{cases}$

Al variare del tempo si ha:

TABELLA 2

t (s)	x (m)	y (m)
0	0	0
1	3	4,9
2	6	19,6
3	9	44,1
4	12	78,4
5	15	122,5

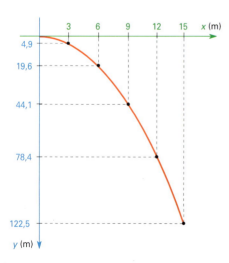

La traiettoria di un moto parabolico con velocità iniziale orizzontale è una parabola che ha il vertice nell'origine degli assi.

esempio

2 Una palla si trova su una terrazza a 20 m da terra e inizialmente è ferma. Tramite un calcio le viene impressa una velocità orizzontale di 90 km/h. A quale distanza (in orizzontale) la palla tocca il suolo?

Trasformiamo l'unità di misura della velocità secondo il SI:

$$v_0 = 90 \text{ km/h} = 25 \text{ m/s}$$

Le leggi orarie del moto sono:

$$\begin{cases} x = v_0 \cdot t \\ y = \frac{1}{2} g \cdot t^2 \end{cases}$$

Dalla seconda equazione:

$$y = \frac{1}{2} g \cdot t^2$$

si ricava la variabile t

$$t = \sqrt{\frac{2y}{g}}$$

e sostituendo i dati si ottiene

$$t = \sqrt{\frac{2 \cdot 20}{9,81}} \cong 2{,}02 \text{ s}$$

Sostituiamo t nella prima equazione:

$$x = v_0 \cdot t = 25 \cdot 2{,}02 = 50{,}5 \text{ m}$$

▸ Moto parabolico con velocità iniziale obliqua

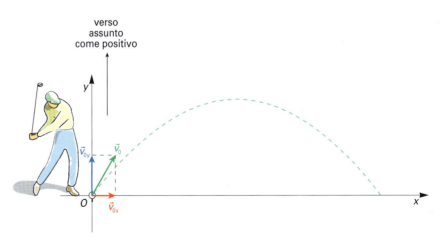

Un giocatore di golf lancia la pallina in modo che inizialmente essa ha una velocità $\vec{v}_0$ obliqua rispetto al terreno e diretta verso l'alto.
Individuiamo una direzione parallela al suolo (asse x) e una a esso perpendicolare (asse y). Scomponiamo il vettore $\vec{v}_0$ secondo queste due direzioni: i vettori $\vec{v}_{0x}$ e $\vec{v}_{0y}$ sono tali che $\vec{v}_0 = \vec{v}_{0x} + \vec{v}_{0y}$.

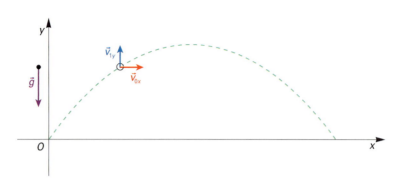

La componente orizzontale $\vec{v}_{0x}$ rimane invariata e quindi il moto orizzontale è rettilineo uniforme e si ha:

$$\begin{cases} v_x = v_{0x} & \text{la componente orizzontale della velocità } v_x \text{ è costante e uguale al suo valore iniziale } v_{0x} \\ x = v_{0x} \cdot t & \text{legge oraria del moto rettilineo uniforme (asse } x\text{)} \end{cases}$$

Il modulo della componente verticale $\vec{v}_y$ diminuisce a causa dell'azione della forza peso $\vec{P} = m\vec{g}$. Dato che il vettore accelerazione di gravità $\vec{g}$ è sempre diretto verso il basso, cioè in senso opposto rispetto a quello crescente dell'asse y, ne segue che il suo segno è sempre negativo. Inoltre, in questa fase ascendente $\vec{g}$ è discorde con il verso della velocità (positivo perché concorde con il verso positivo dell'asse y), per cui si tratta di un moto uniformemente decelerato.

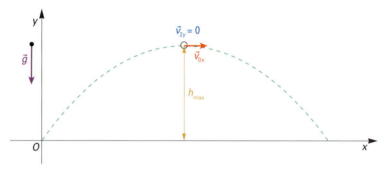

Nel momento in cui la pallina raggiunge la massima altezza, la componente verticale risulta nulla.

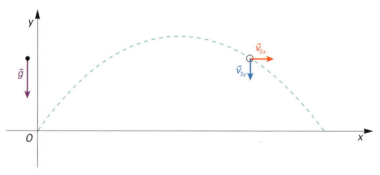

Inizia la fase discendente e la componente verticale della velocità riprende ad aumentare perché $\vec{g}$ adesso (pur mantenendo sempre il segno negativo) ha lo stesso verso del vettore velocità (di segno negativo perché discorde con il verso positivo dell'asse y). Si tratta di un moto uniformemente accelerato.
In sintesi, per quanto riguarda la componente verticale del moto possiamo affermare che:

$$\begin{cases} v_y = v_{0y} - g \cdot t & \text{componente verticale } v_y \text{ della velocità} \\ y = -\dfrac{1}{2} g \cdot t^2 + v_{0y} \cdot t & \text{legge oraria del moto uniformemente accelerato} \end{cases}$$

La formula per ottenere la massima altezza raggiunta è ricavabile dal sistema ponendo nella prima equazione $v_y = 0$ ed è data da:

$$h_{max} = \dfrac{v_{0y}^2}{2g}$$

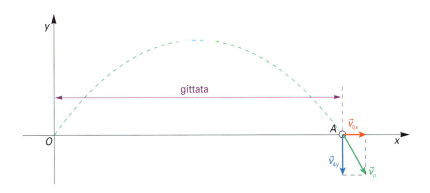

La distanza *OA* raggiunta dalla pallina in direzione orizzontale prende il nome di **gittata**.

La sua formula è:

$$x = 2\frac{v_{0x} \cdot v_{0y}}{g}$$

Nel momento in cui la pallina tocca il suolo, la velocità finale coincide in modulo con quella iniziale.

Schematizziamo nella seguente tabella le leggi dei moti componenti.

TABELLA 3

moti componenti	velocità	legge oraria
rettilineo uniforme	$v_x = v_{0x}$	$x = v_{0x} \cdot t$
rettilineo uniformemente accelerato con velocità iniziale diversa da 0	$v_y = v_{0y} - g \cdot t$	$y = -\frac{1}{2}g \cdot t^2 + v_{0y} \cdot t$

> **ricorda...**
>
> L'accelerazione $\vec{g}$ è negativa perché ha il verso discorde con quello assunto come positivo sull'asse *y*.

idee e personaggi

Leonardo da Vinci e la balistica

Chi mette in dubbio la suprema certezza della matematica si nutre di confusione...

DA FIRENZE AD AMBOISE

Leonardo da Vinci nacque nel 1452 in Toscana vicino a Vinci. Figlio naturale di un notaio, il padre non lo avviò a studi umanistici regolari, per cui egli non imparò il latino e rimase escluso, con suo grande rammarico, dall'accesso diretto ai testi degli antichi. Attorno al 1469, notate le sue doti artistiche, il padre lo fece entrare come apprendista nella bottega fiorentina di Andrea Verrocchio, grande pittore, orafo e scultore. Era la Firenze dei Medici dove, in un clima culturale molto stimolante, era possibile frequentare Donatello, Brunelleschi, Botticelli, il Perugino…
Nel 1482, dopo una fase in cui prevalse l'attività pittorica, Leonardo, inviato da Lorenzo il Magnifico in quanto esperto suonatore di liuto, si recò a Milano da Ludovico il Moro. In una famosa lettera al Duca egli evidenziò la sua competenza in fatto di arte militare e costruzione di macchine da guerra. Solo verso la fine accennò alle sue capacità di pittore, scultore e architetto. Sforza lo prese in parola e lo nominò «Ingegnere ed Esperto Militare». A Milano Leonardo trascorse venti anni di intensa attività, attraversando la fase più creativa della sua vita e dipingendo alcuni dei suoi capolavori (il *Cenacolo*, la *Dama con l'Ermellino*, la *Vergine delle Rocce*). Si occupò di sofisticate invenzioni per le feste di corte, di progetti idrici, dello studio di macchine per permettere il volo umano, per trasformare energia muscolare in energia meccanica, per misurare il tempo, per la guerra.
Questa attività di riflessione e ideazione fu una costante di tutta la sua vita.
Dopo il 1499, con la caduta del suo protettore, iniziò un periodo molto travagliato. Si mise al servizio di una figura controversa come Cesare Borgia, affrescò a Firenze la *Battaglia di Anghiari*, andata perduta a causa di una scelta di tecnica pittorica rivelatasi errata, dipinse la *Gioconda*… Quindi papa Leone X, pur appartenendo alla famiglia Medici, gli preferì Raffaello come pittore per il Vaticano, convinto che Leonardo non avrebbe mai terminato nulla!
Nel 1516 Francesco I, re di Francia e suo raffinato ammiratore, lo invitò a trasferirsi presso la sua corte. Leonardo accettò e trascorse serenamente gli ultimi anni a Cloux vicino al castello di Amboise.
Nonostante la mano destra quasi paralizzata, continuò con passione i suoi studi e la ricerca scientifica. Morì il 2 maggio del 1519.

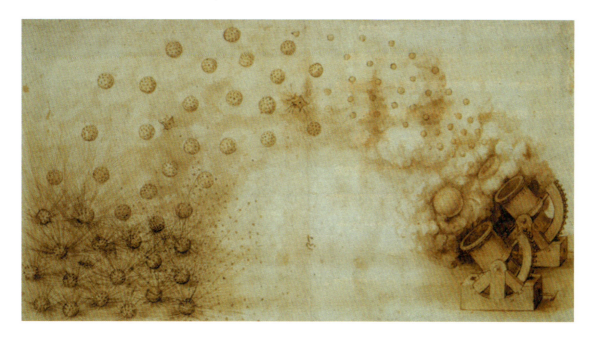

LO SCIENZIATO

Leonardo come scienziato rappresentò una figura di transizione tra la mentalità medievale e Galileo Galilei.
Nella sua ricerca, oltre all'osservazione della natura testimoniata da stupendi disegni sul volo degli uccelli e sull'anatomia dell'uomo, si occupò dello studio delle macchine, dove cercò di tradurre le conoscenze teoriche sulle forze in applicazioni concrete.
Tuttavia i progetti di Leonardo, anche se spesso erano realizzabili e potenzialmente redditizi, non si tradussero in nulla di efficace anche a causa del suo carattere, affascinato dai problemi concettuali teorici e appagato dalle sue ricerche fini a se stesse. Trovandosi al servizio di uomini di potere, Leonardo si occupò in modo approfondito del perfezionamento degli strumenti di guerra. Nel 1346 erano già stati utilizzati i primi cannoni caricati con palle di pietra. Per avvicinarsi a comprendere le leggi della balistica, Leonardo sfruttò la sua eccezionale intuizione e capacità visiva, che gli permisero di constatare che la traiettoria dei proiettili è parabolica. Capì che la penetrazione di una freccia nel terreno dipende dall'altezza che raggiunge in volo e l'altezza, a sua volta, è conseguenza della forza esercitata dall'arciere.
Nel *Codice Atlantico*, una delle più importanti raccolte dei suoi manoscritti, si trovano i disegni di cannoni con l'indicazione di accorgimenti tecnici per variarne l'inclinazione, la cui importanza ai fini della gittata era chiara a Leonardo molti anni prima che Niccolò Tartaglia (1499-1557) la teorizzasse. Non gli sfuggì neppure l'influenza dell'aria sulla traiettoria, per cui ideò dei proiettili ogivali con alette direzionali.
L'immaginazione di Leonardo fu veramente travolgente. Si interessò alla velocità di tiro raggruppando sullo stesso affusto cannoni in serie che potevano sparare in successione o simultaneamente, antenati della moderna mitragliatrice; inventò delle granate esplosive, l'accensione automatica della polvere di pirite e persino una specie di contenitore metallico su ruote per mitragliare in sicurezza, oggi chiamato carroarmato! Nemmeno i geni sono esenti da contraddizioni. Infatti Leonardo, mentre raggiungeva vette di bellezza e armonia ineguagliabili, contemporaneamente poneva il suo talento al servizio della guerra, quella stessa guerra che nei suoi scritti definiva *Bestiale follia!*

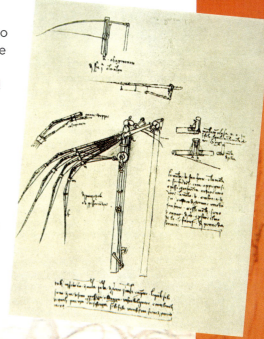

IN SINTESI

- La **caduta libera** è il moto rettilineo verticale con il quale si muovono verso il basso i corpi liberi da vincoli a causa della **forza peso** esercitata su di essi dalla Terra.
  La **legge oraria del moto di caduta libera** è:

$$s = \frac{1}{2} \cdot g \cdot t^2$$

  dove g è l'*accelerazione di gravità* pari a circa 9,81 m/s². Non prendendo in considerazione l'attrito dell'aria, nella caduta libera i corpi si muovono con la stessa accelerazione g, indipendentemente dalla loro massa.
  La velocità del moto di caduta libera è:

$$v = g \cdot t$$

- Il **peso** di un corpo è una grandezza di tipo vettoriale, descritta dalla formula:

$$\vec{P} = m\vec{g}$$

  il suo modulo $P = m \cdot g$ si misura in newton.

  La **massa** di un corpo è invece una grandezza di tipo scalare e si misura in kilogrammi.

- La *componente attiva* della forza che agisce su un corpo che scende lungo un piano inclinato di altezza h e lunghezza l è data da:

$$P_{/\!/} = \frac{h}{l} \cdot P$$

  Il corpo possiede quindi un'accelerazione:

$$a_{/\!/} = \frac{h}{l} \cdot g$$

  Essendo $\frac{h}{l} < 1$, si ha sempre $P_{/\!/} < P$ e $a < g$.

  La *componente* $\vec{P}_\perp$ viene invece annullata dalla reazione vincolare del piano.

- In un moto circolare uniforme agisce la **forza centripeta** che modifica la direzione del vettore velocità (tangenziale), ma non il suo modulo.
  Il modulo della forza centripeta è dato da:

$$F_c = m \cdot \frac{v^2}{r}$$

  La sua direzione e il suo verso sono gli stessi dell'accelerazione centripeta.

- La **forza centrifuga** è una *forza apparente* che si presenta in un sistema di riferimento non inerziale e alla quale si fa ricorso per rispettare anche in esso il primo principio della dinamica.

- Il **moto parabolico** di un punto materiale è la **composizione di due moti**, **indipendenti** e **simultanei**, uno rettilineo uniforme secondo l'asse x e uno uniformemente accelerato secondo l'asse y.

- Nel caso particolare in cui la velocità iniziale v_0 è **orizzontale** si ha:

moti componenti	velocità	legge oraria
rettilineo uniforme	$v_x = v_0$	$x = v_0 \cdot t$
rettilineo uniformemente accelerato con velocità iniziale 0	$v_y = g \cdot t$	$y = \frac{1}{2} g \cdot t^2$

- Nel caso generale in cui la velocità iniziale v_0 è **obliqua** si ha:

moti componenti	velocità	legge oraria
rettilineo uniforme	$v_x = v_{0x}$	$x = v_{0x} \cdot t$
rettilineo uniformemente accelerato con velocità iniziale diversa da 0	$v_y = v_{0y} - g \cdot t$	$y = -\frac{1}{2} g \cdot t^2 + v_{0y} \cdot t$

- Nel caso di velocità iniziale v_0 obliqua si ha:

$$\text{gittata} = 2 \frac{v_{0x} \cdot v_{0y}}{g}$$

SCIENTIFIC ENGLISH

Forces Applied to Motion

- **Free fall** is the vertical motion with which objects move freely downwards in a straight line due to the **gravitational pull** exerted on them by Earth.
  The space-time **law for free fall** is:
  $$s = \frac{1}{2} \cdot g \cdot t^2$$
  where g is the *acceleration due to gravity*, which is equal to approx. 9.81 m/s². Since free-falling objects do not encounter air resistance, they undergo the same rate of acceleration g, regardless of their mass.
  The velocity of a free-falling object can be expressed as:
  $$v = g \cdot t$$

- The **weight** of an object is a vector quantity, which can be expressed as:
  $$\vec{F} = m\vec{g}$$
  its magnitude $F = m \cdot g$ is measured in newton.
  The **mass** of an object is a scalar quantity and is measured in kilograms.

- The *active component* of the force acting on an object sliding down an inclined surface with a height h and length l is given by:
  $$F_{//} = \frac{h}{l} \cdot F$$
  The object thus has an acceleration:
  $$a_{//} = \frac{h}{l} \cdot g$$
  Since $\frac{h}{l} < 1$, then it always holds that $F_{//} < F$ and $a < g$.

  The *component* $\vec{F}_\perp$ is cancelled out by the normal force the surface exerts on the mass.

- In uniform circular motion, **centripetal** force acts to change the direction of the velocity vector (tangential), but not its magnitude.

The magnitude of the centripetal force is given by:
$$F_c = m \cdot \frac{v^2}{r}$$
Its direction and sense are the same as those of the centripetal acceleration.

- **Centrifugal** force is a *perceived force* that can be observed from within a non-inertial frame of reference. The concept is useful for explaining the first law of motion in such frames.

- The **parabolic motion** of an object is **composed of two independent** and **simultaneous motions**, a uniform linear motion along the x axis and a uniformly accelerated motion along the y axis.

- In the specific case in which the initial velocity v_0 **is horizontal**, the following is true:

component motions	velocity	space-time law
uniform linear	$v_x = v_0$	$x = v_0 \cdot t$
uniformly accelerated linear motion with initial velocity 0	$v_y = g \cdot t$	$y = \frac{1}{2} g \cdot t^2$

- In the general case in which the initial velocity v_0 **is oblique** the following is true:

component motions	velocity	space-time law
uniform linear	$v_x = v_{0x}$	$x = v_{0x} \cdot t$
uniformly accelerated linear motion with initial velocity other than 0	$v_y = v_{0y} - g \cdot t$	$y = -\frac{1}{2} g \cdot t^2 + v_{0y} \cdot t$

- If the initial velocity v_0 is in an oblique direction, then:
  $$\text{range} = 2 \frac{v_{0x} \cdot v_{0y}}{g}$$

strumenti per SVILUPPARE le COMPETENZE

VERIFICHIAMO LE CONOSCENZE

Vero-falso

	V	F
1 Il peso e la massa hanno la stessa unità di misura.	☐	☐
2 Il peso sulla Terra è la forza con cui la Terra attira a sé un corpo.	☐	☐
3 La massa di un corpo su Giove è diversa da quella sulla Terra.	☐	☐
4 Durante la discesa lungo un piano inclinato la forza efficace ai fini del moto è maggiore della forza peso.	☐	☐
5 Il moto lungo un piano inclinato è uniforme.	☐	☐
6 Man mano che un corpo scende lungo un piano inclinato la sua accelerazione aumenta.	☐	☐
7 Nel moto circolare uniforme la forza centripeta causa una modificazione del vettore velocità in modulo.	☐	☐
8 La forza centrifuga è una forza apparente.	☐	☐
9 Un moto parabolico è dato dalla composizione di due moti uniformemente accelerati.	☐	☐
10 La legge oraria relativa alla componente verticale di un moto parabolico con velocità iniziale v_0 orizzontale è data da $y = \frac{1}{2} g \cdot t^2$.	☐	☐

Test a scelta multipla

1 Quale delle seguenti affermazioni riguardanti la massa e il peso è errata?
- **A** La massa di un corpo sulla Terra è uguale alla massa dello stesso corpo sulla Luna
- **B** Il peso si misura in newton, la massa in kilogrammi
- **C** Il peso è inversamente proporzionale alla massa
- **D** Il peso è una grandezza vettoriale, mentre la massa è una grandezza scalare

2 Se una piuma e un sasso cadono dall'altezza di 10 metri, è corretto affermare che:
- **A** in assenza di aria il sasso giunge al suolo prima della piuma
- **B** in presenza di aria arrivano contemporaneamente al suolo
- **C** in presenza di aria la piuma giunge al suolo prima del sasso
- **D** in assenza di aria arrivano contemporaneamente al suolo

3 Il pianeta Nettuno è caratterizzato da un'accelerazione di gravità uguale a 13,3 m/s². Un sasso, avente sulla Terra massa di 1 kg, viene trasportato da un'astronave fino a Nettuno. Possiamo affermare che:
- **A** il suo peso su Nettuno diventa 13,3 N
- **B** la sua massa sulla Terra è minore di quella che ha su Nettuno
- **C** il suo peso sulla Terra è 13,3 N
- **D** la sua massa su Nettuno diventa 13,3 kg

4 Se un corpo di peso P scende lungo un piano inclinato alto h e lungo l, la componente attiva della forza peso $P_{//}$ è data da:
- **A** $P_{//} = \frac{l}{h} \cdot P$
- **C** $P_{//} = \frac{h}{l \cdot P}$
- **B** $P_{//} = \frac{h}{P} \cdot l$
- **D** $P_{//} = \frac{h}{l} \cdot P$

5 Se un corpo di peso P scende lungo un piano inclinato alto h e lungo l, possiamo affermare che la componente $P_\perp$ è:
- **A** data da $P \cdot \frac{h}{l}$
- **B** causa del moto
- **C** maggiore di P
- **D** annullata dalla reazione vincolare del piano

6 In un moto circolare uniforme la forza centripeta è:
- **A** direttamente proporzionale alla velocità
- **B** direttamente proporzionale alla massa
- **C** diretta come la velocità
- **D** direttamente proporzionale al raggio

7 Se la velocità in un moto circolare uniforme raddoppia, ne consegue che l'accelerazione centripeta:
- **A** raddoppia anch'essa
- **B** diventa la metà
- **C** quadruplica
- **D** diventa un quarto

8 Affermare che la forza centrifuga è una forza apparente equivale a dire che:
- **A** dipende dalla valutazione soggettiva dell'osservatore
- **B** è variabile
- **C** non esiste
- **D** viene introdotta solo in sistemi di riferimento non inerziali

9 In un moto parabolico con v_0 orizzontale si ha che la componente del moto:
- **A** verticale ha come legge oraria $y = v_0 \cdot t$
- **B** orizzontale ha velocità costante
- **C** orizzontale ha come legge oraria $x = g \cdot t$
- **D** verticale ha come traiettoria una parabola

10 Il seguente grafico rappresenta:

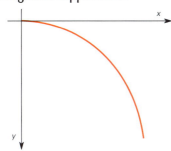

- **A** un moto di caduta libera
- **B** un moto uniformemente accelerato
- **C** un moto rettilineo e uniforme
- **D** un moto parabolico con v_0 orizzontale

VERIFICHIAMO LE ABILITÀ

Esercizi

11.1 La caduta libera: relazione tra massa e peso

1 Un vaso di fiori di massa 750 g cade da un balcone che si trova al terzo piano.
a) Quale forza agisce sul vaso in fase di caduta?
b) È una forza costante o variabile?
c) L'accelerazione sarà costante o variabile?
d) Se cade un vaso di massa doppia (in assenza di aria) il tempo di caduta varia o rimane lo stesso?

2 Determina il peso di un pallone di massa 2,5 kg.

Per lo svolgimento dell'esercizio, completa il percorso guidato, inserendo gli elementi mancanti dove compaiono i puntini.

1 I dati sono: ....
2 La formula da usare, dato che ti viene richiesto il peso, è:
P = ...
3 Un dato implicito necessario è l'accelerazione di gravità:
g = ...
4 Sostituisci nella formula i dati, trovando perciò:
P = ... = ...
[24,5 N]

3 Trova il peso di un'automobile di massa 1100 kg.
[$10,8 \cdot 10^3$ N]

4 In relazione al vaso descritto nell'Esercizio 1, rispondi alle seguenti domande.
a) Come si chiama il moto durante la caduta?
b) Quanto vale l'accelerazione?
c) Determina il peso del vaso.
d) Sapendo che la caduta è durata 1,5 s, con quale velocità ha toccato il suolo?
[c) 7,36 N; d) 14,7 m/s]

5 Supponiamo che uno stesso oggetto con massa di 3,5 kg sia portato su diversi pianeti del Sistema solare.
a) Scrivi la relazione tra peso e massa valida su qualunque pianeta.
b) Che tipo di proporzionalità intercorre tra peso e massa?
c) Se cambia l'accelerazione di gravità, varia la massa o il peso?
d) Completa la seguente tabella.

a (m/s^2)	P (N)
$g_{Terra} = 9{,}81$ m/s^2	...
$g_{Marte} = 3{,}73$ m/s^2	...
$g_{Giove} = 26{,}0$ m/s^2	...
$g_{Saturno} = 11{,}2$ m/s^2	...

6 Lucia e Mirco sono due paracadutisti di massa rispettivamente 54 kg e 78 kg.
a) Quale dei due ha il peso maggiore?
b) Se Lucia si trovasse su Giove ($g = 26{,}0$ m/s^2) avrebbe un peso maggiore o minore di quello di Mirco sulla Terra?
c) Mentre un paracadutista cade (prima dell'apertura del paracadute), individui un'applicazione del secondo principio? Motiva la risposta.

7 Sapendo che Luca pesa 675 N, calcola la sua massa.
SUGGERIMENTO Noto il peso, puoi ricavare la massa tramite la formula inversa...
[68,8 kg]

8 Qual è la massa di un masso che pesa 13 734 N?
[1400 kg]

9 Una palla cade da un balcone impiegando 1,78 s per giungere a terra. Con quale velocità arriva al suolo?
SUGGERIMENTO Devi utilizzare la relazione della velocità nel caso di moto rettilineo uniformemente accelerato con partenza da fermo, mettendo al posto di a l'accelerazione di gravità g...
[17,5 m/s]

10 Una pera di 150 g si stacca dal ramo dell'albero impiegando 0,75 s per giungere al suolo. Che velocità possiede un istante prima di toccare terra?
[7,4 m/s]

11 Se un pezzo di cornicione che si stacca da un tetto tocca terra alla velocità di 18 m/s, quanto tempo ha impiegato per arrivare al suolo?
SUGGERIMENTO Dalla relazione velocità-tempo del moto rettilineo uniformemente accelerato ricavi il tempo...
[1,83 s]

MODULO 3 Le forze e il moto

12 Un mazzo di chiavi, lasciato cadere da una finestra, tocca il suolo con una velocità di 8,34 m/s. Quanto tempo ha impiegato per giungere al suolo? [0,85 s]

13 Da quale altezza cade un pallone, inizialmente fermo, che impiega 1,4 s per giungere al suolo?
SUGGERIMENTO Se applichi la legge oraria del moto rettilineo uniformemente accelerato, con g al posto di a... [9,6 m]

14 Un mattone cade da un'impalcatura. Determina da quale altezza è caduto, sapendo che all'inizio era fermo e che è rimasto in volo per 2,2 s. [23,7 m]

15 Quanto tempo impiega un sasso, immobile nel momento iniziale, a cadere da un'altezza di 12,6 m sulla Terra e su Venere?
SUGGERIMENTO Vedi in fondo al volume le tabelle sui dati relativi al Sistema solare... [1,60 s; 1,69 s]

16 Un pacco viene lasciato cadere da una roccia alta 4 m. Dopo quanto tempo arriva al suolo sulla Terra e su Mercurio, se era fermo per $t_0 = 0$ s? [0,90 s; 1,48 s]

17 When a person diets, is his/her goal to lose mass or to lose weight? Explain. John's weight decreased by 49 N in 2 months. If John's starting mass was 75 kg, calculate his mass after the diet. [70 kg]

18 A brick falls to the ground from the top of a tower. The height of the tower is 50 m. How long does it take for the brick to reach the ground? (Ignore air resistance.) [3.2 s]

19 A boy jumps off a bridge, and falls for three seconds before hitting the water. How fast is he going when he hits the water? [29.4 m/s²]

11.2 Il piano inclinato

20 Osserva la figura dove è rappresentato un oggetto che sta percorrendo un piano inclinato soggetto solo alla propria forza-peso.

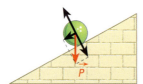

a) Precisa quali sono i vettori $\vec{P}_{//}$ (componente attivo), $\vec{P}_\perp$ (componente verticale) e $\vec{R}$ (reazione vincolare).
b) Può risultare $P_{//}$ maggiore di P? Motiva la risposta.
c) Il modulo di $\vec{P}_\perp$ deve essere uguale al modulo di ....

21 Un disco d'acciaio di 7,85 N di peso scivola senza attrito lungo un piano inclinato caratterizzato da una lunghezza di 2,25 m e da un'altezza di 90 cm. Calcola la componente attiva della forza peso.

Per lo svolgimento dell'esercizio, completa il percorso guidato, inserendo gli elementi mancanti dove compaiono i puntini.

1 I dati sono: ....
2 La formula da usare, dato che ti viene richiesta la forza attiva, è: $P_{//}$ = ...
3 Sostituisci nella formula i dati, trovando perciò:
$P_{//}$ = ... = ...
[3,14 N]

22 Un ciclista, che ha un peso (compresa la bicicletta) pari a 590 N, scende senza attrito lungo una discesa rettilinea di 100 m, la cui sommità è sollevata di 15 m rispetto al punto finale. Trova la componente attiva della forza peso. [88,5 N]

23 Osserva la seguente figura.

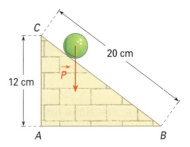

a) Scomponi graficamente il vettore peso nelle sue componenti $\vec{P}_{//}$ (componente attivo), $\vec{P}_\perp$ (componente verticale).
b) Disegna $\vec{R}$ (reazione vincolare).
c) Quali sono i due vettori la cui somma è nulla?
d) Utilizzando le informazioni in figura e sapendo che $P = 60$ N, calcola $P_{//}$. [d) 36 N]

24 Osserva la seguente figura.

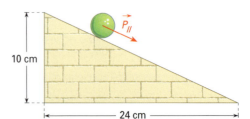

a) Disegna i vettori $\vec{P}_\perp$, $\vec{P}$ ed $\vec{R}$.
b) $\vec{R}$ può avere lo stesso modulo di $\vec{P}$?
c) Utilizzando le informazioni in figura e sapendo che $P_{//} = 20$ N, calcola P. [c) 52 N]

25 In relazione alla figura dell'Esercizio 24 rispondi ai seguenti quesiti.
   a) Se volessi fermare il corpo durante la discesa, quale forza minima dovresti esercitare?
   b) Che tipo di moto si ha durante la discesa?
   c) Utilizzando le informazioni in figura, calcola l'accelerazione con cui il corpo scende.
   [c) 3,77 m/s^2]

26 Una palla scende su un piano inclinato senza attrito lungo 3,60 m e alto 1,20 m. Calcola il suo peso, sapendo che la componente attiva della forza agente su di essa vale 0,70 N.
   SUGGERIMENTO Per trovare il peso P devi moltiplicare ambo i membri della formula che dà $P_\parallel$ per il rapporto l/h, cosicché $P = ...$
   [2,10 N]

27 Uno sciatore scende lungo un trampolino di lunghezza 130 m, la cui sommità rispetto al fondo si trova a 65 m di altezza. Se la forza attiva che aiuta lo sciatore a scendere è 370 N, a quanto ammonta il suo peso?
   [740 N]

28 Un carrello ha un peso complessivo di 3,20 N e scende senza attrito su una guidovia di lunghezza 1,40 m. Quanto deve essere alta un'estremità rispetto all'altra, se vogliamo che la componente attiva della forza peso valga 0,40 N?
   SUGGERIMENTO Per trovare la formula inversa necessaria devi procedere come nell'Esercizio 26, però il termine per il quale devi moltiplicare ambo i membri della formula è $l/...$
   [17,5 cm]

29 Una boccia pesante 8,00 N deve scendere su una guida rettilinea di lunghezza 4,00 m, in modo tale da essere sospinta da una forza di 1,25 N diretta parallelamente alla guida. Calcola il dislivello tra le due estremità.
   [62,5 cm]

30 A 70 cm long board has one end raised to a height of 30 cm to form an inclined plane. A 2.5 kg mass is allowed to slide without friction down the entire length of this inclined plane. What is the final speed of the mass when it reaches the bottom?
   [2.4 m/s]

11.3 La forza centripeta

31 Nella figura è schematizzata una ruota panoramica.
   a) Disegna in A, B e C il vettore velocità.
   b) Disegna in A il vettore accelerazione centripeta e il vettore forza centripeta.
   c) Disegna in B il vettore accelerazione centripeta e in C il vettore forza centripeta.

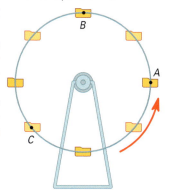

32 Un'automobile percorre una curva di 90 m di raggio alla velocità di 50 km/h. Determina la forza centripeta che agisce sull'auto di massa 1050 kg durante l'effettuazione della curva.

Per lo svolgimento dell'esercizio, completa il percorso guidato, inserendo gli elementi mancanti dove compaiono i puntini.

1 I dati sono: ....
2 Le unità di misura sono coerenti con quelle del SI? ....
....
3 La formula da usare, dato che ti viene richiesta la forza centripeta, è: $F_c = $ ....
4 Sostituisci nella formula i dati, trovando perciò:
   $F_c = $ .... = ...
   [2250 N]

33 Una piattaforma di diametro 5 m ruota compiendo 5 giri in 10 s.
   a) Qual è la velocità di rotazione dei bordi della piattaforma?
   b) Qual è la forza centripeta che agisce su una persona di massa 76 kg posta sul bordo della piattaforma?
   [a) 7,85 m/s; b) 1,87 · 10^3 N]

34 La forza centripeta che mantiene la Terra sulla sua orbita attorno al Sole è 35,7 · 10^{21} N. Sapendo che la distanza media della Terra dal Sole è 1,49 · 10^{11} m e la massa della Terra è 5,98 · 10^{24} kg, calcola la velocità della Terra.
   [2,98 · 10^4 m/s]

35 Un ragazzo ha legato il suo zaino di massa 4 kg con una fune lunga 1 m e lo fa ruotare. Sapendo che esercita una forza centripeta di 64 N, a quale velocità sta ruotando?
   [4 m/s]

36 In una roulette giocattolo una pallina di massa 15 g si muove a 12 cm dal centro con velocità costante soggetta a una forza centripeta di 0,8 N. Determina il periodo di rotazione della pallina.
   [0,3 s]

37 Un'auto di massa 1000 kg affronta una curva alla velocità di 7 m/s. Sapendo che la forza centripeta è di 8000 N, qual è il raggio della curva?
   [6,125 m]

38 Un satellite compie un giro completo attorno alla Terra in 90 min all'altezza di 7000 km dalla superficie terrestre. Sapendo che esso è soggetto a una forza centripeta di 7,45 · 10^6 N determinane la massa.
   SUGGERIMENTO Per il raggio terrestre assumi: $r_{Terra} = 6,378 \cdot 10^6$ m. Per calcolare il raggio medio dell'orbita del satellite occorre sommare il raggio della Terra con...
   [4,1 · 10^5 kg]

39 What is the centripetal force on a 55 kg boy on a ride at the fair, that orbits a circle of radius 8 m at 4m/s?
   [110 N]

11.4 Composizione di moti: il moto parabolico

40 Un mazzo di chiavi viene lanciato da una finestra a 15 m d'altezza con una velocità orizzontale di 2 m/s.
  a) Scrivi le equazioni delle velocità per la componente orizzontale e per quella verticale.
  b) Scrivi le leggi orarie dei due moti componenti.
  c) Quanto tempo il mazzo di chiavi impiega per cadere a terra?
  d) Determina a quale distanza in orizzontale rispetto alla base dell'edificio cade il mazzo.

Per lo svolgimento dell'esercizio, completa il percorso guidato, inserendo gli elementi mancanti dove compaiono i puntini.

Risposte a) e b)
1 I dati sono: ....

2 Le formule della velocità per la componente orizzontale e verticale sono: ....
e quindi, sostituendo: ....

3 Le leggi orarie sono: ....
....
e quindi, sostituendo: ....

Risposta c)
4 Dalla legge oraria della componente verticale si può ricavare il tempo: ....

Risposta d)
5 Noto il tempo dalla legge oraria relativa alla componente orizzontale, si ricava la distanza: ....
....
[c) 1,75 s; d) 3,5 m]

41 Un'arancia, dopo aver rotolato sul piano di un tavolo (senza attrito) con velocità costante di 0,1 m/s cade dall'altezza di 80 cm.

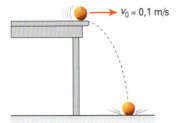

  a) Scrivi le equazioni delle velocità per la componente orizzontale e per quella verticale.
  b) Scrivi le leggi orarie dei due moti componenti.
  c) Quanto tempo impiega l'arancia per cadere a terra?
  d) A quale distanza dalla base del tavolo impatta sul pavimento?
[c) 0,40 s; d) 4,0 cm]

42 Il grafico seguente rappresenta la traiettoria parabolica della fase iniziale del moto di una sferetta lanciata da una finestra con velocità iniziale orizzontale $v_0 = 10$ m/s.

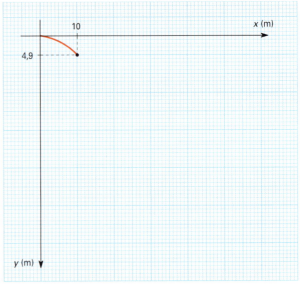

  a) Scrivi le leggi orarie dei due moti componenti.
  b) Determina le coordinate x e y della sferetta per $t = 2$ s, $t = 3$ s e completa il grafico.

43 Nel laboratorio di fisica una sferetta, dopo aver percorso una guida di plastica (vedi disegno), cade da una mensola posizionata a 1,80 m da terra e raggiunge 1,20 m di distanza in orizzontale. Calcola la velocità iniziale orizzontale v_0.

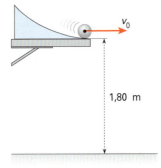

[1,97 m/s]

44 Un ragazzo si trova su una scogliera a strapiombo alta 48 m rispetto al mare sottostante. Lancia un sasso con velocità orizzontale di 7 m/s.
  a) Dopo quanto tempo il sasso raggiunge l'acqua?
  b) Quanto vale la componente verticale v_y nel momento dell'impatto con l'acqua?
  c) Con quale velocità il sasso colpisce l'acqua?

SUGGERIMENTO c) Per ottenere la velocità complessiva al momento dell'impatto osserva il disegno.

[a) 3,13 s; b) 30,7 m/s; c) 31,5 m/s]

45 Durante una partita di basket un atleta sta correndo e palleggiando.
Nel momento in cui il pallone si trova a 1,10 m da terra il giocatore si ferma e smette di palleggiare. La sfera giunge a terra a una distanza orizzontale di 2 m.
a) A quale velocità stava muovendosi il giocatore quando ha smesso il palleggio?
b) A che velocità avviene l'impatto del pallone con il suolo?

[a) 4,2 m/s; b) 6,3 m/s]

46 Un cannone inclinato di 45° spara un colpo con velocità di 300 m/s. Qual è l'altezza massima raggiunta? Quanto tempo il colpo rimane in aria? Quanto vale la gittata?

[2293 m; 43,2 s; 9,17 km]

47 A free-fall object reaches a terminal velocity of 25 m/s when dropped from a height of 29.4 m. What is the horizontal component of its velocity?

[0 m/s]

▶ Problemi

La risoluzione dei problemi richiede la conoscenza degli argomenti trasversali a più paragrafi. Con il pallino sono contrassegnati i problemi che presentano una maggiore complessità; il simbolo ■ segnala i problemi che richiedono la risoluzione di una equazione di secondo grado completa.

■**1** Lasciamo cadere un sasso in un pozzo e sentiamo dopo 2,1 s il rumore dell'impatto con l'acqua. Sapendo che la velocità del suono nell'aria è di 340 m/s, determina la profondità del pozzo.

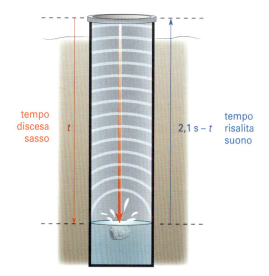

SUGGERIMENTO In fase di discesa il moto è uniformemente accelerato con partenza da fermo e dura un certo tempo t; in fase di risalita il suono si muove di moto rettilineo e uniforme e impiega un tempo $2,1 - t$.

[20,4 m]

■**2** Da un terrazzo situato a 12 m di altezza Martina lancia in verticale verso il basso un giocattolo con $v_0 = 0,5$ m/s. Luca si sporge dalla finestra del piano sottostante 3 m più in basso e si vede passare davanti il giocattolo.
a) Quanto tempo impiega il giocattolo per giungere al piano dove si trova Luca?
b) Quale velocità ha il giocattolo quando passa davanti a Luca?
c) Qual è invece la velocità che ha nel momento in cui arriva al suolo?

SUGGERIMENTO a) si tratta di un moto rettilineo uniformemente accelerato con velocità iniziale diversa da 0 per cui, utilizzando la relativa legge oraria

$$s = \frac{1}{2}at^2 + v_0 t$$

in cui $a = g$ si ottiene un'equazione di II grado nella variabile t...

[a) 0,7 s; b) 28 km/h; c) 55 km/h]

3 Un ragazzo, per valutare l'altezza di un edificio lascia cadere dal tetto un oggetto di plastica di 30 N con velocità diretta verticalmente verso il basso di 1,1 m/s. Dopo 1,5 s l'oggetto tocca il suolo.
a) Trova la massa dell'oggetto.
b) Calcola l'altezza dell'edificio.
c) Se l'esperimento si fosse svolto su Marte ($g_{Marte} = 3,73$ m/s^2) quale sarebbe stata l'altezza dell'edificio?

[a) 3,1 kg; b) 12,7 m; c) 5,85 m]

4 Un ragazzo, che sta cercando di diventare un giocoliere, tira verso l'alto una clavetta con velocità iniziale $v_0 = 5,5$ m/s. Rispetto alla posizione di lancio, quale altezza massima raggiunge l'oggetto?

SUGGERIMENTO In fase di salita il moto è uniformemente decelerato ($g = 9,8$ m/s^2) con velocità iniziale v_0 e termina quando la velocità diventa 0. Quindi:

$$\begin{cases} v = v_0 + at \\ s = \frac{1}{2}at^2 + v_0 t \end{cases} \quad \begin{cases} v_{finale} = v_0 - 9,8t \\ s = \frac{1}{2}(-9,8)t^2 + v_0 t \end{cases}$$

$$\begin{cases} 0 = ... - ... \text{ da cui ricavi } t \text{ e sostituisci nella seconda equazione} \\ s = \frac{1}{2}(-9,8)... + v_0 ... \end{cases}$$

[1,54 m]

5 Renzo e Matteo, alla fine dell'ora di educazione fisica, stanno scherzando e il primo lancia la scarpa dell'amico in verticale con $v_0 = 6,2$ m/s da un'altezza di 2 m rispetto al suolo.
a) Quanto tempo impiega a raggiungere la massima altezza?
b) Se il soffitto della palestra è alto 6 m la scarpa lo raggiunge?
c) Quanto tempo impiega per ricadere al suolo da quando è stata lanciata?

SUGGERIMENTO Per rispondere ai quesiti a) e b) vedi i suggerimenti del Problema 4; per c) occorre considerare che la caduta dalla massima altezza è un moto uniformemente accelerato con velocità iniziale nulla.

[a) 0,63 s; b) no; c) 1,53 s]

6 Elisa lancia verso l'alto un pupazzo con $v_0 = 4{,}7$ m/s. Il soffitto è alto 2,8 m.
  a) Quanto tempo impiega per raggiungere la massima altezza?
  b) Il giocattolo raggiunge il soffitto se viene lanciato da un metro di altezza rispetto al pavimento?
  SUGGERIMENTO Per rispondere ai quesiti a) e b) vedi i suggerimenti del Problema 4.
  [a) 0,48 s; b) no]

7 A una molla disposta verticalmente, che ha una lunghezza a riposo di 32 cm ed è caratterizzata da una costante elastica di 48 N/m, viene agganciata una sferetta di 125 g. Calcola la lunghezza finale della molla. [34,6 cm]

8 Un'automobile in folle, trascurando qualunque attrito, inizia a scendere lungo una discesa di 300 m che ha un dislivello di 26,0 m. Calcola la sua massa, sapendo che la componente attiva della forza peso è pari a 850 N.
  [1000 kg]

•**9** Una sfera di 300 g, inizialmente ferma, discende senza attrito lungo un piano inclinato alto 10,0 m, che forma con l'orizzontale un angolo di 30°.

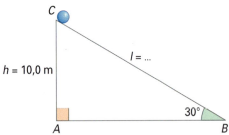

Determina:
  a) la componente attiva della forza peso;
  b) l'accelerazione;
  c) l'intervallo di tempo impiegato a discendere tutto il piano inclinato.
  SUGGERIMENTO Dato che l'angolo è di 30°, ciò vuol dire che l'ipotenusa (vale a dire la lunghezza del piano) è il doppio del...
  [a) 1,47 N; b) 4,91 m/s²; c) 2,86 s]

•**10** Una sfera di massa 1,25 kg scende su un piano di altezza 12,0 m, il quale ha un'inclinazione di 45° con l'orizzontale. Determina:
  a) la componente attiva della forza peso;
  b) l'accelerazione;
  c) la velocità finale al termine della discesa.

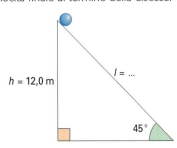

SUGGERIMENTO La discesa è in sostanza la diagonale di un quadrato...
  [a) 8,67 N; b) 6,94 m/s²; c) 15,3 m/s]

•**11** Una sfera di massa 2,0 kg scende lungo un piano inclinato di lunghezza 3,0 m che ha un'inclinazione di 60° con il piano orizzontale. Determina:
  a) la componente attiva della forza peso;
  b) l'accelerazione;
  c) la velocità finale al termine della discesa AB, precisando se è maggiore o minore di quella che si avrebbe se la discesa fosse avvenuta in verticale.

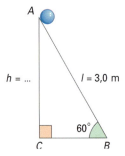

SUGGERIMENTO Non fidarti dell'intuito, bensì esegui i calcoli.
  [a) 17 N; b) 8,5 m/s²; c) 7,1 m/s]

•**12** A e B sono in equilibrio (vedi figura).

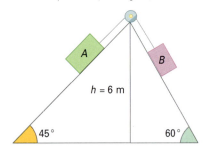

  a) Sapendo che A pesa 200 N e che l'altezza h è di 6 m, qual è la massa di B?
  b) Se il filo che collega A e B venisse tagliato in corrispondenza della carrucola, con quale accelerazione A scenderebbe lungo il piano inclinato?
  [a) 16,7 kg; b) 6,94 m/s²]

13 Un ciondolo d'oro di 25 g viene fatto ruotare mediante una catenina di 30 cm in un piano verticale. Se la forza complessiva che agisce su di essa nella posizione A è 1,2 N, calcola il periodo di rotazione.

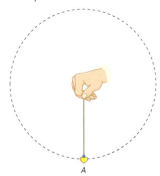

SUGGERIMENTO In A sul ciondolo agiscono sia la forza centripeta sia la forza peso...
  [0,56 s]

•**14** La Luna, la cui massa corrisponde a $7{,}34 \cdot 10^{22}$ kg, impiega 27,3 giorni a compiere il giro di rivoluzione attorno alla Terra. Considerando il suo moto circolare uniforme con raggio di $3{,}84 \cdot 10^8$ m, trova la velocità tangenziale della Luna e la forza centripeta che agisce su di essa.

SUGGERIMENTO Una volta che hai calcolato l'accelerazione centripeta, tramite il secondo principio della dinamica puoi individuare la forza corrispondente...

[$3{,}68 \cdot 10^3$ km/h; $2 \cdot 10^{20}$ N]

15 Un aereo deve distribuire dei pacchi di soccorso agli abitanti di uno sperduto villaggio e sta volando a 300 km/h a una quota di 100 m da terra. A quale distanza in senso orizzontale dal villaggio deve sganciare il suo carico affinché cada esattamente sull'obiettivo?

[376 m]

16 Un corpo scende lungo un piano inclinato. Attraverso le necessarie misurazioni, sono state individuate, per il peso del corpo, la lunghezza e l'altezza del piano, rispettivamente le seguenti misure: $(12{,}0 \pm 0{,}1)$ N; $(92{,}5 \pm 0{,}5)$ cm; $(26{,}4 \pm 0{,}1)$ cm. Determina la misura della componente attiva della forza peso.

[$(3{,}42 \pm 0{,}06)$ N]

17 A lamp hangs vertically from a cord in an elevator, which is descending with a downward acceleration of 3.0 m/s². The tension in the cord is $T = 20.0$ N. What is the mass m of this lamp?

HINT To calculate m, remember that there are two forces acting on the lamp: the weight $m \cdot g$, acting downwards, and the tension, T, acting upwards. The resultant force is responsible for acceleration a, directed downwards, so that $m \cdot a = m \cdot g - T$...

[2.9 kg]

18 A ball slides down an inclined plane and reaches the bottom of the ramp with a final speed ramp. The inclined plane is placed on a table, so the ball goes on moving and falls down from the table. How far from the table (in m) does the ball hit the ground? See diagram for the problem's data. (Ignore air resistance and friction.)

HINT The initial speed during the fall is v_{ramp}.

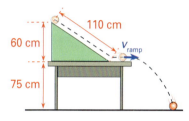

[1.34 m]

278 **MODULO 3** Le forze e il moto

Competenze alla prova

ASSE SCIENTIFICO-TECNOLOGICO

Osservare, descrivere e analizzare fenomeni appartenenti alla realtà...

1 Immagina che l'uomo abbia colonizzato la Luna, dove non c'è l'atmosfera e l'accelerazione di gravità è un sesto di quella terrestre. A un certo punto l'insegnante porta gli studenti, dopo che ognuno ha indossato la necessaria tuta, in uscita didattica all'esterno per alcune dimostrazioni di fisica. Riflettendo su quanto hai studiato relativamente alle leggi di Newton, pensa a un esperimento che in quel particolare ambiente risulterebbe molto più efficace che non sulla Terra.

Spunto Prima di tutto sarebbe estremamente facile verificare che oggetti di massa anche molto differente sono sottoposti in caduta libera alla stessa accelerazione di gravità. Oppure, lanciando in alto – e non in aria! – degli oggetti, intuire che entrare in orbita attorno alla Luna sia più facile perché...

ASSE SCIENTIFICO-TECNOLOGICO

Essere consapevole delle potenzialità e dei limiti delle tecnologie...

2 Cerca di convincere un gruppo di persone, che non hanno confidenza con la fisica, di tre cose: *a*) che gli oggetti lasciati andare in caduta libera arrivano al suolo contemporaneamente; *b*) che, quindi, è uguale la velocità poco prima dell'impatto e, di conseguenza, l'accelerazione a cui sono sottoposti gli oggetti è la stessa; *c*) che tale accelerazione vale come è noto 9,81 m/s^2. Mentre per i primi due punti puoi affrontare la dimostrazione in modo qualitativo, nell'ultimo caso dovrai ricorrere a un dispositivo sperimentale con cui poter effettuare delle misure.

Spunto Per i punti *a* e *b*, è sufficiente prendere oggetti di peso sensibilmente diverso, ma che hanno la stessa forma. Oppure fare la classica prova del foglio e del libro lasciati cadere prima ciascuno per conto suo e poi dopo avere disposto il foglio al di sopra del libro. Nell'ultimo caso, puoi pensare di disporre dell'attrezzatura di laboratorio, oppure provare a improntare un apparato che ti consenta di effettuare misure attendibili: un buon cronometro, un po' di concentrazione, misure ripetute numerose volte...

ASSE MATEMATICO

Individuare le strategie appropriate per la soluzione di problemi

3 Un disco d'acciaio di 800 g può scendere lungo un piano inclinato che ha una lunghezza di 1,35 m e un'altezza di 0,420 m. Sappiamo che il coefficiente d'attrito statico vale 0,30 mentre quello dinamico è 0,22.
a) Motiva la ragione per la quale il disco scende e non resta fermo.
b) Calcola la forza netta che agisce sul disco come differenza fra la componente del peso parallela al piano inclinato e la forza d'attrito dinamica.
c) Trova infine la velocità con cui il disco arriva in fondo alla discesa dopo avere percorso il piano per l'intera lunghezza con accelerazione costante.

Spunto Dopo avere trovato $P_{//}$ tramite la relazione del piano inclinato, con il teorema di Pitagora puoi individuare anche la componente $P_\perp$ necessaria per determinare le forze d'attrito statica e dinamica. Dopodiché, una volta calcolate la forza netta e l'accelerazione corrispondente, con la legge oraria del moto rettilineo uniformemente accelerato arrivi alla velocità finale...

ASSE LINGUISTICO

Padroneggiare gli strumenti espressivi ed argomentativi...

4 Predisponi una mappa concettuale da illustrare ai tuoi compagni di classe in cui siano evidenti i collegamenti tra il secondo principio della dinamica e le due situazioni affrontate: la caduta libera e il piano inclinato.

Spunto Si tratta di andare, ogni volta, a sostituire nell'espressione del secondo principio al posto dell'accelerazione generica a quelle specifiche delle situazioni indicate, cercando di essere preciso con le diverse denominazioni...

UNITÀ 12
Dai modelli geocentrici al campo gravitazionale

12.1 I modelli del cosmo

› I modelli geocentrici: da Aristotele a Tolomeo

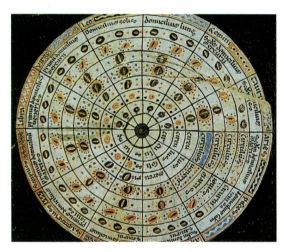

Il cielo è stato oggetto dell'osservazione e dello studio fin dai tempi più antichi e gli astronomi nel corso dei secoli, partendo dai dati sperimentali sempre più raffinati, hanno elaborato diversi modelli interpretativi dell'Universo. Il modello geocentrico che esercitò il maggiore influsso sino all'epoca medievale fu quello elaborato da Aristotele (384-322 a.C.). Per il grande pensatore greco la Terra, sferica e immobile, era al centro dell'Universo, circondata da cinquantacinque sfere concentriche, costituite da etere, una sostanza incorruttibile che riempiva tutto lo spazio. La sfera più esterna era quella delle stelle fisse oltre la quale non c'era nulla. I corpi celesti si muovevano di moto circolare uniforme e la causa prima del movimento era un *motore immobile* di natura divina. Nella sfera sublunare, cioè la regione della Terra soggetta a mutamenti e quindi a «corruzione», si trovavano i quattro elementi fondamentali: Terra, Aria, Acqua e Fuoco. L'unico moto naturale possibile era quello rettilineo.

Il modello di Aristotele ebbe molto successo perché, oltre alla prerogativa comune a tutti i modelli geocentrici di giustificare con semplicità il *moto del Sole e delle stelle*, così come l'*alternarsi delle stagioni*, riuscì a spiegare in modo convincente, a partire dalle leggi generali della Fisica che il filosofo greco aveva formulato, *la stabilità e l'immobilità della Terra al centro dell'Universo*. A dimostrazione della veridicità di questa tesi, argomentò che la posizione delle stelle sulla sfera esterna sarebbe dovuta cambiare se la Terra fosse stata in movimento, poiché l'angolo da cui le vede un osservatore sulla Terra dipende dalla sua posizione. In realtà, il motivo per cui la differenza non era percettibile era la mancanza di adeguati strumenti di misura. Oltre a questo, da un punto di vista più generale, il modello di Aristotele sancì una diversità di fondo tra Cielo e Terra che avrebbe condizionato per secoli la visione dell'Universo.

Dopo Aristotele gli astronomi intervennero sulle sue idee solo allo scopo di perfezionarle, in particolare per giustificare meglio il **moto retrogrado** dei pianeti, cioè il moto verso Ovest rispetto alle stelle fisse che i pianeti presentano solo in certi periodi dell'anno.

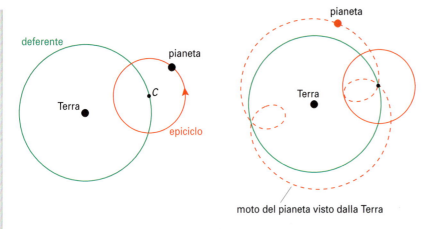

Il processo di perfezionamento dei modelli geocentrici si completò con Tolomeo (100 d.C.-178 d.C.), astronomo e matematico alessandrino la cui opera arrivò sino a noi grazie all'*Almagesto*, scritto dagli arabi e che può essere considerato il primo trattato matematico completo sul moto degli astri.

Secondo Tolomeo ogni pianeta descrive una circonferenza (l'*epiciclo*) di centro *C*, che si muove attorno alla Terra descrivendo un'altra circonferenza (*deferente*).

In questo modo, scegliendo opportunamente le velocità del pianeta nell'epiciclo e del centro C nel deferente, si giustificavano il moto retrogrado e le variazioni di luminosità dei pianeti. Tuttavia, nel tentativo di eliminare altre incongruenze rispetto alle osservazioni, Tolomeo ricorse ad aggiustamenti che però resero il sistema troppo complicato.

Il modello di Tolomeo attraversò un lungo periodo di dimenticanza nell'Occidente fino a quando non venne riscoperto nell'XI secolo grazie alla diffusione della cultura araba in Europa.

In seguito assurse a cosmologia ufficiale della Chiesa grazie soprattutto a Tommaso d'Aquino (1225-1274) che dette un contributo fondamentale a fondere la filosofia aristotelica con la tradizione teologica biblico-cristiana, ponendo così le basi della concezione del mondo dell'epoca medievale.

I modelli eliocentrici: da Aristarco a Copernico

Contemporaneamente al processo di elaborazione del modello geocentrico, troviamo nell'antica Grecia, a partire dal V secolo a.C., un atteggiamento diverso (Democrito, la scuola pitagorica), disposto a concepire la Terra come uno dei tanti corpi celesti presenti nell'Universo.

Nel IV secolo a.C. Eraclide Pontico, un contemporaneo di Platone e di Aristotele, sosteneva già l'ipotesi che la Terra ruotasse da Ovest verso Est compiendo un giro completo in 24 ore.

Nel secolo successivo Aristarco di Samo (ca. 310-230 a.C.) teorizzò che il Sole fosse al centro di un Universo sferico, con la Terra e cinque pianeti che si muovevano di moto circolare uniforme attorno al Sole.

Si tratta del primo modello eliocentrico giunto sino a noi, il quale spiegava in modo convincente il moto retrogrado dei pianeti come conseguenza del fatto che gli osservatori sulla Terra sono in movimento. Nonostante questo vantaggio, esso non riusciva a superare alcune obiezioni che, essendo vicine al senso comune, apparivano insuperabili: se la Terra fosse stata in movimento gli edifici sarebbero dovuti crollare, gli uccelli in volo rimanere indietro rispetto al suolo e, in caso di lancio verticale, gli oggetti sarebbero dovuti ricadere lontani dal punto di partenza.

A questi problemi si aggiunse l'obiezione di Aristotele sull'immobilità delle stelle fisse, apparentemente inconciliabile con il moto della Terra, e la scarsa capacità del modello di adattarsi nei secoli alle osservazioni astronomiche sempre più precise. La conseguenza fu che per molti secoli venne ignorato.

Il sistema copernicano

Niccolò Copernico (1473-1543), nato in Polonia, studiò all'Università di Cracovia, poi a 24 anni divenne canonico e, grazie a una maggiore disponibilità economica, si recò a studiare prima presso l'Università di Bologna e poi di Padova. Egli visse nel clima di rinnovamento culturale noto come Umanesimo, un periodo caratterizzato dagli studi filologici che avevano diffuso la conoscenza del greco e, dunque, anche della teoria di Aristarco ormai dimenticata da secoli.

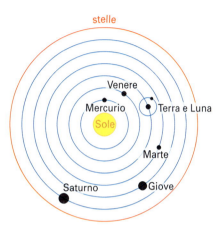

La sua opera fondamentale è il testo *De Revolutionibus Orbium Celestium* dove, partendo da una critica all'artificiosità del modello tolemaico, riprende e rielabora la teoria eliocentrica di Aristarco. Le ipotesi fondamentali di Copernico sono:
1. la Terra ruota da Ovest verso Est attorno al proprio asse in 24 ore;
2. la Terra non è il centro dell'Universo e compie una rivoluzione attorno al Sole in un anno;
3. i pianeti, come la Terra, ruotano attorno al Sole, che quindi è il centro dell'Universo.

Tali ipotesi risentono molto dell'influsso aristotelico, in quanto tutti i moti sono circolari uniformi, e della sincera fede di Copernico, che si preoccupa di insistere sulla perfetta armonia dell'Universo in quanto opera di Dio.
Il modello copernicano, per quanto concerne la spiegazione del moto delle stelle e del Sole, risulta meno intuitivo, ma sostanzialmente equivalente a quello tolemaico. Presenta, invece, notevoli vantaggi per alcuni aspetti:
1. riesce a spiegare in modo qualitativamente più semplice il moto retrogrado dei pianeti;
2. giustifica il fatto che Mercurio e Venere non si allontanano mai dal Sole in quanto pianeti interni rispetto alla Terra;
3. permette di calcolare i periodi di rivoluzione e i raggi delle orbite dei pianeti.

Tuttavia, quando Copernico passò a elaborare una spiegazione quantitativa dei moti dei pianeti e del Sole, fu costretto a complicare lo schema interpretativo che aveva presentato nel *De Revolutionibus*. Alla fine, per quanto riguarda la spiegazione del moto dei pianeti, i due modelli si equivalevano a livello di complessità.
In altri termini, pur rimanendo nel solco della tradizione aristotelica, la grande novità che presentava il sistema copernicano era quella del **cambiamento del sistema di riferimento**; ma la sua analisi non aveva ancora quella solida base fisica che avrebbe permesso, attraverso i contributi di Galileo e di Newton, di raggiungere la soluzione del problema del moto dei pianeti. Il lavoro di Copernico fu pubblicato solo nel 1542, anche a causa della sua stessa opposizione, probabilmente dettata da riserve di natura religiosa e da dubbi sulla validità dei risultati. D'altra parte, strappare la Terra, e soprattutto l'uomo, dal centro dell'Universo, non poteva essere un'operazione culturalmente facile. Basta ricordare che molto più tardi, nel XVIII secolo, erano ancora in corso accese dispute fra i sostenitori dei due modelli. Occorre precisare che dal punto di vista moderno il problema posto da Copernico è sostanzialmente quello di scegliere il sistema di riferimento più opportuno al fine di dare una descrizione semplice ed efficace del moto dei pianeti del sistema solare. Oggi il sistema di riferimento eliocentrico è il più diffuso, mentre ormai solo in particolari contesti, come per esempio nelle carte per la navigazione, si utilizza quello geocentrico.

> **ricorda...**
> Nonostante il successo storico, il sistema di Copernico non è oggettivamente più valido di quello tolemaico, anche se ormai è entrato a far parte di una visione cosmologica condivisa: si tratta in sostanza di scegliere in modo arbitrario un sistema di riferimento piuttosto che un altro.

12.2 Le leggi di Keplero

Giovanni Keplero (1571-1630) era stato assistente del più grande astronomo della seconda metà del XVI secolo, il danese Tycho Brahe (1564-1601), l'ultimo a osservare il cielo senza l'ausilio di strumenti. Fu incaricato dal maestro di occuparsi del calcolo dell'orbita di Marte e questo si rivelò una grande fortuna, dato che l'orbita di Marte è molto eccentrica ed era perciò difficile scambiarla per una circonferenza.

Alla morte di Brahe, che era molto geloso del proprio lavoro, Keplero riuscì a impossessarsi dei suoi appunti. Essendo un convinto assertore delle idee copernicane e al tempo stesso un grande teorico, cominciò a elaborare l'enorme mole di informazioni a sua disposizione.

Inizialmente si concentrò sui dati relativi a Marte, il cui moto presentava irregolarità che non erano mai state spiegate. Dopo cinque anni di tentativi si convinse dell'impossibilità di trovare una spiegazione che conciliasse i dati con l'ipotesi del moto circolare e uniforme, che era comune sia al modello tolemaico sia a quello copernicano. Keplero decise allora di prendere in esame le due ipotesi separatamente, finendo per negarle entrambe. La sua prima legge è la conseguenza della negazione della circolarità delle orbite, la seconda supera il concetto di uniformità del moto.

prima legge di Keplero: Le orbite dei pianeti sono ellissi e la posizione del Sole coincide con uno dei due fuochi.

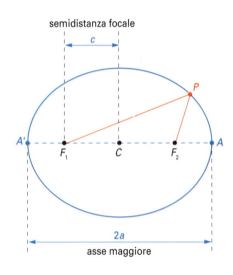
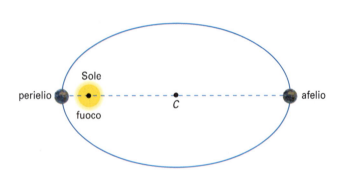

L'ellisse è il luogo dei punti P tali che la somma delle distanze da due punti fissi F_1 ed F_2, detti fuochi, è costante. Tale costante coincide con la lunghezza $2a$ dell'asse maggiore $A'A$. Pertanto i punti P che appartengono all'ellisse soddisfano la relazione $PF_1 + PF_2 = 2a$.

Per valutare lo *schiacciamento* dell'ellisse, cioè di quanto l'ellisse si discosta dalla circonferenza, si utilizza l'eccentricità $e = \dfrac{F_1 F_2}{A'A} = \dfrac{2c}{2a} = \dfrac{c}{a}$ dove c rappresenta la semidistanza focale $F_1 C$ e a il semiasse maggiore $A'C$.

Se i due fuochi coincidono con il centro, l'ellisse ha eccentricità 0 cioè è una circonferenza. Man mano che i fuochi si allontanano dall'origine, aumenta l'eccentricità e l'ellisse risulta più *schiacciata*.

Pertanto, quando un pianeta percorre una traiettoria ellittica, la sua distanza dai fuochi, e quindi dal Sole, non è costante bensì variabile. In particolare, vi è una posizione di minima distanza detta **perielio** e una di massima distanza detta **afelio**.

 ricorda...

La Terra si trova al perielio fra il 2 e il 5 gennaio e all'afelio tra il 3 e il 7 luglio. Quindi, in Europa è inverno quando la Terra raggiunge il perielio, cioè quando è più vicina alla nostra stella. Tuttavia, è il periodo più freddo dell'anno in quanto le stagioni non sono dovute alla distanza dal Sole, ma all'inclinazione dell'asse terrestre rispetto al piano dell'orbita, vale a dire all'inclinazione con cui arrivano i raggi solari.

Il raggio vettore (che congiunge un pianeta con il Sole) descrive durante l'orbita aree uguali in tempi uguali.

seconda legge di Keplero

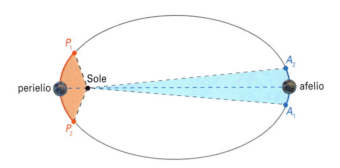

Le due aree colorate hanno la stessa estensione. Un'area è delimitata dall'arco A_1A_2, l'altra dall'arco P_1P_2.
La seconda legge dice che il pianeta impiega lo stesso tempo sia per andare da A_1 ad A_2 sia per andare da P_1 a P_2.
Ma dal momento che l'arco P_1P_2 è maggiore dell'arco A_1A_2, ne consegue che la velocità del pianeta al perielio è maggiore rispetto a quella all'afelio.

> **ricorda...**
> Per la seconda legge di Keplero, la velocità dei pianeti durante il loro moto di rivoluzione attorno al Sole non è uniforme, ma varia a seconda della posizione nell'orbita. Un pianeta si muove più velocemente quando si trova vicino al Sole e più lentamente quando ne è lontano.

Il rapporto tra il quadrato del periodo di rivoluzione T e il cubo del semiasse maggiore a dell'orbita è costante:

$$\frac{T^2}{a^3} = K$$

dove $K = 2{,}96 \cdot 10^{-19}$ s^2/m^3 è una costante che ha lo stesso valore per tutti i pianeti del sistema solare.

terza legge di Keplero

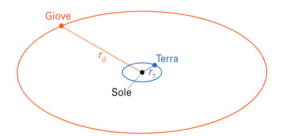

> **ricorda...**
> I pianeti più lontani dal Sole rispetto alla Terra impiegano più tempo a compiere un giro di rivoluzione attorno al Sole: non solo perché l'orbita è maggiore di quella del nostro pianeta, ma anche perché sono meno veloci.

Rispetto alle altre due leggi, che riguardano i pianeti presi singolarmente, la terza legge mette in relazione fra loro i diversi pianeti, sostenendo che all'aumentare del raggio, cioè della distanza dal Sole, aumenta (sia pure non in maniera direttamente proporzionale) anche il tempo necessario per un giro di rivoluzione.
Questa conclusione era prevedibile, poiché un pianeta esterno compie un percorso maggiore di uno interno. Ma oltre a ciò, la relazione fra i raggi e i tempi di rivoluzione ci informa che i pianeti esterni sono più lenti di quelli interni. Infatti Giove, che è lontano dal Sole 5,2 volte più della Terra, impiega quasi 12 anni terrestri per compiere un giro attorno al Sole.

Keplero, pur nella sua straordinaria grandezza, risente ancora di una cultura in cui i confini tra scienza, fede e magia non sono chiari per cui, pur procedendo in modo rigorosamente aderente alle osservazioni sperimentali, nelle sue opere sono presenti anche fantasie mistichegianti.

Galileo Galilei (1564-1642) è il primo esponente della fisica intesa nell'accezione moderna del termine. Grazie al suo approccio di grande sperimentatore, utilizza nel 1610 il cannocchiale a scopo astronomico e le sue osservazioni, pubblicate nel *Sidereus Nuncius*, porteranno al definitivo superamento della concezione aristotelica, intrisa di metafisica.

Le sue osservazioni sulle macchie solari, sulle irregolarità della superficie lunare, sulla non perfetta sfericità del Sole e della Luna, contraddicendo l'ipotesi di perfezione e incorruttibilità degli astri, rivestono un'importanza fondamentale nel definitivo accantonamento del modello tolemaico. Galileo, inoltre, scopre anche le lune di Giove, dimostrando in questo modo che gli altri pianeti, e non solo la Terra, possono essere dei satelliti.

12.3 La gravitazione universale

▸ Da Keplero alla legge di gravitazione universale

Keplero era giunto a una descrizione soddisfacente del moto dei pianeti e Galileo aveva dimostrato che la cosmologia aristotelica era superata, svolgendo con il *Dialogo sui Due Massimi Sistemi*, che gli valse nel 1633 una condanna da parte della Chiesa, un efficace ruolo di divulgatore della superiorità del modello copernicano rispetto a quello geocentrico.
Rimaneva da chiarire una questione fondamentale. Se i pianeti non fossero soggetti a forze, per il principio di inerzia, continuerebbero a muoversi in linea retta, quindi, se la traiettoria non è rettilinea, come accade nella realtà, deve necessariamente agire una forza in modo tale da costringere i pianeti a ruotare attorno al Sole.

Newton (1642-1727) nel 1666, durante un soggiorno obbligato in campagna per difendersi dalla peste, iniziò le sue riflessioni sulla gravitazione. Eulero nelle *Lettere* narra il famoso aneddoto della mela, probabilmente mai accaduto, che avrebbe indotto il fisico inglese a riflettere sulla causa della caduta del frutto e a intuire che si trattava della medesima causa per cui la Luna ruotava intorno alla Terra e i pianeti attorno al Sole. Newton nella sua opera principale *Philosophiae naturalis principia matematica*, pubblicata nel 1687, elaborò l'ipotesi dell'esistenza della forza gravitazionale.
La sua famosa affermazione «... *hypotheses non fingo*» chiarisce che il suo scopo non è la comprensione ultima del mistero della gravitazione, bensì la mera descrizione dei fenomeni nei limiti concessi dalle osservazioni sperimentali e dalle leggi note.

Dai modelli geocentrici al campo gravitazionale **UNITÀ 12**

Con la legge della gravitazione Newton abbatte la barriera che aveva sino allora diviso la fisica dei fenomeni terrestri (caduta dei gravi studiata da Galileo) e la fisica dei fenomeni celesti (moto dei pianeti interpretato con le leggi di Keplero), facendo convergere le due discipline in un'unica teoria che comprende tutti i fenomeni dell'Universo e detta, proprio per questo, *universale*.

 ricorda...

Newton dimostrò che la legge non è valida solo per masse puntiformi, ma anche per corpi sferici omogenei i cui centri distano tra loro *r*. Con buona approssimazione può essere usata anche per corpi di forma qualunque, a condizione che le loro dimensioni siano molto minori rispetto alla loro distanza.

Due masse puntiformi m_A ed m_B poste a distanza *r* tra loro si attraggono con una forza $\vec{F}$ diretta lungo la loro congiungente, il cui modulo è dato da:

$$F = G \frac{m_A \cdot m_B}{r^2}$$

G è chiamata **costante di gravitazione universale**.

legge di gravitazione universale

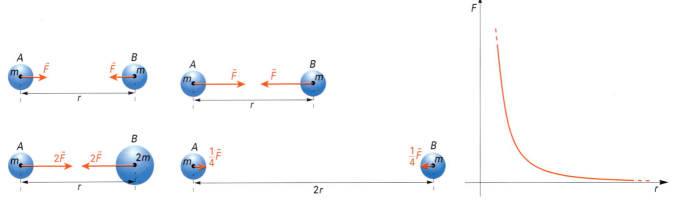

La legge della gravitazione universale afferma che al raddoppiare di una delle due masse la forza raddoppia, al triplicare triplica... cioè vi è una relazione di diretta proporzionalità tra modulo della forza e prodotto delle masse.

Contemporaneamente la legge afferma che al raddoppiare della distanza la forza diventa ¼ di quella iniziale... al triplicare della distanza la forza diventa ⅑, ..., cioè la forza è inversamente proporzionale al quadrato della distanza.

Nel grafico si evidenzia come all'aumentare della distanza *r* tra le due masse la forza diminuisce molto rapidamente. Per questo motivo avvertiamo in modo significativo gli effetti della forza gravitazionale esercitata dal Sole sulla Terra, ma non quelli di altre stelle magari molto più grandi, ma molto più lontane.

La bilancia di Cavendish

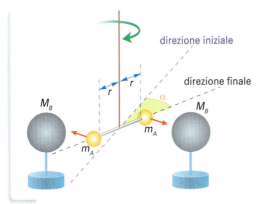

Il calcolo della costante di gravitazione universale *G* venne effettuato con una buona precisione nel 1798 da Lord Henry Cavendish (1731-1810) utilizzando una **bilancia di torsione**. Egli ricorse a due sferette di massa m_A costituite da pochi grammi d'oro e determinò la direzione iniziale del manubrio che le collegava. Poi avvicinò due masse M_B, sfere di diversi kg di piombo. Ciascuna sfera di piombo esercitava una forza attrattiva su quella d'oro determinando una rotazione di un angolo α che è proporzionale all'azione della forza attrattiva.

Il risultato numerico trovato da Cavendish era molto vicino a quello reale. Misurazioni successive, tuttavia, effettuate con strumenti maggiormente precisi, hanno consentito di ottenere il valore assunto attualmente.

> **costante di gravitazione universale**
>
> Il valore della **costante di gravitazione universale G** è dato da:
>
> $$G = 6{,}67 \cdot 10^{-11} \frac{N \cdot m^2}{kg^2}$$
>
> Essa rappresenta la forza con cui due corpi di massa 1 kg si attraggono quando sono posti alla distanza reciproca di 1 m.

esempio

1
a) Trova la forza di attrazione gravitazionale che si esercita tra due persone, una di massa 50 kg e una di massa 60 kg, posizionate a 1,5 m di distanza.

b) Determina la forza di attrazione gravitazionale che la Terra esercita sulla Luna, spiegando perché è la Luna a ruotare attorno alla Terra e non viceversa.

a) Applicando la legge di gravitazione universale si trova direttamente:

$$F = G \frac{m_A \cdot m_B}{r^2} = 6{,}67 \cdot 10^{-11} \frac{50 \cdot 60}{1{,}5^2} = 8{,}89 \cdot 10^{-8} \text{ N}$$

Si tratta di un valore estremamente piccolo, dell'ordine di 100 milioni di volte inferiore a quello necessario per spingere il pulsante di un elettrodomestico. Per questo motivo gli effetti gravitazionali tra le due persone non si avvertono e, più in generale, la forza gravitazionale esercitata dagli oggetti che ci circondano è trascurabile anche quando siamo molto vicini a essi.

b) Se applichiamo questa legge al sistema Terra-Luna, otteniamo che la forza con cui la prima attira la seconda è:

$$F_T = G \cdot \frac{M_T \cdot m_L}{r^2} = 6{,}67 \cdot 10^{-11} \cdot \frac{5{,}98 \cdot 10^{24} \cdot 0{,}074 \cdot 10^{24}}{(3{,}84 \cdot 10^8)^2} \cong 2 \cdot 10^{20} \text{ N}$$

Per il principio di azione e reazione, il valore trovato è uguale anche al modulo della forza esercitata dalla Luna sulla Terra.

Pur essendo la forza di attrazione fra i due corpi la stessa in modulo, poiché la massa della Terra ($M_T = 5{,}98 \cdot 10^{24}$ kg) è molto maggiore di quella della Luna ($m_L = 0{,}074 \cdot 10^{24}$ kg), è questa ad avere un'accelerazione circa 80 volte maggiore e perciò a ruotare attorno al nostro pianeta (infatti, per il secondo principio della dinamica, $a = F/m$).

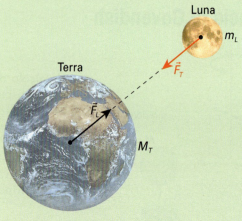

Peso e accelerazione di gravità

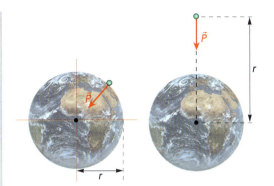

Il peso P di un corpo di massa m non è altro che la forza di attrazione gravitazionale F che la Terra, di massa M_T, esercita su di esso. Indicando con r la sua distanza dal centro della Terra si ha:

$$P = F$$

Sostituendo le rispettive espressioni:

$$mg = G \frac{m \cdot M_T}{r^2}$$

e dividendo ambo i membri per m:

$$g = G \frac{M_T}{r^2}$$

$$g = G \frac{M_T}{r^2} \quad \text{accelerazione di gravità}$$

Se il corpo si trova a livello del mare e alla latitudine di 40° il risultato è $g = 9{,}81$ m/s², valore che in prima approssimazione abbiamo assunto come costante. In realtà, essendo la Terra non perfettamente sferica, se il corpo (rimanendo sempre a livello del mare) si sposta in corrispondenza di uno dei poli, risulta che la sua distanza dal centro della Terra diminuisce e quindi l'accelerazione aumenta ($g = 9{,}86$ m/s²); mentre, la distanza all'Equatore è maggiore, per cui l'accelerazione diminuisce ($g = 9{,}80$ m/s²). Il concetto di peso non è vincolato al contatto con la superficie terrestre: quando il corpo si allontana dalla Terra r aumenta, e di conseguenza il suo peso diminuisce.

12.4 Satelliti in orbita circolare

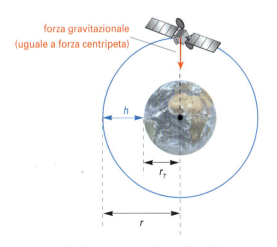

Ci chiediamo quali sono le condizioni affinché un satellite di massa m_s descriva un'orbita circolare di raggio $r = r_T + h$ attorno alla Terra di massa M_T.
Analogamente a quello che accade ogni volta che un corpo non si mantiene in moto rettilineo, affinché la traiettoria risulti una circonferenza deve agire una forza centripeta che incurva la traiettoria.
Questa, secondo Newton, è la forza gravitazionale.
Avremo allora:

$$F_{\text{centripeta}} = F_{\text{Gravitazionale}}$$

Sostituendo le rispettive formule si ha:

$$m_S \frac{v^2}{r} = G \frac{m_S \cdot M_T}{r^2}$$

Moltiplicando ambo i membri per r, semplificando e ricavando v:

$$v = \sqrt{G \frac{M_T}{r}} \qquad (1)$$

La velocità di rotazione di un satellite **non** dipende dalla sua massa – si vede infatti che nella (1) m_s non compare –, bensì dalla massa M_T della Terra e dal raggio r dell'orbita. Pertanto, se la distanza dal centro della Terra aumenta, la velocità del satellite diminuisce.

ricorda...

Il periodo di rotazione di un satellite in orbita circolare aumenta all'aumentare di *r*, dal momento che aumenta la lunghezza della traiettoria e, contemporaneamente, diminuisce la velocità con cui viene percorsa.
Dalla formula (1), utilizzando la definizione di velocità tangenziale:

$$v = \frac{2\pi r}{T}$$

relativa al moto circolare uniforme, si trovano, con semplici passaggi:

$$T = 2\pi \sqrt{\frac{r^3}{G \cdot M_T}} \quad \text{ed} \quad r = \sqrt[3]{\frac{G \cdot M_T \cdot T^2}{4\pi^2}}$$

Un satellite è geostazionario se il suo periodo di rotazione coincide con quello della Terra.

flash))) Il GPS

Gli Stati Uniti d'America, prima a scopi militari e poi anche civili, hanno messo in orbita un sistema noto come **GPS** (*Global Positioning System*) costituito da ventiquattro satelliti (oltre a tre di riserva) posizionati a un'altezza di 20 200 km dalla Terra che compiono in un giorno sidereo due rotazioni complete attorno al nostro pianeta. Su ciascun satellite si trova un orologio atomico a grandissima precisione che consente di mantenere tutti i satelliti sincronizzati. In ogni istante, qualsiasi punto sulla superficie terrestre può ricevere il segnale di natura elettromagnetica (onde radio) proveniente dagli orologi di quattro diversi satelliti.

L'apposito ricevitore, grazie a un computer integrato, calcola il tempo che il segnale ricevuto ha impiegato per giungere dal satellite e poi, essendo la velocità del segnale pari a 300 000 km/s, ricava quale distanza ha percorso. In questo modo la scelta delle posizioni possibili sulla superficie terrestre viene limitata a una circonferenza.

Contemporaneamente, il ricevitore determina la propria distanza da altri tre satelliti e, grazie a un metodo basato sull'intersezione delle circonferenze, detto *trilaterazione*, identifica la latitudine, la longitudine e l'altitudine della posizione in cui si trova; dopodiché la localizza sulle mappe che sono state caricate nella sua memoria.

Dato che il sistema è basato sul tempo di percorrenza del segnale radio, occorrono orologi di estrema precisione. Basti pensare che, con un errore temporale di un millesimo di secondo, la conseguenza a livello spaziale è un errore di... 300 km!

Il 21 ottobre 2011 sono stati lanciati due dei trenta satelliti, previsti per il 2014, di *Galileo*, il primo sistema europeo per la navigazione satellitare. Oltre a essere riservato esclusivamente all'uso civile, *Galileo* presenterà una copertura globale superiore all'attuale GPS e raggiungerà un'accuratezza nell'individuare la posizione dell'ordine del metro!

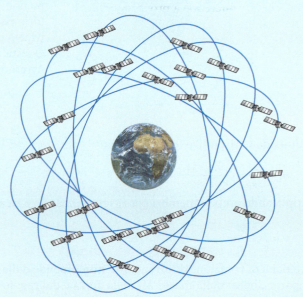

12.5 Il campo gravitazionale

> Il concetto di campo

L'idea di forza è stata utilizzata sin dall'antichità in situazioni di **contatto** tra due corpi (spingere, sollevare, urtare, comprimere...), mentre Newton con la teoria della gravitazione universale sosteneva che la Terra influenza il nostro satellite senza che vi sia alcun mezzo interposto. Era una concezione assai diversa, ma lo stesso fisico inglese affermava che lui intendeva limitarsi a descrivere la gravità utilizzando le leggi di Keplero e le leggi della dinamica. Non era cioè sua intenzione capire il mistero della gravitazione ricorrendo a ipotesi artificiose. Come appunto disse: «... *hypotheses non fingo*».

Dopo Newton si giunse a elaborare la teoria dell'**azione a distanza**, per la quale si supponeva la possibilità di un'interazione istantanea attraverso lo spazio fra un corpo e l'altro. Per alcuni secoli, al fine di giustificare la trasmissione di forze istantaneamente e a qualunque distanza, si pensò che l'Universo fosse pervaso da una sostanza, detta etere, dalle complesse caratteristiche (trasparente e impalpabile, seppure estremamente rigido). Fu solo agli inizi del '900, con la teoria della relatività ristretta di Einstein (1879-1955), che l'ipotesi dell'etere venne definitivamente abbandonata.

Nel frattempo, nel corso dell'Ottocento, si cominciò a elaborare il concetto di **campo**, soprattutto per spiegare le interazioni di tipo elettrico e magnetico. Le prime intuizioni le ebbe Faraday (1791-1867), tuttavia fu Maxwell (1831-1879) a portare tale teoria alla sua definitiva affermazione.

Secondo questo modello interpretativo, qualunque massa determina un campo di tipo gravitazionale. Per esempio il Sole, in quanto dotato di massa, causa una modifica dello spazio circostante. Per misurare operativamente tali modifiche occorre un corpo di prova, dotato a sua volta di massa, su cui il campo agisce con effetti rilevabili. La differenza fondamentale tra le due teorie è che mentre l'azione a distanza presuppone l'azione istantanea di un corpo su un altro, il campo prevede che gli effetti dello stesso si propaghino nello spazio alla velocità di 300 000 km/s (cioè quella della luce). Se il Sole scomparisse in questo preciso istante, la Terra, secondo l'azione a distanza, si troverebbe immediatamente priva dell'attrazione gravitazionale per cui devierebbe dalla sua orbita ellittica e comincerebbe a muoversi di moto rettilineo lungo la tangente all'orbita stessa (principio di inerzia); mentre, secondo la teoria del campo, l'informazione impiegherebbe otto minuti a raggiungere la Terra (vale a dire il tempo necessario alla luce per percorrere la distanza tra Sole e Terra) durante i quali sul nostro pianeta non accadrebbe nulla. Solo dopo otto minuti risentiremmo della deviazione dell'orbita. In altri termini, la perturbazione gravitazionale determinata dalla presenza del Sole continuerebbe a propagarsi anche dopo la scomparsa della sorgente di tale perturbazione.

Il concetto di campo non riguarda solo il caso gravitazionale, ma è generalizzabile a molte grandezze non solo vettoriali, ma anche scalari.

> **ricorda...**
> Il campo **non** è lo spazio fisico che si trova attorno a una sorgente, bensì si tratta di quelle modificazioni che intervengono a causa della presenza della sorgente. Tali modificazioni vengono descritte tramite gli effetti su un corpo di prova.

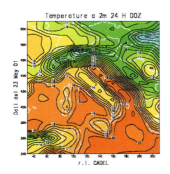

Esempi di campi in cui si fa ricorso a grandezze scalari sono quelli relativi alla distribuzione della pressione o della temperatura in aree geografiche più o meno estese.
Probabilmente, li vedi spesso rappresentati graficamente nei programmi televisivi sulle previsioni meteorologiche o nelle corrispondenti rubriche sul tempo che si trovano nelle pagine dei quotidiani.

Il **campo** è l'insieme dei valori che una grandezza scalare o vettoriale assume in una determinata regione di spazio. — *campo*

Il concetto di campo è complesso e richiede un buon livello di astrazione. Per visualizzare intuitivamente l'effetto della sua presenza, puoi pensare a un telone rettangolare di cellophane disposto orizzontalmente, ben teso e fissato lungo tutto il perimetro. Mettendoci sopra una leggera pallina da ping-pong, in un punto qualunque, questa resterà immobile.

Se disponi al centro del telone una sfera metallica abbastanza pesante, esso si deformerà. A causa di questa modificazione, se appoggi di nuovo la pallina, questa comincerà a rotolare verso la sfera, come se ne fosse attirata: in realtà risente semplicemente del campo, vale a dire della deformazione del cellophane.

▶ Il vettore campo gravitazionale

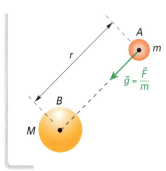

Data una massa M, **sorgente** del campo gravitazionale, poniamo in un punto A posto a distanza r da M una **massa esploratrice** m. Puntualizziamo che la massa esploratrice deve essere significativamente minore della sorgente del campo, per non perturbare con la sua presenza le caratteristiche del campo stesso.

Per descrivere l'azione del campo sulla massa m potremmo utilizzare la forza gravitazionale $\vec{F}$ che agisce su di essa con modulo $F = G\dfrac{Mm}{r^2}$. Tuttavia al variare di m varia anche la forza $\vec{F}$, mentre vogliamo una descrizione del campo in A oggettiva, cioè indipendente dalle caratteristiche della particolare massa esploratrice.

È quindi necessario introdurre una nuova grandezza, il **vettore campo gravitazionale** $\vec{g}$, definita come segue:

vettore campo gravitazionale
$$\vec{g} = \frac{\vec{F}}{m}$$

dove $\vec{F}$ rappresenta la forza di attrazione gravitazionale tra M ed m.
Le caratteristiche del vettore campo gravitazionale sono:

- *modulo*: $g = \dfrac{F}{m} = G \cdot \dfrac{M \cdot \cancel{m}}{r^2} \cdot \dfrac{1}{\cancel{m}} = G \cdot \dfrac{M}{r^2} \Rightarrow g = G \cdot \dfrac{M}{r^2}$;

- *direzione*: la retta congiungente la sorgente M con la massa esploratrice m (coincidente con quella di $\vec{F}$);

- *verso*: da m a M, essendo la forza gravitazionale sempre attrattiva.

Per conoscere l'unità di misura del vettore campo gravitazionale $\vec{g}$, dalla definizione del suo modulo ricaviamo:

$$g = \frac{F}{m} \Rightarrow \frac{F \text{ (misurata in newton)}}{m \text{ (misurata in kg)}} \Rightarrow \frac{\text{N}}{\text{kg}}$$

unità di misura di g ⟩ L'unità di misura del campo gravitazionale è il $\dfrac{\text{N}}{\text{kg}}$.

In un punto del campo si ha un vettore campo gravitazionale con modulo pari a 1 N/kg quando su una massa unitaria, cioè di 1 kg, agisce una forza pari a 1 N.

> **! ricorda...**
> Il modulo di $\vec{g}$ dipende solo dalla massa M della sorgente del campo e non dalla massa esploratrice m. Per questo motivo $\vec{g}$ identifica le caratteristiche del campo in un punto A indipendentemente da m come ci eravamo proposti.
> Il vettore $\vec{g}$ così definito esprime in sostanza l'accelerazione di gravità a cui è soggetta una massa posta in un certo punto del campo.

esempio

2 Calcoliamo il modulo del vettore campo gravitazionale al livello del mare e sull'Everest (altezza 8846 m), sapendo che la massa della Terra è $5{,}98 \cdot 10^{24}$ kg e che il raggio terrestre vale $6{,}378 \cdot 10^6$ m.
Sostituendo nella definizione del modulo g i valori dati di M e di r, troviamo:

$$g_{mare} = G \cdot \frac{M}{r^2} = 6{,}67 \cdot 10^{-11} \cdot \frac{5{,}98 \cdot 10^{24}}{(6{,}378 \cdot 10^6)^2} \cong 9{,}81 \text{ m/s}^2$$

Sulla cima dell'Everest, dovendo aggiungere al raggio del pianeta l'altezza della montagna, si ha invece:

$$g_{Everest} = G \cdot \frac{M}{r^2} =$$
$$= 6{,}67 \cdot 10^{-11} \cdot \frac{5{,}98 \cdot 10^{24}}{(6{,}378 \cdot 10^6 + 8846)^2} \cong 9{,}78 \text{ m/s}^2$$

L'accelerazione di gravità diminuisce con l'altitudine, cioè salendo di quota rispetto al livello del mare.

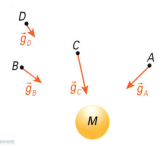

In ogni punto attorno alla sorgente il campo gravitazionale è individuato da un vettore diverso, perché dipende dalla distanza r.
Non è quindi possibile rappresentare il campo direttamente, dal momento che bisognerebbe disegnare infiniti vettori.
Si ricorre allora a linee particolari dette **linee di forza** o **linee di campo**.

> **ricorda...**
> Pur essendo infinite, le linee di forza vengono disegnate in numero limitato, con la convenzione di considerare la loro densità proporzionale all'intensità del campo (linee più fitte in una regione indicano un campo più intenso).

Le **linee di forza** sono linee in ogni punto tangenti alla direzione del vettore campo gravitazionale definito in quel punto.

linee di forza

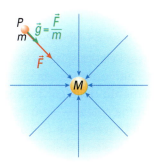

Campo generato da una massa M

Se una massa esploratrice m viene inserita, ferma, all'interno di un campo gravitazionale, allora essa si avvicina alla massa sorgente M seguendo la linea di forza passante per quel punto.

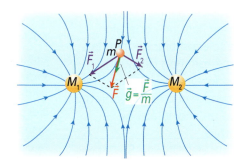

Campo generato da due masse M_1 e M_2

Una massa m posta in un punto qualunque del campo si muove lungo la linea di forza passante per quel punto. In P su m agiscono $\vec{F}_1$ (forza attrattiva verso M_1) ed $\vec{F}_2$ (verso M_2), per cui si ha come vettore risultante $\vec{F} = \vec{F}_1 + \vec{F}_2$. La linea di forza ha come tangente in P il vettore campo $\vec{g}$ che ha stessa direzione e verso di $\vec{F}$ e modulo $\frac{F}{m}$.

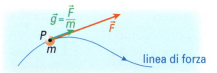

la tangente in P individua la direzione del vettore campo $\vec{g}$

Le linee di forza godono delle seguenti proprietà:
- la retta tangente in un loro qualsiasi punto individua la direzione del vettore campo che agisce in quel punto;
- in ogni punto del campo passa una sola linea;
- le linee di forza sono sempre entranti nella massa sorgente.

idee e personaggi

L'esplorazione dello spazio

LA CONQUISTA DELLA LUNA

Fino al '900, l'idea di viaggiare nello spazio è rimasta confinata nell'immaginazione e nella letteratura (ricordiamo Astolfo che recupera il senno di Orlando sulla Luna nel poema *Orlando furioso* di L. Ariosto). Solo nella seconda metà del '900 in uno scenario di guerra fredda fra le due maggiori potenze dell'epoca (URSS e USA) ragioni di carattere militare legate alla necessità di esercitare un controllo sullo spazio per le telecomunicazioni e la sorveglianza dei territori, non disgiunte dall'esigenza di perfezionare missili in grado di portare testate nucleari su obiettivi lontani, impressero un'accelerazione tecnologica al settore.
Lo Sputnik 1 lanciato dall'Unione Sovietica il 4 ottobre del 1957 era una sfera di 58 cm di diametro, pesava 83 kg e in 96,2 minuti percorse una traiettoria ellittica attorno alla Terra diventando il primo satellite artificiale. Pochi anni dopo, il 12 aprile del 1961, l'URSS inviò il primo uomo nello spazio, Yuri Gagarin, che rimase in volo 1 ora e 48 minuti raggiungendo l'altitudine di 320 km. In quegli stessi giorni John Kennedy, presidente degli Stati Uniti (che stavano cercando di colmare lo svantaggio tecnologico), annunciò che entro un decennio avrebbero inviato il primo uomo sulla Luna. Il clima fra i due Paesi era molto teso e l'affermazione americana poteva sembrare solo propagandistica, poiché all'epoca ogni successo veniva anche simbolicamente utilizzato per vantare la superiorità del proprio modello economico e sociale. Non fu così: il 20 luglio 1969 la missione, denominata Apollo 11, centrò l'obiettivo. Neil Armstrong fu il primo uomo a camminare sul suolo lunare in una zona denominata Mare della Tranquillità, sancendo lo storico evento con la famosa dichiarazione: «Questo è un piccolo passo per un uomo, ma un balzo gigante per l'umanità». Le missioni lunari terminarono nel 1972 con l'Apollo 17, il cui equipaggio esplorò il suolo del nostro satellite per 22 ore.

DAI RAZZI ALLE NAVETTE SPAZIALI

Esaurita questa fase, i viaggi spaziali si indirizzarono verso altri obiettivi: da una parte l'approfondimento della conoscenza dei pianeti del sistema solare – e più in generale dell'intero Universo – e dall'altra la comprensione degli effetti della gravità nei processi biologici, fisici e chimici che si svolgono sulla Terra.
Nel 1973 gli Stati Uniti misero in orbita lo Skylab, satellite progettato per consentire lunghi periodi di permanenza nello spazio degli astronauti, nuove ricerche e soprattutto l'osservazione del Sole. Nel 1981 lanciarono lo *space shuttle* "Colombia", il primo veicolo spaziale recuperabile con equipaggio umano. Questo veicolo svolse numerose missioni e nel 1990 mise in orbita il telescopio spaziale Hubble, dotato di uno specchio di 2,4 m e destinato allo studio dell'Universo più lontano in modo da raccogliere informazioni sulla struttura dell'Universo a partire dall'indagine dei buchi neri. Nel luglio del 2011 il programma dello *space shuttle* è stato definitivamente chiuso con l'ultima missione del modulo "Atlantis".

Nel frattempo numerose missioni (di cui alcune sovietiche) si sono orientate all'esplorazione del sistema solare. Sono state costruite sonde spaziali (veicoli senza equipaggio), controllate da Terra, adatte a percorrere enormi distanze e in grado di inviare informazioni per lunghi periodi. Grazie a questi veicoli sono stati acquisiti dati su Venere, Giove, Saturno e i suoi satelliti, il lontanissimo Plutone e soprattutto Marte alla ricerca di tracce di vita che, per ora, non sono state trovate. Nel 1997 per raggiungere Saturno è stato usato per la prima volta l'effetto fionda che, sfruttando le caratteristiche del campo gravitazionale, consente alla sonda il raggiungimento di elevatissime velocità.

LO SPAZIO... CONDIVISO

L'esplorazione del Cosmo, iniziata in un clima di aggressiva competizione fra le due grandi superpotenze URSS e USA, cambiati gli scenari politici ha conosciuto significativi momenti di collaborazione a partire dal 1975, data in cui un'astronave americana, l'Apollo, e una sovietica, la Soyuz, si congiunsero durante un'orbita attorno alla Terra.
A iniziare dal 1988 è stata costruita, con la collaborazione di 16 nazioni, fra cui l'Italia, la Stazione Spaziale Internazionale (ISS). Si tratta di un'enorme struttura, con le dimensioni di un campo di calcio e una massa di 450 tonnellate, destinata a ospitare per lunghi periodi equipaggi internazionali di 7 persone. Dalla fine del 2000 è già abitata in modo continuativo da almeno due astronauti. Il completamento è previsto per il 2012 e l'utilizzo presumibilmente fino al 2020. Vi si svolgono vari tipi di ricerche, da quelle relative al perfezionamento degli strumenti destinati al monitoraggio delle condizioni del nostro Pianeta, alle osservazioni di tipo astronomico. Un settore molto promettente è quello relativo allo studio di fenomeni in condizioni di microgravità, allo scopo di comprendere meglio quale ruolo eserciti la gravità sulla vita nella Terra; sulle condizioni psico-fisiche dell'uomo, su quelle malattie come l'artrosi che dipendono dalla sua presenza.

VIVERE LONTANO DALLA TERRA

Possiamo pensare allo spazio come una nuova frontiera da conquistare e abitare? La risposta è riservata al futuro. Per ora sappiamo solo che vivere lunghi periodi nello spazio non è privo di conseguenze per gli uomini. Innanzitutto, gli equipaggi risultano esposti alle radiazioni cosmiche in quanto viene a cessare l'assorbimento da parte degli strati superiori dell'atmosfera terrestre. I componenti di Apollo 14, per esempio, assorbirono in pochi mesi una dose di radiazioni più che doppia rispetto a quella annuale di sicurezza. Quando si supera questo limite aumentano significativamente le probabilità di ammalarsi di leucemia o di subire una modificazione genetica delle cellule seminali.
Un secondo problema è la totale assenza dell'abituale scansione temporale giorno-notte che incide sia sul metabolismo sia sulla produzione ormonale.
Un altro aspetto ancora più condizionante è l'assenza di gravità, che provoca diversi effetti. Gli otoliti, recettori preposti all'equilibrio che si trovano nell'orecchio, non ricevono più le informazioni sull'orientamento spaziale dell'organismo, per cui si ha una sensazione di nausea, che però di solito si supera in pochi giorni.
Un secondo gruppo di conseguenze è, invece, più duraturo:

1) la mancanza delle contrazioni dei muscoli che, anche se inconsce, sulla Terra sono continue in quanto necessarie all'equilibrio, determina una riduzione di volume e di tono;
2) le ossa, non più soggette al peso, perdono sali minerali e si deteriorano;
3) l'aumento di calcio nell'organismo favorisce la formazione di calcoli renali.

L'ultimo gruppo di problemi è legato alla scomparsa del peso dei fluidi del corpo, per cui le vene del collo si inturgidiscono, il viso si gonfia e le gambe si assottigliano. Inoltre, la cavità nasale e i seni frontali si congestionano provocando una sensazione simile a quella che dà il raffreddore. L'adattamento alla ridistribuzione dei liquidi avviene in pochi giorni, ma provoca degli effetti secondari come l'anemia, che però si risolve... al ritorno sulla Terra!

IN SINTESI

- Storicamente i modelli del cosmo si possono dividere in **geocentrici** ed **eliocentrici**.

Modelli geocentrici

autore	caratteristiche	vantaggi	svantaggi	note
Aristotele (384-322 a.C.)	Terra sferica, immobile al centro dell'Universo formato da 55 sfere concentriche costituite da etere. La sfera più esterna è quella delle stelle fisse.	Aggiunge ai pregi dei modelli geocentrici precedenti (quali la spiegazione dei moti del Sole, delle stelle e dell'alternarsi delle stagioni) anche la giustificazione della stabilità e dell'immobilità della Terra.	Presenta incoerenze rispetto alle osservazioni sperimentali soprattutto in relazione al moto **retrogrado** dei pianeti.	Questo modello sancisce una differenza strutturale tra Cielo incorruttibile formato da etere, in cui i corpi celesti si muovono di moto circolare uniforme, e il mondo sublunare formato dai 4 elementi corruttibili Terra, Aria, Acqua e Fuoco, soggetto a moti rettilinei.
Tolomeo (100-178 d.C.)	Ogni pianeta descrive una circonferenza (**epiciclo**) il cui centro descrive un'altra circonferenza con centro la Terra (**deferente**).	Scegliendo opportunamente velocità dell'epiciclo e del deferente si giustifica il moto retrogrado.	Permangono incongruenze tra la mole crescente di dati sul moto dei pianeti e il modello.	I tentativi di superare le incongruenze resero il modello sempre più complicato, tuttavia dopo un lungo periodo di dimenticanza, fu riscoperto e pose le basi della visione del mondo in epoca medievale.

Modelli eliocentrici

autore	caratteristiche	vantaggi	svantaggi	note
Aristarco di Samo (ca. 310-230 a.C.)	Sole al centro di un Universo sferico. Terra e 5 pianeti si muovono di moto circolare attorno al Sole.	Giustifica con semplicità il moto retrogrado dei pianeti.	Viene osteggiato dal senso comune che non riesce ad accettare l'idea di una Terra in movimento.	Aristotele argomentò contro il modello osservando che le stelle fisse sono inconciliabili con il movimento della Terra.
Copernico (1473-1543)	1) La Terra ruota da Ovest a Est attorno al proprio asse in 24 ore. 2) La Terra non è il centro dell'Universo e compie una rivoluzione attorno al Sole in un anno. 3) I pianeti, come la Terra, ruotano attorno al Sole che è il centro dell'Universo.	1) Giustifica con semplicità il moto retrogrado dei pianeti. 2) Giustifica il fatto che Mercurio e Venere non si allontanano mai dal Sole in quanto pianeti interni rispetto alla Terra. 3) Permette di calcolare i periodi di rivoluzione e i raggi delle orbite dei pianeti.	Nella spiegazione quantitativa del moto dei pianeti il modello raggiunse un grado di complessità confrontabile con quello di Tolomeo.	Copernico risente dell'influsso aristotelico, per cui i moti sono sempre circolari e uniformi.

- La **prima legge di Keplero** afferma che le orbite dei pianeti sono ellissi e la posizione del Sole coincide con uno dei due fuochi, per cui la distanza di un pianeta dal Sole varia da un punto di minima distanza detto **perielio** a uno di massima distanza detto **afelio**.

- La **seconda legge di Keplero** dice che il raggio vettore (che congiunge il pianeta con il Sole) descrive durante l'orbita aree uguali in tempi uguali; ne deduciamo che la velocità di un pianeta nel suo moto di rivoluzione attorno al Sole non è costante ed è minore all'afelio rispetto a quella che si ha al perielio.

- La **terza legge di Keplero** sostiene che il rapporto tra il quadrato del periodo di rivoluzione T e il cubo del semiasse maggiore a dell'orbita è costante:

$$\frac{T^2}{a^3} = K$$

$K = 2,96 \cdot 10^{-19}$ s^2/m^3 è una costante che ha lo stesso valore per tutti i pianeti del sistema solare.
Di conseguenza, la velocità di un pianeta esterno è minore rispetto a quella di un pianeta interno.

- La **legge di gravitazione universale** afferma che due masse puntiformi m_A ed m_B poste a distanza r tra loro si attraggono con una forza $\vec{F}$ diretta lungo la loro congiungente, il cui modulo è:

$$F = G \frac{m_A \cdot m_B}{r^2}$$

G è la **costante di gravitazione universale**.

- Il **modulo della forza gravitazionale** è direttamente proporzionale al prodotto delle masse, inversamente proporzionale al quadrato delle distanze e dipende dalla costante G.
Cavendish determinò con buona approssimazione il valore di G. Il suo valore più aggiornato è oggi:

$$G = 6,67 \cdot 10^{-11} \, \frac{\text{N} \cdot \text{m}^2}{\text{kg}^2}$$

È in definitiva la forza con cui due corpi di massa 1 kg si attraggono quando sono posti alla distanza di 1 m.

- Il **peso** di un corpo di massa m rappresenta la forza di attrazione gravitazionale esercitata dalla Terra di massa M_T su di esso.

- L'**accelerazione di gravità** in un punto che dista r dal centro della Terra è data da:

$$g = G \frac{M_T}{r^2}$$

- La **velocità di un satellite** di massa m_S che si muove su un'orbita circolare alla distanza r dal centro della Terra è data da:

$$v = \sqrt{G \frac{M_T}{r}}$$

dove $r = r_T + h$ (con r_T raggio della Terra e h distanza dalla superficie terrestre).
Da qui si possono ricavare il periodo di rivoluzione e il raggio dell'orbita:

$$T = 2\pi \sqrt{\frac{r^3}{G \cdot M_T}} \quad \text{e} \quad r = \sqrt[3]{\frac{G \cdot M_T \cdot T^2}{4\pi^2}}$$

Un satellite è **geostazionario** se ha lo stesso periodo di quello di rotazione della Terra.

- Il **campo** è l'insieme dei valori che una grandezza scalare o vettoriale assume in una regione di spazio. Date una sorgente di massa M e una massa esploratrice di massa m il vettore **campo gravitazionale** è dato da:

$$\vec{g} = \frac{\vec{F}}{m}$$

Il **modulo** di $\vec{g}$, è dato da:

$$g = G \cdot \frac{M_T}{r^2}$$

che rappresenta l'accelerazione di gravità a distanza r dal centro della Terra, mentre direzione e verso coincidono con quelli di $\vec{F}$.

- Le **linee di forza** sono linee in ogni punto tangenti alla direzione del vettore campo gravitazionale in quel punto.

SCIENTIFIC ENGLISH

From Geocentric Models to the Gravitational Field

- Historical models of the Solar System fall into two categories: **geocentric** and **heliocentric**.

Geocentric models

author	features	advantages	disadvantages	remarks
Aristotle (384-322 B.C.)	Earth is spherical, statically located at the centre of the Universe, surrounded by 55 concentric ether spheres. The outermost sphere is that of the fixed stars.	In addition to the advantages of the previous geocentric models (which explained the motion of the Sun and the stars and the changing seasons) it explained the stability and immobility of Earth.	Not consistent with experimental observations, especially concerning the retrograde motion of the planets.	This model established a structural difference between the Heavens made up of an incorruptible substance called ether, in which the celestial bodies move in a uniform circular motion, and the sublunary sphere made up of 4 corruptible elements, Earth, Air, Water and Fire, subject to linear motion.
Ptolemy (100-178 A.D.)	Each planet moves in a circle (**epicycle**), the centre of which moves in another circle with the Earth at its centre (**deferent**).	The theory accounted for the retrograde motion by appropriately defining the speed of the epicycle and deferent.	Inconsistencies remained between the increasing amount of information about the motion of planets and the model.	Attempts to overcome these inconsistencies made the model increasingly complex. It was abandoned for a long time, but was then later revived and laid the foundations for the vision of the world in the Middle Ages.

Heliocentric models

author	features	advantages	disadvantages	remarks
Aristarchus of Samos (approx. 310-230 D.C.)	The Sun is at the centre of a spherical Universe. Earth and 5 planets revolve around the Sun in a circular orbit.	Provided a simple explanation for the retrograde motion of the planets.	The idea that the Earth was moving was not generally accepted.	Aristotle rejected the model on the grounds that the notion of fixed stars was not compatible with a moving Earth.
Copernicus (1473-1543)	1) Earth revolves from west to east about its own axis in 24 hours. 2) Earth is not at the centre of the Universe and revolves about the Sun in one year. 3) The planets, like Earth, revolve around the Sun, which is at the centre of the Universe.	1) Provided a simple explanation for the retrograde motion of the planets. 2) Explained that Mercury and Venus never move away from the Sun because their orbits are smaller than Earth's. 3) Provided the means for calculating the orbital period and radius of the orbit of the planets.	This model was as complex as that developed by Ptolemy in its quantitative explanation of the motion of the planets.	Copernicus was influenced by Aristotle, and so considered all motion to be circular and uniform.

- **Kepler's first law** states that all planets move in elliptical orbits with the Sun at one of the two foci. Thus, the distance between the Sun and the planet varies from a point at which it is closest, called the **perihelion**, to one at which it is farthest away, called the **aphelion**.
- **Kepler's second law** says that a line drawn from the Sun to any planet sweeps out equal areas in equal time intervals; hence the speed at which a planet moves in its orbit around the Sun is not constant, because it moves more slowly at aphelion than at perihelion.
- **Kepler's third law** states that the relation between the square of the orbital period T and the cube of the semi-major axis a of the orbit is constant:

$$\frac{T^2}{a^3} = K$$

$K = 2.96 \cdot 10^{-19}$ s^2/m^3 is a constant that has the same value for all the planets in the Solar System.
Hence, the orbit of an external planet is slower than that of an internal planet.
- The **law of universal gravitation** states that two particles with masses m_A and m_B at a distance r apart attract one another with a force $\vec{\mathbf{F}}$ in the direction along the line joining the particles, the magnitude of this force is:

$$F = G \frac{m_A \cdot m_B}{r^2}$$

G is the **universal gravitational constant**.
- The **magnitude of gravitational force** is directly proportional to the product of the masses and inversely proportional to the square of the distance between them and depends on the constant G.
Cavendish determined the value of G to a good approximation. The latest value adopted is:

$$G = 6,67 \cdot 10^{-11} \frac{\text{N} \cdot \text{m}^2}{\text{kg}^2}$$

This is the force with which two particles each with a mass of 1 kg and 1 metre apart attract one another.

- The **weight** of an object with a mass m is the gravitational force of attraction exerted by Earth with a mass of M_T on the object.
- The **gravitational acceleration** at a point at a distance r from the centre of Earth is given by:

$$g = G \frac{M_T}{r^2}$$

- The **speed of a satellite** with a mass m_S moving in a circular orbit at a distance r from the centre of Earth is given by:

$$v = \sqrt{G \frac{M_T}{r}}$$

where $r = r_T + h$ (with r_T the radius of Earth and h the distance from the Earth's surface).
From this the orbital period and radius can be derived:

$$T = 2\pi \sqrt{\frac{r^3}{G \cdot M_T}} \quad \text{and} \quad r = \sqrt[3]{\frac{G \cdot M_T \cdot T^2}{4\pi^2}}$$

A satellite is **geostationary** when it has the same orbital period as the rotation of Earth.
- A **field** is the set of values of a scalar or vector quantity defined in a region of space. Given a source with a mass M and a test mass m the **gravitational field vector** is given by:

$$\vec{\mathbf{g}} = \frac{\vec{\mathbf{F}}}{m}$$

The **magnitude** of $\vec{\mathbf{g}}$, is expressed as:

$$g = G \cdot \frac{M_T}{r^2}$$

which represents the gravitational acceleration at a distance r from the centre of Earth, while the direction and sense are the same as those of $\vec{\mathbf{F}}$.
- **Lines of force** are lines at each point tangent to the direction of the gravitational field vector at that point.

MODULO 3 — Le forze e il moto

VERIFICHIAMO LE CONOSCENZE

Vero-falso

V F

1. Nel modello dell'Universo di Aristotele la Terra è immobile al centro circondata da una sola sfera detta delle stelle fisse. ☐ ☐
2. Tolomeo introdusse epicicli e deferenti allo scopo di giustificare la rotazione della Terra. ☐ ☐
3. Il modello di Aristarco di Samo giustifica il moto retrogrado dei pianeti. ☐ ☐
4. Il primo modello eliocentrico fu introdotto da Copernico. ☐ ☐
5. La prima legge di Keplero afferma che i pianeti descrivono orbite circolari attorno al Sole. ☐ ☐
6. La seconda legge di Keplero afferma che i pianeti descrivono le orbite con velocità costante. ☐ ☐
7. Dalla terza legge di Keplero si deduce che Giove si muove più lentamente della Terra. ☐ ☐
8. La forza di attrazione gravitazionale tra due corpi non dipende dalla loro distanza, ma solo dalle masse. ☐ ☐
9. Il modulo del vettore campo gravitazionale dipende dalla massa esploratrice. ☐ ☐
10. Le linee di forza di qualsiasi campo gravitazionale sono rette. ☐ ☐

Test a scelta multipla

1. Un esempio di modello geocentrico è quello proposto da:
   - A Aristarco di Samo
   - B Copernico
   - C Keplero
   - D Tolomeo

2. Il modello di Aristarco di Samo:
   - A è basato sulla teoria geocentrica
   - B non giustifica il moto retrogrado dei pianeti
   - C afferma che il Sole si muove di moto circolare uniforme attorno alla Terra
   - D è in contraddizione con il senso comune in quanto presuppone la Terra in movimento

3. Il modello proposto da Copernico nel *De Revolutionibus Orbium Celestium*:
   - A non giustifica il moto retrogrado dei pianeti
   - B è il primo che ipotizza il Sole al centro dell'Universo invece della Terra
   - C permette di calcolare i periodi di rivoluzione dei pianeti
   - D ipotizza che i pianeti percorrano orbite ellittiche attorno al Sole

4. Il modello tolemaico e quello copernicano hanno in comune:
   - A l'ipotesi che il Sole sia fisso e i pianeti in movimento
   - B l'ipotesi che il moto dei pianeti sia ellittico
   - C l'ipotesi che il moto dei pianeti sia circolare e uniforme
   - D l'ipotesi geocentrica

5. Una conseguenza della prima legge di Keplero è che:
   - A le orbite dei pianeti sono delle circonferenze
   - B l'alternarsi delle stagioni dipende esclusivamente dalla variazione della distanza della Terra dal Sole
   - C la distanza di Giove dal Sole è variabile
   - D la distanza di Marte dal Sole è costante

6. Una conseguenza della seconda legge di Keplero è che:
   - A la velocità della Terra diminuisce man mano che si allontana dal punto di minima distanza dal Sole (perielio)
   - B la velocità della Terra è costante durante il moto di rivoluzione attorno al Sole
   - C la Terra raggiunge la massima velocità quando è alla massima distanza dal Sole (afelio)
   - D tutti i pianeti hanno la stessa velocità sia al perielio sia all'afelio

7. La terza legge di Keplero afferma che vi è una proporzionalità diretta tra:
   - A i cubi dei raggi delle orbite dei pianeti e i quadrati dei tempi di rivoluzione
   - B i quadrati dei raggi delle orbite dei pianeti e i quadrati dei tempi di rivoluzione
   - C i cubi dei raggi delle orbite dei pianeti e i cubi dei tempi di rivoluzione
   - D i quadrati dei raggi delle orbite dei pianeti e i cubi dei tempi di rivoluzione

8. In base alla legge di gravitazione universale possiamo affermare che tra due corpi agisce una forza che è:
   - A direttamente proporzionale al prodotto delle masse e inversamente proporzionale al quadrato della distanza
   - B inversamente proporzionale alla somma delle masse e direttamente proporzionale al quadrato della distanza

C direttamente proporzionale al prodotto delle masse e inversamente proporzionale alla distanza

D inversamente proporzionale alla somma delle masse e direttamente proporzionale alla distanza

9 La costante di gravitazione universale G si misura in:

A $kg^2 \cdot m^2/N$ C $N \cdot m^2/kg^2$
B $kg/(N \cdot m)$ D $N \cdot m/kg$

10 Il campo gravitazionale è:

A la parte di spazio che si trova attorno alla sorgente
B la superficie esterna della massa sorgente
C la modificazione causata nello spazio circostante dalla presenza di una massa
D l'insieme degli infiniti punti che circondano la sorgente

12.3 La gravitazione universale

4 Due barili di massa rispettivamente 30 kg e 50 kg sono posti alla distanza di 0,5 m. Con quale forza si attirano?

Per lo svolgimento dell'esercizio, completa il percorso guidato, inserendo gli elementi mancanti dove compaiono i puntini.

1 I dati sono: ....
2 La formula da usare, dato che ti viene richiesta la forza di attrazione, è: F = ...
3 Un dato implicito necessario è la costante di gravitazione universale: G = ...
4 Sostituisci nella formula i dati, trovando perciò:
F = ... = ...
[$4 \cdot 10^{-7}$ N]

5 La Terra ha una massa di $5{,}98 \cdot 10^{24}$ kg e il Sole di $1{,}99 \cdot 10^{30}$ kg. Sapendo che la distanza media del nostro pianeta dal Sole è $1{,}5 \cdot 10^{11}$ m, determina la forza con la quale il Sole e la Terra si attraggono vicendevolmente. [$3{,}5 \cdot 10^{22}$ N]

6 Sono date due masse uguali di 10 kg poste alla distanza di 1 m.
a) Determina la forza con cui le due masse si attirano.
b) Ripeti il calcolo quando la distanza diventa 2 m, 4 m.
c) Quale relazione intercorre tra forza e distanza?
[a) $6{,}67 \cdot 10^{-9}$ N; b) $1{,}67 \cdot 10^{-9}$ N; ...]

7 Sono date due masse una di 1 kg e l'altra di 5 kg poste alla distanza di 1 m.
a) Determina la forza con cui si attirano.
b) Ripeti il calcolo quando la prima massa diventa 2 kg, 3 kg, 4 kg.
c) Quale relazione intercorre tra forza e massa?
[a) $3{,}3 \cdot 10^{-10}$ N; b) $6{,}7 \cdot 10^{-10}$ N; ...]

8 Osserva la seguente figura.

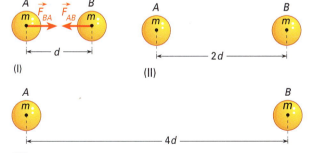

(I) (II) (III)

a) Nel caso (II), dato che la distanza è raddoppiata rispetto al caso (I), come si è modificata la forza?
b) Nel caso (III), dato che la distanza è quadruplicata, come si è modificata la forza?
c) Sapendo che nel caso (I) il modulo della forza è 100 N, determina tale modulo nei casi (II) e (III).
[25 N; ...]

VERIFICHIAMO LE ABILITÀ

▶ Esercizi

12.2 Le leggi di Keplero

1 Determina il semiasse maggiore dell'orbita di Mercurio, sapendo che il suo periodo di rivoluzione vale 87,969 giorni terrestri. (La distanza media dal Sole è espressa in Unità Astronomiche con 1 U.A. ≈ 149 500 000 km, che rappresenta la distanza media tra la Terra e il Sole.)
[0,389 U.A.]

2 Verifica per i pianeti riportati in tabella che il rapporto tra il quadrato del periodo di rivoluzione e il cubo della distanza media dal Sole è costante (terza legge di Keplero).

pianeta	distanza media dal Sole (U.A.)	periodo di rivoluzione (anni)
Mercurio	0,387	0,241
Venere	0,723	0,615
Terra	1	1
Marte	1,524	1,881

3 The average orbital distance of planet Mars is 1.52 times the average orbital distance of the Earth. Knowing that the Earth orbits the Sun in (approximately) 365 days, determine the time for Mars to orbit the sun.

HINT Use Kepler's third law to relate the ratio of the period T squared to the ratio of radius a cubed: from $(T_{mars})^2/(a_{mars})^3 = (T_{earth})^2/(a_{earth})^3$, you get $(T_{mars})^2/(T_{earth})^2 = (a_{mars})^3/(a_{earth})^3$, thus $(T_{mars})^2 = ...$
[684 days]

9 Osserva la seguente figura.

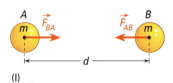
(I)

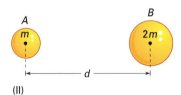
(II)

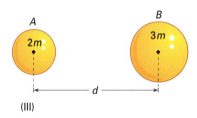
(III)

a) Nel caso (II), dato che la massa della seconda sfera è raddoppiata, come si è modificata la forza rispetto al caso (I)?
b) Nel caso (III), dato che entrambe le masse sono cambiate, come si è modificata la forza rispetto al caso (I)?
c) Se nel caso (I) il modulo della forza fosse 100 N, quale sarebbe nel caso (II) e nel caso (III)?
[200 N; ...]

10 Osserva la figura in questa Unità relativa alla prima legge di Keplero.

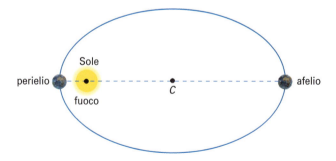

a) Rappresenta la forza gravitazionale che agisce sulla Terra nel perielio e poi nell'afelio.
b) Quale delle due è maggiore?
c) La forza gravitazionale che la Terra esercita sul Sole quando essa è nel perielio è maggiore, minore o uguale di quella che il Sole esercita sulla Terra sempre nel perielio?

11 Osserva la seguente figura.
a) Disegna le forze gravitazionali che si esercitano su A e traccia quindi la forza risultante.
b) Disegna le forze gravitazionali che si esercitano su B e traccia quindi la forza risultante.

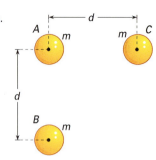

12 Il Sole esercita su Giove una forza gravitazionale attrattiva di $4{,}1 \cdot 10^{23}$ N. Sapendo che la loro distanza media è di $7{,}8 \cdot 10^{11}$ m e che la massa del Sole è $1{,}99 \cdot 10^{30}$ kg, determina la massa di Giove.
SUGGERIMENTO La formula inversa a partire dalla legge di gravitazione universale che devi adoperare è $m = F \cdot r^2/(G \cdot ...)$
[$1{,}88 \cdot 10^{27}$ kg]

13 Due persone distanti 2 m si attraggono con una forza gravitazionale di $8 \cdot 10^{-8}$ N. Sapendo che la prima ha una massa di 60 kg, determina quella della seconda persona.
[80 kg]

14 Il Sole attira Marte con una forza gravitazionale di $1{,}6 \cdot 10^{21}$ N. Sapendo che la massa del Sole è $1{,}99 \cdot 10^{30}$ kg e quella di Marte è $6{,}41 \cdot 10^{23}$ kg, determina la loro distanza media.
SUGGERIMENTO Nella legge di gravitazione universale, dopo avere scambiato il posto di F con quello di r^2, estraendo la radice quadrata trovi $r = \sqrt{G \cdot .../...}$
[$2{,}3 \cdot 10^{11}$ m]

15 Un'automobile di massa 1200 kg è parcheggiata vicino a un furgone di massa 1800 kg. Calcola la distanza fra i due mezzi nel caso in cui la forza gravitazionale con cui si attraggono valga $6{,}5 \cdot 10^{-4}$ N.
[47 cm]

16 Determine the force of gravitational attraction between the Earth ($m = 5.98 \cdot 10^{24}$ kg) and a 70-kg student if he is standing at sea level, a distance of $6.38 \cdot 10^6$ m from the Earth's centre.
[686 N]

17 Suppose that two objects attract each other with a gravitational force of 16 units. If the mass of both objects was tripled, and if the distance between the objects was doubled, then:
a) what would be the net effect on the force?
b) what would be the new force of attraction between the two objects?

HINT If each mass is increased by a factor of 3, then the force will be increased by a factor of....., whereas doubling the distance would cause the force to be decreased by a factor of ....
[a) force increased by 9/4; b) 36 units]

18 Suppose that you have a mass of 70 kg. How much mass must another object have in order for your body and the other object to attract each other with a force of 1 N, when separated by 10 meters?
[$m = 2.14 \cdot 10^{10}$ kg]

12.5 Il campo gravitazionale

19 Osserva la seguente figura.

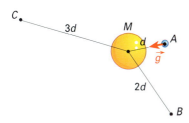

a) Disegna il vettore campo gravitazionale $\vec{g}$ in B e in C.
b) Che cosa succede al modulo del vettore $\vec{g}$ quando la massa esploratrice raddoppia?

20 Osserva la seguente figura.

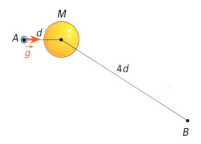

a) Disegna il vettore campo gravitazionale in B.
b) Se la massa sorgente raddoppia, come varia $\vec{g}$ in A? Disegna il vettore $\vec{g}$.
c) Se in A viene posizionata una massa esploratrice quadrupla, come varia $\vec{g}$?

---

21 Sapendo che il diametro della Terra è di 12 756 km e la massa $5{,}98 \cdot 10^{24}$ kg, determina il campo gravitazionale terrestre a 1000 km di altezza.

Per lo svolgimento dell'esercizio, completa il percorso guidato, inserendo gli elementi mancanti dove compaiono i puntini.

1. I dati sono: ....
2. La formula da usare, dato che ti viene richiesto il modulo di $\vec{g}$, è: $g = $ ....
3. Un dato implicito necessario è la costante di gravitazione universale: $G = $ ....
4. Conoscendo il diametro, il raggio terrestre è:
   $r = $ ....
5. Sostituisci nella formula i dati, trovando perciò:
   $g = $ .... = ...
   [7,33 N/kg]

---

22 Il diametro equatoriale di Marte è $6{,}772 \cdot 10^6$ m, mentre la sua massa vale $6{,}41 \cdot 10^{23}$ kg. Calcola il campo gravitazionale marziano sia sulla superficie del pianeta sia a 50 km di altezza.
[3,73 m/s²; 3,62 m/s²]

23 Considera il vettore relativo al campo gravitazionale del pianeta Terra determinato a livello del mare (approssimativamente $g = 9{,}81$ m/s²) e sul Monte Bianco (4810 m), il più alto monte d'Europa.
a) Il modulo del vettore $\vec{g}$ è uguale o diverso?
b) Calcola g sul Monte Bianco tenendo presente che il raggio della Terra è $6{,}378 \cdot 10^6$ m.
c) Il peso di un uomo a livello del mare è maggiore, uguale o minore di quello della stessa persona sul Monte Bianco?
[b) 9,79 m/s²]

24 Completa la seguente tabella relativa a g man mano che durante un viaggio spaziale ci allontaniamo dalla Terra.

distanza dal centro della Terra $\cdot 10^6$ (m)	6,38	7,38	8,38	9,38
g (m/s²)	...	...	...	...

a) Durante il viaggio di allontanamento, a quale distanza dalla Terra il peso di un oggetto risulta la metà di quello che lo stesso oggetto ha alla partenza?
b) Che cosa succede agli astronauti durante il viaggio man mano che g diminuisce?
[a) 9020 km]

25 Un satellite artificiale orbitante attorno alla Terra (massa $5{,}98 \cdot 10^{24}$ kg, raggio $6{,}378 \cdot 10^6$ m) è soggetto all'accelerazione di gravità $g = 8{,}5$ m/s². Determina la distanza dalla superficie terrestre.

SUGGERIMENTO Con le opportune variazioni e semplificazioni, la formula inversa è analoga a quella utilizzata nell'Esercizio 12. Ricordati, inoltre, per trovare la quota, di sottrarre dal tuo risultato il raggio terrestre...
[472 km]

26 Un asteroide orbita attorno a Giove (massa = $1{,}90 \cdot 10^{27}$ kg, raggio = $7{,}137 \cdot 10^7$ m). Calcola a quale distanza si trova dalla superficie del pianeta, se risulta sottoposto a un'accelerazione di gravità di 20 m/s².
[$8{,}23 \cdot 10^6$ m]

27 Trova il valore della massa della Luna, il cui raggio è $1{,}738 \cdot 10^6$ m, sapendo che in prossimità del suolo una sonda è soggetta a forza per unità di massa pari a 1,62 N/kg.
SUGGERIMENTO Tieni conto che la forza per unità di massa non è altro che...
[$7{,}34 \cdot 10^{22}$ kg]

28 Nell'atmosfera di Venere (raggio = $6{,}080 \cdot 10^6$ m), a una distanza dalla superficie di 61,4 km, una sonda è soggetta a una forza per unità di massa pari a 8,63 N/kg. Determina la massa di Venere.
[$4{,}88 \cdot 10^{24}$ kg]

29 Complete the following table, showing the value of g at various locations from the Earth's centre. Plot the data in a graph (value of g vs. distance from the Earth's centre).

location	distance from Earth's centre (m)	value of g (m/s²)
Earth's surface	$6.38 \cdot 10^6$	9.8
1,000 km above surface	...	7.33
2,000 km above surface	$8.38 \cdot 10^6$	...
3,000 km above surface	$9.38 \cdot 10^6$	...
4,000 km above surface	$1.04 \cdot 10^7$	3.70
5,000 km above surface	...	3.08
6,000 km above surface	...	2.60
7,000 km above surface	$1.34 \cdot 10^7$	...
8,000 km above surface	$1.44 \cdot 10^7$	...
9,000 km above surface	...	1.69
10,000 km above surface	$1.64 \cdot 10^7$	...

Problemi

La risoluzione dei problemi richiede la conoscenza degli argomenti trasversali a più paragrafi. Con il pallino sono contrassegnati i problemi che presentano una maggiore complessità.

1 Ganimede, satellite di Giove, ha un raggio orbitale medio di $1{,}07 \cdot 10^9$ m, e impiega 7,16 giorni a compiere un giro completo. Determina la massa di Giove.

SUGGERIMENTO La forza centripeta che agisce su Ganimede non è altro che la forza di attrazione gravitazionale tra... Inoltre, la massa del satellite non è necessaria, in quanto nella formula risolutiva per trovare la massa di Giove...

[$1{,}9 \cdot 10^{27}$ kg]

•**2** Un asteroide di massa pari a $8{,}30 \cdot 10^{12}$ kg passa tra la Terra (massa = $5{,}98 \cdot 10^{24}$ kg) e la Luna (massa = $7{,}34 \cdot 10^{22}$ kg), in modo tale che la sua distanza dalla Terra sia sette volte quella rispetto alla Luna. Calcola il modulo della forza agente complessivamente sull'asteroide, sapendo che la distanza tra il nostro pianeta e il suo satellite naturale è di $3{,}84 \cdot 10^8$ m.

SUGGERIMENTO Terra, asteroide e Luna devi intenderli allineati...

[$1{,}17 \cdot 10^{10}$ N]

•**3** La Luna, che ha una massa di $7{,}34 \cdot 10^{22}$ kg, impiega 27,3 giorni a compiere il giro di rivoluzione attorno alla Terra. Considerando il suo moto circolare uniforme con raggio di $3{,}84 \cdot 10^8$ m, trova la velocità tangenziale della Luna e la forza centripeta che agisce su di essa.

SUGGERIMENTO Una volta che hai calcolato l'accelerazione centripeta, tramite il secondo principio della dinamica puoi individuare la forza corrispondente. Oppure...

[$3{,}67 \cdot 10^3$ km/h; $2 \cdot 10^{20}$ N]

•**4** Un satellite compie un giro completo attorno alla Terra in 256,5 min all'altezza di 7000 km dalla superficie terrestre. Sapendo che esso è soggetto a una forza centripeta di $7{,}45 \cdot 10^6$ N determinane la massa.

SUGGERIMENTO Per il raggio terrestre assumi: $r_{\text{Terra}} = 6{,}378 \cdot 10^6$ m. Per calcolare il raggio medio dell'orbita del satellite occorre sommare il raggio della Terra con...

[$3{,}34 \cdot 10^6$ kg]

5 If Mercury, Venus and the Sun are aligned in a right triangle, as shown, then calculate:

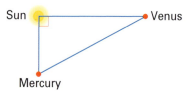

a) the force on Venus due to the Sun;
b) the distance between Mercury and Venus;
c) the force on Venus due to Mercury;
d) the vector sum of the forces acting on Venus, due to both Mercury and the Sun. What is the direction and magnitude of the resulting force?

Use the following data:
Sun-Venus distance $r_v = 1.08 \cdot 10^{11}$ m
Sun-Mercury distance $r_m = 5.79 \cdot 10^{10}$ m
mass of Sun $M_s = 1.99 \cdot 10^{30}$ kg
mass of Mercury $M_m = 3.18 \cdot 10^{23}$ kg
mass of Venus $M_v = 4.90 \cdot 10^{24}$ kg

[a) $5.58 \cdot 10^{22}$ N; b) $1.23 \cdot 10^{11}$ m; c) $6.87 \cdot 10^{15}$ N; d) the force due to the Sun is more than a million times greater than the force due to Mercury, and so the net force is...]

Competenze alla prova

ASSE SCIENTIFICO-TECNOLOGICO

Osservare, descrivere e analizzare fenomeni appartenenti alla realtà...

1 Dopo aver ricavato i dati necessari (una serie di almeno cinque differenti quote che ritieni significative e comunque scelte da te liberamente), relativi al nostro pianeta, dalla tabella in fondo al libro di testo o da internet, calcola la velocità che un satellite dovrebbe avere per mantenersi in orbita.

> **Spunto** Puoi optare per la ricerca di quote particolari che sono in un rapporto caratteristico rispetto al periodo di un satellite geostazionario: per esempio, determinando i dati di un ipotetico satellite che orbita attorno al nostro pianeta in un'ora soltanto, ammesso che sia possibile. Oppure, pensare all'altezza di un grattacielo o di una montagna come il Monte Bianco… In ogni caso, non dimenticare che con il termine "quota" si intende l'altezza rispetto al suolo terrestre, per cui il raggio dell'orbita è dato dalla somma fra la quota rispetto alla superficie terrestre e il raggio…

ASSE SCIENTIFICO-TECNOLOGICO

Saper scegliere e usare le principali funzioni della tecnologia dell'informazione...

2 Dopo avere scelto tre pianeti del Sistema solare, per ciascuno raccogli i seguenti dati: la massa, la distanza dal Sole, cioè il raggio medio dell'orbita, e il tempo di rivoluzione.
Quindi, dopo avere riportato i valori relativi alla massa solare e alla costante di gravitazione universale G, per ciascuno dei pianeti calcola: a) la forza con cui sono attratti dal Sole; b) l'accelerazione centripeta; c) la velocità tangenziale. Infine, commenta l'andamento di quest'ultima grandezza in relazione alla distanza dal Sole.

> **Spunto** Molti valori li puoi trovare con grande facilità in Internet. Inoltre, potrebbe essere comodo organizzare i dati e i risultati tramite una tabella come quella riportata qui sotto.

pianeta	massa m (kg)	raggio orbita r (m)	tempo di rivoluzione T (s)	forza attrattiva F (N)	accelerazione centripeta a (m/s²)	velocità tangenziale v (m/s)

ASSE MATEMATICO

Individuare le strategie appropriate per la soluzione di problemi

3 Un satellite GPS si trova in orbita a 18 500 km dalla superficie della Terra. La sua massa durante tale fase è pari a 1,63 t.
Calcola: a) la velocità tangenziale del satellite; b) il suo periodo di rivoluzione in ore; c) la forza centripeta che agisce su di esso.

> **Spunto** Tieni conto che ci sono varie possibilità risolutive: per esempio, il periodo puoi trovarlo sulla base della definizione di velocità tangenziale nel moto circolare uniforme oppure… Così come per la forza centripeta puoi anche ricorrere al fatto che essa è uguale alla forza gravitazionale con cui la Terra attira il satellite… In ogni caso, ricordati che nelle formule il raggio dell'orbita è intesa come distanza dal centro della Terra e non dalla sua superficie…

ASSE LINGUISTICO

Padroneggiare gli strumenti espressivi e argomentativi...

4 Mettendoti nei panni di… un pianeta, descrivi tutti gli impegni a cui devi ottemperare per poter restare in orbita senza cadere verso il Sole.

> **Spunto** Si tratta di raggiungere giorno per giorno un equilibrio tra la forza di attrazione gravitazionale e…

SCIENTIFIC ENGLISH

Motion in One Dimension - Newton's Law

Velocity

In day-to-day usage, the terms *speed* and *velocity* are interchangeable. In physics, however, there's a clear distinction between them: speed is a scalar quantity, having only magnitude, while velocity is a vector, having both magnitude and direction.

Why must velocity be a vector? If you want to get to a town 70 km away in an hour's time, it's not enough to drive at a speed of 70 km/h; you must travel in the correct direction as well. This is obvious, but shows that velocity gives considerably more information than speed, as will be made more precise in the formal definitions.

> The **average speed** of an object over a given time interval is defined as the total distance traveled divided by the total time elapsed:
>
> **average speed**
>
> $$\text{Average speed} \equiv \frac{\text{total distance}}{\text{total time}}$$
>
> **SI unit: meter per second (m/s)**

Checkpoint 1

Find the average speed of a car if it travels 35 m in 5 s.

In symbols, this equation might be written $v = d/t$ with the letter v understood in context to be the average speed, and not a velocity. Because total distance and total time are always positive, the average speed will be positive, also. The definition of average speed completely ignores what may happen between the beginning and the end of the motion. For example, you might drive from Atlanta, Georgia, to St. Petersburg, Florida, a distance of about 500 miles, in 10 hours. Your average speed is 500 mi/10 h = 50 mi/h. It doesn't matter if you spent two hours in a traffic jam traveling only 5 mi/h and another hour at a rest stop. For average speed, only the total distance traveled and total elapsed time are important.

Unlike average speed, **average velocity** is a vector quantity, having both a magnitude and a direction. Consider the car of Figure 1, moving along the road (the x-axis). Let the car's position be x_i at some time t_i and x_f at a later time t_f. In the time interval $\Delta t = t_f - t_i$, the displacement of the car is $\Delta x = x_f - x_i$.

Figure 1

(a) A car moves back and forth along a straight line taken to be the x-axis. Because we are interested only in the car's translational motion, we can model it as a particle. (b) Graph of position vs. time for the motion of the «particle».

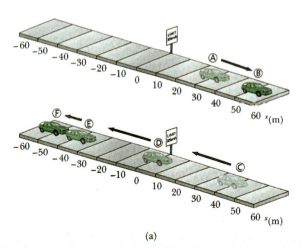

(a)

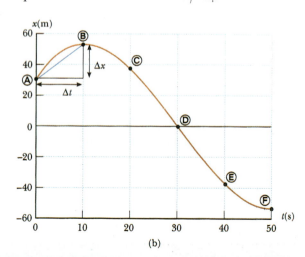

(b)

Le forze e il moto MODULO 3 **305**

The **average velocity** $\vec{v}$ during a time interval Δt is the displacement Δx divided by Δt:

$$\vec{v} = \frac{\Delta x}{\Delta t} = \frac{x_f - x_i}{t_f - t_i} \quad [1]$$

average velocity

SI unit: meter per second (m/s)

Unlike the average speed, which is always positive, the average velocity of an object in one dimension can be either positive or negative, depending on the sign of the displacement. (The time interval Δt is always positive.) For example, in Figure 1a, the average velocity of the car is positive in the upper illustration, a positive sign indicating motion to the right along the x-axis. Similarly, a negative average velocity for the car in the lower illustration of the figure indicates that it moves to the left along the x-axis.

As an example, we can use the data in Table 1 to find the average velocity in the time interval from point Ⓐ to point Ⓑ (assume two digits are significant):

$$\vec{v} = \frac{\Delta x}{\Delta t} = \frac{52 \text{ m} - 30 \text{ m}}{10 \text{ s} - 0 \text{ s}} = 2.2 \text{ m/s}$$

Aside from meters per second, other common units for average velocity are feet per second (ft/s) in the U.S. customary system and centimeters per second (cm/s) in the cgs system.

To further illustrate the distinction between speed and velocity, suppose we're watching a drag race from the Goodyear blimp. In one run we see a car follow the straight-line path from Ⓟ to Ⓠ shown in Figure 2 during the time interval Δt, and in a second run a car follows the curved path during the same interval. From the definition in Equation 1, the two cars had the same average velocity, because they had the same displacement $\Delta x = x_f - x_i$ during the same time interval Δt. The car taking the curved route, however, traveled a greater distance and had the higher average speed.

> **Checkpoint 2**
> Find the average velocity of a person who jogs 1 km in the positive x-direction and then 2 km in the negative x-direction, all in half an hour.
> (a) 6 km/h (b) 2 km/h
> (c) – 2 km/h.

TABLE 1 Position of the Car in Figure 1 at Various Times

position	t (s)	x (m)
Ⓐ	0	30
Ⓑ	10	52
Ⓒ	20	38
Ⓓ	30	0
Ⓔ	40	– 37
Ⓕ	50	– 53

Figure 2
A drag race viewed from a blimp. One car follows the orange straight-line path from Ⓟ to Ⓠ, and a second car follows the blue curved path.

❓ QUICK QUIZ

Figure 3 shows the unusual path of a confused football player. After receiving a kickoff at his own goal, he runs downfield to within inches of a touchdown, then reverses direction and races back until he's tackled at the exact location where he first caught the ball. During this run, what is (a) the total distance he travels, (b) his displacement, and (c) his average velocity in the x-direction?

Newton's Second Law

Newton's first law explains what happens to an object that has no net force acting on it: The object either remains at rest or continues moving in a straight line with constant speed. Newton's second law answers the question of what happens to an object that *does* have a net force acting on it.

Imagine pushing a block of ice across a frictionless horizontal surface. When you exert some horizontal force on the block, it moves with an acceleration of, say, 2 m/s². If you apply a force twice as large, the acceleration doubles to 4 m/s². Pushing three times as hard triples the acceleration, and so on. From such observations, we conclude that **the acceleration of an object is directly proportional to the net force acting on it**.

Mass also affects acceleration. Suppose you stack identical blocks of ice on top of each other while pushing the stack with constant force. If the force applied to one block produces an acceleration of 2 m/s², then the acceleration drops to half that value, 1 m/s², when two

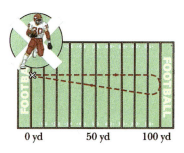

Figure 3
The path followed by a confused football player.

306 ── MODULO 3 · Le forze e il moto ──

TIP 1 Force Causes *Changes* in Motion
Motion can occur even in the absence of forces. Force causes *changes* in motion.

blocks are pushed, to one-third the initial value when three blocks are pushed, and so on. We conclude that **the acceleration of an object is inversely proportional to its mass**.

These observations are summarized in **Newton's second law**:

Newton's second law ❭ The acceleration $\vec{\mathbf{a}}$ of an object is directly proportional to the net force acting on it and inversely proportional to its mass.

TIP 2 $m\vec{a}$ a Is Not a Force
Equation 2 does *not* say that the product $m\vec{a}$ is a force. All forces exerted on an object are summed as vectors to generate the net force on the left side of the equation. This net force is then equated to the product of the mass and resulting acceleration of the object. Do *not* include an "$m\vec{a}$ force" in your analysis.

The constant of proportionality is equal to one, so in mathematical terms the preceding statement can be written

$$\vec{\mathbf{a}} = \frac{\Sigma\vec{\mathbf{F}}}{m}$$

where $\vec{\mathbf{a}}$ is the acceleration of the object, m is its mass, and $\Sigma\vec{\mathbf{F}}$ is the vector sum of all forces acting on it. Multiplying through by m, we have

$$\Sigma\vec{\mathbf{F}} = m\vec{\mathbf{a}} \qquad [2]$$

Physicists commonly refer to this equation as '$F = ma$'. The second law is a vector equation, equivalent to the following three component equations:

$$\Sigma F_x = ma_x \qquad \Sigma F_y = ma_y \qquad \Sigma F_z = ma_z \qquad [3]$$

TIP 3 Newton's Second Law is a *Vector* Equation
In applying Newton's second law, add all of the forces on the object as vectors and then find the resultant vector acceleration by dividing by m. Don't find the individual magnitudes of the forces and add them like scalars.

When there is no net force on an object, its acceleration is zero, which means the velocity is constant.

Units of Force and Mass

The SI unit of force is the **newton**. When 1 newton of force acts on an object that has a mass of 1 kg, it produces an acceleration of 1 m/s² in the object.

From this definition and Newton's second law, we see that the newton can be expressed in terms of the fundamental units of mass, length, and time as

newton ❭ $1 \text{ N} \equiv 1 \text{ kg} \cdot \text{m/s}^2$ $\qquad [4]$

Checkpoint 3
True or False: Doubling the magnitude of the net force on an object will double the magnitude of the object's acceleration.

In the U.S. customary system, the unit of force is the **pound**. The conversion from newtons to pounds is given by

$$1 \text{ N} = 0.225 \text{ lb} \qquad [5]$$

? QUICK QUIZ

True or false? (a) It's possible to have motion in the absence of a force. (b) If an object isn't moving, no external force acts on it.

? QUICK QUIZ

True or false? (a) If a single force acts on an object, the object accelerates. (b) If an object is accelerating, a force is acting on it. (c) If object is not accelerating, no external force is acting on it.

from SERWAY/VUILLE, *Essentials of College Physics*, © 2007

Energia e conservazione

MODULO 4

UNITÀ 13
Lavoro e forme di energia

UNITÀ 14
Principi di conservazione

LA FISICA e... la storia

1686
Leibniz pubblica *Discorso di metafisica* nel quale illustra il concetto di forza viva e sostiene che in un sistema isolato è costante la quantità di forza viva (energia cinetica)

1703
Huygens: la sua opera *De motu corporum ex percussione* nel quale illustra i suoi studi sugli urti e i primi studi sulla conservazione dell'energia cinetica viene pubblicata postuma

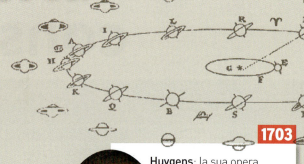

1644
Cartesio pubblica *Principi di filosofia* nel quale illustra una prima formulazione della legge di conservazione della quantità di moto

1687
Newton pubblica *Philosophiae Naturalis Principia Mathematica* nel quale definisce la quantità di moto

1600
Inizia la rivoluzione scientifica. Periodo di crisi economica e sociale

1684
Sotto papa Innocenzo XI viene istituita la Lega Santa antiturca che unisce l'Impero, la Polonia e Venezia

1700
Scoppia la Guerra del Nord

1685
Editto di Nantes

1756
In Europa inizia la guerra dei 7 anni

1648
Terminano le devastazioni della guerra dei trent'anni con la conclusione della pace di Westfalia

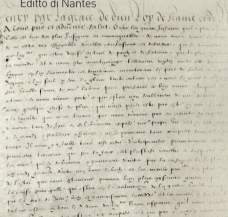

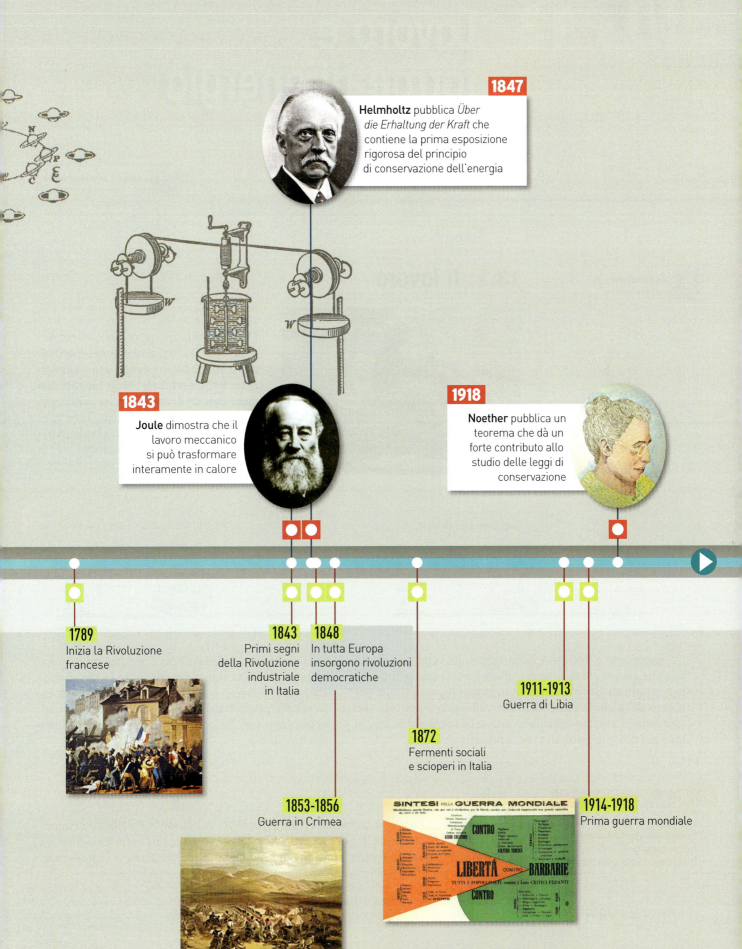

UNITÀ 13
Lavoro e forme di energia

Lezione multimediale

Animazione

13.1 Il lavoro

Ogni mattina molte persone si recano al *lavoro*. Questo termine nel linguaggio comune ha un significato piuttosto generico, perché riguarda un numero assai grande di azioni fra loro estremamente differenti. In Fisica, invece, il concetto di lavoro individua solo particolari e ben definite situazioni.

Vediamone alcune.

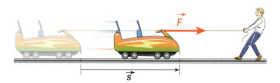

Un vagoncino è ancorato saldamente alle rotaie, in modo tale che esso si possa spostare unicamente avanti e indietro lungo i binari. Se lo tiri, esercitando una forza costante per mezzo della corda parallelamente ai binari, ottieni un suo spostamento nella stessa direzione della forza applicata. In questo caso, puoi dire di aver compiuto un *lavoro*.

Se il vagoncino è carico di persone, per cui devi applicare una forza maggiore per avere lo stesso spostamento, il lavoro compiuto sarà maggiore rispetto al caso precedente. Un discorso analogo vale se, applicando una forza uguale, lo sposti di un tratto più lungo.

!ricorda...
Si può parlare di lavoro soltanto se all'applicazione di una forza consegue uno spostamento del corpo sollecitato.

Dal momento che il lavoro aumenta all'aumentare sia del modulo F della forza applicata sia dello spostamento s, possiamo darne una prima semplice definizione, valida esclusivamente quando forza e spostamento hanno la stessa direzione e lo stesso verso, cioè sono paralleli e concordi.

lavoro (F parallela a s) $\quad L = F \cdot s$

L è il simbolo di lavoro.

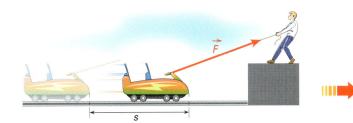
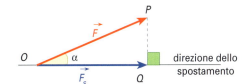

Potrebbe però capitare che per spostare il vagoncino tu debba tirare con la stessa forza costante di prima, ma obliquamente rispetto ai binari.
Anche in questo caso ottieni uno spostamento, però con maggiore difficoltà rispetto a quello precedente.
In pratica è come se non tutta la forza applicata servisse a spostare il vagoncino: una parte viene spesa nel tentativo di sollevarlo e cambiare così la direzione lungo la quale si muove. Tuttavia, questo cambiamento è reso impossibile dal vincolo che lo costringe ad aderire alle due rotaie.

Allora, per lo spostamento risulta efficace solo la parte residua di forza che agisce parallelamente ai binari. Per determinare la *componente attiva* della forza, basta tracciare dall'estremo del vettore forza $\vec{F}$ la perpendicolare alla direzione dello spostamento.
Si ottiene così $\vec{F}_s$, **proiezione della forza nella direzione dello spostamento**, che rappresenta il vettore componente della forza che effettivamente contribuisce allo spostamento e che, come si vede, è minore in modulo di $\vec{F}$.

Potresti agevolmente verificare che, all'aumentare dell'angolo tra la corda con cui applichiamo la forza e la direzione dello spostamento, il vagoncino si sposta sempre meno agevolmente. Quando l'angolo è di 90° il vagoncino non si sposta per niente, perché $F_s = 0$.

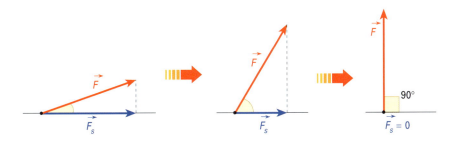

Man mano che l'angolo tra la direzione della forza (costante) e quella dello spostamento aumenta, la componente F_s della forza $\vec{F}$ lungo la direzione dello spostamento diminuisce, fino ad annullarsi quando l'angolo è di 90°.

Possiamo perciò concludere che quando una forza costante e lo spostamento (che sono due vettori) hanno diversa direzione, il **lavoro** è dato dal prodotto della proiezione F_s della forza nella direzione dello spostamento per lo spostamento stesso s.

flash >>> Il lavoro

L'atleta ha sollevato il pesante attrezzo; tuttavia, dato che quest'ultimo è fermo, lei non sta compiendo alcun lavoro, anche se la fatica è tanta.

La donna spinge il carrello, che si sposta nella direzione della forza. Possiamo dire che la donna sta facendo un lavoro.

lavoro

INFORMAZIONE Il **lavoro** dà un'indicazione dell'efficacia di una certa forza al fine di ottenere un determinato spostamento.

DEFINIZIONE Il **lavoro** è dato dal prodotto tra la componente della forza nella direzione dello spostamento e lo spostamento stesso:

$$\text{lavoro} = \begin{pmatrix} \text{componente della forza} \\ \text{nella direzione dello spostamento} \end{pmatrix} \text{spostamento}$$

FORMULA $L = F_s \cdot s$

Per trovare l'unità di misura partendo dalla definizione si avrà:

$$L = F_s \cdot s \Rightarrow \underset{\text{(misurata in newton)}}{\text{forza}} \cdot \underset{\text{(misurato in metri)}}{\text{spostamento}} \Rightarrow N \cdot m$$

Tale unità è detta **joule** (simbolo **J**), dal nome di un fisico inglese che si occupò, fra l'altro, della relazione fra il calore e il lavoro: James Prescott Joule (1818-1889).

joule $1 \, J = 1 \, N \cdot m$

Si ha un lavoro di 1 joule quando la componente della forza nella direzione dello spostamento e con stesso verso vale 1 newton e lo spostamento, a sua volta, è pari a 1 metro. Non necessariamente la forza esaminata è la causa diretta e unica dello spostamento preso in esame.

! ricorda...
Il lavoro è una grandezza scalare. È perciò sufficiente un valore numerico, fornito nell'appropriata unità di misura, a identificarlo completamente.

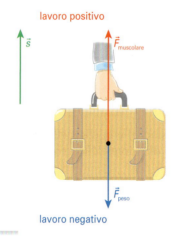

Per comprendere appieno il significato di lavoro, è importante fare attenzione a quanto segue.
Quando per esempio sollevi una valigia da terra e la metti su una mensola, oltre alla tua forza muscolare che determina effettivamente il sollevamento, è presente anche la forza peso che, al contrario, non contribuisce attivamente allo spostamento della valigia, e anzi vi si oppone.
Si dice perciò che la forza muscolare, contribuendo al sollevamento, compie un **lavoro positivo**, mentre la forza peso, opponendosi, compie un **lavoro negativo**.

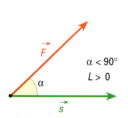
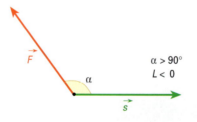
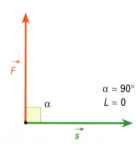

lavoro motore e lavoro resistente

Se la forza è parallela allo spostamento, o per lo meno forma con la direzione di quest'ultimo un angolo acuto, si parla di **lavoro positivo** o **lavoro motore**.

Se l'angolo è ottuso (incluso l'angolo di 180°), si ha un **lavoro negativo** o **lavoro resistente**.

Quando l'angolo è di 90°, il lavoro è nullo: la forza non dà nessun contributo per uno spostamento a essa perpendicolare.

13.2 Rappresentazione grafica del lavoro

▸ Forza costante

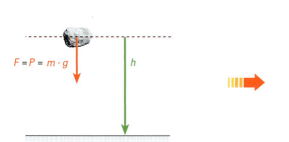

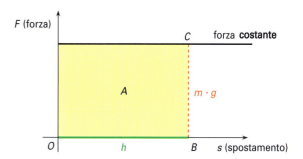

Consideriamo il caso di un sasso che cade in verticale. La forza peso $P = m \cdot g$, **costante**, e lo spostamento h sono paralleli e hanno lo stesso verso, pertanto dalla definizione di lavoro si ottiene:

$$L = F \cdot s = m \cdot g \cdot h$$

Rappresentiamo in un grafico forza-spostamento la forza peso e il dislivello percorso.

$$A = BC \cdot OB = m \cdot g \cdot h$$

Il lavoro compiuto dalla forza peso corrisponde proprio all'area A del rettangolo.

Abbiamo visto che nel grafico forza-spostamento l'area compresa tra la retta corrispondente alla forza F (costante) e quella relativa allo spostamento h, individua il lavoro. Cerchiamo di generalizzare questo tipo di ragionamento per quelle situazioni in cui la forza è variabile.

▸ Forza variabile

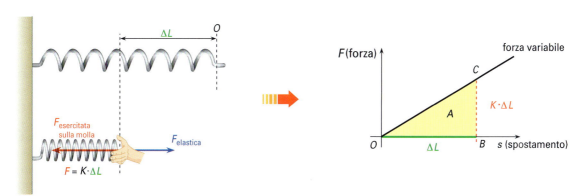

Quando si comprime una molla la forza muscolare che si applica, per opporsi alla forza elastica della molla che è una forza **variabile**, segue la legge di Hooke $F = K \cdot \Delta L$.
La forza esercitata sulla molla F e la conseguente variazione di lunghezza ΔL sono parallele e hanno lo stesso verso, ma **non** possiamo applicare la definizione di lavoro $L = F \cdot s$ perché la forza varia in ogni istante.

Il metodo grafico ha una validità generale e quindi ci consente di calcolare il lavoro anche in questo caso. La retta OC rappresenta la forza F in funzione dello spostamento ΔL. Troviamo, in corrispondenza di un particolare valore dell'accorciamento ΔL della molla, l'area del triangolo compreso fra la retta OC rappresentativa della forza e l'asse dello spostamento. Tale area A individua il lavoro cercato.

$$A = \frac{BC \cdot OB}{2} = \frac{K \cdot \Delta L \cdot \Delta L}{2} = \frac{1}{2} K \cdot (\Delta L)^2$$

> In un grafico forza-spostamento l'area compresa fra la funzione che rappresenta la forza e l'asse dello spostamento individua il lavoro.

lavoro: rappresentazione grafica

Approfondimento

Prodotto scalare

Dati due vettori $\vec{a}$ e $\vec{b}$ definiamo **prodotto scalare** un numero c ottenuto nel seguente modo:

$$c = \vec{a} \cdot \vec{b} = a \cdot b \cdot \cos \alpha$$

dove α è l'angolo compreso tra $\vec{a}$ e $\vec{b}$.
Osservando la figura si deduce che il prodotto scalare c equivale al prodotto tra OQ ($a \cos\alpha$) e OT (b).
Per la funzione $\cos \alpha$ vedi **Approfondimento** di pag. 83.

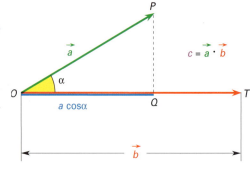

Anche il lavoro può essere definito come un prodotto scalare tra i vettori forza e spostamento.

$$L = \vec{F} \cdot \vec{s}$$

Infatti, dalla definizione di lavoro si ha:

$L = F_s \cdot s$ } essendo $F_s = OQ$

$L = F \cdot \cos\alpha \cdot s$ } il prodotto è commutativo

$L = F \cdot s \cdot \cos\alpha$

ma questa è proprio la definizione di prodotto scalare.

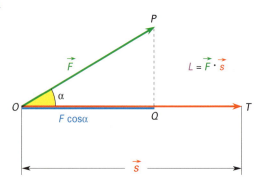

> **lavoro** Il lavoro è il prodotto scalare tra la forza e lo spostamento $L = \vec{F} \cdot \vec{s}$.

13.3 La potenza

Supponiamo di avere due ascensori che portano un identico carico di persone e che, dunque, compiono il medesimo lavoro. Però, mentre uno arriva al quinto piano in dodici secondi, l'altro ne impiega ventuno.
Possiamo dire che hanno la stessa produttività?
È intuitivo che, a parità di lavoro svolto, il primo dispositivo risulti più efficiente del secondo.

Diventa necessario introdurre una nuova grandezza che consenta di mettere in relazione il lavoro compiuto con l'intervallo di tempo impiegato a compierlo. Questa grandezza (che usiamo spessissimo quando parliamo di automobili, di sport, di impianti industriali, di hi-fi...) prende il nome di **potenza**.

INFORMAZIONE La **potenza** consente di sapere quanto lavoro viene svolto in un certo intervallo di tempo, ovvero con quanta rapidità viene compiuto un determinato lavoro.

In particolare, considerate le grandezze implicate, si ha che:

DEFINIZIONE La **potenza** è il rapporto fra il lavoro compiuto e l'intervallo di tempo impiegato a compierlo:

$$\text{potenza} = \frac{\text{lavoro compiuto}}{\text{intervallo di tempo impiegato a compierlo}}$$

e quindi, ricorrendo ai simboli:

FORMULA $P = \dfrac{L}{\Delta t}$

> **potenza**

Resta da specificare l'unità di misura della potenza. In base alla definizione stessa si avrà:

$$P = \frac{L}{\Delta t} \Rightarrow \frac{\text{lavoro (misurato in joule)}}{\text{intervallo di tempo (misurato in secondi)}} \Rightarrow \frac{J}{s}$$

L'unità di misura della potenza è chiamata **watt** (**W**), dall'ingegnere scozzese James Watt (1736-1819) che nel 1769 brevettò la prima macchina a vapore funzionante.

> **! ricorda...**
> Dato che il watt corrisponde a una potenza piccola rispetto ai valori con cui normalmente si ha a che fare, si usa spesso un suo multiplo, il **kilowatt** (simbolo **kW**):
> 1 kW = 1000 W

$$1 \text{ W} = 1 \frac{J}{s}$$

> **watt**

Si sviluppa la potenza di 1 watt quando viene compiuto il lavoro di 1 joule nell'intervallo di tempo di 1 secondo.

13.4 L'energia

Nel Paragrafo 1 abbiamo immaginato di tirare un vagoncino, sfruttando la capacità dei nostri muscoli, e siamo giunti alla conclusione che questa azione determina qualcosa che abbiamo chiamato *lavoro*. Tuttavia, i nostri muscoli possiedono la capacità di eseguire un lavoro, anche se stiamo fermi senza fare nulla. In parole povere, prima ancora di metterci all'opera, i muscoli hanno una sorta di attitudine a trainare il vagoncino, indipendentemente dal fatto che poi l'azione venga effettivamente compiuta. Possiamo pertanto pensare di attingere, ogni volta che si deve compiere del lavoro, da un *qualcosa* che per sua natura ha tale possibilità. Ovviamente, il *qualcosa* di cui parliamo non dipende dal fatto che il lavoro stesso venga eseguito oppure no. A questa entità diamo il nome di **energia**.

L'**energia** è la possibilità che venga compiuto del lavoro.

> **energia**

Dal momento che ciò che prima era energia lo possiamo ritrovare in un secondo tempo sotto forma di lavoro, ne segue che l'unità di misura dell'energia dovrà essere identica a quella del lavoro, cioè il **joule**.
Probabilmente talvolta avrai sentito i tuoi genitori lamentarsi del costo del **kilowattora** (**kWh**) all'arrivo delle bollette sui consumi di energia elettrica. Questa particolare unità di misura non riguarda la potenza, come potrebbe sembrare, bensì l'*energia*.

> **! ricorda...**
> **Energia** e **lavoro**, pur *non* individuando lo stesso concetto fisico, hanno la stessa unità di misura, il joule, perché sono grandezze affini: l'una si può trasformare nell'altra e viceversa.

Il **kilowattora** è la quantità di energia corrispondente a una potenza di 1 kW erogata per un intervallo di tempo pari a 1 ora.

> **kilowattora**

Se vuoi sapere a quanti joule equivale, è sufficiente svolgere un facile calcolo:

1 kWh = (1 kW) · (1 h) = (1000 W) · (3600 s) = 3 600 000 W · s =
= 3 600 000 J = 3,6 · 10⁶ J

Avendo considerato che da 1 W = 1 J/s, segue che 1 J = 1 W · s.

L'energia esiste in molte forme, alle quali possiamo attingere più o meno direttamente per ottenere del lavoro.

Cinetica...

... dovuta al movimento dei corpi

Gravitazionale...

... legata all'interazione reciproca fra masse

Elastica...

... associata alla deformazione di un corpo

Chimica...

... provocata dall'interazione reciproca fra entità elementari che costituiscono la materia (molecole, atomi, ...)

Termica...

... collegata al movimento di agitazione delle particelle che costituiscono la materia

Elettrica...

... generata dal movimento delle cariche elettriche

Magnetica...

... connessa alla posizione reciproca di magneti elementari

Elettromagnetica...

... determinata dalla propagazione di campi variabili di natura elettrica e magnetica

Nucleare...

... generata dalla disintegrazione di atomi pesanti in altri più leggeri con trasformazione di massa in energia

L'energia è caratterizzata dal fatto di essere soggetta a continue trasformazioni da una forma all'altra.

Vediamone qualche esempio.

Il Sole emette energia elettromagnetica prodotta grazie ai processi termo-nucleari che avvengono al suo interno.

L'energia associata alla luce viene immagazzinata dal grano, grazie alla fotosintesi, come energia chimica.

L'energia chimica del cibo viene in parte immagazzinata per affrontare le esigenze energetiche della vita quotidiana e in parte è immediatamente utilizzata dal nostro organismo sotto varie forme (energia termica, cinetica, elettrica...).

L'energia chimica dell'atleta che spinge sugli sci si trasforma in energia cinetica e, durante il salto, in energia potenziale gravitazionale.

L'energia chimica immagazzinata dai carburanti sviluppa energia termica.

Grazie all'energia termica l'acqua diventa vapore e fa girare la turbina.

L'energia cinetica della rotazione della turbina mette in movimento il generatore che produce energia elettrica.

Quando giunge nelle abitazioni l'energia elettrica può essere trasformata in un particolare tipo d'energia meccanica che noi percepiamo come suono.

ricorda...

Quando tramite una macchina otteniamo del lavoro, non facciamo altro che sfruttare un qualche processo durante il quale l'energia passa da una forma all'altra.

13.5 L'energia cinetica

Un'automobile che corre a gran velocità...   Una palla da bowling tirata da un giocatore...   Una massa di acqua che scende impetuosa...

Che cosa hanno in comune queste situazioni fra loro tanto diverse?
Se all'automobile agganciamo un caravan, lo trascina via; se la palla da bowling colpisce i birilli, li fa rotolare; infine, se l'acqua passa dentro una turbina, fa ruotare le pale... In tutti e tre i casi ci troviamo di fronte a corpi in movimento che sono in grado di trasmettere delle forze ad altri corpi e di spostarli, di effettuare cioè un lavoro. Sulla base di quanto detto nel paragrafo precedente, per la semplice circostanza di essere in movimento, quei corpi possiedono dunque energia. Questa particolare forma di energia si chiama **energia cinetica**.

energia cinetica (definizione) — L'**energia cinetica** è quella forma di energia che un corpo possiede per il fatto di essere in movimento.

La relazione esprimente l'**energia cinetica** è:

energia cinetica (formula) — $E_c = \dfrac{1}{2} m \cdot v^2$

L'unità di misura dell'energia cinetica è il **joule (J)**.

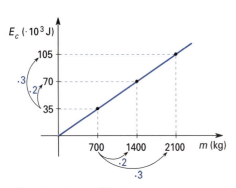  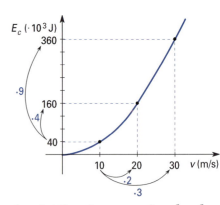

- **L'energia cinetica è direttamente proporzionale alla massa.**
La diretta proporzionalità comporta che se la massa raddoppia (da 700 kg a 1400 kg) anche l'energia cinetica raddoppia (da $35 \cdot 10^3$ J a $70 \cdot 10^3$ J). Analogamente, se la massa triplica o quadruplica, l'energia cinetica fa altrettanto. Di conseguenza, il grafico che rappresenta la relazione tra le due grandezze dà origine a una retta.

- **L'energia cinetica è proporzionale al quadrato della velocità.**
Il fatto che tra le due grandezze vi sia una proporzionalità quadratica significa che se la velocità raddoppia, l'energia cinetica diventa quattro volte più grande; se la velocità triplica, l'energia cinetica diventa nove volte più grande, e così via. Nella figura si vede che il grafico corrispondente è un tratto di parabola.

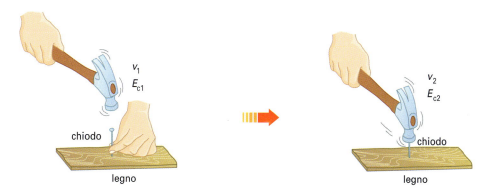

È abbastanza intuitivo pensare che un corpo in movimento possa spostare altri corpi e, perciò, compiere un lavoro a scapito della propria energia cinetica, riducendo la velocità. O, viceversa, che possa assorbire lavoro e incrementare così la sua velocità e, quindi, l'energia cinetica posseduta.

Al riguardo, riveste notevole interesse il **teorema delle forze vive**. Il lavoro compiuto dalla forza applicata a un corpo, che si sposta dalla posizione 1 alla posizione 2, è uguale alla variazione di energia cinetica del corpo nel corso di tale spostamento:

$$L = E_{C2} - E_{C1} \quad \text{cioè} \quad L = \frac{1}{2} m \cdot v_2^2 - \frac{1}{2} m \cdot v_1^2$$

teorema delle forze vive

Che cosa succede quando $v_2 > v_1$? E quando si verifica il contrario, cioè $v_2 < v_1$? Prova a rispondere.

....
....

Nel primo caso, dato che l'energia cinetica finale è evidentemente maggiore di quella iniziale, la variazione di energia cinetica è positiva e quindi anche il lavoro risulta positivo: si tratta di lavoro *motore*. Nel secondo caso, la situazione è quella opposta: il lavoro è negativo, cioè *resistente*.

13.6 L'energia potenziale gravitazionale

Una biglia d'acciaio si trova in cima a uno scivolo, mentre un'automobilina è ferma in fondo alla discesa. Se lasciamo scivolare la biglia, questa comincerà a scendere e, urtando contro il modellino, lo metterà in movimento.
Che cosa ha fatto, da un punto di vista fisico, la biglia nei riguardi dell'automobilina?

....

Dato che, in seguito all'urto ha messo in movimento un corpo e lo ha spostato, possiamo affermare che la sferetta metallica ha compiuto un lavoro. Ma che cosa le ha dato questa possibilità?
Evidentemente, la circostanza di trovarsi inizialmente ferma in cima allo scivolo, cioè in una posizione particolare, ha fatto sì che potesse scendere, acquistare la velocità necessaria e, spostando il modellino, compiere un lavoro.

Dunque, la biglia compie un lavoro in quanto possiede energia e tale energia è dovuta alla posizione nella quale si trova inizialmente.

Nel caso in cui, come nell'esempio da noi fatto, la posizione del corpo è relativa al campo gravitazionale terrestre, si parla di **energia potenziale gravitazionale**.

energia potenziale gravitazionale (definizione)

L'**energia potenziale gravitazionale** è quella forma di energia che un corpo possiede a causa della posizione che esso occupa rispetto a un livello di riferimento opportunamente scelto nel campo gravitazionale terrestre.

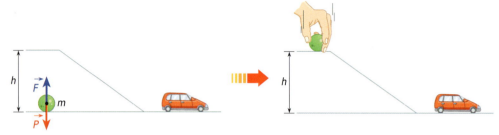

La posizione giustifica il possesso di energia da parte di un corpo. Nell'eventualità in cui la sferetta di massa m si fosse trovata, immobile, allo stesso livello dell'automobilina, non avrebbe potuto produrre nessuna conseguenza su di essa; in altre parole, non avrebbe potuto compiere alcun lavoro. Questa possibilità la acquista solo quando viene portata in cima allo scivolo di altezza h...

Infatti, per portarla su dobbiamo mettere in campo la nostra forza muscolare, necessaria per vincere il peso P della sfera metallica che tende a riportarla verso terra. E qui il ragionamento si completa: il lavoro positivo svolto da noi sulla biglia per portarla ad altezza h, che è dato da $P \cdot h$, è proprio ciò che essa si ritrova in cima allo scivolo sotto forma di energia di posizione!

Quindi, ricordando che $P = m \cdot g$, l'espressione dell'**energia potenziale gravitazionale** è:

energia potenziale gravitazionale (formula)

$$U_g = m \cdot g \cdot h$$

L'unità di misura dell'energia potenziale è il **joule** (**J**).

ricorda...

L'energia potenziale gravitazionale immagazzinata in un corpo è riconducibile a un lavoro compiuto precedentemente sul corpo e alla presenza di forze che agiscono su di esso.

esempio

1 Calcoliamo l'altezza dell'impalcatura alla quale si trova un uomo di 75 kg, sapendo che ha un'energia potenziale gravitazionale di 14 715 J.

Parti dalla formula:

$$U_g = m \cdot g$$

dividendo ambo i membri per $m \cdot g$

$$\frac{U_g}{m \cdot g} = \frac{m \cdot g \cdot h}{m \cdot g}$$

semplificando

$$h = \frac{U_g}{m \cdot g}$$

e sostituendo i valori

$$h = \frac{14\,715}{75 \cdot 9{,}81} = 20 \text{ m}$$

13.7 L'energia potenziale elastica

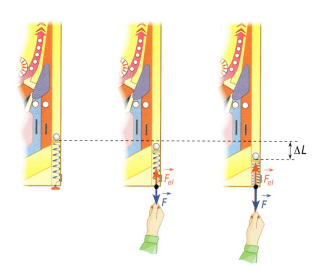

Stai iniziando una partita a flipper. Quando, dopo averla tirata, lasci andare la molla della manopola, la pallina è scagliata lontano: viene di conseguenza compiuto un lavoro. Anche in questo caso siamo in presenza di un'energia potenziale che dipende dalla posizione della molla. Da dove proviene questa energia?

Man mano che comprimi la molla, la forza di reazione elastica cresce di intensità e il lavoro che stai compiendo viene immagazzinato dalla molla sotto forma di energia potenziale. È proprio questa energia potenziale che dà alla molla la possibilità di compiere un lavoro sulla pallina.

Se non fosse stata compressa, la molla non avrebbe causato lo spostamento della pallina collocata alla sua estremità: tale potenzialità nasce solo quando la molla viene compressa, vale a dire quando, utilizzando la forza muscolare, si agisce contro la forza elastica che tende a riportarla nella posizione di riposo.
Noti delle analogie con l'energia potenziale gravitazionale?

....
....
....

In entrambi i casi, sia pure con diverse modalità, siamo in presenza di una forza che agisce sui corpi contrastando una certa azione: la forza peso si oppone al sollevamento così come la forza elastica si oppone alla compressione. Si parla, così, di **energia potenziale elastica**.

> **ricorda...**
> Oltre alle due forme di energia potenziale fin qui viste, ne esistono altre dovute alla presenza di forze di natura diversa rispetto a quella gravitazionale o elastica. Per esempio, là dove entrano in gioco forze di tipo elettrico, si ha a che fare con l'*energia potenziale elettrica*, determinata dalla posizione che una carica elettrica occupa rispetto a un'altra carica.

L'**energia potenziale elastica** è quella forma di energia immagazzinata in una molla in seguito a un suo allungamento o a una sua compressione rispetto alla posizione di equilibrio.

> energia potenziale elastica (definizione)

L'energia potenziale elastica è pari al lavoro compiuto dalla forza muscolare per modificare la lunghezza della molla e la sua formula è:

$$U_{el} = \frac{1}{2} K \cdot (\Delta L)^2$$

> energia potenziale elastica (formula)

dove K rappresenta la costante elastica e ΔL la variazione di lunghezza della molla.

idee e personaggi

Riscaldamento globale ed energie alternative

I problemi energetici sono, da diversi anni, al centro della nostra vita quotidiana: si pensi, per esempio, alle conseguenze che comportano i continui rincari del petrolio. Negli ultimi decenni, l'umanità si è resa conto di dover trovare rapidamente una soluzione a due problemi paralleli: da un lato, la fonte di energia per eccellenza, il petrolio, è in via di esaurimento; dall'altro, l'impiego dei *combustibili fossili*, e soprattutto dei derivati dal petrolio, ha provocato all'ambiente danni che mettono a repentaglio la nostra stessa sopravvivenza sul pianeta e che oggi, a fatica e con ritardo, si tenta di riparare.
L'energia solare colpisce lo strato superiore dell'atmosfera terrestre con una potenza di oltre 300 W/m^2. Circa un terzo di questa energia viene riflessa nello spazio, mentre una parte viene assorbita e poi riemessa dal sistema Terra-atmosfera. Grazie all'equilibrio energetico tra energia assorbita ed energia emessa, si crea il cosiddetto *effetto serra*, grazie al quale la temperatura media della Terra si mantiene costante. Tuttavia, alcuni gas presenti nell'atmosfera, in particolare l'anidride carbonica proveniente dalla combustione di petrolio e derivati, ma anche il metano, l'ozono e altri gas prodotti come risultato delle attività umane (indicati globalmente come *gas serra*), aumentano pericolosamente il naturale effetto serra, provocando il fenomeno, di cui molto si parla sui media e in Rete, del riscaldamento globale (*global warming*), che è causa di cambiamenti climatici ovunque sul pianeta. Per rendersi conto delle proporzioni del problema, basta pensare che fino al XVIII secolo la concentrazione di anidride carbonica nell'atmosfera era rimasta negli anni praticamente costante, e che a partire dalla Rivoluzione industriale è aumentata di quasi il 30%. Le maggiori concentrazioni di anidride carbonica sono direttamente correlate con l'aumento della temperatura superficiale terrestre; è sufficiente che la temperatura media aumenti di 3 °C per causare l'innalzamento del livello del mare di circa mezzo metro, sufficiente non solo a sommergere gli ambienti costieri, ma anche a modificare il clima di vaste aree del pianeta.

LA STRADA PER LE FONTI DI ENERGIA ALTERNATIVE

Per mantenere l'anidride carbonica alla sua concentrazione attuale e invertire la tendenza verso il riscaldamento globale, è necessario ridurre immediatamente e drasticamente i consumi di combustibili derivati del petrolio: abbiamo cioè bisogno di sviluppare *fonti di energia alternative*. Non solo, cambiare i modi di produrre energia è necessario anche per far fronte alla futura scarsità dei combustibili e al conseguente aumento dei prezzi che ciò comporta.

SOLE, TERRA, VENTO E ACQUA

Tra le fonti alternative oggi più sfruttate, vi sono l'energia solare, quella geotermica, quella eolica e quella idraulica, ma la percentuale di energia prodotta con queste modalità è ancora molto limitata rispetto a quanto si produce a partire dai combustibili fossili e dall'uranio. La tabella illustra la loro origine e le principali applicazioni. Promettenti prospettive derivano dall'uso dell'idrogeno, poiché la sua reazione di combustione produce unicamente vapore acqueo. L'idrogeno è utilizzato nelle *celle a combustibile*, che hanno trovato la loro prima applicazione nella propulsione dei veicoli spaziali; si cerca ora di estenderne l'utilizzo ai trasporti terrestri, ma le difficoltà sono numerose: l'idrogeno è un gas estremamente reattivo, e perciò richiede un costoso sistema di stoccaggio a bordo dei veicoli da alimentare.

Se l'idrogeno è ancora da considerarsi una fonte energetica avveniristica, l'energia solare trova promettenti applicazioni nel quotidiano. Si stanno diffondendo in tutto il mondo *moduli fotovoltaici*, installati anche da privati cittadini sui tetti delle proprie abitazioni. Questi dispositivi convertono l'energia luminosa del Sole in energia elettrica (*effetto fotovoltaico*).
Il materiale che compone una cella fotovoltaica è il silicio, classificato come semiconduttore. La caratteristica interessante dei semiconduttori è la capacità di far «saltare» gli elettroni dalla cosiddetta *banda di valenza* alla *banda di conduzione*: l'energia per compiere il «salto» è fornita dall'assorbimento di fotoni sufficientemente energetici incidenti sul materiale. Gli elettroni del semiconduttore diventano così più «mobili» e se magistralmente incanalati restituiscono corrente elettrica.

Installare un sistema fotovoltaico per produrre energia elettrica a casa propria è oggi un investimento importante, che può essere tuttavia ammortizzato in alcuni anni dal risparmio sui consumi di energia elettrica.

energia alternativa	origine	possibili applicazioni
solare	radiazione solare	celle fotovoltaiche per produrre energia eletttrica, pannelli solari per produrre energia termica
eolica	venti	mulini a vento; aerogeneratori per la produzione di energia elettrica: alcuni Paesi europei, come la Danimarca, soddisfano oltre il 10% del proprio fabbisogno energetico annuo con questa modalità
geotermica	calore interno alla Terra	impianti geotermici come quelli di Larderello in Toscana, nei quali si sfrutta il calore terrestre, «intrappolato» sotto la crosta
idraulica	energia cinetica di grandi masse d'acqua che scendono da quote elevate verso valle	mulini ad acqua, centrali idroelettriche alimentate da bacini artificiali

IN SINTESI

- Il **lavoro** L è una grandezza scalare che dà un'indicazione dell'efficacia di una forza al fine di ottenere uno spostamento; in generale, è dato dal prodotto tra la componente della forza nella direzione dello spostamento e lo spostamento stesso; in formula:

$$L = F_s \cdot s$$

Il lavoro si misura in **joule** (J), dove $1\ J = 1\ N \cdot m$.
In un grafico forza-spostamento, l'area compresa tra la funzione che rappresenta la forza e l'asse dello spostamento individua il lavoro.

- Si parla di **lavoro motore**, o *positivo*, quando la forza è parallela allo spostamento o forma con la direzione di quest'ultimo un angolo acuto; si parla di **lavoro resistente**, o *negativo*, quando l'angolo formato è ottuso (incluso l'angolo di 180°).
Quando l'angolo tra la direzione della forza e quella dello spostamento è di 90°, il lavoro è *nullo*.

- La **potenza** è il rapporto tra il lavoro compiuto e l'intervallo di tempo impiegato a compierlo:

$$P = \frac{L}{\Delta t}$$

e si misura in **watt** (W), dove $1\ W = 1\ \dfrac{J}{s}$.

- L'**energia** è la *possibilità che venga compiuto lavoro*, si misura in joule (o anche in kilowattora, kWh) ed è soggetta a continue trasformazioni da una forma all'altra.
Quando tramite una macchina otteniamo lavoro, non facciamo altro che sfruttare un processo durante il quale l'energia passa da una forma all'altra.
Le *principali forme d'energia* sono: cinetica, gravitazionale, elastica, chimica, termica, elettrica, magnetica ed elettromagnetica, nucleare.

- L'**energia cinetica** è definita come quell'energia che un corpo possiede per il fatto di essere in movimento. La sua formula è:

$$E_c = \frac{1}{2}\, m \cdot v^2$$

L'energia cinetica è:
– direttamente proporzionale alla massa;
– proporzionale al quadrato della velocità.

In base al **teorema delle forze vive**, il lavoro compiuto da una forza nello spostamento di un corpo dalla posizione 1 alla posizione 2 è uguale alla *variazione di energia cinetica* del corpo nel corso di tale spostamento.
La formulazione matematica del teorema delle forze vive è:

$$L = E_{C2} - E_{C1} \qquad \text{cioè} \qquad L = \frac{1}{2}\, m \cdot v_2^2 - \frac{1}{2}\, m \cdot v_1^2$$

Pertanto, tale lavoro sarà motore se $v_2 > v_1$, resistente se $v_2 < v_1$.

- L'**energia potenziale gravitazionale** è quella forma di energia che un corpo possiede a causa della posizione che esso occupa, rispetto a un livello di riferimento opportunamente scelto nel campo gravitazionale terrestre; la sua formula è:

$$U_g = m \cdot g \cdot h$$

- L'**energia potenziale elastica** è la forma di energia immagazzinata in una molla in seguito a un suo allungamento o a una sua compressione rispetto alla posizione di equilibrio; è data da:

$$U_{el} = \frac{1}{2}\, K \cdot (\Delta L)^2$$

K rappresenta la costante elastica e ΔL la variazione di lunghezza della molla.

SCIENTIFIC ENGLISH

variable					
english	W	KE	PE_g	PE_s	
italian	L	E_c	U_g	U_{el}	

Work and Forms of Energy

- **Work** W is a scalar quantity and is done when a force is applied to cause the displacement of an object; generally speaking, it is the product of the component of the force in the direction of the displacement and the actual displacement; the formula is:

$$W = F_s \cdot s$$

Work is measured in **joule** (J), where $1\ J = 1\ N \cdot m$.
On a graph of force vs. displacement, the work done is shown by the area comprised between the function representing the force and the axis of the displacement.

- **Work done is positive** if the displacement is parallel to the direction of the applied force or if the angle between the force and displacement is an acute angle; **work done is negative** when the angle between the force and the displacement is obtuse (or an angle of 180°).
When the angle between the force and the displacement is 90°, the work done is *zero*.

- **Power** is the work done in a certain time interval:

$$P = \frac{W}{\Delta t}$$

and is measured in **watt** (W), where $1\ W = 1\ \dfrac{J}{s}$.

- **Energy** is the *capacity to do work*. The unit of measure is the joule (or kilowatt-hour, kWh). Energy can be continuously converted from one form to another. When we use a machine to do work, we are simply exploiting a process during which energy is converted from one form to another. The *main forms of energy* are: kinetic, gravitational, elastic, chemical, thermal, electrical, magnetic, electromagnetic, and nuclear.

- **Kinetic energy** is defined as the energy stored in an object due to its motion. The formula is:

$$KE = \frac{1}{2} m \cdot v^2$$

Kinetic energy is:
– directly proportional to mass;
– proportional to the square of the speed.

According to the **work-energy theorem**, the work done by a force to displace an object from position 1 to position 2 is equal to the *change in the kinetic energy* of the object during that displacement.
The mathematical formula for the work-energy theorem is:

$$W = KE_2 - KE_1 \qquad \text{i.e.:} \qquad W = \frac{1}{2} m \cdot v_2^2 - \frac{1}{2} m \cdot v_1^2$$

Thus, the work done is positive if $v_2 > v_1$, and negative if $v_2 < v_1$.

- **Gravitational potential energy** is the energy stored in an object as a result of its position, with respect to the chosen reference position in the Earth's gravitational field; the formula is:

$$PE_g = m \cdot g \cdot h$$

- **Elastic potential energy** is the form of energy stored in a spring arising from the work done to compress or stretch the spring with respect to its equilibrium position; it is given by:

$$PE_s = \frac{1}{2} K \cdot (\Delta x)^2$$

K represents the elastic constant and Δx the change in the length of the spring.

strumenti per SVILUPPARE le COMPETENZE

VERIFICHIAMO LE CONOSCENZE

▶ Vero-falso

		V	F
1	Il lavoro e l'energia hanno la stessa unità di misura.	☐	☐
2	La potenza si misura in joule.	☐	☐
3	Il lavoro è nullo se la forza è parallela allo spostamento.	☐	☐
4	Durante la discesa lungo un piano inclinato la forza peso compie un lavoro.	☐	☐
5	L'energia cinetica è direttamente proporzionale all'altezza rispetto al suolo.	☐	☐
6	Dati A e B di masse diverse, il corpo che si muove più velocemente ha maggior energia cinetica.	☐	☐
7	Se raddoppia la velocità, raddoppia l'energia cinetica.	☐	☐
8	Un sasso di massa $2m$ ha sempre energia potenziale doppia di un sasso di massa m.	☐	☐
9	Edoardo di massa 65 kg e Nicola di massa 78 kg possono avere la stessa energia cinetica.	☐	☐
10	L'energia potenziale elastica è direttamente proporzionale alla variazione di lunghezza della molla rispetto alla posizione di equilibrio.	☐	☐

▶ Test a scelta multipla

1 **Quale condizione deve essere rispettata affinché valga la relazione $L = F \cdot s$?**
   - **A** La forza applicata F e lo spostamento s devono essere fra loro perpendicolari
   - **B** La forza applicata F e lo spostamento s devono essere fra loro paralleli
   - **C** La forza applicata F e lo spostamento s devono formare un angolo di 45°
   - **D** Nessuna: la forza applicata F e lo spostamento s possono avere direzione e verso qualunque

2 **Qual è la definizione corretta di joule?**
   - **A** È il lavoro compiuto da una forza di 1 N su un corpo che si sposta nella sua direzione di 1 m
   - **B** È la forza che provoca un'accelerazione di 1 m/s² su un corpo di 1 kg
   - **C** È l'energia sviluppata nell'unità di tempo
   - **D** È la forza che allunga di 1 cm una molla che ha una costante elastica di 1 N/cm

3 **Qual è la formula corretta per l'energia cinetica?**
   - **A** $E_C = \frac{1}{2} K \cdot (\Delta L)^2$
   - **B** $E_C = m \cdot v$
   - **C** $E_C = \frac{1}{2} m \cdot h^2$
   - **D** $E_C = \frac{1}{2} m \cdot v^2$

4 **Quali grandezze mette in relazione la potenza?**
   - **A** L'energia che un corpo possiede con la forza a esso applicata
   - **B** La quantità di energia assorbita o ceduta con l'intervallo di tempo
   - **C** La forza applicata a un corpo con la durata temporale di tale applicazione
   - **D** La forza applicata a un corpo con la superficie su cui essa agisce

5 **A quale delle seguenti grandezze associ direttamente il concetto di energia?**
   - **A** Densità
   - **B** Pressione
   - **C** Lavoro
   - **D** Intervallo di tempo

6 **Quando due grandezze sono legate da relazione di proporzionalità quadratica, il loro grafico è:**
   - **A** una parabola
   - **B** una retta
   - **C** un'iperbole
   - **D** una semicirconferenza

7 **Qual è l'unità di misura dell'energia cinetica?**
   - **A** joule
   - **B** newton
   - **C** m²/s²
   - **D** kg·m/s

8 **Qual è la formula corretta per l'energia potenziale gravitazionale?**
   - **A** $U_g = \frac{1}{2} g \cdot v^2$
   - **B** $U_g = m \cdot g \cdot v$
   - **C** $U_g = m \cdot g \cdot h$
   - **D** $U_g = \frac{1}{2} m \cdot h$

9 Quale dei seguenti casi individua una maggiore energia potenziale elastica?

  A Costante elastica pari a 30 N/m e allungamento pari a 8 cm
  B Costante elastica pari a 15 N/m e allungamento pari a 0,08 m
  C Costante elastica pari a 60 N/m e allungamento pari a 4 cm
  D Costante elastica pari a 10 N/m e allungamento pari a 0,16 m

10 A una molla verticale è stato appeso un corpo, che si trova in equilibrio. Quali forme di energia possono essere presenti?

  A Energia cinetica ed energia potenziale gravitazionale
  B Energia cinetica ed energia potenziale elastica
  C Energia potenziale elastica ed energia potenziale gravitazionale
  D Energia cinetica, energia potenziale elastica ed energia potenziale gravitazionale

VERIFICHIAMO LE ABILITÀ

Esercizi

13.1 Il lavoro

1 Un viaggiatore tira una valigia con le rotelle inclinata di 60° rispetto al pavimento.
  a) Schematizza graficamente la situazione rappresentando $\vec{F}$ ed $\vec{s}$.
  b) Il lavoro è positivo o negativo?
  c) Se l'angolo diminuisse, a parità di forza applicata, il lavoro sarebbe maggiore o minore?

2 Un corpo si sposta, a causa dell'azione di una forza costante di modulo pari a 25,0 N agente nella direzione e nel verso dello spostamento, di 460 cm. Calcola il lavoro compiuto dalla forza.

Per lo svolgimento dell'esercizio, completa il percorso guidato, inserendo gli elementi mancanti dove compaiono i puntini.

1 I dati sono (nel SI): ....
2 La formula da usare, dato che ti viene richiesto il lavoro, è:
  $L = $ ....
3 Sostituisci nella formula i dati, trovando perciò:
  $L = $ .... = ...
  [115 J]

3 Un cavallo tira un carro esercitando una forza di 520 N per un tratto di 1,20 km. Calcola il lavoro compiuto, sapendo che forza e spostamento sono paralleli. [$6,24 \cdot 10^5$ J]

4 Un muratore si trova su una piattaforma a 8,00 m da terra e sul pavimento della piattaforma si trova una lastra di 25,0 kg.
  a) Se il muratore solleva la lastra a 1,10 m dal pavimento della piattaforma compie un lavoro?
  b) Si tratta di un lavoro motore o resistente?
  c) Calcola il lavoro del muratore.
  d) Durante il sollevamento la forza peso della lastra compie un lavoro motore o resistente?
  e) Calcola il lavoro di tale forza peso. [c) −270 J]

5 Una forza costante che agisce su un corpo ne provoca uno spostamento pari a 640 m in direzione e verso della forza, compiendo un lavoro di $8,00 \cdot 10^3$ J.
Calcola il valore del modulo della forza.
SUGGERIMENTO Devi utilizzare l'opportuna formula inversa a partire dalla definizione del...
[12,5 N]

6 Una gru per sollevare un carico in verticale da terra all'altezza di 6,25 m compie un lavoro di $250 \cdot 10^3$ J. Calcola la forza applicata e la massa del carico.
[40 000 N; 4080 kg]

7 Un corpo si sposta a seguito dell'azione di una forza costante di modulo pari a 12,5 N, la quale agisce nella direzione e nel verso dello spostamento.
Sapendo che la forza compie un lavoro pari a 200 J, trova il valore dello spostamento.
SUGGERIMENTO Devi utilizzare l'opportuna formula inversa a partire dalla definizione del...
[16 m]

8 Una forza costante, il cui modulo è $20 \cdot 10^3$ N, compie un lavoro di $4,4 \cdot 10^6$ J su un masso che si sposta parallelamente alla forza stessa. Trova il valore dello spostamento; quindi, ipotizzando che una forza doppia ottenga lo stesso lavoro, determina il nuovo valore dello spostamento.
[220 m; 110 m]

9 Supponiamo che una forza applicata a un carrello formi un angolo di 60° rispetto alla direzione dello spostamento. Sapendo che il carrello avanza di 10 m, completa la seguente tabella.

F (N)	10	20	30	40	50
F_s (N)	...	...	...	...	...
L (J)	...	...	...	...	...

328 MODULO 4 Energia e conservazione

10 Un corpo si sposta di 50 m a causa di una forza che vale 30 N e che agisce in una direzione che forma un angolo di 45° con quella dello spostamento. Calcola il lavoro compiuto dalla forza.

SUGGERIMENTO Per trovare la componente della forza nella direzione dello spostamento, essendo l'angolo di 45°, devi ricorrere alla relazione tra i lati e la diagonale del quadrato $l = d/\sqrt{2}$...

[1060 J]

11 Supponendo che una forza formi un angolo di 45° rispetto alla direzione dello spostamento, completa la seguente tabella.

F (N)	20	10	...	...
F_s (N)	...	...	8	12
s (m)	5	10	20	30
L (J)	...	...	...	...

12 Un corpo si sposta a causa di due forze che agiscono come illustrato in figura (la linea tratteggiata rappresenta la direzione dello spostamento, su cui il corpo è vincolato a muoversi). Il modulo F_1 vale 215 N, mentre F_2 è pari a 285 N. Trova di quanto si sposta il corpo se il lavoro compiuto dalle due forze congiuntamente ammonta a 1994 J.
Se il corpo non fosse vincolato, la direzione su cui si muoverebbe, cambierebbe rispetto alla linea tratteggiata?

[5,14 m]

13 Un corpo si sposta a causa di due forze che agiscono come illustrato in figura (la linea tratteggiata rappresenta la direzione dello spostamento, su cui il corpo è vincolato a muoversi). Il modulo F_1 vale 90 N, mentre F_2 è pari a 118 N. Trova di quanto si sposta il corpo se il lavoro compiuto dalle due forze congiuntamente ammonta a 5800 J.

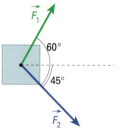

[45 m]

14 Su un corpo sono applicate due forze: una, che chiamiamo $\vec{F_1}$, agisce in direzione e verso dello spostamento; l'altra, $\vec{F_2}$, il cui modulo vale 80 N, forma un angolo di 30° con la direzione dello spostamento. Sapendo che il lavoro complessivo compiuto dalle due forze vale 4500 J e che il corpo si sposta di 25 m, trova il valore del modulo della forza $\vec{F_1}$.

SUGGERIMENTO Trova prima la forza totale nella direzione dello spostamento. Quindi, per trovare la componente della forza F_1 parallelamente a s, vedi gli esercizi precedenti...

[111 N]

15 How much energy is spent by an applied force to lift a 15-newton block 5.0 meters vertically at a constant speed?

[75 J]

16 Mary has a mass of 50.0 kg; she runs up three flights of stairs, that is, a vertical distance of 10.0 m. Determine the amount of energy spent by Mary to elevate her body to this height. (Assume that her speed is constant.)

[4905 J]

13.3 La potenza

17 Un operaio compie un lavoro di $2{,}52 \cdot 10^4$ J in un intervallo di tempo pari a mezz'ora. Quale potenza ha sviluppato?

Per lo svolgimento dell'esercizio, completa il percorso guidato, inserendo gli elementi mancanti dove compaiono i puntini.

1 I dati sono: ....
2 Nel SI gli intervalli di tempo si misurano in secondi:
$\Delta t = $ ....
3 La formula da usare, dato che ti viene richiesta la potenza, è:
$P = $ ....
4 Sostituisci nella formula i dati, trovando perciò:
$P = $ .... = ...

[14 W]

18 Due montacarichi A e B sollevano alla stessa altezza di 2,00 m la medesima massa di 150 kg. A impiega 2,00 s e B impiega 4,00 s.
a) Il lavoro di A è maggiore, uguale o minore di quello di B?
b) La potenza di A è maggiore, minore o uguale a quella di B?
c) Determina il lavoro e la potenza di A.

[c) 2943,0 J; 1470 W]

19 Vi sono tre pompe A, B, C che sollevano 100 litri di acqua. La pompa A li solleva a 9 metri di altezza in 15 minuti, la B li solleva a 18 m in 15 minuti e infine la C li solleva a 12 metri impiegando 5 minuti.
a) Quale delle tre pompe ha compiuto il lavoro maggiore?
b) Qual è la pompa più potente?

20 Completa la seguente tabella.

L (J)	100	200	300	400	...	...
Δt (s)	20	10	...	...	4	8
P (W)	...	...	10	80	150	200

21 Un cavallo tirando una carrozza per 40 minuti compie un lavoro pari a 1 790 400 J. Quale potenza ha sviluppato? Quale forza esercita l'animale se percorre una distanza di 5 km?

[746 W; 358 N]

22 Un cavallo tira un carro per 40 metri con la forza di 200 N in 1 minuto e 20 secondi.
   a) Quale lavoro compie il cavallo?
   b) Quale potenza sviluppa?
   c) Se il percorso fosse stato di 80 m, come doveva variare il tempo affinché sviluppasse la stessa potenza?
   d) Se la forza esercitata fosse stata di 100 N, come doveva variare il tempo affinché venisse sviluppata la stessa potenza?
   [a) 8000 J; b) 100 W]

23 Un motore sviluppa una potenza di 450 W. Se il lavoro compiuto è pari a 9900 J, per quanto tempo ha funzionato il motore?
   SUGGERIMENTO Devi utilizzare l'opportuna formula inversa a partire dalla definizione di... [22 s]

24 Una lavatrice assorbe una potenza massima di 2200 W. Se in tale regime ha compiuto un lavoro di $5,28 \cdot 10^6$ J, per quanti minuti ha funzionato il motore? [40 min]

25 Un atleta durante una manifestazione sportiva ha sviluppato una potenza di 650 W. Sapendo che la prestazione ha avuto una durata di un minuto e mezzo, a quanto ammonta il lavoro compiuto dall'atleta?
   SUGGERIMENTO Devi utilizzare l'opportuna formula inversa a partire dalla definizione di... [$58,5 \cdot 10^3$ J]

26 Un ragazzo in corsa durante uno scatto durato 3,00 s ha sviluppato una potenza di 960 W. Qual è il lavoro compiuto? Sapendo che in questa fase della prestazione egli ha percorso 24,0 m, qual è stata la forza impiegata?
   [2880 J; 120 N]

27 When doing a pull-up, Ben raises his 45.0-kg body to a height of 0.25 meters in 3 seconds. What is the power delivered by Ben's biceps? [36.8 W]

28 Your household's monthly electric bill is expressed in kilowatt-hours. One kilowatt-hour is the amount of energy delivered by the flow of 1 kilowatt of electricity for one hour. How many joules of energy do you get when you buy 3 kilowatt-hours of electricity? [$1.08 \cdot 10^7$ J]

13.5 L'energia cinetica

29 Un'automobile di 1200 kg viaggia alla velocità di 90 km/h. Calcola la sua energia cinetica.

Per lo svolgimento dell'esercizio, completa il percorso guidato, inserendo gli elementi mancanti dove compaiono i puntini.

1 I dati sono: ....
2 La velocità deve essere riportata in m/s; quindi:
   v = ...
3 La formula da usare, dato che ti viene richiesta l'energia cinetica, è: E_c = ...
4 Sostituisci nella formula i dati, trovando perciò:
   E_c = ... = ...
   [$3,75 \cdot 10^5$ J]

30 Un atleta con massa di 55,0 kg corre alla velocità di 28,8 km/h. Calcola la sua energia cinetica. [1760 J]

31 Un'automobile di 1000 kg si muove alla velocità di 10 m/s.
   a) Determina la sua energia cinetica.
   b) Come varia l'energia cinetica quando la velocità raddoppia?
   c) Come varia l'energia cinetica quando la massa raddoppia?
   [$5 \cdot 10^4$ J]

32 Completa la seguente tabella.

m (kg)	1	2	3	4
v (m/s)	2	4	6	8
E_c (J)	...	...	...	...

33 Una palla raggiunge una velocità di 9,6 m/s. Sapendo che la sua energia cinetica vale in quel momento 28 J, trova la massa.
   SUGGERIMENTO Dalla relazione dell'energia cinetica devi ricavare la formula inversa necessaria... [0,61 kg]

34 In un parco di giochi acquatici un ragazzo alla fine di uno scivolo, prima di cadere in acqua, raggiunge una velocità di 8,0 m/s con un'energia cinetica di 2240 J. Calcola la sua massa. [70 kg]

35 Osserva il seguente grafico.

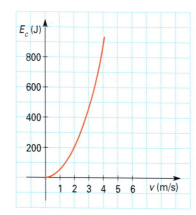

   a) Individua nel grafico l'energia cinetica del corpo alla velocità di 2 m/s.
   b) Individua nel grafico l'energia cinetica del corpo alla velocità di 4 m/s.
   c) Quale relazione intercorre fra l'energia cinetica individuata al punto a) e quella al punto b)?
   d) Calcola la massa del corpo.
   [d) 100 kg]

36 Un corpo di 2200 g, caduto da una certa altezza, sta per colpire il suolo. Sapendo che in quell'istante ha un'energia cinetica di 186 J, trova la velocità del corpo.
   [13 m/s]

37 Sapendo che uno sciatore di massa pari a 77 kg alla fine di una discesa sviluppa un'energia cinetica di 1,25 · 10⁴ J, trova la sua velocità.
[18 m/s]

38 Un'automobile di 1400 kg passa da una velocità di 36 km/h a una velocità di 108 km/h. Calcola il lavoro che ha svolto il motore durante l'accelerazione.

Per lo svolgimento dell'esercizio, completa il percorso guidato, inserendo gli elementi mancanti dove compaiono i puntini.

1 I dati sono: ....
2 Le velocità devono essere convertite in m/s; quindi:
   v_1 = ...
   v_2 = ...
3 La formula da usare, dato che ti viene richiesto il lavoro, in base al teorema delle forze vive è:
   L = ...
4 Calcola l'energia cinetica iniziale e quella finale:
   E_{C1} = ...
   E_{C2} = ...
5 Sostituisci nella formula del teorema delle forze vive trovando perciò: L = ... = ...
[5,6 · 10⁵ J]

39 Un mezzo che ha una massa di 700 kg rallenta, passando da 54 km/h a 45 km/h. Calcola il lavoro resistente svolto durante il rallentamento dal dispositivo frenante.
[−24 · 10³ J]

40 Un'automobile di 1400 kg passa dalla velocità di 60 km/h alla velocità di 80 km/h. Determina l'incremento di energia cinetica.
[1,5 · 10⁵ J]

41 Una moto di 300 kg si sta muovendo alla velocità di 25 m/s. Determina l'energia cinetica iniziale e l'energia cinetica quando la velocità diventa di 35 m/s. Nel passaggio da 25 m/s a 35 m/s qual è il lavoro compiuto?
[93 750 J; 183 750 J; 90 000 J]

42 Una pallina da tennis di massa 50 g si muove alla velocità di 72 km/h. Determina la sua energia cinetica. Qual è il lavoro che un tennista deve compiere con la sua racchetta per fermarla?
[10 J]

43 Su un'utilitaria di 800 kg, che sta procedendo alla velocità di 72 km/h, viene effettuato dal motore un lavoro di 25 200 J. Determina la velocità finale dell'auto.

SUGGERIMENTO Una volta ricavata l'energia cinetica finale con il teorema delle forze vive, puoi ricavare la velocità con la formula inversa...
[77,5 km/h]

44 Una massa d'acqua di 50 kg sta scendendo in un canale alla velocità di 18 km/h. Trova la velocità finale, ipotizzando che l'acqua, dopo aver attraversato un piccolo mulino, perda la metà della sua energia cinetica sotto forma di lavoro.
[12,7 km/h]

45 Determine the kinetic energy of a 630-kg rollercoaster car that is moving at a speed of 18.6 m/s. If the rollercoaster car moves at twice that speed, what is its new kinetic energy?

[1.09 · 10⁵ J; if the speed is doubled, then the kinetic energy is quadrupled. Thus...]

46 A compact car moving at 90 km/h has approximately 3.2 · 10⁵ joules of kinetic energy. Estimate its new kinetic energy if it is moving at 45 km/h.

HINT The kinetic energy is directly related to the square of the speed: if the speed is reduced by a factor of 2, for example from 90 km/h to 45 km/h, then the kinetic energy will be reduced by a factor of...
[8 · 10⁴ J]

13.6 L'energia potenziale gravitazionale

47 Osserva la figura.
a) Quale dei tre oggetti ha l'energia potenziale maggiore?
b) A quale altezza occorre porre A perché abbia la stessa energia potenziale di C?

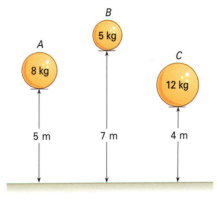

[6 m]

48 Osserva la figura. A quale altezza occorre porre *A* affinché abbia la stessa energia potenziale gravitazionale di *B*?

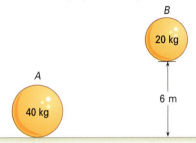

[3 m]

49 Un uomo di 80 kg si trova sul terrazzo di un edificio a 30 m dal livello stradale. Calcola l'energia potenziale gravitazionale dell'uomo rispetto al suolo.

Per lo svolgimento dell'esercizio, completa il percorso guidato, inserendo gli elementi mancanti dove compaiono i puntini.

1 I dati sono: ....

2 Un dato implicito è quello relativo all'accelerazione di gravità: $g =$ ....

3 La formula da usare, dato che ti viene richiesta l'energia potenziale gravitazionale, è: $U_g =$ ....

4 Sostituisci nella formula i dati, trovando perciò:

$U_g =$ .... = ...

[$23{,}5 \cdot 10^3$ J]

50 Una sonda spaziale si trova a 150 m di quota rispetto al suolo di Marte. Sapendo che l'accelerazione di gravità del pianeta in questione è 0,38 volte quella terrestre e che la massa della sonda vale 500 kg, trova la sua energia potenziale gravitazionale. [$2{,}8 \cdot 10^5$ J]

51 Completa la seguente tabella, sapendo che l'accelerazione di gravità è $g = 9{,}81$ m/s².

m (kg)	5	10	15	20	...	...
h (m)	10	20	...	...	50	60
U_g (J)	...	...	450	800	1500	2400

52 Un oggetto di massa 27,0 kg si trova a 8,50 m dal suolo.
a) Calcola la sua energia potenziale.
b) Se la situazione si verificasse su Marte cambierebbe qualcosa? Motiva la risposta. [2250 J]

53 Una palla di massa 500 g è stata portata da un ragazzo all'altezza di 10 m da terra.
a) Determina il lavoro compiuto dal ragazzo. È un lavoro motore o resistente?
b) Calcola l'energia potenziale gravitazionale della palla.
c) Se la palla cade a terra, qual è il lavoro della forza peso? È un lavoro motore o resistente? [b) 49 J]

54 A quale quota si deve trovare un corpo di 1250 g per avere un'energia potenziale gravitazionale di 260 J?

SUGGERIMENTO Devi trovare la formula inversa a partire dalla definizione di energia potenziale... [21,2 m]

55 Un acrobata di massa 52,0 kg si trova su una piattaforma a 9,00 m di altezza. A quale altezza dovrebbe posizionarsi un uomo di 78,0 kg per avere la stessa energia potenziale gravitazionale? Quale lavoro è stato compiuto per portare l'acrobata da terra sino alla piattaforma? [6,00 m; 4590 J]

56 Quale massa deve avere una sfera affinché, trovandosi sulla cima di una torre alta 20 m, abbia un'energia potenziale gravitazionale di 100 J rispetto al suolo? [510 g]

57 Un pacco, dall'altezza iniziale di 2,75 m, viene sollevato di 92 cm. Se alla fine ha un'energia potenziale gravitazionale di 1485 J rispetto al suolo, qual è la sua massa? [41 kg]

58 Un oggetto di 45,0 kg, trovandosi a 18,5 m dal suolo, possiede un'energia potenziale gravitazionale di 1348,65 J. Stabilisci su quale corpo celeste si trova, tenendo conto della tabella delle accelerazioni di gravità.

	Terra	Luna	Marte
g (m/s²)	9,81	1,62	3,73

59 Una sonda atterrata su un pianeta sconosciuto rileva che un corpo di massa 125 kg posto su un monte alto 2300 m presenta un'energia potenziale gravitazionale di $8{,}00 \cdot 10^5$ J. Determina l'accelerazione di gravità del pianeta. [2,78 m/s²]

60 A cart is pulled at constant speed along an inclined plane to the height of a chair.

a) If the mass of the loaded cart is 2.5 kg and the height of the chair is 0.45 meters, then what is the potential energy of the loaded cart at the height of the chair?
b) If a force of 12.3 N is used to drag the loaded cart along the inclined plane for a distance of 0.90 meters, then how much work is done on it?

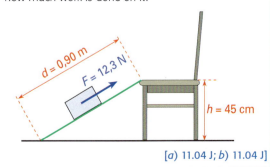

[a) 11.04 J; b) 11.04 J]

15.7 L'energia potenziale elastica

61 Osserva la seguente figura in cui viene rappresentata una molla in fase di compressione crescente.

(I)   (II)

a) Nella figura (II) il vettore che rappresenta la forza di reazione elastica aumenta o diminuisce rispetto a quello della (I)?
b) Nella figura (II) il vettore che rappresenta la forza che causa la compressione aumenta o diminuisce rispetto a quello della (I)?
c) Disegna nella figura (II) i due vettori forza.
d) Nel passaggio dalla situazione (I) alla (II), l'energia potenziale elastica aumenta o diminuisce?

62 Calcola l'energia potenziale elastica accumulata da una molla caratterizzata da una costante elastica di 35 N/m, che è stata allungata di 7,2 cm rispetto alla posizione di riposo.

Per lo svolgimento dell'esercizio, completa il percorso guidato, inserendo gli elementi mancanti dove compaiono i puntini.

1 I dati sono: ....

2 La formula da usare, dato che ti viene richiesta l'energia potenziale elastica, è: U_{el} = ...

3 Sostituisci nella formula i dati, trovando perciò:
U_{el} = ... = ...
[$9,1 \cdot 10^{-2}$ J]

63 Calcola l'energia potenziale elastica accumulata da una molla lunga a riposo 38,6 cm, caratterizzata da una costante elastica di 130 N/m, e che compressa diventa di 32,2 cm. [0,27 J]

64 È data una molla di costante $K = 45$ N/m. Completa la seguente tabella.

ΔL (m)	$5 \cdot 10^{-2}$	$1,5 \cdot 10^{-1}$	$2 \cdot 10^{-1}$	$5 \cdot 10^{-1}$
U_{el} (J)	...	...	...	...

65 Una molla A ha la costante elastica $K = 20$ N/m ed è compressa di 4,0 cm.
a) Determina l'energia potenziale elastica di A.
b) Se la compressione di A raddoppia, come varia la sua energia potenziale elastica?
c) Se la compressione di A diventa 2,0 cm, la sua energia potenziale elastica si dimezza? Motiva la risposta.
[a) 0,016 J]

66 Osserva il seguente grafico.

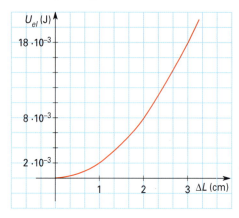

a) Che tipo di proporzionalità intercorre fra la compressione di una molla e la sua energia potenziale elastica?
b) Quando la molla è compressa di 2,0 cm, quanto è l'energia potenziale elastica della molla?
c) Se l'energia potenziale elastica è di $18 \cdot 10^{-3}$ J, quanto è compressa la molla?
d) Qual è la costante elastica della molla?
[d) 40 N/m]

67 Una molla è stata compressa accumulando un'energia potenziale elastica di 0,25 J. Sapendo che la sua lunghezza a riposo è di 20 cm, mentre quella finale è di 15 cm, calcola la costante elastica della molla. [200 N/m]

68 Appendendo a una molla un cilindretto metallico, essa risulta lunga 48 cm; aggiungendo un secondo cilindretto identico al primo essa diventa di 56 cm. Sapendo che l'energia potenziale elastica nella posizione finale è di 3,2 J, calcola la costante elastica della molla.

SUGGERIMENTO Tieni presente che se con l'aggiunta del secondo cilindretto la molla si è allungata di una certa quantità, l'allungamento complessivo con i due cilindretti uguali, in caso di perfetta elasticità, sarà...
[250 N/m]

69 Una molla è stata allungata accumulando, a causa della forza di richiamo elastica, un'energia potenziale di 0,125 J. Sapendo che la lunghezza a riposo è di 18,5 cm, mentre quella finale è di 25 cm, calcola il valore della forza elastica.
[3,85 N]

70 Una molla è stata allungata accumulando un'energia potenziale elastica di 0,150 J. Sapendo che la lunghezza a riposo è di 21 cm e che la costante elastica vale 40 N/m, trova la lunghezza finale della molla.

SUGGERIMENTO Devi trovare prima l'allungamento con l'opportuna formula inversa e quindi...
[29,7 cm]

71 Calcola l'energia potenziale accumulata in una molla, sapendo che si è allungata di 6,50 cm dopo che le è stata applicata una forza di 10,0 N.
[0,325 J]

72 A compressed spring stores an elastic potential energy of 0.130 J; at its equilibrium position, its length is 20 cm, whereas its length after the compression is 14 cm. Calculate the spring constant.

[72.2 N/m]

Problemi

La risoluzione dei problemi richiede la conoscenza degli argomenti trasversali a più paragrafi. Con il pallino sono contrassegnati i problemi che presentano una maggiore complessità.

1 Una forza costante agisce su un corpo parallelamente allo spostamento per un tempo di 12 minuti e mezzo. Sapendo che la forza è pari a 180 N e che lo spostamento è di 10 km, trova la potenza sviluppata.

SUGGERIMENTO Devi combinare i concetti di lavoro e di potenza...
[2,4 kW]

2 Un motore ha una potenza di 1000 W. Stabilisci per quanto tempo ha dovuto funzionare il motore se, grazie a esso, si è ottenuta una forza costante di 5200 N, che ha spostato il corpo a cui è stata applicata di 6 m.
[31,2 s]

3 Una forza costante sposta un corpo per un tratto di 727 cm, in una direzione che forma un angolo di 30° con la direzione della forza stessa, sviluppando una potenza di 40 W. Sapendo che l'azione è durata 20 s, trova il valore del modulo della forza.
[127 N]

4 Una sfera di 10 kg scende senza attrito lungo un piano inclinato, passando dalla velocità di 2,0 m/s alla velocità di 5,5 m/s in un intervallo di tempo pari a mezzo secondo. Calcola la forza e la potenza da essa sviluppata, nel caso in cui il tratto percorso dalla sfera sia di 1,875 m.
[70 N; 260 W]

•5 Un corpo inizialmente fermo con massa di 10 kg scende, senza attrito, lungo un piano di lunghezza 15 m che ha un'inclinazione di 30° con il piano orizzontale. Determina il lavoro della componente attiva della forza peso e la potenza sviluppata dalla forza peso nel corso della discesa.

SUGGERIMENTO Lungo un piano inclinato si verifica un moto uniformemente accelerato di cui puoi determinare l'accelerazione, poi, utilizzando la legge oraria $s = ...$
[740 J; 300 W]

•6 Un libro di 1650 g cade da una mensola posta a 250 cm di altezza da terra su un tavolino. Calcola l'altezza del tavolino, sapendo che l'energia potenziale gravitazionale del libro è diminuita durante la caduta di 28 J.

SUGGERIMENTO È conveniente cominciare calcolando l'energia potenziale gravitazionale del libro quando si trova sulla mensola...
[77 cm]

•7 Tenendolo inizialmente fermo, un corpo di 500 g viene appeso a una molla disposta verticalmente tramite un'asta di supporto. In questa situazione il corpo si trova a 80 cm dal suolo. Sapendo che la molla ha una costante elastica di 25 N/m, calcola l'energia potenziale gravitazionale finale del corpo, una volta che la molla si sia allungata accompagnando il corpo appeso fino al punto di equilibrio, e il valore dell'energia potenziale elastica. Di quanto è diminuita l'energia potenziale gravitazionale rispetto alla situazione iniziale? Coincide con quella elastica? (Motiva l'ultima risposta.)

SUGGERIMENTO Devi trovare prima di tutto il valore della forza peso, data dal prodotto $m \cdot g$ (essendo $g = ...$), applicata alla molla e poi il suo allungamento...
[2,96 J; 0,48 J; 0,96 J]

8 Un corpo, sotto l'azione del proprio peso, passa da 15 m a 9 m di altezza in un intervallo di tempo pari a 1,11 s. Sapendo che la sua massa è di 50 kg, calcola:
a) il lavoro compiuto dalla forza peso;
b) l'energia potenziale gravitazionale iniziale;
c) l'energia potenziale gravitazionale finale;
d) la variazione di energia potenziale gravitazionale;
e) la potenza sviluppata dalla forza peso.
Che cosa noti, confrontando il lavoro con la variazione di energia potenziale?
[a) 2943 J; b) 7357,5 J; c) 4414,5 J; d) – 2943 J; e) 2,65 · 10³ W]

9 Una cassa viene sollevata da un'altezza di 125 cm a un'altezza di 3,0 m. Sapendo che la sua energia potenziale gravitazionale è aumentata di 893 J, calcolane la massa.
[52 kg]

10 Un pendolo con massa di 350 g, sospeso mediante un filo di 70 cm, viene spostato dalla posizione di equilibrio fino a raggiungere la posizione A (vedi figura). Sapendo che la posizione di equilibrio O dista 0,40 m dal suolo, determina l'energia potenziale gravitazionale del pendolo rispetto alla Terra quando si trova in A.

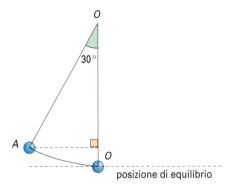

[1,7 J]

11 Una molla disposta orizzontalmente, avente una costante elastica pari a 400 N/m, viene compressa in modo tale da accumulare un'energia potenziale elastica di 2,20 J. In questa situazione al suo estremo viene agganciato un parallelepipedo che ha una massa di 6,50 kg, libero di strisciare su un piano (parallelo all'asse della molla) rispetto al quale ha un coefficiente d'attrito statico pari a 0,8. Stabilisci se, una volta lasciato libero, il parallelepipedo si mette in movimento oppure no e qual è la compressione minima affinché esso si sposti.

[no, perché...; 12,8 cm]

12 Un carrello di 400 g, partendo da fermo, scivola senza attrito su un piano inclinato lungo 1,70 m e alto 31,2 cm. Calcola l'energia cinetica finale del carrello al termine della discesa.

SUGGERIMENTO Rifletti bene: una strada per la ricerca della soluzione è molto rapida...

[1,20 J]

13 Un'automobile di 1170 kg, partendo da ferma, accelera per 9,25 s con accelerazione costante pari a 3,0 m/s². Calcola la potenza sviluppata dal motore nella fase di accelerazione.

SUGGERIMENTO Dopo aver trovato l'energia cinetica al termine del moto uniformemente accelerato, dal teorema delle forze vive puoi notare che tale quantità è uguale al ..., per cui per trovare la potenza basterà dividerlo per...

[49 kW]

14 Il barchino di una giostra di massa 40 kg viene tirato per un breve tratto da un operatore con una corda che forma un angolo di 45° rispetto al tratto rettilineo di percorso. Durante tale azione, la velocità del mezzo passa da 2,5 m/s a 6,0 m/s.
Trova la forza (per ipotesi costante) esercitata dall'operatore, se lo spostamento è stato di 10 m.

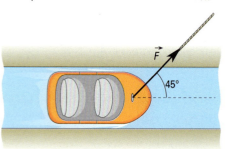

[84 N]

15 Ti trovi comodamente seduto a Porto de Santana, in Brasile, praticamente all'equatore. Raccogliendo dalle tabelle riportate alla fine del volume i dati opportuni, determina l'energia cinetica che possiede un turista di 80 kg seduto vicino a te per il fatto di ruotare insieme alla Terra. Di quanti grammi risulta ridotto il «peso» del turista in questione, a causa della conseguente forza centrifuga?

[8,6 · 10⁶ J; 275 g]

16 Un bob a due, che ha una massa complessiva (equipaggio compreso) di 360 kg, con una velocità iniziale di 80 km/h inizia a percorrere una discesa che presenta un dislivello di 42,5 m. Calcola:
a) la variazione di energia potenziale;
b) il lavoro delle forze gravitazionali, sapendo che senza attrito la velocità finale è di 131 km/h;
c) il lavoro resistente delle forze d'attrito, sapendo che in tal caso la velocità finale è di 115 km/h.

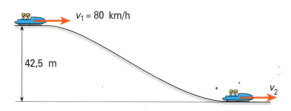

[a) 150 kJ; b) 150 kJ; c) 55 kJ]

17 Calcola l'energia cinetica di un corpo di (60,0 ± 0,2) kg che si muove alla velocità di (13,4 ± 0,1) m/s, riportandone la scrittura completa.

[(5,4 ± 0,1) kJ]

18 Calcola la variazione di energia potenziale gravitazionale di un uomo di (85,4 ± 0,2) kg che è salito da un'altezza di (2,60 ± 0,05) m a un'altezza di (6,90 ± 0,05) m. S'intende che devi riportare la scrittura completa del risultato.

SUGGERIMENTO Per la g devi prendere un'incertezza pari a 0,01 m/s²...

[(3,6 ± 0,1) · 10³ J]

19 A 100 N force is applied to move a 15 kg object at a constant speed. Calculate the amount of work done by the applied force when:
a) the force moves the object for a horizontal distance of 5 m;
b) the force is applied at an angle of 30° to the horizontal (same horizontal distance of 5 m);
c) the same object is lifted to a height of 5 meters at a constant speed.

HINT If the force is 30° above the horizontal, you should calculate cos 30°...

[a) 500 J; b) 433 J; c) 735 J]

Competenze alla prova

ASSE SCIENTIFICO-TECNOLOGICO

Essere consapevole delle potenzialità e dei limiti delle tecnologie...

1. Seleziona almeno cinque modelli di automobili delle quali puoi ricavare i dati relativi all'accelerazione da 0 a 100 km/h e le rispettive masse. Per ciascuna di esse calcola la potenza sviluppata durante la fase di accelerazione, ipotizzata in prima approssimazione costante, facendo ricorso al teorema delle forze vive.

Spunto Puoi cercare agevolmente i dati dell'accelerazione su Internet... Tuttavia, quando passi alla massa, tieni presente che nei motori di ricerca si tende comunemente a parlare di *peso* (*weight* in inglese) anziché di massa – te ne accorgi in quanto l'unità di misura è riportata comunque in kg. Potrebbe essere interessante confrontare successivamente i risultati ottenuti tramite il teorema delle forze vive con quelli che è possibile ricavare con le formule della cinematica e della dinamica...

ASSE SCIENTIFICO-TECNOLOGICO

Analizzare qualitativamente e quantitativamente fenomeni...

2. Valuta l'incidenza del concetto di potenza nella realtà di tutti i giorni, sia per quanto riguarda oggetti di uso casalingo sia in alcune applicazioni tecnologiche o industriali. Scegline almeno tre della prima tipologia e due della seconda, riportando in uno schema:
    a) le potenze in gioco;
    b) i relativi consumi di energia riferiti a un'ipotetica media di uso giornaliero;
    c) le spese corrispondenti, dopo esserti documentato con l'aiuto delle tariffe riportate nelle bollette sul costo in euro di ogni kilowattora.

Spunto Per far capire ai tuoi genitori che il tempo assai lungo che trascorri ad asciugarti i capelli non comporta un costo poi tanto alto, potresti rilevare la potenza dell'asciugacapelli che utilizzi normalmente, considerare un tempo medio giornaliero di funzionamento e trovare, quindi, l'energia consumata in kilowattora e la relativa spesa. Per gli altri elettrodomestici basta che ti guardi attorno in casa (frullatore, tostapane, lavatrice...). Su scala più ampia, potresti prendere in esame – reperendo le informazioni in Internet – la potenza assorbita dall'impianto di amplificazione durante un concerto rock o per l'illuminazione di uno stadio...

ASSE MATEMATICO

Individuare le strategie appropriate per la soluzione di problemi

3. Un disco viene tenuto fermo su un piano inclinato come illustrato in figura, in assenza di attrito. La massa del disco è pari a 350 g, mentre l'energia potenziale elastica accumulata dalla molla ($K = 17,5$ N/m) a causa del suo allungamento rispetto alla posizione di riposo è di 0,126 J. a) Dopo gli opportuni calcoli dire se, una volta lasciato libero, il disco inizia a scendere o a salire lungo il piano. b) Trovare la massa per la quale il disco rimarrebbe in equilibrio nella sua posizione. c) Discutere in che modo si modificherebbe la situazione se tra il disco e il piano vi fosse attrito.

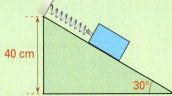

Spunto Per le prime due risposte, devi ricordare la legge di Hooke e la condizione di equilibrio su un piano inclinato, oltre alla definizione dell'energia potenziale elastica. Per la terza richiesta, devi ragionare sul verso in cui tende a muoversi il disco e, quindi, capire in che modo agisce l'attrito...

ASSE LINGUISTICO

Padroneggiare gli strumenti espressivi e argomentativi...

4. Intervista almeno tre persone, chiedendo loro che cosa intendono per *lavoro*, *energia* e *potenza*. Confronta quindi le loro risposte con i concetti corretti studiati in questa unità. Descrivi i risultati in una breve relazione e discutine con i tuoi compagni.

Spunto Non rivolgerti ad altri alunni, ma a persone che non si trovano in ambito scolastico o che comunque non hanno di solito a che fare con la... fisica!

UNITÀ 14
Principi di conservazione

14.1 Il principio di conservazione dell'energia meccanica

Immaginiamo di fare un tumultuoso percorso sulle montagne russe di un parco giochi, seduti in un vagoncino. Tutte le grandezze fisiche in gioco (altezza, velocità, accelerazione, ...) si modificano incessantemente. Ma c'è qualcosa che non cambia mai, a parte la massa dei passeggeri? La risposta non è immediata. Di certo avrai notato che, qualunque sia il modello di montagne russe, la corsa comincia sempre con una lenta salita sino al punto più alto della struttura. Dal momento che nella salita è aumentata la quota rispetto al livello del terreno, è stata accumulata energia potenziale di tipo gravitazionale.

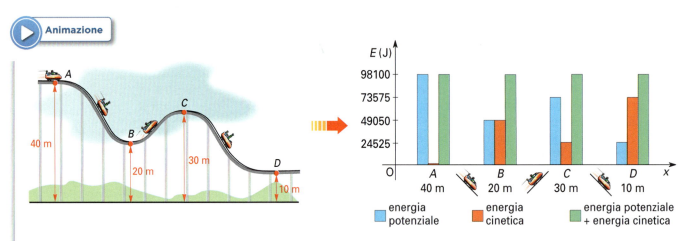

Supponiamo che il punto A delle montagne russe si trovi a 40 m da terra. Il vagoncino ha in questa posizione la massima energia potenziale e siccome per un attimo sta quasi fermo, possiamo per semplicità ritenere nulla l'energia cinetica.

Da lì in avanti comincia a scendere, di conseguenza la velocità e l'energia cinetica aumentano, mentre la quota e l'energia potenziale diminuiscono, sino ad arrivare in B. Nella fase di risalita verso C il processo si inverte, per cui la velocità e l'energia cinetica diminuiscono, mentre la quota e l'energia potenziale aumentano.

Vi è in sostanza una specie di *altalena* fra le due forme di energia, di modo che se una cresce l'altra decresce e viceversa. Tuttavia, si verifica una circostanza piuttosto ricca di conseguenze: la loro somma rimane costante.

Poiché conosciamo già le formule che danno E_C ed U_g, traduciamo in una tabella le osservazioni che abbiamo fatto sul percorso del vagoncino, ipotizzando che la sua massa sia di 250 kg.

TABELLA 1

	h (m)	$U_g = m \cdot g \cdot h$ (J)	v (m/s)	$E_c = \frac{1}{2} m \cdot v^2$ (J)	$E_c + U_g$ (J)
A	40	98 100	0	0	98 100
B	20	49 050	19,8	49 050	98 100
C	30	73 575	14,0	24 525	98 100
D	10	24 525	24,3	73 575	98 100

N.B. Le energie cinetiche sono state calcolate arrotondando i valori delle velocità.

> **ricorda...**
> Con il termine *energia potenziale* si intende non soltanto l'energia potenziale gravitazionale, ma anche quella elastica (considerate sia insieme sia singolarmente).

L'ultima colonna della tabella 1 riguarda la somma tra energia cinetica e potenziale, detta **energia meccanica**. L'**energia meccanica** (E_M) è la somma fra l'energia cinetica e l'energia potenziale relative a un determinato corpo.

$$E_M = E_C + U_g \quad \Rightarrow \quad E_M = \frac{1}{2} m \cdot v^2 + m \cdot g \cdot h$$

> energia meccanica

Come si vede chiaramente dalla tabella 1, la somma $E_C + U_g$ si mantiene costante: durante la discesa la seconda diminuisce a vantaggio della prima, mentre durante la salita avviene il contrario. Da qui segue la formulazione del **principio di conservazione dell'energia meccanica**.

Durante il moto di un corpo in assenza di attriti, la somma dell'energia cinetica e dell'energia potenziale gravitazionale si mantiene costante. In altre parole, si conserva l'energia meccanica:

E_M = costante

> principio di conservazione dell'energia meccanica

esempio

1 Una sfera di 25 kg, partendo dal punto (1) a 5 m di altezza, percorre tutta la discesa. Qual è la velocità finale della sfera quando giunge in (2)?

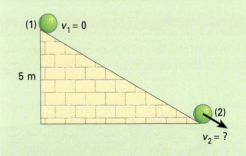

Probabilmente, ragionando nei termini delle leggi del moto, potrai pensare che i dati non siano sufficienti. Ma ricorrendo al principio di conservazione appena visto, indicando con E_{M1} l'energia meccanica in (1) e con E_{M2} quella in (2), si può procedere come riportato a fianco.

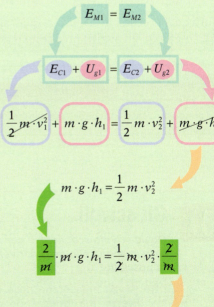

per definizione di energia meccanica

sostituendo le rispettive espressioni

in (1) la sfera è ferma ($v_1 = 0$), mentre in (2) la quota è nulla ($h_2 = 0$), quindi

moltiplicando ambo i membri per $\frac{2}{m}$

semplificando e ricavando v_2

e sostituendo i valori

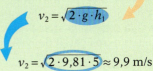

 **Scheda Lab**

Il procedimento dell'esempio svolto sembra lungo, perché abbiamo voluto svilupparlo passo-passo. In generale, però, con questa strada, cioè con l'utilizzo del principio di conservazione dell'energia meccanica, la soluzione di solito viene raggiunta più rapidamente. Un'altra osservazione rilevante è che la massa del corpo non serve ai fini del risultato finale, perché conta unicamente la quota iniziale.

Come giustifichi tale conclusione? ....
....

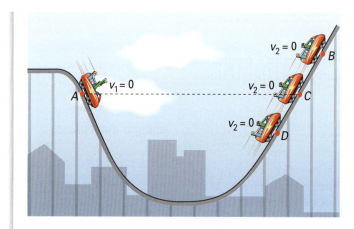

Concentrati sulla figura: lasciando partire il vagoncino da A, dove arriva secondo te nella risalita? In B, C o D? (Dai una motivazione alla tua risposta.)

....
....

Per intuito, siamo giustamente portati a pensare che il vagoncino non possa arrivare sino a B, essendo più in alto di A. Il principio di conservazione dell'energia meccanica ammetterebbe C come soluzione (se lì è fermo, così come in A, dovrà avere la stessa energia potenziale gravitazionale e perciò la stessa quota di A). Però l'esperienza ci insegna che il carrello alla prima risalita non raggiungerà l'altezza di A, bensì arriverà in D.

Il fatto è che nella realtà agisce sempre l'attrito (tra il corpo e l'aria, tra le ruote e i binari ecc.), che noi abbiamo invece ignorato. Man mano che il vagoncino scende e lo spazio percorso aumenta, le forze d'attrito compiono un lavoro negativo: una parte dell'energia iniziale viene dissipata sotto forma di calore e l'energia meccanica totale del sistema non si conserva, bensì diminuisce. Si parla in questo caso di **fenomeni dissipativi**.

fenomeni dissipativi Tutti quei processi in seguito ai quali si ha dispersione di energia sotto forma di calore (per esempio, gli attriti) prendono il nome di **fenomeni dissipativi**.

 ricorda...
Il principio di conservazione dell'energia meccanica è valido esclusivamente in assenza di fenomeni dissipativi.

flash >>> Gli scivoli

Quale scivolo sceglieresti per arrivare in acqua alla maggior velocità possibile?

I tre scivoli presentano delle forme diverse, ma ipotizzando che non vi sia attrito, la velocità finale è sempre la stessa, perché in tutti e tre i casi il dislivello è uguale.

14.2 La molla e la conservazione dell'energia meccanica

Consideriamo una molla a riposo disposta su un tavolo orizzontale. Un disco di massa m si avvicina alla molla alla velocità v_0.
Scattiamo una serie di fotografie della situazione in vari istanti. Non ci sono attriti di nessun tipo.

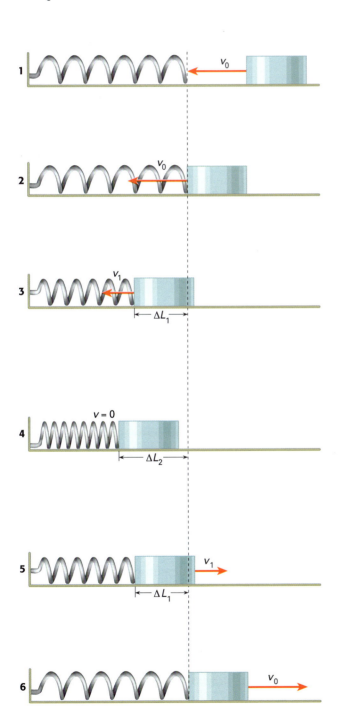

1. La molla è in posizione di riposo, il disco ha una velocità v_0 e sta per comprimere la molla.

2. Nell'istante del contatto il sistema formato dal disco e dalla molla ha energia potenziale elastica nulla (molla in posizione di riposo) ed energia cinetica dovuta al disco data da $(1/2)m \cdot v_0^2$ per cui l'energia meccanica totale è:

$$E_M = \frac{1}{2} m \cdot v_0^2 + 0$$

3. Inizia la compressione della molla, di conseguenza l'energia potenziale elastica aumenta, mentre la velocità e l'energia cinetica del disco diminuiscono. Si ha:

$$E_M = \frac{1}{2} m \cdot v_1^2 + \frac{1}{2} K \cdot (\Delta L_1)^2$$

4. La molla ha raggiunto il limite di compressione. L'energia potenziale elastica è massima, viceversa l'energia cinetica è nulla essendo il disco fermo, quindi:

$$E_M = 0 + \frac{1}{2} K \cdot (\Delta L_2)^2$$

5. Il sistema si trova in una situazione analoga alla 3, ma con velocità di verso opposto. L'energia meccanica è ancora:

$$E_M = \frac{1}{2} m \cdot v_1^2 + \frac{1}{2} K \cdot (\Delta L_1)^2$$

6. Un attimo prima del distacco la situazione è di nuovo:

$$E_M = \frac{1}{2} m \cdot v_0^2 + 0$$

Avendo fatto l'ipotesi che non ci siano attriti, tutte le quantità E_M scritte prima sono uguali fra loro. Il principio di conservazione dell'energia meccanica nel caso della molla diventa:

$$E_M = E_C + U_{el} = \text{costante} \quad \Rightarrow \quad \frac{1}{2} m \cdot v^2 + \frac{1}{2} K \cdot (\Delta L)^2 = \text{costante}$$

Che cosa succede se la molla viene disposta verticalmente?

....

Oltre all'energia cinetica, bisogna tener conto sia dell'energia potenziale gravitazionale sia di quella elastica:

$$E_M = E_C + U_g + U_{el} = \text{costante} \quad \Rightarrow \quad \frac{1}{2} m \cdot v^2 + m \cdot g \cdot h + \frac{1}{2} K \cdot (\Delta L)^2 = \text{costante}$$

14.3 La conservazione dell'energia

L'energia meccanica (costituita da energia cinetica e potenziale) non è l'unico tipo di energia esistente. Le forme in cui si manifesta l'energia, come abbiamo visto nell'Unità 13, sono numerose: elettrica, magnetica, termica, chimica, ... Allarghiamo allora il nostro discorso, tenendo conto di tutte le possibili forme di energia esistenti e prendendo in esame un **sistema isolato**.

sistema isolato > Si dice **sistema isolato** un sistema che non scambia né materia né energia con l'esterno.

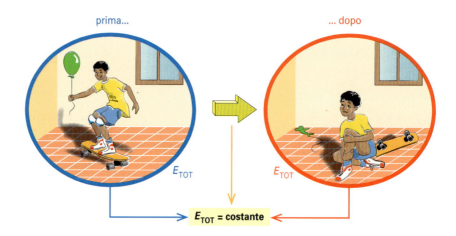

Se all'inizio il sistema è caratterizzato da una certa energia totale E_{TOT}, qualunque cosa accada in esso (trasformazioni chimiche, riscaldamenti o raffreddamenti, interazioni di qualsiasi tipo, ...), l'energia totale E_{TOT} rimane sempre la stessa. Questo è un risultato a carattere estremamente generale e davvero fondamentale: il **principio di conservazione dell'energia**.

principio di conservazione dell'energia > L'energia non si crea e non si distrugge, ma si trasforma.

Nell'esempio del vagoncino sulle montagne russe, se nel bilancio energetico includiamo qualunque energia, allora possiamo sempre affermare che l'energia totale effettivamente si conserva, in quanto nel conto va inserita anche l'energia termica dissipata a causa degli attriti. In altre parole, l'energia che viene a mancare in una particolare forma, la dobbiamo necessariamente ritrovare da qualche altra parte in una veste diversa.

14.4 Conservazione e fluidodinamica

▶ Fluido e flusso ideali

Il moto dei fluidi può essere particolarmente complesso: una singola particella di un torrente in piena può essere soggetta a vortici e può avere velocità molto diverse dalle particelle adiacenti.
In questa situazione ci chiediamo se è possibile applicare anche al caso della fluidodinamica la conservazione dell'energia.
Occorre innanzitutto ricorrere a un modello prendendo in esame un fluido ideale che presenta caratteristiche semplificate rispetto a un fluido reale.

Il miele, a differenza del latte, scorre con una notevole difficoltà, per cui si dice che ha un'elevata **viscosità**. Infatti, durante il movimento agiscono forze di attrito interne che si oppongono allo scorrimento degli strati adiacenti l'uno sull'altro.
Se un fluido scorre facilmente, come il latte, si dice che la viscosità è bassa.
Un fluido ideale presenta viscosità nulla.

I liquidi, anche al variare della pressione, non subiscono significative variazioni di volume e perciò la loro densità è costante. Per questo motivo i liquidi vengono detti con buona approssimazione **incomprimibili**. I gas invece non sono incomprimibili; tuttavia in condizioni di velocità non troppo elevate, anche i gas tendono ad avere una densità costante. *In generale i fluidi ideali sono considerati incomprimibili.*

Un fluido ideale è **non viscoso** e **incomprimibile**: **non viscoso** indica che il fluido è privo di attrito interno per cui scorre liberamente; **incomprimibile** significa che la densità del fluido è costante.

fluido ideale

Anche per quanto riguarda le caratteristiche del movimento, occorre introdurre delle ipotesi semplificatrici.

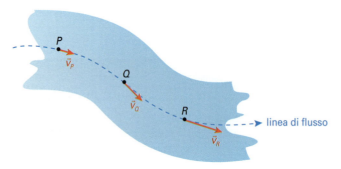

Consideriamo un punto P qualsiasi e analizziamo la velocità v_P delle particelle del fluido che passano per P. Supponiamo di verificare che v_P è sempre la stessa.
Ripetiamo l'analisi per un altro punto Q del fluido e riscontriamo che tutte le particelle passanti per Q hanno la stessa velocità v_Q (che può essere diversa da v_P). Se questa proprietà sussiste per tutti i punti del fluido diciamo che il **flusso** è **stazionario**.

> ! **ricorda...**
> Il termine *stazionario* non significa fermo, bensì che in qualsiasi posizione la velocità è costante nel tempo, anche se può cambiare con la posizione.

flusso stazionario — Un flusso è **stazionario** se tutte le particelle del fluido hanno la stessa velocità v quando passano per un punto P scelto arbitrariamente.

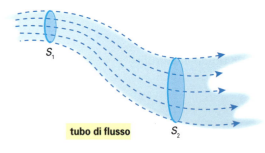

Quando un flusso è stazionario le traiettorie delle particelle di fluido possono essere rappresentate mediante le **linee di flusso** (o **linee di corrente**) che hanno la proprietà di risultare tangenti in ogni loro punto al vettore velocità istantanea delle particelle di fluido che passano per quel punto. Un insieme di linee di flusso individua un **tubo di flusso** che, per semplicità di trattazione, ipotizziamo coincidente con un condotto reale. Un esempio concreto è dato dalle linee di flusso che si formano attorno all'auto durante una prova nella galleria del vento.

Per completare il modello occorre escludere la possibilità che le particelle del fluido seguano traiettorie circolari, anche se in realtà sono quasi sempre presenti moti turbolenti. **In un flusso ideale viene esclusa la possibilità di moti rotazionali**.

Un flusso ideale è **stazionario** e **irrotazionale**: **stazionario** significa che in ogni punto la velocità è costante nel tempo; **irrotazionale** indica che ogni piccolo elemento di fluido deve avere una velocità angolare nulla escludendo la possibilità di vortici.

> **flusso ideale**

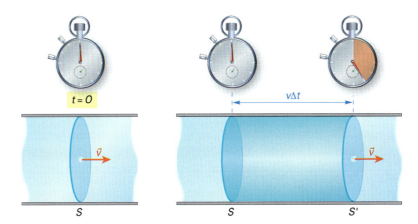

Vogliamo quantificare la rapidità con cui un flusso ideale relativo a un fluido ideale attraversa un condotto.
Per semplicità ipotizziamo che il condotto sia cilindrico e che S sia una sua sezione trasversale. Attraverso la sezione, in un intervallo di tempo Δt, passa un volume di fluido ΔV pari a un cilindretto di base S e altezza $v \cdot \Delta t$, dove $\vec{v}$ è la velocità del fluido.

La **portata** è il rapporto tra il volume di fluido che attraversa una sezione del condotto e l'intervallo di tempo impiegato ad attraversarlo:

$$P = \frac{\Delta V}{\Delta t} = \frac{S v \Delta t}{\Delta t} = S v$$

> **portata**

dove S rappresenta la sezione del condotto e v il modulo della velocità del fluido stazionario.

L'unità di misura della portata nel SI è il m³/s.

Equazione di continuità

È noto che se si vuole ottenere un getto d'acqua più veloce basta stringere il tubo.
Il fenomeno è una conseguenza della **legge di conservazione della massa**, per cui, in un dato intervallo Δt, la massa che entra in un tubo è uguale a quella che ne fuoriesce.

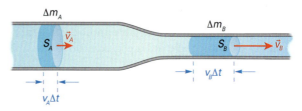

Consideriamo un condotto in cui la sezione trasversale è variabile e ipotizziamo che non vi siano perdite di fluido (pozzi) o aggiunte (sorgenti).

Se una massa di fluido Δm_A entra in un condotto di sezione S_A e lo percorre per un breve intervallo di tempo Δt con velocità v_A, per la legge di conservazione della massa, contemporaneamente nella sezione S_B si muove con velocità v_B una massa Δm_B uguale alla precedente:

$$\Delta m_A = \Delta m_B$$

Dalla definizione di densità:

$$\rho = \frac{\Delta m}{\Delta V} \quad \text{da cui} \quad \Delta m = \rho \Delta V$$

perciò:

$$\rho_A \Delta V_A = \rho_B \Delta V_B$$

Il volume del fluido è individuato dal prodotto della sezione S per l'altezza $v\Delta t$, cioè $\Delta V = S \cdot v\Delta t$, quindi:

$$\rho_A S_A v_A \Delta t = \rho_B S_B v_B \Delta t$$

Un fluido ideale è incomprimibile, per cui la densità è costante $\rho_A = \rho_B = \rho$ e, semplificando, si ottiene la seguente uguaglianza:

$$S_A v_A = S_B v_B$$

Dato che A e B individuano due posizioni scelte arbitrariamente, la stessa relazione può essere espressa nel seguente modo.

equazione di continuità

In qualunque istante la portata attraverso una qualsiasi sezione di un condotto è costante:

Sv = costante

flash >>> La velocità del sangue

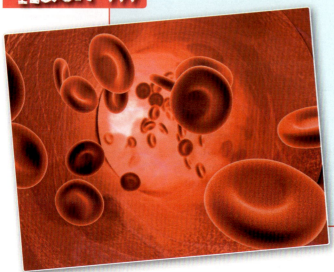

L'equazione di continuità può essere applicata al sistema cardiocircolatorio, poiché il sangue (fluido) si muove in un sistema chiuso formato da cuore, arterie, capillari e vene (tubi).

La velocità di scorrimento del sangue varia da 40 cm/s a 0,07 cm/s e raggiunge il suo minimo proprio nei capillari.

Questo risultato sembra in contrasto con l'equazione di continuità, perché il singolo capillare ha una sezione minore di quella degli altri vasi e quindi ci si aspetterebbe una velocità di scorrimento maggiore. In realtà i capillari vanno considerati nel loro insieme e quindi la loro sezione trasversale complessiva risulta maggiore di quella delle arterie o delle vene.

Equazione di Bernoulli

Dal principio di conservazione dell'energia meccanica è possibile ricavare un'altra importante relazione per i fluidi enunciata da Daniel Bernoulli (matematico svizzero, 1700-1782).

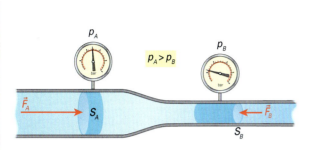
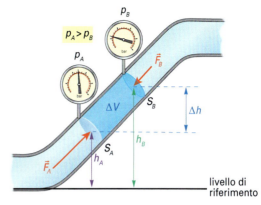

Possiamo verificare sperimentalmente che, se in un condotto diminuisce, la sezione la pressione passa da un valore maggiore a uno minore.

Analogamente, un cambiamento di quota Δh del fluido, senza che vi sia una modificazione della sezione, comporta una variazione della pressione e, in particolare, se si tratta di un innalzamento di quota, la pressione diminuisce.

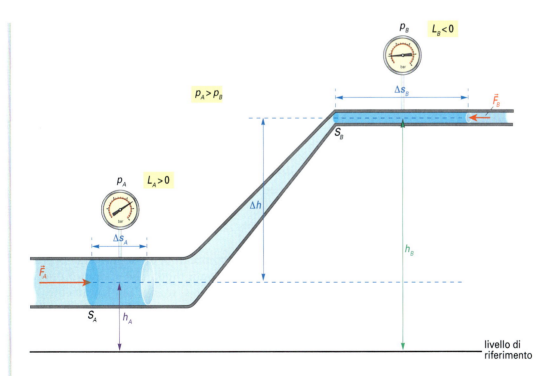

In sintesi, se la pressione in un condotto varia la sezione e la quota, l'azione di forze che agiscono sul fluido sotto forma di dislivelli di pressione è la causa delle variazioni di energia cinetica ed energia potenziale gravitazionale.
Il bilancio energetico complessivo, che è un'applicazione ai fluidi della legge di conservazione della energia meccanica, è sintetizzato nell'**equazione di Bernoulli**.

equazione di Bernoulli

> In un punto qualsiasi di un fluido ideale soggetto a un flusso stazionario e irrotazionale vale la seguente relazione:
>
> $$p + \frac{1}{2}\rho v^2 + \rho g h = \text{costante}$$
>
> dove p rappresenta la pressione, ρ la densità e h la quota di un punto qualsiasi lungo il tubo.

I termini $p + \rho g h$ costituiscono la *pressione idrostatica*, mentre $\frac{1}{2}\rho v^2$ è la *pressione idrodinamica*.

L'enunciato equivale ad affermare che, dati due punti qualsiasi del fluido A e B, si ha:

$$p_A + \frac{1}{2}\rho v_A^2 + \rho g h_A = p_B + \frac{1}{2}\rho v_B^2 + \rho g h_B$$

▸ Caso particolare dell'equazione di Bernoulli: effetto Venturi

Se si tiene a un'estremità una striscia di carta, essa si piega verso il basso. Indichiamo con B un punto nella parte superiore del foglio e con A quello sulla faccia inferiore.
L'equazione di Bernoulli è:

$$p_A + \frac{1}{2}\rho v_A^2 + \rho g h_A = p_B + \frac{1}{2}\rho v_B^2 + \rho g h_B \qquad [*]$$

Dato che lo spessore del foglio è minimo, il dislivello fra un punto qualsiasi A della sua superficie inferiore e il corrispondente B sulla superficie superiore è trascurabile.
I termini $\rho g h_A = \rho g h_B$ si elidono e la [*] diventa:

$$p_A + \frac{1}{2}\rho v_A^2 = p_B + \frac{1}{2}\rho v_B^2$$

Se si soffia sopra il foglio, esso si solleva. Infatti, v_B aumenta mentre al di sotto l'aria rimane ferma ($v_A = 0$). L'equazione diventa:

$$p_A = p_B + \frac{1}{2}\rho v_B^2$$

La pressione sottostante p_A risulta maggiore di p_B e il foglio tende a posizionarsi parallelamente al suolo. Perciò, un fluido che si muove velocemente ha una pressione minore di uno che si muove più lentamente. La conseguenza della differenza di pressione è una forza risultante verso l'alto detta **portanza**.

Questa proprietà, dalle numerose applicazioni, che viene sfruttata durante le fasi di volo planato, prende il nome dal fisico italiano Giovanni Battista Venturi (1746-1822) e può essere sintetizzata nel seguente modo:

> Se la velocità di un fluido aumenta, la sua pressione diminuisce.

effetto Venturi

La portanza

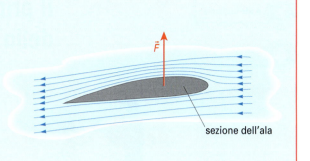

La scelta di dare un profilo asimmetrico alle ali di un aereo è dettata dalla possibilità di sfruttare la differenza di pressione. Infatti, grazie alla particolare struttura dell'ala, le particelle dell'aria tendono a scorrere in modo tale che si crea un dislivello di pressione che comporta una spinta complessiva verso l'alto chiamata *portanza*.

Effetto Magnus

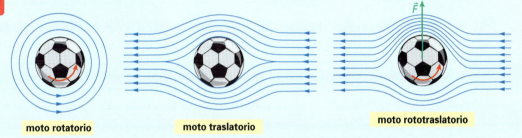

Nel calcio, nel tennis, nel baseball… si fa talvolta ricorso a un tiro particolare grazie al quale la palla non procede secondo le normali traiettorie, ma compie curve difficili da valutare. Si tratta dell'**effetto Magnus** (comunemente detto **tiro ad effetto**). Se una sfera ruota, anche gli strati d'aria adiacenti sono costretti a compiere un moto circolare attorno a essa; invece, se si muove di solo moto traslatorio, le linee di flusso sono tendenzialmente equidistanti (tranne per lo spazio occupato dal corpo). Quando si imprime al pallone un moto sia rotatorio sia traslatorio, i due fenomeni si compongono. L'aria che si trova sopra la palla accelera perché moto rotatorio e traslatorio sono concordi e la pressione risulta minore; mentre, contemporaneamente, la parte sottostante di aria decelera perché i due moti sono discordi e la pressione aumenta. La differenza di pressione è all'origine di una forza che provoca quella deviazione dalla traiettoria che rende il tiro spesso imprevedibile per l'avversario.

Aterosclerosi

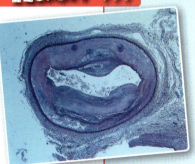

Con il trascorrere degli anni può accadere che lungo le aorte principali si formino placche di materiale lipidico che tendono a ostruirle. Per mantenere il flusso, essendo diminuita la sezione del vaso, aumenta la velocità del sangue e, quindi, diminuisce la pressione.

Può accadere che, sotto l'effetto della pressione esterna, l'arteria collassi e vi sia un momentaneo arresto del flusso. Non essendo più valida l'equazione di Bernoulli, grazie all'azione della pressione arteriosa, il sangue ricomincia subito dopo a scorrere.

Con l'utilizzo di un semplice stetoscopio si possono percepire queste variazioni del flusso sanguigno e intervenire opportunamente, prima che insorgano gravi problemi a livello cardiaco e cerebrale.

Aneurisma

Se per qualche ragione una zona della parete dei vasi sanguigni perde elasticità, il sangue rallenta e la pressione nelle immediate vicinanze aumenta.

La persistenza di una pressione alta è un importante fattore di rischio, perché può causare danni fino a determinare la rottura del vaso.

14.5 Il principio di conservazione della quantità di moto

Due pattinatori su ghiaccio, che identificheremo con A e B, hanno massa uguale ($m_A = m_B$) e sono fermi uno di fronte all'altro. A un certo punto si danno una spinta reciproca che li porta ad allontanarsi.

Si conserva l'energia meccanica dei due pattinatori considerati insieme?
....

Notando che l'energia potenziale rimane la stessa, dato che la pista è orizzontale, la domanda diventa: si conserva l'energia cinetica totale?
....

La risposta è negativa, in quanto inizialmente l'energia cinetica è nulla, essendo $v = 0$ per entrambi; dopo la spinta, invece, i due atleti sono in movimento, sia pure in versi opposti, per cui l'energia cinetica complessiva non è più nulla. Eppure, qualcosa che rimane costante c'è anche in questo caso...

Quando un corpo viene in qualche maniera sollecitato, la sua *risposta* alla sollecitazione dipende sia dalla sua massa sia dalla sua velocità. Perciò si è pensato di definire una nuova grandezza fisica, la **quantità di moto** ($\vec{Q}$), definita come segue:

quantità di moto
$$\vec{Q} = m \cdot \vec{v}$$

dove m è la massa del corpo e $\vec{v}$ la velocità.

unità di misura di Q
L'unità di misura del modulo della quantità di moto è il $kg \frac{m}{s}$.

 ricorda...
La quantità di moto è una grandezza vettoriale che ha:
• modulo: $Q = m \cdot v$;
• direzione: quella della velocità $\vec{v}$;
• verso: coincidente con quello di $\vec{v}$.

La quantità di moto si comporta seguendo un principio estremamente importante: il **principio di conservazione della quantità di moto**.

principio di conservazione della quantità di moto
In un sistema nel quale non agiscono forze esterne, perché sono nulle o comunque la loro somma vettoriale è nulla, la quantità di moto si mantiene costante:
$$\vec{Q} = \text{costante}$$

Questo è un principio che ha una validità più generale di quello di conservazione dell'energia meccanica ed è utile per studiare, fra le altre cose, gli urti delle particelle subatomiche negli acceleratori.

Verifichiamo la conservazione della quantità di moto nel caso di due pattinatori. Innanzitutto, osserviamo che la risultante delle forze esterne è nulla: la forza peso dei pattinatori, che all'inizio sono fermi, è equilibrata esattamente dalla reazione vincolare della pista. Scegliamo arbitrariamente il verso positivo del moto e analizziamo le quantità di moto prima e dopo la spinta. Dato che il moto avviene in una direzione possiamo utilizzare la notazione scalare.

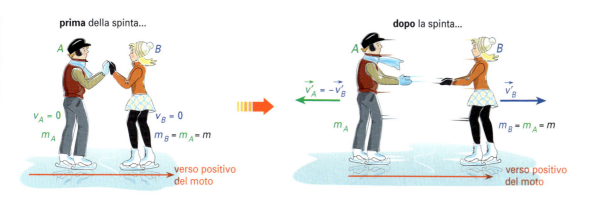

$\vec{Q} = m_A v_A + m_B v_B = m_A \cdot 0 + m_B \cdot 0 = 0$

Dopo la spinta, se $\vec{v}'_A$ e $\vec{v}'_B$ sono le velocità di A e B, la quantità di moto totale $\vec{Q}'$ si conserva e resta nulla:

$Q' = m_A v'_A + m_B v'_B = m (-v'_B) + m (+v'_B) = 0$

Possiamo concludere che pur modificandosi le quantità di moto dei singoli corpi del sistema, quella totale risulta invariata.

14.6 Gli urti

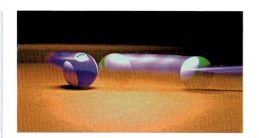

Nella foto è rappresentato un momento di una partita di biliardo in cui le due biglie sono in collisione.
Eventi di questo tipo in fisica si chiamano **urti**.

Un **urto** è un'interazione tra corpi durante la quale si hanno tra loro scambi di quantità di moto e di energia.

urto

Per quanto riguarda la *quantità di moto*, le forze d'interazione che si manifestano durante l'urto sono molto intense, per cui le eventuali altre forze esterne sono trascurabili. Il sistema è un sistema isolato e vale il principio di conservazione della quantità di moto.

Durante un urto vale sempre il principio di conservazione della quantità di moto.

Per quanto riguarda l'*energia*, invece, sappiamo che in un sistema isolato l'energia totale si conserva, ma non sempre si conserva quella cinetica.
Gli urti possono classificarsi proprio in base al diverso comportamento rispetto all'energia cinetica.

Urto elastico

Quando si urtano due automobiline, vi è una parziale deformazione dei paraurti in gomma che rapidamente tornano alla situazione originaria: l'energia cinetica totale si conserva.

Urto anelastico

Se viene rotto un vetro, una parte dell'energia cinetica viene dissipata (in deformazione dei corpi coinvolti e calore): l'energia cinetica totale non si conserva.

Urto totalmente anelastico

In questo incidente in cui l'energia cinetica totale non si conserva, oltre a deformarsi, i due corpi rimangono incastrati in modo da avere la stessa velocità dopo l'urto.

classificazione degli urti

Gli urti si classificano in:
- **urti elastici**, se l'energia cinetica totale si conserva;
- **urti anelastici**, se l'energia cinetica totale non si conserva;
- **urti totalmente anelastici** se, dopo l'urto anelastico, i due corpi rimangono incastrati e continuano a muoversi alla stessa velocità.

Fondamentalmente la differenza risiede nel fatto che nel caso degli urti non elastici una parte dell'energia meccanica dovuta al moto causa la deformazione permanente dei corpi, che non tornano alla loro forma iniziale, o si trasforma in calore. Siamo cioè in presenza di fenomeni dissipativi.

esempio 2

Abbiamo due sfere di raggio uguale, A di massa $m_A = 2,5$ kg e B di massa $m_B = 0,5$ kg, che procedono nella stessa direzione, ma con versi opposti. Prima dell'urto frontale A e B hanno rispettivamente velocità $v_A = 2$ m/s e $v_B = -4$ m/s. Dopo l'urto, le due sfere si allontanano l'una dall'altra con B che ha una velocità finale di 6 m/s. Vogliamo determinare la velocità di A dopo l'urto.

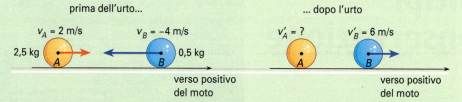

Indichiamo con $\vec{v}_A, \vec{v}_B, \vec{v}'_A, \vec{v}'_B$ le velocità di A e B rispettivamente prima dell'urto e dopo; inoltre, assumiamo come verso positivo quello di $\vec{v}_A$, per cui il modulo di $\vec{v}_B$ è stato indicato con il segno negativo.

prima dell'urto		dopo l'urto
Q		Q'
$m_A \cdot v_A + m_B \cdot v_B$	$=$	$m_A \cdot v'_A + m_B \cdot v'_B$
$2,5 \cdot 2 + 0,5 \cdot (-4)$	$=$	$2,5 \cdot v'_A + 0,5 \cdot 6$
3	$=$	$2,5 \cdot v'_A + 3$

da cui:

$$v'_A = \frac{3-3}{2,5} = 0 \text{ m/s}$$

La sfera A dopo l'urto si ferma.

esempio 3

Una palla A di 300 g urta alla velocità di 1,8 m/s una palla B di 50 g inizialmente ferma. Se dopo l'urto la palla A continua il suo moto, mantenendo invariati direzione e verso, alla velocità di 1,4 m/s e la palla B parte nella stessa direzione e nello stesso verso alla velocità di 2,4 m/s, di quale tipo di urto si tratta?

Calcoliamo le energie cinetiche E_C ed E'_C, prima e dopo l'urto:

$$E_C = \frac{1}{2} m_A \cdot v_A^2 + \frac{1}{2} m_B \cdot v_B^2 = \frac{1}{2} 0,300 \cdot 1,8^2 + \frac{1}{2} 0,050 \cdot (0)^2 = 0,486 \text{ J}$$

$$E'_C = \frac{1}{2} m_A \cdot v'^2_A + \frac{1}{2} m_B \cdot v'^2_B = \frac{1}{2} 0,300 \cdot (1,4)^2 + \frac{1}{2} 0,050 \cdot (2,4)^2 = 0,438 \text{ J}$$

L'urto è anelastico, in quanto l'energia cinetica finale è minore di quella iniziale. Non può essere, tuttavia, classificato come totalmente anelastico, in quanto le velocità di A e di B dopo l'urto sono diverse ($v'_A \neq v'_B$).

Espansioni
- Dalla traslazione alla rotazione
- Il principio di conservazione del momento angolare

> **ricorda...**
> La quantità di moto, purché le forze esterne al corpo o al sistema considerato siano complessivamente nulle, si conserva in qualunque tipo di urto.

idee e personaggi

I principi di conservazione

Le leggi di conservazione, anche se nella Fisica classica si possono dedurre dai principi di Newton, non sono attribuite a nessuno scienziato in particolare: sono il frutto di un complesso percorso storico. All'origine vi è l'idea di Eraclito di cercare ciò che non cambia nel continuo fluire del fiume (simbolo dell'incessante trasformazione cui è soggetto l'Universo). Si ritrovano tracce di questa metafora in filosofi e scienziati di ogni epoca.

IL POSSIBILE E L'IMPOSSIBILE

Nella meccanica classica le tre leggi fondamentali di conservazione dell'energia meccanica, della quantità di moto, del momento angolare, sono i fondamenti della Fisica, per la loro generalità, in quanto le grandezze si conservano comunque durante il fenomeno e, inoltre, non ha alcuna importanza né come avviene la trasformazione né quali sono le caratteristiche dei corpi che vi partecipano. Si possono applicare a una galassia come alle particelle che costituiscono il nucleo dell'atomo. Nonostante si siano affermate nuove teorie, queste leggi hanno mantenuto la loro validità. Nell'ambito della meccanica quantistica si sono rivelate l'unico efficace strumento di indagine nel complesso mondo delle particelle subatomiche. Non descrivono un processo, bensì lo delimitano informandoci su ciò che è impossibile – e quindi non potrà verificarsi – e su ciò che è possibile. Tuttavia, la loro combinazione finisce spesso per determinare l'unica possibile evoluzione di un fenomeno.

LE SIMMETRIE

Sul significato delle leggi di conservazione un contributo fondamentale è stato dato dal teorema pubblicato nel 1918 da Amalie Noether (1882-1935): per ogni simmetria continua delle leggi della Fisica esiste una corrispondente legge di conservazione e viceversa. Prima di questa dimostrazione le simmetrie erano oggetto di studio solo da parte dei matematici. Il teorema le collega con le leggi del mondo fisico affermando che da ognuna delle tre fondamentali simmetrie spazio-temporali note è possibile dedurre una legge di conservazione. Per esempio, dalla simmetria concernente l'invarianza per traslazione nel tempo (**omogeneità del tempo**) è possibile ricavare la **conservazione dell'energia**. Se, per assurdo, l'energia non si conservasse non varrebbe la simmetria corrispondente. Le leggi della fisica varierebbero nel tempo e la modalità con cui cade un grave potrebbe cambiare tutti i giorni. Nessun esperimento dai tempi di Galileo a oggi ha mai verificato una simile eventualità e quindi la nostra *fiducia* nella legge di conservazione dell'energia resta intatta. Analogamente, dall'invarianza per traslazione nello spazio (**omogeneità dello spazio**) si deduce la **conservazione della quantità di moto** e all'invarianza per rotazione (**isotropia dello spazio**) corrisponde la **conservazione del momento angolare**.
Le simmetrie e le corrispondenti leggi di conservazione si sono rivelate potenti strumenti di indagine e di comprensione, al punto che si è andata diffondendo sempre di più l'idea che esse possano rappresentare le leggi unificanti del reale.

IN SINTESI

- L'**energia meccanica** nel caso di un vagoncino che si muove sulle montagne russe è data dalla somma dell'energia cinetica e dell'energia potenziale relative a un determinato corpo; la formula che esprime l'energia meccanica è perciò:

$$E_M = E_C + U_g$$

- I **fenomeni dissipativi** sono i processi in seguito ai quali si ha dispersione di energia sotto forma di calore (per esempio, gli attriti). Quando il moto di un corpo avviene *senza fenomeni dissipativi*, allora l'*energia meccanica si conserva*, per cui si può scrivere:

$$E_M = \text{costante}$$

- Nel caso di un vagoncino che si muove sulle montagne russe, il principio di conservazione dell'energia meccanica diventa:

$$E_M = \frac{1}{2} m \cdot v^2 + m \cdot g \cdot h = \text{costante}$$

- Nel caso di una molla che oscilla orizzontalmente, il principio di conservazione dell'energia meccanica diventa:

$$E_M = \frac{1}{2} m \cdot v^2 + \frac{1}{2} K \cdot (\Delta L)^2 = \text{costante}$$

- Nel caso in cui siano presenti sia l'energia potenziale gravitazionale sia quella elastica (molla che oscilla verticalmente), il principio di conservazione diventa:

$$E_M = \frac{1}{2} m \cdot v^2 + m \cdot g \cdot h + \frac{1}{2} K \cdot (\Delta L)^2 = \text{costante}$$

- Un **sistema isolato** non scambia né materia né energia con l'esterno.
  Il *principio generale di conservazione* dell'energia afferma che in un sistema isolato l'energia non si crea e non si distrugge, ma si trasforma.

- Un **fluido ideale** è **non viscoso** (privo di attrito interno per cui scorre liberamente) e **incomprimibile** (densità del fluido costante).

- Un **flusso ideale** è **stazionario** (in ogni punto la velocità è costante nel tempo) e **irrotazionale** (ogni piccolo elemento di fluido deve avere velocità angolare nulla e quindi non vi devono essere vortici).

- In un flusso stazionario le traiettorie delle particelle di fluido possono essere rappresentate mediante le **linee di flusso** (o **linee di corrente**) che hanno la proprietà di risultare tangenti in ogni loro punto al vettore velocità istantanea delle particelle di fluido che passano per quel punto. Un insieme di linee di flusso individua un **tubo di flusso** che per semplicità viene assimilato a un condotto reale.

- La **portata** è il rapporto tra il volume di fluido che attraversa una sezione del condotto e l'intervallo di tempo impiegato ad attraversarlo:

$$P = \frac{\Delta V}{\Delta t} = \frac{Sv\Delta t}{\Delta t} = Sv$$

dove S rappresenta la sezione e v la velocità del fluido stazionario.
L'unità di misura della portata nel SI è il m³/s.

- Secondo l'**equazione di continuità** in qualunque istante la portata attraverso una qualsiasi sezione di un condotto è costante: $Sv = \text{costante}$.

- L'**equazione di Bernoulli** afferma che in un punto qualsiasi di un fluido ideale soggetto a un flusso stazionario e irrotazionale vale la seguente relazione:

$$p + \frac{1}{2}\rho v^2 + \rho g h = \text{costante}$$

dove p rappresenta la pressione, ρ la densità e h la quota di un punto qualsiasi lungo il tubo.

- L'**effetto Venturi**, che è un'applicazione dell'equazione di Bernoulli, afferma che se la velocità di un fluido aumenta la sua pressione diminuisce:

$$p_A + \frac{1}{2}\rho v_A^2 = p_B + \frac{1}{2}\rho v_B^2$$

- La **quantità di moto** è una grandezza vettoriale definita come:

$$\vec{Q} = m \cdot \vec{v}$$

Il suo modulo è $Q = m \cdot v$ e si misura in $\text{kg}\,\dfrac{\text{m}}{\text{s}}$.
La direzione e il verso coincidono con quelli della velocità $\vec{v}$.

- In un sistema nel quale è complessivamente nulla l'azione delle forze esterne, la quantità di moto del sistema si mantiene costante:

$$Q = \text{costante}$$

- Un **urto** è un'interazione tra corpi durante la quale si hanno scambi di quantità di moto e di energia. Durante un urto vale sempre la legge di conservazione della quantità di moto.

- Gli urti si classificano in:
  - **urti elastici**, se l'energia cinetica totale si conserva;
  - **urti anelastici**, se l'energia cinetica totale non si conserva;
  - **urti totalmente anelastici** se, dopo l'urto anelastico, i due corpi rimangono incastrati continuando a muoversi alla stessa velocità.

SCIENTIFIC ENGLISH

CLIL

variable					
english	ME	KE	PE_g	p	P
italian	E_M	E_c	U_g	Q	p

Principles of Conservation

- **Mechanical energy**, if we consider a roller-coaster wagon, is the sum of kinetic energy and potential energy relative to a given object. It is expressed by the formula:

$$ME = KE + PE_g$$

- **Dissipation** is a process which results in the loss of energy in the form of heat (e.g. friction). In situations where there is *no dissipation*, the *mechanical energy is conserved*, and we can write:

$$ME = \text{constant}$$

- In the case of a roller-coaster carriage, the principle of conservation of mechanical energy is written as:

$$ME = \frac{1}{2} m \cdot v^2 + m \cdot g \cdot h = \text{constant}$$

- In the case of a spring oscillating horizontally, the principle of conservation of mechanical energy is written as:

$$ME = \frac{1}{2} m \cdot v^2 + \frac{1}{2} K \cdot (\Delta x)^2 = \text{constant}$$

- In the presence of both gravitational potential energy and elastic energy (spring oscillating vertically), the principle of conservation is written as:

$$ME = \frac{1}{2} m \cdot v^2 + m \cdot g \cdot h + \frac{1}{2} K \cdot (\Delta x)^2 = \text{constant}$$

- An **isolated system** cannot exchange matter or energy with its surroundings. The *general principle of conservation* of energy states that in an isolated system energy can be neither created nor destroyed, but can change form.

- An **ideal fluid** is **nonviscous** (there is no internal friction so that it flows freely) and **incompressible** (its density is constant).

- An **ideal fluid flow** is **steady** (the velocity at each point in the fluid is constant in time) and **irrotational** (each element of the fluid has zero angular velocity, so there cannot be any eddy currents).

- In a steady-state flow the paths of the fluid particles may be represented as **streamlines** (or **flow lines**). Streamlines are characterised by the fact that every point is a tangent to the instantaneous velocity of the fluid particles passing that point. A number of streamlines form a **tube of flow** which, for the sake of simplicity, is represented as a pipe.

- The **volume flow rate** is the volume of fluid flowing through a cross-sectional area of the pipe in a given time interval:

$$\text{volume flow rate} = \frac{\Delta V}{\Delta t} = \frac{Av\Delta t}{\Delta t} = Av$$

where A is the cross-sectional area and v the velocity of the fluid moving along the pipe in steady-state flow. The SI unit for volume flow rate is the m³/s.

- According to the **equation of continuity** the volume flow rate through any cross-sectional area of a pipe is always constant: $Av = \text{constant}$.

- **Bernoulli's equation** applicable to steady-state, irrotational flow, states that at any point of an ideal fluid:

$$P + \frac{1}{2} \rho v^2 + \rho g h = \text{constant}$$

where P is the pressure, ρ the density and h is the elevation at any point along the pipe.

- The **Venturi effect**, which is an application of Bernoulli's equation, states that if the velocity of a fluid increases its pressure decreases:

$$P_A + \frac{1}{2} \rho v_A^2 = P_B + \frac{1}{2} \rho v_B^2$$

- The **momentum** is a vector quantity defined as:

$$\vec{\mathbf{p}} = m \cdot \vec{\mathbf{v}}$$

Its magnitude is $p = m \cdot v$ and it is measured in kg $\frac{\text{m}}{\text{s}}$.

The direction and sense are the same as those of the velocity $\vec{\mathbf{v}}$.

- In a system in which the total net external force is zero, the quantity of motion in the system remains constant:

$$p = \text{constant}$$

- A **collision** is an interaction between objects during which there is an exchange of motion and energy. The law of conservation of the quantity of motion always applies during a collision.

- Collisions can be classified as follows:
  - **elastic**, when the total kinetic energy is conserved;
  - **inelastic**, when the total kinetic energy is not conserved;
  - **perfectly inelastic**, when, after the inelastic collision, the two objects stick together and continue to move with the same velocity.

strumenti per SVILUPPARE le COMPETENZE

VERIFICHIAMO LE CONOSCENZE

Vero-falso

Immagina un ragazzo che in un parco di giochi acquatici scenda lungo uno scivolo non rettilineo e in assenza di attrito. La velocità finale dipende:

V F

1 dall'altezza dello scivolo. ☐ ☐
2 dalla lunghezza complessiva del percorso prima di entrare in acqua. ☐ ☐
3 dal peso del ragazzo. ☐ ☐
4 dalla posizione assunta dal ragazzo durante la discesa. ☐ ☐
5 dall'altezza del ragazzo. ☐ ☐

Inoltre:

6 l'energia potenziale elastica aumenta in fase di compressione di una molla. ☐ ☐
7 una molla orizzontale in fase di allungamento presenta solo energia cinetica. ☐ ☐
8 se durante il moto di un corpo in assenza di attrito l'energia cinetica passa da 100 J a 40 J, allora l'energia potenziale gravitazionale passa da 10 J a 70 J. ☐ ☐
9 la quantità di moto si misura in kg·m/s. ☐ ☐
10 il principio di conservazione della quantità di moto non è valido per gli urti anelastici. ☐ ☐

Test a scelta multipla

1 Una legge di conservazione individua:
  A le grandezze fisiche che intervengono in un fenomeno
  B le grandezze fisiche che cambiano durante un fenomeno
  C le grandezze fisiche che rimangono invariate durante il fenomeno
  D le grandezze fisiche che variano di meno durante il fenomeno

2 Se una palla, in assenza di attrito, scende da uno scivolo e arriva a terra, è errato affermare che:
  A tutta l'energia potenziale gravitazionale si converte in energia cinetica
  B la somma dell'energia potenziale gravitazionale e dell'energia cinetica in cima allo scivolo è uguale a quella al termine dello scivolo
  C l'energia meccanica totale si mantiene costante in qualunque punto della discesa
  D l'energia potenziale gravitazionale in qualunque punto della discesa è maggiore di quella cinetica

3 Due sfere, S_1 di massa m e S_2 di massa $2m$, scendono su un piano inclinato in assenza di attriti. Possiamo affermare che alla fine della discesa:
  A S_1 è più veloce di S_2
  B S_2 è più veloce di S_1
  C S_1 ed S_2 hanno la stessa velocità
  D la velocità di S_1 non è confrontabile con quella di S_2 perché dipende dal materiale delle sfere

4 In presenza di attriti è corretto affermare che:
  A l'energia meccanica totale diminuisce
  B l'energia meccanica totale rimane costante
  C l'energia meccanica totale aumenta
  D l'energia meccanica totale ha un comportamento variabile, talvolta aumenta e talvolta diminuisce

5 Con riferimento a una molla posta su un piano orizzontale, quale affermazione è corretta?
  A La somma dell'energia cinetica e potenziale elastica è sempre variabile
  B L'energia potenziale elastica si può integralmente convertire in cinetica e viceversa
  C L'energia cinetica e potenziale elastica aumentano o diminuiscono contemporaneamente
  D Anche in presenza di forze dissipative la somma dell'energia cinetica e potenziale elastica si mantiene costante

6 In base al principio generale di conservazione dell'energia, si può dire che:
  A in qualunque sistema l'energia totale si conserva
  B in ogni trasformazione di energia una parte di energia svanisce nel nulla
  C in ogni trasformazione di energia si ha la creazione di energia dal nulla
  D in un sistema isolato l'energia totale si mantiene costante nel tempo

7 Una molla risulta allungata di 20 cm. Se la sua costante elastica vale 80 N/m, allora la molla ha un'energia elastica di:
  A 1,6 J
  B 800 J
  C 1600 J
  D 4 J

356 | **MODULO 4** Energia e conservazione

8 La quantità di moto è una grandezza di tipo:

  A scalare e si misura in kg/(m · s)

  B vettoriale e il suo modulo si misura in kg · m/s

  C scalare e si misura in kg · m/s

  D vettoriale e il suo modulo si misura in kg/(m · s)

9 Il principio di conservazione della quantità di moto è valido:

  A se i due corpi che si urtano sono soggetti alla stessa forza peso

  B se le forze esterne agenti sul sistema hanno risultante non nulla

  C se i due corpi che si urtano non sono soggetti alla forza peso

  D se le forze esterne agenti sul sistema hanno risultante nulla

10 In relazione a un urto elastico è corretto sostenere che la quantità di moto:

  A si conserva, anche se non si conserva l'energia cinetica

  B si conserva, così come l'energia cinetica

  C non si conserva, tuttavia si conserva l'energia cinetica

  D non si conserva, così come non si conserva l'energia cinetica

---

VERIFICHIAMO LE ABILITÀ

➤ Esercizi

14.1 **Il principio di conservazione dell'energia meccanica**

Salvo diversa indicazione, in tutti gli esercizi si presuppone che nei fenomeni considerati gli attriti non vi siano o siano trascurabili. Inoltre, dove è possibile, si raccomanda di ricorrere al principio di conservazione dell'energia meccanica, anche se sono possibili altri percorsi risolutivi.

1 Un vaso con massa di 4 kg, inizialmente fermo su un balcone a 12 m da terra, cade.

  a) Determina l'energia potenziale gravitazionale e l'energia cinetica che il vaso ha sul balcone.

  b) Qual è l'energia meccanica totale del vaso sul balcone?

  c) Qual è l'energia meccanica totale del vaso a metà percorso?

                                                  [*a*) 471 J; 0 J]

2 Sappiamo che un sistema isolato ha un'energia meccanica totale di 5000 J. Completa la seguente tabella.

U_{Pg} (J)	500	1000	...	...	...
E_C (J)	...	...	2000	1000	0

---

3 Un aeromodello di 1,4 kg sta volando a una velocità di 23,4 km/h a una quota di 12,4 m dal suolo. Calcola la sua energia meccanica.

Per lo svolgimento dell'esercizio, completa il percorso guidato, inserendo gli elementi mancanti dove compaiono i puntini.

1 Prima di tutto trasforma la velocità in m/s:

  $v = 23{,}4/\ldots\ldots\ldots\ldots\ldots = \ldots\ldots\ldots\ldots\ldots$

2 Calcola l'energia cinetica utilizzando la formula:

  $E_C = \ldots\ldots\ldots\ldots\ldots = \ldots\ldots\ldots\ldots\ldots$

3 Calcola l'energia potenziale gravitazionale con la formula:

  $U_g = \ldots\ldots\ldots\ldots\ldots = \ldots\ldots\ldots\ldots\ldots$

4 Dato che ti viene chiesta l'energia meccanica, basta fare la somma: $E_M = \ldots\ldots\ldots\ldots\ldots = \ldots\ldots\ldots\ldots\ldots$

                                           [200 J]

4 Un palloncino contenente 3,00 litri di acqua sta cadendo verticalmente. Mentre si trova a 4,40 m dal suolo ha una velocità di 9,00 m/s. Calcola la sua energia meccanica, sapendo che a ogni litro corrisponde una massa di 1 kg.   [251 J]

5 Un camion di 18 tonnellate transita su un ponte alla velocità di 60 km/h. Calcola la sua energia potenziale gravitazionale (rispetto al livello dell'acqua), nel caso in cui la sua energia meccanica sia di $3{,}7 \cdot 10^6$ J.

  SUGGERIMENTO Una volta che hai determinato l'energia cinetica del camion, ti sarà sufficiente sottrarre dall'energia...

                                          [1,2 MJ]

6 Un ciclista acrobata di 65,0 kg si sta esibendo su un filo posto a una certa altezza dal suolo, muovendosi su di esso con la bicicletta alla velocità di 4,00 m/s. La sua energia meccanica è pari a 3920 J. Determina la sua energia potenziale gravitazionale.

                                          [3400 J]

7 Un carrello di 350 g si muove a una certa velocità sulla guidovia a cuscino d'aria posta a 1,20 m dal pavimento. Considerato che la sua energia meccanica ammonta a 4,5 J, trova l'energia cinetica del carrello.

  SUGGERIMENTO Una volta che hai determinato l'energia potenziale gravitazionale del carrello, ti basta sottrarre dall'energia...

                                          [0,38 J]

8 Un ragazzino di 40 kg corre su un muretto alto 2,5 m, con un'energia meccanica di 1200 J. Calcola la sua energia cinetica.

                                          [220 J]

9 Un vaso di 1,82 kg cade da una mensola posta a 2,8 m di altezza dal pavimento. Determina l'energia potenziale gravitazionale, l'energia cinetica e l'energia meccanica totale che ha il vaso nelle seguenti situazioni:

  a) quando inizia la caduta;

  b) dopo che ha percorso 1,0 m dall'inizio della caduta;

  c) dopo 2,0 m;

  d) quando arriva a terra (un istante prima dell'urto).

Per lo svolgimento dell'esercizio, completa il percorso guidato, inserendo gli elementi mancanti dove compaiono i puntini.

Risposta a)

1 Indicando con h la distanza dal pavimento, l'energia potenziale gravitazionale iniziale è: U_{Pg} = ...

2 Indicando con v la velocità iniziale (che vale ....), l'energia cinetica corrispondente è: E_C = ...

3 Per determinare l'energia meccanica, basta che esegui la somma fra ....

Perciò: E_M = ...

Risposta b)

1 Determina la quota alla quale si trova l'oggetto:
h = ...

2 Calcola dapprima il nuovo valore dell'energia potenziale gravitazionale: U_g = ...

3 L'energia meccanica si conserva, quindi: E_M = ...

4 Infine, l'energia cinetica sarà data da:
$E_C = E_M -$ .... = ...

E così via...

[*a*) 50 J; 0 J; 50 J; *b*) 32 J; 18 J; ...;
c) 14 J; 36 J; ...; *d*) 0 J; 50 J; ...]

10 Una sciatrice con massa di 62,5 kg percorre una discesa lungo un piano inclinato partendo da ferma. Determina l'energia potenziale gravitazionale, l'energia cinetica, l'energia meccanica totale in *A*, *B*, *C*.

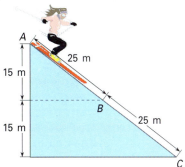

[in *A*: 18,4 · 10³ J; 0 J; 18,4 · 10³ J; ...]

11 Un sacchetto di nocciole di 350 g cade dall'altezza di 9,0 m. Determina l'energia potenziale, l'energia cinetica e l'energia meccanica quando:
a) inizia la caduta;
b) si trova a 6,0 m di altezza;
c) si trova a 3,0 m di altezza;
d) arriva a terra (un istante prima dell'urto).

[*a*) 31 J; 0 J; 31 J; *b*) 21 J; 10 J; ...;
c) 10 J; 21 J; ...; *d*) 0 J; 31 J; ...]

12 In relazione all'Esercizio 11, utilizzando la carta millimetrata, riporta in un sistema di assi cartesiani sull'asse delle *x* le distanze dal suolo e sull'asse delle *y* i corrispondenti valori dell'energia potenziale gravitazionale. Ripeti per l'energia cinetica e l'energia meccanica totale, nello stesso piano cartesiano, ricorrendo a colori differenti.

13 Sapendo che h indica l'altezza di un corpo di massa 2 kg in caduta libera, inizialmente fermo rispetto al livello di riferimento, e che v è la sua velocità, completa la seguente tabella.

h (m)	10	8	6	4	2	0
U_g (J)	...	...	...	...	...	0
v (m/s)	0	...	...	...	...	...
E_C (J)	0	...	...	...	...	...
$E_M = E_C + U_g$ (J)	...	...	...	...	...	0

SUGGERIMENTO Per non calcolare ogni volta t e poi la v corrispondente, puoi adoperare la seguente formula: $v = \sqrt{2 \cdot g \cdot s}$ con $s = 10 - ...$

14 Se una bambina con massa di 22 kg sale su uno scivolo alto 2,5 m, quale velocità raggiunge alla fine della discesa, se non si dà nessuna spinta?

SUGGERIMENTO L'inclinazione dello scivolo non è necessaria, perché l'energia potenziale iniziale dipende solo da... Inoltre, ti ricordiamo che la massa non è indispensabile...

[7,0 m/s]

15 Se un tuffatore di 68 kg si lascia andare dalla piattaforma dei 10 m, quale velocità ha nel momento dell'impatto con l'acqua? E se invece fosse di 100 kg?
[14 m/s; ...]

16 Un oggetto di 700 g cade in verticale. Inizialmente è fermo. Quando raggiunge il suolo ha la velocità di 17,5 m/s. Da quale altezza è caduto?

SUGGERIMENTO La massa non è strettamente necessaria, perché impostando l'equazione che esprime la conservazione dell'energia meccanica, può essere semplificata...

[15,6 m]

17 Un'automobile di massa 1200 kg si trova, ferma, in cima a una discesa rettilinea. A motore spento comincia a scendere, toccando alla fine della discesa la velocità di 45 km/h. Quale dislivello c'è fra il punto più alto e quello più basso della discesa?
[8,0 m]

18 Osserva in figura il tragitto che un carrello con massa di 200 kg percorre nelle montagne russe di un parco giochi. Parte da *A* a 45,0 m di altezza, giunge al livello del suolo in *B* e risale fino a *C* che si trova a 27,0 m. Determina:
a) l'energia cinetica, l'energia potenziale gravitazionale e la velocità in *B*;
b) l'energia cinetica, l'energia potenziale gravitazionale e la velocità in *C*.

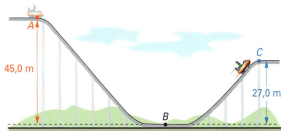

SUGGERIMENTO Dopo aver calcolato in *A* l'energia totale, che coincide con l'energia..., devi utilizzare la conoscenza che in *B* e *C* l'energia meccanica...

[*a*) 88 300 J; 0 J; 29,7 m/s; *b*) 35 300 J; 53 000 J; 18,8 m/s]

19 Un ragazzo di 65 kg si lancia con lo skateboard da un punto A posto a 4,0 m di altezza, lasciandosi andare da fermo e senza darsi la spinta in nessun modo. Facendo riferimento alla figura, rispondi alle seguenti domande:
a) Riesce il ragazzo a risalire fino a B, che è a 5,0 m?
b) Che velocità ha quando passa in C, che è a 3,0 m?
c) A quale altezza massima riesce a risalire?

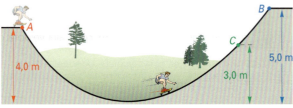

[a) no, perché...; b) 4,4 m/s; c) ...]

20 Un pendolo di 125 g oscilla dalla posizione A alla B, quindi alla C (vedi figura). Il punto A, che è alla stessa altezza di C, è più in alto rispetto a B di 25 cm. Determina:
a) quale velocità ha il pendolo quando passa in B;
b) quale velocità ha quando raggiunge C.

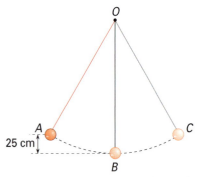

SUGGERIMENTO Dopo aver assunto h = 0 nel punto B (come se fosse il suolo), determina l'energia potenziale gravitazionale in A. Poi, basandoti sul principio di conservazione dell'energia meccanica...

[a) 2,2 m/s; b) 0 m/s]

21 Un pendolo di 80 g oscilla dalla posizione A a B, per poi portarsi in C (vedi figura esercizio precedente). Quando il pendolo passa in B, ha una velocità di 1,8 m/s. Determina l'altezza del punto A rispetto a B.

[16,5 cm]

22 A rock is dropped from a height of 1.6 meters. How fast is the rock falling just before it hits the ground?

[5.6 m/s]

14.2 La molla e la conservazione dell'energia meccanica

23 Completa la seguente tabella relativa a una molla in fase di compressione a causa di un corpo di massa m e di velocità iniziale v.

U_{Pel} (J)	100	200	...	...	...
E_C (J)	...	...	200	100	0
E_M (J)	500	500	...	...	...

24 Una molla, disposta su un piano orizzontale in posizione di riposo, è caratterizzata da una costante elastica di 790 N/m. Se una sfera di 400 g la comprime andandole incontro alla velocità di 6,00 m/s, qual è la massima compressione della molla?
Alla fine, quando la molla si ridistende e la lancia via, quale energia cinetica possiede la sfera?

Per lo svolgimento dell'esercizio, completa il percorso guidato, inserendo gli elementi mancanti dove compaiono i puntini.

                      Prima della   Dopo
                    compressione   la compressione

1 In base al principio di conservazione dell'energia meccanica hai che: E_{M1} = E_{M2}

2 Nel caso della molla orizzontale, l'energia meccanica è data da: ... + U_{el1} = E_{C2} + ...

3 Sostituendo: .... + 0 = 0 + ...

4 Ottieni un'equazione da cui puoi ricavare l'allungamento:
Δs = ...

5 Con un semplice ragionamento, rispondi alla seconda domanda: E_{C3} = ...

[13,5 cm; 7,20 J]

25 In un flipper la molla ha una costante elastica di 1800 N/m e la biglia ha massa di 150 g.
a) Se la molla viene compressa di 1,0 cm e la pallina è ferma appoggiata alla molla, qual è l'energia potenziale elastica e qual è l'energia cinetica della pallina?
b) Quando la molla viene lasciata, fino a tornare alla posizione di equilibrio, l'energia potenziale elastica della molla si trasforma in energia cinetica della pallina. Quanto vale?
c) Qual è la velocità con cui la pallina si allontana dalla molla?

[a) 0,09 J; 0 J; b) 0,09 J; c) 1,1 m/s]

26 In relazione al flipper dell'Esercizio 25, se la molla viene compressa di 1,5 cm, qual è la velocità con cui la pallina si allontana da essa?

[1,6 m/s]

27 In una fabbrica un vagoncino di 3,0 quintali che sta viaggiando a 15 km/h urta contro un respingente a molla di costante K = 9000 N/m, cedendogli tutta la sua energia cinetica.
a) Determina l'energia cinetica del mezzo nel momento dell'urto.
b) Quando il respingente viene toccato, l'energia cinetica del treno si trasforma in energia potenziale elastica a causa della compressione della molla. Quanto vale?
c) Determina la compressione della molla.

[a) 2600 J; c) 76 cm]

28 Una molla è disposta su un piano orizzontale e si trova a riposo. La sua costante elastica vale 200 N/m. Una massa di 2,00 kg la urta orizzontalmente alla velocità 1,40 m/s, comprimendola.

Trova di quanto si accorcia la molla e l'energia cinetica che la massa possiede quando viene alla fine respinta in verso opposto, una volta lasciata la molla.

[0,14 m; 1,96 J]

29 Una molla con costante elastica di 340 N/m, disposta orizzontalmente su un piano, viene compressa di 20 cm da un corpo di massa pari a 1,5 kg.

Determina la velocità con la quale il corpo viene rilanciato indietro, mentre la molla riacquista la posizione di riposo.

SUGGERIMENTO Una volta impostata l'equazione relativa al principio di conservazione dell'energia meccanica, devi cercare di ricavare la velocità...

[3,0 m/s]

30 Una molla orizzontale che ha una costante elastica di 141 N/m, subisce una compressione che riduce la sua lunghezza di 8,50 cm a causa di una sfera di 650 g che l'ha urtata procedendo a una certa velocità. Calcola la velocità della sfera.

[1,25 m/s]

31 A 200 g mass is attached to a spring of unknown spring constant K. The spring is compressed 20 cm from its equilibrium value. When released, the mass reaches a speed of 5 m/s. Determine the spring constant.

[125 N/m]

14.4 Conservazione e fluidodinamica

32 L'acqua utilizzata per la doccia in un campeggio viene prelevata da un serbatoio posto 6,0 m sopra gli erogatori. Dal serbatoio aperto, attraverso una sezione di 80 cm², entra con la velocità di 1,3 m/s nella tubazione.

Calcola la maggior pressione in uscita dalla sezione inferiore di 20 cm², comprensiva di tutti i fori.

[46 kPa]

33 In un'arteria di diametro 7,0 mm il sangue scorre alla velocità di 40 cm/s e poi si divide in 3 arterie minori di uguale sezione, aventi raggio 2,2 mm. Calcola la portata e la velocità di scorrimento in ognuna di queste arterie.

[5,1 cm³/s; 34 cm/s]

34 Un impianto per innaffiare le piante del giardino è formato da una conduttura orizzontale di diametro 2,4 cm e portata 0,36 l/s. Dalla conduttura si diramano le tubazioni secondarie di diametro 0,8 cm che portano l'acqua nei punti di irrigazione, in cui si vuole che in ognuna di esse l'acqua scorra alla velocità di 0,5 m/s.

Calcola la velocità con cui scorre l'acqua nella conduttura principale e il numero dei punti di irrigazione che possiamo realizzare.

[0,8 m/s; 14 punti]

14.5 Il principio di conservazione della quantità di moto

35 Un camion con massa di 7 t viaggia alla velocità di 54 km/h mentre un'automobile di 1200 kg lo sorpassa alla velocità di 126 km/h. Qual è la quantità di moto del camion e quella dell'automobile?

[$105 \cdot 10^3$ kg·m/s; $42 \cdot 10^3$ kg·m/s]

36 Dario e Mattia stanno allenandosi per partecipare a una gara di corsa. Dario, di massa 72 kg, corre alla velocità di 15 km/h e Mattia, di massa 65 kg, si muove alla velocità di 18 km/h.

a) Qual è la differenza tra le quantità di moto di Dario e Mattia?

b) Quale velocità dovrebbe avere Mattia per avere la stessa quantità di moto di Dario?

[a) 25 kg·m/s; b) 16,6 km/h]

37 Un bambino di 18 kg viaggia nell'apposito seggiolino, ma il padre si è dimenticato di allacciare le cinture. All'improvviso vi è una brusca frenata per fermarsi a un semaforo rosso e il piccolo viene sbalzato dal sedile con una quantità di moto di 288 kg·m/s. A quale velocità procedeva l'auto prima dell'arresto?

[57,6 km/h]

38 Vi sono due motociclette A e B che procedono alla stessa velocità di 65 km/h, ma la quantità di moto di A è il doppio di quella di B.

a) Qual è la massa della moto A se la massa di B è 60 kg?

b) Se le due moto procedono in versi opposti, potrebbero avere lo stesso vettore quantità di moto? Motiva la risposta.

[a) 120 kg]

39 Un giovane di 70 kg è in piedi su uno skateboard fermo di 10 kg e tiene in mano uno zaino la cui massa complessiva è di 7 kg. Con quale velocità si muove all'indietro lo skateboard, se il giovane lancia lo zaino orizzontalmente davanti a sé imprimendogli una velocità di 2,4 m/s?

Per lo svolgimento dell'esercizio, completa il percorso guidato, inserendo gli elementi mancanti dove compaiono i puntini.

	Prima del lancio	Dopo il lancio
1 In base al principio di conservazione della quantità di moto:	Q_1 =	Q_2
2 Ricordando la definizione di quantità di moto:	$m_1 \cdot v_1$ =	...
3 Prima del lancio dello zaino il sistema è fermo per cui, sostituendo i dati, puoi scrivere:	... =	$7 \cdot 2,4 + (70 + 10) \cdot$ ...

4 Ottieni un'equazione da cui puoi ricavare la velocità cercata:

$v_2 = $ ....

N.B. Il risultato è negativo in quanto il giovane e lo skateboard vanno in verso .... rispetto allo zaino.

[− 0,21 m/s]

40 Un tennista lancia da fermo una pallina da 50 g che raggiunge la velocità di 63 km/h (assumi come verso positivo del moto quello della pallina dopo il lancio).

a) Prima del lancio la quantità di moto del sistema tennista + pallina è ....

b) Dopo il lancio qual è la quantità di moto della pallina? Qual è la quantità di moto del tennista?

c) Dopo il lancio la quantità di moto del sistema tennista + pallina è ....

[b) 0,875 kg·m/s; ...]

41 Situazione iniziale: un bambino di 32 kg si trova su un monopattino di 4 kg inizialmente fermo.
Situazione finale: il bambino scende da dietro con velocità di 1,4 m/s e contemporaneamente il monopattino si mette in moto.

a) Inserisci nella tabella, in corrispondenza dei puntini, i relativi valori della quantità di moto (assumi come verso positivo del moto quello del monopattino).

quantità di moto		
	situazione iniziale	situazione finale
sistema monopattino + bambino	....	....
bambino	....	....
monopattino	....	....

b) Determina la velocità con cui si allontana il monopattino.

[b) 11,2 m/s]

42 Una piattaforma con massa di 30 kg dotata di rotelle sta muovendosi su un binario alla velocità di 9 km/h. Un ragazzo di 65 kg, che sta correndo alla velocità di 18 km/h nella stessa direzione della piattaforma, vi salta sopra. Qual è la quantità di moto totale del sistema piattaforma + ragazzo?

[400 kg·m/s]

43 Ripeti l'Esercizio 42 nell'ipotesi che il ragazzo stia correndo in direzione opposta rispetto alla piattaforma.

[250 kg·m/s]

44 Due ragazzini di 52 kg e 75 kg si trovano su uno skateboard di massa 8 kg, fermo. Se il ragazzo più robusto scende da dietro (verso assunto come negativo) con velocità di −0,8 m/s, determina la velocità finale dello skateboard con sopra il ragazzo più magro.

[1,0 m/s]

45 Un fucile di massa 4,2 kg spara un proiettile che si muove alla velocità di 315 m/s. Trova la massa del proiettile, sapendo che la velocità di rinculo del fucile è di 1,2 m/s.

SUGGERIMENTO Il procedimento è simile a quello illustrato nell'Esercizio 36, solo che in questo caso devi ricavare...

[16 g]

46 Un furgoncino aperto, che ha una massa di 800 kg, viaggia a 43,2 km/h. Dall'alto viene lasciata cadere verticalmente una cassa, in maniera tale che la velocità del mezzo scende a 40,0 km/h. Calcola la massa della cassa.

[64 kg]

47 If a 5-kg bowling ball is projected upwards with a velocity of 3.0 m/s, what is the recoil velocity of the earth?
(Earth mass = 6.0 · 10²⁴ kg).

[7.5 · 10⁻²⁴ m/s, downward]

48 A 0.500-kg cart moving rightwards with a speed of 0.90 m/s collides with a 1.50-kg cart moving leftwards with a speed of 0.20 m/s. The two carts stick together and move as a single object after the collision. Determine the post-collision speed of the two carts.

[0.375 m/s]

14.6 Gli urti

49 Osserva la seguente figura.

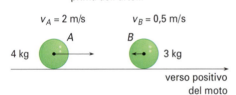

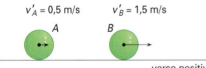

a) In relazione alle informazioni contenute nella figura, inserisci nella tabella, in corrispondenza dei puntini, i relativi valori della quantità di moto.

quantità di moto		
	situazione iniziale (prima dell'urto)	situazione finale (dopo l'urto)
sistema A + B	....	....
sfera A	....	....
sfera B	....	....

b) Si conserva la quantità di moto della sfera A, della sfera B o del sistema A + B?

50 Osserva la seguente figura in cui due sferette sono inizialmente collegate con una molla compressa e poi si allontanano perché la molla viene liberata.

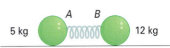
situazione iniziale: molla compressa

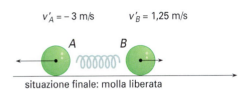
$v'_A = -3$ m/s $v'_B = 1{,}25$ m/s
situazione finale: molla liberata

a) Inserisci nella tabella in corrispondenza dei puntini i relativi valori della quantità di moto.

quantità di moto	situazione iniziale (molla compressa)	situazione finale (molla liberata)
sistema $A + B$	....	....
sfera A	....	....
sfera B	....	....

b) La quantità di moto del sistema $A + B$ si conserva?
c) L'energia cinetica del sistema $A + B$ si conserva?

51 Una palla A di massa 200 g, che si sposta con traiettoria rettilinea a 6 m/s, urta centralmente contro una palla B di massa 500 g, che si muove con velocità di modulo pari a 10 m/s che ha la stessa direzione e verso opposto rispetto ad A. Sapendo che dopo l'urto A inverte il suo moto, tornando indietro alla velocità di 4 m/s, determina la velocità di B e il suo verso. Dopodiché, stabilisci se l'urto è elastico oppure no.

Per lo svolgimento dell'esercizio, completa il percorso guidato, inserendo gli elementi mancanti dove compaiono i puntini.

	Prima dell'urto	Dopo l'urto

1 Assumi come positiva la velocità della palla A e come negativa quella della palla B.
2 In base al principio di conservazione della quantità di moto hai che: Q_1 = Q_2
3 Ricordando la definizione di quantità di moto: $m_1 \cdot v_1$ =   ...
4 Sostituendo i dati, puoi scrivere: $0{,}200 \cdot 6 - ... = -0{,}200 \cdot 4 + ...$
5 Ottieni un'equazione da cui puoi ricavare la velocità cercata:
$v'_B = $ ....

6 Conoscendo tutte le velocità, determini l'energia cinetica iniziale e finale del sistema costituito dai due corpi:
$E_C = \frac{1}{2} m_A \cdot v_A^2 + \frac{1}{2} m_B \cdot (v'_B)^2 = $ .... ;
$E'_C = $ .... = ...

7 Se $E_C = E'_C$, allora puoi concludere che l'urto è ....
........................, altrimenti ....
[−6 m/s; no]

52 Due carrelli A e B percorrono la stessa rotaia, ma in verso opposto.

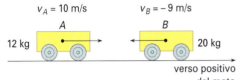
prima dell'urto...
$v_A = 10$ m/s $v_B = -9$ m/s
12 kg   20 kg
verso positivo del moto

... dopo l'urto
$v'_A = -2$ m/s $v'_B = $ ....
verso positivo del moto

a) Determina la velocità e il verso con cui si muove il carrello B dopo l'urto.
b) Inserisci nella tabella, in corrispondenza dei puntini, i relativi valori della quantità di moto.

quantità di moto	situazione iniziale (prima dell'urto)	situazione finale (dopo l'urto)
sistema $A + B$	....	....
carrello A	....	....
carrello B	....	....

[a) −1,8 m/s]

53 Osserva la seguente figura in cui inizialmente due sferette sono collegate con una molla compressa e poi la molla viene liberata.

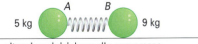
situazione iniziale: molla compressa

$v'_A = -12$ m/s

situazione finale: molla liberata

a) Determina la velocità finale di B.
b) Inserisci nella tabella, in corrispondenza dei puntini, i relativi valori della quantità di moto.

quantità di moto	situazione iniziale (molla compressa)	situazione finale (molla liberata)
sistema A + B	....	....
sfera A	....	....
sfera B	....	....

[a) 6,67 m/s]

54 Considera le sfere descritte nell'Esercizio 49 e supponi che dopo l'urto rimangano incastrate.
a) Come si chiama questo tipo d'urto?
b) La quantità di moto si conserva?
c) Con quale velocità si muove dopo l'urto il sistema formato dalle due sfere?
d) In quale verso si muove il sistema formato dalle due sfere dopo l'urto?

[c) 0,93 m/s]

55 Una sfera da 1,2 kg, lanciata alla velocità di 54 km/h, ne colpisce centralmente una ferma di 600 g. Dopo l'urto entrambe le sfere procedono nella stessa direzione e nello stesso verso. Se la velocità finale della sfera di massa maggiore risulta di 5 m/s, calcola la velocità di quella minore. Quindi, verifica se l'urto in questione è elastico.

[20 m/s; sì]

56 Due carrelli si muovono l'uno contro l'altro, restando uniti dopo l'urto. Se il primo di 320 g ha una velocità di 0,45 m/s, mentre il secondo di 240 g ha una velocità di 0,60 m/s, quanto vale la velocità finale dei due carrelli?

SUGGERIMENTO Nello scrivere la quantità di moto dopo l'urto, tieni presente che le due velocità sono uguali...

[0 m/s]

57 In autostrada, in situazione di scarsa visibilità, un'automobile di massa pari a 1200 kg, che ha una velocità 90 km/h, va a sbattere frontalmente contro un'auto di 800 kg ferma. I due veicoli rimangono incastrati e proseguono assieme. Si chiede di stabilire a quale velocità si muovono i due mezzi dopo lo scontro.

[54 km/h]

58 A baseball player holds a bat loosely and bunts a ball. Complete the table below.

	momentum before collision	momentum after collision
bat	75	...
ball	35	10
total	...	...

Problemi

La risoluzione dei problemi richiede la conoscenza degli argomenti trasversali a più paragrafi. Con il pallino sono contrassegnati i problemi che presentano una maggiore complessità.

1 Un carrello di 320 g si muove sulla guidovia a cuscino d'aria alla velocità di 1,50 m/s. Sapendo che la sua energia meccanica è di 5,00 J, calcola la quota alla quale si trova il carrello rispetto al pavimento.

[1,48 m]

2 Un ciclista di 65 kg si sta esibendo su un filo posto a un'altezza di 8,0 m. La sua energia meccanica è di 5500 J. Trova la velocità del ciclista.

[3,5 m/s]

•3 Un carrellino con massa di 1200 g, libero di scivolare senza attrito su un piano inclinato lungo 2,00 m e alto 1,25 m, viene agganciato a una molla di costante elastica 67,5 N/m, fissata parallelamente al piano inclinato stesso. All'equilibrio il carrellino, dopo avere dilatato la molla, si trova a un'altezza di 87,5 cm dal pavimento. Calcola l'energia meccanica del sistema formato dal carrellino e dalla molla.

SUGGERIMENTO Ti conviene rappresentare in un disegno la situazione descritta dal problema, in modo da capire qual è la forza effettiva che agisce sulla molla, dilatandola...

[10,7 J]

•4 Una sfera con massa di 1,5 kg viene posizionata su un piano inclinato, che forma con il piano orizzontale un angolo di 30°, a un'altezza di 1,0 m in modo da comprimere di 30 cm una molla avente K = 500 N/m (vedi figura).
Se la molla viene lasciata libera, quale altezza raggiunge la sfera?

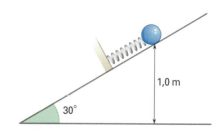

SUGGERIMENTO Si tratta di uguagliare l'energia... della molla e l'energia... della sfera alla fine del percorso quando è ferma. Tieni conto che, essendo su un piano inclinato, se utilizzi le leggi del moto, devi considerare solo la componente attiva della forza peso della sfera...

[2,7 m]

5 Un'automobile di 950 kg, ferma, viene messa in folle in cima a una discesa rettilinea lunga 120 m e caratterizzata da un dislivello di 20 m. Utilizzando il principio di conservazione dell'energia meccanica, trova quanto spazio ha percorso l'automobile dall'inizio del suo moto fino al punto in cui raggiunge la velocità di 11,7 m/s. [42 m]

6 Una sfera d'acciaio di 375 g sta cadendo verticalmente. Quando si trova a 6,20 m dal suolo ha una velocità di 10 m/s. Trascurando l'attrito dell'aria, determina l'energia cinetica e la velocità della sfera quando è scesa a una quota di 1,20 m. [37 J; 14 m/s]

7 Filippo sta scendendo su uno skateboard lungo una pista e nel punto P, che si trova a 2,50 m di altezza, raggiunge la velocità di 4,36 m/s. Di quanto risale dalla parte opposta, dopo avere abbandonato la pista, rispetto all'altezza alla quale si trova il punto P?

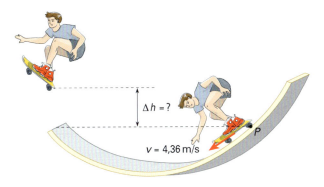

SUGGERIMENTO La massa di Filippo non viene data in quanto... [0,97 m]

•8 Una sfera con massa di 450 g scende su un piano inclinato lungo 1,50 m e alto 62,5 cm, partendo da ferma dalla sommità del piano. Una volta raggiunta la base, muovendosi orizzontalmente, va a urtare centralmente una sfera ferma di 275 g dello stesso diametro. Sapendo che la velocità della prima sfera dopo l'urto diventa 0,84 m/s, pur conservando il verso iniziale, calcola la velocità della seconda sfera e stabilisci di quale tipo di urto si tratta. [4,35 m/s; urto elastico, poiché ...]

9 Un proiettile di 12 g si conficca alla velocità di 350 m/s in un disco di legno di 750 g agganciato a una molla orizzontale che inizialmente si trova a riposo e che ha una costante elastica di 400 N/m.
Trova di quanto si contrae la molla nell'ipotesi che il proiettile dopo l'urto resti dentro il disco.

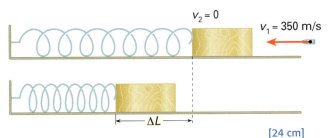

[24 cm]

10 Un proiettile con massa di 12 g si muove orizzontalmente alla velocità di 420 m/s e si incastra in una sfera di metallo di 1,2 kg inizialmente ferma.
  a) Il sistema proiettile + sfera si muove?
  b) Se la risposta a è affermativa, determina con quale velocità.
  c) Se il sistema proiettile + sfera andasse a urtare contro una molla avente K = 4000 N/m, di quanto si accorcerebbe la molla? [b) 4,16 m/s; c) 7,2 cm]

11 Un proiettile di 15 g colpisce centralmente, procedendo alla velocità di 450 m/s, una sfera di legno di 2,5 kg appesa a un punto fisso tramite un sottile cavo d'acciaio, ferma nella posizione verticale di equilibrio.
Calcola l'altezza a cui arriva la sfera rispetto alla posizione iniziale, immaginando che il proiettile, dopo avere colpito la sfera, rimanga incastrato al suo interno.

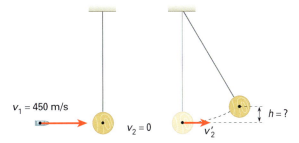

SUGGERIMENTO Si tratta di un urto totalmente... Inoltre, il peso del cavetto è trascurabile. [37 cm]

12 Una sfera di 2 kg risulta posizionata su un'asta a 0,80 m dal centro di rotazione. La velocità angolare è 0,75 rad/s. Determina la distanza dal centro di rotazione a cui bisogna mettere la sfera, per fare in modo che, in assenza di momenti esterni, la velocità angolare diventi 1,25 rad/s. [62 cm]

•13 Un pendolo semplice è costituito da una massa di 450 g appesa a un filo inestensibile di lunghezza 125 cm. Il pendolo viene spostato dalla posizione di equilibrio di un angolo pari a 30° e, quindi, lasciato andare senza spinta. Quando la massa si trova nel punto più basso della sua oscillazione, viene colpita centralmente in verso opposto a quello del proprio moto da una sferetta di 90 g che si sposta orizzontalmente alla velocità di 2,0 m/s. Determina la velocità con la quale la sferetta torna indietro, sapendo che dopo l'urto la massa del pendolo prosegue la corsa nello stesso verso alla velocità di 0,50 m/s. Si tratta di un urto elastico oppure no? (Motiva la risposta.)

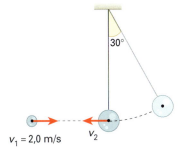

SUGGERIMENTO In prima approssimazione la velocità del pendolo nel centro della oscillazione la puoi ricavare dalla formula della velocità tangenziale nel caso del moto... [−4,6 m/s]

- **14** Un vagoncino delle montagne russe compie il giro della morte, entrando nell'anello alla velocità di 44 km/h. Sapendo che nel punto più alto ha una velocità di 20 km/h, determina il raggio dell'anello (trascurando gli attriti e ricordando che il vagoncino non ha motore...). La velocità raggiunta nel punto più alto è sufficiente a equilibrare la forza peso e non farlo cadere?

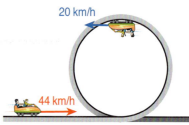

[3,0 m; sì...]

15 Il vagone di una miniera, che ha una massa totale di 120 kg, va a urtare contro un respingente dopo avere percorso una discesa che presenta un dislivello di 3,0 m. Prima della discesa il vagone aveva una velocità di 5,0 m/s. Calcola, trascurando gli attriti, la contrazione massima del respingente nell'eventualità che la costante elastica della molla al suo interno valga $252 \cdot 10^3$ N/m.

[20 cm]

16 In uno scivolo acquatico un ragazzo scende senza spinta e senza attrito con un canotto: la loro massa complessiva è di 70,0 kg. Alla fine della discesa, che presenta un dislivello di 6,00 m, il canotto raggiunge una certa velocità, diretta orizzontalmente, con la quale affronta un salto di altri 2,00 m. Determina l'energia cinetica finale e le componenti orizzontale e verticale della velocità prima che il canotto tocchi l'acqua.

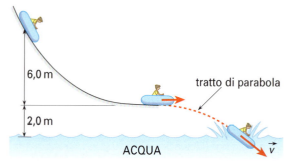

[5500 J; 10,8 m/s; 6,3 m/s]

- **17** Un carrello si muove con velocità di (1,36 ± 0,02) m/s a un'altezza dal suolo di (1,145 ± 0,005) m. La sua massa risulta essere (0,320 ± 0,002) kg, mentre l'accelerazione di gravità rispetto al livello del mare deve essere considerata con una incertezza di 0,01 m/s². Determina la misura dell'energia meccanica del carrello.

SUGGERIMENTO Non arrotondare secondo i criteri noti le incertezze dell'energia cinetica e dell'energia potenziale gravitazionale, ma soltanto quella finale dell'energia meccanica...

[(3,89 ± 0,06) J]

18 A 12-kg mass object is at rest, suspended at a height of 100 m. When the object is dropped, it reaches the ground at a speed of 40 m/s. Determine whether its total mechanical energy is conserved, or not. Justify your answer.

19 A ball of mass $m = 0.4$ kg is dropped from a height $h = 1.2$ m above the end of a vertical spring and compresses the spring, whose elastic constant is $K = 100$ N/m.
Complete the following table and determine the maximum spring deformation (assume no friction).

	initial situation	final situation
Kinetic Energy	...	0
Gravitational Potential Energy	$m \cdot g(h+y)$	...
Elastic Potential Energy	0	...

[0.35 m]

HINT Do not neglect the gravitational potential energy over the compression of the spring.

Competenze alla prova

ASSE SCIENTIFICO-TECNOLOGICO

Essere consapevole delle potenzialità e dei limiti delle tecnologie...

1. Immagina di visitare un parco di divertimenti con spirito puramente... scientifico! Devi selezionare almeno tre attrazioni e studiarle dal punto di vista della conservazione dell'energia meccanica, individuando cioè le fasi in cui si ha la trasformazione tra energia potenziale e cinetica. Per quale ragione in questi dispositivi si ha comunque un consumo netto di energia e non funzionano invece... gratuitamente?

Spunto Se consideri per esempio le torri, presenti in numerosi parchi giochi, è chiaro che durante la salita dei sedili si accumula energia potenziale gravitazionale che poi viene recuperata come energia cinetica nella discesa...

ASSE SCIENTIFICO-TECNOLOGICO

Analizzare qualitativamente e quantitativamente fenomeni...

2. Prendi due biglie o due palline magiche che abbiano le stesse dimensioni (in modo tale che i rispettivi baricentri siano allineati) e la stessa massa (per semplificare lo studio). Analizza almeno tre casi di urti elastici in modo qualitativo, eseguendo un numero sufficiente di prove. Dopodiché, ragionando sulle equazioni relative alla conservazione della quantità di moto semplificate opportunamente per i casi affrontati, valuta se vi è corrispondenza con i tuoi risultati sperimentali.

Spunto Per esempio, puoi mandare una pallina a urtare contro l'altra che a sua volta è ferma ($v_1 = 0$). Oppure, farle urtare dirette l'una contro l'altra con all'incirca la stessa velocità ($v_1 = v_2 = v$). O ancora, farle urtare mentre viaggiano nella stessa direzione, ma con quella dietro che si sposta a velocità maggiore rispetto a quella che è davanti ($v_1 = 2 \cdot v_2 = 2 \cdot v$)... In tutti i casi, devi cercare di fare in modo che i centri delle due palline siano allineati per cui l'urto non avviene lateralmente, cosa che complica notevolmente lo studio...

ASSE MATEMATICO

Individuare le strategie appropriate per la soluzione di problemi

3. Una palla di 650 g inizialmente ferma a 18 m di altezza scende in caduta libera, in modo tale che è possibile trascurare l'attrito dell'aria e ritenere isolato il sistema.
   a) Facendo ricorso esclusivamente al principio di conservazione dell'energia meccanica, trova la velocità della palla quando si trova a 9 m di altezza e quando sta per toccare il suolo.
   b) Calcola il lavoro complessivo svolto dalla forza peso e la potenza da essa sviluppata durante la discesa da 18 m di altezza fino al raggiungimento del suolo.

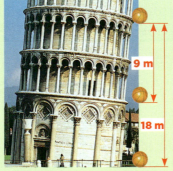

Spunto Nella prima parte devi obbligatoriamente utilizzare il principio di conservazione dell'energia meccanica, anziché le leggi della cinematica. Tuttavia, nella seconda domanda, per calcolare la potenza devi trovare prima il tempo di caduta e quindi devi ricordare anche la legge oraria del moto rettilineo uniformemente accelerato...

ASSE LINGUISTICO

Padroneggiare gli strumenti espressivi e argomentativi...

4. Costruisci una mappa concettuale dove colleghi con libertà tra di loro i concetti di lavoro, energia, energia cinetica, energia potenziale, energia meccanica e potenza, con lo scopo di esporla alla classe.

Spunto Puoi mettere al centro la parola ENERGIA e, partendo da lì, creare un collegamento al termine LAVORO, scrivendo sinteticamente la sua definizione e così via. Fai alcuni tentativi in modo tale da trovare un percorso chiaro e non un intreccio poco decifrabile di linee e frecce...

SCIENTIFIC ENGLISH

Conservation of Mechanical Energy – Collisions

Gravity and the Conservation of Mechanical Energy

Conservation principles play a very important role in physics. **When a physical quantity is conserved the numeric value of the quantity remains the same throughout the physical process**. Although the form of the quantity may change in some way, **its final value is the same as its initial value**.

The kinetic energy KE of an object falling only under the influence of gravity is constantly changing, as is the gravitational potential energy PE. Obviously, then, these quantities aren't conserved. Because all nonconservative forces are assumed absent, however, we can set $W_{nc} = 0$ in Equation 1. Rearranging the equation, we arrive at the following very interesting result:

$$KE_i + PE_i = KE_f + PE_f \quad [1]$$

According to this equation, **the sum of the kinetic energy and the gravitational potential energy remains constant at all times and hence is a conserved quantity**. We denote the total mechanical energy by $E = KE + PE$, and say that **the total mechanical energy is conserved**.

To show how this concept works, think of tossing a rock off a cliff, and ignore the drag forces. As the rock falls, its speed increases, so its kinetic energy increases.

As the rock approaches the ground, the potential energy of the rock-Earth system decreases. Whatever potential energy is lost as the rock moves downward appears as kinetic energy, and Equation 1 says that in the absence of nonconservative forces like air drag, the trading of energy is exactly even. This is true for all conservative forces, not just gravity.

conservation of mechanical energy | In any isolated system of objects interacting only through conservative forces, the total mechanical energy $E = KE + PE$, of the system, remains the same at all times.

If the force of gravity is the *only* force doing work within a system, then the principle of conservation of mechanical energy takes the form

$$\frac{1}{2}mv_i^2 + mgy_i = \frac{1}{2}mv_f^2 + mgy_f \quad [2]$$

This form of the equation is particularly useful for solving problems involving only gravity. Further terms have to be added when other conservative forces are present.

TIP 1 Conservation Principles
There are many conservation laws like the conservation of mechanical energy in isolated systems, as in Equation 1. For example, momentum, angular momentum, and electric charge are all conserved quantities. Conserved quantities may change form during physical interactions, but their sum total for a system never changes.

? QUICK QUIZ 1

Three identical balls are thrown from the top of a building, all with the same initial speed. The first ball is thrown horizontally, the second at some angle above the horizontal, and the third at some angle below the horizontal, as in Figure 1. Neglecting air resistance, rank the speeds of the balls as they reach the ground, from fastest to slowest. (a) 1, 2, 3 (b) 2, 1, 3 (c) 3, 1, 2 (d) all three balls strike the ground at the same speed.

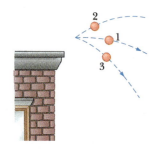

Figure 1
Three identical balls are thrown with the same initial speed from the top of a building.

Perfectly Inelastic Collisions

Consider two objects having masses m_1 and m_2 moving with known initial velocity components v_{1i} and v_{2i} along a straight line, as in Figure 2. If the two objects collide head-on, stick together, and move with a common velocity component v_f after the collision, then the collision is perfectly inelastic.

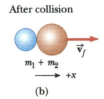

Figure 2
(a) Before and (b) after a perfectly inelastic head-on collision between two objects.

Because the total momentum of the two-object isolated system before the collision equals the total momentum of the combined-object system after the collision, we can solve for the final velocity using conservation of momentum alone:

$$m_1 v_{1i} + m_2 v_{2i} = (m_1 + m_2) v_f \quad [3]$$

$$v_f = \frac{m_1 v_{1i} + m_2 v_{2i}}{m_1 + m_2} \quad [4]$$

final velocity of two objects in a one-dimensional perfectly inelastic collision

It's important to notice that v_{1i}, v_{2i}, and v_f represent the x-components of the velocity vectors, so care is needed in entering their known values, particularly with regard to signs. For example, in Figure 2, v_{1i} would have a positive value (m_1 moving to the right), whereas v_{2i} would have a negative value (m_2 moving to the left). Once these values are entered, Equation 4 can be used to find the correct final velocity.

Checkpoint 1
True or False: In the absence of external forces, momentum is conserved in all collisions.

QUICK QUIZ 2

In a perfectly inelastic one-dimensional collision between two objects, what condition alone is necessary so that *all* of the original kinetic energy of the system is gone after the collision? (a) The objects must have momenta with the same magnitude but opposite directions. (b) The objects must have the same mass. (c) The objects must have the same velocity. (d) The objects must have the same speed, with velocity vectors in opposite directions.

Elastic Collisions

Now consider two objects that undergo an **elastic head-on collision** (Fig. 3). In this situation, **both the momentum and the kinetic energy of the system of two objects are conserved**. We can write these conditions as

$$m_1 v_{1i} + m_2 v_{2i} = m_1 v_{1f} + m_2 v_{2f} \quad [5]$$

and

$$\frac{1}{2} m_1 v_{1i}^2 + \frac{1}{2} m_2 v_{2i}^2 = \frac{1}{2} m_1 v_{1f}^2 + \frac{1}{2} m_2 v_{2f}^2 \quad [6]$$

where v is positive if an object moves to the right and negative if it moves to the left. In a typical problem involving elastic collisions, there are two unknown quantities, and Equations 5 and 6 can be solved simultaneously to find them. These two equations are linear and quadratic, respectively.

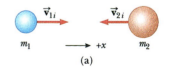

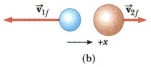

Figure 3
(a) Before and (b) after an elastic head-on collision between two hard spheres.

An alternate approach simplifies the quadratic equation to another linear equation, facilitating solution. Canceling the factor $\frac{1}{2}$ in Equation 6, we rewrite the equation as

$$m_1 \, (v_{1i}^2 - v_{1f}^2) = m_2 \, (v_{2f}^2 - v_{2i}^2)$$

Here we have moved the terms containing m_1 to one side of the equation and those containing m_2 to the other. Next, we factor both sides of the equation:

$$m_1 \, (v_{1i} - v_{1f}) \, (v_{1i} + v_{1f}) = m_2 \, (v_{2f} - v_{2i}) \, (v_{2f} + v_{2i}) \qquad [7]$$

Now we separate the terms containing m_1 and m_2 in the equation for the conservation of momentum (Eq. 5) to get

$$m_1 \, (v_{1i} - v_{1f}) = m_2 \, (v_{2f} - v_{2i}) \qquad [8]$$

To obtain our final result, we divide Equation 7 by Equation 8, producing

$$v_{1i} + v_{1f} = v_{2f} + v_{2i}$$

Gathering initial and final values on opposite sides of the equation gives

$$v_{1i} - v_{2i} = - (v_{1f} - v_{2f}) \qquad [9]$$

This equation, in combination with Equation 5, will be used to solve problems dealing with perfectly elastic head-on collisions. According to Equation 9, the relative velocity of the two objects before the collision, $v_{1i} - v_{2i}$, equals the negative of the relative velocity of the two objects after the collision, $- (v_{1f} - v_{2f})$.

To better understand the equation, imagine that you are riding along on one of the objects. As you measure the velocity of the other object from your vantage point, you will be measuring the relative velocity of the two objects. In your view of the collision, the other object comes toward you and bounces off, leaving the collision with the same speed, but in the opposite direction. This is just what Equation 9 states.

from SERWAY/VUILLE, *Essentials of College Physics*, © 2007

L'equilibrio termico

MODULO 5

UNITÀ 15
Temperatura e dilatazione

UNITÀ 16
Calore e sua trasmissione

UNITÀ 17
Cambiamenti di stato

LA FISICA e... la storia

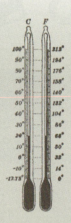

1724
Fahrenheit presenta una scala di temperatura

1742
Celsius presenta una memoria all'Accademia Reale Svedese delle Scienze in cui propone una scala di temperatura basata su valori centesimali

1728-1799
Black deduce l'esistenza del calore latente e del calore specifico; separa i concetti di calore e temperatura

1743-1794
Lavoisier introduce, insieme ad altri studiosi francesi, il concetto di calorico

1700
Scoppia la guerra del Nord

1709
Inizia la Rivoluzione industriale

1721
Il trattato di pace di Nystadt pone fine alla guerra del Nord

1756
In Europa inizia la guerra dei 7 anni

1769
Watt brevetta la prima macchina a vapore

371

1843
Joule dimostra che il lavoro meccanico si può trasformare interamente in calore

1847
Mayer, Thomson, Joule collaborano ed eseguono esperimenti per dimostrare che il calore è una forma di moto

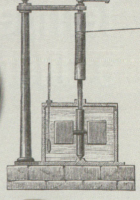

1848
Thomson presenta una scala di temperatura assoluta

1789
Inizia la Rivoluzione francese

1843
Primi segni della Rivoluzione industriale in Italia

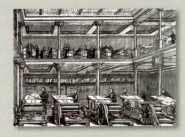

1848
In tutta Europa insorgono rivoluzioni democratiche

1853-1856
Guerra in Crimea

UNITÀ 15
Temperatura e dilatazione

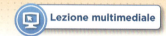 Lezione multimediale

15.1 La temperatura

Ti sarebbe mai venuto in mente di tuffarti in acqua in una situazione simile? Probabilmente no, perché la tua idea di freddo non è la stessa delle persone della foto. Concetti come tiepido, freddo, gelido dipendono dalle abitudini e dalla sensibilità personale.

È necessario, pertanto, trovare una via per quantificare in maniera oggettiva ciò che si percepisce come sensazione di caldo e di freddo.

Per fare questo utilizziamo il concetto di **stato termico** di un corpo o, in generale, di una sostanza.

stato termico — Lo **stato termico** di una sostanza indica la situazione in cui si trova una sostanza in base alla quale, per esempio, ci può dare la sensazione fisica di caldo o di freddo.

Affrontiamo ora il problema di valutare lo stato termico di un corpo. Per fare questo, ricorriamo a una grandezza fisica che chiameremo **temperatura** e della quale daremo tra poco una *definizione operativa*.

temperatura — La **temperatura** è una grandezza scalare associata allo stato termico di un corpo.

A questo punto nasce la necessità di costruire uno strumento per misurare la temperatura.

15.2 Il termometro

Per costruire uno strumento adatto possiamo pensare di sfruttare il fatto che, quando cambia lo stato termico di una sostanza, variano diverse proprietà. Per esempio, in particolari circostanze si modifica la densità, cioè il volume occupato (a parità di massa). Se vogliamo sfruttare questa caratteristica una sostanza che, per motivi di praticità, si utilizza comunemente è l'alcol. (Fino a qualche tempo fa veniva impiegato il mercurio, che è un metallo liquido, oggi messo fuori commercio a causa della tossicità. Al suo posto si sta diffondendo l'uso del **galinstan**, una lega di colore grigio-argento costituita da gallio, indio e stagno.) Si pone una certa quantità di alcol in un termoscopio, costituito da un capillare (tubo estremamente sottile) e da un bulbo. All'estremità superiore del capillare viene fatto il vuoto per evitare che la pressione influenzi il comportamento dell'alcol.

Il bulbo viene immerso in una vaschetta contenente *ghiaccio fondente*, una miscela di acqua e ghiaccio, alla pressione di 1 atmosfera. Se nell'ambiente in cui operiamo non fa troppo freddo, vediamo il livello dell'alcol nel capillare abbassarsi. Dopo un certo tempo, però, il livello si stabilizza: qui tracciamo una lineetta in corrispondenza della quale riportiamo il valore 0 di una scala di temperatura chiamata **scala Celsius** (dal nome dell'astronomo e fisico svedese del '700 che l'ha ideata). Questo valore, detto **punto fisso del ghiaccio fondente**, è indicato come:

0 °C

e si legge «zero gradi Celsius».

Inseriamo adesso il dispositivo nei vapori d'acqua bollente, sempre alla pressione di 1 atmosfera. Il livello dell'alcol nel capillare comincia a salire, fino a quando raggiunge un livello che resta a lungo costante: è il secondo punto fisso, detto **punto fisso dell'acqua bollente**.
In corrispondenza di questo livello tracciamo una seconda lineetta, alla quale attribuiamo il valore di:

100 °C

La scelta dei valori di temperatura da assegnare ai punti fissi del ghiaccio fondente e dell'acqua bollente è del tutto convenzionale, nel senso che sarebbe potuta essere diversa senza nessuna conseguenza sulle leggi fisiche.
Adesso non resta altro da fare che suddividere l'intervallo fra 0 °C e 100 °C in cento intervalli uguali, in modo da fissare l'unità di misura della temperatura (1 °C) come intervallo fra due divisioni successive.
Il termometro è così pronto per essere usato!

Il **termometro** è uno strumento tarato che serve per misurare, non direttamente, ma attraverso la variazione di certe proprietà, la temperatura di una sostanza.

> termometro

Dato che ora abbiamo a disposizione uno strumento di misura della temperatura, cioè il termometro, è possibile dare una definizione operativa definitiva di tale grandezza fisica.

La **temperatura** è una grandezza scalare che si misura mediante il termometro e che serve per valutare lo stato termico di un corpo.

> temperatura (definizione operativa)

Essendo del tutto convenzionale la scelta dei due valori numerici da attribuire ai punti fissi, esistono a tutt'oggi scale diverse da quella Celsius. In Gran Bretagna potresti vedere indicato, come valore della temperatura di una giornata piuttosto fredda, *41 gradi*. Secondo la nostra scala, si dovrebbe boccheggiare dal caldo...

Il motivo dell'equivoco è che lì si segue una convenzione diversa per la misurazione della temperatura, vale a dire la **scala Fahrenheit**, che utilizza come punti fissi la temperatura della miscela di ghiaccio e sale ammonico (0 °F) e la temperatura dell'ascella umana (96 °F).

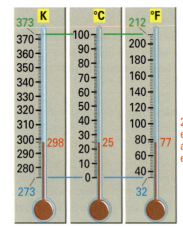

25 °C equivalgono a 298 K e a 77 °F

Ecco una sintesi delle scale più utilizzate: nell'ordine, la scala Kelvin (o assoluta), la scala Celsius (detta anche centigrada) e la scala Fahrenheit.
Si può facilmente passare da una scala all'altra utilizzando le seguenti relazioni:

$$\frac{t(°C)}{100} = \frac{t(°F) - 32}{180} = \frac{T(K) - 273}{100}$$

correlazione tra le scale di temperatura

dove con $t(°C)$, $t(°F)$ e $T(K)$ si intendono le temperature nelle scale rispettivamente Celsius, Fahrenheit e Kelvin.

 ricorda...
1 °C e 1 K individuano la stessa variazione di temperatura; mentre 1 °C e 1 °F rappresentano variazioni fra loro diverse.

La prima scala nel disegno, detta **scala Kelvin** o **assoluta**, è quella utilizzata nel SI e associa il valore 0 K («zero kelvin», con omissione del termine «grado») al particolare stato termico che nella scala Celsius viene individuato come −273 °C. La scelta dello 0 nella scala Kelvin dipende dal fatto che esso è un valore limite: non si può scendere in nessun modo al di sotto di 0 K (per questo motivo viene identificato come **zero assoluto**).
La relazione tra le due scale è:

scala Kelvin $\quad T(K) = t(°C) + 273$

Nel SI il kelvin è una delle sette unità di misura fondamentali, insieme al metro, al secondo e al kilogrammo.

esempio

1 Vogliamo sapere a quanto corrispondono i 41 °F, di cui abbiamo parlato prima, nelle altre scale termometriche.

- Iniziamo a trasformarli in gradi Celsius. Isoliamo la parte di relazione che ci serve:

$$\frac{t(°C)}{100} = \frac{t(°F) - 32}{180}$$

Moltiplicando ambo i membri per 100, otteniamo:

$$100 \cdot \frac{t(°C)}{100} = \frac{t(°F) - 32}{180} \cdot 100 \Rightarrow t(°C) = \frac{t(°F) - 32}{180} \cdot 100$$

Quindi, sostituendo a $t(°F)$ il valore di 41, troviamo:

$$t(°C) = \frac{41 - 32}{180} \cdot 100 = 5 \text{ °C}$$

- Per avere la stessa temperatura 5 °C in kelvin, basterà aggiungere 273 al risultato precedente:

$$T(K) = t(°C) + 273$$

da cui:

$$T(K) = 5 + 273 = 278 \text{ K}$$

15.3 L'equilibrio termico

Fin qui ci siamo limitati a descrivere ciò che succede quando si mette a contatto l'alcol contenuto nel bulbo con altre sostanze.
Vediamo ora di approfondire la problematica.

Sai per esperienza che una tazza di tè bollente dopo un po' si raffredda. Questo accade perché il corpo caldo (la tazza di tè) viene a trovarsi in un ambiente più freddo (l'aria circostante), per cui tende a raffreddarsi; contemporaneamente, il corpo freddo (l'aria a contatto con la tazza) si riscalda.
Tuttavia, a un certo punto la situazione si stabilizza: il tè non continua a raffreddarsi fino a gelare! La condizione per la quale il tè non si raffredda più è quella che si verifica quando i due corpi a contatto si trovano nello stesso stato termico. Si dice in questo caso che i due corpi sono fra loro in **equilibrio termico**.

> Due corpi si dicono in **equilibrio termico** quando si trovano nello stesso stato termico, cioè quando hanno la stessa temperatura.

equilibrio termico

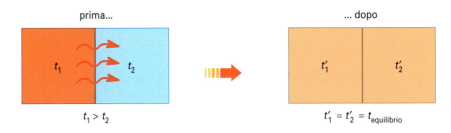

Se mettiamo a contatto due corpi caratterizzati da una temperatura identica, non accade nulla (sempre che a loro volta siano isolati rispetto a un terzo corpo).
Se invece si avvicinano due corpi con temperature differenti, il corpo più freddo si riscalderà mentre quello più caldo si raffredderà, fino a quando non avranno raggiunto la stessa temperatura, cioè l'*equilibrio termico*.

È proprio quel che avviene quando, per costruire un termometro, si immerge il bulbo contenente l'alcol nel ghiaccio fondente: il livello del fluido scende per poi arrestarsi. Quello è l'istante in cui viene raggiunto l'equilibrio termico fra lo strumento e il ghiaccio fondente.
Un discorso analogo può essere fatto nel caso dell'alcol contenuto nel termometro a contatto con l'acqua bollente.

Concludiamo con l'enunciato di un importante principio, chiamato **principio zero della termodinamica**:

> Due corpi in equilibrio termico con un terzo corpo si trovano in equilibrio termico anche fra di loro.

principio zero della termodinamica

15.4 L'interpretazione microscopica della temperatura

Introducendo operativamente la temperatura, abbiamo proceduto indubbiamente con rigore. Possiamo dire, però, di avere capito qual è la ragione per la quale varia lo stato termico di un corpo? Che cosa accade *veramente* quando la sua temperatura aumenta o diminuisce? Se non sai rispondere, non preoccuparti. Infatti, ti trovi di fronte a una domanda che ha appassionato gli scienziati nel corso degli ultimi secoli.

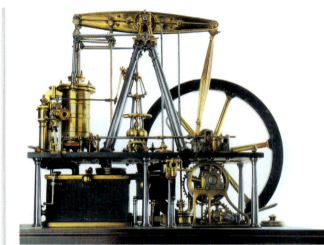

Le prime macchine termiche, come la macchina a vapore di J. Watt, sono state costruite all'inizio del '700, quando ancora non si conosceva la struttura intima della materia.

Le difficoltà incontrate per trovare una spiegazione esauriente sui processi con i quali le sostanze si riscaldano o si raffreddano, dipendono dal fatto che la risposta non è immediata. È una questione di «punti di vista».

Se osservassi con un modesto cannocchiale il nostro pianeta da lontano, stando per esempio su Marte, potresti comprendere in linea di massima tutto quello che lo riguarda a livello di sistema solare: il moto orbitale, la presenza di un satellite naturale ecc.
Ma se a un certo punto volessi studiare i dettagli della sua superficie (i mari, i continenti, le catene montuose), dovresti osservare la Terra tramite un potentissimo telescopio oppure avvicinarti a essa a bordo di un'astronave.

punto di vista macroscopico e microscopico ▷ I fenomeni così come i nostri sensi li percepiscono, in cui i corpi sono presi nella loro globalità, sono considerati su scala **macroscopica**. Quando invece ci soffermiamo a esaminare i complessi comportamenti delle singole particelle che costituiscono il corpo, non coglibili dai sensi umani, allora studiamo ciò che accade su scala **microscopica**.

Per comprendere il significato della temperatura dal punto di vista microscopico, si ricorre a una semplificazione della realtà, tramite un particolare modello secondo il quale le molecole che formano una sostanza vengono assimilate a piccole sfere rigide. Tali sferette, per via dei loro movimenti continui e casuali, sono dotate di **energia cinetica**; mentre, come conseguenza delle forze con cui esse interagiscono fra loro, possiedono **energia potenziale**.

Temperatura e dilatazione UNITÀ 15 **377**

La somma delle varie forme di energia possedute da tutte le molecole, considerate appunto come piccole sfere rigide, che compongono un determinato sistema, costituisce quella che prende il nome di **energia interna** del sistema.

> energia interna

In un corpo non tutte le molecole si muovono nello stesso modo, per cui sono caratterizzate da valori differenti delle energie cinetiche. La situazione è paragonabile a quella di una scuola in cui gli alunni hanno valutazioni non omogenee in Fisica. L'elenco dei singoli voti, essendo troppo lungo, finisce per essere dispersivo e non permette di avere un'idea immediata sull'andamento che globalmente gli alunni hanno in tale disciplina. Per avere un'informazione complessiva, a carattere generale, si utilizza la media aritmetica dei voti. Analogamente, per sintetizzare le informazioni sull'energia cinetica delle molecole nel loro insieme, si fa ricorso al concetto di valore medio.

t_1 $t_2 > t_1$

Si è constatato che se un corpo ha una temperatura t_2 maggiore della temperatura t_1 di un altro corpo, questo significa che le sue molecole complessivamente si agitano di più, si muovono con un'energia cinetica maggiore: ha, in altri termini, un'energia cinetica media superiore.

> **ricorda...**
> In un sistema:
> - la temperatura è la manifestazione a livello macroscopico del movimento molecolare che avviene a livello microscopico;
> - la temperatura è un indice dell'energia cinetica media delle molecole.

La *temperatura* di un sistema è una grandezza fisica che tiene conto dello stato di *agitazione termica molecolare*, ovvero dell'energia cinetica media delle molecole che costituiscono il sistema.

> temperatura dal punto di vista microscopico

Il modello ora introdotto, pur essendo una semplificazione drastica della realtà, la quale è molto più complessa, risulta efficace perché evidenzia un aspetto particolare del comportamento delle molecole: trascurando momentaneamente tutti gli altri, consente così di indagarlo a fondo.

15.5 La dilatazione lineare dei solidi

I binari ferroviari sono raccordati mediante i giunti di espansione come quello della foto, dove si vede che vi è uno spazio vuoto. Infatti, quando la temperatura aumenta le barre metalliche si dilatano e solo grazie alla presenza di brevi, ma frequenti interruzioni le rotaie si espandono liberamente. In questo modo non si verifica il fenomeno della loro deformazione, detto *slineamento*, con gravi conseguenze per la stabilità dei treni mentre viaggiano.

Da quali fattori può dipendere l'allungamento di una sbarra metallica che avviene a seguito di un aumento di temperatura? La risposta è di carattere sperimentale e prevede diverse fasi.

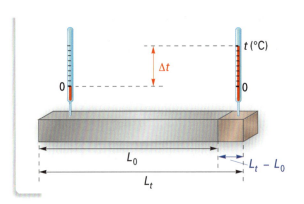

Consideriamo una sbarra che alla temperatura iniziale $t_0 = 0$ °C ha una lunghezza iniziale L_0. Modifichiamo la temperatura, sino a raggiungere il valore generico t, e misuriamo la lunghezza finale L_t. Ripetiamo poi l'esperienza variando solo la lunghezza iniziale L_0 della sbarra, e infine completiamo utilizzando sbarre che differiscono solo per il materiale di cui sono fatte.

I risultati che si ottengono possono essere sintetizzati come segue:

variazione di lunghezza $\quad \Delta L = \lambda \cdot L_0 \cdot \Delta t$

dove:
- $\Delta L = L_t - L_0$ rappresenta la variazione di lunghezza del solido;
- L_0 è la lunghezza riferita a 0 °C;
- $\Delta t = t - t_0$ è la variazione di temperatura (con $t_0 = 0$ °C);
- λ (che si legge «lambda»), detto **coefficiente di dilatazione termica lineare**, tiene conto delle caratteristiche fisiche della sostanza considerata.

Da questa legge emerge che la variazione di lunghezza ΔL:
- è direttamente proporzionale alla variazione di temperatura Δt;
- è direttamente proporzionale alla lunghezza iniziale L_0;
- dipende dalle caratteristiche fisiche del materiale (λ).

Per comprendere meglio il significato fisico di questa nuova grandezza λ, possiamo ricavarla dalla legge appena introdotta:

$$\Delta L = \lambda \cdot L_0 \cdot \Delta t$$

dividendo ambo i membri per il coefficiente $L_0 \cdot \Delta t$ di λ, si ha

$$\frac{\Delta L}{L_0 \cdot \Delta t} = \frac{\lambda \cdot L_0 \cdot \Delta t}{L_0 \cdot \Delta t}$$

e semplificando

$$\lambda = \frac{\Delta L}{L_0 \cdot \Delta t}$$

Quella appena ottenuta è proprio la definizione del **coefficiente di dilatazione lineare**.

coefficiente di dilatazione lineare $\quad \lambda = \dfrac{\Delta L}{L_0 \cdot \Delta t}$

Se poniamo $L_0 = 1$ m e $\Delta t = 1$ °C (cioè la temperatura passa da 0 °C a 1 °C), sostituendo nell'espressione di λ si ha:

$$\lambda = \frac{\Delta L}{1 \cdot 1} = \Delta L$$

Il coefficiente di dilatazione lineare esprime la variazione di lunghezza subita da un'asta di un determinato materiale di lunghezza unitaria (1 m) al variare della temperatura di 1 °C. Per quanto riguarda l'unità di misura di λ, a partire dalla sua definizione abbiamo:

$$\lambda = \frac{\Delta L}{L_0 \cdot \Delta t} \Rightarrow \frac{\Delta L \text{ (misurata in metri)}}{L_0 \text{ (misurata in metri)} \cdot \Delta t \text{ (misurata in gradi Celsius)}}$$

$$\Rightarrow \frac{\cancel{m}}{\cancel{m} \cdot °C} \quad \text{da cui, semplificando} \Rightarrow \frac{1}{°C} = °C^{-1}$$

unità di misura di λ $\quad$ L'*unità di misura* del coefficiente di dilatazione termica lineare è **°C⁻¹** (che si legge «gradi Celsius alla meno uno») oppure nel SI **K⁻¹** («kelvin alla meno uno»).

! ricorda...

1 °C e 1 K nelle due scale Celsius e Kelvin si equivalgono come variazione di temperatura. Dunque, dato che nella definizione di λ entrano in gioco solo delle variazioni di temperatura, nella sua unità di misura è indifferente considerare °C⁻¹ oppure K⁻¹.

Nella tabella 1 sono riportati i coefficienti di dilatazione lineare di alcuni solidi (tutti i valori sono da intendersi moltiplicati per 10^{-6}).
Per esempio: $\lambda_{mattoni} = 6,00 \cdot 10^{-6}$ °C^{-1}.

TABELLA 1

solidi	λ (· 10⁻⁶ °C⁻¹)	solidi	λ (· 10⁻⁶ °C⁻¹)
acciaio dolce	10,79	legno quercia	7,46
acciaio temperato	12,40	mattoni	6,00
alluminio	23,36	oro	14,70
argento	19,43	ottone	18,68
bronzo	18,21	piombo	27,99
caucciù	67,50	platino	8,86
ferro	12,11	rame	16,66
ghisa	10,75	stagno	22,96
granito	8,69	vetro ordinario	8,61
legno abete	3,55	zinco	29,41

Spesso è utile calcolare direttamente la lunghezza finale L_t della sbarra alla temperatura generica t. Per ottenerla si esegue la somma fra la lunghezza iniziale L_0 a temperatura 0 °C e la variazione di lunghezza ΔL:

$$L_t = L_0 + \Delta L$$

sostituendo al posto di ΔL il prodotto $\lambda \cdot L_0 \cdot \Delta t$

$$L_t = L_0 + \lambda \cdot L_0 \cdot \Delta t$$

raccogliendo a fattore comune L_0 si avrà

$$L_t = L_0 \cdot (1 + \lambda \cdot \Delta t)$$

Questo risultato è la **legge della dilatazione lineare** dei solidi.

$$L_t = L_0 \cdot (1 + \lambda \cdot \Delta t)$$

> **legge della dilatazione lineare**

In precedenza abbiamo osservato che nel fenomeno della dilatazione termica lineare dei solidi la variazione di lunghezza ΔL è direttamente proporzionale alla variazione di temperatura Δt.
Esaminando la legge appena scritta, affermeresti che anche fra la lunghezza finale L_t e la temperatura t vi sia una relazione di proporzionalità diretta?

....

La risposta è negativa; infatti si può verificare che, prendendo dei valori a piacere per L_0 (1 m) e per λ ($1 \cdot 10^{-6}$ °C^{-1}), al raddoppiare di t, passando magari da 50 °C a 100 °C, la lunghezza non raddoppi: L_t passa da $1 \cdot (1 + 1 \cdot 10^{-6} \cdot 50) = 1,00005$ m a $1 \cdot (1 + 1 \cdot 10^{-6} \cdot 100) = 1,00010$ m.

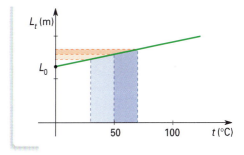

Riportando in un grafico cartesiano la lunghezza della sbarra L_t in funzione della temperatura t, avremo la retta della figura che, come vedi, non passa per l'origine, a differenza del caso di grandezze direttamente proporzionali. Tuttavia, dato che la rappresentazione grafica è comunque una retta, la relazione fra L_t e t è di un tipo particolare detto **lineare**.

> **esempio**
>
> **2** Applichiamo la legge scritta poc'anzi, per trovare di quanto si allunga un tratto di rotaie lungo 1 km nel caso in cui la temperatura passi da 0 °C a 10 °C.
>
> Dalla tabella ricaviamo che il coefficiente di dilatazione termica lineare del ferro è:
>
> $\lambda_{ferro} = 12{,}11 \cdot 10^{-6}\ °C^{-1}$
>
> Dato che vogliamo trovare direttamente la variazione di lunghezza, possiamo scrivere:
>
> $\Delta L = \lambda \cdot L_0 \cdot \Delta t$
>
> Sostituendo i rispettivi valori:
>
> $\lambda_{ferro} = 12{,}11 \cdot 10^{-6}\ °C^{-1}$ $L_0 = 1\ km = 1000\ m$ $\Delta t = 10\ °C$
>
> si ottiene:
>
> $\Delta L = 12{,}11 \cdot 10^{-6} \cdot 1000 \cdot 10 = 0{,}121\ m = 12{,}1\ cm$
>
> Dunque, ogni 1000 m di rotaie e ogni 10 °C di escursione termica, si deve prevedere uno spazio libero per assorbire la dilatazione termica di 12,1 cm, che equivalgono a 1,21 mm ogni 10 m.

> **! ricorda...**
>
> Nelle considerazioni precedenti abbiamo indicato con L_0 la lunghezza iniziale della sbarra riferita sempre alla temperatura di 0 °C: è questa la condizione per la quale risulta rigorosamente valida la legge della dilatazione.

15.6 La dilatazione cubica

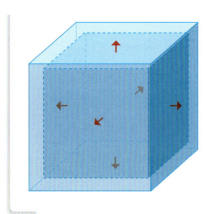

Nel caso in cui il solido si sviluppi in modo analogo in tutte e tre le direzioni spaziali, cioè le sue tre dimensioni abbiano lo stesso ordine di grandezza, allora occorre una legge che ci dia la variazione di volume in funzione della variazione di temperatura. L'esperienza e le prove di laboratorio dimostrano che nel fenomeno della dilatazione cubica dei solidi la variazione di volume, in modo analogo a quanto avveniva per la dilatazione lineare:

- è direttamente proporzionale alla variazione di temperatura;
- è direttamente proporzionale al volume iniziale;
- dipende dalle caratteristiche della sostanza.

La legge che riassume queste informazioni è:

variazione di volume $\Delta V = \alpha \cdot V_0 \cdot \Delta t$

dove ΔV rappresenta la variazione di volume del solido, V_0 è il volume riferito a 0 °C, Δt è la variazione di temperatura $t - t_0$ (con $t_0 = 0\ °C$) e α (che si legge «alfa»), detto **coefficiente di dilatazione cubica**, tiene conto delle caratteristiche fisiche della sostanza considerata.

Per comprendere meglio il significato fisico di questa nuova grandezza, procedendo così come abbiamo fatto per λ, otteniamo:

coefficiente di dilatazione cubica $\alpha = \dfrac{\Delta V}{V_0 \cdot \Delta t}$

Quando $V_0 = 1\ m^3$ e $\Delta t = 1\ °C$, sostituendo nell'espressione di α si ha:

$\alpha = \dfrac{\Delta V}{1 \cdot 1} = \Delta V$

Il coefficiente di dilatazione cubica esprime la variazione di volume subita da un solido di un determinato materiale di volume unitario (1 m³) al variare della temperatura di 1 °C. Per quanto riguarda l'unità di misura di α, a partire dalla sua definizione abbiamo (vedi i passaggi svolti nel paragrafo precedente a proposito di λ):

$$\frac{\cancel{m^3}}{\cancel{m^3} \cdot °C} = \frac{1}{°C} = °C^{-1}$$

L'*unità di misura* nel SI del coefficiente di dilatazione cubica è **°C⁻¹** oppure **K⁻¹**. ⟨ unità di misura di α

Esiste una relazione fra i due coefficienti α e λ? La risposta è affermativa e, se i solidi sono *regolari*, si può dire con buona approssimazione che:

$$\alpha = 3\lambda$$

⟨ relazione tra α e λ nei solidi

Facciamo un esempio. Per avere il coefficiente di dilatazione cubica del platino, basterà andare a leggere nella tabella 1 il suo coefficiente di dilatazione lineare ($\lambda_{platino}$ = $8,86 \cdot 10^{-6}$ °C⁻¹) e moltiplicarlo per 3.
Dunque: $\alpha_{platino} = 3 \cdot 8,86 \cdot 10^{-6} = 26,58 \cdot 10^{-6}$ °C⁻¹.
Anche nel caso della dilatazione cubica dalla relazione $\Delta V = \alpha \cdot V_0 \cdot \Delta t$ è facile pervenire alla **legge della dilatazione cubica**:

$$V_t = V_0 \cdot (1 + \alpha \cdot \Delta t)$$

⟨ legge della dilatazione cubica

che dà il volume V_t alla temperatura t in funzione del volume iniziale V_0 (con $t_0 = 0$ °C) e della variazione di temperatura $\Delta t = t - t_0$.

La relazione che esiste fra V_t e t è di tipo lineare e la sua rappresentazione grafica è una retta non passante per l'origine.

15.7 La dilatazione dei liquidi

I liquidi hanno come caratteristica propria il volume, per cui è prevedibile che vi siano delle analogie per quanto riguarda la dilatazione cubica fra il loro comportamento e quello dei solidi. Proviamo a verificare questa ipotesi riscaldando un liquido in un contenitore.

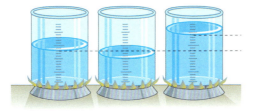

Osserva attentamente la figura, in cui il fenomeno reale è stato notevolmente amplificato: nella fase iniziale di riscaldamento il livello del liquido nel recipiente si abbassa. Sai spiegare questo... *strano* effetto? Forse il liquido ha subito una contrazione, nonostante si sia riscaldato?

....

Il fatto è che inevitabilmente la presenza del contenitore (che d'altra parte non possiamo eliminare) condiziona lo studio del comportamento del liquido, perché riscaldandosi per primo ed essendo un solido si dilaterà anch'esso. In una fase successiva, prevale la dilatazione del liquido, osservabile mediante l'innalzamento del livello nel recipiente.

È possibile, sperimentalmente, verificare che anche i liquidi seguono lo stesso tipo di legge che caratterizza la dilatazione cubica dei solidi:

legge della dilatazione cubica dei liquidi

$$V_t = V_0 \cdot (1 + \alpha \cdot \Delta t)$$

V_t rappresenta il volume alla temperatura t, V_0 è il volume a 0 °C, Δt la variazione di temperatura $t - t_0$ (con $t_0 = 0$ °C), mentre α è il **coefficiente di dilatazione cubica** dei liquidi. Quest'ultimo è come sempre dato da:

coefficiente di dilatazione cubica dei liquidi

$$\alpha = \frac{\Delta V}{V_0 \cdot \Delta t}$$

Esso esprime di quanto aumenta il volume di 1 m³ di liquido quando subisce la variazione di temperatura di 1 °C.
La tabella 2 riporta i valori dei coefficienti di dilatazione cubica per alcuni liquidi. In questo caso i dati sono da intendersi tutti moltiplicati per 10^{-4}. Per esempio: $\alpha_{olio} = 7{,}4 \cdot 10^{-4}$ °C^{-1}.

TABELLA 2

liquidi	α ($\cdot 10^{-4}$ °C^{-1})	liquidi	α ($\cdot 10^{-4}$ °C^{-1})
acido solforico	5,6	alcol metilico	12,0
acqua	2,07	glicerina	5,4
alcol etilico	10,4	mercurio	1,82
benzina	9,5	olio di oliva	7,4

Una conseguenza immediata della legge di dilatazione dei liquidi è che all'aumentare della temperatura aumenta il volume e, quindi, diminuisce la densità ($\rho = m/V$). In fase di riscaldamento gli strati più caldi di un liquido tendono, per il principio di Archimede, ad andare verso l'alto. Naturalmente vale anche il contrario: diminuzioni di temperatura comportano aumenti di densità, per cui gli strati più freddi tendono a scendere verso il basso.

flash))) Lo strano comportamento dell'acqua

Per fortuna l'acqua si distingue dai normali liquidi a causa del suo comportamento anomalo.

Arriva l'inverno e fino a 4 °C...

Quando la temperatura si abbassa, al di sopra comunque dei 4 °C, si ha, per il principio di Archimede, che gli strati d'acqua più caldi e quindi meno densi salgono e quelli freddi tendono a scendere verso il basso. Il processo continua sino a quando la temperatura media di tutta l'acqua raggiunge i 4 °C. In questa fase l'acqua si comporta come qualsiasi liquido.

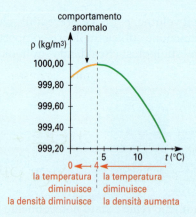

A 4 °C l'andamento della densità cambia la propria tendenza.

Ma da 4 °C a 0 °C...

Nell'intervallo di temperatura da 4 °C a 0 °C l'acqua fa eccezione rispetto agli altri liquidi, perché quando la temperatura diminuisce il suo volume aumenta e quindi diviene meno densa e tende a galleggiare. In questo modo si crea uno strato di ghiaccio superficiale. Negli strati sottostanti i pesci e le altre forme di vita continuano la loro esistenza nell'acqua ancora allo stato liquido.

esempio

3 Se alla temperatura di 20 °C una certa quantità di alcol metilico occupa un volume di 5 dm³, quale volume occuperà a 80 °C? Non avendo il volume V_0 alla temperatura $t_0 = 0$ °C, dobbiamo prima ricavarlo dai dati in nostro possesso.

$$V_{t=20°C} = V_0 \cdot (1 + \alpha \cdot \Delta t)$$

dividendo ambo i membri per $1 + \alpha \cdot \Delta t$ si trova

$$\frac{V_{t=20°C}}{1+\alpha \cdot \Delta t} = \frac{V_0 \cdot (1+\alpha \cdot \Delta t)}{1+\alpha \cdot \Delta t}$$

e semplificando

$$V_0 = \frac{V_{t=20°C}}{1+\alpha \cdot \Delta t}$$

per cui, sostituendo i valori noti per $t = 20$ °C e leggendo in tabella 2 il valore $\alpha = 12{,}0 \cdot 10^{-4}$ (°C^{-1}) per l'alcol metilico, ricaviamo

$$V_0 = \frac{5 \cdot 10^{-3}}{1 + 12{,}0 \cdot 10^{-4} \cdot 20} \cong 4{,}88 \cdot 10^{-3} \text{ m}^3$$

A questo punto possiamo calcolare il volume dell'alcol a 80 °C:

$$V_{t=80°C} = V_0 \cdot (1 + \alpha \cdot \Delta t) = 4{,}88 \cdot 10^{-3} \cdot (1 + 12{,}0 \cdot 10^{-4} \cdot 80) \cong 5{,}35 \cdot 10^{-3} \text{ m}^3$$

> **ricorda...**
> Sia per la dilatazione cubica dei solidi sia per quella dei liquidi, il volume iniziale V_0 è relativo alla temperatura di riferimento 0 °C.

15.8 L'interpretazione microscopica della dilatazione

Gli effetti della dilatazione sono visibili a livello macroscopico. Ripensando però al modello molecolare, scendendo cioè su scala microscopica, riusciresti a dire (alla luce del Paragrafo 15.4) perché la materia è soggetta a dilatarsi quando aumenta la temperatura? Se ricordi, l'aumento della temperatura comporta un aumento dell'energia cinetica media delle molecole. Tale aumento di energia determina, a causa della maggiore agitazione molecolare, un allontanamento delle molecole le une dalle altre le quali, perciò, finiscono per occupare più spazio.

È una situazione paragonabile a quello che accade in una discoteca: quando il ritmo è lento non occorre molto spazio attorno a chi balla. Man mano che il ritmo diventa più scatenato tale spazio aumenta visibilmente al fine di evitare urti non troppo gradevoli.

idee e personaggi

La termografia

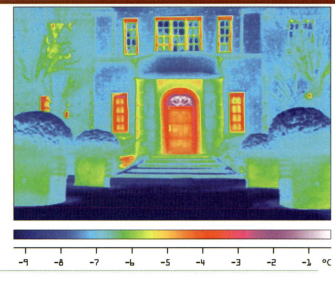

Tutti i corpi, anche a temperature basse (purché maggiori dello zero assoluto) emettono una radiazione non visibile, detta *infrarosso*, la cui intensità aumenta all'aumentare della temperatura. Lo strumento che converte la radiazione emessa da un corpo in un segnale digitale è la *termocamera*: a differenza delle normali telecamere, una termocamera rileva la radiazione infrarossa ed è collegata a un monitor, sul quale la diversa intensità di radiazione viene rappresentata sotto forma di un'immagine a colori. Sullo schermo, infatti, ogni intensità viene mostrata con una particolare colorazione: la scelta dei colori è convenzionale e di solito le aree più fredde vengono visualizzate in blu-verde, mentre le aree più calde appaiono con toni che vanno dal rosso al giallo-bianco. L'immagine così ottenuta, detta *termografia*, non è altro che una mappatura termica superficiale dell'oggetto indagato: l'emissione di radiazione è direttamente proporzionale alla quarta potenza della temperatura, espressa in kelvin.

LE APPLICAZIONI

Una *perizia termografica* può individuare in un'abitazione eventuali punti di dispersione di calore e consentire così di migliorare l'isolamento con significativo risparmio sulle spese di riscaldamento. Sempre in ambito edilizio, la termografia trova impiego anche nel rilevamento di tubazioni sotterranee o perdite d'acqua, nell'identificazione del percorso dei cavi elettrici internamente alle pareti o nell'analisi dei depositi negli impianti idraulici, senza che si debba interrompere l'erogazione di corrente o di acqua. Le termografie sono impiegate anche per rilevare le temperature del mare nell'ambito di controlli ambientali e di verifica dello stato di salute delle acque: esse possono infatti appurare la presenza di inquinanti a livello superficiale, come oli, carburanti, scarichi industriali o residui di pulitura di cisterne in navigazione. Tra le più recenti applicazioni delle termocamere vi è anche l'impiego per il soccorso in mare: la termocamera permette di operare al buio e individuare rapidamente il corpo di un disperso anche da molto lontano, data la notevole differenza di temperatura tra l'acqua e il corpo umano. La termografia trova applicazione anche in campo medico-diagnostico. Alcune patologie comportano un'alterazione della temperatura del corpo umano nelle aree colpite dalla malattia: per esempio, in certe forme di tumore, come quello della mammella o della tiroide, le cellule malate hanno una temperatura più elevata di quelle sane. Sono rilevabili con una termografia anche le alterazioni del flusso sanguigno negli arti o la presenza di artrite e altri stati infiammatori, alcune patologie neurologiche e le trombosi venose, purché in aree superficiali. Certamente, nonostante la tecnica sia di facile esecuzione e risulti priva di effetti collaterali, in ambito medico si registrano notevoli perplessità circa la sua effettiva efficacia e sensibilità diagnostica a confronto con altri metodi di uso ormai consolidato come l'ecografia, i raggi X, la risonanza magnetica. La termografia medica, fornendo informazioni diverse, aiuta lo specialista a perfezionare la diagnosi.

IN SINTESI

- La **temperatura** è una grandezza scalare associata allo stato termico di un corpo; si misura indirettamente tramite la variazione di certe proprietà (come la variazione di volume), con uno strumento tarato detto **termometro**.

  La scala delle temperature detta scala *Celsius* viene ottenuta, per convenzione, suddividendo in cento intervalli uguali l'intervallo tra due punti fissi. Il valore numerico attribuito ai due punti fissi nella scala Celsius è: ghiaccio che fonde = 0 °C; acqua che bolle = 100 °C.

  Esistono altre scale di temperatura basate su differenti scelte convenzionali dei punti fissi, per esempio la scala Fahrenheit, tale per cui:

  $$\frac{t(°C)}{100} = \frac{t(°F) - 32}{180}$$

- Nel SI si utilizza la **scala Kelvin** o **scala assoluta**. La relazione tra scala Kelvin e scala Celsius è: $T(K) = t(°C) + 273$. Lo 0 della scala Kelvin è un valore limite sotto il quale non è possibile in alcun modo scendere, pertanto viene identificato come *zero assoluto*. 1 grado Celsius (1 °C) e 1 Kelvin (1 K) individuano la stessa variazione di temperatura, mentre 1 °C e 1 °F (grado Fahrenheit) rappresentano variazioni fra loro diverse.

- Due corpi si dicono in **equilibrio termico** quando si trovano nello stesso stato termico, cioè quando hanno la stessa temperatura.

  Il **principio zero della termodinamica** afferma che *due corpi in equilibrio termico con un terzo corpo si trovano in equilibrio termico anche tra di loro*.

- L'**energia interna** di un corpo è data dalla somma delle varie forme di energia (energia cinetica + energia potenziale) possedute da tutte le molecole, considerate come piccole sfere rigide, che compongono un determinato sistema. La temperatura è la manifestazione a livello *macroscopico* dello stato di *agitazione termica molecolare* che si manifesta a livello *microscopico*, ovvero è un indice dell'energia cinetica media delle molecole che costituiscono il sistema.

- La dilatazione si spiega, a livello microscopico, in quanto l'aumento della temperatura comporta un aumento dell'energia cinetica media delle molecole e cioè una maggiore agitazione molecolare; si ha un allontanamento delle molecole le une dalle altre le quali, perciò, finiscono per occupare più spazio.

- La **legge di dilatazione lineare** dei solidi è: $L_t = L_0 \cdot (1 + \lambda \cdot \Delta t)$, dove L_0 è la lunghezza iniziale della sbarra riferita alla temperatura di 0 °C e il coefficiente λ si chiama **coefficiente di dilatazione lineare**. Esso rappresenta la variazione di lunghezza subita da un'asta di un determinato materiale di lunghezza unitaria (1 m) al variare della temperatura di 1 °C e la sua unità di misura è $°C^{-1}$ o K^{-1}. La relazione fra L_t e t è di tipo lineare: il grafico è una retta che non passa per l'origine.

- La **legge di dilatazione cubica dei solidi** è analoga a quella di dilatazione lineare: $V_t = V_0 \cdot (1 + \alpha \cdot \Delta t)$. Anche in questo caso la relazione fra V_t e t è di tipo lineare. Il coefficiente α si chiama **coefficiente di dilatazione cubica** e rappresenta la variazione di volume subita da un solido di un determinato materiale di volume unitario (1 m³) al variare della temperatura di 1 °C. La sua *unità di misura* è $°C^{-1}$ oppure K^{-1}. Esiste una relazione tra α e λ nei solidi regolari: $\alpha = 3 \lambda$.

- La **legge di dilatazione dei liquidi** è analoga alla legge della dilatazione cubica dei solidi vista poco sopra: $V_t = V_0 \cdot (1 + \alpha \cdot \Delta t)$, dove α è il *coefficiente di dilatazione cubica dei liquidi*.

- La *densità* ($\rho = m/V$) di un liquido diminuisce se la temperatura aumenta. L'unico liquido che costituisce un'eccezione tra 4 °C e 0 °C è l'acqua (quando la temperatura diminuisce il suo volume aumenta e quindi diviene meno densa e tende a galleggiare).

SCIENTIFIC ENGLISH

CLIL

Temperature and Expansion

- **Temperature** is a scalar quantity that refers to how hot or cold an object is; it is measured indirectly by measuring changes in certain properties (such as volume), using a calibrated device called a **thermometer**. By convention, the *Celsius* temperature scale is obtained by dividing the distance between two fixed points into one hundred equal segments. The numerical value assigned to the two fixed points on the Celsius scale are: freezing point of water = 0 °C; boiling point of water = 100 °C. Other standard temperature scales use different fixed points. One example is the Fahrenheit scale, on which:

$$\frac{t(°C)}{100} = \frac{t(°F) - 32}{180}$$

- The SI uses the **Kelvin** or **absolute temperature scale**. The relationship between the Kelvin and Celsius scales is: $T(K) = t(°C) + 273$. Zero on the Kelvin scale is the lowest limit of temperature and is referred to as *absolute zero*. An increase of one degree on the Celsius scale (1 °C) corresponds with an increase of one degree on the Kelvin scale (1 K), whereas an increase of 1 °C is not the same as an increase of 1 °F.

- Two objects are said to be in **thermal equilibrium** when they are at the same temperature. The **zeroth law of thermodynamics** states that *if two objects are separately in thermal equilibrium with a third object, then they are in thermal equilibrium with each other*.

- The **internal energy** of an object is the sum of the various forms of energy (kinetic energy + potential energy) of all the molecules, considered as small rigid spheres, which make up a given system. Temperature is the *macroscopic* manifestation of *thermal agitation of molecules* at the *microscopic* level and measures the kinetic energy of the molecules which make up the system.

- Expansion of an object is the consequence of the increase in the average kinetic energy of the constituent molecules, which vibrate with greater amplitudes; the separation between them increases and so they take up more room.

- The **equation for linear expansion** of solids is: $L_t = L_0 \cdot (1 + \lambda \cdot \Delta t)$, where L_0 is the initial length of the rod at a temperature of 0 °C and the coefficient λ is called the **coefficient of linear expansion**. It describes the change in the length of a rod made of a certain material with a unit length (1 m) when there is a change in temperature of 1 °C. This change is measured in units of $°C^{-1}$ or K^{-1}. The relationship between L_t and t is linear: the graph is a straight line that does not pass through the origin.

- The **equation for volume expansion of solids** is similar to that for linear expansion: $V_t = V_0 \cdot (1 + \alpha \cdot \Delta t)$. Also in this case the relationship between V_t and t is linear. The coefficient α is called the **coefficient of volume expansion** and describes the change in volume of a solid made of a certain material with a unit volume (1 m³) when there is a change in temperature of 1 °C. This change is measured in *units of* $°C^{-1}$ or K^{-1}. In regular solids the relationship between α and λ is: $\alpha = 3\,\lambda$.

- The **equation for expansion of liquids** is similar to the equation for volume expansion of solids explained above: $V_t = V_0 \cdot (1 + \alpha \cdot \Delta t)$, where α is the *coefficient of volume expansion of liquids*.

- The *density* ($\rho = m/V$) of a fluid decreases as the temperature increases. The only exception to this rule at temperatures of between 4 °C and 0 °C is water (when the temperature decreases its volume increases so that it becomes less dense and tends to float).

Temperatura e dilatazione — UNITÀ 15

strumenti per SVILUPPARE le COMPETENZE

VERIFICHIAMO LE CONOSCENZE

Vero-falso

V F

1. Quest'estate a Parigi la temperatura è sempre stata inferiore a 30 K.
2. La temperatura è salita di 10 °C cioè 10 K.
3. La temperatura è una grandezza scalare.
4. La temperatura dipende dall'energia cinetica media delle molecole.
5. A parità di lunghezza iniziale e di variazione di temperatura, l'alluminio si dilata di più dell'oro.
6. Nella dilatazione lineare, la lunghezza finale è direttamente proporzionale alla variazione della temperatura.
7. Nella dilatazione lineare, al raddoppiare della variazione di temperatura raddoppia anche la lunghezza finale.
8. Se riscaldiamo un contenitore con dell'acqua, in fase iniziale il livello del liquido si abbassa.
9. L'unità di misura del coefficiente di dilatazione cubica è K^{-3}.
10. Il ghiaccio a 0 °C è meno denso dell'acqua a 4 °C.

Test a scelta multipla

1. Per il funzionamento del termometro ad alcol si sfrutta:
   A il cambiamento della massa dell'alcol al variare della temperatura
   B il cambiamento del volume dell'alcol al variare della temperatura
   C il cambiamento del colore (dal grigio al rosso) dell'alcol al variare della temperatura
   D il cambiamento della pressione della colonna dell'alcol

2. Vai in missione in una regione della Siberia dove ti dicono che in inverno la temperatura varia fra −60 K e −40 K! Lasci a casa il tuo termometro ad alcol perché:
   A a quelle temperature l'alcol evapora per cui il termometro non è utilizzabile
   B sono più precisi in quel caso i termometri ad alcol tarati secondo la scala Fahrenheit
   C si tratta di temperature fisicamente impossibili
   D non è in grado di rilevare temperature inferiori a 10 °C

3. Qual è la relazione che lega la scala di temperatura Kelvin a quella Celsius?
   A $T(K) = t(°C)/273$
   B $T(K) = t(°C) - 273$
   C $T(K) = t(°C) + 273$
   D $T(K) = t(°C) + 1/273$

4. A che cosa si può ricollegare la temperatura di una sostanza a livello microscopico?
   A All'energia cinetica media delle molecole
   B All'energia potenziale media delle molecole
   C Alla forza con cui si attraggono fra loro le molecole
   D Al numero di molecole presenti

5. Il coefficiente di dilatazione termica lineare raddoppia quando:
   A raddoppia l'allungamento a parità di lunghezza iniziale e variazione di temperatura
   B raddoppia la variazione di temperatura a parità di allungamento e lunghezza iniziale
   C raddoppia la lunghezza iniziale a parità di variazione di temperatura e allungamento
   D raddoppiano contemporaneamente allungamento, lunghezza iniziale e variazione di temperatura

6. Qual è l'unità di misura del coefficiente di dilatazione termica lineare?
   A È adimensionale
   B $m \cdot °C^{-1}$
   C $°C^{-1}$
   D m^{-1}

7. La lunghezza iniziale nella relazione che fornisce il coefficiente di dilatazione lineare è riferita alla temperatura di:
   A 373 K
   B 0 °F
   C 0 °C
   D 0 K

8. Qual è l'unica affermazione non corretta fra quelle sottostanti, in merito al fenomeno della dilatazione cubica?
   A Il volume è direttamente proporzionale alla temperatura
   B Il volume finale è direttamente proporzionale al volume iniziale
   C La variazione di volume è direttamente proporzionale alla variazione di temperatura
   D Il volume cambia linearmente con la temperatura

MODULO 5 L'equilibrio termico

9 Se di un solido omogeneo conosci il coefficiente di dilatazione cubica α, puoi sapere quanto vale il coefficiente di dilatazione lineare λ?

A Sì, basta dividere per 3 il valore di α

B Sì, basta moltiplicare per 2 il valore di α

C Sì, basta estrarre la radice cubica di α

D No, non è mai possibile risalire dal valore di α a quello di λ

10 Un liquido subisce una diminuzione della temperatura: che cosa accade di solito alla sua densità?

A Niente, perché la densità non varia con la temperatura

B Diminuisce, perché aumenta il volume occupato dal fluido

C Aumenta o diminuisce a seconda del valore della pressione

D Aumenta, perché diminuisce il volume occupato dal fluido

VERIFICHIAMO LE ABILITÀ

❯ Esercizi

15.2 Il termometro

1 A Londra vi sono stati numerosi inconvenienti a causa del troppo caldo. La temperatura è di 34 °F.

a) La notizia è vera o falsa?

b) 1 °F è maggiore, minore o uguale a 1 °C?

2 Dati i valori delle temperature minime e massime riportate in °C nella tabella seguente (così come le riportano i giornali), trasformali nei corrispondenti valori della scala Kelvin.

città	Aosta	Trieste	Imperia	Pisa	Alghero
min	6	15	18	13	13
max	18	20	21	18	21

Per lo svolgimento dell'esercizio, completa il percorso guidato, inserendo gli elementi mancanti dove compaiono i puntini.

1 Il primo dato è: 6 ....

2 La formula da usare è: $T(K) =$ C° + 243,15 ....

3 Sostituisci nella formula i dati, trovando perciò:
$T(K) =$ 6 + 243,15 = 249,15 K ....

4 Ripeti il medesimo procedimento per le altre temperature:
15 + 243,15 K = ...
....
....
....

[Aosta: 279 K; ...]

3 Nella sala in cui si svolge un convegno di fisici il termometro segna 292 K.

a) A che cosa equivale la temperatura in °C? 18,85 C°

b) 1 K è maggiore, minore o uguale a 1 °C? UGUALE

4 Dati i valori delle temperature minime e massime riportate in °C nella tabella seguente (così come le riportano i giornali), trasformali nei corrispondenti valori della scala Fahrenheit.

città	Londra	Parigi	Vienna	Roma	Atene
min	11	5	8	12	19
max	17	18	15	24	27

SUGGERIMENTO Vale la traccia dell'Esercizio 2, ma la formula da utilizzare è un po' più complessa.

[51,8 °F; 62,6 °F; 41 °F; ...]

5 In poche ore la temperatura è passata da 12 °C a 28 °C. Non si sa come vestirsi!

a) Se questa stessa frase fosse stata pronunciata da un inglese, quali sarebbero state le due temperature equivalenti in gradi Fahrenheit?

b) Qual è l'escursione termica in °C?

c) Qual è l'escursione termica in K?

[a) 53,6 °F; 82,4 °F]

6 Leggi con attenzione le seguenti frasi:
una sostanza passa da 30 °C a 50 °C.
una sostanza passa da 30 K a 50 K.

a) Le due frasi hanno lo stesso significato?

b) Riscrivi la prima frase in kelvin.

c) Riscrivi la seconda frase in °C.

d) Le due situazioni individuano la stessa variazione di temperatura?

7 Un termoscopio è stato tarato in laboratorio secondo la scala Celsius, utilizzando i punti fissi dell'acqua. Fra i livelli dei due punti anzi detti l'alcol nel capillare si dilata di 14,0 cm. Trova il valore di temperatura corrispondente a una dilatazione dell'alcol di 3,5 cm.

SUGGERIMENTO Basta fare una proporzione... [25 °C]

8 Un termoscopio è stato tarato in laboratorio secondo la scala Celsius, utilizzando i punti fissi dell'acqua. Fra i livelli dei due punti anzi detti l'alcol nel capillare si dilata di 8,5 cm. Trova di quanto si dilata l'alcol nel capillare se il valore di temperatura corrispondente è pari a 60 °C.

[5,1 cm]

9 Un termoscopio è stato tarato in laboratorio secondo la scala Celsius, utilizzando i punti fissi dell'acqua. Fra i livelli del punto relativo a 0 °C e quello relativo alla temperatura 32,5 °C l'alcol nel capillare si dilata di 2,6 cm. Trova di quanto si dilata l'alcol nel capillare passando da 0 °C al punto di ebollizione dell'acqua.

[8,0 cm]

10 Un materiale costituito da ossido di rame conduce la corrente elettrica senza dissipazione di energia per temperature inferiori a una particolare temperatura detta *critica*, che in questo caso vale 90 K. Trova il valore della temperatura critica nelle scale termometriche Celsius e Fahrenheit.

SUGGERIMENTO Ti può essere utile riesaminare l'Esempio 1 di questa Unità...

[−183 °C; −297,4 °F]

11 Trova a quanto corrisponde lo «zero assoluto» nelle scale termometriche Celsius e Fahrenheit.

[−273 °C; −459,4 °F]

12 Un famoso romanzo di Ray Bradbury si intitola *Fahrenheit 451*. Riporta il valore di temperatura indicato nel titolo in quelli corrispondenti delle scale Celsius e Kelvin.

SUGGERIMENTO Puoi riguardare l'Esempio 1 dell'Unità o gli Esercizi 10 e 11 ...

[232,8 °C; 505,8 K]

13 Perform the appropriate temperature conversions in order to fill in the blanks in the table below.

Celsius (°C)	Fahrenheit (°F)	Kelvin (K)
0	...	...
...	212	...
...	...	0
...	78	...
...	...	267

14 The temperature difference between the skin and the air is regulated by the cutaneous blood flow. When vessels are dilated, more blood is brought to the surface and the skin warms. Suppose during dilation the skin warms from 72.0 °F to 80 °F.
a) Convert these temperatures to Celsius and find the difference.
b) Convert to Kelvin, again finding the difference.

[4.4 °C; 4.4 K]

15.3 L'equilibrio termico

15 Descrivi almeno due situazioni in cui si verifica il fenomeno dell'equilibrio termico.

16 Un corpo *A* ha una temperatura di 20 °C, un corpo *B* è in equilibrio termico con *A* e un corpo *C* è in equilibrio termico con *B*.
a) Qual è la temperatura di *C*?
b) Come si chiama il principio che ti permette di rispondere al quesito *a*?

17 Un corpo *A*, che si trova alla temperatura di 50 °C, e un corpo *B*, che si trova alla temperatura di 45 °F, vengono messi a contatto. Quale dei due corpi si riscalda e quale si raffredda?

Per lo svolgimento dell'esercizio, completa il percorso guidato, inserendo gli elementi mancanti dove compaiono i puntini.

1 I dati sono: ....
2 Per confrontare i due valori bisogna che siano entrambi espressi nella stessa ....
3 La formula da usare è: ....

4 Sostituisci nella formula i dati, trovando, per esempio:
t(°F) = ... = ...
5 Il corpo a temperatura maggiore è ....
per cui esso si ....
6 Il corpo a temperatura minore è ....
per cui esso si ....

[45 °F = 7,22 °C; ...]

18 Due corpi *A* e *B* si trovano rispettivamente alla temperatura di 80 °F e 86 °F, mentre un terzo corpo *C* è alla temperatura di 30 °C. Quale fra i corpi *A* e *B* si troverebbe in equilibrio termico con *C*, se venissero messi a contatto?

SUGGERIMENTO Devi ricorrere alle formule di conversione fra le varie scale di temperatura...

[*B*]

19 *A* è in equilibrio termico con *B* e *C* è in equilibrio termico con *A*.
a) *B* e *C* sono in equilibrio termico fra loro?
b) Se *B* ha una temperatura di 315 K, qual è la temperatura di *A* in °C?
c) Qual è la temperatura di *C* in °F?

20 Consider *Object A* which has a temperature of 75 °C and *Object B* which has a temperature of 75 °F. The two objects are placed in thermal contact with each other. Will this contact result in a temperature increase or in a temperature decrease of *Object B*? Explain.

15.5 La dilatazione lineare dei solidi

21 Sono date due sbarre lunghe 1 m. La sbarra *A* è fatta di argento, la sbarra *B* è di piombo.
a) Se la temperatura passa da 0 °C a 1 °C, quale delle due sbarre subirà l'allungamento maggiore?
b) Qual è l'allungamento della sbarra di argento (senza effettuare calcoli)?

22 Il coefficiente di dilatazione lineare del platino è $8,86 \cdot 10^{-6}$ °C^{-1}. Completa la seguente frase: se la temperatura passa da 50 °C a 51 °C, una sbarra di platino lunga 1 m si allunga di

....

23 Un'asta di ferro è lunga 30 m alla temperatura di 0 °C. Completa la seguente tabella.

Δt (°C)	50	100	150	200	250
ΔL (m)	...	...	...	...	...

a) Elabora un grafico riportando sull'asse delle *x* le variazioni di temperatura e sull'asse delle *y* le variazioni di lunghezza.
b) Che tipo di proporzionalità intercorre tra le variazioni di temperatura e le variazioni di lunghezza?

24 Osserva il seguente grafico.

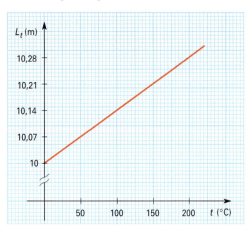

a) Le due grandezze rappresentate sono direttamente proporzionali?
b) Qual è la lunghezza per $t = 100$ °C?
c) In corrispondenza di quale temperatura la lunghezza è di 10,35 m?
d) Ricava dal grafico il coefficiente di dilatazione lineare.

[d) $1,4 \cdot 10^{-4}$ °C^{-1}]

25 Calcola la lunghezza finale di un'asta di alluminio, sapendo che a 0 °C la sua lunghezza è di 1,500 m e che la temperatura è salita a 60 °C.

Per lo svolgimento dell'esercizio, completa il percorso guidato, inserendo gli elementi mancanti dove compaiono i puntini.

1 I dati espliciti sono: ......
2 Nella tabella opportuna vai a leggere il valore di λ:
......
3 Sostituisci nella formula i dati, trovando perciò:
$L_t = $ ......

[1,502 m]

26 Alla temperatura di 0 °C una sbarra di ottone è lunga 180,0 cm. Determina la lunghezza della sbarra quando la temperatura sale a 80 °C.
[180,3 cm]

27 Calcola il coefficiente di dilatazione lineare di un metallo non noto, sapendo che a 0 °C la sua lunghezza è di 1,250 m e che a 296 °C la lunghezza è diventata di 1,254 m.
[$10,81 \cdot 10^{-6}$ °C^{-1}]

28 Trova la temperatura a cui è arrivata una sbarra di ferro, sapendo che a 0 °C la sua lunghezza è di 4,50 m e che per tale aumento di temperatura ha raggiunto una lunghezza di 4,55 m.

SUGGERIMENTO Devi leggere sulla tabella il valore della λ del ferro. La formula inversa deve essere ricavata in funzione di...
[918 °C]

29 Una sbarra di ottone alla temperatura di 80 °C ha una lunghezza di 2,725 m. Calcola la sua lunghezza alla temperatura di riferimento di 0 °C.

SUGGERIMENTO Devi leggere sulla tabella il valore della λ dell'ottone e poi ricorrere alla formula inversa, ricavando...
[2,721 m]

30 Due aste, una di rame e una di zinco, hanno a 0 °C la stessa lunghezza di 3 m. Trova la differenza fra le loro lunghezze a 120 °C.
[5 mm]

31 Due sbarre, una di bronzo e una di ghisa, hanno a 165 °C la stessa lunghezza di 120 cm. Trova la differenza tra le loro lunghezze a 0 °C.
[1,5 mm]

32 Una sbarra di ferro alla temperatura di 30 °C è lunga 7,450 m. Determina la sua lunghezza a 110 °C.

SUGGERIMENTO Devi ricavare dapprima la lunghezza di riferimento a 0 °C e quindi, a partire da questa, calcolare la lunghezza alla temperatura finale...
[7,457 m]

33 Una trave di acciaio temperato è lunga 5 m alla temperatura di 400 K, mentre un'altra trave dello stesso materiale e della stessa lunghezza si trova alla temperatura di 414 °F. Stabilisci, determinando le rispettive lunghezze, quale delle due travi è più lunga a 0 °C.

SUGGERIMENTO Prima di procedere devi trasformare i valori delle varie temperature nella scala...
[4,992 m; 4,987 m]

34 Un tubo metallico, che ha una lunghezza iniziale di 0,5000 m alla temperatura di 18 °C, alla temperatura di 100 °C si allunga raggiungendo 0,5007 m. Calcola il suo coefficiente di dilatazione lineare.
[$17 \cdot 10^{-6}$ °C^{-1}]

35 Due sbarre, una di acciaio dolce e l'altra di ferro, che alla temperatura di 0 °C hanno rispettivamente lunghezza 2,250 m e 1,750 m, sono saldate allineate una di seguito all'altra come mostrato in figura. Uno degli estremi liberi della nuova sbarra ottenuta con la saldatura è fissato a una parete, mentre l'altro estremo dista 10 mm da una seconda parete. Stabilisci se alla temperatura di 250 °C le due sbarre saldate toccano la parete a cui non sono vincolate.

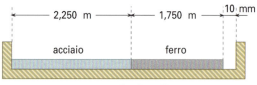

[somma dei due allungamenti: 11,4 mm]

36 A steel railroad track has a length of 30.000 m when the temperature is 0 °C. What is its length on a very hot day, when the temperature is 41.0 °C? (Assume $\lambda = 10.79 \cdot 10^{-6}$ °C^{-1}.)
[30.013 m]

15.6 La dilatazione cubica

37 Lo zinco ha il coefficiente di dilatazione lineare di $29{,}41 \cdot 10^{-6}$ °C^{-1}.
   a) Determina il coefficiente di dilatazione cubica dello zinco.
   b) Di quanto varia il volume di un cubo di zinco di lato 1 m quando la temperatura passa da 0 °C a 1 °C?

38 Sono dati due cubi di lato 1 m. Il cubo A è fatto di alluminio, il cubo B è di ghisa.
   a) Se la temperatura passa da 0 °C a 1 °C, quale dei due cubi subirà la dilatazione maggiore?
   a) Qual è la dilatazione del cubo di alluminio?

39 Il coefficiente di dilatazione lineare dell'oro è $14{,}70 \cdot 10^{-6}$ °C^{-1}. Completa la seguente frase: se la temperatura passa da 20 °C a 21 °C, un cubo d'oro di lato 1 m aumenta il suo volume di ....

40 Una sfera di alluminio alla temperatura di 0 °C ha il raggio di 40 cm.
Completa la seguente tabella.

Δt (°C)	50	100	150	200	250
ΔV (cm^3)	...	...	...	...	...

   a) Elabora un grafico riportando sull'asse delle x le variazioni di temperatura e sull'asse delle y le variazioni di volume.
   b) Che tipo di proporzionalità intercorre tra le variazioni di temperatura e le variazioni di volume?

41 Osserva il seguente grafico.

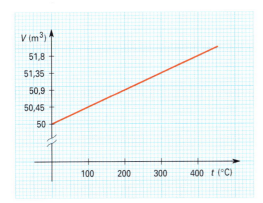

   a) Le due grandezze rappresentate sono direttamente proporzionali?
   b) Qual è la variazione di volume per una variazione di temperatura da 100 °C a 200 °C?
   c) Il volume varia di 0,9 m^3 nel passaggio della temperatura da 0 °C a ....
   d) Ricava dal grafico il coefficiente di dilatazione cubica.
   [d) $90 \cdot 10^{-6}$ °C^{-1}]

42 Un cubo di 7,5 cm di lato passa da 0 °C a 160 °C. Sapendo che il materiale di cui è formato il cubo è argento, calcola il volume finale.

Per lo svolgimento dell'esercizio, completa il percorso guidato, inserendo gli elementi mancanti dove compaiono i puntini.

1 I dati espliciti sono: ....
2 Nella tabella opportuna vai a leggere il valore di λ:
....
3 Il valore del coefficiente di dilatazione cubica sarà quindi:
α = ...
4 Sostituisci nella formula i dati, trovando perciò:
V_t = ... = ...
[$4{,}26 \cdot 10^{-4}$ m^3]

43 Un volume di 0,502 dm^3 di bronzo in equilibrio termico con l'ambiente circostante, che si trova a 0 °C, si contrae a causa di una diminuzione della temperatura, raggiungendo il valore di 0,500 dm^3. Calcola il valore della temperatura finale.

SUGGERIMENTO Ti ricordiamo che nella scala Celsius esistono anche valori negativi della temperatura: se la variazione di volume è negativa... [$-72{,}9$ °C]

44 Un cilindretto di caucciù ha un diametro di 8 mm e un'altezza di 5,0 cm alla temperatura di 50 °C. Determina il volume del cilindretto alla temperatura di 0 °C.

SUGGERIMENTO Dopo aver calcolato il volume V_t del cilindretto ($\pi \cdot r^2 \cdot h$), basta utilizzare la formula inversa della legge... [2490 mm^3]

45 Un parallelepipedo di rame passa da -30 °C a 120 °C. Sapendo che i suoi lati alla temperatura finale misurano a = 6,0 cm, b = 13,5 cm e c = 9,7 cm, calcola il volume iniziale. [780 cm^3]

46 A spherical silver ball has a diameter of 2.60 cm at 25.00 °C. What is its diameter when its temperature is raised to 100.0 °C?

HINT Recall that the volume of a sphere is $\frac{3}{4}\pi \cdot r^3$, calculate α from λ as a first step...; [2.84 cm]

15.7 La dilatazione dei liquidi

47 L'acqua ha coefficiente di dilatazione cubica $2{,}07 \cdot 10^{-4}$ °C^{-1}. Di quanto varia il volume di 1 m^3 di acqua quando la temperatura passa da 0 °C a 1 °C?

48 Sono dati due cilindri A e B. A contiene 1 m^3 di acqua, B contiene 1 m^3 di olio d'oliva.
   a) Di quanto varia il volume dell'acqua quando la temperatura passa da 15 °C a 16 °C?
   b) Di quanto varia il volume dell'olio quando la temperatura passa da 15 °C a 16 °C? [a) $2{,}07 \cdot 10^{-4}$ m^3]

49 Il coefficiente di dilatazione lineare della benzina è $9{,}5 \cdot 10^{-4}$ °C^{-1}. Completa la seguente frase: 1000 litri di benzina occupano un volume di ....
Se la temperatura passa da 10 °C a 11 °C, il volume occupato dalla benzina aumenta di ....

50 Una tanica contiene 15 ℓ di acido solforico. Completa la seguente tabella.

Δt (°C)	50	100	150	200	250
ΔV (m^3)	...	...	...	...	...

a) Elabora un grafico riportando sull'asse delle x le variazioni di temperatura e sull'asse delle y le variazioni di volume.
b) Che tipo di proporzionalità intercorre tra le variazioni di temperatura e le variazioni di volume?

51 Una certa quantità di alcol etilico occupa, alla temperatura di 0 °C, un bicchiere cilindrico di raggio 2,50 cm per un'altezza di 21,5 cm. Trova il volume finale dell'alcol, nel caso in cui la temperatura passi a 9 °C.
SUGGERIMENTO Devi rilevare il valore del coefficiente di dilatazione nella corrispondente tabella e poi...
[426 cm^3]

52 Un liquido alla temperatura di 0 °C occupa un volume di 1,75 dm^3. Determina il suo coefficiente di dilatazione cubica, nell'eventualità in cui il volume del fluido alla temperatura di 100 °C sia di 1,88 dm^3.
[$7{,}43 \cdot 10^{-4}$ °C^{-1}]

53 Una certa quantità di olio di oliva si trova alla temperatura di −15 °C e ha un volume di 2,1 litri.
Sapendo che il suo volume, a causa di una variazione di temperatura, aumenta del 3,6%, calcola la temperatura finale.
SUGGERIMENTO Nel ricavare il valore del volume a 0 °C, fai attenzione al segno di Δt...
[33 °C]

54 The density of gasoline is $7{,}30 \cdot 10^2$ kg/m^3 at 0 °C. Its coefficient α is $9{,}60 \cdot 10^{-4}$ °C^{-1}. Calculate the density of 0.5 m^3 of gasoline if it's warmed by 20 °C.
[7,2998 kg/m^3]

55 An unknown liquid increases its starting volume, which is 0.49 m^3, of $2{,}646 \cdot 10^{-2}$ m^3, when the temperature varies from 0° to 100 °C. Calculate the coefficient α and identify the unknown liquid.
[$5{,}4 \cdot 10^{-4}$ °C^{-1}; it's glycerine, see Table 2 in this Unit]

▶ Problemi

La risoluzione dei problemi richiede la conoscenza degli argomenti trasversali a più paragrafi. Con il pallino sono contrassegnati i problemi che presentano una maggiore complessità.

•1 Si vuole costruire un termometro, tarandolo in relazione a una nuova scala. Si utilizzano, così come avviene per la scala Celsius, i punti fissi dell'acqua; tuttavia, si attribuiscono alla temperatura del ghiaccio fondente il valore di −10,0 gradi (−10,0 °X) e alla temperatura dell'acqua bollente il valore di 150 gradi (150 °X). Se un termometro tradizionale segna in una stanza la temperatura ambientale di 22,0 °C, quanto segnerà il termometro tarato secondo le modalità di cui sopra? Viceversa, il valore 10,0 °X, a quanto corrisponde in gradi Celsius?
SUGGERIMENTO Ti conviene ricostruire una relazione tra la scala Celsius e la tua, analogamente a quella che collega la scala Celsius a quella Fahrenheit, stando attento ai segni...
[25,2 °X; 12,5 °C]

2 Quale valore di temperatura è lo stesso riportato nelle due scale Celsius e Fahrenheit?
SUGGERIMENTO Basterebbe impostare la relazione fra le due scale, imponendo che i due valori di t siano uguali e risolvendo così una semplice equazione di primo grado... Altrimenti, se la matematica non ti è di conforto, procedi per tentativi: prevedi la coincidenza per valori negativi o positivi delle temperature? Scegli un passo, magari di ±10°, e procedi, verificando se a un certo valore di t(°C) corrisponde come risultato lo stesso valore di t(°F)...

3 Un parallelepipedo di acciaio inossidabile ($\lambda = 10 \cdot 10^{-6}$ °C^{-1}) ha le seguenti dimensioni alla temperatura di 0 °C:

$a_0 = 50$ cm $b_0 = 40$ cm $c_0 = 30$ cm

Calcola il volume finale alla temperatura di 500 °C, seguendo entrambi i procedimenti indicati e valutando la differenza fra i due risultati:
a) determina a_t, b_t e c_t, usando per ogni direzione il coefficiente di dilatazione lineare e quindi, con il loro prodotto, il volume V_t;
b) trova direttamente il volume, individuando il valore del coefficiente di dilatazione cubica a partire da λ.
SUGGERIMENTO Devi ricordare, a parte le leggi di dilatazione, il legame fra i coefficienti di dilatazione termica lineare e cubica...
[60,9 dm^3]

4 Un contenitore cilindrico di vetro con diametro di 8,0 cm e altezza 25,0 cm, chiuso ermeticamente e senza aria all'interno, è riempito di acqua fino a un'altezza di 24,7 cm alla temperatura di 0 °C. Ipotizzando che quest'ultima salga a un valore di 45 °C, stabilisci se il contenitore di vetro, di cui si può trascurare la dilatazione, rischia di rompersi oppure no.
[no, perché $V_t = 1253$ cm^3...]

•5 Una quantità opportuna di alcol etilico occupa esattamente un bulbo sferico di 6,00 mm di diametro alla temperatura di 0 °C. Dilatandosi, l'alcol può espandersi lungo un capillare del diametro di 0,30 mm. Calcola di quanto sale l'alcol nel capillare, trascurando le variazioni di volume del bulbo, se la temperatura giunge al valore di 75,0 °C.
SUGGERIMENTO Ricorda che il volume del cilindro è $\pi \cdot r^2 \cdot h$, mentre quello della sfera è $4\pi \cdot r^3/3$...
[12,5 cm]

6 In un pentolino alto 10 cm con diametro di 8 cm si trova dell'acqua a 10 °C. Scaldandosi fino a una temperatura di 90 °C, una quantità pari a un terzo della variazione complessiva del volume del fluido fuoriesce dal recipiente.
Calcola l'altezza a cui arrivava inizialmente l'acqua nel pentolino.

SUGGERIMENTO La variazione di volume ΔV del fluido puoi pensarla così suddivisa: $\frac{2}{3}\Delta V$ che colmano il recipiente e $\frac{1}{3}\Delta V$ che trabocca; inoltre, per semplicità, puoi considerare il volume V_0 relativo a 10 °C (anziché 0 °C) e considerare $\Delta t = t - t_0 = 90 - 10 = ...$ Trascura la dilatazione del pentolino.
[9,9 cm]

7 In un contenitore cilindrico con diametro di 12 cm vi è del mercurio, che si trova alla temperatura di 0 °C, fino all'altezza di 6,5 cm.
Calcola la densità del fluido man mano che la temperatura sale a 25, 50, 75 e 100 °C, tracciando poi un grafico della densità in funzione della temperatura. A 0 °C il mercurio ha una densità pari a $13{,}60 \cdot 10^3$ kg/m³.
[$13{,}54 \cdot 10^3$ kg/m³; $13{,}48 \cdot 10^3$ kg/m³; $13{,}42 \cdot 10^3$ kg/m³; $13{,}36 \cdot 10^3$ kg/m³]

8 Una sfera di piombo di 4,0 cm di diametro viene messa dentro un recipiente con diametro di 7,5 cm, contenente inizialmente soltanto acqua fino a un'altezza di 10 cm. Sia il fluido sia il solido stesso si trovano alla temperatura di 20 °C.
Trova la variazione di altezza dell'acqua, trascurando la dilatazione del contenitore e tenendo conto sia dell'introduzione della sfera sia dell'aumento di temperatura dell'intero sistema a 85 °C.
[0,90 cm]

9 Due liquidi non miscibili sono posti l'uno sull'altro alla temperatura di 18 °C entro un cilindro di vetro con diametro di 2 cm. L'altezza del fluido soprastante è il doppio rispetto all'altro fluido, per un'altezza complessiva di entrambi pari a 8,25 cm. Il liquido più denso ha coefficiente di dilatazione cubica $5{,}4 \cdot 10^{-4}$ °C^{-1}, mentre quello meno denso $7{,}4 \cdot 10^{-4}$ °C^{-1}. Calcola l'altezza totale che raggiungono i due liquidi quando la temperatura cresce fino a 150 °C.

SUGGERIMENTO Ovviamente, a posizionarsi sotto sarà il fluido più... Puoi eventualmente evitare di calcolare i volumi, notando che la superficie S della sezione cilindrica rimane...
[9,0 cm]

10 Due sbarre, una di ferro e l'altra di acciaio dolce, che alla temperatura di 0 °C hanno rispettivamente lunghezza 2,000 m e 1,500 m, sono allineate una di seguito all'altra come mostrato in figura. Uno degli estremi liberi è fissato a una parete, mentre l'altro estremo dista 2 mm da una seconda parete. Determina la temperatura alla quale, dilatandosi, le due sbarre toccano con l'estremo libero la parete opposta.

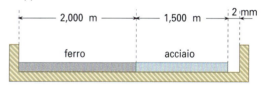

[49,5 °C]

11 Tarando in laboratorio un termoscopio, si ha che il salto termico tra i due punti fissi dell'acqua pari a (100 ± 1) °C viene accompagnato da una dilatazione dell'alcol di $(18{,}5 \pm 0{,}1)$ cm. Trova la temperatura corrispondente a una dilatazione di $(9{,}6 \pm 0{,}1)$ cm.
[(52 ± 2) °C]

Competenze alla prova

ASSE SCIENTIFICO-TECNOLOGICO

Essere consapevole delle potenzialità e dei limiti delle tecnologie...

1. Approdato in un'isola deserta vicino all'arcipelago delle Seychelles ti ritrovi con dei termometri privi di scala (termoscopi). Decidi di costruire una nuova scala di misura scegliendo a piacere due punti fissi, per quanto riguarda sia i fenomeni da usare come riferimento sia il valore da attribuire a essi. Descrivi i criteri della taratura e, infine, immaginando di poter comunicare un giorno con il mondo civile, predisponi il fattore di conversione per passare dalla tua scala personale a quella Celsius.

Spunto Puoi scegliere di mettere il termoscopio nel mare di una piccola insenatura in un dato momento del giorno e indicare come iniziale il livello raggiunto dall'alcol, mentre per il livello finale... Dovresti per completezza commentare i limiti di tali scelte dal punto di vista dell'affidabilità delle misure...

ASSE SCIENTIFICO-TECNOLOGICO

Analizzare qualitativamente e quantitativamente fenomeni...

2. Seleziona una decina di valori di temperatura che secondo te hanno una certa rilevanza nella nostra vita quotidiana. Spiega in modo semplice e schematico il fenomeno fisico collegato a quel dato valore di temperatura, rilevando se per la misura è utilizzabile un normale termometro clinico, da parete, per alimenti o altro.

Spunto Potresti completare una tabella come quella sottostante con valori crescenti (o decrescenti) della temperatura, iniziando dalla temperatura più bassa mai misurata sulla Terra, passando per la temperatura a cui bolle l'olio... per arrivare infine a quella del Sole.

temperatura	fenomeno fisico	tipo di misurazione
− 80 °C	condizione climatica rilevabile nei luoghi più freddi della Terra	termometri con un intervallo più ampio della scala
...	...	...
300 °C	ebollizione dell'olio in una padella	termometro per alimenti
...	...	...

ASSE MATEMATICO

Individuare le strategie appropriate per la soluzione di problemi

3. Un blocco metallico, che ha un coefficiente di dilatazione cubica pari a $7,5 \cdot 10^{-6}$ °C^{-1}, subisce un aumento di temperatura che porta il suo volume da 0,800 m³ (alla temperatura di 0 °C) fino a 0,805 m³. Una sbarra di materiale con coefficiente di dilatazione lineare pari a $32 \cdot 10^{-6}$ °C^{-1}, di lunghezza finale di 3,40 m, subisce il medesimo aumento di temperatura. Calcola la sua lunghezza iniziale.

Spunto I dati relativi alla dilatazione cubica ti servono per trovare la variazione di temperatura che, a sua volta, devi utilizzare come dato nella seconda parte dove hai a che fare invece con la dilatazione lineare...

ASSE LINGUISTICO

Padroneggiare gli strumenti espressivi e argomentativi...

4. Esponi – usando anche disegni e grafici, ma non formule – il comportamento anomalo dell'acqua attorno alla temperatura di 4 °C, descrivendo il fenomeno fisico-chimico e spiegando l'importanza per la vita sulla Terra di tale proprietà.

Spunto Oltre a sfruttare il materiale reperibile nel libro (riflettendo sul modo con cui cambia la densità, ragionando sugli effetti della dilatazione cubica a parità di massa), puoi fare ricorso anche ai contenuti che puoi trovare nei testi di chimica e scienze della Terra, oppure in Internet...

UNITÀ 16
Calore e sua trasmissione

16.1 Il calore

Supponiamo di mettere a contatto due corpi A e B, che si trovano a temperatura diversa, e tentiamo di spiegare dal punto di vista microscopico il fatto che il corpo caldo A si raffredda e quello freddo B si riscalda.

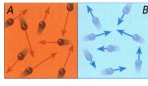 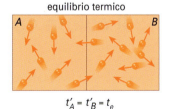

Come sappiamo, la temperatura è correlata all'energia cinetica media (vale a dire alla velocità media) delle particelle che compongono una sostanza, per cui dire che il corpo A ha una temperatura maggiore del corpo B implica che le sue molecole sono mediamente più veloci. Quando i due corpi vengono messi a contatto, sulla superficie che li separa si verificano degli urti fra le molecole più veloci di A e quelle più lente di B.

La conseguenza immediata, analogamente a quanto ti sarà capitato di osservare negli urti tra le bocce, è che le molecole veloci rallentano e quelle lente diventano più veloci. Il fenomeno coinvolge dapprima gli strati più vicini alla superficie di separazione e poi si estende rapidamente in tutti e due i corpi. Alla fine del processo si ha che l'energia cinetica media è diventata la stessa per tutte le molecole, cioè i due corpi presentano la stessa temperatura, sono cioè in equilibrio termico.

 ricorda...
Ciò che si sposta dal corpo A al corpo B non sono le molecole, bensì il movimento di vibrazione che permette di trasmettere energia di tipo cinetico.

Possiamo dire che sostanzialmente ciò che avviene è un passaggio di energia dal corpo caldo a quello freddo: è proprio questo il fenomeno fisico a cui si dà il nome di **calore**.

> Il **calore** è una forma di energia in transito che si trasmette da un corpo a temperatura maggiore a uno a temperatura minore.

calore

ricorda...

- Temperatura e calore **non** sono la stessa cosa: il calore può essere semmai la causa delle variazioni di temperatura, che costituiscono un effetto conseguente alla trasmissione del calore.

- Il calore non è altro che **trasmissione di energia** tra due corpi: il processo si verifica spontaneamente mettendo a contatto un corpo caldo con uno freddo e termina quando fra di essi si raggiunge l'equilibrio termico.

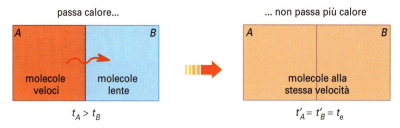

Quando i due corpi, dopo un certo tempo, raggiungono l'equilibrio termico, e quindi la stessa temperatura (detta **temperatura di equilibrio**), il passaggio di energia cessa e a quel punto non ha più nessun senso parlare di calore.

Pensare che i corpi «possiedono calore» è una convinzione legata al senso comune. (Non preoccuparti, però: gli stessi scienziati che se ne occuparono nei primi decenni dell'800 avevano in merito le idee piuttosto confuse!) Le sostanze hanno invece una certa energia interna, formata da energia cinetica e potenziale, alla quale è semmai collegato il concetto di temperatura. Il calore si riferisce esclusivamente all'energia che si trasferisce da un corpo caldo a uno meno caldo.

> Il calore entra *in azione* soltanto in presenza di uno sbalzo termico, vale a dire di una differenza di temperatura.

Dato che il calore è energia che viene trasferita, la sua unità di misura è la stessa dell'energia. Nel Sistema Internazionale è quindi il **joule** (J).

16.2 Il calore specifico e la capacità termica

Vediamo ora di approfondire, attraverso tre semplici esperienze, quale relazione intercorre fra calore e temperatura.

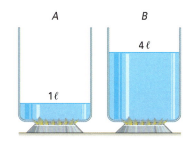 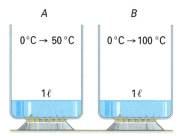 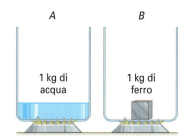

Esperienza 1: occorre più calore per aumentare di 10 °C la temperatura dell'acqua che si trova nel contenitore *A* o in *B*?

....

Dall'esperienza 1 opportunamente ripetuta e quantificata possiamo dedurre che:

> Il calore necessario per provocare un prefissato aumento di temperatura è *direttamente proporzionale* alla **massa**.

Esperienza 2: a parità di massa occorre più calore per scaldare l'acqua da 0 °C a 50 °C oppure da 0 °C a 100 °C?

....

Dall'esperienza 2 possiamo dedurre che:

> Il calore necessario per incrementare la temperatura di una sostanza di massa prestabilita è *direttamente proporzionale* alla **variazione di temperatura**.

Esperienza 3: a parità di massa e di calore erogato, si riscalda più rapidamente l'acqua o il ferro?

....

Dall'esperienza 3 si può trarre la conclusione che:

> A parità di quantità di energia fornita e di massa, l'aumento di temperatura *dipende* dal **tipo di sostanza**.

Queste informazioni possono essere sintetizzate nell'**equazione fondamentale della calorimetria**:

$$Q = m \cdot c \cdot \Delta t$$

> **equazione fondamentale della calorimetria**

dove Q è la quantità di calore trasmessa al corpo, m la sua massa, Δt la variazione di temperatura $t - t_0$ (con t_0 temperatura iniziale e t quella finale) e la grandezza c, detta *calore specifico*, viene introdotta per tenere conto del tipo di sostanza.
Per comprendere meglio il significato fisico del calore specifico, ricaviamo c dall'equazione fondamentale della calorimetria:

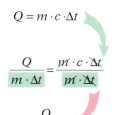

dividendo ambo i membri per $m \cdot \Delta t$

e semplificando

Abbiamo così trovato l'espressione del **calore specifico**:

$$c = \frac{Q}{m \cdot \Delta t}$$

> **calore specifico**

Quando $m = 1$ kg e $\Delta t = 1$ °C, sostituendo nella formula si ha:

$$c = \frac{Q}{1 \cdot 1} = Q$$

Il calore specifico di una sostanza esprime la quantità di calore che è necessario fornire a una massa unitaria (1 kg) di tale sostanza per aumentare di 1 °C (o, che è lo stesso, di 1 K) la sua temperatura.
(Ti ricordiamo che la differenza di temperatura misurata in °C coincide con la differenza di temperatura misurata in K.)

In base alla definizione, possiamo ricavare l'unità di misura di c:

$$c = \frac{Q}{m \cdot \Delta t} \Rightarrow \frac{Q \text{ (misurato in joule)}}{m \text{ (misurata in kg)} \cdot \Delta t \text{ (misurata in gradi Celsius)}}$$

$$\Rightarrow \frac{\text{J}}{\text{kg} \cdot \text{°C}}$$

L'unità di misura del calore specifico è $\dfrac{\mathbf{J}}{\mathbf{kg} \cdot \mathbf{°C}}$ oppure $\dfrac{\mathbf{J}}{\mathbf{kg} \cdot \mathbf{K}}$.

> **unità di misura di c**

> **! ricorda...**
> L'equazione fondamentale della calorimetria è valida anche nell'eventualità che il corpo si raffreddi: in questo caso si parla di **calore ceduto dal corpo** e la variazione negativa di temperatura indica una diminuzione della temperatura.

Riportiamo ora una tabella dei calori specifici per alcune sostanze, in generale validi mediamente fra 0 e 100 °C.

TABELLA 1

liquidi		liquidi	
sostanza	$c\left(\dfrac{J}{kg \cdot K}\right)$	sostanza	$c\left(\dfrac{J}{kg \cdot K}\right)$
acetone	2176	acciaio e ghisa	502
acido solforico	1381	alluminio	920
acqua	4186	argento	234
alcol etilico	2398	bronzo e ottone	376
ammoniaca	5148	ferro	464
azoto liquido	1798	oro	129
benzina	1758	rame	389
glicerina	2427	stagno	230
olio d'oliva	1700	vetro	837
mercurio	138	zinco	393

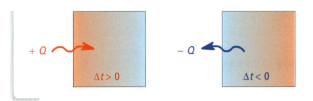

La figura riassume la convenzione dei segni relativamente al calore, con le corrispondenti Δt, nel caso non avvengano altri processi.

esempi

1 Calcoliamo la quantità di calore assorbita da 500 g di acqua per passare da 12 °C a 18 °C.

Applichiamo direttamente la relazione $Q = m \cdot c \cdot \Delta t$, dopo aver rilevato che il calore specifico c_{acqua} dell'acqua vale 4186 J/(kg · K) e dopo aver espresso la massa in kg, cioè $m = 0{,}500$ kg. Abbiamo, perciò:

$$Q_{ass} = 0{,}500 \cdot 4186 \cdot (18 - 12) = 12\,558 \text{ J}$$

avendo indicato con Q_{ass} il calore assorbito dall'acqua.

2 Se la quantità di calore precedente l'ha fornita all'acqua un solido metallico di 250 g di una sostanza ignota, che immerso in essa si è raffreddato da 118 °C a 18 °C (temperatura di equilibrio), vogliamo trovare il calore specifico della sostanza. Considerando che il calore ceduto (Q_{ced}) dal corpo deve coincidere, in assenza di dispersioni, con quello assorbito (Q_{ass}) dall'acqua, allora:

$$Q_{ced} = Q_{ass} \quad \Rightarrow \quad Q_{ced} = 12\,558 \text{ J}$$

Dopo aver espresso la massa del metallo in kilogrammi ($m = 0{,}250$ kg), per la definizione di calore specifico troviamo:

$$c = \frac{Q_{ced}}{m \cdot \Delta t} = \frac{12558}{0{,}250 \cdot (118 - 18)} \cong 502 \,\frac{J}{kg \cdot °C}$$

Valore che, in base alla tabella 1, corrisponde al calore specifico dell'acciaio.

Riprendiamo l'equazione fondamentale della calorimetria. Se dividiamo primo e secondo membro per Δt, troviamo agevolmente:

$$\frac{Q}{\Delta t} = m \cdot c$$

Il prodotto $m \cdot c$ ci fornisce una nuova informazione: quanto calore occorre fornire (o sottrarre) a un corpo per ottenere una determinata variazione della sua temperatura. Questa grandezza è la **capacità termica**.

> **INFORMAZIONE** La **capacità termica** di un corpo ci dice se esso assorbe molto o poco calore per aumentare la propria temperatura di 1 °C.
>
> **DEFINIZIONE** La **capacità termica** è il rapporto fra il calore assorbito (o ceduto) da un corpo e la sua corrispondente variazione di temperatura:
>
> $$\text{capacità termica} = \frac{\text{quantità di calore}}{\text{variazione di temperatura}}$$
>
> **FORMULA** $C = \dfrac{Q}{\Delta t}$

> capacità termica

In seguito a quanto visto prima, la capacità termica C può essere espressa, in relazione alla massa m e al calore specifico c della sostanza, come:

$$C = m \cdot c$$

Per individuare la sua unità di misura, dalla definizione ricaviamo:

$$C = \frac{Q}{\Delta t} \quad \Rightarrow \quad \frac{Q \text{ (misurato in Joule)}}{\Delta t \text{ (misurata in gradi Celsius)}} \quad \Rightarrow \quad \frac{\text{J}}{\text{°C}}$$

La capacità termica si misura in $\dfrac{\text{J}}{\text{°C}}$ o, che è lo stesso, in $\dfrac{\text{J}}{\text{K}}$.

> unità di misura di C

flash >>> Capacità termica e clima costiero

La capacità termica del mare, per fare un esempio, ha conseguenze anche sul clima: le città costiere godono, a parità di latitudine, di un clima più mite di quelle continentali. Questo perché, grazie alla sua enorme capacità termica, d'estate il mare assorbe grandi quantità di calore, ma con un innalzamento modesto della temperatura delle acque, facendo sì che non si abbia un aumento eccessivo della temperatura esterna. D'inverno, invece, questa energia viene restituita lentamente, mitigando il clima.

16.3 La caloria

Ogni giorno ciascuno di noi è costretto a mangiare sia per soddisfare il palato sia, principalmente, per un'esigenza primaria: procurarsi l'*energia* necessaria al sostentamento dell'organismo. Sulle confezioni alimentari abitualmente risulta indicata la quantità di energia contenuta in 100 grammi di prodotto e che viene fornita al nostro corpo a seguito della digestione.

Su una confezione di merendine, come puoi verificare personalmente, trovi l'indicazione in kJ (supponiamo 1769 kJ), coerente con il SI (1 kJ = 1000 J), seguita però normalmente da una seconda indicazione, ad esempio 423 kcal, dove 1 kcal = 1000 cal. L'unità di misura chiamata **caloria** (**cal**) è un'unità *storica* relativa al calore e che ancora oggi sopravvive in molti campi.

> **caloria**
> La **caloria** è la quantità di energia necessaria per innalzare la temperatura di 1 g di acqua distillata da 14,5 °C a 15,5 °C alla pressione di 1 atmosfera.

Avrai notato certamente che nella definizione di caloria compaiono l'esatto intervallo di temperatura (da 14,5 °C a 15,5 °C) e un ben preciso valore di pressione (1 atm). Non bastava parlare semplicemente di innalzamento della temperatura di 1 °C, senza neppure tirare in ballo la pressione? Il fatto è che il calore specifico in realtà non è costante, ma varia, sia pure molto lentamente, al variare della temperatura: per portare 1 g di acqua da 0 °C a 1 °C occorre più energia di quanta non ne occorra per portarla da 14,5 °C a 15,5 °C. Inoltre, se la pressione diventa maggiore, sulle molecole agisce una forza maggiore che tende a farle restare unite: dunque, bisogna fornire più calore, ovvero più energia, per ottenere lo stesso aumento di energia cinetica media, vale a dire lo stesso incremento di temperatura.

> **conversione caloria-joule**
> La caloria non appartiene al SI. Il fattore di conversione in joule è:
> 1 cal = 4,186 J

16.4 La propagazione del calore

L'esperienza ci insegna che se mettiamo sul fornello un recipiente con il manico di metallo, dopo un po' di tempo anch'esso scotta. Evidentemente in qualche maniera il calore si diffonde e la temperatura degli oggetti che lo assorbono cresce.
I processi secondo cui il calore si propaga sono:
- **conduzione**;
- **convezione**;
- **irraggiamento**.

▸ Conduzione

Se prendiamo uno scalpello con l'impugnatura metallica e mettiamo la sua punta sopra una fiamma, nel giro di poco tempo dobbiamo... mollarlo. Cerchiamo di capire come mai si riscalda l'intero scalpello e non solo la parte a contatto con la fiamma. Nei metalli gli atomi possono solo vibrare attorno alla loro posizione, in quanto non hanno molta libertà di movimento. Con l'assorbimento di calore, gli atomi della punta dello scalpello a diretto contatto con il fuoco aumentano la loro energia cinetica e, poiché vibrano con maggiore intensità, hanno più urti con gli atomi vicini e cedono loro una parte dell'energia. Questo processo è la **conduzione**, che consente la trasmissione del calore attraverso il metallo, per cui alla fine anche l'impugnatura dello scalpello dalla parte opposta della fiamma diventa rovente.

La **conduzione** è un fenomeno di propagazione del calore, quindi di energia, dentro una sostanza *senza* che si abbia spostamento di materia.

> **conduzione**

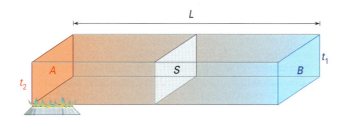

Immaginiamo di riscaldare una sbarra metallica di sezione S e lunghezza L all'estremo A, che raggiunge la temperatura t_2. Ci domandiamo: dopo quanto tempo l'estremo B, che inizialmente è a una temperatura t_1 (con $t_1 < t_2$), si riscalda raggiungendo la temperatura t_2? Da quali fattori dipende tale processo? Si può trovare per via sperimentale che la quantità di calore Q trasmessa in un tempo $\Delta\tau$, cioè la *rapidità di trasmissione del calore* individuata dal rapporto $Q/\Delta\tau$ è data dalla **legge della conduzione termica**:

> **ricorda...**
> Per l'intervallo di tempo abbiamo usato $\Delta\tau$ per non confonderlo con la variazione di temperatura; τ è una lettera greca che si legge «tau».

$$\frac{Q}{\Delta\tau} = \lambda \cdot S \cdot \frac{\Delta t}{L}$$

> **legge della conduzione termica**

$Q/\Delta\tau$ è il calore trasmesso nell'unità di tempo, S la superficie attraverso la quale avviene la trasmissione, $\Delta t = t_2 - t_1$ la differenza di temperatura fra i due estremi, L la distanza tra essi e λ la costante, che dipende dal tipo di sostanza, chiamata **coefficiente di conducibilità termica**, che ha come unità di misura $\dfrac{W}{m \cdot °C}$ oppure $\dfrac{W}{m \cdot K}$.

Riportiamo qui sotto una tabella con alcuni coefficienti di conducibilità termica (per la maggior parte delle sostanze si tratta di valori medi).

TABELLA 2

sostanza	$\lambda\left(\dfrac{W}{m \cdot K}\right)$	sostanza	$\lambda\left(\dfrac{W}{m \cdot K}\right)$
acqua	0,58	marmo bianco	3,23
alluminio	203	mattoni	0,81
aria	0,02	mercurio	7,55
calcare	2,20	piombo	34,7
calcestruzzo	0,69	rame	383
cemento	0,91	ottone	102
ferro e ghisa	63,8	sughero	0,23
ghiaccio	1,63	tessuti isolanti	0,09
lana	0,05	vetro	0,94
legno	0,20	zinco	117

> **ricorda...**
> Quanto più λ è grande, tanto più è grande la quantità di calore trasmessa per unità di tempo, a parità di superficie, di lunghezza (o spessore) e di intervallo di temperatura.

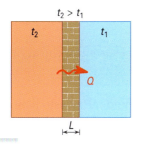

La legge della conduzione termica viene in particolare utilizzata nell'analisi della conducibilità termica attraverso una parete piana (problema del muro), in cui $\Delta t = t_2 - t_1$ è la differenza di temperatura fra le due facce, interna ed esterna, della parete ed L il suo spessore.

> **ricorda...**
> I *buoni conduttori termici* (in cui si ha una propagazione veloce del calore) hanno un elevato coefficiente di conducibilità termica.
> Gli *isolanti termici* (in cui la propagazione del calore è lenta), invece, hanno un basso coefficiente di conducibilità.

Attenzione alle scottature...

Quando la pentola si scalda, i manici metallici diventano rapidamente roventi, mentre quelli di plastica rimangono a una temperatura più bassa. Questo accade perché i metalli hanno un coefficiente di conducibilità termica molto più elevato di quello della plastica e perciò consentono una veloce propagazione dell'energia termica. Per la stessa ragione, a parità di temperatura, se stai a piedi nudi su un pavimento di marmo avverti una sensazione termica diversa da quella che provi su un pavimento di legno alla stessa temperatura. Infatti il primo ha un coefficiente di conducibilità maggiore del secondo e, quindi, la propagazione dell'energia termica dai tuoi piedi al marmo è più veloce rispetto al legno. Di conseguenza nel primo caso sperimenti una sensazione più intensa di freddo.

▶ Convezione

L'acqua ha un basso coefficiente di conducibilità termica e la si può classificare fra gli isolanti. Quando mettiamo una pentola d'acqua sul fuoco, la conduzione all'interno dell'acqua avviene con molta lentezza e quindi gli strati d'acqua lontani dalla fiamma dovrebbero rimanere freddi a lungo.
Tuttavia, sappiamo che non è così. Il motivo è che esiste un'altra modalità di propagazione del calore, detta **convezione**.

Gli strati più vicini alla fiamma si riscaldano e perciò si dilatano. Dato che a parità di massa aumenta il volume, si ha una diminuzione della loro densità. Per il principio di Archimede gli strati meno densi vengono sospinti verso la superficie, costringendo quelli più freddi a scendere. In questo modo si producono nel liquido delle **correnti convettive** che favoriscono il suo riscaldamento uniforme.

convezione — La **convezione** è un fenomeno di propagazione del calore in una sostanza, che avviene tramite lo spostamento di materia.

Quanto visto per l'acqua vale anche nel caso dell'aria, che è un fluido. È questo il motivo per il quale i termosifoni vengono collocati nelle pareti in basso e non vicino al soffitto!

flash))) Come difendersi dal freddo

D'inverno si utilizzano i piumini imbottiti di penne d'oca poiché l'aria è un buon isolante, cioè ha un basso coefficiente di conducibilità termica: rimanendo intrappolata tra le piume non si ha la formazione di correnti convettive. Per la stessa ragione si può utilizzare polistirolo espanso nella costruzione delle pareti dato che, grazie alle piccole cavità, questo materiale imprigiona l'aria e migliora l'isolamento termico degli edifici.

▶ Irraggiamento

Finora abbiamo visto due processi di propagazione del calore che richiedono la presenza di materia. Ti viene in mente un esempio in cui il calore si propaga nel vuoto?

Una bibita in bottiglia abbandonata al Sole in poco tempo si riscalda e diventa imbevibile! Possiamo dedurre che il calore proveniente dal Sole giunge in qualche modo sino alla Terra, attraversando uno spazio interplanetario praticamente vuoto. Si tratta in effetti di onde elettromagnetiche che, investendo la bottiglia, determinano la trasformazione dell'energia che trasportano in energia cinetica delle molecole colpite, fatto che provoca l'aumento di temperatura della bibita. Il calore vero e proprio, pertanto, entra in gioco solo nella fase in cui il liquido assorbe l'energia dalla radiazione elettromagnetica.
Questo processo di trasmissione del calore si chiama **irraggiamento**.

L'**irraggiamento** è un fenomeno di propagazione di energia che avviene anche nel vuoto per mezzo di onde elettromagnetiche. Si manifesta come calore solo nella fase di assorbimento delle radiazioni da parte dei corpi.

> irraggiamento

flash))) L'irraggiamento del corpo umano

Qualunque corpo, e non soltanto il Sole, emette onde elettromagnetiche che possono essere di vario tipo: radiazioni luminose, come nel caso di una lampadina accesa, o infrarosse, che non sono visibili, come accade nel caso delle persone fotografate con un apposito apparecchio sensibile a questo tipo di radiazione.

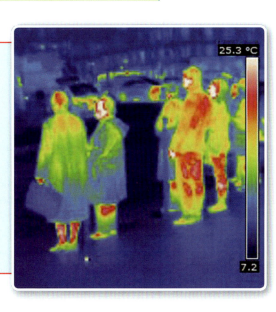

idee e personaggi

Temperatura e calore: storia di una separazione

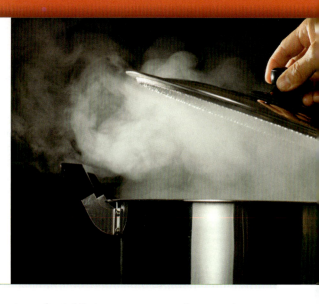

Dalla scoperta del fuoco alla sua utilizzazione, dall'invenzione delle prime macchine termiche alla costruzione degli efficientissimi e potentissimi motori a combustione dei nostri giorni, fino alla messa a punto di metodi per il risparmio di calore e l'ottimizzazione del riscaldamento domestico, si può dire che il problema del calore sia stato basilare per la vita e il progresso dell'uomo.
Se ne erano interessati, già nell'antichità, importanti filosofi greci. Platone (427-347 a.C.) fu il primo filosofo a distinguere il calore dal fuoco, il quarto elemento della natura, mentre per Aristotele (384-322 a.C.) il calore era generato dall'eccitazione dell'etere da parte del Sole e del fuoco. L'idea che il calore fosse una grandezza «misurabile» si affermò alla fine del XVII secolo, ma si creò, tuttavia, una confusione e una sovrapposizione concettuale tra temperatura e calore, che perdurò per molto tempo. Oggi è semplice capire la differenza tra temperatura e calore: possiamo dire che il calore è la causa delle variazioni di temperatura, che costituiscono un effetto conseguente alla trasmissione del calore. Il calore non è altro che *trasmissione di energia* tra due corpi, fino a raggiungere l'equilibrio termico.

L'IDEA DEL CALORICO

Lavoisier (1743-1794) e gli accademici francesi introdussero il concetto di *calorico*, definendolo come un fluido elastico indistruttibile e senza peso, capace di penetrare nella materia quando essa veniva riscaldata e uscirne quando veniva raffreddata. Grazie al calorico, si fece strada anche il concetto di *equilibrio termico*: esso si raggiungeva quando il corpo più ricco di calorico ne cedeva una parte a quello meno ricco, finché il sistema non raggiungeva la stessa temperatura.
Fu J. Black (1728-1799), nella seconda metà del Settecento, a separare in modo inequivocabile i concetti di temperatura e calore, chiarendo che quest'ultimo andava inteso come una grandezza fisica distinta, anche se correlata, alla temperatura. Black introdusse il concetto di *calore specifico* (ogni sostanza presenta un proprio «potere calorico») e, studiando la trasformazione del ghiaccio in acqua, il concetto di *calore latente*.

VERSO IL CALORE COME MOVIMENTO

Perché la visione del calore come fluido materiale fosse abbandonata occorsero ancora vari anni. B. Thompson (1753-1814), diventato successivamente conte di Rumford, fu il primo a contestare il calorico: «Se l'esistenza del calorico fosse vera, sarebbe assolutamente impossibile per un corpo [...] comunicare continuamente questa sostanza ai vari altri corpi da cui è circondato senza che un po' alla volta questa sostanza si esaurisse completamente». Partendo da queste considerazioni, Thompson giunse ad affermare che «Qualunque cosa possa essere fornita senza limite a un qualsiasi corpo o sistema di corpi isolato non può assolutamente essere una sostanza materiale». Infine intuì che il calore era una forma di *movimento interno della materia* e che, quindi, tutti i fenomeni del calore erano da ritenersi fenomeni di moto. La svolta decisiva arrivò verso il 1840 quando si affermò definitivamente la teoria secondo cui il calore non è altro che una forma di energia, legata all'agitazione delle particelle che costituiscono la materia.

IN SINTESI

- Il **calore** è una forma di energia che si trasmette da un corpo a temperatura maggiore a uno a temperatura minore. Il processo si verifica *spontaneamente* mettendo a contatto un corpo più caldo con uno più freddo e termina quando fra di essi si raggiunge l'equilibrio termico. Essendo un'energia, il calore si misura nel SI in **joule** (J).

- L'**equazione fondamentale della calorimetria** è $Q = m \cdot c \cdot \Delta t$, dove:
  - Q è la quantità di calore trasmessa al corpo (o ceduta dal corpo);
  - m è la sua massa;
  - Δt è la variazione di temperatura $t - t_0$ (con t_0 temperatura iniziale e t quella finale; quindi, Δt ha segno negativo se il calore viene ceduto, cioè il corpo si raffredda);
  - c è il **calore specifico** caratteristico della sostanza.

- La formula che esprime il calore specifico è $c = \dfrac{Q}{m \cdot \Delta t}$. La sua unità di misura è $\dfrac{\text{J}}{\text{kg} \cdot {}^\circ\text{C}}$ oppure $\dfrac{\text{J}}{\text{kg} \cdot \text{K}}$.

- La **capacità termica** è il rapporto fra il calore assorbito (o ceduto) da un corpo e la sua corrispondente variazione di temperatura, ed è anche pari al prodotto tra la massa del corpo e il calore specifico della sostanza di cui è composto: $C = \dfrac{Q}{\Delta t} = m \cdot c$. La sua unità di misura è $\dfrac{\text{J}}{{}^\circ\text{C}}$ o $\dfrac{\text{J}}{\text{K}}$.

- Un'importante unità di misura del calore si chiama **caloria** (cal), definita come la *quantità di energia necessaria per innalzare la temperatura di 1 g di acqua distillata da 14,5 °C a 15,5 °C alla pressione di 1 atmosfera*. La caloria non appartiene al SI e il fattore di conversione in joule è: 1 cal = 4,186 J.

- La **propagazione del calore** può avvenire con i seguenti processi:
  - *conduzione*;
  - *convezione*;
  - *irraggiamento*.

- La **conduzione termica** è la propagazione di energia dentro una sostanza senza che si abbia spostamento di materia.
  La **legge della conduzione termica** è $\dfrac{Q}{\Delta \tau} = \lambda \cdot S \cdot \dfrac{\Delta t}{L}$, dove:
  - $Q/\Delta \tau$ è il calore trasmesso nell'unità di tempo;
  - S è la superficie attraverso la quale avviene la trasmissione;
  - $\Delta t = t - t_0$ è la differenza di temperatura fra i due estremi;
  - L è la distanza tra essi;
  - λ è il **coefficiente di conducibilità termica** che si misura in $\dfrac{\text{W}}{\text{m} \cdot {}^\circ\text{C}}$ oppure $\dfrac{\text{W}}{\text{m} \cdot \text{K}}$.

  Un elevato coefficiente di conducibilità termica indica che una sostanza è un *buon conduttore* di calore, mentre un basso coefficiente indica che la sostanza è un isolante termico.

- La **convezione** è un fenomeno di propagazione del calore in una sostanza, che avviene tramite lo spostamento di materia (correnti convettive).

- L'**irraggiamento** è la propagazione di energia che avviene anche nel vuoto per mezzo di *onde elettromagnetiche*. Si manifesta come calore solo nella fase di assorbimento delle radiazioni da parte dei corpi.

SCIENTIFIC ENGLISH

Heat and its Transfer

- **Heat** is a form of energy that is transferred from a hotter object to a colder object. When two objects are in contact, heat flows *spontaneously* from the object at the higher temperature to the object at the lower temperature. The process ends when the two objects are in thermal equilibrium. Since heat is a form of energy, the SI measurement unit is the **joule** (J).

- The **basic formula for calorimetry** is $Q = m \cdot c \cdot \Delta t$, where:
  - Q is the amount of heat transferred to (or by) the object;
  - m is its mass;
  - Δt is the change in temperature $t - t_0$ (where t_0 is the initial temperature and t the final temperature; thus, Δt is negative if heat is flowing from the object, which thus cools down);
  - c is the **specific heat** of the substance.

- The formula for specific heat is $c = \dfrac{Q}{m \cdot \Delta t}$. Its unit of measurement is $\dfrac{J}{kg \cdot °C}$ or $\dfrac{J}{kg \cdot K}$.

- **Heat capacity** is the ratio of the amount of heat energy absorbed (or transferred) by an object to the resulting change in its temperature; it is also equal to the product of the mass of the object and the specific heat of the substance of which it is made: $C = \dfrac{Q}{\Delta t} = m \cdot c$.
Its unit of measurement is $\dfrac{J}{°C}$ or $\dfrac{J}{K}$.

- An important unit of measurement for heat is the **calorie** (cal), defined as the *amount of energy required to raise the temperature of 1 g of distilled water from 14.5 °C to 15.5 °C at a pressure of 1 atmosphere*. The calorie is not an SI unit but can be converted into joules: 1 cal = 4.186 J.

- **Heat can be transferred** by the following processes:
  - *conduction*;
  - *convection*;
  - *radiation*.

- **Thermal conduction** is the transfer of heat energy within a substance without displacement of matter.
The **law of thermal conduction** is $\dfrac{Q}{\Delta \tau} = \lambda \cdot S \cdot \dfrac{\Delta t}{L}$, where:
  - $Q/\Delta \tau$ is the heat transferred within the unit of time;
  - S is the surface through which the heat is transferred;
  - $\Delta t = t - t_0$ is the difference in temperature between the two extremes;
  - L is the distance between them;
  - λ is the **coefficient of thermal conductivity** which is measured in $\dfrac{W}{m \cdot °C}$ or $\dfrac{W}{m \cdot K}$.

Materials with a high coefficient of thermal conductivity are *good conductors* of heat. Those with a low coefficient are thermal insulators.

- **Convection** is the transfer of heat within a substance through the displacement of matter (convection currents).

- **Radiation** is the transfer of energy, even through an empty space, by *electromagnetic waves*. Such energy is only manifested as heat when objects absorb the radiation.

strumenti per SVILUPPARE le COMPETENZE

VERIFICHIAMO LE CONOSCENZE

Vero-falso

V F

1. Il calore si misura in joule.
2. Per innalzare di 1 °C la temperatura di 1 kg di acqua occorre fornire 4186 J di energia.
3. La temperatura di 1 kg di oro e di 1 kg di ferro si è innalzata di 1 °C. Il calore assorbito dall'oro è maggiore di quello assorbito dal ferro.
4. A parità di energia assorbita 1 kg di alluminio si riscalda di meno di 1 kg di stagno.
5. I mari sono caratterizzati da un'elevata capacità termica.
6. La caloria è l'energia necessaria per innalzare di 1 °C la temperatura di 1 kg di acqua distillata.
7. La conduzione del calore avviene solo nel vuoto.
8. L'aria non è un buon conduttore di calore.
9. In Italia per vestirsi d'inverno è preferibile scegliere fibre con alta conducibilità termica.
10. La convezione è una propagazione di calore che avviene senza spostamento di materia.

Test a scelta multipla

1. **Quale fra le seguenti affermazioni sul calore non è corretta?**
   - A. Il calore è una forma particolare di energia per cui si misura in joule
   - B. Si ha passaggio di calore tra due corpi messi a contatto fino a quando tra di essi vi è una differenza di temperatura
   - C. Il calore è una grandezza fisica la cui unità di misura nel SI è il kelvin
   - D. Se due corpi hanno la stessa temperatura, tra di essi non può avvenire uno scambio di calore

2. **Quale informazione ci dà il calore specifico di un corpo?**
   - A. Ci dice di quanto si dilata una sbarra metallica all'aumentare della temperatura
   - B. Ci dice quanto calore assorbe una data sostanza di massa unitaria per aumentare di un grado Celsius la sua temperatura
   - C. Ci dice di quanto aumenta il volume unitario di una sostanza all'aumentare della temperatura di un grado Celsius
   - D. Ci dice come si comporta un corpo rispetto al fenomeno della conduzione del calore

3. **Qual è l'unità di misura del calore specifico?**
   - A. J/kg
   - B. J/(kg·K)
   - C. W/°C
   - D. W/(kg·K)

4. **Se C è la capacità termica, c il calore specifico ed m la massa di un corpo, qual è la relazione che lega tali grandezze?**
   - A. $C = m \cdot c$
   - B. $c = m \cdot C$
   - C. $C = m/c$
   - D. $m = c + C$

5. **Qual è l'unità di misura della capacità termica?**
   - A. J/kg
   - B. J·°C/kg
   - C. J/(kg·K)
   - D. J/°C

6. **Che cos'è la caloria?**
   - A. È un'unità di misura del calore specifico non appartenente al SI
   - B. È un'unità di misura della capacità termica non appartenente al SI
   - C. È la quantità di calore necessaria per aumentare di 1 °C la temperatura di 1 litro di acqua
   - D. È un'unità di misura del calore non appartenente al SI

7. **Qual è la differenza fra la conduzione e la convezione?**
   - A. Il primo processo avviene senza trasporto di materia, il secondo invece con trasporto di materia
   - B. Nessuna, perché indicano entrambe lo stesso tipo di trasmissione del calore
   - C. Il primo processo avviene anche nel vuoto, il secondo invece ha bisogno di un mezzo materiale
   - D. Il primo processo ha bisogno di un mezzo materiale, il secondo invece avviene anche nel vuoto

8. **Quale fra le seguenti affermazioni relative alla legge della conduzione termica non è corretta?**
   - A. La quantità di calore trasmessa nell'unità di tempo è direttamente proporzionale alla differenza di temperatura
   - B. La quantità di calore trasmessa nell'unità di tempo è direttamente proporzionale alla superficie attraverso la quale si propaga il calore
   - C. La quantità di calore trasmessa nell'unità di tempo è direttamente proporzionale allo spessore del muro attraverso il quale si propaga il calore
   - D. La quantità di calore trasmessa nell'unità di tempo dipende dal tipo di materiale attraverso il quale avviene la conduzione

408 MODULO 5 L'equilibrio termico

9 Qual è l'unità di misura del coefficiente di conducibilità termica?
- **A** W/K
- **B** J/(m·°C)
- **C** J/°C
- **D** W/(m·K)

10 Che cosa si propaga nel processo di irraggiamento?
- **A** Soltanto materia
- **B** Materia ed energia
- **C** Soltanto energia
- **D** Niente, perché avviene anche nel vuoto

VERIFICHIAMO LE ABILITÀ

❯ Esercizi

16.2 Il calore specifico e la capacità termica

I valori dei calori specifici necessari sono riportati nella tabella 1 di questa Unità.

1 Calcola la quantità di calore necessaria per aumentare la temperatura di due litri di acqua da 15,0 °C a 100 °C.

Per lo svolgimento dell'esercizio, completa il percorso guidato, inserendo gli elementi mancanti dove compaiono i puntini.

1 I dati espliciti sono: ....

2 Un volume di due litri di acqua corrisponde a una massa di: ....

3 Nella tabella leggi il valore di *c* per l'acqua: ....
....

4 L'equazione fondamentale della calorimetria che ti serve è:
$Q = $ ....

5 Sostituisci nella formula i dati, trovando perciò:
$Q = $ .... = ...
[712·10³ J]

2 Determina la quantità di calore necessaria per aumentare la temperatura di 1,40 kg di acciaio da 25,0 °C a 100 °C.
[52,7·10³ J]

3 Calcola la quantità di calore necessaria per aumentare la temperatura di 2,00 kg di oro da 25,0 °C a 200 °C.
[45,2·10³ J]

4 Hai a disposizione 5 blocchetti da 1 kg di 5 diverse sostanze che sono passate da 20 °C a 30 °C. Completa la seguente tabella inserendo la quantità di calore necessaria (per i calori specifici utilizza la tabella 1).

sostanze	acciaio	bronzo	ferro	oro	rame
calore (J)	...	...	...	...	...

5 Occorre innalzare di 5 °C la temperatura di 1 kg di acqua e di 1 kg di olio d'oliva.
- a) Quale delle due sostanze assorbe più calore?
- b) Calcola la quantità di calore che occorre fornire all'acqua e all'olio per ottenere tale innalzamento.
[b) 21·10³ J; 8,5·10³ J]

6 Hai un blocchetto di rame di 5 kg.
- a) Determina la quantità di calore necessaria per innalzare la sua temperatura di 10 °C.
- b) Se la massa del rame raddoppia, qual è la quantità di calore necessaria?
- c) Se la temperatura dovesse variare di 30 °C, qual è la quantità di calore necessaria?
[a) 19,5 KJ; c) 58,4 KJ]

7 Completa la seguente frase: il calore specifico della benzina è 1758 J/(kg·°C), significa che occorre fornire calore per .... J per variare di .... °C la temperatura di 1 kg di benzina.
- a) Se hai 1 kg di olio di oliva (*c* = 1700 J/(kg·°C)) e vuoi variare la sua temperatura di 1 °C, quale calore dovrai fornire?
- b) A parità di quantità di calore fornito, si riscalda di più 1 kg d'olio o 1 kg di benzina?

8 Per fare un bagno si riempie la vasca con 150 ℓ d'acqua.
- a) Qual è la capacità termica dell'acqua contenuta nella vasca?
- b) Se l'acqua si raffredda di 4 °C, qual è la quantità di calore che cede?
- c) Se l'acqua si raffreddasse solo di 2 °C, come varierebbe la quantità di calore ceduta?
[a) 6,3·10⁵ J/K; b) 2,5·10⁶ J]

9 La temperatura di un metallo, che assorbe una quantità di calore pari a 14 352 J, aumenta da 20,0 °C a 180 °C. Sapendo che la sua massa è di 650 g, determina il valore del suo calore specifico.

SUGGERIMENTO Devi utilizzare la definizione di calore specifico. Ricordati, inoltre, di trasformare dove necessario le unità di misura in quelle del SI...
[138 J/(kg·K)]

10 Una massa di 120 g di olio di oliva assorbe una quantità di calore pari a 2,0·10⁴ J. Trova la variazione di temperatura dell'olio.

SUGGERIMENTO Devi procedere analogamente all'esercizio precedente, utilizzando la formula inversa per Δt...
[98 °C]

11 Una quantità di olio di oliva pari a 80,0 g si trova a una temperatura iniziale di 17,5 °C. Sapendo che assorbe 7480 J di energia sotto forma di calore, trova la temperatura finale del fluido.
[72,5 °C]

12 Un blocco di rame di 1,250 kg si raffredda, raggiungendo la temperatura finale di −5,0 °C, dopo aver ceduto una quantità di calore pari a 14 587,5 J. Determina la temperatura iniziale del rame.

SUGGERIMENTO Fai attenzione ai segni: rammenta che il calore ceduto da un corpo è negativo e che, se la temperatura diminuisce, allora anche Δt sarà...
[25 °C]

13 Una certa massa di acqua ha una capacità termica di 598 J/°C. Trova il calore assorbito dall'acqua e la sua massa nel caso in cui la temperatura sia salita da 25,0 °C a 65,0 °C.
[$23,9 \cdot 10^3$ J; 143 g]

14 Un pezzo di ferro ha una massa di 5,00 kg. Calcola la sua capacità termica e la sua variazione di temperatura nell'eventualità in cui assorba delle quantità di calore rispettivamente pari a 10 000 J, 15 000 J e 20 000 J.
[2320 J/°C; 4,3 °C; 6,5 °C; 8,6 °C]

15 What quantity of heat is required to raise the temperature of 0.450 kg of water from 15 °C to 85 °C? The specific heat capacity of water is 4.186 J/(kg·K).
[$1.3 \cdot 10^2$ J]

16 When 80 kJ of heat is added to a 2-kg sample of wood, its temperature is found to rise from 20 to 44 °C. What is the specific heat capacity of the wood?
[1.67 kJ/(kg·°C)]

16.4 La propagazione del calore

I valori dei coefficienti di conducibilità termica necessari sono riportati nella tabella 2 di questa Unità.

17 Nella costruzione di case si utilizzano mattoni forati contenenti aria al loro interno. Osservando la tabella 2 prova a spiegarne il motivo.

18 Se tocchi un metallo a 20 °C provi una sensazione di freddo, se tocchi un pezzo di sughero alla stessa temperatura questo non accade. Osservando la tabella 2 prova a spiegarne il motivo.

19 Una porta-finestra è costituita da due vetri, ciascuno dei quali ha dimensioni 50 cm per 215 cm e spessore 2,5 mm. Se la temperatura interna è di 21 °C e quella esterna di 9,0 °C, stabilisci quanto calore ogni secondo deve fornire il sistema di riscaldamento per bilanciare le perdite termiche dovute alla sola porta-finestra.

Per lo svolgimento dell'esercizio, completa il percorso guidato, inserendo gli elementi mancanti dove compaiono i puntini.

1 I dati espliciti sono: ....
2 Le unità di misura sono coerenti con quelle del SI?
....
3 In caso di risposta negativa, esegui le equivalenze necessarie: ....
4 Nella tabella leggi il valore per il vetro di λ: ....
....
5 Tenendo conto che ci sono due vetri, calcola la superficie totale: S = ...
6 Scrivi la legge della conduzione termica:
$Q/\Delta\tau$ = ...
7 Infine, sostituisci nella formula i dati, trovando perciò:
Q = ... = ...
[9,7 kJ]

20 In una casa una parete di mattoni ha una superficie di 20 m² e in una giornata invernale la differenza fra le temperature delle due facce è di 20 °C.
a) Calcola la rapidità con cui il calore attraversa la parete, se essa è spessa 12 cm.
b) Se lo spessore raddoppia, qual è la rapidità con cui il calore si propaga?

SUGGERIMENTO Devi procurarti la λ dei mattoni...
[a) 2700 J/s]

21 Una stanza ha una parete costituita da una vetrata di 18,0 m² e uno spessore di 2,00 cm. In una giornata invernale la differenza tra le due facce è di 15,0 °C.
a) Calcola la rapidità con cui si propaga il calore verso l'esterno.
b) Quanto calore si disperde in 1 ora?
c) Che cosa si potrebbe fare per diminuire la dispersione del calore attraverso la vetrata?
[a) $12,7 \cdot 10^3$ J/s; b) $45,7 \cdot 10^6$ J]

22 Calcola la differenza di temperatura esistente tra le facce di una parete di marmo bianco dello spessore di 10,0 cm, sapendo che l'estensione superficiale è di 4,00 m² e che, per mantenere la situazione termica stazionaria, vengono erogati all'interno $9,00 \cdot 10^4$ J al minuto di energia sotto forma di calore.

SUGGERIMENTO Ricava dalla legge della conduzione termica la formula inversa per trovare Δt, senza dimenticare che nel SI l'unità di misura del tempo è il secondo...
[11,6 °C]

23 Una stanza ha una parete in pietra calcarea dello spessore di 40 cm con una larghezza di 5,00 m e un'altezza di 3,50 m. Se la temperatura della faccia interna è di 16 °C e vengono forniti alla stanza ogni ora $2,5 \cdot 10^6$ J in termini di calore, quanto vale la temperatura esterna?
[8,8 °C]

24 Calculate the rate of heat transfer on a cold day through a rectangular window that is 1.2 m wide and 1.8 m high, has a thickness of 6.2 mm, a coefficient of heat transfer (λ) of 0.27 W m⁻¹ °C⁻¹. Assume that the temperature difference between the internal and the external side of the window is 25.5 °C

[$2.4 \cdot 10^3$ W]

Problemi

La risoluzione dei problemi richiede la conoscenza degli argomenti trasversali a più paragrafi. Con il pallino sono contrassegnati i problemi che presentano una maggiore complessità.

1 Una quantità di acqua pari a 500 g alla temperatura di 20 °C viene miscelata con 250 g di acqua a 80 °C. Ipotizzando che non ci siano dispersioni, calcola la temperatura di equilibrio raggiunta dal sistema dopo la miscelazione.

SUGGERIMENTO Tieni presente che, non essendoci dispersioni, il calore assorbito dall'acqua fredda è uguale a quello ceduto dall'acqua calda ($Q_{ass} = Q_{ced}$) e che la temperatura di equilibrio t_e compare sia nell'espressione di Q_{ass} (in cui la variazione di temperatura è $80 - t_e$), sia in quella di Q_{ced} (in cui la variazione di temperatura è $t_e - 20$)...

[40 °C]

●2 In un recipiente contenente 1 litro di olio (densità: 920 kg/m³) viene immerso un pezzo di 350 g di acciaio (calore specifico: 502 J kg⁻¹ °C⁻¹). La temperatura iniziale dell'olio è di 15 °C, mentre quella di equilibrio raggiunta alla fine equivale a 21 °C. Calcola la temperatura iniziale dell'acciaio, trascurando il calore assorbito dal recipiente.

[74,4 °C]

●3 In un recipiente isolato ermeticamente vengono messi prima 150 g di acqua alla temperatura di 19,5 °C e, dopo un certo tempo, 250 g sempre di acqua a 53,5 °C. Sapendo che la temperatura di equilibrio raggiunta dal sistema, cioè dall'acqua e dal recipiente, dopo un certo tempo è pari a 40,5 °C e assumendo come temperatura iniziale dello stesso recipiente quella dell'acqua fredda, calcola la capacità termica del calorimetro.

SUGGERIMENTO Dopo aver calcolato il calore ceduto dall'acqua calda, eguaglia tale quantità alla somma del calore assorbito dall'acqua fredda e di quello assorbito dal recipiente (che a sua volta sarà il prodotto della capacità termica C per la differenza di temperatura)...

[20 J/°C]

4 Tre litri di acqua vengono portati a ebollizione a partire da una temperatura di 16,0 °C in un intervallo di tempo di 8 minuti. Calcola la potenza erogata dal fornello, nell'ipotesi che si possano trascurare le dispersioni, ai soli fini del riscaldamento dell'acqua.

[2,2 kW]

●5 In un recipiente isolato termicamente vengono versati prima 800 g di acqua alla temperatura di 16,0 °C e dopo un certo tempo un blocco di rame di 300 g alla temperatura di 80,0 °C.

a) Qual è la temperatura di equilibrio del sistema, supponendo non ci siano fattori di dispersione?

b) Quale avrebbe dovuto essere la massa del rame affinché la temperatura finale di equilibrio fosse 20 °C?

[*a*) 18,2 °C; *b*) 0,574 kg]

●6 Da un contenitore nel quale vi è dell'acqua bollente, vengono prelevati due cilindretti, entrambi di 50 g di massa, uno di rame e uno di alluminio. Essi vengono messi contemporaneamente in 200 g di acqua fredda, raggiungendo dopo alcuni minuti la temperatura di equilibrio di 22,4 °C. Calcola la temperatura iniziale dell'acqua, supponendo che non ci siano fattori di dispersione del calore.

[16,3 °C]

●7 Un metallo, con calore specifico di (376 ± 1) J/(kg·K), assorbe una quantità di calore pari a $(36,5 \pm 0,1)$ kJ, passando così da $(18,6 \pm 0,2)$ °C a $(90,0 \pm 0,2)$ °C. Calcola la massa del metallo, pervenendo alla scrittura completa della misura.

[$(1,36 \pm 0,02)$ kg]

8 A total of 0.8 kg of water at 20 °C is placed in a 1.2-kW electric kettle. How long a time is needed to raise the temperature of the water to 100 °C?

HINT First, you should calculate the required heat Q; then, recall that power = energy (heat)/time, thus...

[3.7 min]

Competenze alla prova

ASSE SCIENTIFICO-TECNOLOGICO

Essere consapevole delle potenzialità e dei limiti delle tecnologie...

1. Alex (68 kg) sale in cima all'Empire State Building (famoso grattacielo di New York) a piedi, sostenendo che così quando arriverà in cima (a 381 m circa di altezza) potrà concedersi un lauto pasto di almeno 1000 kcal. La sua amica Martina (54 kg) invece prende l'ascensore perché sostiene che comunque la fatica nella salita in termini di energia non è tale da giustificare un tale strappo alla sua attenta dieta. *a)* Motivando la risposta, fornisci la tua opinione rispetto a chi dei due abbia ragione, se Alessandro oppure Martina. *b)* Quante calorie si potrebbero concedere i due amici se andassero davvero a piedi tutti e due?

Spunto Si tratta di calcolare in calorie l'energia potenziale che Alex e Martina acquisiscono per il fatto di andare in cima al grattacielo di New York, trascurando gli eventuali tratti da percorrere orizzontalmente o gli attriti. Tuttavia effettivamente Alex lo fa a spese della propria riserva corporea e per salire consumerà quindi...

ASSE SCIENTIFICO-TECNOLOGICO

Analizzare qualitativamente e quantitativamente fenomeni...

2. Rileva sulla confezione di una decina di prodotti alimentari il contenuto calorico, che è riportato in kilojoule (kJ) e in kilocalorie (kcal). *a)* Controlla che il rapporto tra il primo dato e il secondo coincida all'incirca proprio con il fattore di conversione 4,186 joule/caloria. *b)* Considerato che il consumo medio giornaliero pro-capite è di 2000 kcal, calcola quale quantità dei cibi esaminati sarebbe sufficiente a soddisfare tale esigenza.

Spunto La costruzione di una tabella sarebbe come al solito la maniera migliore per organizzare i dati raccolti e le risposte alle richieste della consegna...

ASSE MATEMATICO

Individuare le strategie appropriate per la soluzione di problemi

3. Un pezzo di rame di 147 g viene immerso in 510 g di acqua che si trovano a 16,0 °C, raggiungendo la temperatura di equilibrio finale di 18,2 °C. Sapendo che il calore specifico del rame vale 390 J/(kg·K), qual è la temperatura iniziale del rame, se non ci sono dispersioni di calore?

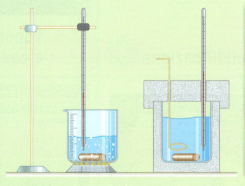

Spunto L'indicazione che non ci sono dispersioni vuol dire che tutto il calore ceduto dal rame caldo va a finire all'acqua fredda che si trova nel contenitore: né quest'ultimo assorbe calore né sono prese in esame altre perdite (come inevitabilmente avviene nella realtà) quando il pezzo di rame viene prelevato e introdotto nell'acqua. Altre informazioni utili possono essere che le masse vanno espresse in... e che il... dell'acqua costituisce un dato implicito in quanto devi conoscerlo...

ASSE LINGUISTICO

Padroneggiare gli strumenti espressivi e argomentativi...

4. Prova a spiegare sotto forma di articolo divulgativo in che senso in fisica non vi è un corrispondente del concetto di *freddo* usato invece molto spesso nel linguaggio comune.

Spunto In realtà si ha sempre un passaggio spontaneo di *calore* da un corpo caldo a uno freddo e non viceversa, per cui d'inverno attraverso una finestra aperta non è il *freddo* a entrare bensì...

UNITÀ 17
Cambiamenti di stato

17.1 Gli stati della materia

17.2 I cambiamenti di stato

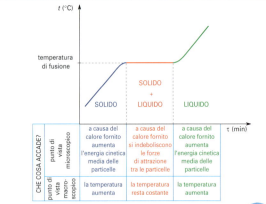
17.3 Fusione e solidificazione

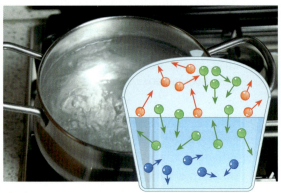
17.4 Vaporizzazione e condensazione

Idee e personaggi

In sintesi

Scientific English

17.5 La sublimazione

Verifiche

SCIENTIFIC ENGLISH

Thermal Physics

The Celsius, Kelvin, and Fahrenheit Temperature Scales

The Celsius temperature T_C is shifted from the absolute (Kelvin) temperature T by 273.15. Because the size of a Celsius degree is the same as a kelvin, a temperature difference of 5°C is equal to a temperature difference of 5 K.

The two scales differ only in the choice of zero point. The ice point (273.15 K) corresponds to 0.00°C, and the steam point (373.15 K) is equivalent to 100.00°C.

The most common temperature scale in use in the United States is the Fahrenheit scale. It sets the temperature of the ice point at 32°F and the temperature of the steam point at 212°F. The relationship between the Celsius and Fahrenheit temperature scales is

$$T_F = \frac{9}{5} T_C + 32 \qquad [1]$$

For example, a temperature of 50.0°F corresponds to a Celsius temperature of 10.0°C and an absolute temperalure of 283 K.

Equation 1 can be inverted to give Celsius temperatures in terms of Fahrenheit temperatures:

$$T_C = \frac{9}{5}(T_F - 32) \qquad [2]$$

Equation 1 can also be used to find a relationship between changes in temperature on the Celsius and Fahrenheit scales. Maybe, in some problem, you will be asked to show that if the Celsius temperature changes by ΔT_C, the Fahrenheit temperature changes by the amount

$$\Delta T_F = \frac{9}{5} \Delta T_C \qquad [3]$$

Figure 1 Compares the three temperature scales we have discussed.

> **Checkpoint 1**
> True or False: Temperature differences on the Celsius scale are the same as temperature differences on the Kelvin scale.

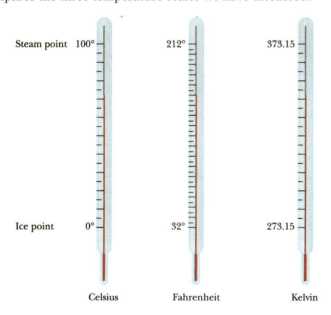

Figure 1
A comparison of the Celsius, Fahrenheit, and Kelvin temperature scales.

Thermal Expansion of Solids and Liquids

We know that as temperature of a substance increases, its volume increases. This phenomenon, known as **thermal expansion**, plays an important role in numerous applications. Thermal expansion joints, for example, must be included in buildings, concrete highways, and bridges to compensate for changes in dimensions with variations in temperature.

The overall thermal expansion of an object is a consequence of the change in the average separation between its constituent atoms or molecules. To understand this idea, consider how the atoms in a solid substance behave. These atoms are located at fixed equilibrium positions; if an atom is pulled away from its position, a restoring force pulls it back. We can imagine that the atoms are particles connected by springs to their neighboring atoms. If an atom is pulled away from its equilibrium position, the distortion of the springs provides a restoring force.

At ordinary temperatures, the atoms vibrate around their equilibrium positions with an amplitude (maximum distance from the center of vibration) of about 10^{-11} m, with an average spacing between the atoms of about 10^{-10} m. As the temperature of the solid increases, the atoms vibrate with greater amplitudes and the average separation between them increases. Consequently, the solid as a whole expands.

If the thermal expansion of an object is sufficiently small compared with the object's initial dimensions, then the change in any dimension is, to a good approximation, proportional to the first power of the temperature change. Suppose an object has an initial length L_0 along some direction at some temperature T_0. Then the length increases by ΔL for a change in temperature ΔT So for small changes in temperature,

$$\Delta L = \alpha L_0 \Delta T \qquad \qquad [4]$$

or

$$L - L_0 = \alpha L_0 (T - T_0)$$

where L is the object's final length. T is its final temperature, and the proportionality constant α is called the **coefficient of linear expansion** for a given material and has units of $(°C)^{-1}$.

Table 1 lists the coefficients of linear expansion for various materials. Note that for these materials α is positive, indicating an increase in length with increasing temperature.

Thermal expansion affects the choice of glassware used in kitchens and laboratories. If hot liquid is poured into a cold container made of ordinary glass, the container may well break due to thermal stress. The inside surface of the glass becomes hot and expands, while the outside surface is at room temperature, and ordinary glass may not withstand the difference in expansion without breaking. Pyrex® glass has a coefficient of linear expansion of about one-third that of ordinary glass, so the thermal stresses are smaller. Kitchen measuring cups and laboratory beakers are often made of Pyrex so they can be used with hot liquids.

> Thermal expansion joints are used to separate sections of roadways on bridges. Without these joints, the surfaces would buckle due to thermal expansion on very hot days or crack due to contraction on very cold days.

> **TIP 1 Coefficients of Expansion are not Constants**
> The coefficients of expansion can vary somewhat with temperature, so the given coefficients are actually averages.

> **Checkpoint 2**
> True or False: If the temperature of an object is doubled, its length is doubled, for most materials.

TABLE 1	Average Coefficients of Expansion for Some Materials Near Room Temperature		
Material	**Average Coefficient of Linear Expansion [(°C)$^{-1}$]**	**Material**	**Average Coefficient of Volume Expansion [(°C)$^{-1}$]**
Aluminum	$24 \cdot 10^{-6}$	Ethyl alcohol	$1.12 \cdot 10^{-4}$
Brass and bronze	$19 \cdot 10^{-6}$	Benzene	$1.24 \cdot 10^{-4}$
Copper	$17 \cdot 10^{-6}$	Acetone	$1.5 \cdot 10^{-4}$
Glass (ordinary)	$9 \cdot 10^{-6}$	Glycerin	$4.85 \cdot 10^{-4}$
Glass (Pyrex®)	$3.2 \cdot 10^{-6}$	Mercury	$1.82 \cdot 10^{-4}$
Lead	$29 \cdot 10^{-6}$	Turpentine	$9.0 \cdot 10^{-4}$
Steel	$11 \cdot 10^{-6}$	Gasoline	$9.6 \cdot 10^{-4}$
Invar (Ni-Fe alloy)	$0.9 \cdot 10^{-6}$	Air	$3.67 \cdot 10^{-3}$
Concrete	$12 \cdot 10^{-6}$	Helium	$3.665 \cdot 10^{-3}$

from SERWAY/VUILLE, *Essentials of College Physics*, © 2007

La termodinamica

UNITÀ 18
Leggi dei gas perfetti

UNITÀ 19
Principi della termodinamica

416 MODULO 6 La termodinamica

LA FISICA e... la storia

1787
Charles scoprì la legge di espansione dei gas ideali, oggi chiamata prima legge di Gay-Lussac, senza pubblicare i risultati

1662
Boyle enuncia per la prima volta la legge sui gas perfetti che porta il suo nome in *A Defence of the Doctrine Touching the Spring And Weight of the Air*

1791
Volta studia ed enuncia la legge di espansione dei gas ideali, oggi chiamata prima legge di Gay-Lussac

1676
Mariotte riformula in modo più preciso la legge sui gas perfetti enunciata da Boyle

1684
Sotto papa Innocenzo XI viene istituita la Lega Santa antiturca che unisce l'Impero, la Polonia e Venezia

1709
Inizia la Rivoluzione industriale

1769
Watt brevetta la prima macchina a vapore. Ha inizio in Inghilterra la Rivoluzione industriale

1789
Inizia la Rivoluzione francese

1685
Editto di Nantes

1648
Terminano le devastazioni della guerra dei trent'anni con la conclusione della pace di Westfalia

1783
Primo volo del pallone a idrogeno ad aria calda di Charles

1782
I fratelli Montgolfier costruiscono il primo aerostato in scala ad aria calda

1802
Gay-Lussac formula le due leggi che portano il suo nome

1850
Clausius pubblica *On the Moving Force of Heat* nel quale enuncia la sua formulazione del secondo principio della termodinamica

1824
Carnot pubblica *Réflexions sur la puissance motrice du feu* nel quale riporta i primi risultati dei suoi studi sulla macchina termica

1851
Thomson enuncia la sua formulazione del secondo principio della termodinamica

1811
Avogadro pubblica *Essai d'une manière de déterminer les masses relatives...* nel quale espone i suoi studi sui gas, in particolare distingue i significati di molecola e atomo

1843
Joule dimostra che il lavoro meccanico si può trasformare interamente in calore

1843
Primi segni della rivoluzione industriale in Italia

1853-1856
Guerra in Crimea

1848
In tutta Europa insorgono rivoluzioni democratiche

1876
Otto costruisce il primo motore a combustione interna

UNITÀ 18
Leggi dei gas perfetti

18.1 I gas perfetti

Virtual Lab

Lo studio dei gas può essere affrontato da un punto di vista sia microscopico sia macroscopico. Se si sceglie il primo, allora il gas viene pensato come un insieme di singole particelle (molecole o atomi), ognuna con la propria individualità, per la qual cosa è necessario conoscere di ciascuna di esse massa, posizione e velocità. È facile intuire che, essendo molto elevato il numero di particelle presenti anche in un solo cm^3 di gas, risulta estremamente complesso gestire concretamente una quantità tanto estesa di dati... E in effetti, l'unico modo possibile per affrontare il problema è quello indicato dalla statistica e dal calcolo delle probabilità. Scegliendo il secondo punto di vista, invece, si ignorano le molecole che lo compongono e si cerca di descrivere il gas nella sua globalità mediante grandezze chiamate **coordinate termodinamiche**.

coordinate termodinamiche > Le **coordinate termodinamiche** sono delle grandezze fisiche in grado di fornirci informazioni sullo stato interno del sistema (costituito dal gas), in maniera tale da poterne descrivere il comportamento. Esse sono la **temperatura**, la **pressione** e il **volume**.

sistema termodinamico > La parte di spazio o di materia che viene studiata attraverso le coordinate termodinamiche si chiama **sistema termodinamico**.

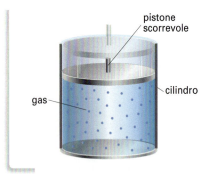

In base all'approccio macroscopico supporremo che il nostro sistema termodinamico sia costituito da un **gas perfetto** situato all'interno di un cilindro delimitato da un pistone scorrevole senza attrito.
Trascureremo, inoltre, il volume proprio delle singole particelle (come se il volume del gas potesse essere ridotto anche a zero) e le forze intermolecolari attrattive tra di esse.

gas perfetto o ideale > Con **gas perfetto** (o **ideale**) si intende un *modello* che segue esattamente determinate leggi e al quale un gas reale si avvicina quando:
- la densità è molto bassa;
- la temperatura è lontana dalla temperatura di liquefazione (passaggio dallo stato aeriforme a quello liquido).

Nelle condizioni normali di temperatura e pressione alcuni gas reali, quali l'idrogeno, l'elio e la stessa aria, possono essere considerati *praticamente* perfetti. D'ora in poi, riferendoci ai gas, li intenderemo sempre come perfetti.

18.2 La legge di Boyle e Mariotte

Per studiare un gas di massa data tramite le tre coordinate termodinamiche (temperatura, pressione e volume), è necessario tenerne costante una per poter capire quale relazione sussista fra le restanti due.
Immaginiamo di realizzare un esperimento durante il quale, con opportuni accorgimenti, la temperatura del gas sia mantenuta costante. Si parla in questo caso di **trasformazione isoterma**.

> Una trasformazione nella quale la temperatura del gas rimane costante prende il nome di **trasformazione isoterma**.

trasformazione isoterma

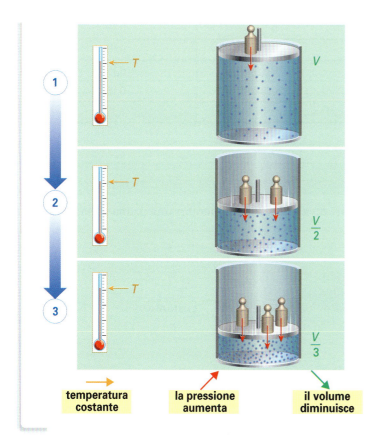

Inseriamo il gas in un cilindro graduato sormontato da un pistone libero di scorrere senza attrito del quale trascuriamo il peso e su cui non agisce alcuna pressione esterna.
Sul pistone poniamo un pesetto e, quando il pistone si è fermato, determiniamo il valore del volume. Dato che la sezione S del pistone è costante, per aumentare la pressione p, essendo:

$$p = \frac{F}{S}$$

basta aumentare la forza F, cioè il numero dei pesetti. In effetti, mettendo sul pistone due e poi tre pesetti, vediamo che il volume man mano diminuisce.

temperatura costante — **la pressione aumenta** — **il volume diminuisce**

Riportiamo i dati relativi a un'esperienza di laboratorio.

TABELLA 1

x	y
$V (\cdot 10^{-3} \, m^3)$	$P (\cdot 10^3 \, Pa)$
0,0300	5
0,0150	10
0,0100	15
0,0075	20
...	...

Com'è facile constatare, se la pressione raddoppia il volume diventa la metà, se la pressione triplica il volume risulta un terzo e così via. Si tratta quindi di due grandezze inversamente proporzionali.

Possiamo sintetizzare l'andamento del volume di un gas in funzione della pressione nella **legge di Boyle e Mariotte**.

legge di Boyle e Mariotte (enunciato) > In una trasformazione isoterma pressione e volume sono grandezze fra loro inversamente proporzionali.

Nella tabella 2 è stata aggiunta una terza colonna relativa al prodotto $p \cdot V$ (l'unità di misura corrispondente è $1\,Pa \cdot m^3 = 1\,J$). Come puoi vedere, il risultato della moltiplicazione è sempre lo stesso: si tratta infatti di una delle proprietà delle grandezze inversamente proporzionali.

TABELLA 2

x	y	x · y
$V\,(\cdot\,10^{-3}\,m^3)$	$P\,(\cdot\,10^3\,Pa)$	$p \cdot V\,(J)$
0,0300	5	0,15
0,0150	10	0,15
0,0100	15	0,15
0,0075	20	0,15
...	...	...

Quindi possiamo scrivere:

legge di Boyle e Mariotte (formula) > $p \cdot V = \text{costante}$

Puoi ottenere le formule inverse, dividendo ambo i membri una prima volta per V e la seconda per p.

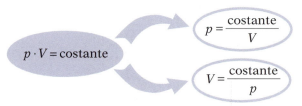

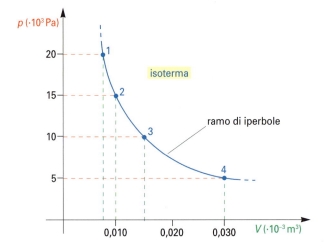

La legge di Boyle e Mariotte viene rappresentata in un piano cartesiano, mettendo i valori del volume V sull'asse x e quelli della pressione p sull'asse y.
Si ottiene così un ramo di iperbole. Considerando i punti 1 e 2 avremo:

$$p_1 \cdot V_1 = p_2 \cdot V_2$$

da cui possiamo ricavare la grandezza che ci interessa. Per esempio: $p_1 = \dfrac{p_2 \cdot V_2}{V_1}$.

ricorda...

- La rappresentazione grafica della relazione fra pressione e temperatura in una trasformazione isoterma è il ramo di un'**iperbole**, caratteristica di tutte le relazioni di proporzionalità inversa.
- Se nel grafico p-V si ha un ramo di iperbole, è lecito dedurre che il gas ha subìto una trasformazione isoterma.

Leggi dei gas perfetti UNITÀ 18 **421**

flash))) Le immersioni subacquee

Nell'agosto del 1999 Gianluca Genoni raggiunse in apnea, nelle acque della Sardegna, i 136 metri di profondità. L'impresa ebbe, allora, davvero dell'incredibile in quanto sino a poco tempo prima i medici sostenevano che fosse impossibile per gli esseri umani arrivare a simili profondità. Infatti, man mano che si scende, la pressione nel mare aumenta di circa un'atmosfera ogni 10 metri di profondità (per la legge di Stevino) e quindi a 136 metri la pressione raggiunge l'elevatissimo valore di quasi 15 atmosfere (considerando anche la pressione atmosferica). La conseguenza prevista dagli esperti era uno schiacciamento della cassa toracica: secondo la legge di Boyle e Mariotte, infatti, a un aumento della pressione esterna corrisponde una diminuzione del volume, per cui la forte compressione degli alveoli polmonari avrebbe dovuto portare a un'implosione del torace. Tuttavia, queste previsioni non si verificarono perché l'organismo reagisce all'aumento della pressione esterna richiamando sangue dagli organi periferici e convogliandolo verso gli organi fondamentali per la sopravvivenza (cervello, cuore, polmoni, ...). L'afflusso di liquido, che è incomprimibile, nella cassa toracica permette di contrastare dall'interno la spinta esercitata dalla pressione esterna. Il fenomeno, definito *blood-shift*, è presente anche nei mammiferi marini quali le balene, che possono raggiungere in immersione i mille metri di profondità!

18.3 La prima legge di Gay-Lussac

Vediamo adesso che cosa succede quando il gas mantiene invariata la sua pressione, cioè quando subisce una **trasformazione isobara**.

Una trasformazione nella quale la pressione del gas rimane costante prende il nome di **trasformazione isobara**.

> trasformazione isobara

È possibile verificare sperimentalmente che, in una trasformazione a pressione costante, esiste una relazione fra le altre due coordinate termodinamiche in gioco, cioè il volume e la temperatura, che prende il nome di **prima legge di Gay-Lussac**:

$$V_t = V_0 (1 + \alpha \cdot \Delta t)$$

> prima legge di Gay-Lussac

dove V_t rappresenta il volume finale del gas alla temperatura generica t, V_0 è il volume iniziale del gas alla temperatura $t_0 = 0$ °C, $\Delta t = t - t_0$ è la variazione di temperatura da $t_0 = 0$ °C al valore finale t. Infine, α è una costante caratteristica di tutti i gas che risulta invariata:

$$\alpha = \frac{1}{273{,}15} \text{ °C}^{-1}$$

> costante α dei gas

Le unità di misura °C^{-1} e K^{-1} in questo caso coincidono perché riguardano delle *variazioni* di temperatura. Rielaborando la legge si ha:

$$V_t = V_0 + V_0 \cdot \alpha \cdot \Delta t$$

$$V_t - V_0 = V_0 \cdot \alpha \cdot \Delta t$$

dato che $V_t - V_0 = \Delta V$ e $V_0 \cdot \alpha =$ costante, sostituendo si ha

$$\Delta V = \text{costante} \cdot \Delta t$$

e dividendo ambo i membri per Δt

$$\frac{\Delta V}{\Delta t} = \text{costante}$$

> **ricorda...**
> In una trasformazione isobara (cioè a pressione costante) le **variazioni di temperatura** e le corrispondenti **variazioni di volume** sono direttamente proporzionali.

Qual è dunque il tipo di relazione che intercorre tra la variazione di volume ΔV e la variazione di temperatura Δt?
Dato che al raddoppiare, al triplicare, ... di Δt, raddoppia, triplica, ..., anche ΔV, evidentemente si tratta di grandezze direttamente proporzionali: circostanza confermata dal fatto che il loro rapporto è costante.
Che cosa possiamo dire, invece, per quanto riguarda l'andamento del volume V_t al variare della temperatura t?

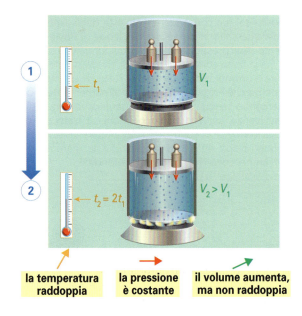

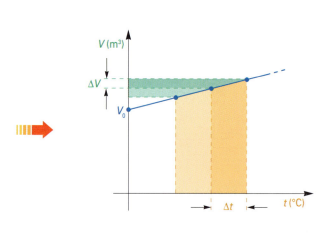

La prima legge di Gay-Lussac evidenzia che se la pressione è costante, il volume V_t e la temperatura t **non** sono direttamente proporzionali, perché, per esempio, al raddoppiare di t non raddoppia anche V_t.

Mettendo le due grandezze V_t e t in un grafico, si ha una retta che non passa per l'origine e interseca l'asse delle y nel punto V_0. Si dice in questo caso che il volume varia **linearmente** con la temperatura.

Riscriviamo la prima legge di Gay-Lussac utilizzando la definizione di temperatura assoluta: T = t + 273,15. Quando un gas ideale passa dalla situazione 1 (V_1, T_1) alla situazione 2 (V_2, T_2) con una trasformazione isobara, è comodo scrivere la relazione tra le coordinate termodinamiche così:

trasformazione isobara (temperatura assoluta)
$$\frac{V_1}{T_1} = \frac{V_2}{T_2}$$

18.4 La seconda legge di Gay-Lussac

Per completare l'analisi delle relazioni fra le coordinate termodinamiche, vediamo l'ultimo caso. Cerchiamo di capire quale legame intercorra in un gas fra pressione e temperatura, se si mantiene costante il volume, cioè se si effettua una **trasformazione isocora**.

trasformazione isocora
> Una trasformazione nella quale il volume del gas rimane costante si chiama **trasformazione isocora**.

Quello che si trova è un andamento della pressione in funzione della temperatura del tutto analogo a quello della prima legge di Gay-Lussac, che viene rappresentato dalla **seconda legge di Gay-Lussac**.

seconda legge di Gay-Lussac
$$p_t = p_0 \cdot (1 + \alpha \cdot \Delta t)$$

In questa legge p_t è la pressione alla temperatura generica t, p_0 è quella alla temperatura $t_0 = 0$ °C, α è la costante già vista, che per tutti i gas vale 1/273,15 °C^{-1}, e $\Delta t = t - t_0$ è la variazione di temperatura.

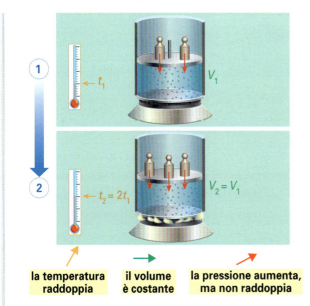
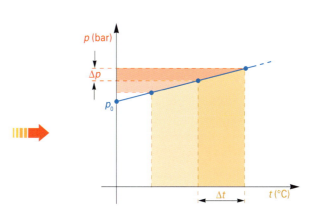

Questa volta, dopo avere introdotto nel cilindro una certa quantità di gas, riscaldiamo il sistema, misurandone regolarmente la temperatura e la pressione.
Poiché il volume V deve restare invariato e il gas ovviamente tende a espandersi, dobbiamo disporre sul pistone un numero di pesetti via via crescente per bilanciare l'aumento di pressione.

Le conseguenze sono che a volume costante (trasformazione isocora) in un gas:
- la pressione aumenta all'aumentare della temperatura secondo una relazione lineare per cui il grafico è una retta non passante per l'origine;
- la variazione di pressione Δp è direttamente proporzionale alla variazione di temperatura:

$$\frac{\Delta p}{\Delta t} = \text{costante}$$

In un piano cartesiano p-V (pressione-volume), la rappresentazione delle trasformazioni isobara e isocora dà luogo a due rette, rispettivamente una orizzontale e una verticale.

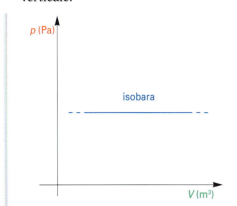
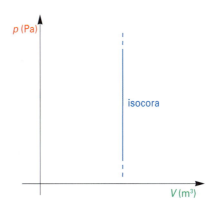

Trasformazione a pressione costante   Trasformazione a volume costante

Anche la seconda legge di Gay-Lussac può essere formulata ricorrendo alla definizione di temperatura assoluta. Quando un gas ideale passa dalla situazione 1 (p_1, T_1) alla situazione 2 (p_2, T_2) vale la seguente relazione.

$$\frac{p_1}{T_1} = \frac{p_2}{T_2}$$

trasformazione isocora (temperatura assoluta)

esempio

1 Calcoliamo la pressione che raggiunge un gas perfetto quando, avendo a 20,0 °C una pressione di $2,00 \cdot 10^5$ Pa, viene riscaldato a volume costante fino a 60,0 °C.

Dobbiamo prima trovare la pressione che ha il gas a 0 °C:

$$p_{t=20°C} = p_0 \cdot (1 + \alpha \cdot \Delta t)$$

dividendo ambo i membri per $1 + \alpha \cdot \Delta t$

$$\frac{p_{t=20°C}}{1 + \alpha \cdot \Delta t} = \frac{p_0 \cdot (1 + \alpha \cdot \Delta t)}{1 + \alpha \cdot \Delta t}$$

semplificando

$$p_0 = \frac{p_{t=20°C}}{1 + \alpha \cdot \Delta t}$$

sostituendo i valori

$$p_0 = \frac{2,00 \cdot 10^5}{1 + \frac{1}{273,15} \cdot 20,0} \cong 1,86 \cdot 10^5 \text{ Pa}$$

Dopodiché, troviamo la pressione a 60 °C:

$$p_t = p_0 \cdot (1 + \alpha \cdot \Delta t)$$

sostituendo direttamente i valori

$$p_t = 1,86 \cdot 10^5 \cdot \left(1 + \frac{1}{273,15} \cdot 60,0\right) \cong 2,27 \cdot 10^5 \text{ Pa}$$

Se avessimo usato le temperature assolute:

$$T_1 = 20 + 273,15 \cong 293 \text{ K} \qquad T_2 = 60 + 273,15 \cong 333 \text{ K}$$

avremmo trovato direttamente:

$$p_2 = p_1 \cdot \frac{T_2}{T_1} = 2,00 \cdot 10^5 \frac{333}{293} = 2,27 \cdot 10^5 \text{ Pa}$$

> **ricorda...**
> Avendo a che fare con variazioni di temperatura, è indifferente in queste leggi considerare le temperature tutte nella scala assoluta oppure tutte in quella Celsius. È però importante che la temperatura di riferimento sia sempre $t_0 = 0$ °C, quando si usa la scala Celsius.

18.5 L'equazione di stato dei gas perfetti

Il comportamento, descritto da tre coordinate termodinamiche (pressione, volume e temperatura), di una quantità stabilita di gas perfetto è caratterizzato da una regola implacabile: soltanto due coordinate su tre possono essere fissate a piacere, in quanto la terza viene determinata automaticamente... dal gas stesso!

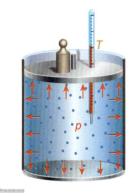

Fissati V e T, la pressione p... la decide il gas!
Fissati V e p, la temperatura T... è stabilita dal gas!
Che cosa succede secondo te al volume se vengono stabiliti i valori di p e T?

....

Questa è una conseguenza delle leggi viste prima (la legge di Boyle e Mariotte, le due leggi di Gay-Lussac), che è possibile sintetizzare in un'unica relazione denominata **equazione di stato dei gas perfetti**.

> **ricorda...**
> L'esistenza della costante universale R (uguale quindi per tutti i gas) è il riflesso del fatto che i gas, quando sono molto rarefatti, tendono a comportarsi tutti allo stesso modo.

equazione di stato dei gas perfetti

$$p \cdot V = n \cdot R \cdot T$$

La simbologia utilizzata è la seguente: p è la pressione (Pa); V è il volume (m³); n è il numero di moli (mol); R è la costante universale dei gas $\left(8,31 \dfrac{\text{J}}{\text{mol} \cdot \text{K}}\right)$; T è la temperatura assoluta (K).

Per quanto riguarda la **mole** (simbolo **mol**), che incontriamo per la prima volta, in maniera molto essenziale diciamo che nel SI è l'unità di misura della quantità di sostanza.

> La **mole** corrisponde alla quantità di sostanza di un sistema che contiene tante entità elementari (atomi, molecole, ioni, ...) quanti sono gli atomi presenti in 0,012 kg di carbonio 12.

mole

Forse questo concetto ti può risultare più chiaro, pensando che $6{,}02 \cdot 10^{23}$ molecole di idrogeno, di ossigeno o di una qualunque altra sostanza, corrispondono a una quantità pari appunto a una mole.
Non è difficile evidenziare che nell'equazione di stato dei gas perfetti sono presenti come casi particolari tutte e tre le leggi precedentemente studiate. Per esempio, nel caso della legge di Boyle e Mariotte si ha:

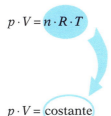

$p \cdot V = n \cdot R \cdot T$

se la temperatura assoluta è costante
(T = costante, trasformazione isoterma),
allora anche $n \cdot R \cdot T$ = costante e quindi

$p \cdot V =$ costante

Per quanto concerne la **temperatura assoluta** T, abbiamo già detto, accennando alla scala Kelvin o assoluta, che la sua relazione con la temperatura della scala Celsius è data da:

> $T(\text{K}) = t(°\text{C}) + 273$

temperatura assoluta

Ne consegue che 0 °C, valore di temperatura assunto convenzionalmente per il punto di fusione del ghiaccio, equivale a 273 K. A sua volta, 0 K (si legge «zero kelvin») corrisponde a –273 °C.

> **0 K** viene detto **zero assoluto** in quanto nessun corpo può raggiungere temperature inferiori a tale limite.

zero assoluto

Per capire il motivo, riprendiamo la prima legge di Gay-Lussac con l'intenzione di valutare il volume di un gas a $T = 0$ K, ovvero $t = -273$ °C.

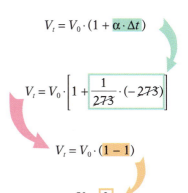

$V_t = V_0 \cdot (1 + \alpha \cdot \Delta t)$

dato che $\alpha = 1/273$ e $\Delta t = -273$ °C
(essendo $t_0 = 0$ °C), abbiamo

$V_t = V_0 \cdot \left[1 + \dfrac{1}{273} \cdot (-273)\right]$

e semplificando

$V_t = V_0 \cdot (1 - 1)$

vale a dire

$V_t = 0$

Quando la temperatura è uguale a −273 °C o, che è lo stesso, 0 K, si ha che il volume diventa 0! Dunque, se ipotizzassimo temperature inferiori a −273 °C, avremmo addirittura dei volumi con valore negativo, che non hanno significato. Dunque, non hanno fisicamente senso neppure valori delle temperature inferiori a 0 K: è per tale ragione che lo 0 della scala Kelvin si chiama **zero assoluto**.

> **ricorda...**
> Nell'equazione di stato dei gas perfetti la temperatura T che vi compare deve essere sempre intesa in kelvin, mai in gradi Celsius. Per questo la indichiamo con la lettera T (maiuscola).

esempio

2 Una quantità di aria pari a 1143 moli occupa un volume di 27 m³ alla pressione di $1{,}013 \cdot 10^5$ Pa. Calcola la temperatura alla quale si trova il gas.

Dobbiamo utilizzare l'equazione di stato dei gas perfetti:

$$p \cdot V = n \cdot R \cdot T$$

dividendo ambo i membri per $n \cdot R$ costante

$$\frac{p \cdot V}{n \cdot R} = \frac{n \cdot R \cdot T}{n \cdot R}$$

e semplificando

$$T = \frac{p \cdot V}{n \cdot R}$$

sostituendo infine i valori numerici

$$T = \frac{1{,}013 \cdot 10^5 \cdot 27}{1143 \cdot 8{,}31} \cong 288 \text{ K}$$

equivalenti a

$$t = T - 273 = 288 - 273 = 15 \text{ °C}$$

TABELLA RIASSUNTIVA

trasformazione	grandezza costante	legge	formula	grafico
isoterma	T	Boyle e Mariotte $pV =$ costante	$p_1 V_1 = p_2 V_2$	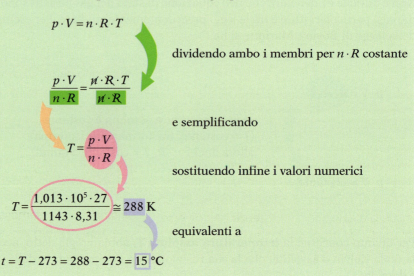
isobara	P	Gay-Lussac (prima) $V = V_0 \alpha T$	$\dfrac{V_1}{T_1} = \dfrac{V_2}{T_2}$	
isocora	V	Gay-Lussac (seconda) $p = p_0 \alpha T$	$\dfrac{p_1}{T_1} = \dfrac{p_2}{T_2}$	

Equazione di stato: $\qquad pV = nRT \qquad R = 8{,}31 \dfrac{\text{J}}{\text{mol} \cdot \text{K}} \qquad \alpha = \dfrac{1}{273{,}15} \text{ K}^{-1}$

idee e personaggi

Dall'alchimia alla chimica

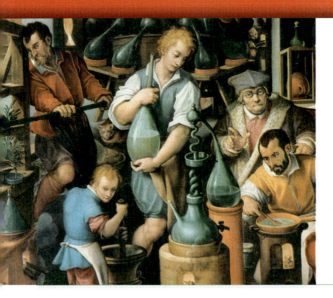

SOLTANTO MAGIA?

L'alchimia è una disciplina molto antica che a cavallo tra il '500 e il '600, cioè in piena Controriforma, godeva di grande fama anche tra le autorità ecclesiastiche. Inoltre, la sua diffusione non aveva confini, tant'è vero che numerosi alchimisti e testi di riferimento erano arabi. Evidentemente il suo fascino e le sue pratiche avevano valenze ben diverse da quelle dei nostri giorni. In realtà, questa disciplina ha lasciato delle tracce che ancora sopravvivono. Per citarne qualcuna, il metodo di scaldare a *bagnomaria* sarebbe stato un metodo usato da un'alchimista ebrea, il termine *acqua vitae* veniva usato per indicare le caratteristiche dell'alcol, l'*arte tintoria* si era sviluppata grazie agli esperimenti degli alchimisti, così come la produzione dell'oro *sabbioso* dai sedimenti fluviali...

I QUATTRO ELEMENTI

Il fondatore dell'alchimia fu E. Trismegisto che veniva confuso spesso con il dio egizio Thot o con quello greco Ermete. Il sapere alchemico nacque dal connubio tra le conoscenze più propriamente tecniche (come l'abilità di lavorare i metalli) e quelle della filosofia della natura (come lo studio delle leggi che regolano l'Universo). La sua dottrina si fondava sui quattro elementi aristotelici (acqua, aria, fuoco, terra), nonché sulle quattro qualità fondamentali (caldo, secco, umido, freddo). Ogni elemento avrebbe due qualità: per esempio, la terra è fredda e secca, mentre l'acqua è fredda e, ovviamente, umida. A loro volta, i metalli erano costituiti dall'unione tra i vari stati, per cui lo zolfo era dato dalla combinazione di fuoco e aria, così come il mercurio traeva origine da terra e acqua. Di rilievo due aspetti: 1) i corpi fisici non erano semplicemente portatori di qualità concrete, bensì anche di qualità spirituali; 2) modificando la composizione tra i vari elementi e le rispettive qualità, si potevano trasformare tutte le sostanze, compresi gli esseri viventi. È evidente, allora, che la valenza della ricerca affannosa della famosa *pietra filosofale* per trasmutare grazie a essa il vile metallo in oro, era in realtà una valenza spirituale, rappresentando il tentativo dell'anima di raggiungere la luce della sapienza divina.

BOYLE E LA NASCITA DELLA CHIMICA

Anche Boyle non era scevro da interessi alchemici, in quanto in un certo periodo della sua vita si occupò dell'arte di trasformare i metalli, trattando in particolare con il più importante di tutti: il mercurio. Newton, in una lettera scritta nel 1676, fece riferimento direttamente a un esperimento di Boyle per il riscaldamento del mercurio e dell'oro. Tuttavia, Boyle aveva in sé lo spirito del vero scienziato nonché dell'uomo libero da pregiudizi che gli permisero di scoprire nel 1662 la legge che porta il suo nome. Ma, soprattutto, viene ritenuto il fondatore della chimica, in quanto fu il primo a osteggiare e criticare le idee aristoteliche che erano alla base dell'alchimia. Lo fece in maniera molto chiara nel libro intitolato *Scheptical Chymist* (il chimico scettico) pubblicato nel 1661. Lì, infatti, rigettò completamente la convinzione che tutte le sostanze fossero determinate dalla combinazione di acqua, aria, fuoco e terra, e ipotizzò invece che la materia fosse costituita da numerose e piccolissime particelle.

IN SINTESI

- Un **gas perfetto** o **ideale** è un *modello* che segue esattamente determinate leggi; un gas reale può essere considerato un gas perfetto quando:
  - la densità è molto bassa;
  - la temperatura è lontana dalla temperatura di liquefazione.

- Le **coordinate termodinamiche** sono: temperatura, pressione e volume. La parte di spazio o materia studiata attraverso le coordinate termodinamiche si chiama *sistema termodinamico*.

- Una trasformazione è **isoterma** se la *temperatura del gas rimane costante*.

- La **legge di Boyle e Mariotte** afferma che in una trasformazione isoterma pressione e volume di un gas sono inversamente proporzionali:

  $$p \cdot V = \text{costante}$$

  In alternativa può essere formulata come $p_1 V_1 = p_2 V_2$. Il grafico della legge (grafico p-V) è un ramo di iperbole.

- Una trasformazione è **isobara** se la *pressione del gas rimane costante*.

- La **prima legge di Gay-Lussac** afferma che, in una trasformazione isobara:

  $$V_t = V_0 (1 + \alpha \cdot \Delta t)$$

  dove V_t è il valore finale alla temperatura t, V_0 è il volume iniziale del gas alla temperatura $t_0 = 0$ °C, $\Delta t = t - t_0$ è la variazione di temperatura e $\alpha = 1/273$ °C^{-1}. Pertanto, il volume varia *linearmente* con la temperatura e il grafico è una retta non passante per l'origine. Rielaborando la legge, si ottiene:

  $$\frac{\Delta p}{\Delta t} = \text{costante}$$

  cioè *in una trasformazione isobara le variazioni di temperatura e le corrispondenti variazioni di volume sono direttamente proporzionali*.
  La prima legge di Gay-Lussac in funzione della temperatura assoluta T è:

  $$\frac{v_1}{T_1} = \frac{v_2}{T_2}$$

- Una trasformazione è **isocora** se il volume del gas rimane costante.

- La **seconda legge di Gay-Lussac** afferma che, in una trasformazione isocora, la pressione finale p_t del gas alla temperatura è:

  $$p_t = p_0 \cdot (1 + \alpha \cdot \Delta t)$$

  Come indica tale legge, la pressione aumenta all'aumentare della temperatura secondo una relazione lineare e il grafico è una retta non passante per l'origine; la variazione di pressione Δp è direttamente proporzionale alla variazione di temperatura:

  $$\frac{\Delta p}{\Delta t} = \text{costante}$$

  La seconda legge di Gay-Lussac in funzione della temperatura assoluta T è:

  $$\frac{p_1}{T_1} = \frac{p_2}{T_2}$$

- L'**equazione di stato dei gas perfetti** è:

  $$p \cdot V = n \cdot R \cdot T$$

  dove:
  - p e V sono, rispettivamente, pressione (in Pa) e volume (in m^3) del gas;
  - n è il numero delle moli di gas;
  - R è la costante universale dei gas, $R = 8,31$ J/(mol $\cdot$ K);
  - T è la temperatura assoluta (cioè, espressa in kelvin).

- La **mole** (mol) è l'unità di misura SI della *quantità di sostanza* e corrisponde alla quantità di sostanza di un sistema che contiene tante entità elementari (atomi, molecole, ioni, ...) quanti sono gli atomi presenti in 0,012 kg di carbonio 12.

- La relazione fra temperatura assoluta T e temperatura della scala Celsius, t, è $T(\text{K}) = t(°\text{C}) + 273$.
  Il valore 0 K (zero kelvin) è detto **zero assoluto**.

SCIENTIFIC ENGLISH

Ideal Gas Laws

- An **ideal** or **perfect gas** is a *model* that behaves exactly in accordance with certain laws; a real gas can be treated as an ideal gas when:
  – it has a very low density;
  – its temperature is nowhere near the temperature of liquefaction.
- **Thermodynamic parameters** are: temperature, pressure and volume. The quantity of space or matter on which we focus our attention for thermodynamic analysis is called a *thermodynamic system*.
- A process in which the *temperature of the gas remains constant* is called an **isothermal** process.
- The **Boyle-Mariotte law** states that the pressure and volume of a gas are inversely proportional during an isothermal process

  $P \cdot V = $ constant

  The graph of this law (*P-V* graph) is a branch of a hyperbola.
- A process in which the *pressure of the gas remains constant* is called an **isobaric** process.
- **Gay-Lussac's first law** states that, under isobaric conditions:

  $V_t = V_0 (1 + \alpha \cdot \Delta t)$

  where V_t is the final value at the temperature t, V_0 is the initial volume of the gas at the temperature $t_0 = 0$ °C, $\Delta t = t - t_0$ is the change in temperature and $\alpha = 1/273$ °C^{-1}. Thus, the volume varies *linearly* with the temperature and the graph is a straight line that does not pass through the origin. The law can be re-elaborated to obtain:

  $\dfrac{\Delta P}{\Delta t} = $ constant

  i.e. *during an isobaric process the changes in temperature and the corresponding changes in volume are directly proportional.*

- A process in which the volume of the gas remains constant is called an **isochoric** process.
- **Gay-Lussac's second law** states that, in an isochoric process, the final pressure P_t of the gas at the temperature is:

  $P_t = P_0 \cdot (1 + \alpha \cdot \Delta t)$

  According to this law, the pressure increases with the temperature, following a linear pattern, and the graph is a straight line that does not pass through the origin; the change in pressure ΔP is directly proportional to the change in temperature:

  $\dfrac{\Delta P}{\Delta t} = $ constant

- The **equation of state of an ideal gas** is:

  $P \cdot V = n \cdot R \cdot T$

  where:
  – P and V are, respectively, the pressure (in Pa) and volume (in m^3) of the gas;
  – n is the number of moles of gas;
  – R is the universal constant of ideal gas, $R = 8.31$ J/(mol·K);
  – T is the absolute temperature (i.e. expressed in Kelvin).

- The **mole** (mol) is the SI unit for *amount of substance* and is defined as the amount of any substance that contains as many elementary entities (atoms, molecules, ions, etc.,) as there are atoms in 0.012 kg of carbon-12.
- The relation between absolute temperature T and temperature on the Celsius scale, t, is $T(\text{K}) = t(\text{°C}) + 273$. The value of 0 K (zero kelvin) is called **absolute zero**.

Strumenti per SVILUPPARE le COMPETENZE

VERIFICHIAMO LE CONOSCENZE

Vero-falso

V F

1. Per studiare un sistema termodinamico basta conoscere la temperatura. ☐ ☐
2. In un gas a temperatura costante se raddoppia la pressione raddoppia anche il volume. ☐ ☐
3. In un gas a temperatura costante aumentando la pressione aumenta la densità. ☐ ☐
4. Nel piano (p, V) una trasformazione isoterma è rappresentata da una parallela all'asse delle V. ☐ ☐
5. In una trasformazione a pressione costante se raddoppia la temperatura (espressa in °C) raddoppia il volume. ☐ ☐
6. Nel piano (p, V) una trasformazione isobara è rappresentata da una parallela all'asse V. ☐ ☐
7. In una trasformazione a volume costante se aumenta la temperatura aumenta la pressione. ☐ ☐
8. Un gas è perfetto se soddisfa l'equazione $p \cdot V = n \cdot R \cdot T$. ☐ ☐
9. La mole è la massa di un atomo. ☐ ☐
10. 0 K equivale a −273 °C. ☐ ☐

Test a scelta multipla

1. Quale delle seguenti affermazioni è errata?
   A. Un gas perfetto è un modello che nella realtà non esiste
   B. L'idrogeno è un gas perfetto
   C. Un gas reale è assimilabile a un gas perfetto quando è caratterizzato, fra l'altro, da una bassa densità
   D. L'elio ha un comportamento che si avvicina a quello di un gas perfetto

2. Un sistema termodinamico si caratterizza mediante le seguenti grandezze:
   A. temperatura, massa, volume
   B. densità, pressione, volume
   C. massa, volume, pressione
   D. temperatura, pressione, volume

3. Individua tra i seguenti enunciati quello relativo alla legge di Boyle e Mariotte.
   A. In una trasformazione isobara il prodotto di p e V è costante
   B. In una trasformazione isoterma il rapporto tra p e V è costante
   C. In una trasformazione isobara il rapporto di p e V è costante
   D. In una trasformazione isoterma il prodotto di p e V è costante

4. La rappresentazione grafica della legge di Boyle e Mariotte nel piano cartesiano (p, V) dà luogo a:
   A. una semicirconferenza
   B. una retta
   C. una parabola
   D. un ramo di iperbole

5. Dato che p e V in una trasformazione isoterma sono grandezze inversamente proporzionali, ne segue che:
   A. note la costante K e la variabile p si ha che $V = \dfrac{p}{K}$
   B. note la costante K e la variabile V si ha che $p = \dfrac{V}{K}$
   C. note la costante K e la variabile V si ha che $p = K \cdot V$
   D. note le grandezze p e V si può ricavare la costante: $K = p \cdot V$

6. Quale fra i seguenti enunciati relativi alla prima legge di Gay-Lussac per un gas perfetto è falso?
   A. La legge mostra che a pressione costante il volume varia linearmente con la temperatura
   B. La legge afferma che la variazione di volume è direttamente proporzionale alla variazione di temperatura
   C. La legge mette in relazione il volume a temperatura t qualsiasi con il volume dello stesso gas a 0 °C
   D. La legge mostra che in una trasformazione isobara il volume varia in modo inversamente proporzionale con la temperatura

7. Nell'equazione di stato di un gas perfetto si ha che:
   A. il prodotto $p \cdot V$ è direttamente proporzionale alla temperatura espressa in kelvin
   B. il prodotto $p \cdot V$ è inversamente proporzionale alla temperatura espressa in °C
   C. il prodotto $p \cdot V$ è inversamente proporzionale alla temperatura espressa in kelvin
   D. il prodotto $p \cdot V$ è direttamente proporzionale alla temperatura espressa in °C

8 Quale fra i seguenti enunciati relativi alla seconda legge di Gay-Lussac è vero?
- **A** La legge riguarda una trasformazione isocora
- **B** La legge riguarda una trasformazione isobara
- **C** La legge riguarda una trasformazione isoterma
- **D** La legge riguarda qualsiasi trasformazione termodinamica

9 Fra $t(°C)$ e $T(K)$ quale relazione intercorre?
- **A** $T(K) = t(°C) - 273$
- **B** $t(°C) = T(K) + 273$
- **C** $T(K) - t(°C) = 273$
- **D** $t(°C) - T(K) = 273$

10 Se di un gas perfetto si conoscono i valori nelle unità di misura del SI della pressione p, del volume V e della temperatura T, allora in merito al numero di moli n si può dire che:
- **A** è sempre comunque uguale a 1
- **B** si trova con la relazione $n = p \cdot V/(R \cdot T)$
- **C** non può essere determinato, in quanto non si conosce di quale tipo di gas si tratta
- **D** si trova con la relazione $n = n_0 \cdot (1 + \alpha \cdot \Delta T)$

VERIFICHIAMO LE ABILITÀ

Esercizi

18.2 La legge di Boyle e Mariotte

1 Un gas si trova in un contenitore dotato di pistone scorrevole e subisce una trasformazione isoterma.

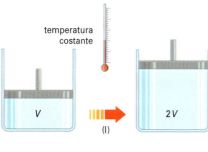

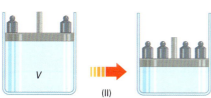

a) Come varia la pressione nella situazione (I)?
b) Come varia il volume nella situazione (II)?

2 Un gas si trova alla pressione di 2 bar e occupa un volume di 1 m³. Mantenuto a temperatura costante viene progressivamente dilatato.
a) Completa la seguente tabella.

p (bar)	2	...	...	0,25	0,10
V (m³)	1	2	4	...	...

b) Rappresenta nel grafico (p, V) i valori della tabella.
c) Che tipo di relazione intercorre tra pressione e volume?

3 Il seguente grafico (p, V) rappresenta la compressione di un gas a temperatura costante.

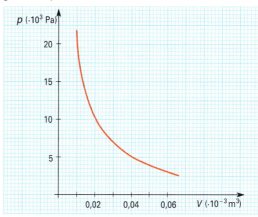

Utilizzando il grafico rispondi alle seguenti domande:
a) In corrispondenza del volume di $0,02 \cdot 10^{-3}$ m³ qual è la pressione del gas?
b) In corrispondenza della pressione $4 \cdot 10^3$ Pa qual è il volume occupato dal gas?
c) Nella legge di Boyle e Mariotte $p \cdot V$ = costante individua il valore numerico della costante.

4 Nel corso di una trasformazione isoterma un gas occupa inizialmente un volume di 1 dm³ e ha una pressione di $2,02 \cdot 10^4$ Pa. Sapendo che al termine il volume risulta 3,5 dm³, calcola la pressione.

Per lo svolgimento dell'esercizio, completa il percorso guidato, inserendo gli elementi mancanti dove compaiono i puntini.

1 I dati sono: ....
2 La formula necessaria allo scopo, dato che ti viene richiesta la pressione finale p_2, la puoi ricavare tenendo presente che $p_1 \cdot V_1 = p_2 \cdot V_2$, da cui trovi:
$p_2 = $ ....
3 Sostituisci nella formula i dati, trovando perciò:
$p_2 = $ .... = ...
[$0,58 \cdot 10^4$ Pa]

5 Un pistone scorrevole esercita inizialmente una pressione di $4,5 \cdot 10^4$ Pa su un certo volume di gas. Sapendo che al termine della trasformazione la temperatura non è cambiata, il volume è diventato $2 \cdot 10^{-4}$ m³ e la pressione $6 \cdot 10^4$ Pa, determina il volume iniziale.
[$2,7 \cdot 10^{-4}$ m³]

6 Un gas perfetto è chiuso in un recipiente a pistone scorrevole. Sapendo che inizialmente occupa 1,6 dm³ ed esercita una pressione di $1,2 \cdot 10^3$ Pa, rappresenta in un grafico come varia la pressione, man mano che il volume diminuisce fino a un valore minimo di 0,2 dm³, mentre la temperatura si mantiene costante.

SUGGERIMENTO Riporta in un grafico cartesiano (meglio se su carta millimetrata) i valori del volume sull'asse delle x diminuendo progressivamente il dato iniziale fino al minimo 0,2 dm³ e utilizzando come unità di misura u = 0,1 dm³. Rappresenta sull'asse delle y i corrispondenti valori della pressione ottenuti applicando la legge di Boyle e Mariotte e utilizzando come unità di misura u = $1 \cdot 10^3$ Pa...

7 Un pistone scorrevole esercita una pressione di 2,4 atm su un gas che occupa 3,8 litri. Sapendo che la trasformazione è isoterma, rappresenta in un grafico come varia il volume, man man che la pressione diminuisce fino a un valore minimo di 0,6 atm.

8 A sample of a gas at 25 °C is compressed from 200 cm³ to 0.240 cm³. Its pressure is now $4.0 \cdot 10^3$ Pa. What was the original pressure of the gas?
[4.8 Pa]

9 Calculate the final volume of a gas if the pressure of a 4.0 dm³ sample is changed from 2.5 atm to 5.0 atm.
[2.0 dm³]

18.3 La prima legge di Gay-Lussac

10 Scrivi la prima legge di Gay-Lussac.
a) Specifica per ogni grandezza la relativa unità di misura.
b) Dalla legge è corretto dedurre che se la temperatura raddoppia anche il volume raddoppia? Motiva la risposta.
c) In un sistema di riferimento temperatura-volume qual è la rappresentazione grafica della relazione fra temperatura e volume?

11 Osserva il seguente grafico.

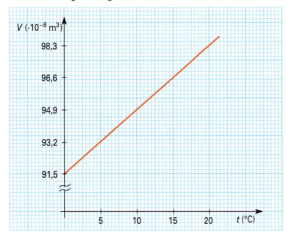

a) Dalle informazioni deducibili dal grafico completa la seguente tabella.

t (°C)	0	5	10	15	20
V_t ($\cdot 10^{-6}$ m³)	...	...	...	...	...

b) Determina il volume nell'ipotesi che t = 25 °C.
[b) $100 \cdot 10^{-6}$ m³]

12 È data la seguente tabella relativa alla variazione di volume all'aumentare della temperatura.

t (°C)	0	10	20	30	40
V_t ($\cdot 10^{-6}$ m³)	70	72,57	75,14	77,71	80,28

a) Rappresenta le informazioni date in un grafico (V, t).
b) Ricava il volume per t = 15 °C e la temperatura a cui corrisponde il volume di $82,85 \cdot 10^{-6}$ m³.
[b) $73,85 \cdot 10^{-6}$ m³; 50 °C]

13 Il gas contenuto in una bombola occupa un volume di 4,8 dm³ alla temperatura di 0 °C. Supponendo che la pressione non cambi, calcola il volume occupato alla temperatura di 80 °C.

Per lo svolgimento dell'esercizio, completa il percorso guidato, inserendo gli elementi mancanti dove compaiono i puntini.

1 I dati sono: ....
2 La formula necessaria, essendo la pressione costante, è:
V_t = ...
3 Per tutti i gas vale α = ...
4 Sostituisci nella formula i dati, trovando perciò:
V_t = ... = ...
[6,2 dm³]

14 Un pallone riempito di gas ha un volume di 7,2 litri alla temperatura di 36 °C. Calcola il volume del palloncino alla temperatura di 0 °C, ipotizzando che la pressione si mantenga costante.
[$6,4 \cdot 10^{-3}$ m³]

15 Un gas alla temperatura di 25 °C occupa 12,4 m³. Calcola il volume occupato alla temperatura di 60 °C, nell'ipotesi che sia avvenuta una trasformazione isobara.
SUGGERIMENTO Tieni conto che nella formula V_0 si riferisce al volume a 0 °C; dal volume occupato a 25 °C risali al volume occupato a 0 °C e poi...
[13,9 m³]

16 In una trasformazione isobara un gas, inizialmente a 0 °C, si espande da 4,5 cm³ sino a 7,0 cm³. Calcola la variazione di temperatura.
SUGGERIMENTO Ricorda che 1 cm³ = 10^6 m³. Ti basta utilizzare la formula inversa allo scopo di...
[152 °C]

17 Un gas alla temperatura di 0 °C occupa 7,8 dm³. Determina quale variazione di temperatura comporta, durante una trasformazione isobara, un passaggio da 8,80 dm³ a 10,38 dm³.
[da 35 °C a 90,3 °C]

18 Nell'ipotesi di una trasformazione isobara, a quale temperatura un gas raggiunge un volume quadruplo di quello che aveva a 0 °C?
SUGGERIMENTO L'esercizio può sembrare indeterminato, ma se indichi con V_0 il volume iniziale, sapendo che quello finale è..., avrai...
[819 °C]

19 A gas is collected and found to fill 2.85 dm³ at 25.0 °C. What will be its volume at 273 K?
[2.61 dm³]

18.4 La seconda legge di Gay-Lussac

20 Scrivi la seconda legge di Gay-Lussac.
a) Specifica per ogni grandezza la relativa unità di misura.
b) Dalla legge è corretto dedurre che se la temperatura si dimezza anche la pressione si dimezza? Motiva la risposta.
c) In un sistema di riferimento temperatura-pressione qual è la rappresentazione grafica della relazione fra temperatura e pressione?

21 Osserva il seguente grafico.

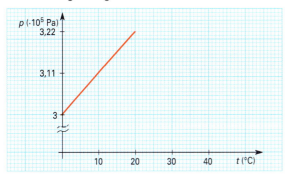

a) Dalle informazioni deducibili dal grafico completa la seguente tabella.

t (°C)	0	5	10	15
p (· 10³ Pa)	...	...	...	...

b) Determina la pressione nell'ipotesi che $t = 40$ °C.
[b) $3{,}44 \cdot 10^5$ Pa]

22 È data la seguente tabella relativa alla variazione di pressione all'aumentare della temperatura:

t (°C)	0	12	24	36	48	60
p (· 10⁵ Pa)	5	5,22	5,44	5,66	5,88	6,10

a) Rappresenta le informazioni date in un grafico (p, t).
b) Ricava la pressione in corrispondenza della temperatura $t = 30$ °C e la temperatura alla quale la pressione è di $5{,}77 \cdot 10^5$ Pa.
[b) $5{,}55 \cdot 10^5$ Pa; 42 °C]

23 All'inizio di un viaggio quando la temperatura è di 0 °C, gli pneumatici vengono regolati alla pressione di 2,5 atm. Determina la pressione alla fine del viaggio in atmosfere, sapendo che la temperatura esterna è di 18 °C e trascurando la dilatazione degli pneumatici e il riscaldamento per attrito.

Per lo svolgimento dell'esercizio, completa il percorso guidato, inserendo gli elementi mancanti dove compaiono i puntini.

1 I dati sono: ....
2 La formula necessaria, essendo il volume costante, è:
$p_t = $ ....
3 Per tutti i gas vale $\alpha = $ ....
4 Sostituisci nella formula i dati, trovando perciò:
$p_t = $ ....
[2,7 atm]

24 Un deposito pieno di gas alla temperatura di 65 °C ha una pressione di 700 mm$_{Hg}$. Qual era la sua pressione in Pascal a 0 °C?
SUGGERIMENTO Essendo 760 mm$_{Hg}$ = $1{,}013 \cdot 10^5$ Pa, se fai una proporzione...
[$0{,}75 \cdot 10^5$ Pa]

25 Il gas che riempie una bombola passa da una pressione di $1{,}2 \cdot 10^5$ Pa a 0 °C a una di $1{,}7 \cdot 10^5$ Pa. Calcola la variazione della temperatura.
[114 °C]

26 Una bombola contenente del gas subisce un'escursione termica da 20 °C a 80 °C. Sapendo che a 20 °C la pressione è di 1,8 atm, calcola la pressione finale.
SUGGERIMENTO 1 atm = $1{,}013 \cdot 10^5$ Pa. Nella formula, p_0 si riferisce alla pressione a 0 °C, per cui dalla pressione a 20 °C devi risalire alla pressione a 0 °C e poi...
[$2{,}2 \cdot 10^5$ Pa]

27 Nell'ipotesi di una trasformazione isocora, a quale temperatura un gas raggiunge una pressione doppia di quella che aveva a 0 °C? E a quale temperatura la sua pressione aumenta di tre volte?
[273 °C; 546 °C]

28 Rappresenta graficamente come varia la pressione di un gas che, posto in un recipiente chiuso (trasformazione isocora), passa dalla temperatura di 25 °C a quella di 100 °C, sapendo che a 0 °C la pressione è $3 \cdot 10^5$ Pa.
SUGGERIMENTO Rappresenta sull'asse delle x la temperatura, usando come unità di misura u = 10 °C, e sull'asse delle y la pressione con u = $0{,}5 \cdot 10^5$ Pa. Per un'adeguata rappresentazione grafica, calcola la pressione incrementando ogni volta di 25 °C la temperatura...

29 At 0 °C, the pressure of a given amount of gas is $1{,}8 \cdot 10^5$ Pa. After temperature increase, its pressure becomes $2{,}3 \cdot 10^5$ Pa. Determine the final temperature.
[75 °C]

18.5 L'equazione di stato dei gas perfetti

30 Scrivi l'equazione di stato di un gas perfetto.
a) Specifica per ogni grandezza la relativa unità di misura.
b) Dall'equazione di stato di un gas perfetto è possibile ricavare le seguenti leggi:
- se la temperatura è costante si ricava la legge di ....
....
- se .... è costante si ricava la ....
  legge di ....
- se .... è costante si ricava la ....
  legge di ....

c) Quali caratteristiche deve avere un gas per essere definito perfetto?

31 Supponi che in un contenitore rigido sigillato vi sia contenuto del gas. D'inverno la temperatura è di 0 °C mentre d'estate raggiunge i 40 °C. Il recipiente in una calda giornata estiva esplode. Che cosa può essere successo? Motiva la risposta.

32 Calcola il volume a cui si trovano 0,5 moli di un gas perfetto quando la sua temperatura è di 27 °C e la pressione è di 1 atm (1 atm = $1{,}013 \cdot 10^5$ Pa).

Per lo svolgimento dell'esercizio, completa il percorso guidato, inserendo gli elementi mancanti dove compaiono i puntini.

1 I dati sono: ....
2 La formula necessaria allo scopo è: $p \cdot V = $ ....

3 Poiché ti serve il volume, dividendo ambo i membri per p, troverai: V = ...

4 La costante universale dei gas vale: R = ...

5 La temperatura assoluta è: $T = 27 +$ .... = = ...

6 Sostituisci i dati, trovando perciò: V = ... = = ...

[12,3 dm³]

33 Calcola la pressione a cui si trovano 1,2 moli di un gas perfetto, sapendo che il volume occupato è 75 dm³ e che la temperatura è di 40 °C. [0,42 · 10⁵ Pa]

34 Un gas perfetto si trova nelle seguenti condizioni: T = 253 K, $p = 2 \cdot 10^5$ Pa, $V = 2 \cdot 10^{-3}$ m³. Qual è in moli la quantità di tale gas?

SUGGERIMENTO Devi sempre ricorrere all'equazione di stato dei gas perfetti, ricavando la formula inversa per... [0,19 mol]

35 Calcola la temperatura (sia in kelvin sia in gradi Celsius) alla quale si trovano 0,42 moli di azoto (assimilato a un gas perfetto), quando occupa un volume di 8,0 litri alla pressione di mezza atmosfera. [116 K; −157 °C]

36 È possibile che 10 moli di gas perfetto si trovino alla temperatura di 117 °C, alla pressione di 3,8 · 10³ mm_Hg e occupino un volume di 50 dm³? Rispondi, motivando la risposta. [no, perché...]

37 What is the volume of 0.500 mol of oxygen at 20 °C and 740 Torr?

HINT Before starting calculations, do not forget to perform the appropriate unit conversions... [12.3 dm³]

38 If p = 1 atm and t = 0 °C, how many molecules are there in 1 cm³ of dry air?

HINT Since pressure is given in atmosphere, you should use the value $R = 0.0821$ dm³ · atm/(mol · K)

[2.68 · 10¹⁹ molecules]

▶ Problemi

La risoluzione dei problemi richiede la conoscenza degli argomenti trasversali a più paragrafi. Con il pallino sono contrassegnati i problemi che presentano una maggiore complessità.

1 0,6 moli di un gas perfetto vengono riscaldate isobaricamente a 1 bar, andando così da 14,96 dm³ a un certo volume finale con una variazione di temperatura pari a 350 K. Sapendo che poi il gas viene compresso isotermicamente fino a 17 dm³, calcola la pressione finale.

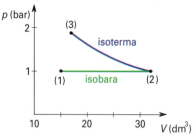

SUGGERIMENTO È meglio se ti aiuti con un disegno come quello riprodotto sopra: dopo aver determinato la temperatura nel punto 1 e nel punto 2, sfrutterai il fatto che in una trasformazione isoterma la temperatura... [1,9 · 10⁵ Pa]

2 Un gas perfetto si trova nelle seguenti condizioni: T = 414 K, p = 1,30 bar, V = 4,5 dm³. In un caso il gas viene portato alla pressione di 1,95 bar con una trasformazione isoterma; nel secondo, viene raffreddato a pressione costante fino alla temperatura di 276 K. Determina in entrambi i casi il volume finale. [3 · 10⁻³ m³; ...]

•3 La miscela aria-benzina (che si assume come gas perfetto...) di un motore termico, inizialmente alla pressione atmosferica, viene compressa con una trasformazione isoterma da un pistone in modo tale che il volume del cilindro passa da 1600 cm³ a 200 cm³. Trova il valore della forza che agisce sulla testata, immaginata circolare con diametro di 50 mm. [1,6 · 10³ N]

•4 0,07 moli di un gas perfetto, alla pressione di 1 bar e con un volume di 1,8 dm³, vengono riscaldate a volume costante in modo tale che la temperatura aumenta di 600 K. A quel punto il gas viene portato isotermicamente di nuovo alla pressione iniziale. Quanto vale al termine della trasformazione isoterma il volume?

[5,3 · 10⁻³ m³]

5 In un contenitore vi sono 70 dm³ di gas perfetto alla temperatura di 30 °C e alla pressione di 2,7 · 10⁵ Pa. Qual è il volume occupato dal gas quando la pressione aumenta fino a 8,5 · 10⁵ Pa e contemporaneamente la temperatura raggiunge gli 80 °C?

SUGGERIMENTO Il gas passa da uno stato iniziale a uno finale che devono comunque soddisfare l'equazione di stato di un gas perfetto. Si avrà pertanto $p_1 \cdot V_1$ = ... da cui ricavando la n... [25,9 · 10⁻³ m³]

•6 Durante una trasformazione isoterma un gas perfetto, che si trova a una pressione di (1,020 ± 0,005) · 10⁵ Pa e ha un volume di (5,00 ± 0,01) · 10⁻³ m³, viene portato alla pressione di (1,845 ± 0,005) · 10⁵ Pa. Calcola il volume finale, scrivendo il risultato completo della misura. [(2,76 ± 0,03) · 10⁻³ m³]

7 A 350 cm³ sample of helium gas is collected at 22.0 °C and 99.3 kPa. What volume would this gas occupy at 101.3 kPa and 0 °C?

[318 cm³]

Leggi dei gas perfetti UNITÀ 18   **435**

Competenze alla prova

ASSE SCIENTIFICO-TECNOLOGICO

Osservare, descrivere e analizzare fenomeni appartenenti alla realtà...

1 Illustra i concetti fisici – tra quelli già affrontati – che secondo te sono necessari per comprendere i principi di base legati al volo delle mongolfiere. Puoi utilizzare tutti gli strumenti ausiliari che ritieni opportuno, dalle slides ai filmati e alle animazioni, o anche semplicemente degli schemi esplicativi dei vari processi implicati.

Spunto I due argomenti principali sono collegati al comportamento dei gas (assimilando l'aria a un gas perfetto...) e alle proprietà dei fluidi (per cui un corpo immerso in un fluido riceve una spinta verso l'alto...). Se vuoi aggiungere altri dettagli, puoi completare le informazioni illustrando in che modo, per esempio, le condizioni ambientali e/o climatiche possono influenzare il volo, oppure facendo una ricerca sulla differenza tra dirigibili e mongolfiere o su che cosa sono e a che cosa servono i palloni aerostatici...

ASSE SCIENTIFICO-TECNOLOGICO

Analizzare qualitativamente e quantitativamente fenomeni...

2 Scrivi l'equazione di stato dei gas perfetti. *a)* Riporta per ogni simbolo letterale la grandezza corrispondente e la relativa unità di misura. *b)* Mostra come in tale equazione siano contenute sia la legge di Boyle che le due di Gay-Lussac. *c)* Trova l'unità di misura – espressa secondo il Sistema Internazionale – del prodotto tra pressione e volume: che cosa ti ricorda? Riesci a fare una ipotesi su come si possa collegare tale prodotto e la definizione della grandezza che viene misurata proprio con quella unità?

Spunto *b)* Se nell'equazione di stato ipotizzi che la temperatura sia costante, allora ti accorgi che il prodotto $p \cdot V$ a sua volta è..., proprio come dice la legge di... Lo stesso puoi fare considerando costanti prima la pressione e poi il volume... *c)* Non dovresti far fatica a riconoscere che si tratta...

ASSE MATEMATICO

Individuare le strategie appropriate per la soluzione di problemi

3 Un gas perfetto a 0 °C si trova alla pressione di 3,6 bar e ha un volume di 120 cm³. Tale gas subisce: una trasformazione isocora che porta la pressione a 5,4 bar; poi una trasformazione isobara che fa raddoppiare la temperatura (espressa in °C) raggiunta al termine della isocora precedente; una trasformazione isoterma che riporta il gas alla pressione iniziale. Calcola il volume finale del gas.

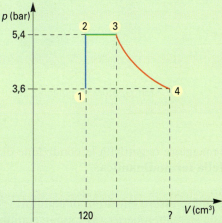

Spunto Ovviamente, non puoi trovare direttamente il volume finale. Devi procedere considerando una trasformazione alla volta per trovare la coordinata termodinamica che manca e procedere con la trasformazione successiva. Mentre puoi lasciare le unità di misura di pressione e volume così come forniti nel testo, devi stare attento alla temperatura nel caso decidessi di ricorrere alla scala assoluta per poter usare formule più immediate per l'isocora e l'isobara...

UNITÀ 19
Principi della termodinamica

19.1 L'equivalenza tra calore e lavoro

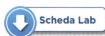

La scienza che a cavallo tra '600 e '700 è nata proprio a seguito della costruzione e dell'impiego delle prime macchine che dalla potenza del vapore ottenevano lavoro, e che diventerà in seguito una parte fondamentale della fisica, prende il nome di **termodinamica**.

termodinamica — La **termodinamica** si occupa in particolare di tutti quei processi che consentono di ricavare lavoro meccanico a partire dal calore e viceversa.

In meccanica viene definito *lavoro L il prodotto scalare tra la forza applicata a un oggetto e lo spostamento che quest'ultimo compie* ($L = \vec{F} \cdot \vec{s}$). Possiamo anche dire che è proprio il lavoro il motivo per il quale è tanto importante ciò che chiamiamo **energia**, definita appunto come *la possibilità di compiere un lavoro*.

Ci si riferisce al **calore**, invece, come a quella **forma di energia che due corpi a contatto possono scambiarsi vicendevolmente come conseguenza di una differenza di temperatura**.

Quando, dopo un certo intervallo di tempo, la temperatura diventa la stessa, in quanto il corpo più freddo si è *riscaldato*, mentre quello più caldo si è *raffreddato*, a quel punto non ha più senso parlare di calore e si dice che i due corpi hanno raggiunto l'**equilibrio termico**.

> **! ricorda...**
> Per non confondere *calore* e *temperatura* visualizza nella mente un fenomeno ben preciso, per esempio l'acqua che inizia a bollire: durante tutta la fase di ebollizione la sua temperatura non cambia (resta sempre a 100 °C) e pur tuttavia è in atto un assorbimento di calore in modo tale che le molecole possano passare allo stato di vapore. Il calore *continua a fluire* mentre la temperatura *è ferma*: non possono dunque essere la stessa cosa!

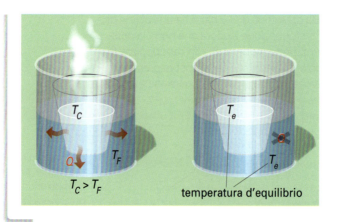

In definitiva, se due corpi si trovano alla stessa temperatura, tra di essi non si ha nessuno scambio di calore.
Se sono a temperatura differente, invece, tra di essi si ha uno scambio di calore fino a quando non raggiungono tutti e due la **temperatura di equilibrio**.

Per stabilire con maggiore oggettività la condizione di equilibrio, viene enunciato il **principio zero della termodinamica**.

principio zero della termodinamica — Due corpi che risultano essere entrambi in equilibrio termico con un terzo corpo (e quindi hanno la sua stessa temperatura) sono in equilibrio termico anche fra di loro.

Principi della termodinamica **UNITÀ 19** **437**

flash))) Le metropolitane e la termodinamica

Un problema che si presenta nelle moderne linee metropolitane e che richiede sempre nuove soluzioni è quello del raffreddamento delle banchine sotterranee, dove le temperature raggiungono valori superiori ai 30 °C e talvolta addirittura i 40 °C, quando si verificano dei guasti. Come raffreddarle? Il calore viene prodotto da numerose fonti. Prima di tutto deriva dal funzionamento dei motori elettrici in fase di accelerazione e decelerazione, dagli sbalzi di tensione alla rete che vengono assorbiti tramite il riscaldamento di opportune resistenze elettriche, dall'attrito tra le ruote dei carrelli e le rotaie a causa del peso e, in particolare, della spinta laterale durante le curve. Oltre che dai... corpi delle centinaia di migliaia di passeggeri! Il metodo tradizionale di raffreddamento prevede la creazione di fori di ventilazione attraverso i quali, tramite enormi ventilatori, l'aria fredda viene spinta nelle gallerie e nei corridoi; ma dato che ciò non basta, molte città nel mondo hanno cercato sistemi alternativi. Uno di questi consiste nello spruzzare acqua nebulizzata, la quale assorbe dall'ambiente circostante il calore latente di evaporazione, diventando così vapore. Un altro ipotizza di dotare i treni di congelatori che, trasformata in un circuito apposito l'acqua in ghiaccio prima dell'ingresso nei tunnel, permettano poi al ghiaccio di sciogliersi assorbendo calore dall'aria calda della metropolitana. Dove è possibile, si usano scambiatori di calore tra le gallerie e l'acqua fredda presente in falde vicine: l'aria si raffredda e l'acqua si riscalda di pochi gradi Celsius. Un progetto cerca addirittura di ottenere un doppio vantaggio e sfruttare l'aria calda della metropolitana come sorgente di calore per riscaldare l'acqua di interi palazzi e dei negozi limitrofi. Segnaliamo, infine, che a Londra un premio stabilito nel 2003 dal *mayor* della città di £ 100 000 (e quindi... *più* di € 100 000) per un'idea originale ed efficace finalizzata al raffreddamento della metropolitana della città non è stato ancora assegnato...

La domanda che ci poniamo ora è la seguente: esiste qualche correlazione tra lavoro e calore?

Se si sfrega una matita energicamente sul palmo della mano, in breve tempo si percepisce una sensazione di calore, di riscaldamento.
Infatti, a causa dell'attrito con la pelle il lavoro meccanico compiuto sulla matita si trasforma in calore.

È possibile anche il processo inverso. Un evento facilmente osservabile è costituito dai movimenti della valvola sul coperchio di una pentola a pressione: l'assorbimento di calore da parte dell'acqua, dopo una serie di processi, determina uno spostamento della valvola e quindi un lavoro.

Inizialmente si pensava che il calore fosse una grandezza *a parte*, infatti per esso si stabilì una specifica unità di misura, la **caloria**, la cui definizione è già stata fornita nelle unità precedenti e che riportiamo di seguito.

La **caloria** è la quantità di calore necessaria per aumentare la temperatura di 1 g di acqua distillata di 1 °C da 14,5 °C a 15,5 °C alla pressione atmosferica.

caloria

Ci pensò James Prescott Joule (1818-1889) a studiare con grande cura e per molti anni, migliorando man mano i risultati delle misurazioni, la trasformazione del lavoro in calore e viceversa, mosso dall'idea che il calore non fosse altro che una forma di energia, per la qual cosa era possibile convertire il lavoro in calore così come il calore in lavoro.

Joule ideò numerosi dispositivi, tra i quali uno costituito da un mulinello di ottone posto dentro l'acqua e azionato, tramite opportune pulegge, da pesi di valore noto. Facendo ruotare le pale grazie allo spostamento dei pesi e rilevando con notevole precisione la variazione di temperatura dell'acqua, il fisico inglese poté determinare da una parte la quantità di calore assorbita dall'acqua in calorie e dall'altra il lavoro meccanico svolto dai pesi: confrontandoli, giunse a stabilire un'equivalenza fondamentale.

equivalente meccanico del calore

1 caloria in termini di energia termica equivale a **4,186 joule** in termini di lavoro meccanico:

1 cal = 4,186 J

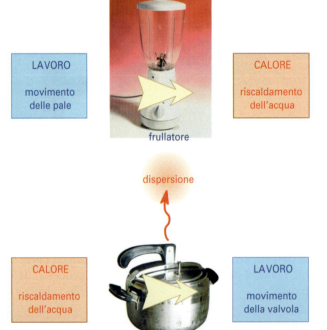

!**ricorda...**
- È sempre possibile trasformare integralmente il lavoro in calore.
- La trasformazione inversa di calore in lavoro è possibile, ma non integralmente, perché soggetta ad alcune condizioni restrittive.

Un aspetto molto importante da sottolineare è che mentre il lavoro può essere totalmente convertito in calore, sulla base dell'esperienza ci si accorge che non tutto il calore disponibile può essere trasformato in lavoro.

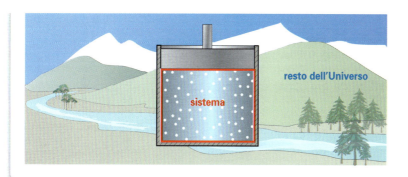

Ciò su cui si focalizza l'attenzione al fine di comprenderne il comportamento termodinamico viene indicato con la parola **sistema**, come per esempio il gas contenuto all'interno di un cilindro; mentre tutto quello che circonda il sistema viene spesso chiamato **resto dell'Universo**.

A seconda dell'interazione tra il sistema e il resto dell'Universo, si possono avere differenti casi:
- sistema **chiuso** → non scambia materia con il resto dell'Universo;
- sistema **isolato** → non scambia né materia né energia.

19.2 Le trasformazioni adiabatiche e i cicli termodinamici

Abbiamo visto che la situazione in cui si trova un sistema viene descritta tramite le *coordinate termodinamiche*, vale a dire la temperatura, la pressione e il volume. Quando i valori di almeno una di queste tre grandezze cambiano, si dice che il sistema ha subìto una *trasformazione*. In particolare abbiamo parlato delle trasformazioni isoterme, isobare e isocore. Oltre a queste, ne segnaliamo un altro tipo, che riveste una notevole importanza: le **trasformazioni adiabatiche**.

> Si chiamano **trasformazioni adiabatiche** quelle trasformazioni nelle quali il sistema non scambia calore con l'ambiente esterno.

trasformazioni adiabatiche

Quando abbiamo a che fare con i gas, queste sono caratterizzate dalla seguente relazione:

> $p \cdot V^K$ = costante

legge delle trasformazioni adiabatiche

dove K è, entro certi limiti, una costante che ha però valori diversi a seconda del gas. Quando un gas ideale passa dalla situazione 1 (p_1, V_1) alla situazione 2 (p_2, V_2) questa legge può essere formulata nel seguente modo:

$p_1 V_1^K = p_2 V_2^K$

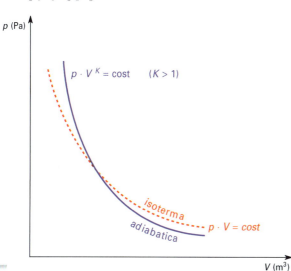

Dato che K è maggiore di 1 (per esempio, per l'aria si assume $K = 1{,}4$), ne consegue che la curva corrispondente nel diagramma pressione-volume si presenta più ripida rispetto a quella relativa all'isoterma.

esempio

1 Una certa quantità di aria ($K = 1{,}4$), che si trova alla pressione di 0,8 bar e occupa un volume di 30 dm³, viene compressa fino a portare il volume a 6 dm³. Determiniamo la pressione finale nell'ipotesi che il gas subisca:

a) una trasformazione isoterma;
b) una trasformazione adiabatica.

(Anche se qui non sarebbe strettamente necessario usare le unità di misura del SI, ti ricordiamo che: 1 bar = 10^5 Pa; 1 dm³ = 10^{-3} m³.)

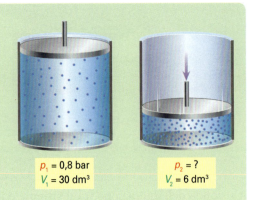

p_1 = 0,8 bar
V_1 = 30 dm³

p_2 = ?
V_2 = 6 dm³

a) Per una trasformazione a temperatura costante o isoterma, vale la relazione:

$$p_1 \cdot V_1 = p_2 \cdot V_2$$

da cui, ricavando p_2

$$p_2 = \frac{p_1 \cdot V_1}{V_2}$$

e sostituendo i valori

$$p_2 = \frac{0{,}8 \cdot 10^5 \cdot 30 \cdot 10^{-3}}{6 \cdot 10^{-3}} = 4{,}0 \cdot 10^5 \text{ Pa} = 4{,}0 \text{ bar}$$

b) Per una trasformazione adiabatica, cioè senza scambio di calore con l'esterno, vale la relazione:

$$p_1 \cdot V_1^K = p_2 \cdot V_2^K$$

da cui, ricavando p_2

$$p_2 = \frac{p_1 \cdot V_1^K}{V_2^K} = p_1 \cdot \left(\frac{V_1}{V_2}\right)^K$$

e sostituendo i valori

$$p_2 = 0{,}8 \cdot 10^5 \cdot \left(\frac{30 \cdot 10^{-3}}{6 \cdot 10^{-3}}\right)^{1{,}4} \cong 7{,}6 \cdot 10^5 \text{ Pa} = 7{,}6 \text{ bar}$$

Può capitare che alla fine di una serie di trasformazioni, un gas ritorni esattamente alle stesse condizioni di partenza, cioè riacquisti gli stessi valori di temperatura, pressione e volume iniziali.
In tal caso si parla di **ciclo termodinamico**.

ciclo termodinamico — Un **ciclo termodinamico** è una sequenza di trasformazioni, al termine delle quali il sistema ritorna allo stato nel quale si trovava inizialmente.

Esempi di cicli termodinamici

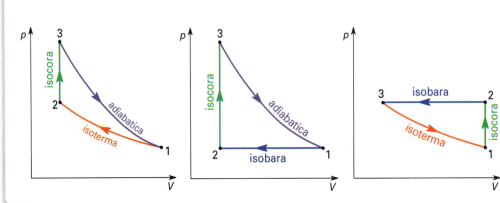

Sono proprio i cicli termodinamici, utilizzati nella maniera opportuna, a consentirci tra le altre cose di ricavare lavoro da una macchina (*motore*), oppure di raffreddare gli oggetti contenuti in un ambiente (*frigorifero*).

19.3 Il motore a scoppio e il ciclo Otto

Il **motore a scoppio** utilizzato nelle automobili, detto anche **motore a combustione interna**, fu costruito per la prima volta nel 1877 dal tedesco Nikolaus Otto (1832-1891).

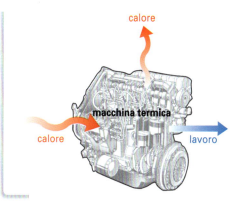

Il motore a scoppio è una macchina termica in quanto trasforma in modo continuo l'energia termica (calore) in lavoro.
Ma non tutto il calore a disposizione viene convertito in lavoro: una parte è inevitabilmente dispersa.

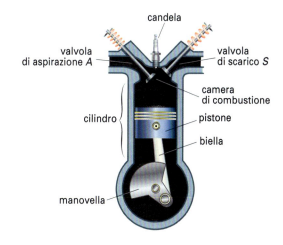

Dal punto di vista strutturale, il motore è fondamentalmente formato da:
- *carburatore*, in cui si forma la miscela di aria e benzina;
- uno o più *cilindri*, nei quali scorrono i *pistoni*;
- *valvola di aspirazione A*, per l'ingresso della miscela, e *valvola di scarico S*, per l'uscita dei gas di combustione, entrambe collocate nella *testata* del cilindro;
- *candela*, necessaria per l'accensione della miscela;
- *camera di combustione*, che è lo spazio tra la testata e il pistone quando quest'ultimo si trova nella posizione più vicina alla testata;
- *biella* e *manovella*, che trasformano il movimento ripetitivo di andirivieni dei pistoni nella rotazione dell'*albero motore*.

Il funzionamento di un motore a combustione interna può essere schematizzato tramite una serie di trasformazioni che prende il nome di **ciclo Otto**, anche se non è un vero e proprio ciclo termodinamico. Dal momento che, nel caso da noi studiato, ogni quattro movimenti del pistone tutto ricomincia da capo, si parla anche di **motore a quattro tempi**.

Analizziamo, dal punto di vista sia tecnico sia termodinamico, tramite il diagramma (p, V), le varie fasi di questo motore.

PRIMO TEMPO
• **Aspirazione**

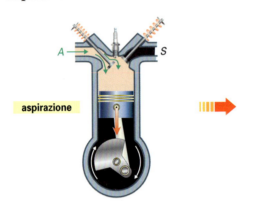

La valvola di aspirazione A è aperta e la valvola di scarico S chiusa. Il pistone scende verso il *Punto Morto Interno* (PMI), in cui si determina il massimo volume V_1 e, a causa della decompressione che si crea nel cilindro, tramite la valvola A aspira una miscela formata da aria e benzina nebulizzata, proveniente dal carburatore.

Isobara 0 → 1
Il volume aumenta fino a raggiungere nel punto 1 il massimo valore V_1.
La pressione rimane nel frattempo costante e pari circa a quella atmosferica.

SECONDO TEMPO
• **Compressione**

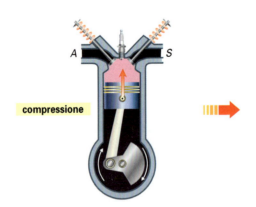

Una volta che la miscela è entrata nel cilindro, la valvola A si chiude e il pistone inizia a risalire verso il *Punto Morto Esterno* (PME), in cui si determina il volume minimo V_2 del cilindro, compreso fra il pistone e la testata (camera di combustione), comprimendo la miscela.

Compressione adiabatica 1 → 2
La compressione della miscela, a causa della rapidità del movimento, avviene praticamente senza scambio di calore con l'esterno. Il volume diminuisce fino a raggiungere nel punto 2 il valore minimo V_2. In questa fase la pressione e la temperatura aumentano.

- **Scoppio**

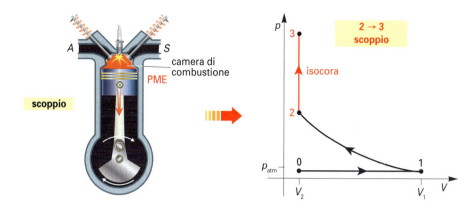

Entrambe le valvole, A e S, sono chiuse. Il pistone è nel PME (volume della camera di combustione V_2) e, attraverso la candela, viene fatta scoccare una scintilla, per cui la miscela brucia.

Isocora 2 → 3
Ipotizzando che la miscela bruci molto rapidamente e tutta insieme, si ha un aumento violento della temperatura e della pressione dei gas presenti nella camera di combustione in sostanza a volume costante, cioè mentre il pistone è *istantaneamente* fermo al PME (volume V_2).

TERZO TEMPO
- **Espansione**

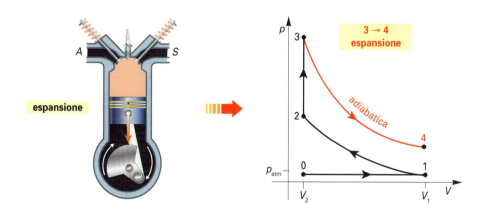

Il pistone viene spinto verso il basso fino al PMI (volume V_1) a causa dell'aumento rapido di pressione che si verifica durante la combustione della miscela (che a questo punto non è più tale, ma si è trasformata nei gas di combustione).

Espansione adiabatica 3 → 4
Considerata la rapidità del movimento, anche la fase di espansione avviene in prima approssimazione senza scambio di calore con l'esterno. Il volume aumenta da V_2 fino a V_1, mentre sia la pressione sia la temperatura diminuiscono. È questa l'unica fase in cui il sistema compie lavoro.

• **Apertura della valvola di scarico**

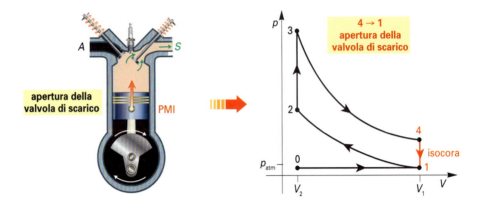

Mentre il pistone è nel PMI, si apre la valvola di scarico S.

Isocora 4 → 1
Essendoci una grande differenza di pressione tra l'aria esterna e i gas all'interno del cilindro, questi cominciano a defluire attraverso S.
Dato che il pistone può essere considerato *istantaneamente* fermo, la diminuzione di pressione avviene a volume costante V_1.

QUARTO TEMPO

• **Espulsione**

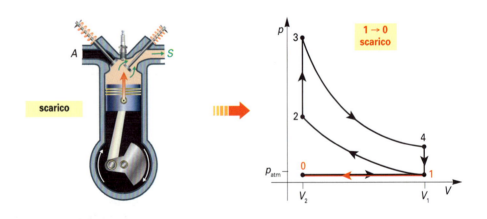

Il pistone risale dal PMI al PME, completando l'espulsione dei prodotti della combustione.

Isobara 1 → 0
Il volume diminuisce da V_1 fino a V_2.
La pressione rimane nel frattempo costante e pari circa alla pressione atmosferica.

Principi della termodinamica UNITÀ 19 **445**

Ciclo Otto | Ciclo termodinamico ideale corrispondente al ciclo Otto

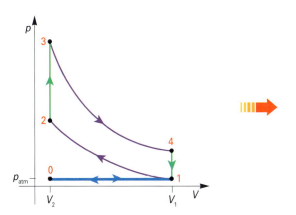 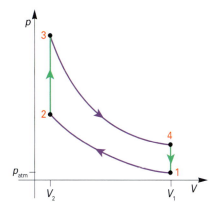

Nella figura è rappresentato il ciclo Otto, relativo al motore a quattro tempi, nella sua interezza.
Tuttavia il ciclo Otto può essere considerato solo approssimativamente un ciclo termodinamico...

Infatti, come rivela la mancanza delle due isobare $0 \to 1$ e $1 \to 0$ non riportate nel grafico del ciclo termodinamico ideale, il gas presente all'interno del cilindro subisce un ricambio mentre il sistema dovrebbe essere chiuso; inoltre, nella fase dello scoppio, poiché intervengono delle reazioni chimiche, le sostanze presenti addirittura si modificano.

I quattro tempi del motore a scoppio si ripetono di continuo, in modo tale che il moto di andirivieni del pistone (chiamato perciò **moto alternativo**), grazie al manovellismo, viene trasmesso all'albero motore e poi di qui alle ruote.

In ogni caso, non tutto il lavoro prodotto nella fase $3 \to 4$ è disponibile in uscita, in quanto una parte serve al motore stesso per il suo funzionamento durante le altre fasi del ciclo.

> Il lavoro reso effettivamente disponibile all'uscita dalla macchina termica viene indicato come **lavoro utile** (L_U).

lavoro utile

19.4 Il rendimento delle macchine termiche

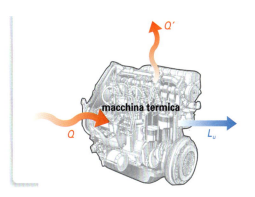

Supponiamo di avere due macchine termiche con caratteristiche tecniche diverse, in conseguenza delle quali, a parità di calore assorbito Q, esse forniscono un lavoro utile L_U diverso. Riteniamo, com'è ovvio, più produttiva fra le due quella che compie un lavoro maggiore. Per tenere conto di questa possibilità e per quantificarla, viene introdotta una grandezza che prende il nome di **rendimento**.

rendimento

INFORMAZIONE Il **rendimento** (η) misura l'efficienza con cui una macchina termica converte il calore in lavoro.

DEFINIZIONE Il **rendimento** è il rapporto tra il lavoro utile sviluppato dalla macchina termica e il calore assorbito da essa:

$$\text{rendimento} = \frac{\text{lavoro utile}}{\text{calore assorbito}}$$

La formula corrispondente è:

FORMULA $\eta = \dfrac{L_U}{Q}$

η è una lettera greca che si legge «eta». Poiché il rapporto è tra due grandezze che si misurano entrambe in joule, il rendimento è adimensionale, cioè un numero puro, e spesso è riportato in percentuale.

Ritornando al ciclo Otto, il rapporto r tra il volume massimo V_1 del cilindro (pistone al PMI) e il volume minimo V_2 della camera di combustione (pistone al PME), è detto **rapporto di compressione**:

rapporto di compressione $r = \dfrac{V_1}{V_2}$

Allora, si può dimostrare che il rendimento del ciclo è dato da:

rendimento del ciclo Otto $\eta = 1 - \dfrac{1}{r^{K-1}}$

> **ricorda...**
> Il fatto che il rapporto di compressione r non possa superare all'incirca 10, significa che il volume massimo V_1 non può essere più di 10 volte maggiore rispetto al volume V_2 della camera di combustione. *Abbassare la testata*, come si dice in gergo, significa ridurre il volume V_2 e quindi aumentare r.

in cui K è la costante delle trasformazioni adiabatiche e che per la miscela aria-benzina vale circa 1,4. Dalla formula si vede che il rendimento η del motore è tanto maggiore quanto più si innalza il rapporto di compressione r. Tuttavia, indicativamente r non può superare il valore di 10, perché in caso contrario si hanno problemi di cattivo funzionamento del motore, quali l'accensione del combustibile prima del tempo.

19.5 Il primo principio della termodinamica

Come sappiamo la termodinamica è la scienza che studia le leggi di trasformazione del calore in lavoro meccanico e viceversa. Vediamo come, anche in questo ambito, si sviluppi il problema della conservazione dell'energia.

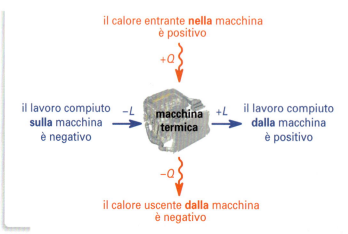

Per convenzione, il calore assorbito dal sistema viene considerato positivo, mentre quello ceduto è negativo. Per il lavoro vale l'opposto: è positivo il lavoro svolto dal sistema, che quindi ne *esce*, e negativo quello che riceve, che perciò vi *entra*.

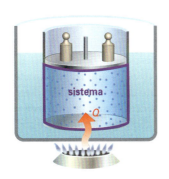 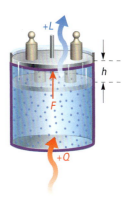

Consideriamo un recipiente sormontato da un pistone su cui sono posti dei pesetti e contenente un gas perfetto. Sappiamo che per poter descrivere le sue trasformazioni occorre conoscerne in ogni istante le coordinate termodinamiche, cioè la temperatura, la pressione e il volume. Poniamo il sistema a contatto con un ambiente a temperatura elevata, per esempio acqua calda, in modo che possa assorbire calore dall'esterno gradualmente, a pressione costante e senza brusche variazioni delle altre coordinate.

Dopo un po' il pistone comincia a salire lentamente e quindi l'energia entrante dall'esterno sotto forma di calore (positivo perché assorbito) permette al gas di compiere del lavoro (anch'esso positivo perché compiuto dal sistema termodinamico), dato che vengono spostati i pesi.

Calcoliamo il lavoro compiuto in questa trasformazione isobara. Dalla definizione di lavoro $L = F \cdot s$, ipotizzando che il pistone sotto l'azione della pressione si sollevi della quantità h, si ha:

$L = F \cdot h$

se S è la superficie del pistone, allora il volume del gas aumenta di $\Delta V = S \cdot h$, da cui $h = \Delta V/S$

$L = F \cdot \dfrac{\Delta V}{S}$

dalla definizione di pressione $p = F/S$ si ha $F = p \cdot S$

$L = p \cdot S \cdot \dfrac{\Delta V}{S}$

e infine, semplificando

$L = p \cdot \Delta V$

Quindi, il **lavoro in una espansione isobara**, cioè a pressione costante è:

$L = p \cdot \Delta V$

> **lavoro in una trasformazione isobara**

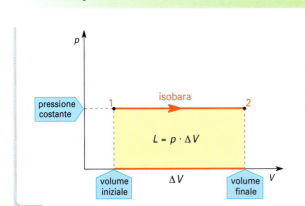

In un diagramma (p, V) il lavoro può essere rappresentato graficamente dall'area al di sotto dell'isobara. In questo caso, dato che si tratta di un lavoro compiuto dalla macchina (espansione), il lavoro è positivo.

Tuttavia, si constata effettivamente che non tutto il calore fornito al sistema si è trasformato in lavoro, ma solo una parte. Che fine ha fatto l'energia mancante?

> **ricorda...**
> Nella trasformazione calore ⇒ lavoro non tutto il calore si trasforma in lavoro, in quanto una parte del calore provoca una variazione dell'energia interna del gas.

Quando ci siamo occupati della temperatura da un punto di vista microscopico (Unità 15), abbiamo evidenziato che le sostanze sono caratterizzate da una certa quantità di energia che è la somma delle energie cinetiche e potenziali delle molecole che le compongono, chiamata **energia interna**. Dunque, nel nostro caso durante il riscaldamento del gas è aumentata l'energia cinetica delle molecole e, di conseguenza, è aumentata la sua energia interna che viene indicata con U. Tenendo conto di quanto appena detto, possiamo estendere il principio di conservazione dell'energia meccanica a quei fenomeni in cui entra in gioco il calore. Giungiamo così alla formulazione del **primo principio della termodinamica**.

primo principio della termodinamica
> Durante una trasformazione termodinamica, indipendentemente dal modo in cui essa si realizza, il calore assorbito dal sistema è uguale alla somma tra il lavoro compiuto dal sistema stesso e la variazione della sua energia interna ΔU:
> $Q = L + \Delta U$

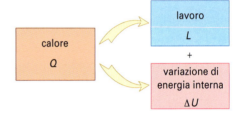

In sostanza, da questo principio si vede che se il sistema considerato assorbe il calore Q e compie il lavoro L, con $Q > L$, la differenza $Q - L$ va a incrementare l'energia interna.

unità di misura di U L'energia interna si misura in joule.

Nel caso dei gas perfetti, per determinare U bastano due sole variabili. Infatti, se sono noti il volume V occupato da un dato gas e la sua temperatura T, allora il valore della pressione p è automaticamente determinato grazie all'equazione di stato ($p \cdot V = n \cdot R \cdot T$). Tuttavia, si può dimostrare, per via sia sperimentale sia matematica, che l'energia interna di un gas perfetto dipende unicamente dalla temperatura. Ne consegue che, nelle trasformazioni isoterme:

$T = $ costante $\quad \Rightarrow \quad \Delta U = 0$

Quanto appena detto è valido solo approssimativamente per i gas reali.

esempio

2 Vogliamo determinare la variazione di energia interna per un gas pefetto che alla pressione costante di 1,8 bar si espande da 25 dm³ a 400 dm³, sapendo che per compiere il suo lavoro esso assorbe una quantità di calore pari a 90 kJ.

Per il primo principio della termodinamica abbiamo:

$Q = L + \Delta U$

ricavando ΔU si ha

$\Delta U = Q - L$

essendo la trasformazione isobara, vale $L = p \cdot \Delta V$

$\Delta U = Q - p \cdot \Delta V$

ma $\Delta V = V_2 - V_1$, dove V_2 è il volume iniziale e V_1 quello finale, per cui

$\Delta U = Q - p \cdot (V_2 - V_1)$

sostituendo i valori, si trova

$\Delta U = 90\,000 - 1{,}8 \cdot 10^5 \cdot (400 - 25) \cdot 10^{-3} = 90\,000 - 67\,500 = 22\,500 \text{ J} = 22{,}5 \text{ kJ}$

Forse ti starai chiedendo *perché* non possa verificarsi che tutta l'energia prelevata sotto forma di calore da una sorgente si trasformi completamente in lavoro. La risposta è che si tratta di una legge di natura: semplicemente, osserviamo che al termine di qualunque trasformazione le cose danno sempre quel risultato, e proprio non riusciamo a fare diversamente!

19.6 Il secondo principio della termodinamica

Il primo principio della termodinamica è in pratica un bilancio energetico riguardante le trasformazioni di calore in lavoro e viceversa. Ma tra la conversione lavoro ⇒ calore e quella opposta calore ⇒ lavoro non c'è una simmetria perfetta.
Infatti, mentre è possibile trasformare integralmente il lavoro in calore (basti pensare a un frullatore in funzione con solo dell'acqua all'interno, in cui l'energia cinetica si trasforma in energia termica a causa dell'attrito tra pale e liquido), il processo inverso è soggetto a rilevanti limitazioni, in quanto c'è sempre una certa quantità di calore che viene inevitabilmente perduta.
Questo significa che, oltre al primo principio, il quale di per sé non pone vincoli alla trasformazione calore ⇒ lavoro, deve esserci... qualcos'altro.
Dopo una lunga serie di tentativi finalizzati a ottenere il lavoro dal calore nella maniera più efficace possibile, i ricercatori giunsero a conclusioni di grande importanza e sintetizzati nel **secondo principio della termodinamica**, che si presenta in due forme: la prima è l'**enunciato di Kelvin** (William Thomson detto Lord Kelvin, 1824-1907).

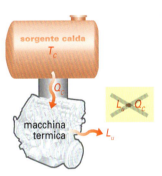

È impossibile realizzare una trasformazione che abbia come *unico* risultato quello di trasformare in lavoro tutto il calore sottratto a una sorgente a temperatura T_c.

secondo principio (enunciato di Kelvin)

Che cosa vuol dire esattamente questo enunciato? Proviamo ad applicare il principio a un'automobile. In fase di accensione, nella camera di combustione (*sorgente calda*) la miscela aria-benzina raggiunge una temperatura piuttosto elevata, per cui viene assorbito il calore Q_c. Il motore trasforma poi tale calore in movimento di rotazione dell'albero di trasmissione e quindi delle ruote.
Però, una parte del calore va perso con i gas di combustione che, pur essendo molto caldi, vengono scaricati nell'ambiente esterno, cioè l'atmosfera (*sorgente fredda*).

Dunque, una parte di energia termica viene sprecata. Per quanto si tenti di ridurre tali perdite energetiche allo scopo di migliorare il rendimento del motore (cosa che in effetti viene fatta nei dispositivi moderni), non si riesce a eliminarle completamente. Sottolineiamo che in nessun caso si ottiene che il calore ceduto Q_F sia zero. In altre parole, non si può fare a meno della sorgente fredda, per cui non avverrà mai che, come unico risultato del processo, il calore Q_c che entra nella macchina sia convertito totalmente in lavoro.

> **esempio**
>
> **3** Consideriamo un gas perfetto, posto a una certa pressione dentro un cilindro, che si espande a temperatura T costante (espansione isoterma). La trasformazione viene ottenuta mettendo il sistema a contatto con una sorgente esterna (una grande quantità di acqua) la cui temperatura T, uguale a quella del gas, non cambia. Mentre con un processo molto graduale il gas perfetto compie lavoro, sollevando il pistone grazie alla pressione, la sua temperatura tenderebbe a diminuire; tuttavia, poiché assorbe man mano calore dall'acqua, tale temperatura rimane costante. Calcoliamo il lavoro svolto dal gas, sapendo che ha assorbito dall'acqua 2500 J sotto forma di calore.

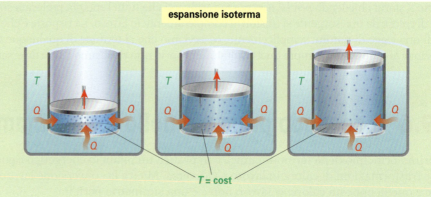

Dato che la T resta invariata, allora non cambia nemmeno l'energia interna del gas perfetto ($\Delta U = 0$), per cui in base al primo principio si ha:

$Q = L + \Delta U$

ma essendo $\Delta U = 0$, allora

$Q = L + 0$

da cui, rilevando dai dati $Q = 2500$ J

$Q = L = 2500$ J

Tutto il calore è stato trasformato in lavoro!
Dobbiamo dedurne che è stato violato il secondo principio della termodinamica? Ovviamente no. Riesci a individuare il punto debole del ragionamento, solo apparentemente corretto?
Riflettendo su questa trasformazione isoterma e sull'enunciato di Kelvin del secondo principio, puoi constatare che la trasformazione di calore in lavoro non è affatto l'*unico* risultato del processo, perché il pistone si trova alla fine più in alto rispetto alla posizione iniziale e quindi il gas non è più nelle condizioni di partenza (la pressione è diminuita, il volume aumentato).

Se non esistesse il secondo principio, avremmo risolto definitivamente i nostri problemi energetici! Potremmo, infatti, assorbire calore da un'unica sorgente (pensa a quanta energia è contenuta nell'aria o nell'acqua degli oceani) e trasformarlo tutto in lavoro, senza doverne cedere una parte a una sorgente a temperatura inferiore...
Vediamo ora l'**enunciato di Clausius** (Rudolf J.E. Clausius, 1822-1888) del **secondo principio della termodinamica**.

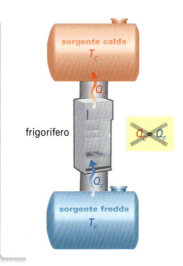

È impossibile realizzare una trasformazione che abbia come *unico* risultato quello di far passare il calore da una sorgente fredda a una calda.

secondo principio (enunciato di Clausius)

L'enunciato di Clausius in definitiva mostra che il calore non si trasferisce spontaneamente da un corpo freddo a uno caldo.

Cerchiamo di capirne gli effetti, applicando il principio così espresso al frigorifero.

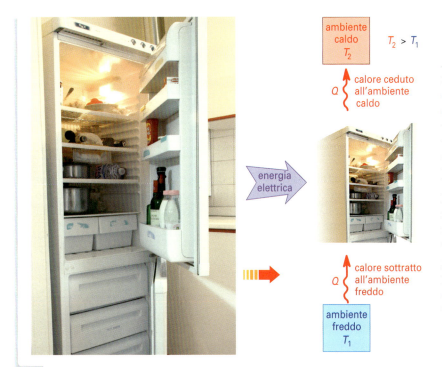

All'interno di questa macchina sappiamo che il calore viene assorbito da una sorgente fredda (il cibo e le bevande contenute all'interno del frigorifero) e viene poi ceduto all'ambiente esterno (l'aria della stanza), che rappresenta la sorgente calda. Ci troviamo di fronte a una violazione del secondo principio secondo la formulazione di Clausius?

La risposta è negativa, perché il frigorifero non produce come *unico* risultato il trasferimento del calore da un corpo a temperatura minore a un altro a temperatura maggiore: contemporaneamente assorbe lavoro per mezzo dell'energia elettrica proveniente dall'esterno e indispensabile al funzionamento della macchina.

L'enunciato di Clausius in definitiva mostra che il calore non si trasferisce spontaneamente da un corpo freddo a uno caldo. Le due formulazioni del secondo principio della termodinamica, pur avendo un aspetto differente, sono equivalenti: si può dimostrare che qualora l'enunciato di Kelvin fosse falso, allora sarebbe falso anche quello di Clausius, e viceversa.

19.7 L'entropia

Hai mai preparato una crema pasticcera? Basta mettere nello stesso recipiente tuorli d'uovo, latte, zucchero e farina e cominciare a mescolare a fuoco lento. Dopo un po' ottieni un composto omogeneo e... squisito! Secondo te è possibile che, proseguendo l'azione di mescolamento magari ruotando il cucchiaio in senso inverso, tu possa riottenere, anche con molto tempo a disposizione, i tuorli, il latte, lo zucchero e la farina separati così come lo erano all'inizio?

La domanda può sembrare strana, ma la risposta, nonostante sia... scontata, nasconde qualcosa di molto importante. Dunque, siamo partiti da una situazione 1 (tuorli, latte, zucchero e farina separati) e, mescolando, siamo arrivati a una situazione 2 (tuorli, latte, zucchero e farina mescolati). Tra la trasformazione 1 ⇒ 2 e quella inversa 2 ⇒ 1 ipotizzata, c'è una differenza sostanziale. La prima inizia da un sistema nel quale si possono distinguere chiaramente fra loro i vari componenti, per arrivare a uno stato finale più caotico, in cui non è più possibile distinguere fra loro gli elementi. Si passa in altre parole da una situazione di *ordine* a una di *disordine*. Nella trasformazione contraria, si dovrebbe andare da uno stato disordinato (la crema pasticcera) a uno ordinato (tuorli, latte, zucchero e farina separati). Tuttavia, per quanta pazienza tu possa avere, questo non accadrà *mai*!

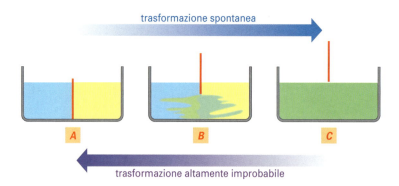

Lo stesso processo si verifica quando si mescolano due liquidi. In *A* la situazione è ordinata: i due liquidi sono del tutto separati l'uno dall'altro. Togliendo il setto (*B*), cominciano spontaneamente a mescolarsi, fino a raggiungere una situazione disordinata (*C*), in cui sono completamente mescolati fra loro.

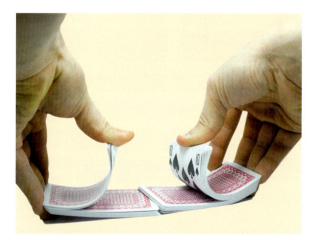

Un altro esempio è dato da un mazzo di carte nuovo. Quando lo apriamo, le carte sono disposte separate per seme e in ordine crescente. Una volta che le mescoliamo, l'ordine iniziale sparisce ed è altamente improbabile che, continuando a mescolarle, si riottenga esattamente la situazione ordinata iniziale.
(Parliamo dell'evento come *altamente improbabile* anziché *impossibile*, perché non possiamo escludere, avendo un tempo... infinito a disposizione, di riuscire nell'intento! In ogni caso la probabilità è praticamente nulla.)

Ci troviamo, quindi, in presenza di una tendenza ben precisa dell'Universo per la quale i sistemi evolvono da una condizione di ordine a una di disordine, mentre il contrario non si verifica spontaneamente: in natura tutte le trasformazioni avvengono nel senso di aumentare il grado di disordine del sistema. Dato che esse non possono realizzarsi in senso opposto, si parla di **trasformazioni irreversibili**.

trasformazione irreversibile
> Una **trasformazione irreversibile** si svolge in modo tale da non poter essere ripercorsa in senso inverso attraversando i medesimi stati.

Spesso, al fine di semplificare lo studio dei processi reali, si immaginano delle trasformazioni che portano allo stato finale del sistema attraverso una successione di stati di equilibrio e senza effetti dissipativi (come l'attrito). Si parla in questo caso di **trasformazioni reversibili**. Confrontando il rendimento generico di una macchina reale e quindi irreversibile con quello di una macchina ideale reversibile si può dimostrare che nella seconda il rapporto Q/T resta costante. Ciò suggerisce di definire una nuova grandezza al fine di tradurre in termini fisici la tendenza naturale dei sistemi di procedere dall'ordine verso il disordine, vale a dire di evolvere subendo trasformazioni irreversibili. Questa grandezza ha il nome di **entropia** (**S**) e, al pari dell'energia interna U, è una *funzione di stato* (dipende cioè dalla condizione nella quale si trova il sistema e non dal tipo di trasformazioni che ha compiuto per arrivarci). La sua variazione ΔS ci informa sull'evoluzione di un sistema da uno stato ordinato a uno disordinato, o viceversa.

La **variazione di entropia** è definita come rapporto tra il calore assorbito o ceduto reversibilmente dal sistema e la temperatura assoluta alla quale avviene il processo:

$$\Delta S = \frac{Q}{T}$$

entropia

L'entropia si misura in **J/K** («joule su kelvin»). Infatti:

$$\Delta S = \frac{Q}{T} \quad \Rightarrow \quad \frac{\text{calore (misurato in joule)}}{\text{temperatura (misurata in kelvin)}} \quad \Rightarrow \quad \frac{J}{K}$$

Il contenuto concettuale di questa grandezza è particolarmente ricco di implicazioni interessanti. In generale, l'entropia riflette:

- il grado di organizzazione di un sistema (l'entropia aumenta all'aumentare del disordine);
- il grado di irreversibilità delle trasformazioni spontanee, che fanno evolvere i sistemi da uno stato di ordine a uno di disordine;
- la migliore *qualità* del calore disponibile a temperature elevate, essendo una forma di energia maggiormente organizzata e quindi più efficacemente trasformabile;
- l'inevitabile dissipazione di energia termica verso le basse temperature, e quindi non più sfruttabile, durante le trasformazioni di calore in lavoro.

Prendendo in esame un sistema isolato, che cioè non scambia né energia né materia con l'ambiente esterno, si potrebbe dimostrare che il secondo principio della termodinamica, nei due enunciati di Kelvin e di Clausius, porta a quanto segue:

La variazione di entropia di un sistema isolato è sempre maggiore o uguale a zero:

$$\Delta S \geq 0$$

entropia di un sistema isolato

In particolare, se la trasformazione è reversibile vale $\Delta S = 0$, altrimenti, si ha $\Delta S > 0$. A questo punto sorge un dubbio: se l'entropia non fa che crescere di pari passo con il disordine, ciò significa che non può essere ristabilito in nessun caso l'ordine nel mazzo delle carte una volta che le abbiamo rimescolate! Ovviamente non è così. Basta un lavoro minimo per avere un mazzo perfettamente in ordine. Ma allora, essendo passati da una situazione di disordine a una di ordine, dobbiamo dedurne che l'entropia è diminuita e che il secondo principio ammette delle eccezioni?
È proprio in quel *lavoro minimo*, speso per rimettere le carte al loro posto, la chiave del problema: le carte non si sono rimesse in ordine da sole, qualcuno ha dovuto spendere dell'energia. Il nostro stesso organismo, del resto, ha un bilancio tale per cui la sua entropia può diminuire, però a scapito dell'ambiente circostante, che risulta al termine dei vari processi di sfruttamento delle risorse visibilmente depauperato. Il corpo umano non è un sistema isolato: considerandolo inserito nel contesto più ampio del suo habitat terrestre, siamo comunque di fronte a un aumento complessivo di entropia.
Se consideriamo l'intero Universo, ipotizzando che sia un sistema isolato, possiamo allora enunciare il **principio dell'entropia**, che è una riformulazione del secondo principio della termodinamica:

L'entropia dell'Universo tende ad aumentare:

$$\Delta S \,(\text{Universo}) \geq 0$$

principio dell'entropia

> **! ricorda...**
>
> Con il principio dell'entropia per la prima volta in fisica si è fatto strada il concetto di **freccia del tempo**, in quanto esso individua la tendenza dei sistemi a evolvere spontaneamente in una ben precisa direzione, senza la possibilità di tornare indietro.

Questa formulazione rivela che l'energia dell'Universo si tramuta in forme sempre più disordinate, con la conseguenza che, trovandosi a temperature via via più basse, diverrà sempre di più inutilizzabile ai fini della produzione di lavoro fino ad arrivare, in un futuro lontanissimo, al suo totale degrado.

idee e personaggi

La potenza motrice del fuoco

IL PRIMATO DELL'INGHILTERRA

Mentre in Inghilterra nel XVIII secolo prendeva avvio la Rivoluzione industriale, il resto dell'Europa sembrava ignorare o quasi la complessa trasformazione in atto. Fra i motivi del diverso atteggiamento, vi era la particolare struttura sociale dell'Inghilterra, con una classe borghese molto attiva, laddove negli altri Paesi era dominante un'aristocrazia fondata sulla proprietà dei terreni che non aveva alcun interesse a far decollare un nuovo tipo di economia.
In Francia, però, con la rivoluzione del 1789 la situazione cambiò. Dopo una prima fase in cui furono fatte delle concessioni al furore popolare, che tra gli altri costarono la vita a Lavoisier, il fondatore della chimica moderna, la borghesia emergente favorì la formazione di scienziati aperti alle novità e capaci di dare una spinta allo sviluppo con l'innovazione della tecnologia. Fra questi uomini di scienza, una figura di primo piano fu indubbiamente **Sadi Carnot** (1796-1832).

LA RISCOSSA FRANCESE

Carnot desiderava che la Francia colmasse il divario che la separava dalla nazione inglese, a quei tempi la prima potenza del mondo. Preso atto che tale predominio si basava sull'invenzione della macchina a vapore, decise di studiare le macchine termiche da un punto di vista teorico, cercando di comprenderne a livello generale i principi di funzionamento, al fine di migliorarne il rendimento. Per cercare di capire quale fosse il lavoro massimo che si poteva ottenere da una determinata quantità di calore, egli ipotizzò una macchina ideale operante secondo un ciclo costituito da quattro trasformazioni reversibili, due adiabatiche e due isoterme, e pervenne alla conclusione (nota come **teorema di Carnot**) che il rendimento di una macchina termica dipende dal dislivello di temperatura fra le due sorgenti termiche fra cui lavora. Tuttavia, l'ambiente accademico non si interessò alla sua ricerca e fu solo dopo la sua morte, avvenuta a soli 36 anni, che l'unica opera da lui scritta, *Réflexions sur la puissance motrice du feu*, pubblicata nel 1824 a spese dell'autore, venne valorizzata da Émile Clapeyron.

UN'IMMENSA RISERVA DI COMBUSTIBILE

Per capire quanto lo scienziato fosse lungimirante, oltre che per apprezzare il suo entusiasmo per la rivoluzione della tecnica a cui stava assistendo, basta leggere le prime pagine della sua opera. Fra le altre considerazioni, vi si legge: «È al calore che devono essere attribuiti i grandi movimenti che colpiscono il nostro sguardo sulla Terra: ...; infine, anche le scosse delle terra e le eruzioni vulcaniche hanno come causa il calore.
È da questa immensa riserva che possiamo attingere la forza di movimento necessaria ai nostri bisogni; la natura, offrendoci da tutte le parti il combustibile, ci ha dato la possibilità di far nascere il calore in ogni tempo e in ogni luogo. Sviluppare questa potenza, adeguarla alle nostre necessità è lo scopo delle macchine termiche».

IN SINTESI

- La **termodinamica** si occupa dello studio delle trasformazioni di calore in lavoro e viceversa. È sempre possibile trasformare *integralmente* il lavoro in calore, mentre la trasformazione inversa è soggetta a limitazioni.

- La **legge delle trasformazioni adiabatiche**, che avvengono senza scambio di calore con l'*ambiente esterno*, è: $p \cdot V^K$ = costante
  Un'altra sua formulazione è: $p_1 V_1^K = p_2 V_2^K$.

- Un **ciclo termodinamico** è una sequenza di trasformazioni, al termine delle quali il sistema ritorna allo stato nel quale si trovava inizialmente.

- Nel **motore a quattro tempi**, si hanno le seguenti fasi:
  – primo tempo: aspirazione della miscela a volume costante;
  – secondo tempo: compressione e scoppio;
  – terzo tempo: espansione e apertura della valvola di scarico;
  – quarto tempo: espulsione dei prodotti di combustione.

- Il ciclo termodinamico ideale corrispondente al **ciclo Otto** (escludendo cioè l'aspirazione e l'espulsione) è costituito da due trasformazioni *isocore* e da due trasformazioni *adiabatiche*.

- Il lavoro reso effettivamente disponibile all'uscita dalla macchina termica viene indicato come **lavoro utile** (L_U).

- Il **rendimento** η di una macchina termica è definito come il rapporto tra il lavoro utile sviluppato dalla macchina termica e il calore assorbito da essa, per cui la formula è:

  $$\eta = \frac{L_U}{Q}$$

  Il *rendimento del ciclo Otto* è:

  $$\eta = 1 - \frac{1}{r^{K-1}}$$

  dove r è il rapporto di compressione tra volume massimo V_1 del cilindro e volume minimo V_2 della camera di combustione ($r = V_1/V_2$) e K è la costante delle trasformazioni adiabatiche (circa = 1,4 per la miscela aria-benzina).

- Il *lavoro di un sistema termodinamico durante una trasformazione isobara* è dato da $L = p \cdot \Delta V$ (in un diagramma (p,V), L è rappresentato dall'area al di sotto dell'isobara). Per convenzione, il lavoro è *positivo* se è effettuato dal sistema, mentre è *negativo* se è compiuto su di esso.

- L'**energia interna** U di un gas perfetto è data dalla somma dell'energia cinetica e dell'energia potenziale di tutte le molecole che lo compongono. Si misura in joule.

- Il **primo principio della termodinamica** è:

  $$Q = L + \Delta U$$

  Esso, cioè, afferma che durante una trasformazione termodinamica, indipendentemente dal modo in cui essa si realizza, il calore Q assorbito dal sistema è uguale alla somma tra il lavoro L compiuto dal sistema stesso e la variazione della sua energia interna, ΔU.

- Il **secondo principio della termodinamica** afferma che non è possibile trasformare una certa quantità di calore integralmente in lavoro.
  L'*enunciato di Kelvin* del secondo principio della termodinamica afferma che è impossibile realizzare una trasformazione che abbia come *unico* risultato quello di trasformare in lavoro tutto il calore sottratto a una sorgente a temperatura T.
  L'*enunciato di Clausius* del secondo principio della termodinamica afferma che è impossibile realizzare una trasformazione che abbia come *unico* risultato quello di far passare il calore da una sorgente fredda a una calda.
  Questi due enunciati sono equivalenti e si può dimostrare che qualora l'enunciato di Kelvin fosse falso, allora sarebbe falso anche quello di Clausius, e viceversa.

- Una **trasformazione irreversibile** si svolge in modo tale da non poter essere ripercorsa in senso inverso attraversando i medesimi stati. In natura tutte le trasformazioni avvengono nel senso di aumentare il grado di disordine del sistema con trasformazioni irreversibili.

- L'**entropia S** è una grandezza fisica la cui variazione ci informa sull'evoluzione di un sistema da uno stato ordinato a uno disordinato e viceversa. La **variazione di entropia ΔS** viene definita come il rapporto tra il calore Q assorbito o ceduto reversibilmente dal sistema e la temperatura assoluta T a cui avviene il processo:

  $$\Delta S = \frac{Q}{T}$$

  La sua unità di misura è J/K.

- Per il **principio dell'entropia**, l'entropia dell'Universo tende ad aumentare:

  $$\Delta S \text{ (Universo)} \geq 0$$

SCIENTIFIC ENGLISH

CLIL

variable			
english	W_U	W
italian	L_U	L

Principles of Thermodynamics

- **Thermodynamics** is the study of how heat is converted to work and vice versa. Work can always be converted *completely* into heat, whereas the reverse process is limited.

- The **law of adiabatic processes**, in which there is no exchange of heat with the *surrounding environment*, is:

  $$P \cdot V^K = \text{constant}$$

- A **thermodynamic cycle** is a sequence of processes in which a system eventually returns to its initial state.

- The strokes of a **four-stroke engine** cycle are:
  - first stroke: intake of the air-fuel mixture in a constant volume process;
  - second stroke: compression and ignition;
  - third stroke: expansion and opening of the exhaust valve;
  - fourth stroke: expulsion of the exhaust gas.

- The ideal **Otto cycle** (which omits the intake and exhaust processes) consists of two *isochoric* processes and two *adiabatic* processes.

- The net work produced by a heat engine is called **useful work** (W_U).

- The **efficiency** η of a heat engine is defined as the ratio of the useful work produced to the heat energy absorbed. The formula is:

  $$\eta = \frac{W_U}{Q}$$

  The *efficiency of the Otto cycle* can be written as:

  $$\eta = 1 - \frac{1}{r^{K-1}}$$

  where r is the compression ratio of the maximum volume V_1 formed in the cylinder to the minimum volume V_2 in the combustion chamber ($r = V_1/V_2$) and K is the adiabatic constant (approx = 1.4 for the air-petrol mixture).

- The *work of a thermodynamic system during an isobaric process* is given by $W = P \cdot \Delta V$ (in a *P-V* diagram, the area below the isobar represents W). Work is generally said to be *positive* if done by the system, and *negative* if done on it.

- The **internal energy** U of an ideal gas is the sum of the kinetic and potential energies of its molecules. Internal energy is measured in joules.

- The **first law of thermodynamics** is:

  $$Q = W + \Delta U$$

  This law states that during a thermodynamic process, regardless of how it is performed, the heat Q supplied to the system is equal to the sum of the work W done by the system and the change in its internal energy ΔU.

- The **second law of thermodynamics** states that heat energy cannot be completely transformed into mechanical work.

  Kelvin's statement of the second law of thermodynamics states that no process is possible whose sole result is the complete conversion to work of heat extracted from a hot source at a temperature of T.

  Clausius's statement of the second law of thermodynamics states that no process is possible whose sole result is the transfer of heat from a colder to a hotter body. These two statements are equivalent, and it is possible to prove that if Kelvin's statement were violated, then Clausius's would be too, and vice versa.

- In an **irreversible process** the system cannot return to its initial conditions by going along the same path in the reverse direction. In nature all systems tend to move from order to disorder and this tendency cannot be reversed.

- **Entropy S** is a physical quantity that is a measure of the evolution of a system from a state of order to one of disorder and vice versa. The **change in entropy ΔS** is defined as the ratio of the heat Q reversibly supplied to or released by the system to the absolute temperature T at which the process is performed:

  $$\Delta S = \frac{Q}{T}$$

  It is measured in J/K.

- According to the **principle of entropy**, the entropy of the Universe is increasing:

  $$\Delta S \text{ (Universe)} \geq 0$$

strumenti per SVILUPPARE le COMPETENZE

VERIFICHIAMO LE CONOSCENZE

Vero-falso

V F

1. La caloria non può essere convertita in joule.
2. Una trasformazione a temperatura costante è adiabatica.
3. In un ciclo termodinamico lo stato iniziale del sistema coincide con quello finale.
4. Il primo tempo di un motore a scoppio corrisponde a una trasformazione isobara.
5. Il ciclo termodinamico ideale corrispondente al ciclo Otto è formato da due trasformazioni isoterme e due adiabatiche.
6. Se una macchina termica ha il rendimento del 30%, significa che assorbe 1000 J di calore e produce 700 J di lavoro utile.
7. Il lavoro compiuto da un sistema termodinamico in una espansione isobara è positivo.
8. Il primo principio della termodinamica mette in relazione energia interna di un sistema termodinamico, calore e lavoro.
9. Il secondo principio afferma l'impossibilità di trasformare il calore in lavoro.
10. Secondo Clausius è impossibile trasferire il calore da una sorgente fredda a una a temperatura più elevata.

Test a scelta multipla

1. Quale delle seguenti affermazioni è corretta?
   - **A** 1 joule equivale a 4,186 calorie
   - **B** 1 caloria equivale a 1 joule
   - **C** 1 caloria equivale a 10^3 joule
   - **D** 1 joule equivale a 1/4,186 calorie

2. Durante una trasformazione adiabatica:
   - **A** non cambia la temperatura del sistema
   - **B** la pressione iniziale del sistema è uguale alla pressione finale
   - **C** rimane costante il volume del sistema
   - **D** il sistema non scambia calore con l'ambiente esterno

3. Il ciclo termodinamico corrispondente al ciclo Otto è costituito da:
   - **A** due isocore e due isoterme
   - **B** due adiabatiche e due isoterme
   - **C** due isocore e due adiabatiche
   - **D** due isoterme e due isobare

4. L'unica fase nella quale il motore a scoppio produce lavoro è:
   - **A** lo scoppio
   - **B** l'espansione
   - **C** lo scarico
   - **D** la compressione

5. Il rendimento di una macchina termica è definito come:
   - **A** rapporto tra il calore assorbito e il lavoro utile
   - **B** differenza tra il calore assorbito e il lavoro utile
   - **C** rapporto tra il lavoro utile e il calore assorbito
   - **D** prodotto tra il lavoro utile e il calore assorbito

6. Il gas contenuto in un cilindro di sezione S subisce una trasformazione isobara durante la quale il pistone di solleva di h. Il lavoro è dato da:
   - **A** $L = p \cdot \Delta V$
   - **B** $L = F \cdot \Delta V$
   - **C** $L = p \cdot S$
   - **D** $L = p \cdot h$

7. Quale delle seguenti affermazioni sulle trasformazioni di energia è corretta?
   - **A** Il calore non può mai essere trasformato, sia pure parzialmente, in lavoro
   - **B** Il calore può essere convertito, senza limitazioni, integralmente in lavoro
   - **C** Il lavoro non può mai essere trasformato, sia pure parzialmente, in calore
   - **D** Il lavoro può essere convertito, senza limitazioni, integralmente in calore

8. Il primo principio della termodinamica può essere scritto come segue:
   - **A** $L = Q - \Delta U$
   - **B** $Q = L - \Delta U$
   - **C** $\Delta U = L - Q$
   - **D** $L = Q + \Delta U$

9. Dall'enunciato di Kelvin del secondo principio della termodinamica si deduce che:
   - **A** è impossibile trasformare il calore in lavoro
   - **B** è impossibile che una macchina termica abbia un rendimento minore di 1
   - **C** è impossibile trasformare il lavoro in calore
   - **D** è impossibile che una macchina termica si limiti a trasformare il calore in lavoro senza che vi siano altri effetti concomitanti

10 Dall'enunciato di Clausius del secondo principio della termodinamica si deduce che:

- **A** è necessario fornire lavoro per trasferire calore da un corpo caldo a uno freddo
- **B** il calore passa spontaneamente da un corpo freddo a uno caldo
- **C** non è necessario fornire lavoro per trasferire calore da un corpo caldo a uno freddo
- **D** il calore non passa spontaneamente da un corpo freddo a uno caldo

VERIFICHIAMO LE ABILITÀ

Esercizi

19.2 Le trasformazioni adiabatiche e i cicli termodinamici

1 Osserva la figura e completa le osservazioni.

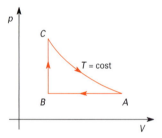

a) Il tratto *AB* rappresenta una trasformazione
....
b) Il tratto *BC* rappresenta una trasformazione
....
c) Il tratto *CA* rappresenta una trasformazione
....

2 Osserva la figura e completa le osservazioni.

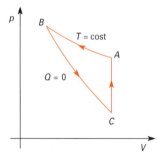

a) Il tratto *AB* rappresenta una trasformazione
....
b) Il tratto *BC* rappresenta una trasformazione
....
c) Il tratto *CA* rappresenta una trasformazione
....

3 Rappresenta in un piano (p, V) le seguenti trasformazioni di un gas perfetto:
a) trasformazione adiabatica da uno stato A ($V = 1,5$ m^3 e $p = 4 \cdot 10^5$ Pa) a uno stato B ($V = 5$ m^3 e $p = 0,8 \cdot 10^5$ Pa);
b) trasformazione isobara da uno stato B a uno stato C ($V = 1,5$ m^3);
c) trasformazione finale da uno stato C allo stato iniziale A.
Ora rispondi alle domande.
• Che tipo di trasformazione è rappresentato dal tratto *CA*?
• Che cosa individuano complessivamente le trasformazioni descritte nei punti a), b) e c)?

4 Rappresenta in un piano (p, V) le seguenti trasformazioni:
a) trasformazione isobara da uno stato A ($V = 3$ m^3 e $p = 8 \cdot 10^5$ Pa) a uno stato B ($V = 9$ m^3);
b) trasformazione isocora da B a C ($p = 3,75 \cdot 10^5$ Pa);
c) trasformazione isobara da C a D ($V = 6,4$ m^3);
d) trasformazione isoterma da D ad A.

5 Un gas poliatomico che ha una costante $K = 1,3$ si trova a una pressione di 2,2 bar e occupa un volume pari a 5,0 dm^3. Sapendo che si espande, raggiungendo un volume di 8,5 dm^3, calcola la sua pressione finale nel caso in cui la trasformazione avvenga senza scambio di calore con l'ambiente esterno.

Per lo svolgimento dell'esercizio, completa il percorso guidato, inserendo gli elementi mancanti dove compaiono i puntini.

1. Dato che non c'è scambio di calore con l'esterno, la trasformazione è adiabatica, per cui vale:
$p_1 \cdot V_1^K = $ ....
2. Ricava dalla formula scritta prima la pressione finale:
$p_2 = $ ....
3. Sostituisci i valori corrispondenti, trovando perciò:
$p_2 = $ .... = ...
[1,1 bar]

6 Un gas che ha una costante $K = 1,5$ si trova alla pressione di 3,0 bar e occupa un volume di 0,1 m^3. Tale gas, senza scambiare calore con l'esterno, si espande fino a occupare un volume quattro volte maggiore di quello iniziale. Qual è la pressione finale?
[0,375 bar]

7 Una data miscela di gas (con $K = 1,4$) viene compressa in modo tale da passare da un volume di 7,5 dm^3 a un volume di 2,0 dm^3. Sapendo che la pressione finale ha raggiunto 8,25 bar e che il gas è termicamente isolato rispetto all'ambiente, trova la pressione iniziale.

SUGGERIMENTO La formula a cui devi fare ricorso è sempre quella di prima, con la sola differenza che devi ricavare p_1...
[1,3 bar]

8 Una certa quantità di aria, alla quale si può attribuire un valore della costante K pari a 1,35, occupa un volume di 4,8 dm^3. Al termine di una trasformazione adiabatica, l'aria viene a trovarsi alla pressione di 6,8 bar in un volume di 0,8 dm^3. Qual era la pressione iniziale?
[0,6 bar]

9 What will be the final pressure when a sample of a gas (for which $K = 5/3$) at 100 kPa expands adiabatically to twice its initial volume? What would be its final pressure for an isothermal doubling of volume?

[31.5 kPa; 50 kPa]

10 A polyatomic gas expands at 4.0 bar, without any thermal exchange with the surroundings, from the initial volume of 6.0 dm³ to the final volume of 9 dm³. Assuming its constant $K = 1.4$, determine its final pressure.

[2.3 bar]

19.4 Il rendimento delle macchine termiche

11 Scrivi la formula del rendimento di una macchina termica.
   a) Specifica per ogni grandezza la relativa unità di misura.
   b) Una macchina assorbe 1000 J e produce lavoro utile per 250 J. Se il calore assorbito raddoppia e il rendimento rimane invariato, quale lavoro utile produce?

12 Un motore termico produce un lavoro utile pari a 75 000 J, assorbendo una quantità di calore di 44 700 cal. Calcola il rendimento del motore.

Per lo svolgimento dell'esercizio, completa il percorso guidato, inserendo gli elementi mancanti dove compaiono i puntini.

1 Dapprima è necessario trasformare le calorie in joule:
$Q = 44\,700 \cdot \ldots\ldots\ldots\ldots\ldots\ldots\ldots = \ldots\ldots\ldots\ldots\ldots\ldots\ldots$

2 Quindi, utilizza la definizione di rendimento:
$\eta = \ldots\ldots\ldots\ldots\ldots\ldots\ldots\ldots\ldots\ldots\ldots\ldots\ldots\ldots\ldots\ldots$

3 Sostituisci i dati, trovando perciò: $\eta = \ldots\ldots\ldots\ldots\ldots\ldots =$
$= \ldots\ldots\ldots\ldots\ldots\ldots\ldots\ldots\ldots\ldots\ldots\ldots\ldots\ldots\ldots\ldots$

[40%]

13 Una macchina termica A assorbe 1200 J e produce 300 J di lavoro utile. Un'altra macchina termica B assorbe 1500 J e produce 500 J di lavoro utile. Quale delle due ha il rendimento maggiore?

[B]

14 Un motore elettrico assorbe una quantità di energia elettrica per un totale di 20 000 J, svolgendo un lavoro utile di 17 000 J. Determina il rendimento del motore.

[85%]

15 Una macchina termica ha un rendimento del 35%. Sapendo che assorbe una quantità di calore pari a 20 000 cal, calcola il lavoro utile che essa riesce a compiere.

SUGGERIMENTO Dopo aver trasformato le calorie in joule e il rendimento in quantità numerica, utilizza la formula inversa a partire dalla definizione di rendimento...

[29,3 kJ]

16 Un motore assorbe una quantità di energia pari a 12 000 J. Se il suo rendimento è del 60%, quanto lavoro riesce a produrre?

[7200 J]

17 Un motore termico ha un rendimento del 30% e produce un lavoro pari a 1440 J. Calcola, in calorie, la quantità di calore che assorbe.

SUGGERIMENTO Dalla definizione di rendimento, ricavi il calore assorbito...

[1150 cal]

18 Un motore compie un lavoro di 900 kJ con un rendimento del 75%. Trova l'energia assorbita dal motore.

[1200 kJ]

19 Scrivi la formula del rendimento del ciclo Otto.
   a) Specifica per ogni grandezza l'unità di misura.
   b) Che cosa rappresenta r?
   c) Il rendimento di un ciclo Otto può raggiungere il 100%? Motiva la risposta.
   d) Ha un maggior rendimento un motore con $r = 7$ oppure con $r = 8$? Motiva la risposta.

20 Due motori A e B funzionano secondo il ciclo Otto. Entrambi hanno lo stesso volume della camera di combustione. Il volume massimo del cilindro di A è maggiore del volume massimo del cilindro di B.
   a) Quale dei due motori ha il rendimento maggiore?
   b) Quale modifica suggeriresti per migliorarne il rendimento?

21 In un motore a combustione interna (ciclo Otto) il volume massimo del cilindro è di 300 cm³, mentre il volume della camera di combustione è 32 cm³. Calcola il rendimento del motore, assumendo per la miscela aria-benzina la costante K pari a 1,4.

Per lo svolgimento dell'esercizio, completa il percorso guidato, inserendo gli elementi mancanti dove compaiono i puntini.

1 Trattandosi di un ciclo Otto, il rendimento è dato dalla formula: $\eta = \ldots\ldots\ldots\ldots\ldots\ldots\ldots\ldots\ldots\ldots\ldots\ldots$

2 È necessario calcolare il rapporto di compressione:
$r = \ldots\ldots\ldots\ldots\ldots\ldots\ldots\ldots\ldots\ldots\ldots\ldots\ldots\ldots\ldots$

3 Sostituisci i dati, trovando perciò: $\eta = \ldots\ldots\ldots\ldots\ldots\ldots$
$\ldots\ldots\ldots\ldots\ldots\ldots\ldots\ldots\ldots\ldots\ldots\ldots\ldots\ldots\ldots\ldots$

[60%]

22 Un motore a combustione interna funzionante secondo il ciclo Otto ha un volume massimo pari a 350 cm³ e un rapporto di compressione di 8,7. Ricava il rendimento del ciclo e il volume della camera di combustione. La costante K vale 1,4.

[58%; 40 cm³]

23 Il volume massimo del cilindro di un motore a scoppio è dieci volte più grande del volume della camera di combustione. Determina il rendimento del motore nel caso funzioni secondo il ciclo Otto, sapendo che il volume della camera di combustione è di 25 cm³ e che la costante della trasformazione adiabatica vale 1,4.

SUGGERIMENTO Il rendimento è quello che hai già usato nei due esercizi precedenti.

[60%]

24 Sapendo che in un motore a scoppio (ciclo Otto) il volume massimo di un cilindro è di 275 cm³ e che per la costante K si può assumere il valore 1,4, completa la seguente tabella. (Arrotonda r alla prima cifra decimale e η alla seconda.)

V_1 (cm³)	275	275	275	275	275	275
V_2 (cm³)	55,0	45,8	39,3	34,4	30,6	27,5
r	5,0	...	...	...	...	...
η	...	0,51	...	...	...	...

Traccia poi il grafico dell'andamento del rendimento in funzione del rapporto di compressione; poni il primo sull'asse y e il secondo sull'asse x.

25 A heat engine is able to transform 38% of heat energy into work. If the produced work is 60 000 J, calculate the amount (Q) of absorbed heat energy. Express Q both in joules and in calories.
[157 895 J; 37 720 cal]

26 A heat engine does a net work of 32 800 J after absorbing 82 000 J of heat energy. Calculate its efficiency η.
[40%]

19.5 Il primo principio della termodinamica

27 Per ognuna delle situazioni descritte qui di seguito e relative a un sistema, individua il segno del calore e del lavoro.
a) Il sistema assorbe calore e compie lavoro sull'ambiente esterno.
b) Il sistema cede calore e l'ambiente esterno compie lavoro su di esso.
c) Il sistema cede calore e compie lavoro sull'ambiente esterno.
d) Il sistema assorbe calore e l'ambiente esterno compie lavoro su di esso.

28 Un gas perfetto subisce una trasformazione alla pressione costante di 1,3 bar, espandendosi da un volume di 6,0 dm³ a uno di 9,5 dm³. Calcola il lavoro compiuto dal gas.
Per lo svolgimento dell'esercizio, completa il percorso guidato, inserendo gli elementi mancanti dove compaiono i puntini.
1 La pressione, espressa in pascal, diventa:
p = 1,3 bar = ...
2 I volumi, espressi in m³, diventano:
V_1 = 6,0 dm³ = ...
V_2 = 9,5 dm³ = ...
3 Trattandosi di una trasformazione isobara, il lavoro è:
L = ...
4 Sostituisci i valori, trovando perciò: L = ... =
= ....
[455 J]

29 Osserva la figura che rappresenta una trasformazione isobara.

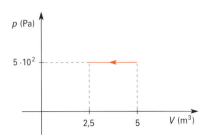

a) Cambia la temperatura?
b) Perché il lavoro compiuto dal gas è negativo?
c) Calcola tale lavoro.
[c) −1250 J]

30 In una trasformazione isobara alla pressione di 1,2 atm il gas passa da un volume V_1 = 1,5 m³ a un volume V_2 = 3 m³.
a) Rappresenta la trasformazione in un grafico (p, V).
b) Il lavoro compiuto dal gas è positivo o negativo?
c) Calcola il lavoro compiuto dal gas.
[c) $1,82 \cdot 10^5$ J]

31 In una trasformazione isobara alla pressione di 2 atm il gas passa da un volume V_1 = 240 dm³ a un volume V_2 = 60 dm³.
a) Rappresenta la trasformazione in un grafico (p, V).
b) Il lavoro compiuto dal gas è positivo o negativo?
c) Calcola il lavoro compiuto dal gas.
[c) −36 500 J]

32 Un gas perfetto subisce una compressione durante la quale la pressione si mantiene costantemente pari a 20 bar, mentre il volume passa da 396 cm³ a 45 cm³. Determina il lavoro compiuto dal gas o eventualmente sul gas.
[−702 J]

33 Un gas perfetto, in seguito a una trasformazione isobara che lo porta dal volume di 0,4 dm³ al volume di 4,1 dm³, svolge un lavoro che ammonta a 1850 J. Trova la sua pressione.
SUGGERIMENTO Dall'espressione del lavoro nelle trasformazioni isobare, ricava la formula inversa per p, stando però attento ai calcoli, in particolare alle potenze del 10...
[5 bar]

34 Su un gas perfetto viene effettuato un lavoro di 7500 J, in modo tale che il suo volume passa da 0,82 m³ a 0,52 m³. Calcola la pressione del gas.
[0,25 bar]

35 Le condizioni di un gas perfetto sono le seguenti: pressione 1,6 bar e volume 2 dm³.
Determina il volume finale del gas, nel caso in cui sia soggetto a una trasformazione isobara nel corso della quale compie un lavoro di 80 J.
SUGGERIMENTO Questa volta devi utilizzare la formula inversa per ricavare ΔV e da lì...
[2,5 dm³]

36 Su un gas perfetto viene effettuato un lavoro di 365 J. Se la sua pressione rimane costante e pari a 2,2 bar e il volume iniziale è di 3,00 dm³, quanto vale il volume finale?
[1,34 dm³]

37 Una sostanza assorbe 2000 cal sotto forma di calore, compiendo un lavoro pari a 6250 J. Di quanto è cambiata l'energia interna della sostanza?

Per lo svolgimento dell'esercizio, completa il percorso guidato, inserendo gli elementi mancanti dove compaiono i puntini.

1 Il calore, espresso in joule, diventa:
Q = 2000 cal = ...

2 Il primo principio della termodinamica di cui hai bisogno è:
ΔU = ...

3 Sostituisci i valori, trovando perciò:
ΔU = ... =
= ....

Se il valore trovato è ....,
vuol dire che U è aumentata, altrimenti ....
[2122 J]

38 Un gas cede 500 J di calore a una sorgente esterna e compie un lavoro pari a 1320 J. Determina la variazione della sua energia interna.
[−1820 J]

39 Un sistema termodinamico registra un aumento di energia interna pari a 1400 J.
Sapendo che contemporaneamente su di esso viene compiuto un lavoro di 750 J, trova il calore scambiato con l'esterno.

SUGGERIMENTO Non è difficile ricavare Q dal primo principio, ma devi fare attenzione alla convenzione sul segno della variazione di energia interna, del calore e del lavoro...
[650 J]

40 In un gas perfetto si è avuta una diminuzione dell'energia interna di 1300 J, mentre il lavoro che esso ha svolto ammonta a 910 J. Calcola la quantità di calore assorbita o ceduta dal gas.
[−390 J]

41 In un sistema l'energia interna diminuisce di 416 J. Sapendo che ha assorbito 280 cal sotto forma di calore, determina il lavoro fatto dal o sul sistema.

SUGGERIMENTO Dopo aver ricavato L dal primo principio, prima di procedere con i calcoli devi trasformare...
[1,59 kJ]

42 Una sostanza cede all'esterno 123 J di calore, intanto che la sua energia interna aumenta di 72 J. Trova il lavoro fatto dal o sul sistema.
[−195 J]

43 The following graph represents an isobaric transformation undergone by a gas.
a) Calculate the work done by the gas during the transformation. Is it positive or negative? Explain.
b) Does the temperature change during the transformation?

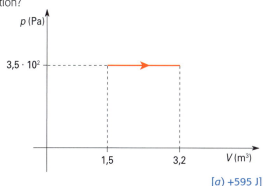

[a) +595 J]

44 A perfect gas expands from the volume of 30 dm³ to the final volume of 300 dm³, at constant pressure = 2.1 bar. Knowing that during such a transformation it absorbs 100 kJ of heat energy, calculate its increase in internal energy.
[43.3 kJ]

Problemi

La risoluzione dei problemi richiede la conoscenza degli argomenti trasversali a più paragrafi. Con il pallino sono contrassegnati i problemi che presentano una maggiore complessità.

1 0,3 moli di un gas perfetto, caratterizzato da una costante K = 1,3, vengono compresse adiabaticamente dal volume iniziale di 6 dm³ fino a un volume di 2 dm³. Considerato che la pressione prima della compressione valeva 1,2 bar, determina il valore finale della temperatura.

SUGGERIMENTO Dopo aver utilizzato la legge delle trasformazioni adiabatiche, devi fare riscorso all'equazione di stato dei gas perfetti...
[401 K]

• **2** Una quantità di gas perfetto pari a 13,3 moli, con costante K = 1,4, viene portata da una pressione di 2,5 bar e un volume di 0,185 m³ a un volume di 0,400 m³ per mezzo di una trasformazione in cui il gas non scambia calore con l'esterno. Calcola la variazione di temperatura.
[−111 K]

3 Un'automobile di 1000 kg sta accelerando lungo una traiettoria rettilinea con un'accelerazione costante di 2,5 m/s². Il suo motore ha un rendimento del 40% e assorbe durante l'accelerazione una quantità di calore pari a 1,5 · 10⁶ J. Trascurando le perdite di energie dovute a fenomeni dissipativi, calcola la distanza percorsa dall'automobile.

SUGGERIMENTO Basandoti sul secondo principio della dinamica e sulla definizione di lavoro...
[240 m]

4 Il motore di un'automobile (ciclo Otto con K = 1,4) ha un volume massimo del cilindro di 397,5 cm³ e un volume della camera di combustione di 53,0 cm³. Sapendo che in 15 s il motore assorbe 2200 kJ di energia termica, ricava la potenza sviluppata.
[81 kW]

5 Una quantità di gas perfetto pari a 0,4 moli, caratterizzato da una costante K = 1,7, che si trova alla pressione di 4,9 bar, viene fatta espandere adiabaticamente da un volume di 0,2 dm³ a un volume di 0,4 dm³. Dopodiché l'espansione prosegue isotermicamente fino a quando il gas raggiunge il volume di 0,6 dm³. Determina la pressione finale.
[1,0 bar]

6 Calcola la variazione di energia interna di un gas che, alla pressione costante di 1,15 bar e volume di 0,45 dm³, viene compresso fino a dimezzare il volume iniziale, con cessione di calore all'ambiente esterno di 15 cal.

SUGGERIMENTO Per lo svolgimento puoi fare riferimento all'Esempio 2.
[−36,9 J]

7 Un gas perfetto aumenta la propria energia interna di 95 J, dopo essersi espanso con una trasformazione isobara alla pressione di 1,35 bar dal volume di 0,16 dm³ a quello di 0,34 dm³. Determina il rendimento della trasformazione del calore in lavoro meccanico.
[20%]

8 Un gas perfetto è contenuto in un cilindro con diametro di 5 cm. A pressione costante il pistone si sposta di 84 mm in modo tale da avere un aumento di volume. Calcola la forza che il gas esercita sul pistone, sapendo che esso assorbe dall'esterno 320 J di calore e che la sua energia interna aumenta di 240 J.

SUGGERIMENTO Come ricorderai, la pressione è definita come il rapporto tra la forza applicata e...
[952 N]

9 La figura rappresenta il ciclo termodinamico A-B-C-D-A a cui è sottoposta una mole di gas perfetto.

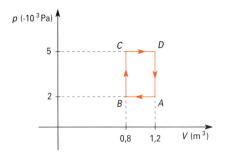

Determina:
a) il lavoro compiuto dal gas durante il ciclo termodinamico;
b) la variazione di energia interna del gas al termine del ciclo;
c) il calore assorbito o ceduto dal gas;
d) la temperatura del gas nello stato A.

SUGGERIMENTO a) Il lavoro è pari all'area racchiusa dalla curva che rappresenta il ciclo. Quando la trasformazione avviene in senso orario il lavoro compiuto dal sistema è positivo; altrimenti è negativo. b) Trattandosi di una trasformazione ciclica... d) Dall'equazione di stato di un gas perfetto...
[a) 1200 J; b) 0 J; c) 1200 J; d) 289 K]

10 Due moli di gas perfetto sono sottoposte al ciclo termodinamico A-B-C-A rappresentato in figura.

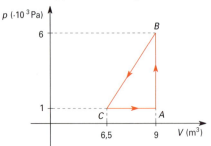

Determina:
a) il lavoro compiuto dal gas durante il ciclo termodinamico;
b) la variazione di energia interna del gas al termine del ciclo;
c) il calore assorbito o ceduto dal gas;
d) la temperatura del gas nello stato C.

SUGGERIMENTO Vedi il Problema 9.
[a) −6250 J; b) 0 J; c) −6250 J; d) 391 K]

11 Una mole di gas perfetto è sottoposta al ciclo termodinamico A-B-C-D-A rappresentato in figura.

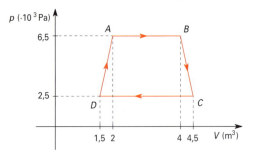

Determina:
a) il lavoro compiuto dal gas durante il ciclo termodinamico;
b) la variazione di energia interna del gas al termine del ciclo;
c) il calore assorbito o ceduto dal gas;
d) la temperatura del gas nello stato D.

SUGGERIMENTO Vedi il Problema 9.
[a) 10 000 J; b) 0 J; c) 10 000 J; d) 451 K]

12 Un gas perfetto si espande all'interno di un cilindro da (0,20 ± 0,01) dm³ a (0,56 ± 0,01) dm³ alla pressione costante di (2,20 ± 0,05) bar. Determina la misura del lavoro compiuto dal gas.
[(79 ± 7) J]

13 A perfect gas undergoes an isobaric transformation at 1.6 bar when it expands from the initial volume of 0.20 dm³ to the final volume of 0.44 dm³. During this transformation, its internal energy increases by 110 J. Calculate:
a) the expansion work of the gas during its isobaric transformation;
b) the total heat energy absorbed during the process;
c) the efficiency of the transformation of heat energy into mechanical work.
[a) 38.4 J; b) 148.4 J; c) 26%]

Principi della termodinamica UNITÀ 19

Competenze alla prova

ASSE SCIENTIFICO-TECNOLOGICO

Osservare, descrivere e analizzare fenomeni appartenenti alla realtà...

Dopo avere riesaminato le condizioni necessarie per la validità del principio di conservazione dell'energia meccanica, prova a valutare come estendere tale principio ai casi più generali in cui siano presenti fenomeni di tipo dissipativo, tenendo conto del primo principio della termodinamica.

Spunto Analizza tutte le possibili modalità di *trasformazione* dell'energia nel funzionamento di una macchina termica come il motore a benzina a quattro tempi: che cosa diventa effettivamente lavoro e che cosa invece va sprecato...

ASSE SCIENTIFICO-TECNOLOGICO

Saper scegliere e usare le principali funzioni delle tecnologie dell'informazione e della comunicazione...

Registra nel formato da te preferito (audio, o ancora meglio video) una mini-lezione di cinque minuti nella quale spieghi in maniera esauriente gli elementi fondamentali del ciclo termodinamico (ciclo Otto) del motore a quattro tempi, a partire dalla fase di aspirazione per arrivare all'espulsione dei gas di scarico. Se non hai questa possibilità, preparati degli schemi o delle slide utili per esporre ai tuoi compagni l'argomento, ma sempre in un tempo intorno ai cinque minuti.

Spunto Non devi fare la registrazione solo una volta, ma devi perfezionarla in modo tale da non superare il tempo previsto e da esporre al meglio i concetti essenziali. In qualunque attività il processo di revisione è indispensabile. Se invece prepari lo schema per una esposizione orale diretta, ti conviene fare delle prove a voce alta, se possibile chiedendo il parere a qualcuno che possa ascoltarti...

ASSE MATEMATICO

Individuare le strategie appropriate per la soluzione di problemi

Una miscela aria-benzina ($K = 1{,}4$) si trova nelle seguenti condizioni: $0{,}85$ bar di pressione, 250 cm^3 di volume e 298 K di temperatura. Nel corso di una compressione adiabatica la pressione sale a $18{,}0$ bar. Determina il rendimento del motore funzionante secondo il ciclo Otto e il valore della temperatura al termine della compressione.

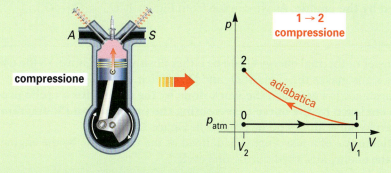

Spunto Come prima cosa devi cercare il volume della camera di combustione (cioè il volume al termine della compressione adiabatica). Noto quello risali al rapporto di compressione e al rendimento; quindi, trovi la temperatura della miscela poco prima dello scoppio con l'equazione di stato...

ASSE LINGUISTICO

Padroneggiare gli strumenti espressivi ed argomentativi...

Stila un piccolo glossario intitolato «Il motore dalla A alla Z» in cui lettera per lettera in ordine alfabetico riporti i termini nuovi e/o rilevanti per la spiegazione del motore a benzina (ciclo Otto), inserendo quando possibile gli opportuni rimandi alle altre voci presenti.

Spunto A come Adiabatica: trasformazione termodinamica, che si verifica nella → *compressione* e nella → *espansione* nel caso del motore a benzina, in cui non vi è...

SCIENTIFIC ENGLISH

CLIL

Thermodynamics

Heat Engines and the Second Law of Thermodynamics

A **heat engine** takes in energy by heat and partially converts it to other forms, such as electrical and mechanical energy. In a typical process for producing electricity in a power plant, for instance, coal or some other fuel is burned, and the resulting internal energy is used to convert water to steam. The steam is then directed at the blades of a turbine, setting it rotating. Finally, the mechanical energy associated with this rotation is used to drive an electric generator.

In another heat engine – the internal combustion engine in an automobile – energy enters the engine as fuel is injected into the cylinder and combusted, and a fraction of this energy is converted to mechanical energy.

In general, a heat engine carries some working substance through a cyclic process during which (1) energy is transferred by heat from a source at a high temperature, (2) work is done by the engine, and (3) energy is expelled by the engine by heat to a source at lower temperature.

As an example, consider the operation of a steam engine in which the working substance is water. The water in the engine is carried through a cycle in which it first evaporates into steam in a boiler and then expands against a piston. After the steam is condensed with cooling water, it returns to the boiler, and the process is repeated.

It's useful to draw a heat engine schematically, as in Figure 1.

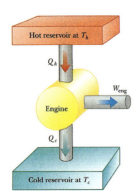

Figure 1
A schematic representation of a heat engine. The engine receives energy Q_h from the hot reservoir, expels energy Q_c to the cold reservoir, and does work W.

The engine absorbs energy Q_h from the hot reservoir, does work W_{eng}, then gives up energy Q_c to the cold reservoir. (Note that *negative* work is done *on* the engine, so that $W = -W_{eng}$.) Because the working substance goes through a cycle, always returning to its initial thermodynamic state, its initial and final internal energies are equal, so $\Delta U = 0$. From the first law of thermodynamics, therefore,

$$\Delta U = 0 = Q + W \quad \rightarrow \quad Q_{net} = -W = W_{eng}$$

The last equation shows that **the work W_{eng} done by a heat engine equals the net energy absorbed by the engine**. As we can see from Figure 1, $Q_{net} = |Q_h| - |Q_c|$. Therefore,

$$W_{eng} = |Q_h| - |Q_c| \qquad [1]$$

Ordinarily, a transfer of thermal energy Q can be either positive or negative, so the use of absolute value signs makes the signs of Q_h and Q_c explicit.

If the working substance is a gas, then **the work done by the engine for a cyclic process is the area enclosed by the curve representing the process on a PV diagram**. This area is shown for an arbitrary cyclic process in Figure 2.

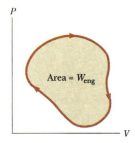

Figure 2
The PV diagram for an arbitrary cyclic process. The area enclosed by the curve equals the net work done.

The **thermal efficiency** e of a heat engine is defined as the work done by the engine, W_{eng}, divided by the energy absorbed during one cycle:

$$e \equiv \frac{W_{eng}}{|Q_h|} = \frac{|Q_h| - |Q_c|}{|Q_h|} = 1 - \frac{|Q_c|}{|Q_h|} \qquad [2]$$

We can think of thermal efficiency as the ratio of the benefit received (work) to the cost incurred (energy transfer at the higher temperature). Equation 2 shows that a heat engine has 100% efficiency ($e = 1$) only if $Q_c = 0$ – meaning no energy is expelled to the cold reservoir. In other words, a heat engine with perfect efficiency would have to expel all the input energy by doing mechanical work. This isn't possible.

from SERWAY/VUILLE, *Essentials of College Physics*, © 2007

Checkpoint 1

True or False: If a gas undergoes a cyclic process, its internal energy doesn't change.

Onde e luce

MODULO 7

UNITÀ 20
Onde meccaniche e suono

UNITÀ 21
Luce e strumenti ottici

LA FISICA e... la storia

1678

Huygens pubblica *Traité de la lumiere* nel quale sostiene la natura ondulatoria della luce ed enuncia i principi di propagazione delle onde

1818

Fresnel espone i suoi studi sulla teoria ondulatoria della luce

1704

Newton dimostra che la luce bianca attraverso un prisma di vetro viene scomposta nei vari colori

1802
Young esegue alcuni esperimenti con lo scopo di studiare l'interferenza della luce

1684
Sotto papa Innocenzo XI viene istituita la Lega Santa antiturca che unisce l'Impero, la Polonia e Venezia

1789
Inizia la Rivoluzione francese

1685
Editto di Nantes

XVII secolo
Leeuwenhoek e Hooke furono tra i primi scienziati a utilizzare, diffondere e migliorare l'uso del microscopio

1843
Primi segni della Rivoluzione industriale in Italia

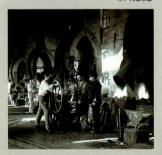

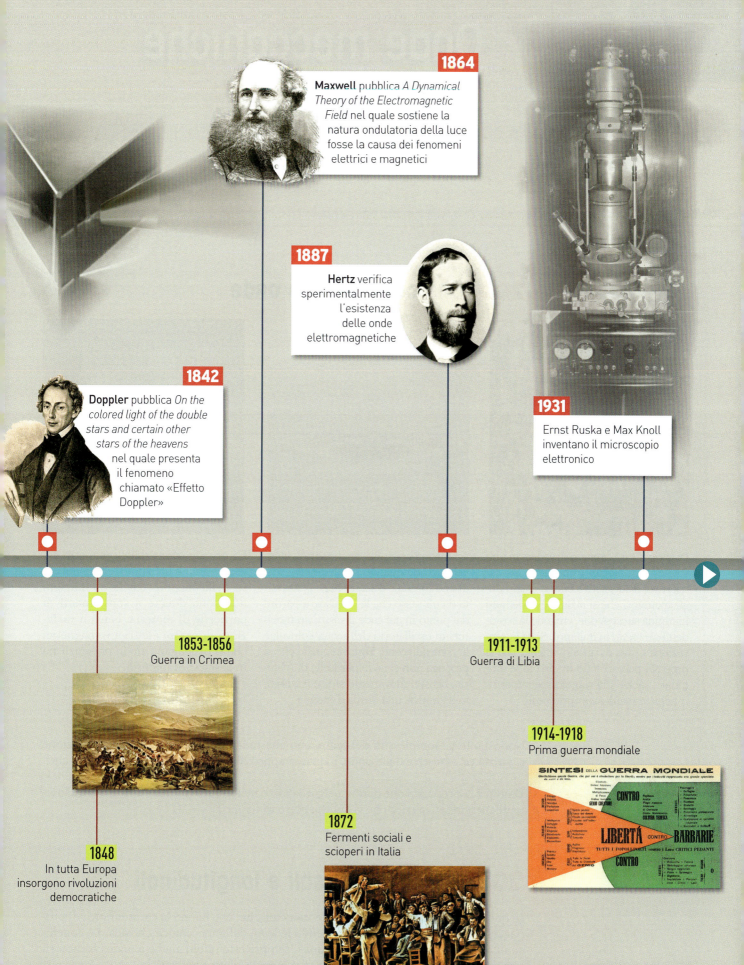

UNITÀ

20 Onde meccaniche e suono

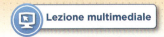

20.1 Che cosa sono le onde

Di certo ti sarà capitato di vedere in uno stadio, durante un importante evento sportivo, il suggestivo effetto creato dagli spettatori che si alzano e si siedono in rapida successione, creando la cosiddetta *ola* (*onda* in italiano). Si ha la sensazione visiva di un movimento che si propaga percorrendo in circolo le gradinate, sebbene il singolo spettatore rimanga in realtà al proprio posto.

Un fenomeno simile, anche se non identico, accade quando la superficie liscia di uno specchio d'acqua viene perturbata da un sasso che la colpisce: a partire dal punto in cui cade il sasso, un movimento oscillatorio dell'acqua coinvolge le zone adiacenti. Tuttavia quello che si propaga non sono le particelle di materia, bensì il movimento stesso e quindi, in definitiva, una forma d'energia.

La propagazione delle onde può avvenire anche nel vuoto, come nel caso della luce, in cui le oscillazioni non sono dovute a spostamenti di particelle di materia, bensì a variazioni di campi elettrici e magnetici che si propagano sia in presenza sia in assenza di materia.

Nonostante la complessità del fenomeno che rende non immediata una definizione rigorosa ed esaustiva delle onde, in prima approssimazione possiamo affermare che:

onda L'**onda** è la propagazione di una perturbazione nello spazio caratterizzata dal trasporto di energia senza però che vi sia trasporto di materia.

20.2 Onde trasversali e longitudinali

In questa unità affronteremo le **onde meccaniche**, che hanno la caratteristica di propagarsi in un mezzo materiale seguendo le leggi della meccanica classica. Le conclusioni a cui giungeremo, però, sono quasi sempre estendibili anche a onde che non richiedono un mezzo di propagazione, come quelle elettromagnetiche.

⬦ Onde trasversali

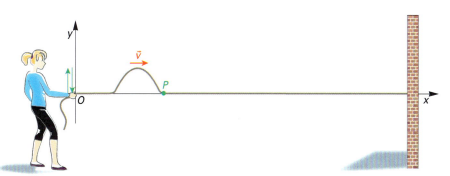

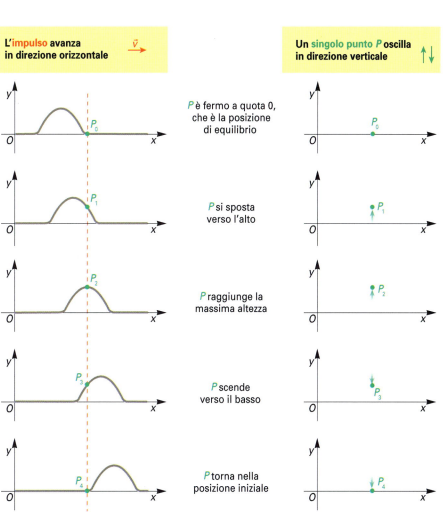

Per iniziare lo studio delle onde consideriamo una corda tesa, molto lunga e fissata a un estremo. Muoviamo l'estremo libero una sola volta in direzione perpendicolare all'asse della fune e poi torniamo nella posizione iniziale. Se potessimo esaminare al rallentatore che cosa accade, vedremmo che il primo tratto di corda viene spostato dalla posizione di equilibrio e che anche l'elemento adiacente, sia pure un istante dopo, comincia a muoversi a causa della tensione tra i due tratti. Lo stesso processo si ripete nelle zone successive, coinvolgendo alla fine tutta la corda. In questo modo la perturbazione elementare, detta **impulso**, avanza lungo la corda in **direzione orizzontale** (**asse x**) mentre contemporaneamente ogni singolo punto P della fune oscilla in **direzione verticale** (**asse y**).

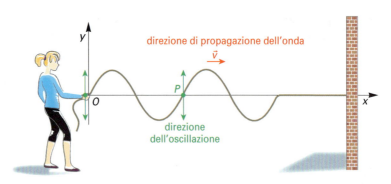

Se continuiamo a sollecitare l'estremo della corda con regolarità in direzione a essa perpendicolare verso l'alto e verso il basso si genera un'onda **trasversale.**

onda trasversale | Un'onda è **trasversale** quando la direzione di oscillazione è perpendicolare alla direzione di propagazione dell'onda.

Esempi di onde trasversali sono quelle che si propagano lungo le corde di una chitarra o di un violino e anche le onde radio e della luce (onde elettromagnetiche).

Onde longitudinali

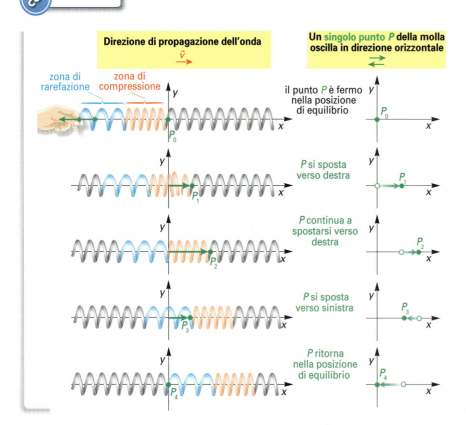

Consideriamo una molla **orizzontale** in posizione di riposo e ne muoviamo una volta l'estremo nel senso della molla, ritornando poi alla posizione di partenza. Il risultato è una **compressione** delle spire, seguita da un'**espansione** delle stesse: anche questa perturbazione elementare di **compressione**/**espansione** viaggia lungo la molla in direzione orizzontale (asse x). Se concentriamo la nostra attenzione su una singola spira, e quindi sulle particelle del mezzo che la compongono, possiamo rilevare che la compressione è un moto orizzontale di avvicinamento della singola spira a quella immediatamente successiva e l'espansione corrisponde a un moto di allontanamento tra le spire, sempre in senso orizzontale. Pertanto, se il movimento della mano si ripete con regolarità, si genera un'onda che avanza in direzione orizzontale mentre le singole particelle oscillano con un moto di andirivieni nella stessa direzione. Si tratta di un'**onda longitudinale.**

onda longitudinale | Un'onda è **longitudinale** quando la direzione dell'oscillazione coincide con la direzione di propagazione dell'onda.

Quelle sonore sono un esempio di onde longitudinali.

Nei **solidi** le onde possono essere **sia trasversali sia longitudinali**, mentre **nei liquidi e negli aeriformi**, dato che le forze attrattive fra atomi e molecole sono molto deboli, sono possibili solo onde **longitudinali** (o con caratteristiche intermedie come nel caso delle onde del mare).

> **ricorda...**
> Un'onda longitudinale si propaga solo nei mezzi materiali, mentre un'onda trasversale può propagarsi anche nel vuoto.

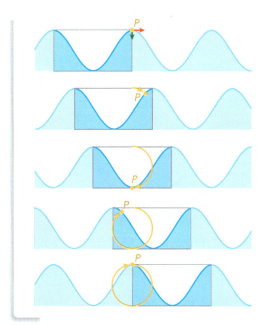

Le onde del mare, in vicinanza della superficie, non sono riconducibili a onde trasversali o longitudinali, in quanto le molecole dell'acqua si muovono contemporaneamente sia in senso verticale sia in senso orizzontale.
Pertanto, si ha una combinazione di caratteristiche **trasversali** e **longitudinali** che causano traiettorie quasi circolari, come si vede dal comportamento del punto *P* all'avanzare del moto ondoso.

flash))) Le onde del mare

Perché le onde del mare in presenza di un fondale basso si infrangono spumeggiando contro la riva?

Quando le onde si avvicinano alla terraferma il fondale esercita un certo attrito sulle particelle di acqua degli strati inferiori che hanno via via una maggiore difficoltà a completare la parte inferiore della traiettoria.
Tale distorsione provoca un rallentamento dell'onda, per cui essa viene raggiunta dall'onda successiva sino a quando la parte superiore della stessa, diventata instabile, precipita in avanti dando origine alla caratteristica spuma.

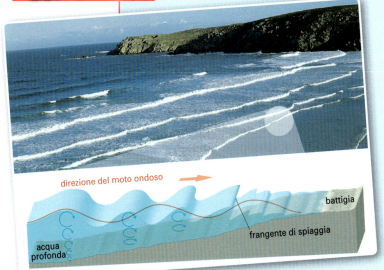

Perché un sottomarino in caso di tempesta con moti ondosi rilevanti (un'onda dell'oceano può superare i 18 metri di altezza) si inabissa e trova in profondità acque tranquille?

Man mano che si scende in profondità, le traiettorie tendono a diventare ellittiche e a restringersi, per cui i movimenti ondosi cessano.

20.3 Le caratteristiche fondamentali delle onde

Abbiamo visto che imprimendo un impulso a una corda tesa, è possibile generare un'onda. Finora ci siamo occupati delle oscillazioni di un singolo punto P, ma in un'onda sono presenti contemporaneamente due aspetti che possono essere visualizzati graficamente in maniera differente.

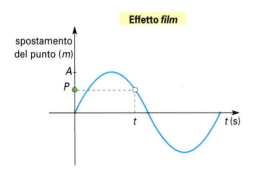

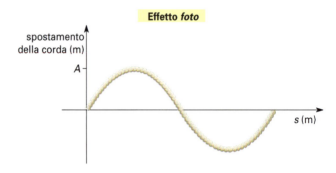

- *Oscillazione del singolo punto*: è come se si facesse un *film* di alcuni secondi, mantenendo l'obiettivo fisso sul punto P da esaminare. Allo scorrere del tempo (asse x) nel grafico si può individuare la posizione in senso verticale (asse y) di un singolo punto dell'onda.

- *Avanzamento dell'onda*: è come se si scattasse una *fotografia* in un istante ben preciso dell'intera onda. Sull'asse x si può individuare la posizione dei punti dell'onda, mentre sull'asse y si individua lo spostamento rispetto alla posizione di equilibrio.

> **onda periodica** — Se l'impulso si ripete con regolarità, le oscillazioni, oltre ad avanzare, si ripetono regolarmente in tutti i punti del mezzo: si parla allora di **onda periodica**.

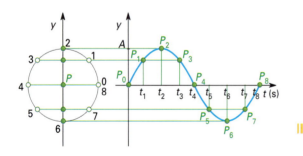

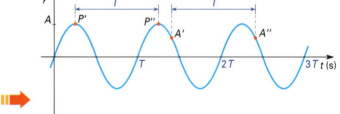

Il moto di andirivieni di un punto P qualunque di un'onda è un moto armonico, un tipo di moto che si ha, per esempio, nel caso del pendolo semplice quando l'angolo di oscillazione è piccolo. L'oscillazione del punto P che si muove di moto armonico (a sinistra) viene rappresentata dal grafico a forma di onda (a destra). Si tratta non della «fotografia» dell'onda mentre avanza, bensì del «filmato» relativo all'oscillazione di un singolo punto P dell'onda. Se calcoliamo il tempo che il punto P impiega a compiere un'oscillazione completa (dalla posizione P_0 alla P_8), abbiamo una delle grandezze necessarie per caratterizzare un'onda: il **periodo**.

> **periodo** — Il **periodo** T è il tempo necessario affinché il singolo punto di un'onda compia un'oscillazione completa.

Il periodo, poiché è un intervallo di tempo, si misura in secondi (s).
Il movimento di oscillazione del punto P può essere ovviamente più o meno veloce, per cui il numero di oscillazioni complete fatte in un secondo cambia da una situazione all'altra.
Viene così definita un'altra grandezza, la **frequenza**.

La **frequenza** f è il numero di oscillazioni complete che un punto dell'onda compie in un secondo:

$$f = \frac{1}{T}$$

> frequenza

L'unità di misura della frequenza è l'hertz (1 Hz = 1 s^{-1}).

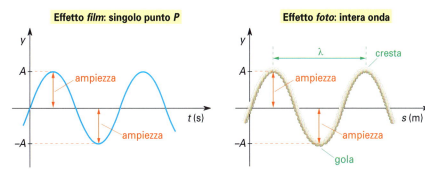

A seconda di come abbiamo provocato la sollecitazione iniziale, P può raggiungere una posizione più o meno alta rispetto a quella occupata quando la molla era a riposo. La distanza fra queste due posizioni prende il nome di **ampiezza** (A). I punti di massima ampiezza verso l'alto vengono chiamati **creste**, mentre quelli di massima ampiezza verso il basso sono detti **gole**.

L'**ampiezza** è il massimo spostamento di un punto dell'onda dalla posizione di equilibrio. > ampiezza

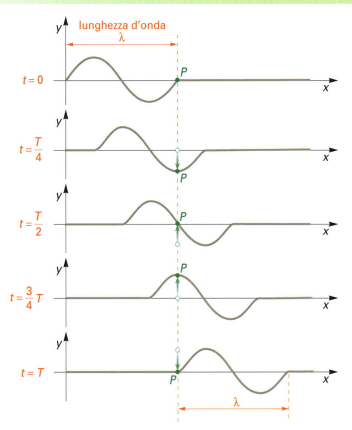

Si intuisce che mentre P oscilla nell'intorno della sua posizione, l'onda avanza di un certo spazio. Se consideriamo un intervallo di tempo pari al periodo T, nel corso del quale il punto P ritorna nella posizione iniziale, l'onda avrà percorso una distanza ben precisa, che la caratterizza e prende il nome di **lunghezza d'onda**.

lunghezza d'onda › La **lunghezza d'onda** λ è la distanza percorsa dall'onda in un intervallo di tempo pari al periodo T e può essere individuata dalla distanza tra due creste (o due gole) consecutive.

La lunghezza d'onda, dato che è una distanza, si misura in metri (m). Dunque, se λ è la distanza che un'onda percorre in un intervallo di tempo pari al periodo T, in base alla definizione di velocità $v = \Delta s/\Delta t$, ne risulta che la velocità con cui l'onda si sposta è:

$$v = \frac{\lambda}{T}$$

Ricordando che $f = 1/T$, possiamo perciò scrivere:

velocità dell'onda › $v = \lambda \cdot f$

Le formule inverse che danno la lunghezza d'onda o la frequenza sono:

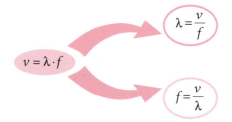

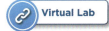

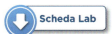

20.4 Il comportamento delle onde

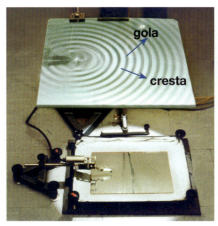

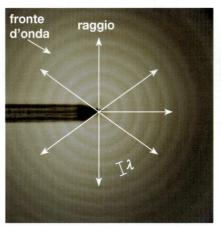

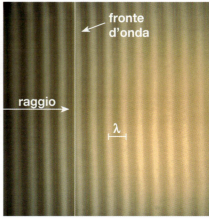

Per studiare alcuni comportamenti caratterizzanti le onde utilizziamo un **ondoscopio**. Si tratta di una vaschetta contenente acqua, sulla cui superficie viene fatta vibrare una punta o una lamina che fungono da sorgenti. Nel primo caso si hanno onde circolari. Esse vengono opportunamente amplificate su uno schermo dove le **creste** delle onde (massimo spostamento dalla posizione d'equilibrio verso l'alto) risultano le zone più luminose, mentre le **gole** (massimo spostamento verso il basso) appaiono scure.

Le onde circolari sono **bidimensionali** perché si propagano su una superficie e formano delle circonferenze di raggio crescente denominate **fronti d'onda**.
La direzione di propagazione è individuata dai raggi.
La distanza tra due creste consecutive costituisce la lunghezza d'onda λ.

Se la sorgente è una lamina, si hanno fronti d'onda rettilinei e anche in questo caso le perpendicolari ai fronti d'onda rappresentano i raggi dell'onda.

Il **fronte d'onda** è l'insieme dei punti che nello stesso istante subiscono una perturbazione identica.

> fronte d'onda

Il **raggio dell'onda** individua la direzione di propagazione dell'onda e risulta sempre perpendicolare al fronte d'onda.

> raggio dell'onda

▶ Riflessione

La **riflessione** è il fenomeno che si ha quando le onde, incontrando un ostacolo, tornano indietro nel mezzo di provenienza.

> riflessione

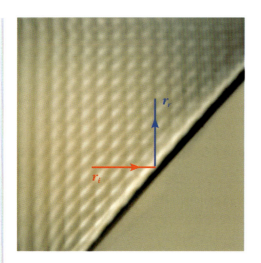

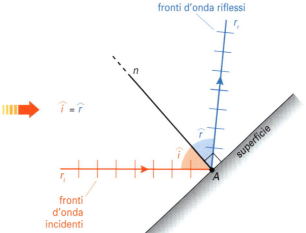

Per osservare la riflessione, dopo aver generato onde rettilinee, immergiamo nella vaschetta una sbarretta posizionata obliquamente rispetto alle onde e che funga da ostacolo.
Si formano nel mezzo di provenienza nuovi fronti d'onda in direzione diversa rispetto a quella iniziale.

Tracciamo la normale (o perpendicolare) n in A, punto qualsiasi della superficie di separazione tra i due mezzi.
L'angolo di incidenza $\hat{\imath}$ è formato dal raggio incidente r_i (perpendicolare al fronte d'onda incidente) e dalla retta n; l'angolo di riflessione $\hat{r}$ è formato dal raggio riflesso r_r e da n.

Si verifica sperimentalmente che valgono le seguenti leggi:

Prima legge
Raggio incidente, raggio riflesso e normale alla superficie riflettente nel punto di incidenza sono complanari (cioè appartengono allo stesso piano).

> leggi della riflessione

Seconda legge
L'angolo di incidenza è uguale all'angolo di riflessione:

$\hat{\imath} = \hat{r}$

▶ Rifrazione

rifrazione > La **rifrazione** è il fenomeno che si ha quando le onde, passando da un mezzo di propagazione a un altro, modificano la direzione di propagazione.

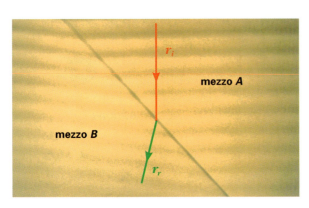 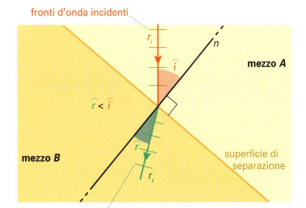

Per osservare la rifrazione si pone sul fondo della vaschetta una lastra in modo che si abbiano due zone con profondità dell'acqua differente. Nel passaggio dal mezzo più profondo (A) a quello meno profondo (B) la lunghezza d'onda λ diminuisce, mentre la frequenza delle onde f **non** cambia perché dipende solo dalla frequenza con cui oscilla la sorgente per cui si avrà:

$$\left.\begin{array}{l} v_A = \lambda_A \cdot f \\ v_B = \lambda_B \cdot f \end{array}\right\} \Rightarrow f = \frac{v_A}{\lambda_A} = \frac{v_B}{\lambda_B} \Rightarrow \frac{v_A}{v_B} = \frac{\lambda_A}{\lambda_B}$$

essendo: $\lambda_A > \lambda_B \Rightarrow v_A > v_B$.

La velocità diminuisce nel passaggio dal mezzo A al mezzo B perché aumenta l'attrito con il fondo della vaschetta e l'onda, diventando più lenta, tende a rimanere indietro rispetto a quella che si trova ancora nella zona più profonda. È questa la ragione del cambiamento di direzione delle onde.

Tracciamo la perpendicolare n alla superficie di separazione in un qualsiasi punto.
Si può verificare che nel passaggio dal mezzo più profondo (A) a quello meno profondo (B) l'angolo d'incidenza $\hat{i}$ (individuato dal raggio incidente e dalla retta n) è maggiore dell'angolo di rifrazione $\hat{r}$ (individuato dal raggio rifratto e da n).
Fra i due angoli intercorre una relazione ben precisa, conseguenza del cambiamento di velocità, espressa nelle leggi che regolano questo fenomeno.

leggi della rifrazione >
Prima legge
Raggio incidente, raggio rifratto e normale alla superficie di separazione dei due mezzi sono complanari.

Seconda legge
Il rapporto tra il seno dell'angolo di incidenza e il seno dell'angolo di rifrazione è costante e tale costante è uguale al rapporto tra le velocità v_A e v_B con cui l'onda si propaga nei due mezzi.

$$\frac{\text{sen}\,\hat{i}}{\text{sen}\,\hat{r}} = \frac{v_A}{v_B} = \text{costante}$$

! **ricorda...**
Se in un mezzo B la stessa onda tende a procedere più lentamente nei confronti di un mezzo A, allora B si dice *più rifrangente* di A. Nell'eventualità contraria, viene detto *meno rifrangente*.

Diffrazione

La **diffrazione** è un cambiamento della forma geometrica del fronte d'onda che si verifica in presenza di una fenditura o di un ostacolo.

> diffrazione

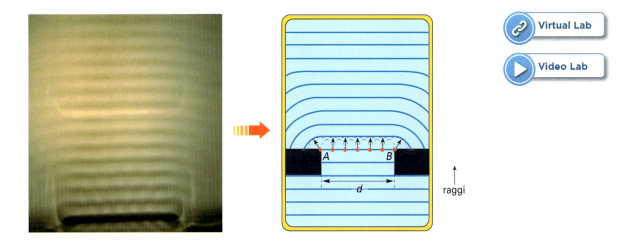

Supponiamo che un'onda rettilinea incontri un ostacolo munito di una fenditura. Se l'apertura è molto maggiore della lunghezza d'onda λ si vede che l'onda rettilinea prosegue invariata tranne che ai bordi dove si incurva.
Si tratta del fenomeno della diffrazione, che nell'illustrazione risulta molto limitato.

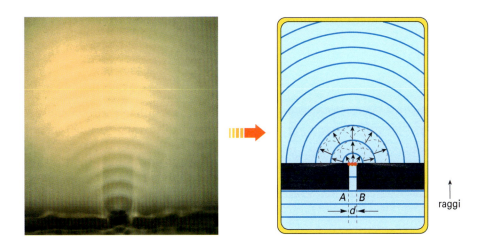

Diminuendo la larghezza d della fenditura, gli effetti della diffrazione aumentano. Quando d ha le dimensioni della lunghezza d'onda ($d \approx \lambda$) si vede che l'incurvamento del fronte d'onda si accentua notevolmente.
Il fenomeno raggiunge il massimo effetto quando $d \ll \lambda$ e il fronte d'onda diventa circolare.

ricorda...

Le onde marine possono superare gli ostacoli proprio perché quando incontrano corpi aventi una grandezza confrontabile con la lunghezza d'onda tendono a seguirne il contorno.

Interferenza

Che cosa accade quando le oscillazioni dovute a onde diverse convergono nella stessa regione di spazio?
Nella maggior parte dei casi non vi è influenza reciproca tra le onde: la loro composizione segue il **principio di sovrapposizione**.

| principio di sovrapposizione | Se in un punto agiscono contemporaneamente due o più onde, la perturbazione totale è data dalla somma algebrica delle perturbazioni prodotte dalle singole onde. |

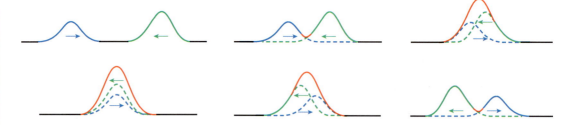

| interferenza | L'interferenza è il fenomeno che si ha quando due o più onde provenienti da sorgenti diverse si sovrappongono nella stessa zona. |

L'interazione rappresentata nella figura è un'**interferenza di tipo costruttivo** perché gli effetti si sommano e l'ampiezza dell'onda risultante è maggiore di quella delle due onde componenti; quando invece gli effetti sono opposti tra loro allora si ha un'**interferenza di tipo distruttivo**.

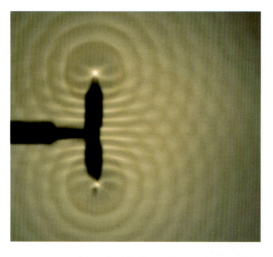

L'interferenza, essendo una diretta conseguenza del principio di sovrapposizione, costituisce un fenomeno piuttosto complesso. Ci limitiamo a studiarlo in una situazione particolare, quella rappresentata nella foto.
Nell'ondoscopio vi sono due sorgenti puntiformi che generano due onde armoniche distinte con le seguenti caratteristiche:

1. le sorgenti vibrano con la stessa frequenza per cui le onde hanno la stessa ω;
2. le sorgenti oscillano in fase (questo significa che generano una cresta o una gola nello stesso istante t);
3. le onde hanno la stessa ampiezza A.

La sovrapposizione delle onde avviene ovunque nella vaschetta, ma noi concentreremo la nostra attenzione sui punti in cui avviene un'interferenza **totalmente costruttiva** (vi giungono contemporaneamente due creste o due gole) o **totalmente distruttiva** (si sommano una cresta e una gola).
Tuttavia, dal momento che tratteremo unicamente questi casi, per semplicità ci riferiremo a essi in termini di interferenza costruttiva o distruttiva.

Condizioni di interferenza costruttiva e distruttiva

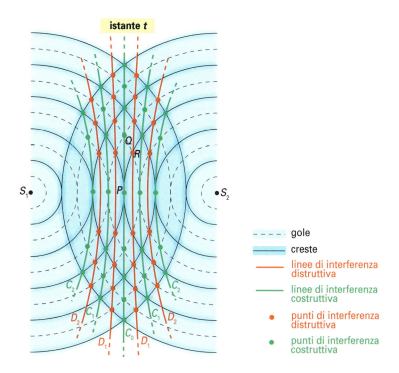

Nello stesso istante t in P passano due creste di ampiezza A che, incontrandosi, rinforzano le rispettive azioni. Si determina così una cresta di ampiezza $2A$ doppia di quella delle componenti. Anche in Q nello stesso istante si verifica un'interferenza costruttiva, perché si incontrano due gole: l'ampiezza è sempre $2A$, ma lo spostamento avviene verso il basso.

In un punto si ha **interferenza costruttiva** se in esso giungono contemporaneamente due creste o due gole. **interferenza costruttiva**

Unendo opportunamente i punti di interferenza costruttiva, chiamati **ventri**, si ottengono delle linee (**verdi** in figura) dette **antinodali**. Un qualsiasi punto di interferenza costruttiva è tale che la differenza delle sue distanze dalle sorgenti S_1 e S_2 è in modulo uguale a un multiplo intero della lunghezza d'onda. In altri termini:

$$|x_1 - x_2| = k\lambda \qquad k = 0, 1, 2, ...$$

con x_1 e x_2 distanze del punto dalle sorgenti S_1 e S_2. **condizione di interferenza costruttiva**

Sempre nell'istante t in R arrivano una cresta e una gola che, sovrapponendosi, annullano i rispettivi effetti e, di conseguenza, l'acqua resta ferma. In R si è verificata un'interferenza distruttiva.

In un punto si ha **interferenza distruttiva** se in esso giungono contemporaneamente una cresta e una gola. **interferenza distruttiva**

In questo caso congiungendo tra loro i punti di interferenza distruttiva, che prendono il nome di **nodi**, vengono individuate delle linee (**rosse** in figura) dette **nodali**. Un qualsiasi punto di interferenza distruttiva è tale che la differenza delle sue distanze dalle sorgenti S_1 e S_2 è in modulo uguale a un multiplo dispari di metà della lunghezza d'onda.

$$|x_1 - x_2| = (2k+1)\frac{\lambda}{2} \qquad \text{con} \quad k = 0, 1, 2, ...$$

condizione di interferenza distruttiva

Abbiamo analizzato fin qui la configurazione in un istante t, ma in realtà essa si modifica nel tempo.

Approfondiamo che cosa accade al variare del tempo in un punto di interferenza costruttiva o distruttiva.

Effetto *film*

Interferenza costruttiva

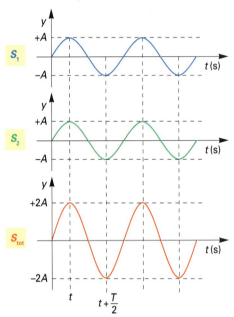

Interferenza distruttiva

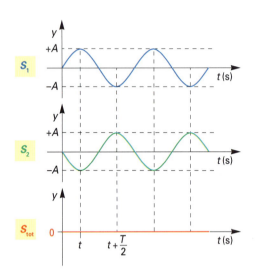

Consideriamo due onde componenti S_1 e S_2 e la loro risultante che indichiamo con S_{tot}. Se in un dato istante t in un punto si sovrappongono due creste, allora dopo un intervallo pari a $T/2$ in quel medesimo punto si sovrapporranno due gole: in tutti i casi gli effetti delle due onde si rafforzano e nel punto si ha sempre interferenza costruttiva.

Analogamente, se in un punto in un determinato istante t si sovrappongono una cresta e una gola, negli istanti successivi le due onde continueranno ad annullare i rispettivi effetti e al trascorrere del tempo si ha sempre un nodo in cui l'acqua risulta non perturbata. In questo caso si ha una interferenza distruttiva.

20.5 Il suono

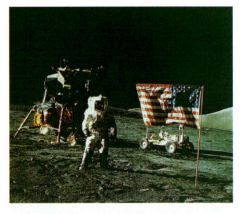

Una persona che parla, il telefono che squilla, la radio che diffonde un concerto...
Dalla musica più dolce al rumore più assordante, la nostra vita quotidiana è ricca di *suoni*, cioè di sensazioni originate dalle vibrazioni di una membrana presente nell'orecchio che, trasformate in una serie di stimoli di natura chimica ed elettrica trasportati dal nervo acustico, vengono poi interpretate dal cervello.

Il suono non è altro che un'onda che si propaga nello spazio in tutte le direzioni grazie alla presenza dell'aria. Sulla Luna, se non è possibile comunicare via radio, gli astronauti devono ricorrere ai gesti. Non ha senso che... si mettano a urlare, dal momento che non c'è atmosfera!

Onde meccaniche e suono UNITÀ 20 **481**

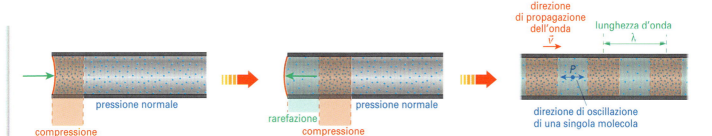

Per capire come si genera un'onda sonora nell'aria, immaginiamo una situazione molto semplificata in cui un tubo è delimitato a un estremo da una membrana elastica. Se spingiamo la membrana, che svolge il ruolo di sorgente, nelle immediate vicinanze si determina una zona, detta **compressione**, in cui si ha un lieve aumento della pressione dell'aria. La zona di compressione poi si allontana dalla membrana.

Nel frattempo la membrana torna indietro determinando una regione d'aria, detta **rarefazione**, in cui si ha una lieve diminuzione della pressione la quale, analogamente alla zona di compressione, tende ad allontanarsi dalla sorgente.
Ovviamente, la separazione tra compressione e rarefazione non è così netta come rappresentato in modo schematico in figura.

Se la membrana continua a vibrare, si genera un'alternanza di compressioni e rarefazioni che si propagano in direzione orizzontale, cioè la stessa direzione in cui avvengono le oscillazioni della singola molecola rispetto alla posizione di equilibrio. Si tratta di un'onda longitudinale che prende il nome di **onda sonora** (o **acustica**).

> L'**onda sonora** è un'onda meccanica longitudinale dovuta alla propagazione delle variazioni di pressione (compressione/rarefazione) dell'aria.

onda sonora

Le onde sonore o acustiche necessitano sempre di un mezzo per propagarsi. Tale mezzo, però, non è necessariamente l'aria, perché allo scopo è adatta qualsiasi sostanza elastica solida, liquida o aeriforme. Una scena classica in molti film western mostra un indiano che appoggia l'orecchio al suolo per controllare l'arrivo dei cavalli al galoppo. In effetti, nei solidi il suono si propaga con una velocità superiore a quella che ha nell'aria (tabella 1). Alla temperatura di 20 °C e al livello del mare il suono si muove nell'aria a 343 m/s, mentre nell'acciaio la velocità è di 5960 m/s, vale a dire più di 17 volte maggiore!

TABELLA 1

mezzo	t (°C)	velocità del suono
aria	0	331
aria	20	343
acqua	20	1480
piombo	20	1230
rame	20	3750
ferro	20	5130
acciaio	20	5960
granito	20	6000

Tutti i corpi che vibrano producono suoni, ma il nostro orecchio non è in grado di percepirli tutti. Se la sorgente vibra con una frequenza che non rientra nell'*intervallo di udibilità* umana (da 16 Hz a 20 000 Hz), non avvertiamo nulla.
Le onde elastiche di frequenza superiore a 20 000 Hz sono dette *ultrasuoni*. Alcune specie di delfini riescono a percepire ultrasuoni con frequenza addirittura fino a 200 000 Hz.
Finora abbiamo parlato genericamente di suoni; tuttavia, c'è una notevole differenza tra il rumore del traffico e una bella canzone!
In ambito acustico i suoni propriamente detti vengono distinti dai rumori per il fatto che solamente le onde che generano i primi sono caratterizzate dalla periodicità.

I suoni si classificano in base alla frequenza; infatti, a ciascuna nota musicale ne corrisponde una ben precisa. La nota rispetto alla quale vengono accordati tutti gli strumenti è il **La** dell'ottava centrale che ha una frequenza di 440 Hz.

Nella tabella 2 sono messe in relazione le sensazioni soggettive e quindi diverse che provocano in noi i suoni a seconda delle caratteristiche fisiche delle onde sonore.

TABELLA 2

caratteristica	sensazione dell'ascoltatore	causa fisica	rappresentazione grafica
altezza	l'**altezza** permette di distinguere i suoni **gravi** (voce di un uomo adulto) da quelli **acuti** (voce di un bambino)	dipende dalla **frequenza** dell'onda: aumentando la frequenza, aumenta la sensazione di acutezza, si ha cioè una maggior **altezza**; le variazioni di pressione dell'aria in un singolo punto si susseguono con maggiore rapidità	suono grave / suono acuto
intensità	il **livello di intensità sonora** (nel linguaggio quotidiano il **volume**) permette di distinguere i suoni **deboli** (sussurro) da quelli **forti** (urlo)	se cresce l'**intensità sonora** aumenta l'**energia** trasportata dall'onda sonora. Di conseguenza aumenta l'**ampiezza** delle vibrazioni	suono meno intenso / suono più intenso
		la sensazione fisica è legata all'**intensità** sonora, vale a dire alla quantità di energia che passa perpendicolarmente attraverso 1 m² di superficie; è facile intuire che l'intensità dipende dalla distanza tra la sorgente del suono e l'ascoltatore ed è inversamente proporzionale al quadrato della distanza dalla sorgente	
timbro	il **timbro** permette di distinguere, a parità di altre caratteristiche, il Do di un violino da quello di un flauto e rende inconfondibile qualsiasi voce umana	a parità di frequenza e di ampiezza le onde differiscono, risultando così sempre distinguibili, grazie al **timbro**, cioè alle loro forme diverse	

flash))) Le suonerie dei cellulari

Alcuni cellulari mettono a disposizione delle suonerie udibili solo dai ragazzi e non dagli adulti. Infatti, un adolescente è in grado di percepire onde sonore comprese fra 20 Hz e 20 000 Hz (20 kHz), ma poi con gli anni la capacità di percepire i suoni, soprattutto quelli più acuti, tende a diminuire (sia pure con effetti variabili da soggetto a soggetto). Mediamente un anziano non percepisce suoni che hanno frequenze superiori a 12 kHz. Gli intervalli di udibilità degli animali sono diversi da quelli umani: il cane percepisce fino a 45 kHz, mentre il gatto raggiunge i 70 kHz.

flash))) Ascoltare un concerto rock

Per capire meglio la relazione tra causa fisica e livello di intensità sonora, possiamo rilevare che quando si passa dai 110 dB di un concerto rock (seguito non a ridosso del palco...) ai 120 dB di un martello pneumatico ascoltato a 1 m di distanza, l'incremento di 10 dB equivale per l'ascoltatore a una sensazione di raddoppio del volume rispetto al suono iniziale, ma l'intensità sonora che ne è la causa risulta invece moltiplicata per 10.
Per questa ragione le onde sonore possono provocare seri danni al nostro organismo.
È facile comprendere che l'energia associata a un livello di intensità sonora di 160 dB è talmente elevata da poter causare la rottura del timpano e che l'esposizione a 200 dB potrebbe risultare addirittura mortale!

20.6 L'eco e il rimbombo

L'eco e il rimbombo sono due fenomeni dovuti alla riflessione delle onde sonore contro un ostacolo. Talvolta capita, emettendo una sillaba in un ambiente molto grande e vuoto, di sentirla ripetere chiaramente come se fosse stata pronunciata da qualcun altro. Quello che si verifica è in realtà molto semplice.

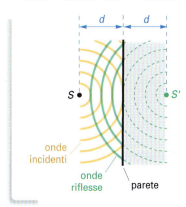

Quando produciamo un suono (la sillaba), le onde si propagano in tutte le direzioni sino alle pareti della stanza e da queste vengono riflesse, per cui tornano indietro. Considerando una delle pareti, abbiamo che il suono per raggiungere il nostro orecchio deve percorrere due volte la distanza d fra noi e la parete (percorso di andata e ritorno).
Le onde riflesse si muovono come se fossero prodotte da una sorgente virtuale S', simmetrica della sorgente reale S rispetto alla parete.

Il fenomeno dell'**eco** si verifica a condizione che il tempo che trascorre fra l'emissione del suono e l'arrivo dell'onda riflessa in S sia almeno di un decimo di secondo (1/10 s), perché il nostro orecchio è in grado di distinguere due suoni soltanto se sono opportunamente distanziati fra loro.
Dato che il suono si propaga a velocità costante (v_{suono} = 343 m/s), vale la legge oraria del moto rettilineo uniforme $s = v \cdot t$, ed essendo nel nostro caso $s = 2 \cdot d$, abbiamo:

$$2 \cdot d = v_{suono} \cdot t$$

sostituendo i valori a v_{suono} e t, otteniamo

$$2 \cdot d = 343 \cdot \frac{1}{10} = 34,3 \text{ m}$$

dividendo per 2

$$d = 17,15 \text{ m} \cong 17 \text{ m}$$

Pertanto, se la parete dista almeno 17 m si ha l'eco e viene percepito un suono ben distinto da quello iniziale. Invece, per distanze inferiori a 17 m, essendo il tempo di percorrenza minore di 1/10 s, l'orecchio non riesce più a distinguere tra sillaba originaria e sillaba riflessa, per cui si ha una sensazione di sovrapposizione confusa tra di esse, nota come **rimbombo**.

flash))) *Vedere* con... gli ultrasuoni

I pipistrelli producono continuamente ultrasuoni e, ricevendo il riflesso dei segnali da loro emessi, sono in grado di individuare ostacoli e prede (**ecolocazione**). L'uomo ha imitato questo meccanismo nel **sonar** (*sound navigation and ranging*) che consente per esempio di individuare relitti, scogliere o banchi di pesci in acque profonde basandosi sull'intervallo di tempo Δt che intercorre fra l'emissione del segnale e la ricezione di quello riflesso.

Un'altra applicazione importante si ha in medicina con l'**ecografia**, che permette di ottenere immagini del feto nel grembo materno e più in generale la visualizzazione di organi interni quali il fegato o il cuore. In questo caso si utilizzano le riflessioni che si hanno quando gli impulsi sonori colpiscono la superficie di separazione di tessuti con caratteristiche di densità diverse. Per stabilire la frequenza degli ultrasuoni da utilizzare è necessario tenere presente che si possono identificare solo quelle parti anatomiche che hanno dimensioni maggiori o uguali alla lunghezza d'onda prescelta. Per cui, se si vogliono analizzare formazioni di dimensioni uguali o superiori a 0,15 mm (che perciò è il valore massimo di λ), tenendo conto che la velocità del suono attraverso l'organismo è di 1540 m/s, la frequenza degli ultrasuoni deve essere $f = \dfrac{v}{\lambda} = \dfrac{1540}{0,15 \cdot 10^{-3}} \approx 10^7$ Hz, indicata di solito come 10 MHz. Quando occorre raffinare l'indagine si deve aumentare la frequenza.

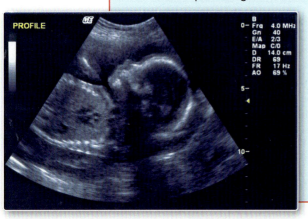

 Virtual Lab

20.7 L'effetto Doppler

Assistendo a un corteo strombazzante di automobili, in occasione di un festeggiamento di carattere sportivo o di un matrimonio, è facile notare che percepiamo in modo diverso il suono di uno stesso clacson a seconda che l'auto in questione si avvicini oppure si allontani da noi.

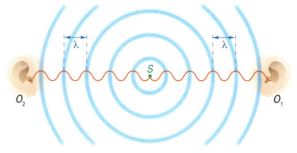

Quando la sorgente S è ferma rispetto all'ascoltatore, possiamo dire che la lunghezza d'onda λ di un'onda sonora di frequenza f e velocità di propagazione v_{suono}, è data da:

$$\lambda = \frac{v_{suono}}{f}$$

Quindi se un'automobile è ferma l'ascoltatore percepisce il suono del clacson di lunghezza d'onda λ e frequenza f.

Vediamo che cosa accade se l'automobile il cui clacson viene suonato continuamente è in avvicinamento.

Onde meccaniche e suono — UNITÀ 20

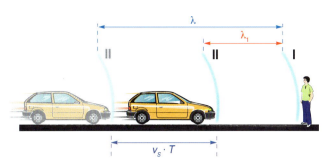

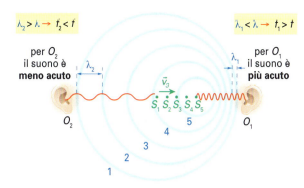

Sappiamo che la lunghezza d'onda del suono è la distanza minima tra due strati di compressione (o rarefazione) dell'aria. Chiamiamo I e II due fronti d'onda consecutivi corrispondenti a zone di compressione. Supponiamo che l'ascoltatore, che è immobile, abbia percepito in questo istante il fronte d'onda I. Dopo un tempo pari al periodo T, arriva al suo orecchio anche il fronte d'onda II; però, se la sorgente sonora si avvicina con velocità v_S, nell'intervallo di tempo T essa ha nel frattempo percorso lo spazio $v_S \cdot T$. Di conseguenza, per l'ascoltatore la distanza tra I e II non è più λ, bensì λ_1:

$$\lambda_1 = \lambda - v_S \cdot T$$

e dato che $\lambda = v_{suono}/f$ e $T = 1/f$, si ha

$$\lambda_1 = \frac{v_{suono}}{f} - \frac{v_S}{f}$$

da cui si trova, raccogliendo $1/f$

$$\lambda_1 = \frac{v_{suono} - v_S}{f} \Rightarrow \lambda_1 < \lambda$$

Dal punto di vista dell'ascoltatore a destra, il suono arriva sempre alla velocità v_{suono}, ma essendo la lunghezza d'onda non più λ bensì λ_1, per lui la frequenza risulta:

$$f_1 = \frac{v_{suono}}{\lambda_1}$$

Si vede che, essendo $\lambda_1 < \lambda$, la frequenza f_1 è maggiore di f:

$$f_1 > f$$

La conseguenza è che, se la sorgente si sta avvicinando, l'ascoltatore fermo viene investito da onde di frequenza maggiore e il suono risulta perciò più acuto.

Analogamente, quando la sorgente si allontana dall'ascoltatore con velocità v_S, si ha l'effetto inverso:

$$\lambda_2 = \frac{v_{suono} + v_S}{f} \Rightarrow \lambda_2 > \lambda \Rightarrow f_2 < f$$

Aumentando la lunghezza d'onda, la frequenza diminuisce e il suono dell'ascoltatore a sinistra viene percepito come meno acuto.

esempio

1 Supponiamo che un treno si muova alla velocità di 30 m/s, emettendo un fischio con frequenza pari a 686 Hz. Vogliamo determinare la frequenza di tale fischio per una persona A, rispetto alla quale il treno si avvicina, e per una persona B, da cui il treno è in allontanamento.

Iniziamo da A. Calcoliamo prima la lunghezza d'onda e poi la frequenza:

$$\lambda_1 = \frac{v_{suono} - v_S}{f} = \frac{343 - 30}{686} \cong 0{,}456 \text{ m}$$

$$f_1 = \frac{v_{suono}}{\lambda_1} = \frac{343}{0{,}456} \cong 752 \text{ Hz}$$

Passiamo adesso a B:

$$\lambda_2 = \frac{v_{suono} + v_s}{f} = \frac{343 + 30}{686} \cong 0{,}544 \text{ Hz}$$

$$f_2 = \frac{v_{suono}}{\lambda_2} = \frac{343}{0{,}544} \cong 631 \text{ Hz}$$

La lunghezza d'onda a sorgente ferma è invece:

$$\lambda = \frac{343}{686} \cong 0{,}500 \text{ m}$$

Se vogliamo calcolare direttamente la frequenza, possiamo scrivere:

$$f_1 = \frac{v_{suono}}{v_{suono} - v_S} \cdot f$$

sorgente in avvicinamento osservatore fermo

oppure

$$f_2 = \frac{v_{suono}}{v_{suono} + v_S} \cdot f$$

sorgente in allontanamento osservatore fermo

L'effetto Doppler è legato alla velocità relativa fra la sorgente e l'ascoltatore, per cui si verifica anche se la prima è ferma ed è invece il secondo ad avvicinarsi o ad allontanarsi. In questa situazione la lunghezza d'onda, non essendovi movimento della sorgente, rimane invariata; ma l'ascoltatore, a causa della sua velocità, attraversa in un secondo un numero di onde maggiore in caso di avvicinamento (la frequenza aumenta e il suono si fa più acuto) e minore in caso di allontanamento (la frequenza diminuisce e il suono si fa meno acuto).

ricorda... L'effetto Doppler è un fenomeno che interessa tutte le onde, non solamente quelle sonore.

idee e personaggi

Mahler e il muro del suono

A **Gustav Malher** (1860-1911), compositore austriaco di origine boema, piaceva quello che in musica viene chiamato **fortissimo**, riferendosi a un suono particolarmente intenso eseguito nell'orchestra dagli strumenti a fiato. Tant'è vero che una sinfonia del famoso compositore, la n. 6 detta "Tragica", si apre proprio con un fortissimo in tonalità maggiore, per poi passare subito dopo a un *pianissimo* in tonalità minore.
Se il suono diventa ancora più forte si parla addirittura di **fortississimo**! Ma di che cosa si tratta realmente?
Già nel 1995 un gruppo di scienziati dell'Università di Eindhoven in Olanda aveva ipotizzato che uno strumento come il trombone potesse emettere durante un *fortissimo* un'onda d'urto con velocità leggermente superiore alla velocità del suono nell'aria. La previsione di basava su un modello matematico che prendeva in considerazione la grande pressione con cui l'aria viene immessa nel trombone all'imboccatura ma, soprattutto, la particolare forma di quest'ultima. Infatti, in altri strumenti a fiato questo fenomeno non si verifica.
Questo tipo di effetto è stato inizialmente studiato in relazione al caso di una sorgente che si muove nell'aria a una velocità v_S maggiore di quella del suono v_{suono}, per cui mentre la sorgente va da S a S', la perturbazione relativa al mezzo arriva solo da S a S_1.
Si produce così un'onda d'urto (**shock wave** in inglese), accompagnata dal noto *bang supersonico*. La sua visualizzazione è possibile grazie a una tecnica che prende il nome di *schlieren photography*, basata sul cambiamento dell'indice di rifrazione dell'aria dovuto alla variazione della sua densità. Adoperando questa metodologia, recentemente alcuni scienziati giapponesi della Tohoku University hanno potuto filmare l'onda d'urto dell'aria in uscita dal trombone, trovando che la sua velocità è di circa l'uno per cento più alta di quella del suono.
Un'altra tecnica per "vedere" il suono è stata messa a punto all'Università di Cardiff. Attraverso l'uso dell'olografia i ricercatori sono riusciti a visualizzare le vibrazioni della cassa della chitarra (da cui poi ha origine il suono). In tal modo sono state messe in evidenza persino vibrazioni inferiori al milionesimo di metro!

IN SINTESI

- Un'**onda** è una perturbazione nella quale si ha trasporto di energia, senza che però vi sia trasporto di materia. Le sostanze che, dopo il passaggio dell'onda, tendono a ritornare nella situazione in cui si trovavano prima, si dicono *mezzi elastici*. Si definisce **fronte d'onda** l'insieme dei punti che nello stesso istante subisce una perturbazione identica.

- Un'onda può essere:
  - **trasversale**, se le particelle del mezzo vibrano in direzione perpendicolare rispetto a quella di propagazione;
  - **longitudinale**, se le particelle del mezzo vibrano nella stessa direzione rispetto a quella di propagazione.

  Un'onda longitudinale si propaga solo in mezzi elastici, una trasversale anche nel vuoto.

- Un'onda viene detta **periodica** quando l'impulso si ripete con regolarità e quindi le oscillazioni, oltre ad avanzare, si ripetono regolarmente in tutti i punti del mezzo.

- Le grandezze caratteristiche di un'onda periodica sono:
  - il **periodo T**, che è il tempo necessario affinché il singolo punto di un'onda compia un'oscillazione completa, e si misura in secondi;
  - la **frequenza f**, che è il numero di oscillazioni complete che un punto dell'onda compie in un secondo e si misura in hertz (1 Hz = 1 s^{-1});
  - l'**ampiezza A**, che è il massimo spostamento di un punto dell'onda dalla posizione di equilibrio e si misura in metri;
  - la **lunghezza d'onda λ**, che è la distanza percorsa dall'onda in un intervallo di tempo pari al periodo T e può essere individuata dalla distanza tra due creste (o due gole) consecutive e si misura in metri (m).

  La *relazione tra la frequenza e il periodo* è:

  $$f = \frac{1}{T}$$

  La *velocità* di un'onda è data da:

  $$v = \lambda \cdot f$$

- I principali fenomeni a cui sono soggette le onde sono:
  - **riflessione**, che si ha quando le onde, incontrando un ostacolo, tornano indietro nel mezzo di provenienza e le cui leggi sono:
    1. raggio incidente, raggio riflesso e normale alla superficie riflettente nel punto di incidenza sono complanari (cioè appartengono allo stesso piano);
    2. l'angolo di incidenza è uguale all'angolo di riflessione:

    $$\hat{i} = \hat{r}$$

  - **rifrazione**, che si ha quando le onde passano da un mezzo di propagazione a un altro con caratteristiche diverse, determinando un cambiamento nella direzione di propagazione dell'onda le cui leggi sono:
    1. raggio incidente, raggio rifratto e normale alla superficie di separazione dei due mezzi sono complanari;
    2. il rapporto tra il seno dell'angolo di incidenza e il seno dell'angolo di rifrazione è costante e tale costante è uguale al rapporto tra le velocità v_A e v_B con cui l'onda si propaga nei due mezzi.

    $$\frac{\operatorname{sen} \hat{i}}{\operatorname{sen} \hat{r}} = \frac{v_A}{v_B} = \text{costante}$$

  - **diffrazione**, che si ha quando le onde, incontrando ostacoli o aperture dell'ordine di grandezza della lunghezza d'onda λ, riescono ad aggirarli grazie all'incurvamento del fronte d'onda;
  - **interferenza**, che si ha quando onde provenienti da sorgenti diverse si sovrappongono, producendo complessivamente un'amplificazione o una riduzione delle singole perturbazioni.

- In base al **principio di sovrapposizione**, l'effetto totale in uno stesso punto del mezzo di propagazione, dovuto alla presenza contemporanea di due o più onde, è dato dalla somma degli effetti delle singole onde. Se si sovrappongono le creste o le gole di due onde uguali, la loro azione si amplifica e cioè si ha una **interferenza costruttiva**; se invece si sovrappongono una cresta e una gola, esse si annullano vicendevolmente, cioè si ha una **interferenza distruttiva**.

- Il **suono** è un'onda elastica di tipo longitudinale e consiste nella *propagazione delle variazioni di pressione* (compressione/rarefazione) dell'aria. Le caratteristiche fondamentali del suono sono:
  - l'**altezza**, legata alla frequenza dell'onda;
  - l'**intensità**, determinata dall'ampiezza dell'onda e inversamente proporzionale al quadrato della distanza tra sorgente e ascoltatore;
  - il **timbro**, dovuto alla diversa forma delle onde (a parità di frequenza e ampiezza).

- L'**eco** è un fenomeno che si ha in presenza di un ostacolo contro cui vengono riflesse le onde sonore; si verifica quando il tempo che trascorre fra l'emissione del suono e l'arrivo dell'onda riflessa è almeno di un decimo di secondo (1/10 s).

- L'**effetto Doppler** determina un aumento della frequenza sonora se la sorgente si sta *avvicinando* all'ascoltatore, e una diminuzione nel caso in cui la sorgente si stia *allontanando* dall'ascoltatore.

SCIENTIFIC ENGLISH

CLIL

Mechanical Waves and Sound

- A **wave** is a disturbance that carries energy but not matter. Substances that tend to return to their original condition after the passage of a wave are called *elastic media*. All the points on a wave at the same position in a wave cycle form a **wave front**.

- Waves may be:
  - **transverse**, when the vibrations of the elements of the medium are at right angles to the direction of travel of the wave;
  - **longitudinal**, when the elements of the medium vibrate back and forth along the direction in which the wave travels.
  Longitudinal waves only travel in elastic media, transverse waves also travel in empty space.

- Waves in which the pulse is repeated regularly so that as the disturbance advances it is also repeated regularly in all points of the medium are known as **periodic** waves.

- The properties of a periodic wave are:
  - **period T**, the time required for one complete cycle, or oscillation, by each point of a wave. The period is measured in seconds;
  - **frequency f**, the number of complete cycles by a point of the wave in one second. Frequency is measured in hertz (1 Hz = 1 s^{-1});
  - **amplitude A**, the maximum displacement of a point of the wave from its equilibrium position and it is measured in metres;
  - **wavelength λ**, the distance the wave travels in a time equal to the period T. The wavelength can be defined by the distance between two consecutive peaks (or troughs) and it is measured in metres (m).

  The *relationship between frequency* and *period* is:
  $$f = \frac{1}{T}$$
  The *speed* of a wave is given by:
  $$v = \lambda \cdot f$$

- The main wave phenomena are:
  - **reflection**, which occurs when the wave meets an obstacle and bounces off it to return into the medium from which it originated. The laws of reflection state that:
    1. the incident ray, the reflected ray and the normal to the reflection surface at the point of the incidence are coplanar (they all lie in the same plane);
    2. the angle of incidence is equal to the angle of reflection: $\hat{i} = \hat{r}$;

  - **refraction**, which occurs when the wave passes from one medium to another medium with different properties so that it changes direction. The laws of refraction state that:
    1. the incident ray, the refracted ray and the normal to the surface separating the two media all lie in the same plane;
    2. the relationship between the sine of the angle of incidence and the sine of the angle of refraction is constant and such constant is equivalent to the ratio of the velocities v_A and v_B of the wave in the two media.
    $$\frac{\sin \hat{i}}{\sin \hat{r}} = \frac{v_A}{v_B} = \text{constant}$$

  - **diffraction**, which occurs when a wave encounters an obstacle or a slit that is comparable in size to its wavelength λ, and the wave front bends around it;
  - **interference**, which occurs when waves coming from different sources overlap, and add together to amplify or reduce each disturbance.

- According to the **superposition principle**, the net amplitude caused by two or more waves traversing the same point in the medium is the sum of the amplitudes which would have been produced by the individual waves separately. Where both waves are identical and produce a peak or a trough simultaneously at a point in space, they combine together to create an even larger oscillation; this is **constructive interference**; if a trough and peak combine together, the opposing displacements cancel each other out and create a smaller displacement: this is **destructive interference**.

- **Sound** is a longitudinal wave that travels through an elastic medium, *causing pressure variations* in the air (compressions/rarefactions). The basic properties of sound are:
  - **pitch**, which depends on the frequency of the wave;
  - **loudness**, which is determined by the amplitude of the wave and is inversely proportional to the square of the distance between the source and the listener;
  - **tone**, which is due to the difference in the waveform (at the same frequency and amplitude).

- **Echo** is a phenomenon that occurs when sound waves are reflected by an obstacle; an echo can be said to occur when there is an interval of at least one tenth of a second (1/10 s) between when the sound is emitted and when the reflected wave is received.

- The **Doppler effect** determines an increase in the frequency of sound if the source is moving *towards* the listener, and a decrease in frequency if the source is moving *away from* the listener.

strumenti per SVILUPPARE le COMPETENZE

VERIFICHIAMO LE CONOSCENZE

Vero-falso

V F

1. Un'onda è la propagazione di materia senza trasporto di energia.
2. La velocità di un'onda è direttamente proporzionale alla frequenza.
3. Nella riflessione l'angolo d'incidenza è sempre uguale all'angolo di riflessione.
4. Nella rifrazione l'angolo d'incidenza è sempre maggiore di quello di rifrazione.
5. Il suono è un'onda meccanica trasversale.
6. Il suono non si propaga in assenza di materia.
7. L'altezza di un suono dipende dall'ampiezza dell'onda.
8. L'eco è un fenomeno di riflessione del suono.
9. Se un treno in movimento emette un fischio di frequenza f e un ascoltatore fermo riceve un suono di frequenza $f_1 > f$, si può dedurre che il treno è in avvicinamento.
10. Se una sorgente in movimento emette un suono di lunghezza d'onda λ, qualsiasi ascoltatore fermo riceverà un suono di lunghezza d'onda minore di λ.

Test a scelta multipla

1. Qual è la natura principale di un'onda?
   A Trasporta solo energia
   B Trasporta sia energia sia materia
   C Trasporta solo materia
   D Non trasporta né materia né energia

2. Quale delle seguenti affermazioni riguardanti un'onda trasversale è errata?
   A Si può avere nella materia, ma anche nel vuoto
   B Le particelle materiali oscillano nella stessa direzione di propagazione dell'onda
   C La frequenza dell'onda è data dall'inverso del periodo
   D Non comporta trasporto di materia

3. Il periodo individua:
   A il tempo necessario affinché un singolo punto P compia un'oscillazione completa
   B il tempo che l'onda impiega per esaurire il suo effetto oscillatorio
   C il tempo necessario affinché l'onda avanzi di un metro
   D il tempo necessario affinché un singolo punto P a partire dalla posizione di equilibrio raggiunga la posizione di massima ampiezza

4. La lunghezza d'onda è la distanza:
   A percorsa dall'onda in un intervallo di tempo pari al periodo
   B percorsa da un singolo punto del mezzo in un intervallo di tempo di un periodo
   C tra la prima e l'ultima cresta dell'onda
   D percorsa dall'onda in un secondo

5. Quale fra le seguenti formule individua la velocità di un'onda?
   A $v = f/T$
   B $v = \lambda \cdot T$
   C $v = T/\lambda$
   D $v = \lambda \cdot f$

6. Se le onde in una vaschetta passano da una zona di acqua più profonda a una zona meno profonda, si ha che:
   A l'angolo di rifrazione è uguale a quello di incidenza
   B il raggio rifratto si avvicina alla normale
   C il raggio rifratto si allontana dalla normale
   D non si ha alcun fenomeno perché il mezzo di propagazione delle onde è sempre lo stesso

7. La diffrazione dà luogo a una sorgente puntiforme a condizione che la fenditura su cui incide l'onda abbia approssimativamente larghezza:
   A pari alla metà dell'ampiezza dell'onda
   B almeno dieci volte maggiore della lunghezza d'onda
   C uguale alla lunghezza d'onda
   D qualsiasi

8. Nel fenomeno dell'interferenza, su una linea di interferenza distruttiva possiamo trovare:
   A una cresta e una gola
   B due gole
   C due creste
   D due punti con la stessa ampiezza di oscillazione

MODULO 7 Onde e luce

9 Il suono si propaga:
- **A** soltanto nel vuoto
- **B** soltanto nei mezzi più densi dell'acqua
- **C** nei mezzi materiali, ma non nel vuoto
- **D** sia nei mezzi materiali sia nel vuoto

10 Un'ambulanza sta suonando la sirena ed è in rapido allontanamento dall'osservatore. Quale fra le seguenti deduzioni è corretta?
- **A** Il suono diventa più acuto
- **B** Il suono diventa più intenso
- **C** Il suono diventa meno acuto
- **D** Il suono mantiene invariata la sua altezza

VERIFICHIAMO LE ABILITÀ

Esercizi

Quando il mezzo nel quale si propaga il suono è l'aria, considera per la sua velocità il valore alla temperatura di 20 °C: v = 343 m/s.

20.3 Le caratteristiche fondamentali delle onde

1 Viene impresso a una molla un impulso ondulatorio con un periodo di 0,2 s.
a) Determina la frequenza.
b) Sapendo che l'onda ha un'ampiezza di 1 cm, rappresentala in un grafico tempo (asse x) - spostamento del punto (asse y).
c) Con le informazioni in tuo possesso potresti rappresentare l'onda in un grafico spazio (asse x) - spostamento della molla (asse y)?
[a) 5 Hz]

2 Un'onda ha una frequenza di 100 Hz.
a) Determina il periodo.
b) Sapendo che l'onda ha un'ampiezza di 0,5 cm, rappresentala in un grafico tempo (asse x) - spostamento del punto (asse y).
c) Con le informazioni in tuo possesso, potresti rappresentare l'onda in un grafico spazio (asse x) - spostamento dell'onda (asse y)?
[a) 0,01 s]

3 Un'onda che si propaga con una velocità di 30 cm/s ha una lunghezza d'onda di 15 mm.
a) Determina il periodo.
b) Sapendo che l'onda ha un'ampiezza di 2 cm, rappresentala in un grafico tempo (asse x) - spostamento del punto (asse y).
c) Rappresenta l'onda in un grafico spazio (asse x) - spostamento dell'onda (asse y).
[a) 0,05 s]

4 Dai seguenti grafici, riguardanti una stessa onda, ricava il periodo, la frequenza, l'ampiezza, la lunghezza d'onda e la velocità.

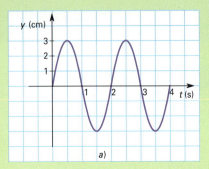
a)

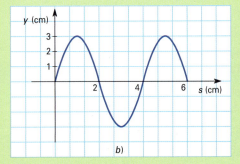
b)

Per lo svolgimento dell'esercizio, completa il percorso guidato, inserendo gli elementi mancanti dove compaiono i puntini.

1 Individua quale fra i due grafici è quello a *effetto film* e quale quello a *effetto fotografia*:
a) ....;
b) ....

2 Nel grafico tempo-ampiezza rileva la distanza temporale tra due punti corrispondenti:
T = ...

3 Calcola la frequenza a partire dal periodo:
f = 1/......... = ...

4 In uno dei due grafici rileva il valore del punto di massima altezza:
A = ...

5 Nel grafico spazio-ampiezza rileva la distanza spaziale tra due punti corrispondenti:
λ = ...

6 La formula da utilizzare per trovare la velocità è:
v = ...

7 Sostituisci i valori, trovando perciò:
v = ...

N.B. Non dimenticare le unità di misura!
[2 s; 0,5 Hz; 3 cm; 4 cm; 2 m/s]

5 Dai seguenti grafici, riguardanti una stessa onda, ricava il periodo, la frequenza, l'ampiezza, la lunghezza d'onda e la velocità.

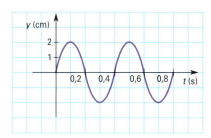

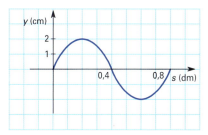

[0,4 s; 2,5 Hz; 2 cm; 0,8 dm; 20 cm/s]

6 È dato il seguente grafico.

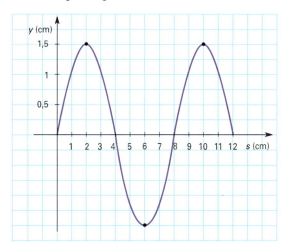

Sapendo che l'onda si propaga alla velocità di 32 cm/s, determina ampiezza, lunghezza d'onda, periodo, frequenza.

[1,5 cm; 8 cm; 0,25 s; 4 Hz]

7 Sapendo che il minimo suono udibile ha una frequenza di 16 Hz e, a una certa temperatura, ha nell'aria una lunghezza d'onda di 21 m, calcolane la velocità.

SUGGERIMENTO Devi semplicemente applicare la relazione tra velocità, frequenza e...

[336 m/s]

8 Un ragazzo, guardando le onde del mare, rileva che tra due creste vi è una distanza di 4 m e che tra la prima cresta e la sesta trascorrono 12 secondi. Determina la frequenza e la velocità delle onde.

[0,42 Hz; 1,7 m/s]

9 Il suono nell'acqua alla temperatura di 20 °C ha una velocità di 1480 m/s. Sapendo che alcune specie di delfini emettono onde sonore di frequenza pari a $2 \cdot 10^5$ Hz, calcolane la loro lunghezza d'onda.

SUGGERIMENTO Ricava o ricorda la formula che dà la lunghezza d'onda in funzione della velocità e della frequenza...

[7,4 mm]

10 Se un'onda si propaga con la velocità di 1,25 m/s e si ha una gola ogni 0,4 s, quanto vale la sua lunghezza d'onda?

[0,5 m]

11 Esaminata la figura e sapendo che la velocità di propagazione delle onde è 86,4 km/h, determinane la frequenza.

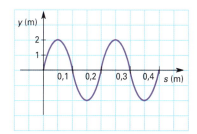

SUGGERIMENTO Dopo aver trasformato la velocità in m/s e determinato tramite il grafico il valore della lunghezza d'onda, puoi calcolare...

[120 Hz]

12 Trova la frequenza delle onde rappresentate nel seguente grafico, sapendo che la velocità di propagazione è 194,4 km/h.

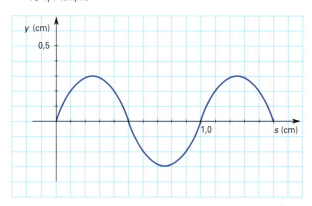

[$5,4 \cdot 10^3$ Hz]

13 Viene suonata una nota (Sol) che ha una frequenza di 396 Hz. Calcola la lunghezza d'onda nel caso in cui il mezzo di propagazione sia l'aria.

SUGGERIMENTO La velocità del suono nell'aria è un dato implicito...

[0,87 m]

14 Sott'acqua viene emessa una nota con frequenza di 500 Hz che si muove alla velocità di 1480 m/s. Qual è la lunghezza d'onda?

[2,96 m]

15 A periodic and repeating disturbance in a lake creates waves which emanate outward from its source to produce circular wave patterns. If the frequency of the source is 2.00 Hz and the wave speed is 5.00 m/s, what is the distance between adjacent wave crests?

[2.50 m]

16 A standing wave experiment is performed to determine the speed of waves stet a rope. The standing wave pattern shown below is established in the rope.

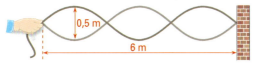

If the rope makes exactly 90 complete vibrational cycles in one minute, calculate the speed of the wave.

[6.0 m/s]

20.4 Il comportamento delle onde

17 La figura rappresenta una vaschetta a forma di triangolo rettangolo isoscele, nella quale sono state generate delle onde. Sapendo che il raggio incidente forma un angolo di 45° con la parete A, disegna il raggio (r_A) riflesso da tale parete. Dopodiché, prolungando r_A, traccia anche il raggio riflesso dalla parete B. Che cosa succede continuando con le riflessioni?

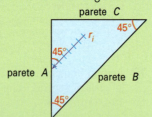

Per lo svolgimento dell'esercizio, completa il percorso guidato, inserendo gli elementi mancanti dove compaiono i puntini.

1. Traccia l'angolo riflesso che rispetto alla parete A (o rispetto alla perpendicolare) forma un angolo di ....
2. Il raggio riflesso dalla parete A arriva alla parete B con un angolo di ....
3. Perciò, il raggio riflesso dalla parete B si dirige verso la parete .... con un angolo di ....
4. Continuando idealmente con la riflessione, il raggio arriva alla parete C e ....

18 La figura rappresenta una vaschetta a forma di triangolo equilatero nella quale sono state generate delle onde. Sapendo che il raggio incidente forma un angolo di 60° con la parete A, disegna il raggio (r_A) riflesso da tale parete. Dopodiché, prolungando r_A, traccia anche il raggio riflesso dalla parete B. Che cosa succede continuando con le riflessioni?

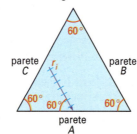

19 In una vasca quadrata di lato 5 m sono state generate delle onde. Il raggio incidente nel punto P forma un angolo di 45° con la parete AB a 1 m di distanza dal vertice A.

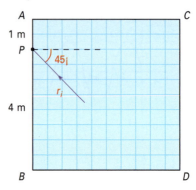

a) Disegna il raggio riflesso. Su quale parete incide?
b) Dopo quante riflessioni il raggio torna a incidere sulla parete AB? Disegna la successione dei raggi riflessi.

20 Nel mezzo A la velocità dell'onda è minore che in B.

a) Disegna un raggio rifratto che sia compatibile con l'informazione data.
b) Disegna il fronte d'onda incidente e il fronte d'onda rifratto.
c) Quale dei due mezzi è il più rifrangente?

21 Nel mezzo A la velocità dell'onda è maggiore che in B.

a) Disegna un raggio incidente che sia compatibile con l'informazione data.
b) Disegna il fronte d'onda incidente e il fronte d'onda rifratto.
c) Quale dei due mezzi è il meno rifrangente?

22 Disegna, utilizzando il principio di sovrapposizione, l'onda risultante in P, in cui giungono contemporaneamente le creste delle due onde.

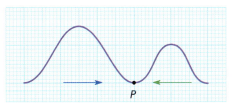

23 Osserva la figura relativa a due sorgenti che vibrano con la stessa lunghezza d'onda e la stessa frequenza.

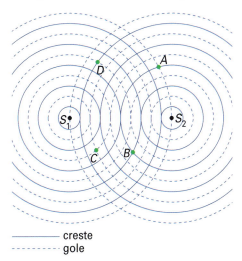

— creste
---- gole

a) In relazione ai punti A, B, C, D, stabilisci se si tratta di punti di interferenza costruttiva o distruttiva.
b) Individua nel grafico altri tre punti di interferenza costruttiva e altre tre di interferenza distruttiva.

24 Due sorgenti distanti l'una dall'altra 4 cm originano delle onde circolari la cui lunghezza d'onda vale 1 cm. Nell'ipotesi che le due sorgenti vibrino simultaneamente producendo onde uguali, disegna sul quaderno, dopo aver tracciato i fronti d'onda, i punti di interferenza costruttiva e quelli di interferenza distruttiva.

SUGGERIMENTO È preferibile colorare i punti delle creste e delle gole con colori differenti...

25 In figura sono dati i due grafici relativi alle oscillazioni di un punto P a causa delle onde generate da due sorgenti S_1 e S_2. Determina graficamente il risultato dell'interferenza.

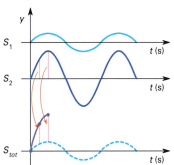

26 A series of circular waves in the water undergo interference and create the pattern represented in the diagram. The thick lines represent wave crests and the thin lines represent wave troughs. Several positions in the diagram are labelled with a letter. Categorize each letter as being a position where either constructive or destructive interference occurs.

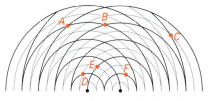

[constructive interference: A and B;
destructive interference: C, D, E and F]

20.5 Il suono

27 Esaminati i grafici riportati in figura, stabilisci (motivando le risposte) quali dei due suoni è più acuto e, a parità di distanza dalla sorgente, quale ha l'intensità maggiore.

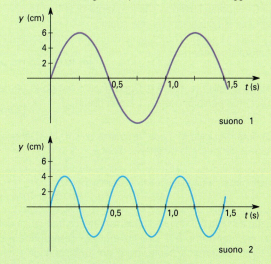

Per lo svolgimento dell'esercizio, completa il percorso guidato, inserendo gli elementi mancanti dove compaiono i puntini.

1 Rileva dai grafici il periodo delle due onde:
$T_1 =$ .... e $T_2 =$ ....
2 Calcola le rispettive frequenze:
$f_1 = 1/$........ = ... e $f_2 = 1/$........ = ...
3 Il suono più acuto è quello che ha la frequenza ....
........................, cioè il suono ....
4 Rileva dai grafici l'ampiezza delle due onde:
$A_1 =$ .... e $A_2 =$ ....
5 Il suono più intenso è quello che ha l'ampiezza ....
........................, cioè il suono ....

[1 Hz; 2 Hz; 6 cm; 4 cm]

28 I due grafici in figura rappresentano due onde sonore.

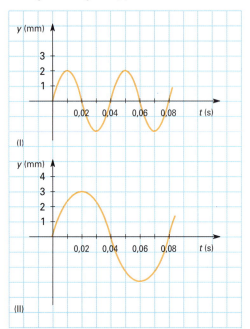

a) Determina il periodo e la frequenza di entrambi.
b) Qual è il più acuto dei due suoni?
c) Qual è il suono che (a parità di distanza dalla sorgente) risulta più intenso?

[a) 0,04 s, 25 Hz; ...]

29 Scatta un allarme acustico. Dopo quanto tempo lo percepisce una persona posta a 1 km di distanza? [2,9 s]

30 La nota musicale Mi ha la frequenza di 330 Hz. Determinane il periodo e la lunghezza d'onda.

SUGGERIMENTO Per il suono valgono le stesse relazioni viste per le onde elastiche in generale, perciò...

[$3 \cdot 10^{-3}$ s; 104 cm]

31 Carlo e Marta hanno una conversazione. La frequenza della voce dell'uomo è di 120 Hz e quella della donna è di 210 Hz. Determina, per le voci di entrambi, periodo e lunghezza d'onda.

[$8,3 \cdot 10^{-3}$ s; $4,8 \cdot 10^{-3}$ s; 2,86 m; 1,63 m]

32 Viene sparato un colpo di pistola. Un ragazzo si trova a 700 m di distanza e una signora a 1 km. Con quale ritardo, rispetto al ragazzo percepisce il suono la signora?
[0,875 s]

33 Durante un allenamento di tiro con la pistola due poliziotti sparano contemporaneamente. Un ascoltatore si trova a 400 m dal primo tiratore e a 900 m dal secondo.
a) Dopo quanto tempo sente il primo colpo?
b) Quanto tempo trascorre tra il primo colpo e il secondo?

[a) 1,17 s; b) 1,46 s]

34 Durante un temporale un ragazzo sente un tuono 4,0 secondi dopo aver visto il lampo. Trascurando il tempo di propagazione della luce, a che distanza è caduto il fulmine?
[1372 m]

35 In occasione di una cerimonia viene suonata una campana che si trova sott'acqua.
a) Se la frequenza è di 1200 Hz, qual è la lunghezza d'onda?
b) Se il suono giunge alla superficie dopo 0,8 s dal momento in cui la campana è stata suonata, qual è la profondità a cui si trova la campana?

SUGGERIMENTO La velocità del suono nell'acqua è di 1480 m/s...

[a) 1,23 m; b) 1184 m]

36 Durante un allenamento sott'acqua un subacqueo emette un suono di frequenza 800 Hz.
a) Se il collega si trova sempre sott'acqua a 180 m di distanza, dopo quanto tempo percepisce il suono?
b) Determina la lunghezza d'onda.

[a) 0,12 s; b) 1,85 m]

37 Da una barca (a livello della superficie del mare) parte un segnale acustico di lunghezza d'onda 18,5 cm per un sommozzatore che si trova sul fondo a 450 m di profondità.
a) Qual è la frequenza del segnale?
b) Dopo quanto tempo il sommozzatore lo sente?

[a) 8000 Hz; b) 0,30 s]

38 Un'onda sonora si propaga dall'estremità di una sbarra di piombo e ha una lunghezza d'onda di 25 cm.
a) Qual è la frequenza del suono?
b) Se un ascoltatore ha posizionato l'orecchio in corrispondenza dell'altra estremità della sbarra e sente il suono dopo 0,1 s, qual è la lunghezza della sbarra?

[a) 4920 Hz; b) 123 m]

39 Un suono di frequenza 1600 Hz si propaga in un mezzo elastico percorrendo 3,5 km.
a) Se impiega 0,7 s, qual è la velocità con cui si è propagato?
b) Qual è la sua lunghezza d'onda?

[a) 5000 m/s; b) 3,125 m]

40 Un'onda sonora si propaga in una rotaia lunga 1,788 km in 0,3 s.
a) Di quale materiale si tratta?
b) Se la lunghezza d'onda è 3,5 m, qual è la frequenza?

[a) acciaio; b) 1703 Hz]

41 I delfini emettono segnali sonori di frequenza pari a $2 \cdot 10^5$ Hz.
a) Si tratta di suoni o ultrasuoni?
b) Qual è la lunghezza d'onda di questi segnali in acqua?
c) Qual è la lunghezza d'onda di questi segnali nell'aria?

[b) $7,4 \cdot 10^{-3}$ m; c) $1,72 \cdot 10^{-3}$ m]

42 Nell'aria si propaga un'onda elastica longitudinale di lunghezza d'onda pari a 2,4 cm.
a) È udibile dall'orecchio umano? Motiva la risposta.
b) Descrivi come si muovono le molecole dell'aria durante la propagazione del suono.

[sì, perché...]

43 A vibrating object with a frequency of 200 Hz produces a sound which travels through air at 360 m/s. What is the number of meters separating the adjacent compressions in the sound wave?

[1.8 m]

44 What is the wavelength of a 768 Hz sound wave? Assume that the speed of sound in air is 343 m/s.

[0.45 m]

20.6 L'eco e il rimbombo

45 In una valle montana una persona emette un urlo, avvertendone un'eco dopo 1 s e un'altra dopo 3 s. A quale distanza sono posizionati i due ostacoli rispetto alla persona?

Per lo svolgimento dell'esercizio, completa il percorso guidato, inserendo gli elementi mancanti dove compaiono i puntini.

1 La velocità a cui viaggia il suono è un dato implicito:

$v = $ ....

2 Lo spazio percorso in 1 s, in base alla nota legge oraria, è:

$s = v \cdot$ .... $=$ ....

3 Ma questo è il percorso di andata e ritorno, perciò dovrai dividere per due il risultato trovato: $d = $ ....

4 Per il secondo ostacolo, ripeti il procedimento:

$s = $ ....; $d = $ ....

[171,5 m; 514,5 m]

46 Il rumore prodotto da un sasso lanciato in un pozzo arriva all'ascoltatore dopo un intervallo di tempo dall'impatto sull'acqua pari a 35 millesimi di secondo. Dopo aver trovato la sua altezza stabilisci, motivando la risposta, se in quel pozzo si avrebbe il fenomeno dell'eco oppure quello del rimbombo.

[12 m; ...]

47 Uno strumento detto sonar emette ultrasuoni per valutare la profondità del fondo marino. Sapendo che l'onda riflessa giunge dopo 4,8 s e che gli ultrasuoni in acqua hanno una velocità di circa 1500 m/s, calcola la profondità del fondo marino.

[3600 m]

48 Se in una grotta in cui c'è una temperatura di 0 °C una persona, distante 155 m da una parete, emette una sillaba ben scandita, dopo quanto tempo ne percepisce l'eco?

[0,94 s]

49 Il sonar di un sottomarino in immersione invia degli ultrasuoni che hanno in acqua una velocità di circa 1500 m/s. Sapendo che la parte immersa di un iceberg si trova a 4,8 km di distanza, dopo quanto tempo giungeranno i segnali riflessi?

[6,4 s]

50 Se all'imboccatura di un pozzo profondo 150 m emetti un suono, dopo quanto tempo ne percepisci l'eco?

[0,87 s]

51 Una persona che si trova davanti a una parete, emette un suono caratterizzato da un periodo pari a $4 \cdot 10^{-3}$ s e da una lunghezza d'onda di 1,34 m. Determina qual è la distanza minima affinché riesca a sentire l'eco, ricordando che l'orecchio umano percepisce suoni distinti soltanto se sono separati fra loro di almeno un decimo di secondo.

[16,75 m]

52 A speleologist wants to determine the distance separating himself from the wall of the cave he's exploring. For this purpose, he gives a shout and he measures the time elapsed before he can hear the echo of his voice. Calculate the distance between the speleologist and the wall of the cave, if the echo is audible after 0.47 seconds.

[80 m]

20.7 L'effetto Doppler

53 Un treno, avvicinandosi a una stazione alla velocità di 115,2 km/h, emette un fischio con una frequenza di 600 Hz. Determina la lunghezza d'onda e la frequenza: a) per un uomo che aspetta fermo in stazione; b) per un passeggero che si trova sul treno.

Per lo svolgimento dell'esercizio, completa il percorso guidato, inserendo gli elementi mancanti dove compaiono i puntini.

1 Trasforma la velocità in m/s, dividendola per ....:

$v = 115,2/$........ $=$ ....

2 Calcola la lunghezza d'onda per l'uomo fermo sul marciapiede: $\lambda_1 = (v_{suono} - $........$)/$........ $=$ ....

3 Trova la frequenza, sempre per l'uomo fermo, con la solita formula: $f_1 = v_{suono}/$........ $=$ ....

4 Per il passeggero la frequenza sarà ovviamente:

$f = $.............................. $=$ ....

5 Quindi, la lunghezza d'onda per il passeggero è:

$\lambda = $.............................. $=$ ....

[a) 52 cm; 660 Hz; b) 57 cm; 600 Hz]

54 Una sorgente sonora che si muove alla velocità di 216 km/h emette onde di frequenza 800 Hz.
a) Determina lunghezza d'onda e frequenza per un ricevitore rispetto a cui la sorgente sia in avvicinamento.
b) Determina lunghezza d'onda e frequenza per un ricevitore rispetto a cui la sorgente sia in allontanamento.

[a) 0,35 m; 980 Hz; b) 0,50 m; 686 Hz]

55 Durante i festeggiamenti per una vittoria in una partita di calcio, un'automobile procede alla velocità di 64,8 km/h e il clacson emette un suono di frequenza 720 Hz.
a) Qual è la lunghezza d'onda e la frequenza per una persona sul marciapiede rispetto a cui la macchina si sta avvicinando?
b) Qual è la lunghezza d'onda e la frequenza per una persona sul marciapiede rispetto a cui la macchina si sta allontanando?

[a) 0,45 m; 762 Hz; b) 0,50 m; 686 Hz]

56 Il rombo di un aereo in fase di avvicinamento all'aeroporto ha una frequenza di 15 000 Hz. Sapendo che sta viaggiando alla velocità di 900 km/h, determina la frequenza del suono rispetto alla torre di controllo.
[55,3 kHz]

57 Un'autoambulanza accorre sul luogo di un incidente alla velocità di 90 km/h a sirene spiegate. Il suono della sirena ha una frequenza di 850 Hz.
a) Determina la lunghezza d'onda e la frequenza per gli autisti dell'ambulanza.
b) Determina la lunghezza d'onda e la frequenza per i soccorritori, sia mentre l'ambulanza si avvicina sia quando poi si allontana alla stessa velocità.
[*a*) 0,40 m, 850 Hz; *b*) 37,4 cm; 917 Hz; 43,3 cm; 792 Hz]

58 Durante il collaudo di un'auto un tecnico, mentre la macchina gli si avvicina a 115,2 km/h, percepisce un suono di frequenza 1450 Hz. Determina la frequenza del suono emesso dal motore.

SUGGERIMENTO Devi prima calcolare la lunghezza d'onda per il tecnico e quindi la frequenza originaria...
[$1,3 \cdot 10^3$ Hz]

59 Sulla riva di un lago un osservatore, mentre un motoscafo si allontana alla velocità di 54 km/h, percepisce un suono di frequenza 1050 Hz. Determina la frequenza del suono emesso dal motoscafo.
[$1,1 \cdot 10^3$ Hz]

60 Un autovelox emette onde di frequenza di 50 000 Hz. Se il limite di velocità è di 120 km/h, qual è la frequenza massima consentita delle onde riflesse per le auto in avvicinamento, affinché rispettino tale limite?

SUGGERIMENTO Imponi alla velocità il valore limite per trovare la lunghezza d'onda che arriva all'autovelox, dopodiché per calcolare la frequenza...
[$55,4 \cdot 10^3$ Hz]

61 Calculate the observed frequency for a 250 Hz source of sound if it is moving with a speed of 30 m/s towards the observer and 30 m/s away from the observer, respectively (assume that the speed of sound in air is 343 m/s).
[274 Hz; 230 Hz]

62 Find the change in the frequency of a siren from a train that is moving towards you at 50 m/s. Assume that the emitted frequency is 400 Hz.
[468 Hz]

➤ Problemi

La risoluzione dei problemi richiede la conoscenza degli argomenti trasversali a più paragrafi. Con il pallino sono contrassegnati i problemi che presentano una maggiore complessità.

1 Sott'acqua viene emessa una nota con frequenza di 528 Hz. Un subacqueo, che si trova alla distanza di 56,4 m dalla sorgente, percepisce il suono dopo 0,04 s. Qual è la lunghezza d'onda?
[2,67 m]

2 Un segnale sonoro ha una frequenza di 238 Hz e una lunghezza d'onda di 6,20 m. Determina la velocità e stabilisci se il mezzo di propagazione è aria oppure acqua.
[$1,48 \cdot 10^3$ m/s; ...]

3 Marco e Andrea stanno camminando lungo i binari di una ferrovia in una bella giornata di primavera la cui temperatura è di 20 °C. A 1 km di distanza un gruppo di operai sta eseguendo dei lavori di manutenzione della linea ferroviaria. Marco appoggia l'orecchio sulla rotaia in acciaio e afferma di avere appena sentito un colpo di martello.
Dopo quanto tempo Andrea, in piedi accanto a lui, percepirà il rumore della martellata?
[2,75 s]

4 Colpendo il binario di una rotaia, si genera un suono che si propaga sia nell'aria, a 343 m/s, sia nell'acciaio a 5960 m/s. Calcola a quale distanza i suoni vengono uditi intervallati di un secondo.
[364 m]

5 Determina la frequenza con cui viene udito il segnale acustico di un treno che si avvicina, con una velocità di 100 km/h, al luogo in cui siamo fermi, sapendo che la frequenza del segnale emesso dal treno è di 480 Hz nei seguenti casi:
a) prima che il treno arrivi
b) dopo il passaggio
[*a*) 522 Hz; *b*) 444 Hz]

●6 Durante un inseguimento l'auto della polizia aziona una sirena che emette un suono con frequenza di 1200 Hz. Un passante, mentre la macchina gli si avvicina, percepisce un suono con frequenza di 1300 Hz. Qual è la velocità dell'auto? Supponendo poi che l'auto mantenga la stessa velocità, qual è la frequenza che il passante percepisce durante il suo allontanamento?

SUGGERIMENTO Ricava dapprima la lunghezza d'onda per l'ascoltatore immobile, quindi dalla formula della f_1...
[95 km/h; 1114 Hz]

●7 Un autovelox emette onde di frequenza 30 000 Hz. Puntato su una macchina in avvicinamento, registra un incremento della frequenza del 5%. Se il limite di velocità è di 70 km/h, l'autista deve essere multato?
[no: 16 m/s]

●8 Due treni, un Intercity e un Eurostar, si muovono in versi opposti e stanno per incrociarsi in una stazione nella quale è in attesa il capostazione. Entrambi i treni emettono un fischio di frequenza pari a 650 Hz. Il capostazione, che è fermo, sente il fischio proveniente dall'Intercity, che si sta avvicinando alla velocità di 80 km/h, con una frequenza inferiore di 20 Hz rispetto a quella che gli giunge dall'Eurostar.
Assumendo per il suono la velocità nell'aria relativa alla temperatura di 20 °C, determina:
a) la frequenza del fischio proveniente dall'Intercity così come lo avverte il capostazione;
b) la velocità con cui il treno Eurostar sta arrivando in stazione.
[*a*) 695 Hz; *b*) 112 km/h]

Competenze alla prova

ASSE SCIENTIFICO-TECNOLOGICO

Osservare, descrivere e analizzare fenomeni appartenenti alla realtà...

Dopo avere riassunto le caratteristiche delle onde meccaniche, la loro classificazione e i più importanti fenomeni a cui danno origine, prova a dire in quali situazioni della realtà quotidiana può capitare di avere a che fare con le onde e con gli effetti del loro comportamento (riflessione, diffrazione, interferenza...).

> **Spunto** Potresti focalizzarti sulle onde osservabili sulla superficie dell'acqua, magari avendo osservato cosa accade quando un'onda attraversa l'apertura tra due sbarramenti di scoglio... Se invece ti concentri sul suono, prova ad analizzare cosa succede quando per esempio nello stesso ambiente si ascoltano contemporaneamente due canzoni o cosa succede se una persona sta parlando in un'altra stanza...

ASSE SCIENTIFICO-TECNOLOGICO

Essere consapevole delle potenzialità e dei limiti delle tecnologie...

Illustra i passaggi necessari per far sì che la vibrazione della corda di una chitarra al termine di una serie di rielaborazioni del segnale diventi un suono vero e proprio, vale a dire un'onda meccanica, che si propaga nell'aria e possa infine essere percepito dalle nostre orecchie.

> **Spunto** Usa le informazioni contenute nel paragrafo "Il suono". In aggiunta potresti allargare la ricerca a quello che avviene in linea di massima all'interno dell'orecchio...

ASSE MATEMATICO

Individuare le strategie appropriate per la soluzione di problemi

Un'onda rettilinea che si propaga nell'acqua (mezzo A) alla velocità di 0,15 m/s ha una lunghezza d'onda pari a 7,5 cm. A un certo punto l'onda entra in una zona a profondità minore (mezzo B) per cui la sua velocità si riduce del 20%. Determina: a) la lunghezza d'onda nel mezzo B; b) la frequenza nei due mezzi, verificando che non cambia; c) l'angolo di rifrazione nel caso in cui quello di incidenza valga 40°.

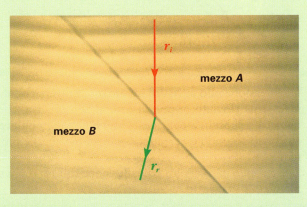

> **Spunto** Le prime due domande richiedono la conoscenza delle formule relative alla relazione tra velocità, lunghezza d'onda e frequenza, nonché della seconda legge della diffrazione. L'angolo lo puoi calcolare sia attraverso una costruzione grafica in cui rilevi (ovviamente per tentativi e con una certa approssimazione) l'angolo di rifrazione con un goniometro, sapendo in che modo deve modificarsi la lunghezza d'onda sia attraverso le funzioni trigonometriche, nel caso tu sappia come usarle...

UNITÀ 21 Luce e strumenti ottici

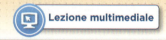

21.1 La propagazione della luce

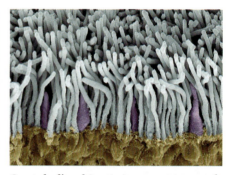

In natura esistono corpi come il Sole e le stelle che emettono luce grazie a processi che avvengono al loro interno. Ma anche oggetti artificiali, come per esempio le lampadine a incandescenza, quelle alogene, i tubi fluorescenti delle insegne, i laser e i led sono in grado di *produrre* luce.

Tutti i corpi che emettono luce grazie a processi interni si definiscono **sorgenti luminose primarie**.

Quando si entra in una stanza buia e si accende una lampadina possiamo vedere gli oggetti che si trovano nell'ambiente perché la maggior parte dei corpi una volta illuminati riemettono **parte** della luce che li colpisce. Anche la Luna e alcuni pianeti del sistema solare sono visibili in quanto sono illuminati dalla luce del Sole.

I corpi illuminati si definiscono **sorgenti luminose secondarie**.

Quando l'occhio si viene a trovare sulla traiettoria della luce la capta e poi la elabora attraverso un processo molto complesso che termina nel cervello. L'occhio è il ricevitore della luce che ci permette di *vedere* le sorgenti luminose, sia primarie sia secondarie (nella foto, coni e bastoncelli della retina visti al microscopio elettronico a scansione).

Ricevitori artificiali della luce sono, per esempio, le pellicole fotografiche o le celle solari.

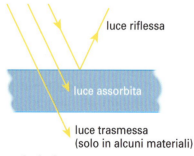
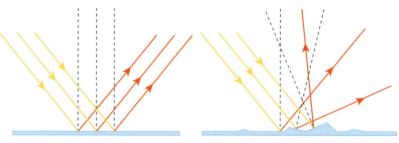

Quando la luce investe una sorgente secondaria si hanno di solito più fenomeni contemporaneamente:
- una parte viene **riflessa** nell'ambiente circostante, ed è quella che ci permette di vedere l'oggetto riflettente;
- una percentuale sarà **assorbita**;
- infine, ma solo in alcuni tipi di materia, la parte restante sarà **trasmessa**, cioè passerà attraverso il corpo (permettendoci di vedere al di là di esso).

La riflessione può avvenire in due modi diversi: ogni raggio di luce viene rinviato in una direzione ben precisa, come avviene per gli specchi e per questo viene detta **speculare**; oppure è riflesso secondo direzioni casuali, come accade più frequentemente.
Nel secondo caso si parla di riflessione diffusa o più semplicemente di **diffusione**.

Possiamo classificare i corpi in base alla modalità con cui si lasciano attraversare dalla luce.

È possibile vedere al di là di un vetro (*trasparente*) perché si lascia attraversare dalla maggior parte della luce che lo investe.

Non è possibile vedere attraverso un muro (*opaco*), a causa del fatto che, contrariamente al vetro, non si lascia attraversare dalla luce.

Ci sono poi dei corpi, come il vetro smerigliato (*traslucido*), che consentono alla luce di passare non permettendo, però, di distinguere con chiarezza i contorni e i dettagli di ciò che si trova dall'altra parte.

> **! ricorda...**
> I corpi si dividono in **trasparenti** od **opachi** a seconda che si lascino attraversare oppure no dalla luce. Esiste una categoria di corpi dal comportamento intermedio che sono detti **traslucidi**.

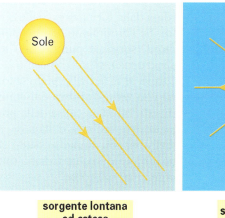
sorgente lontana ed estesa

sorgente puntiforme

Per il momento non ci preoccuperemo del modo con cui la luce viene generata, ma semplicemente cercheremo di studiarne sia le caratteristiche sia il comportamento. La prima semplice osservazione che possiamo effettuare consiste nel rilevare che cosa succede quando la luce del Sole passa attraverso i rami e le foglie di un fitto bosco. Si può notare che il pulviscolo atmosferico o la foschia evidenziano dei raggi luminosi rettilinei. Si tratta di una proprietà fondamentale per quanto riguarda la luce: essa, in un mezzo omogeneo e trasparente, si propaga in linea retta.

Dato che la luce è formata da raggi luminosi provenienti dalle sorgenti, possiamo ricorrere a un modello in cui i raggi di luce sono schematizzati con delle rette.
Se la sorgente è estesa e lontana, come nel caso del Sole, abbiamo dei segmenti rettilinei paralleli, mentre se la sorgente è puntiforme, come accade quando proviene da una lampadina, rappresentiamo la luce con delle semirette disposte radialmente e con origine nella sorgente.

Per spiegare i fenomeni luminosi ci si basa sul **modello geometrico della luce**, caratterizzato da due proprietà:

- la luce in un mezzo omogeneo e trasparente si propaga in linea retta;
- la luce viene rappresentata mediante i raggi luminosi schematizzati tramite dei segmenti rettilinei.

modello geometrico della luce

> **ricorda...**
>
> Se volessimo sperimentalmente isolare un raggio di luce potremmo pensare di mettere un cartoncino opaco vicino a una lampadina e fare un forellino sempre più piccolo fino a permettere il passaggio di un singolo raggio. In realtà nel corso del 1800 si è capito che questo non è possibile, perché a un certo punto interviene un fenomeno detto **diffrazione** per cui la luce che passa si allarga e forma un cono. Questi aspetti vengono studiati nell'*ottica ondulatoria*.

Questo modello è alla base dell'**ottica geometrica**, così chiamata in quanto: **optiké** in greco significa *scienza dei fenomeni della vista*, **geometrica** giustificata dal fatto che nella spiegazione dei fenomeni studiati si ricorre alle proprietà della geometria euclidea.

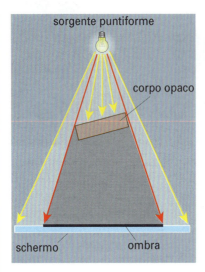

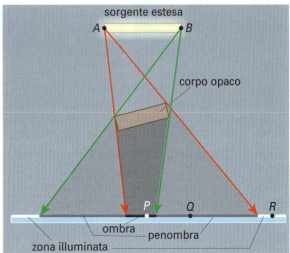

Una conferma sperimentale della propagazione rettilinea della luce è data dalla formazione delle ombre. Se illuminiamo con un puntatore (sorgente puntiforme) un corpo opaco, su uno schermo che si trova al di là dell'oggetto si forma una zona d'**ombra** dai confini netti. Infatti, a causa della propagazione rettilinea della luce, in quell'area non giunge nessun raggio luminoso in quanto sono tutti intercettati dal corpo.

Se ricorriamo a una sorgente estesa posta non molto distante da un corpo opaco, osserviamo sullo schermo una zona centrale di ombra netta e due laterali di **penombra**. Per capire come si formano basta tracciare da ciascuno degli estremi *AB* della sorgente i raggi passanti per gli estremi del corpo. Si può verificare che in un punto qualsiasi *P* della zona d'ombra non giunge nessun raggio proveniente da *A* o da *B* (infatti i raggi *AP* e *BP* sono intercettati dal corpo). Invece, in un punto *Q* della penombra arriva il raggio proveniente da *B*, ma non quello da *A*. Infine, un punto *R* della zona illuminata riceve i raggi provenienti sia da *A* sia da *B*.

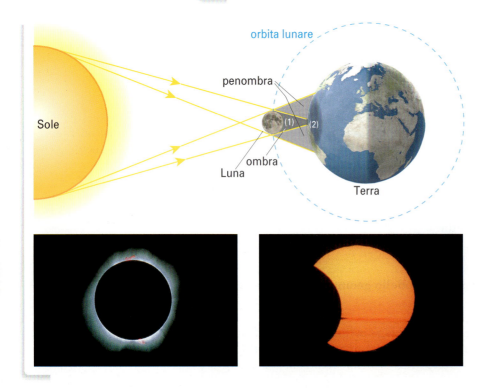

La propagazione rettilinea della luce ha una conferma nel fenomeno delle eclissi.

Un'eclissi di Sole si ha quando la Luna si posiziona fra questo e la Terra in modo da intercettare i raggi solari, impedendo loro di giungere sul nostro pianeta. In una particolare area della Terra, che si viene a trovare nel cosiddetto cono d'ombra proiettato dalla Luna (area 1: eclissi totale), si avrà durante il dì un improvviso oscuramento del Sole come si vede nella prima foto, mentre in zone limitrofe (area 2: eclissi parziale) solo una parte dei raggi risulta intercettata e si avrà una zona di penombra. Nella seconda foto è illustrato come in questo caso un osservatore può vedere il Sole parzialmente oscurato dalla Luna. Nel resto del pianeta l'eclissi non è visibile.

Luce e strumenti ottici UNITÀ 21 **501**

21.2 La riflessione

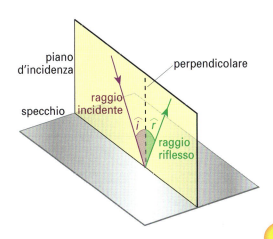

Ogni giorno ci capita di osservare la nostra immagine in uno specchio o in una superficie molto lucida. Ciò che accade in questo caso è che i raggi di luce, dopo aver attraversato il primo mezzo trasparente, cioè l'aria, incidono sulla superficie di separazione con il secondo mezzo opaco, lo specchio, e tornano indietro in una sola direzione, dando l'illusione di un'immagine al di là della superficie riflettente.
La **riflessione** della luce avviene secondo due leggi.

> **! ricorda...**
> Esistono due tipi di riflessione: speculare e diffusa. Le leggi si riferiscono al primo caso in quanto nel secondo i raggi sono riflessi in varie direzioni.

1. Il raggio incidente, il raggio riflesso e la perpendicolare (o normale) alla superficie di riflessione giacciono sullo stesso piano.
2. L'angolo di incidenza $\hat{i}$ è uguale all'angolo di riflessione $\hat{r}$.

leggi della riflessione

▶ Gli specchi piani

Consideriamo il caso di uno specchio piano e cerchiamo di capire come si forma un'immagine seguendo il percorso del raggio riflesso per ciascuno degli infiniti raggi incidenti.

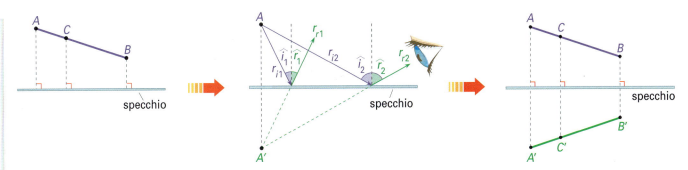

Vogliamo costruire, a livello pratico, l'immagine di un'asticella AB su uno specchio piano.

Cominciamo ricostruendo l'immagine del solo estremo A. Da A mandiamo un raggio r_{i1} qualsiasi che incide sulla superficie dello specchio. Il raggio riflesso corrispondente r_{r1}, individuato secondo le leggi della riflessione, viene percepito da un osservatore come se provenisse da un punto posto al di là dello specchio. Ripetiamo la costruzione per un secondo raggio incidente r_{i2}, sempre proveniente da A, e tracciamo r_{r2}. I raggi riflessi r_{r1} ed r_{r2} sono divergenti, tuttavia è come se provenissero dal punto A', ottenuto come intersezione dei loro prolungamenti oltre lo specchio. L'immagine A' così ottenuta, che si trova in posizione simmetrica da A rispetto alla superficie riflettente, viene detta **virtuale**, in quanto non ha consistenza fisica e non può essere raccolta su uno schermo.

Per completare la costruzione dell'intera immagine dell'asticella AB, bisognerebbe individuare il simmetrico di tutti i suoi punti rispetto allo specchio; è sufficiente, però, ripetere per l'altro estremo B il procedimento precedente. Si ha così l'immagine virtuale A'B' dell'asticella.

immagine virtuale > Un'immagine si dice **virtuale** se viene ottenuta come intersezione dei prolungamenti geometrici dei raggi riflessi e non può essere raccolta su uno schermo.

Regola pratica per la costruzione dell'immagine riflessa da uno specchio piano

In generale, per ottenere in modo immediato l'immagine virtuale di un punto P rispetto a uno specchio piano, si costruisce il simmetrico P' del punto rispetto alla superficie. Si manda la perpendicolare alla superficie S passante per P e quindi si prende su di essa un punto P' tale che $PH = HP'$. Si ripete la costruzione per Q ottenendo così l'immagine riflessa $P'Q'$.

> L'immagine di un oggetto riflesso da uno specchio piano è virtuale, diritta e ha le stesse dimensioni dell'oggetto. Lo specchio è asse di simmetria tra l'oggetto AB e la sua immagine.

Se la superficie di separazione non è liscia come quella dello specchio, bensì scabra, allora i raggi vengono diffusi, cioè riflessi in maniera irregolare, per cui si percepisce un confuso rinvio di luce, senza che si formi perciò alcuna immagine.

▶ Gli specchi sferici

La mattina spesso si utilizza per truccarsi o radersi uno **specchio sferico concavo**. Possiamo notare che usando questo tipo di specchio a pochi centimetri dal viso l'immagine risulta diritta e ingrandita, ma se lo allontaniamo vi è una precisa distanza in cui l'immagine diventa confusa e poi, se continuiamo a spostarlo, il viso appare di dimensioni ridotte e rovesciato.

Quando si guida un'auto per controllare che cosa accade dietro si guarda in uno **specchio sferico convesso** di solito denominato specchietto retrovisivo. Grazie a esso visualizziamo un'ampia porzione di strada la cui immagine risulta diritta e rimpicciolita.

Luce e strumenti ottici **UNITÀ 21** **503**

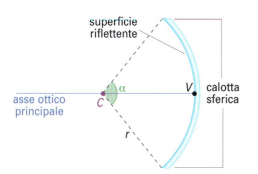
specchio sferico concavo

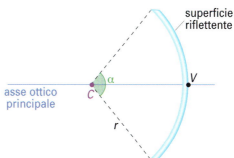
specchio sferico convesso

Uno specchio è **sferico** se la superficie riflettente è una parte di superficie sferica detta **calotta sferica**. È **concavo** se la superficie riflettente è quella interna, che si trova cioè dalla stessa parte del centro della sfera; è invece **convesso** se la superficie riflettente è quella esterna. Gli elementi che caratterizzano uno specchio sferico sono:
- il **centro di curvatura** C, centro della superficie sferica;
- il **raggio di curvatura** r, raggio della superficie sferica di appartenenza;
- l'**asse ottico principale**, asse di simmetria che interseca la superficie nel **vertice** V;
- l'**angolo di apertura** α, che per semplicità ipotizzeremo sempre come molto piccolo.

Fuoco e distanza focale degli specchi sferici

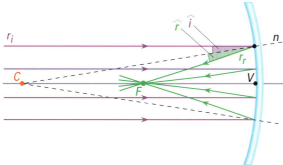

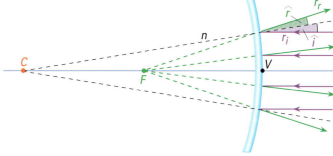

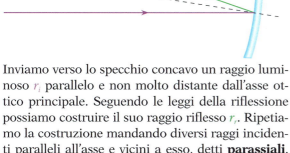

Inviamo verso lo specchio concavo un raggio luminoso r_i parallelo e non molto distante dall'asse ottico principale. Seguendo le leggi della riflessione possiamo costruire il suo raggio riflesso r_r. Ripetiamo la costruzione mandando diversi raggi incidenti paralleli all'asse e vicini a esso, detti **parassiali**. È possibile verificare che i corrispondenti raggi riflessi si intersecano in un punto F chiamato **fuoco** giacente sull'asse. Si tratta di un punto in cui si concentra l'energia luminosa associata ai raggi riflessi.

Procediamo in modo analogo con uno specchio convesso. Mandiamo diversi raggi parassiali: questa volta i corrispondenti raggi riflessi divergono, ma i loro **prolungamenti** si intersecano in un punto dell'asse principale detto anche in questo caso **fuoco**. Esso è virtuale poiché trattandosi dei prolungamenti non vi è nessuna energia luminosa associata. In entrambi i casi la misura del segmento VF si chiama **distanza focale** f e gode di un'importante proprietà, in quanto è la metà del raggio di curvatura r, ma nel caso convesso il segno è negativo.

Se inviamo dei raggi incidenti paralleli e vicini all'asse ottico di uno specchio sferico si ha che:

	specchio concavo	specchio convesso
fuoco è il punto che si ottiene dall'intersezione dei...	... i raggi riflessi (fuoco reale)	... i prolungamenti dei raggi riflessi (fuoco virtuale)
distanza focale f (distanza tra il fuoco F e il vertice dello specchio V)	$f = \dfrac{r}{2}$	$f = -\dfrac{r}{2}$

fuoco e distanza focale

Costruzione dell'immagine riflessa da uno specchio sferico concavo

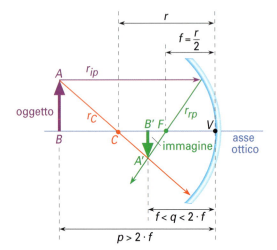

Indichiamo con p la distanza BV dell'oggetto dallo specchio, posizionato in modo che sia $p > 2f$. Procediamo mandando dal punto A dell'oggetto due raggi incidenti.

1. Il primo r_{ip} parallelo all'asse ottico che viene riflesso e diventa r_{rp} passante per il fuoco F.

> I raggi paralleli all'asse ottico vengono riflessi in modo tale da passare per il fuoco.

2. Il secondo r_{iC} passante per il centro di curvatura coincide con il raggio riflesso r_{rC}, per cui lo indicheremo solo con r_C.

> I raggi passanti per C essendo normali alla superficie riflettente vengono riflessi sulla stessa retta.

3. I due raggi riflessi r_{rp} e r_C sono raggi reali che si intersecano nel punto A', il quale pertanto è l'immagine reale di A.
4. Tracciando da A' la sua proiezione sull'asse ottico si ottiene B'.

$A'B'$ è l'immagine cercata che risulta **reale**, **capovolta** e **rimpicciolita**.

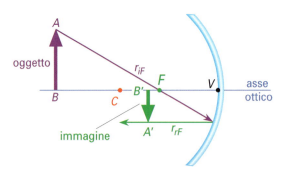

Allo scopo di controllare la correttezza della costruzione si può ricorrere a un terzo raggio incidente.
Se tracciamo r_{iF} passante per il fuoco F, si ha che il relativo raggio riflesso r_{rF} risulta parallelo all'asse ottico in quanto i **cammini dei raggi sono reversibili**: in altre parole il ruolo del raggio incidente e del raggio riflesso sono scambiati rispetto al caso precedente.

> I raggi passanti per il fuoco vengono riflessi in raggi paralleli all'asse ottico.

Se si sposta l'oggetto AB avvicinandolo allo specchio si ottengono varie situazioni che dipendono dalla distanza dallo specchio e che riassumiamo nella seguente tabella.

TABELLA 1

distanza oggetto (p = BV)	distanza immagine (q = B'V)	caratteristiche immagine	costruzione grafica
$p > 2 \cdot f$	$f < q < 2 \cdot f$	reale, capovolta, rimpicciolita	
$p = 2 \cdot f$	$q = 2 \cdot f$	reale, capovolta, dimensioni uguali	
$f < p < 2 \cdot f$	$q > 2 \cdot f$	reale, capovolta, ingrandita	
$p = f$	–	non si forma perché i raggi riflessi sono paralleli	
$0 < p < f$	$q < 0$	virtuale (che determina il segno negativo di q), diritta, ingrandita	

Riassumendo, in relazione alla posizione dell'oggetto si ha:
- se l'oggetto ha una distanza dallo specchio che va dall'infinito alla distanza focale f, l'immagine riflessa è **reale**, **capovolta** e di **dimensioni** via via **crescenti**;
- se l'oggetto si trova nel fuoco l'immagine riflessa non si forma;
- se l'oggetto si trova tra il fuoco e lo specchio l'immagine è **virtuale**, in quanto si forma grazie ai prolungamenti geometrici dei raggi, e risulta **diritta** e **ingrandita**

❯ Costruzione dell'immagine riflessa da uno specchio sferico convesso

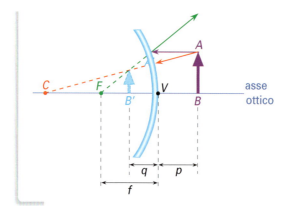

Con gli specchi convessi si procede in modo analogo ai casi di costruzione delle immagini riflesse dagli specchi concavi. Dato che adesso entrambi i raggi riflessi divergono, essi non si intersecano, per cui l'immagine che si ottiene prolungando geometricamente i raggi riflessi è **virtuale**, **diritta** e di **dimensioni minori** dell'oggetto.

Negli specchi di piccola apertura esiste un'importante relazione tra un qualsiasi punto P dell'oggetto AB e il corrispondente punto P', detto **coniugato**, dell'immagine.

formula dei punti coniugati per specchi sferici

$$\frac{1}{p} + \frac{1}{q} = \frac{1}{f}$$

con p distanza dell'oggetto dallo specchio, q distanza dell'immagine ed f distanza focale.

La formula vale sia per gli specchi concavi sia per quelli convessi (con la differenza che nel secondo caso è $f < 0$). Se dalla formula dei punti coniugati vuoi ricavare direttamente una delle tre grandezze in funzione delle altre due, puoi ricorrere alle seguenti formule:

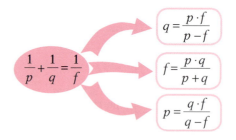

Nella seguente tabella riportiamo la convenzione dei segni.

distanza focale	distanza p dell'oggetto dallo specchio	distanza q dell'immagine dallo specchio
$f > 0$ specchi concavi $f < 0$ specchi convessi	$p > 0$ perché l'oggetto è sempre davanti allo specchio	$q > 0$ immagini reali che si formano, rispetto allo specchio, dalla stessa parte dell'oggetto $q < 0$ immagini virtuali che si formano oltre allo specchio

Se con h indichiamo l'altezza dell'oggetto, si ha che l'altezza h' dell'immagine è data da:

$$h' = \left| -\frac{q}{p} \right| \cdot h$$

esempio

1 È dato uno specchio sferico concavo il cui raggio di curvatura è 12,6 cm. Considerato un oggetto AB alto 2,8 cm, determinare la posizione e l'altezza dell'immagine se l'oggetto dista dallo specchio:
a) 11,2 cm
b) 5,0 cm

a)

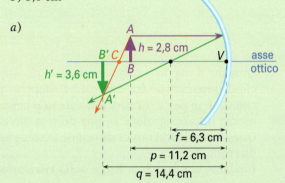

$$f = \frac{r}{2} = \frac{12,6}{2} = 6,3 \text{ cm} \quad p = 11,2 \text{ cm} \quad h = 2,8 \text{ cm}$$

$$\frac{1}{p} + \frac{1}{q} = \frac{1}{f} \Rightarrow \frac{1}{q} = \frac{1}{f} - \frac{1}{p} = \frac{p-f}{pf} \Rightarrow$$

$$\Rightarrow q = \frac{pf}{p-f} = \frac{11,2 \cdot 6,3}{11,2 - 6,3} = 14,4 \text{ cm}$$

Il segno positivo ci informa che l'immagine $A'B'$ è reale.

La sua altezza h' è data da:

$$h' = \left| -\frac{q}{p} \right| \cdot h = \left| -\frac{14,4}{11,2} \right| \cdot 2,8 = 1,29 \cdot 2,8 = 3,6 \text{ cm}$$

Pertanto l'immagine $A'B'$ ha dimensioni maggiori dell'oggetto.
In sintesi poiché $f < p < 2f$ si tratta di un'immagine reale, capovolta e di dimensioni maggiori dell'oggetto.

b)
$$f = \frac{r}{2} = \frac{12,6}{2} = 6,3 \text{ cm} \quad p = 5,0 \text{ cm} \quad h = 2,8 \text{ cm}$$

Analogamente a quanto visto prima:

$$q = \frac{pf}{p-f} = \frac{5,0 \cdot 6,3}{5,0 - 6,3} = -24,2 \text{ cm}$$

Il segno negativo ci informa che l'immagine è virtuale.
La sua altezza h' è data da:

$$h' = \left| -\frac{q}{p} \right| \cdot h = \left| -\frac{-24,2}{5,0} \right| \cdot 2,8 = 4,8 \cdot 2,8 = 13,4 \text{ cm}$$

Pertanto l'immagine ha dimensioni maggiori dell'oggetto.
In sintesi poiché $0 < p < f$, l'immagine è virtuale, diritta e di dimensioni maggiori dell'oggetto.

esempio

2 È dato uno specchio sferico convesso il cui raggio di curvatura è 60 cm. Considerato un oggetto AB alto 15 cm, determinare la posizione e l'altezza della immagine se l'oggetto dista dallo specchio 20 cm.

$$f = -\frac{r}{2} = -\frac{60}{2} = -30 \text{ cm} \quad (f < 0 \text{ in quanto il fuoco è dalla parte opposta rispetto all'oggetto})$$

$$p = 20 \text{ cm} \quad h = 15 \text{ cm}$$

Dalla formula dei punti coniugati si ricava:

$$q = \frac{pf}{p-f} = \frac{20 \cdot (-30)}{20 - (-30)} = -12 \text{ cm}$$

Il segno negativo suggerisce che l'immagine è virtuale. La sua altezza sarà:

$$h' = \left| -\frac{q}{p} \right| \cdot h = \left| -\frac{-12}{20} \right| \cdot 15 = 0,6 \cdot 15 = 9 \text{ cm}$$

Si ha dunque un'immagine virtuale, diritta e di dimensioni minori dell'oggetto, come sempre si verifica negli specchi convessi.

21.3 La rifrazione

Il manico di un cucchiaino parzialmente immerso nell'acqua contenuta in un bicchiere ci appare piegato, mentre il fondo del bicchiere sembra più vicino a noi.
Sono due conseguenze, alla portata di tutti, di un fenomeno chiamato **rifrazione**, che si verifica quando la luce passa da un mezzo a un altro mezzo che ha caratteristiche diverse, ad esempio dall'aria all'acqua o dall'aria al vetro.

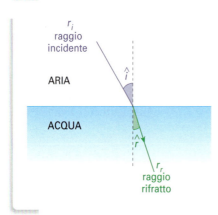

Quando il raggio incidente giunge sulla superficie di separazione fra due mezzi, viene in parte riflesso e in parte rifratto, proseguendo nel nuovo mezzo di propagazione in una diversa direzione. Questo cambiamento di direzione avviene secondo regole precise.
Iniziamo con la **prima legge della rifrazione**.

prima legge della rifrazione	Il raggio incidente, il raggio rifratto e la perpendicolare alla superficie di separazione fra i due mezzi di propagazione giacciono sullo stesso piano.

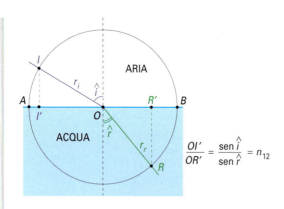

Esiste una seconda relazione tra il raggio incidente e quello rifratto. Tracciamo una circonferenza di raggio unitario e centro nel punto O di incidenza che interseca il raggio incidente in I e il raggio rifratto in R. Consideriamo le proiezioni I' ed R' di I ed R rispettivamente sul diametro AB. Si può verificare che se l'angolo $\hat{\imath}$ aumenta, aumenta anche l'angolo $\hat{r}$, in modo tale che il rapporto tra i segmenti OI' e OR' rimane costante. Si ha perciò che:

$$\frac{OI'}{OR'} = \text{costante}$$

Tali segmenti, che sono stati costruiti a partire dagli angoli di incidenza e di rifrazione, possono essere espressi in relazione agli angoli grazie a una particolare funzione matematica chiamata *seno*, abbreviata in sen, in cui va ogni volta specificato il valore dell'angolo:

$$OI' = \text{sen}\,\hat{\imath} \qquad OR' = \text{sen}\,\hat{r}$$

Nell'ordine si leggono «seno di $\hat{\imath}$» e «seno di $\hat{r}$».
A questo punto possiamo formulare la **seconda legge della rifrazione**.

seconda legge della rifrazione	Il rapporto tra il seno dell'angolo di incidenza $\hat{\imath}$ e il seno dell'angolo di rifrazione $\hat{r}$ è costante: $$\frac{\text{sen}\,\hat{\imath}}{\text{sen}\,\hat{r}} = n_{12}$$

Il termine costante n_{12} prende il nome di **indice di rifrazione relativo** e dipende da ambedue i mezzi di propagazione, cioè dal mezzo dal quale proviene l'onda luminosa e da quello in cui essa penetra. Se il primo mezzo è il vuoto, allora si ha l'**indice di rifrazione assoluto** (n) del mezzo considerato. Ogni sostanza ha un proprio indice di rifrazione assoluto, come si vede nella tabella 2. All'aumentare di n si dice che il mezzo è *più rifrangente*.

TABELLA 2

sostanza	n	sostanza	n
diamante	2,417	acqua	1,333
vetro	1,515 ÷ 1,751	ghiaccio	1,309
quarzo	1,458	aria	1,000292
alcol	1,361	idrogeno	1,000132

L'indice di rifrazione relativo n_{12} per il passaggio dal mezzo 1 al mezzo 2 è uguale al rapporto tra l'indice di rifrazione assoluto n_2 del mezzo 2 e l'indice di rifrazione assoluto n_1 del mezzo 1:

$$n_{12} = \frac{n_2}{n_1}$$

> indice di rifrazione relativo

Nel nostro esempio, per la rifrazione della luce che passa dall'aria (mezzo 1) all'acqua (mezzo 2), si ha:

$$n_{12} = \frac{n_2 \text{ (acqua)}}{n_1 \text{ (aria)}} = \frac{1,333}{1,000292} \cong 1,3326$$

Se v_1 è la velocità della luce nel primo mezzo e v_2 quella nel secondo mezzo, allora vale anche la relazione:

$$n_{12} = \frac{v_1}{v_2}$$

> indice di rifrazione e velocità

Ne consegue che se la luce passa da un mezzo meno rifrangente a uno che lo è di più ($n_{12} > 1$), la sua velocità diminuisce ($v_2 < v_1$). Perciò, la velocità della luce nell'acqua è minore rispetto a quella che ha nell'aria (ricordando che la velocità della luce nel vuoto è $c = 299\,792\,458$ m/s).

> **ricorda...**
> Quando l'indice di rifrazione, come nel caso aria-acqua, risulta maggiore di 1 ($n_{12} > 1$):
> - il raggio rifratto si avvicina alla perpendicolare rispetto alla superficie di separazione: $\hat{i} > \hat{r}$;
> - il secondo mezzo (l'acqua) è *più rifrangente* del primo (aria);
> - la velocità della luce diminuisce, passando dal primo al secondo mezzo.

▶ Riflessione totale

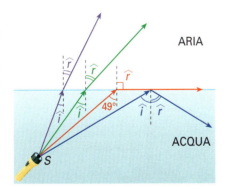

Quando l'indice di rifrazione è minore di 1 ($n_{12} < 1$), il raggio rifratto si allontana dalla perpendicolare e $\hat{i} < \hat{r}$. Supponiamo, per esempio, che un subacqueo durante una immersione punti una torcia S verso l'alto. In tale eventualità si possono verificare delle situazioni particolari. In effetti, quando l'angolo d'incidenza raggiunge un determinato valore (circa 49° per il passaggio acqua-aria), l'angolo di rifrazione risulta di 90°: il raggio rifratto, provenendo dall'acqua in direzione dell'aria, si propaga radente alla superficie di separazione.
Se poi l'angolo d'incidenza supera il valore limite, non si ha più la rifrazione bensì la **riflessione totale**.

La **riflessione totale** è quel fenomeno che si verifica quando il raggio incidente, procedendo da un mezzo più rifrangente verso uno meno rifrangente ($n_{12} < 1$) e avendo un angolo di incidenza maggiore di un determinato valore limite, che dipende dai due mezzi considerati, si riflette completamente nel mezzo di provenienza.

> riflessione totale

flash))) Le fibre ottiche

Quanto appena illustrato può sembrare qualcosa di poco rilevante... Invece, è proprio in base alla riflessione totale che funzionano le **fibre ottiche**, elementi importantissimi nella tecnologia contemporanea, costituite da fili molto sottili di materiale vetroso o plastico ricoperti da una guaina opaca. Anche piegando la fibra ottica, la luce che si muove al suo interno non riesce a uscire lateralmente e, penetrata a un estremo, subendo una serie di riflessioni totali, non può fare altro che uscire all'altro estremo. Le applicazioni delle fibre ottiche sono numerose. In medicina, per esempio, è possibile introdurre attraverso la bocca un endoscopio nel tubo digerente e, sfruttando la luce che si propaga nelle fibre ottiche, vedere la parete interna dello stomaco (gastroscopia).

flash))) Miraggi

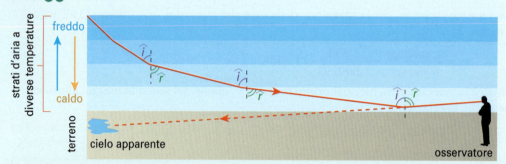

Nei giorni estivi molto caldi l'asfalto appare talvolta in lontananza come se fosse bagnato. Si tratta di un **miraggio inferiore**, che è un fenomeno di riflessione totale che si può verificare solo quando gli strati di aria più vicini al suolo sono più caldi di quelli soprastanti. In queste condizioni climatiche la densità dell'aria e conseguentemente l'indice di rifrazione diminuiscono man mano che ci si avvicina al suolo. I raggi provenienti dal cielo passano via via dagli strati più freddi a quelli più caldi, per cui subiscono una serie di deviazioni sino a quando non viene superato l'angolo limite e si ha la riflessione totale: il raggio torna verso l'alto. Per questo motivo l'osservatore, percependo la porzione di cielo o un oggetto in quel punto, ha l'illusione che provenga dal suolo. Quando il miraggio inferiore si verifica in un deserto può generare negli osservatori l'illusione di essere vicini a un'oasi e per tale ragione viene anche chiamato fenomeno della *pozza d'acqua fantasma*.

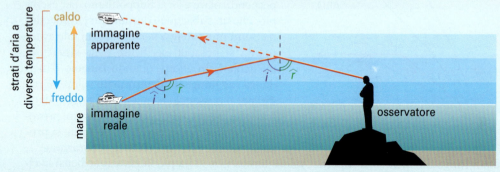

La nave appare rovesciata. Si tratta di un **miraggio superiore**, cioè un fenomeno di riflessione totale che si verifica quando gli strati di aria più vicini al suolo sono più freddi rispetto a quelli soprastanti. I raggi provenienti da un oggetto reale, come per esempio una nave, man mano che passano da uno strato più freddo a uno più caldo subiscono una serie di deviazioni, sino a quando non viene superato l'angolo limite: il raggio torna nel mezzo di provenienza e l'osservatore ha l'illusione di vedere l'oggetto capovolto e più vicino. Il fenomeno è detto anche *fata morgana* e si verifica per esempio nello stretto di Sicilia, per cui Messina vista da Reggio Calabria appare più vicina e come sospesa sull'acqua.

21.4 La dispersione della luce: i colori

Talvolta, se al termine di un temporale tra le nuvole si riaffaccia il Sole, dalla parte opposta rispetto a esso può capitare di osservare l'arcobaleno. Qual è la ragione di un effetto tanto suggestivo? Il fenomeno, pur non essendo semplice da spiegare, fu studiato da Newton ed è fondamentalmente dovuto alla rifrazione che la luce subisce attraversando le goccioline d'acqua sospese nell'atmosfera.

Per cercare di capire l'origine dei colori dell'arcobaleno, facciamo ricorso a un prisma di vetro. Il raggio di luce incidente (A), nel passaggio dall'aria al vetro, viene rifratto (B) e, poiché passa da un mezzo meno rifrangente a uno più rifrangente, si avvicina alla perpendicolare. Il raggio B, dopo aver attraversato il vetro del prisma, subisce una seconda rifrazione (C), passando dal vetro all'aria e allontanandosi dalla perpendicolare.
Le due rifrazioni non si compensano, per cui il raggio finale C non ha la stessa direzione di quello iniziale A. L'angolo tra A e C è detto **angolo di deviazione** e aumenta man mano che aumenta l'angolo tra le due facce del prisma.

Se raccogliamo la luce che esce dal prisma su uno schermo bianco, possiamo distinguere una successione di colori, chiamata **spettro**, in cui compaiono il rosso, l'arancione, il giallo, il verde, l'azzurro, l'indaco e il violetto, gli stessi che formano l'arcobaleno. Questo fatto significa che la luce, pur apparendoci bianca, è costituita in realtà da una mescolanza di colori diversi. Evidentemente, dato che attraversando il prisma si separano, ciascun colore ha un indice di rifrazione diverso: il rosso, per esempio, come si vede nella figura, risulta il meno deviato avendo, rispetto agli altri colori, un indice di rifrazione minore.

ricorda...
- La luce bianca è una mescolanza di vari colori.
- I colori della luce sono caratterizzati da indici di rifrazione diversi.

Dal momento che la luce è formata dallo spettro di colori visto prima, che cosa accade quando vediamo un'automobile tutta rossa oppure tutta verde? Prova a rispondere.

....

....

La carrozzeria è in sostanza un corpo opaco; se appare rossa è perché assorbe tutte le componenti della luce a esclusione proprio del rosso, che a sua volta viene riflesso e giunge ai nostri occhi, dandoci la percezione appunto del rosso. Un discorso analogo vale per gli altri colori.

Il nero invece non è propriamente un colore, poiché un oggetto ci appare nero soltanto se assorbe tutta la luce e non diffonde niente.
Così facendo, però, assorbe contemporaneamente l'energia termica che la luce trasporta e di conseguenza l'oggetto si riscalda. È questo il motivo per il quale in estate è preferibile vestirsi di bianco, piuttosto che di nero...

21.5 La diffrazione e l'interferenza

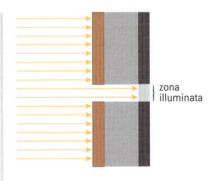

Supponiamo che un fascio di raggi luminosi incontri un ostacolo provvisto di un'apertura. Si constata che su uno schermo collocato oltre l'ostacolo giungono solo quei raggi che si trovano in corrispondenza del passaggio rimasto libero.
Gli altri raggi vengono intercettati, assorbiti oppure riflessi. È una prevedibile conseguenza della propagazione rettilinea della luce.
Man mano che si riducono le dimensioni dell'apertura, anche la striscia illuminata sullo schermo si restringe.

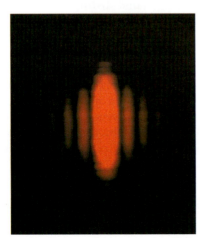

Tuttavia, continuando a restringere la fenditura, si assiste a un certo punto a qualcosa di inaspettato: la zona luminosa si estende, come se nell'apertura ora strettissima ci fosse una sorgente di luce dalla quale i raggi luminosi si propagano in ogni direzione. Quale interpretazione daresti a questa stranezza?

....

....

Abbiamo incontrato qualcosa di analogo, quando abbiamo visto che un'onda elastica che si propaga sull'acqua, incontrando una fenditura di dimensioni confrontabili con la sua lunghezza d'onda, dà luogo alla diffrazione: la perturbazione arriva anche là dove non dovrebbe arrivare. La stessa cosa accade alla luce. Siamo quindi indotti a sospettare che la luce abbia una natura ondulatoria.

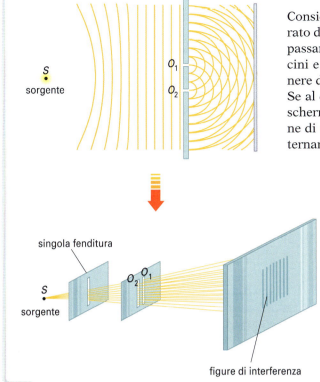

Consideriamo un fascio di luce generato da una sorgente S, che viene fatto passare attraverso due fori O_1 e O_2 vicini e molto piccoli, in modo da ottenere due raggi diffratti.
Se al di là dei due fori si dispone uno schermo, si può osservare la formazione di una figura caratterizzata dall'alternarsi di strisce chiare e scure.

Ricordando l'interferenza fra le onde elastiche circolari, possiamo facilmente intuire che le strisce chiare di luce corrispondono alle zone di interferenza costruttiva e quelle d'ombra alle zone di interferenza distruttiva.

ricorda...
L'*interferenza* è una conferma del fatto che la luce è un fenomeno ondulatorio.

21.6 La natura della luce: onda o corpuscolo?

Finora per studiare la luce abbiamo utilizzato un modello geometrico, il quale, tramite i raggi, permette di analizzarne il comportamento in diverse situazioni. Tuttavia, anche se prima non lo abbiamo fatto, è giunto il momento di domandarci: che cos'è veramente la luce? Che cosa la caratterizza?
A partire dal '600 questa domanda ha appassionato i fisici per più di due secoli. In quel periodo si contrapponevano due teorie fra loro apparentemente inconciliabili: una si basava sul **modello corpuscolare**, sostenuto fra gli altri da Newton, e l'altra sul **modello ondulatorio**, proposto dall'olandese Huygens.

La luce è un flusso di particelle (corpuscoli) emesse con continuità dalle sorgenti, che hanno la capacità, quando raggiungono l'occhio, di generare la visione. **modello corpuscolare**

La luce è un'onda, cioè trasferimento di energia senza trasporto di materia. **modello ondulatorio**

Alcuni fenomeni connessi con la propagazione della luce, dalla traiettoria rettilinea alla riflessione, dalla rifrazione alla dispersione, erano interpretabili in base sia al modello corpuscolare sia a quello ondulatorio. Tra il 1802 e il 1804 Thomas Young studiò l'interferenza della luce, che risultava comprensibile con semplicità solo nell'ambito della teoria ondulatoria, mentre la teoria corpuscolare ne offriva una spiegazione poco convincente. Dopodiché, nel 1818 Augustin Fresnel, pensando alla luce in termini di onda, avanzò l'ipotesi, poi confermata, che essa dovesse dare luogo a un altro fenomeno caratteristico delle onde, la diffrazione.
Alcuni decenni più tardi James C. Maxwell ipotizzò che la luce fosse un'onda di natura elettromagnetica e, poco dopo, Heinrich R. Hertz riuscì a verificare sperimentalmente l'esistenza delle onde elettromagnetiche che, in quanto tali, sono soggette ai fenome-

ni ondulatori quali la riflessione, la rifrazione, la diffrazione e l'interferenza. Da quel momento il modello ondulatorio della luce si affermò, supportato da importanti conferme sperimentali. Venne verificato, per esempio, che le onde elettromagnetiche si propagano alla stessa velocità della luce. La velocità della luce (indicata in genere con la lettera c), grazie alle sofisticate tecnologie di cui oggi disponiamo, è stata determinata con grande precisione. Nel vuoto si ha:

velocità della luce nel vuoto

$c = 299\,792\,458$ m/s

Tornando ai colori che compongono la luce, aggiungiamo che essi, oltre ad avere indici di rifrazione differenti, sono caratterizzati da un valore proprio della frequenza e, quindi, come si ricava tramite la relazione:

$c = \lambda \cdot f$

da una determinata lunghezza d'onda. Perciò, man mano che si passa dal rosso al violetto, f aumenta e λ diminuisce (tab. 3).

> **! ricorda...**
> Per semplicità, anche quando il mezzo è l'aria e non il vuoto, si assume per la velocità della luce il valore approssimato di 300 000 km/s.

TABELLA 3

colore	$f (\cdot 10^{14}$ Hz$)$	$\lambda (\cdot 10^{-7}$ m$)$
rosso	4,3 ÷ 4,7	7,0 ÷ 6,4
arancione	4,7 ÷ 5,0	6,4 ÷ 6,0
giallo	5,0 ÷ 5,3	6,0 ÷ 5,7
verde	5,3 ÷ 6,1	5,7 ÷ 4,9
blu	6,1 ÷ 6,7	4,9 ÷ 4,5
indaco	6,7 ÷ 7,1	4,5 ÷ 4,2
violetto	7,1 ÷ 7,5	4,2 ÷ 4,0

flash))) Tutti i colori del cielo

Di che colore è il cielo? La risposta cambia nel corso della giornata: in una bella giornata serena, durante il dì, il cielo appare azzurro perché le molecole dell'aria diffondono la luce solare.
Fra i colori che la compongono giungono agli occhi soprattutto quelli che hanno un indice di rifrazione maggiore. In realtà l'indice più elevato corrisponde al violetto, ma il cielo ci appare blu sia perché questa componente è predominante nella composizione della luce solare, sia perché il nostro occhio è meno sensibile al violetto rispetto al blu.

Al momento del tramonto i raggi di luce bianca emessi dal Sole attraversano uno spessore di atmosfera maggiore rispetto a quando il Sole è in alto nel cielo. Nel tragitto più lungo la componente blu, per diffusione, diminuisce e quando la luce arriva a noi prevalgono i colori corrispondenti a indici di rifrazioni minori e, perciò, tendenzialmente verso il rosso.

Luce e strumenti ottici UNITÀ 21 **515**

21.7 Le lenti

Occhiali,

binocoli,

cannocchiali,

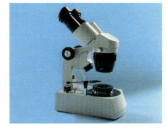
microscopi...

... tutti i dispositivi ottici, pur con finalità diverse (correzione della vista, ingrandimento delle immagini ecc.), hanno come elemento fondamentale la **lente**.

La **lente** è una sostanza rifrangente delimitata da due superfici, delle quali almeno una di forma sferica. — lente

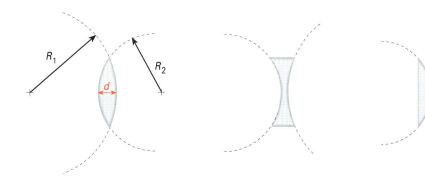

Se i raggi delle superfici sferiche che delimitano la lente sono molto maggiori dello spessore, si parla di **lente sottile**. — lente sottile

Da questo momento, parlando di lente, intenderemo in ogni caso la lente sottile. A seconda delle curvature delle loro superfici, le lenti si dividono in due gruppi.

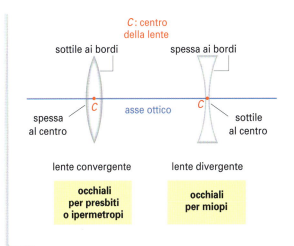

- **Lenti convergenti**: sono più spesse al centro e sottili ai bordi (vengono utilizzate negli occhiali per la correzione della presbiopia e dell'ipermetropia, che rendono difficile distinguere chiaramente gli oggetti vicini).
- **Lenti divergenti**: sono più sottili al centro e spesse ai bordi (vengono utilizzate negli occhiali per la correzione della miopia, che rende difficile distinguere chiaramente gli oggetti lontani).

— lenti convergenti e divergenti

Lenti convergenti

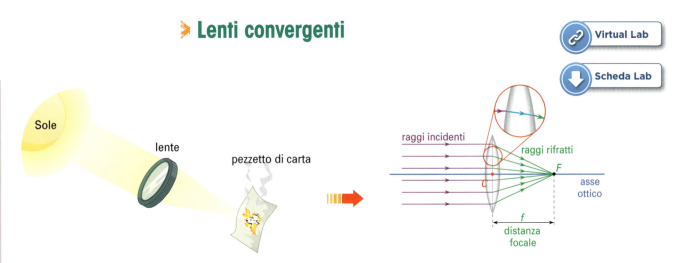

Se posizioniamo opportunamente una lente convergente vicino a un pezzo di carta e facciamo in modo che i raggi del Sole la attraversino, dopo qualche istante la carta inizia a bruciare.

Come mai? Quando un fascio di raggi luminosi colpisce una lente parallelamente al suo asse, detto **asse ottico**, se la lente è convergente i raggi vengono deviati in maniera tale da convergere in un punto F, chiamato **fuoco**, che si trova oltre la lente. La distanza f tra il centro C della lente e tale punto è detta **distanza focale**. Nell'attraversare la lente, il raggio luminoso subisce una doppia rifrazione: aria-vetro e vetro-aria. Per convenzione il raggio incidente viene tracciato fino all'asse della lente senza deviazioni; da lì poi viene fatto proseguire secondo la direzione del raggio rifratto verso il fuoco F.

Se ruotiamo di 180° la lente attorno al suo asse verticale, la carta lasciata alla stessa distanza brucia nuovamente. Ne deduciamo che una lente convergente ha due fuochi che si trovano alla stessa distanza dal centro.

Costruzione dell'immagine di un oggetto attraverso una lente convergente

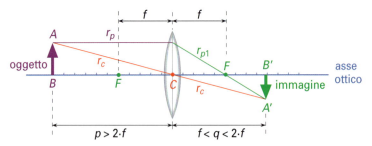

Per iniziare, mettiamo l'oggetto lontano dalla lente più del doppio della distanza focale, cioè $p > 2 \cdot f$.
I passi da seguire sono i seguenti:

1. dal punto A si mandano due raggi, il primo r_p parallelo all'asse ottico e il secondo r_C passante per il centro C della lente;

2. r_p viene deviato e diventa r_{p1}, in quanto *tutti i raggi paralleli all'asse ottico attraversando la lente convergono verso il fuoco F*;

3. r_C passa per il centro della lente e prosegue secondo la stessa direzione, in quanto *tutti i raggi che passano per il centro C hanno la proprietà di non subire deviazioni*;

4. r_{p1} ed r_C, che sono raggi reali, si intersecano nel punto A' che è l'immagine reale di A;

5. mandando da A' la proiezione sull'asse ottico si trovano B' e anche $A'B'$, che è l'immagine cercata.

Luce e strumenti ottici   UNITÀ 21   **517**

Spostando l'oggetto *AB*, ma in modo tale che sia sempre $p > 2 \cdot f$, e ripetendo la costruzione di *A'B'*, si constata che la distanza *q* dell'immagine dal centro *C* si forma sempre in un punto collocato tra il fuoco e il doppio della distanza focale.

Nella tabella 4 sono riportate le varie situazioni, che dipendono dalla posizione di *AB* rispetto alla lente.

> **! ricorda...**
> Se l'oggetto è a una distanza $p > 2 \cdot f$ dalla lente, l'immagine che si forma è reale, capovolta, rimpicciolita e si trova a una distanza *q* tale che $f < q < 2 \cdot f$.

TABELLA 4

posizione oggetto $(p = BC)$	posizione immagine $(q = B'C)$	caratteristiche immagine	costruzione grafica
$p > 2 \cdot f$	$f < q < 2 \cdot f$	reale, capovolta, rimpicciolita	
$p = 2 \cdot f$	$q = 2 \cdot f$	reale, capovolta, uguale	
$f < p < 2 \cdot f$	$q > 2 \cdot f$	reale, capovolta, ingrandita	
$p = f$	—	non si forma perché i raggi rifratti sono paralleli	
$0 < p < f$	$q < 0$ e $|q| > p$	virtuale, diritta, ingrandita (il segno negativo di *q* significa che l'immagine si forma dalla stessa parte dell'oggetto)	

Riassumendo:
- quando l'oggetto ha una distanza dalla lente convergente che va dall'infinito alla distanza focale, l'immagine è **reale**, **capovolta** e di **dimensioni** via via **crescenti**;
- quando l'oggetto è nel fuoco, l'immagine non si forma;
- quando l'oggetto si trova tra il fuoco e la lente, l'immagine è **virtuale** (cioè si forma con l'intersezione del prolungamento dei raggi reali), **diritta** e **ingrandita**.

Lenti divergenti

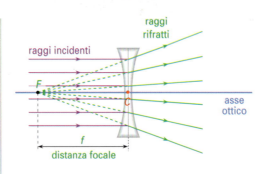

Quando un fascio di raggi incide parallelamente all'asse ottico su una lente divergente, si ha che i raggi divergono. Tuttavia, se prolunghiamo i raggi rifratti, vediamo che convergono tutti in un punto F, che perciò è il fuoco della lente.
Si tratta però di un fuoco *virtuale*, non essendo determinato direttamente dall'intersezione dei raggi, bensì dall'intersezione dei loro prolungamenti.

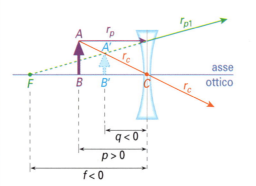

Per determinare l'immagine di un oggetto AB tramite una lente divergente, si procede nel seguente modo:

1. dal punto A si mandano due raggi, il primo r_p parallelo all'asse ottico e il secondo r_c passante per il centro C della lente;
2. r_p viene deviato e diventa r_{p1}, in quanto *tutti i raggi paralleli all'asse ottico attraversando la lente divergono in modo tale che i loro prolungamenti convergono verso il fuoco F*;
3. r_c passa per il centro e prosegue secondo la stessa direzione, in quanto *tutti i raggi che passano per il centro C hanno la proprietà di non subire deviazioni*;
4. il prolungamento di r_{p1} ed r_c si intersecano nel punto A': dato che si tratta di prolungamento, l'immagine A' di A è virtuale;
5. mandando da A' la proiezione sull'asse ottico si trova B' e quindi $A'B'$, che è l'immagine cercata che risulta **virtuale**, **diritta** e **rimpicciolita**.

A differenza di quanto accade con la lente convergente, spostando AB, le caratteristiche dell'immagine risultano sempre le stesse in qualunque posizione.

L'immagine di un oggetto attraverso una lente divergente è **virtuale**, **diritta** e **rimpicciolita** indipendentemente dalla posizione dell'oggetto stesso.

Se la posizione p dell'oggetto è nota, per trovare la posizione q in cui si forma l'immagine si utilizza la **formula delle lenti sottili**:

formula delle lenti sottili
$$\frac{1}{p} + \frac{1}{q} = \frac{1}{f}$$

La formula, che vale per le lenti sia concave sia divergenti, è analoga a quella degli specchi, ma si differenzia per la convenzione dei segni.

Se dalla formula delle lenti sottili vuoi ricavare direttamente una delle tre grandezze in funzione delle altre due, puoi ricorrere alle seguenti formule:

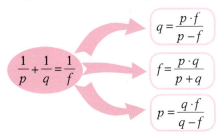

Tenendo conto che nelle rappresentazioni di questo testo la luce è sempre proveniente da sinistra della lente, riportiamo nella seguente tabella la convenzione dei segni:

distanza focale	distanza p dell'oggetto dalla lente	distanza q dell'immagine dallo specchio
$f > 0$ lente convergente $f < 0$ lente divergente	$p > 0$ per un oggetto che si trova dalla parte da cui proviene la luce (a sinistra della lente)	$q > 0$ immagini reali che si formano al di là della lente cioè dalla parte opposta a quella da cui proviene la luce (a destra della lente) $q < 0$ immagini virtuali che si formano dalla stessa parte della lente da cui proviene la luce (a sinistra della lente)

Se con h indichiamo l'altezza dell'oggetto, si ha che l'altezza h' dell'immagine è data da $h' = \left| -\dfrac{q}{p} \right| \cdot h$.

esempio

3 Un oggetto è posto a 2,0 cm da una lente convergente, la cui distanza focale è di 6,0 cm. Determiniamo: *a*) la distanza dalla lente in cui si forma l'immagine; *b*) l'altezza dell'immagine, sapendo che l'oggetto è alto 2,8 cm.

a) Poiché $p = 2,0$ cm e $f = 6,0$ cm, dalla formula delle lenti sottili, si ha:

$$\frac{1}{p} + \frac{1}{q} = \frac{1}{f}$$

portando $\dfrac{1}{p}$ al secondo membro:

$$\frac{1}{q} = \frac{1}{f} - \frac{1}{p} \Rightarrow \frac{1}{q} = \frac{p-f}{p \cdot f}$$

da cui:

$$q = \frac{p \cdot f}{p - f}$$

sostituendo i dati:

$$q = \frac{2,0 \cdot 6,0}{2,0 - 6,0} = -3,0 \text{ cm}$$

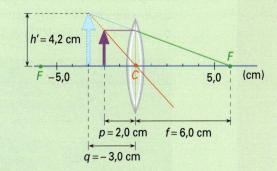

Dato che q è negativo, ne deduciamo che l'immagine si è formata dalla stessa parte della lente in cui si trova l'oggetto e quindi è virtuale.

b) L'altezza h' dell'immagine è data da:

$$h' = \left| -\frac{q}{p} \right| \cdot h = \left| -\frac{-3,0}{2,0} \right| \cdot 2,8 = 4,2 \text{ cm}$$

Pertanto l'immagine ha dimensioni maggiori dell'oggetto.
In sintesi, essendo $0 < p < q$ l'immagine è virtuale, diritta e ingrandita.

idee e personaggi

Mondi microscopici, mondi lontanissimi

Per l'osservazione di oggetti estremamente piccoli è indispensabile poter disporre di uno strumento detto *microscopio*, dal greco *mikròs*, piccolo, e *skopéo*, osservo.

IL MICROSCOPIO OTTICO E IL MICROSCOPIO ELETTRONICO

Il microscopio ottico semplice (costituito cioè da una sola lente) fu inventato a metà del secolo XVII da un commerciante di tessuti olandese, Antoni van Leeuwenhoek, che ottenne ingrandimenti fino a circa 250 volte e riuscì a osservare numerosi microrganismi. Oltre un secolo dopo, l'inglese Robert Hook lo perfezionò, mettendo a punto il microscopio ottico composto, con il quale oggi è possibile osservare i batteri, che hanno dimensioni comprese tra 0,2 e 100 µm (ricorda che un µm, o micron, è pari a un millesimo di millimetro, cioè a un milionesimo di metro), arrivando a ingrandimenti fino a 2000 volte. Le prestazioni di un microscopio ottico, tuttavia, oltre che dalla sua capacità di ingrandimento, sono determinate anche dal suo *potere risolutivo*, ovvero la minima distanza che ci deve essere tra due punti affinché essi possano essere percepiti come distinti. Dato che gli oggetti sottoposti a osservazione devono essere illuminati, il potere risolutivo non può in alcun caso essere inferiore alla lunghezza d'onda della luce, vale a dire 0,3-0,4 µm o al massimo 0,1 µm, se si utilizza luce ultravioletta (UV) al posto della luce visibile. Un netto passo avanti nelle capacità di indagine dei mondi microscopici fu segnato nel 1931, quando Ernst Ruska, premio Nobel nel 1986, costruì il primo *microscopio elettronico*. Come indica il nome, in questo microscopio il campione viene investito, anziché da luce visibile o ultravioletta, da un fascio di elettroni. Questi, infatti, pur essendo particelle, si comportano anche come onde di lunghezza d'onda estremamente piccola, fino a 1000 volte inferiore a quella della luce. Esistono due tipi di microscopio elettronico: il *microscopio elettronico a scansione* (SEM) e il *microscopio elettronico a trasmissione* (TEM). In quest'ultimo, con il quale si ottengono i massimi ingrandimenti, un fascio di elettroni penetra nel campione e viene poi trasmesso dalla parte opposta, dove è messo a fuoco su uno schermo

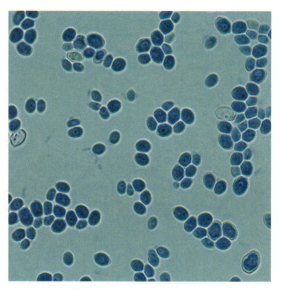

Cellule di lievito di birra al microscopio ottico.

fluorescente. Con questa tecnica è stato raggiunto un ingrandimento di 15 milioni di volte e un potere risolutivo di 0,1 nm (ricorda che un nm, o nanometro, è pari a un miliardesimo di metro), che consente di distinguere strutture molecolari.

IL TELESCOPIO E I RADIOTELESCOPI

Problemi completamente diversi si pongono nell'osservazione dei mondi lontanissimi, puntando le ricerche verso il cielo. In questi casi, le difficoltà maggiori sono poste dalle turbolenze dell'aria e dall'assorbimento operato dall'atmosfera: quest'ultima, infatti, assorbe tutte le radiazioni con eccezione della luce visibile e delle onde radio. Per questa ragione, l'osservazione dalla Terra impiega *telescopi ottici* e *radiotelescopi*. I telescopi ottici sono collocati preferibilmente in luoghi alti o isolati, come montagne o deserti, in modo da ridurre l'influenza della turbolenza atmosferica e dell'inquinamento luminoso delle città. Addirittura, nel 1990 il telescopio spaziale *Hubble* fu immesso in orbita a circa 590 km dalla Terra, per ovviare alle deformazioni delle immagini raccolte dovute alla presenza dell'atmosfera. Trovandosi al di fuori dell'atmosfera, il telescopio *Hubble* gode di un potere risolutivo eccezionale e può essere usato per osservazioni nell'infrarosso e nell'ultravioletto, radiazioni che non arrivano sulla superficie della Terra.
I radiotelescopi, invece, captano le onde radio trasmesse dai diversi corpi celesti

Microscopio elettronico.

e presentano il vantaggio di non essere influenzati dalle condizioni meteorologiche, né dalle condizioni di illuminazione.
Non va dimenticato che guardare molto lontano nell'Universo significa sostanzialmente guardare indietro nel tempo: infatti, la luce che oggi arriva sui nostri strumenti di osservazione è partita svariati anni prima. Non a caso, l'unità di misura delle distanze astronomiche è l'anno-luce: essa rappresenta, cioè, la distanza percorsa dalla luce (nel vuoto) in un anno ed è pari circa a 9461 miliardi di kilometri. Per esempio, la galassia di Andromeda dista 2 250 000 anni luce dalla nostra galassia, e ciò significa che le immagini che ci giungono attraverso i telescopi ci mostrano non come Andromeda è oggi, ma come era 2 250 000 anni fa.

Telescopio sul vulcano Halea Kola (Hawai).

Telescopio spaziale Chandra.

IN SINTESI

- Una **sorgente luminosa primaria** è un corpo in grado di *emettere luce* grazie a processi interni; una **sorgente luminosa secondaria** è un corpo che una volta illuminato riemette una parte della luce. Secondo il modello geometrico della luce, la luce si propaga secondo linee rette e viene rappresentata mediante i raggi luminosi.

- Le **leggi della riflessione** sono:
  - raggio incidente, raggio riflesso e perpendicolare alla superficie giacciono sullo stesso piano;
  - l'angolo di incidenza $\hat{i}$ è uguale all'angolo di riflessione $\hat{r}$.

  Un'immagine ottenuta come intersezione dei prolungamenti dei raggi riflessi viene detta *virtuale*.

- L'**immagine di uno specchio piano** è *virtuale*, *diritta* e ha le *stesse dimensioni* dell'oggetto.

- Gli **specchi sferici** si dividono in *concavi* e *convessi*. Negli specchi convessi l'immagine è sempre *virtuale*, *diritta* e di *dimensioni minori* dell'oggetto, in quelli concavi l'immagine è *virtuale* e *diritta* solo se l'oggetto è compreso tra il fuoco e lo specchio altrimenti è *reale* e *capovolta*.

- La formula dei punti coniugati degli specchi sferici è:
$$\frac{1}{p} + \frac{1}{q} = \frac{1}{f}$$

- Le **leggi della rifrazione** sono:
  - raggio incidente, raggio rifratto e perpendicolare alla superficie di separazione tra i due mezzi di propagazione giacciono sullo stesso piano;
  - il rapporto tra il seno dell'angolo incidenza $\hat{i}$ e il seno dell'angolo di rifrazione $\hat{r}$ è costante.

  In termini matematici, la seconda legge della rifrazione può essere scritta: $\dfrac{\operatorname{sen}\hat{i}}{\operatorname{sen}\hat{r}} = n_{12}$ dove $n_{12} = \dfrac{n_2}{n_1} = \dfrac{v_1}{v_2}$ prende il nome di **indice di rifrazione relativo**, n_1, n_2 sono gli indici di rifrazione *assoluti* dei due mezzi e v_1, v_2 le velocità della luce al loro interno.
  Quando $n_{12} > 1$, il raggio rifratto *si avvicina* alla perpendicolare rispetto alla superficie di separazione; ciò significa che il secondo mezzo è *più rifrangente* del primo e che la velocità della luce diminuisce, passando dal primo al secondo mezzo.
  Quando $n_{12} < 1$, la luce procede da un mezzo più rifrangente verso uno meno rifrangente e si può verificare il fenomeno della *riflessione totale*: se il raggio incidente ha un angolo di incidenza maggio-

re di un valore limite (dipendente dai due mezzi considerati), si riflette completamente nel mezzo di provenienza.

- La *luce nel vuoto* viaggia alla velocità (indicata con il simbolo c) di circa 300 000 km/s.
  Dal fenomeno della *dispersione* segue che:
  - la luce bianca è formata da vari colori (rosso, arancione, giallo, verde, azzurro, indaco e violetto) che formano lo **spettro**;
  - i colori sono caratterizzati da differenti indici di rifrazione e da diverse lunghezze d'onda, secondo la relazione $c = \lambda \cdot f$.

  Un corpo opaco appare di un determinato colore perché assorbe tutte le componenti della luce a esclusione di quella che viene riflessa e giunge ai nostri occhi.

- Esistono due **modelli della luce**:
  - **corpuscolare**, secondo cui la luce è un flusso di particelle (corpuscoli) emesse con continuità dalle sorgenti, che hanno la capacità, quando raggiungono l'occhio, di generare la visione;
  - **ondulatorio**, secondo cui la luce è un'onda, cioè trasferimento di energia senza trasporto di materia. L'interferenza che si produce dopo la diffrazione della luce attraverso delle fenditure piccolissime è una conferma della natura ondulatoria della luce.

- La **lente** è una sostanza rifrangente delimitata da due superfici, delle quali almeno una di forma sferica. Se i raggi delle superfici sferiche che delimitano la lente sono molto maggiori dello spessore, la lente è detta **sottile**.
  La formula delle lenti sottili è: $\dfrac{1}{p} + \dfrac{1}{q} = \dfrac{1}{f}$ dove p è la distanza tra l'oggetto e il centro della lente, q è la distanza dell'immagine dal centro C e f è la distanza focale, cioè la distanza tra il centro C della lente e il fuoco F.

- Le lenti possono essere di due tipi:
  - **convergenti**, quando i raggi rifratti convergono nel fuoco F. Se $p > 2f$, l'immagine che si forma è reale, capovolta, rimpicciolita e $f < q < 2f$;
  - **divergenti**, quando in F convergono i prolungamenti dei raggi rifratti. Fuoco e immagine sono situati dalla stessa parte dell'oggetto: $f < 0$ e $q < 0$. L'immagine è virtuale, diritta e rimpicciolita, indipendentemente dalla posizione dell'oggetto stesso.

SCIENTIFIC ENGLISH

CLIL

Light and Optical Instruments

- A **primary light source** is an object capable of *emitting light*. A **secondary light source** is an object that reflects part of the light that strikes it. According to the geometric model of light, light radiates by means of straight lines and is represented by light rays.

- The **laws of reflection** state that:
  - the incident ray, the reflected ray and the normal to the reflection surface all lie in the same plane;
  - the angle of incidence $\hat{i}$ is equal to the angle of reflection: $\hat{r}$.

  An image that appears to lie at the point of intersection of the extended reflected rays is a *virtual* image.

- The **image that is formed by a flat mirror** is *virtual*, *upright* and has the *same dimensions* as the object.

- **Spherical mirrors** can be *concave* or *convex*. In convex mirrors the image is always *virtual*, *upright* and *smaller than the object*, in concave mirrors the image is only *virtual* and *upright* if the object is between the focal point and the mirror, otherwise it is *real* and *inverted*.

- The conjugate points equation for spherical mirrors is:
$$\frac{1}{p} + \frac{1}{q} = \frac{1}{f}$$

- The **laws of refraction** state that:
  - the incident ray, the refracted ray and the normal to the surface of the boundary between the two media all lie in the same plane;
  - the relationship between the sine of the angle of incidence $\hat{i}$ and the sine of the angle of refraction $\hat{r}$ is constant.

  In mathematical terms, the second law of refraction can be written as: $\frac{\sin\hat{i}}{\sin\hat{r}} = n_{12}$ where $n_{12} = \frac{n_2}{n_1} = \frac{v_1}{v_2}$ is the **relative refractive index**, n_1, n_2 are the *absolute* refractive indices of the two media (e.g., air and water) and v_1, v_2 are the two velocities of the light.

  When $n_{12} > 1$, the refracted ray *approaches* the normal to the surface of the boundary between the two media. This means that the second medium is *more refractive* than the first and that the velocity of the light decreases as it passes from the first medium to the second.

  When $n_{12} < 1$, the light passes from a medium with a higher refractive index to one with a lower refractive index and a phenomenon known as *total internal reflec-*

tion may occur. If the angle of incidence of the incident ray is greater than the critical angle (which depends on the two media), the light is totally reflected back in the medium from which it originated.

- The speed of *light in a vacuum* (indicated by the letter *c*) is approximately 300,000 km/s.
  As a result of the phenomenon known as *dispersion*:
  - white light is separated into its component colours (red, orange, yellow, green, blue, indigo and violet) which form the **spectrum**;
  - each colour has a different refractive index and wavelength, according to the formula $c = \lambda \cdot f$.

  The colour of an opaque object is determined by the fact that the object absorbs all the components of light except the one that it reflects, which reaches our eyes.

- There are two **theories of light**:
  - **corpuscular**, according to which light is composed of a flow of particles (corpuscles) that are continuously emitted by light sources and have the ability to generate vision upon reaching the eye;
  - **undulatory**, according to which light is a wave, i.e. carrying energy but not matter. The interference that occurs following the diffraction of light through tiny slits confirms the undulatory nature of light.

- A **lens** is a refractive substance delimited by two surfaces, at least one of which is spherical. If the radii of curvature of the spherical surfaces that delimit the lens are much greater than its thickness, the lens is called a **thin lens**. The formula for thin lenses is:
  $\frac{1}{p} + \frac{1}{q} = \frac{1}{f}$, where p is the distance between the object and the centre of the lens, q is the distance of the image from the centre C and f is the focal length, i.e. the distance between the centre C of the lens and the focal point F.

  There are two types of lenses:
  - **convergent**, when the refracted rays converge at the focus point F. If $p > 2 \cdot f$, the image that is formed is *real*, *inverted*, *diminished* and $f < q < 2 \cdot f$;
  - **divergent**, when the extensions of the refracted rays converge at F. The focal point and image are on the same side as the object: $f < 0$ e $q < 0$. The image is *virtual*, *upright* and *diminished*, regardless of the position of the object.

strumenti per SVILUPPARE le COMPETENZE

VERIFICHIAMO LE CONOSCENZE

➤ Vero-falso

V F

1 I corpi opachi sono visibili grazie alla diffusione dei raggi luminosi che li colpiscono.

2 Un'immagine virtuale è ottenuta come intersezione dei raggi riflessi.

3 Un cucchiaino in un bicchiere d'acqua appare spezzato come conseguenza del fenomeno della riflessione.

4 Dati due mezzi rifrangenti, il rapporto tra il seno dell'angolo d'incidenza e il seno dell'angolo di rifrazione è costante.

5 Se l'angolo d'incidenza nel mezzo A è maggiore di quello di rifrazione nel mezzo B la luce è più veloce in A rispetto a B.

6 La riflessione totale si verifica quando l'angolo d'incidenza è retto.

7 Il rosso ha indice di rifrazione e frequenza minori del violetto.

8 L'immagine di un oggetto ottenuta con una lente convergente è sempre reale.

9 L'immagine di una lente convergente può essere diritta o capovolta.

10 L'immagine di un oggetto ottenuta con una lente divergente è sempre virtuale e capovolta.

➤ Test a scelta multipla

1 Un corpo è trasparente se, colpito dalla luce:
- **A** la assorbe
- **B** la riflette
- **C** la disperde
- **D** si lascia attraversare da essa

2 Quale fenomeno riguardante la luce è alla base della formazione delle ombre?
- **A** La dispersione
- **B** La propagazione rettilinea dei raggi
- **C** La diffusione
- **D** La riflessione

3 L'immagine riflessa in uno specchio piano è:
- **A** virtuale e simmetrica rispetto alla superficie dello specchio
- **B** reale e capovolta
- **C** virtuale e capovolta
- **D** reale e simmetrica rispetto alla superficie dello specchio

4 Dato uno specchio concavo di distanza focale f se l'immagine di un oggetto è reale, capovolta e rimpicciolita possiamo dedurre che la sua posizione p soddisfa la relazione:
- **A** $f < p < 2f$
- **B** $p = f$
- **C** $p > 2f$
- **D** $o < p < f$

5 Un oggetto si riflette in uno specchio sferico convesso. Individua quale delle seguenti proprietà della sua immagine è falsa.
- **A** Ha dimensione minore dell'oggetto
- **B** È capovolta
- **C** È virtuale
- **D** La sua distanza q dallo specchio è negativa

6 In relazione all'indice di rifrazione assoluto n_{12}, quale delle seguenti affermazioni è errata?
- **A** n_{12} è uguale al rapporto n_2/n_1
- **B** Se $n_{12} > 1$, il raggio rifratto si avvicina alla perpendicolare
- **C** Se $n_2 < n_1$, l'angolo di rifrazione è minore dell'angolo di incidenza
- **D** Se $n_1 < n_2$, il secondo mezzo è più rifrangente del primo

7 Un corpo appare giallo perché:
- **A** diffonde tutte le componenti della luce tranne la gialla, che viene assorbita
- **B** rifrange la componente gialla della luce più delle altre componenti
- **C** l'osservatore si basa su una valutazione soggettiva: un altro potrebbe vederlo anche blu
- **D** assorbe tutte le componenti della luce tranne la gialla, che viene diffusa

8 La velocità della luce:
- **A** non dipende dal mezzo, dato che si propaga anche nel vuoto
- **B** dipende dal mezzo in cui si propaga, diminuendo se è meno rifrangente
- **C** dipende dal mezzo in cui si propaga, aumentando se è meno rifrangente
- **D** non dipende dal mezzo, ma ogni colore ha una velocità diversa

Luce e strumenti ottici **UNITÀ 21**

9 Qual è la condizione affinché l'immagine che si forma grazie a una lente convergente risulti virtuale?
- **A** L'oggetto deve trovarsi a una distanza maggiore del doppio della distanza focale
- **B** È impossibile con le lenti convergenti ottenere immagini virtuali
- **C** L'oggetto deve trovarsi a una distanza minore di quella focale
- **D** L'oggetto deve trovarsi a una distanza compresa tra la distanza focale e il doppio di essa

10 L'immagine che si forma attraverso una lente divergente è:
- **A** reale, diritta e rimpicciolita
- **B** virtuale, capovolta e ingrandita
- **C** reale, diritta e ingrandita
- **D** virtuale, diritta e rimpicciolita

VERIFICHIAMO LE ABILITÀ

Esercizi

21.2 La riflessione

Gli specchi piani

1 Posiziona la tua mano destra davanti a uno specchio piano.
- a) L'immagine della tua mano è virtuale o reale?
- b) L'immagine ha le stesse dimensioni della tua mano?
- c) Vi è qualche differenza tra la tua mano e l'immagine allo specchio?
- d) Se la tua mano si trova a 50 cm dallo specchio, qual è la distanza tra la tua mano e la sua immagine?

2 Un raggio di luce incide su uno specchio formando con esso un angolo di 60°.
- a) Disegna la situazione descritta.
- b) Completa il disegno aggiungendo il raggio riflesso.
- c) Quanto vale l'angolo di incidenza?
- d) Quanto vale l'angolo di riflessione?

3 Un raggio di luce riflesso da uno specchio forma con lo stesso un angolo di 28°.
- a) Disegna la situazione descritta.
- b) Completa il disegno aggiungendo il raggio incidente.
- c) Quanto vale l'angolo tra raggio incidente e raggio riflesso?

4 Un raggio incide su uno specchio piano e il raggio riflesso viene deviato di 84° rispetto al raggio incidente. Qual è l'angolo di incidenza?

Per lo svolgimento dell'esercizio, completa il percorso guidato, inserendo gli elementi mancanti dove compaiono i puntini.

1. In base ai dati, sai che la somma degli angoli di incidenza e rifrazione è: $\hat{i} + \hat{r} =$ ....
2. Dato che per la seconda legge della riflessione $\hat{i} = \hat{r}$, hai che: $\hat{i} + \hat{r} = \hat{i} + \hat{i} = 2 \cdot \hat{i} =$ ....
3. Calcolando l'angolo di incidenza trovi: $\hat{i} =$ ....

[42°]

5 Un raggio incide su uno specchio piano formando un angolo di incidenza pari a 60°. Fai il disegno che rappresenta la riflessione e calcola l'angolo che il raggio riflesso forma con quello incidente.

[120°]

6 Determina graficamente l'immagine virtuale del triangolo ABC riportato in figura e dovuta alla riflessione dello specchio piano. Se il vertice A dista 12 cm dallo specchio, qual è la distanza della sua immagine A' dallo specchio?

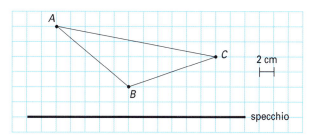

SUGGERIMENTO Riproduci il disegno sul tuo quaderno e per ogni punto del triangolo trova il corrispondente simmetrico rispetto alla superficie riflettente...

7 Determina graficamente l'immagine virtuale della figura ABCD riportata in figura e dovuta alla riflessione dello specchio piano.
Se il centro O dista 25 cm dallo specchio, qual è la distanza della sua immagine O' dallo specchio?

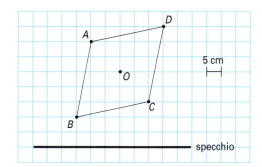

8 Osserva la figura.

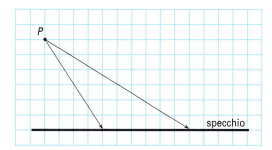

Dal punto P partono due raggi incidenti. Trova la posizione del punto P' immagine virtuale di P.

SUGGERIMENTO Per la costruzione determina prima i due raggi riflessi e poi intersecando i loro...

9 Un paravento è formato da due specchi A e B uguali posizionati come in figura.

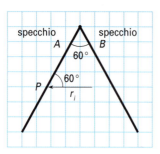

a) Disegna il raggio riflesso in P.
b) Il raggio riflesso incide sullo specchio B?

10 A light beam strikes a plane mirror at an angle of 40°.
a) Draw a diagram, showing the incident beam, the reflected beam, as well as incidence ($\hat{i}$) and reflection ($\hat{r}$) angles.
b) Determine the angle formed by the incident and the reflected beams.
[100°]

Gli specchi sferici concavi

11 Una candelina è posta a 70 cm dal vertice di uno specchio concavo con raggio di curvatura di 60 cm.
a) Determina la posizione dell'immagine precisando se è reale o virtuale.
b) Se la candelina è alta 2,8 cm, qual è l'altezza della sua immagine? È diritta o capovolta?
c) Realizza la costruzione grafica dell'immagine della candelina.

Per lo svolgimento dell'esercizio, completa il percorso guidato, inserendo gli elementi mancanti dove compaiono i puntini.

1 I dati sono i seguenti:
$f = $ ....; $p = $ ....; $h = $ ....

2 La formula per ricavare la posizione dell'immagine è:
$q = $ ....

3 Sostituendo i valori, ottieni:
$q = $ ....
Per analizzare se è reale o virtuale occorre tenere presente che in uno specchio concavo se $p > 2f$ allora l'immagine è ....

4 La formula per trovare l'altezza dell'immagine è:
$h' = $ ....

5

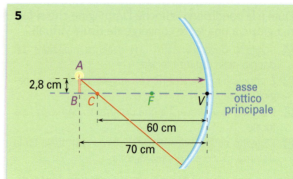

Per la costruzione grafica dell'immagine basta tracciare almeno due raggi incidenti e i relativi raggi riflessi...
[a) 52,5 cm; reale;
b) 2,1 cm; capovolta]

12 Un fiammifero è posto a 36,0 cm dal vertice di uno specchio concavo con raggio di curvatura di 32,0 cm.
a) Determina la posizione dell'immagine precisando se è reale o virtuale.
b) Se il fiammifero è alto 4,5 cm quanto è alta la sua immagine? È diritta o capovolta?
c) Disegna l'immagine tracciando almeno due raggi incidenti e i relativi raggi riflessi.
[a) 28,8 cm; reale;
b) 3,6 cm; capovolta]

13 Uno specchio concavo ha una distanza focale di 40 cm. Calcola la posizione rispetto allo specchio in cui si forma l'immagine di un oggetto posto a 20 cm, 40 cm, 60 cm, 120 cm rispettivamente, precisando in ogni caso se è reale o virtuale.
Per ognuno dei casi indicati esegui la costruzione grafica dell'immagine.
[−40 cm; ...; 120 cm; 60 cm]

14 Un oggetto è posizionato a 20 cm da uno specchio sferico concavo mentre la sua immagine si forma dalla stessa parte in cui si trova l'oggetto a 60 cm dal vertice.
a) Determina la distanza focale.
b) L'immagine è diritta o capovolta?
c) Le dimensioni dell'immagine sono minori, uguali o maggiori di quelle dell'oggetto?
[a) 15 cm; b) capovolta; c) maggiori]

15 Un oggetto alto 30 cm si riflette in uno specchio sferico concavo che ha una distanza focale di 24 cm e la sua immagine si forma 120 cm oltre lo specchio.
a) Determina la posizione dell'oggetto.
b) Qual è la dimensione dell'immagine?
c) Si tratta di un'immagine reale o virtuale? Diritta o capovolta?

SUGGERIMENTO a) Per la posizione dell'immagine, dato che si forma oltre lo specchio, occorre utilizzare il segno...
[a) 20 cm; b) 180 cm; c) virtuale e diritta]

Gli specchi sferici convessi

16 Un fiammifero è posto a 80 cm dal vertice di uno specchio convesso con raggio di curvatura di 50 cm.
  a) Determina la posizione dell'immagine precisando se è reale o virtuale.
  b) Se il fiammifero è alto 3,4 cm, quanto è alta la sua immagine? È diritta o capovolta?
  c) Disegna l'immagine tracciando almeno due raggi incidenti e i relativi raggi riflessi.

Per lo svolgimento dell'esercizio, completa il percorso guidato, inserendo gli elementi mancanti dove compaiono i puntini.

1 I dati sono i seguenti:
  $f = -25$ cm (perché la distanza focale di uno specchio convesso ha segno negativo);
  $p = \ldots\ldots\ldots\ldots\ldots\ldots$; $h = \ldots\ldots\ldots\ldots\ldots\ldots$

2 La formula per ricavare la posizione dell'immagine è:
  $q = \ldots\ldots\ldots\ldots\ldots\ldots$

3 Sostituendo i valori, ottieni:
  $q = \ldots\ldots\ldots\ldots\ldots\ldots$ L'immagine di uno specchio convesso è sempre $\ldots\ldots\ldots\ldots\ldots\ldots$

4 L'immagine è $\ldots\ldots\ldots\ldots$, come sempre accade negli specchi convessi.

5 La formula per trovare l'altezza dell'immagine è:
  $h' = \ldots\ldots\ldots\ldots\ldots\ldots$

6
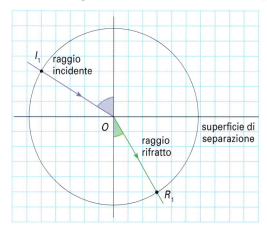

Per la costruzione grafica dell'immagine basta tracciare almeno due raggi incidenti e i relativi raggi riflessi...

[a) −19 cm; virtuale; b) 0,81 cm; diritta]

17 Un chiodo è posto a 45 cm dal vertice di uno specchio convesso con raggio di curvatura di 56 cm.
  a) Determina la posizione dell'immagine precisando se è reale o virtuale.
  b) Se il chiodo è alto 3,7 cm, quanto è alta la sua immagine?
  c) Disegna l'immagine tracciando almeno due raggi incidenti e i relativi raggi riflessi.

[a) −17 cm; virtuale; b) 1,4 cm]

18 Uno specchio convesso ha una distanza focale di 50 cm. Calcola la posizione rispetto allo specchio in cui si forma l'immagine di un oggetto posto a 10 cm, 25 cm, 50 cm, 100 cm rispettivamente.
Per ognuno dei casi indicati esegui la costruzione grafica dell'immagine.

[−8,3 cm; −17 cm; −25 cm; −33 cm]

19 Un oggetto è posizionato a 48 cm da uno specchio sferico convesso, mentre la sua immagine si forma dalla parte opposta rispetto a quella in cui si trova l'oggetto a 32 cm dal vertice.
  a) Determina la distanza focale.
  b) L'immagine è diritta o capovolta?
  c) Le dimensioni dell'immagine sono minori, uguali o maggiori di quelle dell'oggetto?

SUGGERIMENTO In uno specchio convesso è importante tenere conto che il segno della distanza focale e della posizione dell'immagine sono sempre...

[a) −96 cm; b) diritta; c) minori]

20 Un oggetto alto 11 cm si riflette in uno specchio sferico convesso che ha una distanza focale di 26,5 cm e la sua immagine si forma 18 cm oltre lo specchio.
  a) Determina la posizione dell'oggetto.
  b) Qual è la dimensione dell'immagine?

SUGGERIMENTO Vedi Esercizio 19.

[a) 56 cm; b) 3,5 cm]

21.3 La rifrazione

21 Utilizzando la figura, determina l'indice di rifrazione n_{12}.

22 Sulla figura, individua a livello qualitativo il raggio rifratto nell'aria.

23 Un raggio di luce attraversa la superficie di separazione fra un vetro che ha indice di rifrazione assoluto pari a 1,657 e il quarzo. Calcola l'indice di rifrazione relativo tra le due sostanze.

Per lo svolgimento dell'esercizio, completa il percorso guidato, inserendo gli elementi mancanti dove compaiono i puntini.

1 Il dato fornito dal testo è: $n_1 =$ ....
2 Tramite la tabella 2 di questa Unità individua il valore dell'indice di rifrazione assoluto del quarzo:
$n_2 =$ ....
3 Calcola l'indice di rifrazione relativo:
$n_{12} = n_2/n_1 =$ ....
4 Il fatto che n_{12} sia minore/maggiore di 1 significa che:
....
[0,880]

24 Un raggio di luce passa dall'aria al diamante.

a) Cancella nelle seguenti frasi l'affermazione errata. L'indice di rifrazione aria-diamante è *minore/maggiore* di 1; ne segue che il raggio rifratto nel diamante *si avvicina alla/si allontana dalla* perpendicolare rispetto alla superficie di separazione dei due mezzi; inoltre, il diamante è *meno/più* rifrangente dell'aria e, infine, la velocità della luce *diminuisce/aumenta* passando dall'aria al diamante.
b) Con l'aiuto della tabella 2 completa, a livello qualitativo, il percorso del raggio luminoso.

25 Osserva la figura.

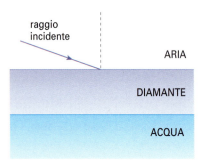

a) Quanto vale l'indice di rifrazione relativo nel passaggio aria-diamante?
b) Quanto vale l'indice di rifrazione relativo nel passaggio diamante-acqua?
c) Completa, a livello qualitativo, il percorso del raggio luminoso.
[a) 2,416; b) 0,552]

26 Un raggio di luce incide sulla superficie di vetro di un acquario (indice di rifrazione assoluto 1,6) e poi giunge in acqua.

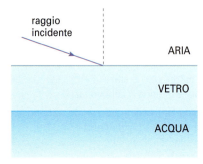

a) Quanto vale l'indice di rifrazione relativo nel passaggio aria-vetro?
b) Quanto vale l'indice di rifrazione relativo nel passaggio vetro-acqua?
c) Completa, a livello qualitativo, il percorso del raggio luminoso.
[a) 1,5995; b) 0,833]

27 L'indice di rifrazione assoluto dell'acqua è 1,333, mentre il suo indice di rifrazione relativo rispetto a un'altra sostanza è 0,982. Trova l'indice di rifrazione assoluto della seconda sostanza.

SUGGERIMENTO Dalla formula dell'indice di rifrazione relativo, ottieni la formula inversa per n_2...
[1,309]

28 L'indice di rifrazione assoluto dell'alcol è 1,361, mentre il suo indice di rifrazione relativo rispetto a un'altra sostanza è 1,497. Trova l'indice di rifrazione assoluto della seconda sostanza.
[2,037]

29 Un raggio di luce proveniente dall'aria incide con un angolo $\hat{i}$ di 30° sulla superficie di un diamante. Determina l'angolo di rifrazione.

Per lo svolgimento dell'esercizio, completa il percorso guidato, inserendo gli elementi mancanti dove compaiono i puntini.

1 Tramite la tabella 1 di questa Unità individua i valori degli indici di rifrazione assoluti dell'aria e del diamante:
$n_1 =$ .... ; $n_2 =$ ....
2 Calcola l'indice di rifrazione relativo:
$n_{12} = n_2/n_1 =$ ....
3 La seconda legge della rifrazione è $\dfrac{\operatorname{sen} \hat{i}}{\operatorname{sen} \hat{r}} = n_{12}$ da cui ricavi:
$\operatorname{sen} \hat{r} = \dfrac{\operatorname{sen} \hat{i}}{\ldots\ldots}$
4 Sostituendo al posto di $\hat{i}$ e di n_{12} i rispettivi valori, trovi:
$\operatorname{sen} \hat{r} = \dfrac{\operatorname{sen} 30°}{\ldots\ldots} =$ .... = ...
(Per calcolare il valore di sen 30°, dopo aver verificato che la calcolatrice sia nella modalità DEG per gli angoli, digita 30 e quindi premi il tasto SIN. Il risultato sarà 0,5.)
5 Dopo aver effettuato la divisione del punto precedente, con il risultato presente nel display premi i tasti 2nd e SIN (in modo da applicare la funzione SIN^{-1}).
Trovi così: $\hat{r} =$ ....
[12°]

30 Dopo aver attraversato un vetro con indice di rifrazione assoluto 1,5, un raggio luminoso incide con un angolo di 25° sulla superficie di separazione con un altro mezzo rifrangente.
Determina l'angolo di rifrazione nell'ipotesi che il secondo mezzo sia:
a) aria;
b) ghiaccio;
c) diamante.

[a) 39°; b) 29°; c) 15°]

31 Completa la seguente tabella relativa a un passaggio di un raggio di luce dall'aria all'acqua.

$\hat{i}$	25°	50°	75°
sen $\hat{i}$			
n_{12}			
sen $\hat{r}$			
$\hat{r}$			

a) Dai risultati ottenuti è possibile dedurre che angolo e seno sono grandezze direttamente proporzionali?
b) Dai risultati ottenuti è possibile dedurre che angolo d'incidenza e angolo di rifrazione sono grandezze direttamente proporzionali?

32 Un raggio di luce passa dall'aria a un mezzo più rifrangente. Sapendo che l'angolo d'incidenza è di 45° e quello di rifrazione di 30°, determina l'indice di rifrazione del secondo mezzo rispetto all'aria.

SUGGERIMENTO Dopo aver calcolato i seni dei due angoli, è sufficiente fra i due numeri ottenuti fare la... [1,414]

33 Un raggio di luce passa dall'acqua a un mezzo meno rifrangente. Se l'angolo di incidenza è di 32° e quello di rifrazione di 50°, calcola l'indice di rifrazione del secondo mezzo rispetto al primo.

[0,692]

34 Se in un passaggio della luce dall'aria al vetro (con indice di rifrazione assoluto pari a 1,5), l'angolo di rifrazione risulta di 35°, quanto vale l'angolo di incidenza?

SUGGERIMENTO La formula inversa che dà sen $\hat{i}$ è: sen $\hat{i} = n_{12} \cdot$ ...., da cui... [59°]

35 Attraversando la superficie di separazione tra il vetro (indice di rifrazione assoluto 1,5) e l'acqua, un raggio luminoso forma un angolo di rifrazione di 60°. Quanto vale l'angolo d'incidenza? [50°]

36 Un raggio di luce attraversando l'aria incide con un angolo di 42° sulla superficie di un quarzo.
a) Determina l'angolo di rifrazione.
b) Qual è la velocità della luce nel quarzo?

[a) 27°; b) 206 000 km/s]

37 Determina la velocità della luce nel diamante.
[124 000 km/s]

38 Un raggio di luce attraversando l'aria incide sulla superficie di un prisma di vetro ($n = 1,5$) a sezione triangolare.

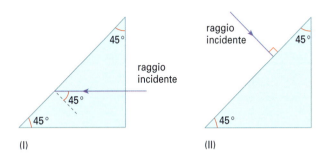

a) Disegna il percorso del raggio sino a quando ritorna nell'aria in entrambi i casi.
b) Può esserci una riflessione totale nel passaggio dall'aria al vetro?

39 Un raggio di luce attraversando l'aria incide sulla superficie di un prisma di vetro a sezione triangolare.
Disegna il percorso del raggio sino a quando ritorna nell'aria.

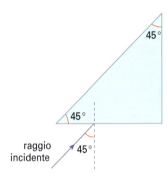

40 Qual è il valore massimo dell'angolo di incidenza, superato il quale si ha il fenomeno della riflessione totale, nel passaggio della luce dall'acqua all'aria?

SUGGERIMENTO La riflessione totale si ha quando l'angolo di rifrazione è $\hat{r} = 90°$, cioè per sen $\hat{r} = ...$ [49°]

41 Nel passaggio della luce dal vetro (indice di rifrazione assoluto 1,5) all'aria, qual è il valore massimo dell'angolo di incidenza, oltre il quale si verifica la riflessione totale?
[42°]

42 Light traveling through air ($n = 1.003$) hits the surface of water ($n = 1.33$) with an incident angle of 30°. What is the refracted angle?
[22.2°]

MODULO 7 Onde e luce

21.6 La natura della luce: onda o corpuscolo?

Negli esercizi che seguono si assuma come velocità della luce c = 300 000 km/s ovvero $3 \cdot 10^8$ m/s. Inoltre, si ricorda che il prefisso nano (n) individua il coefficiente moltiplicativo 10^{-9}.

43 Sapendo che la lunghezza delle onde luminose di colore azzurro è 450 nm, determina la frequenza.

Per lo svolgimento dell'esercizio, completa il percorso guidato, inserendo gli elementi mancanti dove compaiono i puntini.

1 Il dato riguarda la lunghezza d'onda:
$\lambda = 450$ nm = ... $\cdot 10^{-7}$ m

2 Per le onde luminose la velocità è: $c = $ ....

3 La formula da utilizzare è quella della velocità delle onde, che per la luce è: $c = $ ....

4 Ricavando dalla formula la frequenza, trovi:
$f = $ ....

5 Sostituendo i valori, ottieni infine:
$f = $ .... = ...
$[6,7 \cdot 10^{14} \text{ Hz}]$

44 La luce di colore arancione ha una lunghezza d'onda di 600 nm. Quanto vale la frequenza?
$[5 \cdot 10^{14} \text{ Hz}]$

45 La luce di colore violetto ha una frequenza di $7,5 \cdot 10^{14}$ Hz. Determina la lunghezza d'onda.
$[400 \text{ nm}]$

46 Il colore rosso della luce ha una frequenza di $4,3 \cdot 10^{14}$ Hz. Quanto vale la lunghezza d'onda?
$[700 \text{ nm}]$

47 A laser produces an intense beam whose wavelength is $10.6 \cdot 10^{-6}$ m. Calculate the frequency of this radiation.
$[2.83 \cdot 10^{13} \text{ Hz}]$

48 A yellow light beam has a frequency of $5.09 \cdot 10^{14}$ Hz. What is its wavelength?
$[5.89 \cdot 10^{-7} \text{ m}]$

21.7 Le lenti

Lenti convergenti

49 Una lente convergente ha una distanza focale di 12 cm. Un bastoncino alto 6,0 cm si trova alla distanza di 36 cm dalla lente. Dopo aver realizzato la costruzione grafica dell'immagine del bastoncino, determina la distanza dalla lente in cui si forma l'immagine stessa e la sua altezza.

Per lo svolgimento dell'esercizio, completa il percorso guidato, inserendo gli elementi mancanti dove compaiono i puntini.

1 I dati sono i seguenti: $f = $ ....;
$p = $ ....; $h = $ ....

2 La formula per ricavare la distanza dell'immagine è:
$q = $ ....

3 Sostituendo i valori, ottieni: $q = $ ....

4 La formula per trovare l'altezza dell'immagine è:
$h' = $ ....

5 Sostituendo i valori, trovi infine: $h' = $ ....
$[18 \text{ cm}; 3,0 \text{ cm}]$

50 Sapendo che una lente convergente ha una distanza focale di 8,0 cm, calcola la posizione rispetto alla lente in cui si forma l'immagine di un oggetto posto rispettivamente a 4,0 cm, 8,0 cm, 12,0 cm, 24 cm.
Per ognuno dei casi indicati esegui, inoltre, la costruzione grafica dell'immagine.
$[-8,0 \text{ cm}; ...; 24 \text{ cm}; 12 \text{ cm}]$

51 L'immagine di un oggetto si forma a 30 cm da una lente convergente che ha una distanza focale di 10 cm.
a) Determina la posizione dell'oggetto.
b) Se l'oggetto è alto 14 cm, quanto è alta la sua immagine?
c) Dove lo si deve posizionare se si desidera avere un'immagine virtuale?

SUGGERIMENTO Puoi ricorrere alla formula delle lenti sottili e ricavare da lì...; oppure, se la ricordi, scrivere direttamente la formula che dà esplicitamente la grandezza cercata...
$[a) \ 15 \text{ cm}; b) \ 28 \text{ cm}; c) \ p < ...]$

52 La distanza focale dell'obiettivo (lente convergente) di una macchina fotografica è 80 mm. L'immagine si forma sulla pellicola posta a 10 cm dall'obiettivo. A quale distanza da esso si trova il soggetto da fotografare? Qual è l'ingrandimento dell'immagine sulla pellicola?
$[40 \text{ cm}; 1/4]$

53 L'immagine di un oggetto posto a 40 cm da una lente convergente risulta virtuale, diritta e ingrandita e posizionata a 60 cm dalla lente. Determina:
a) la distanza focale;
b) l'ingrandimento della lente;
c) l'altezza dell'immagine nell'ipotesi che l'oggetto sia alto 18 cm;
d) l'immagine dal punto di vista grafico.

SUGGERIMENTO La posizione dell'immagine, trovandosi dalla stessa parte della lente rispetto all'oggetto, devi considerarla negativa...
$[a) \ 120 \text{ cm}; b) \ 3/2; c) \ 27 \text{ cm}]$

54 Un oggetto posto a 25 cm da una lente convergente origina un'immagine reale alla distanza di 1,00 m. Individua:
a) la distanza focale;
b) l'ingrandimento della lente;
c) l'altezza dell'immagine nell'ipotesi che l'oggetto sia alto 7,5 cm;
d) l'immagine tramite la costruzione grafica.
$[a) \ 20 \text{ cm}; b) \ 4; c) \ 30 \text{ cm}]$

Lenti divergenti

55 Determina dove si forma l'immagine di un oggetto posizionato a 72,0 cm da una lente divergente che ha una distanza focale di 18,0 cm.

Per lo svolgimento dell'esercizio, completa il percorso guidato, inserendo gli elementi mancanti dove compaiono i puntini.

1. I dati sono i seguenti:
   $f =$ ....; $p =$ ....
2. La formula per ricavare la distanza dell'immagine è:
   $q =$ ....
3. Sostituendo i valori, ottieni:
   $q =$ .... = ...
   (Ricorda che nel caso delle lenti divergenti, pur restando inalterate le formule, q ed f sono negativi...)
   [−14,4 cm]

56 Una lente divergente ha una distanza focale di 25 cm. Trova:
  a) la distanza alla quale si forma l'immagine di un oggetto che si trova a 1 m dalla lente;
  b) l'ingrandimento della lente;
  c) l'altezza dell'immagine nel caso in cui l'oggetto sia alto 40 cm;
  d) l'immagine tramite la costruzione grafica.
  [a) −20 cm; b) 1/5; c) 8,0 cm]

57 Un'immagine virtuale si trova a 5,00 cm da una lente divergente di distanza focale 25,0 cm. Calcola la posizione dell'oggetto.
  SUGGERIMENTO Come già detto, devi fare attenzione soltanto ai segni...
  [6,25 cm]

58 Una lente divergente produce un'immagine virtuale a 3,0 cm da essa. Sapendo che la distanza focale è di 12 cm, determina:
  a) la posizione dell'oggetto;
  b) l'ingrandimento della lente;
  c) l'altezza dell'oggetto, se l'immagine è alta 15 cm;
  d) la costruzione grafica dell'immagine.
  [a) 4,0 cm; b) 3/4; c) 20 cm]

59 Un oggetto è posto a 1,20 m da una lente divergente. La sua immagine virtuale si forma a 40 cm dalla lente, ovviamente dalla stessa parte dell'oggetto. Calcola la distanza focale della lente.
  [−60 cm]

60 Anna è molto miope e perché possa leggere una pagina, occorre che la posizioni a 5,00 cm dagli occhi. Quale deve essere la distanza focale delle lenti divergenti degli occhiali, affinché sia in grado di leggere tenendo la pagina alla stessa distanza necessaria a una persona con la vista perfetta, cioè 25,0 cm?
  [−6,25 cm]

61 A real object is 15 cm from a converging lens of focal length 25 cm. Where is the image? Describe it.
  [37.5 cm from the lens, on the same side of the lens that the object is; virtual image erect and magnified in size]

62 The image of an object is found to be upright and reduced in size. What type of lens is used to produce such an image? Draw a schematic picture of the lens, showing how such an image is formed. Is it a real or a virtual image?
  [only a diverging lens could produce such an image because...]

63 An object is located 1.25 m in front of a screen. Determine the focal length of a lens that forms a real inverted image on the screen 4 times the height of the object.
  [0.20 m]

▶ Problemi

La risoluzione dei problemi richiede la conoscenza degli argomenti trasversali a più paragrafi. Con il pallino sono contrassegnati i problemi che presentano una maggiore complessità.

1 Gli occhi di Sofia sono a 1,60 m dal pavimento. La ragazza si trova a 2,00 m da uno specchio alto 50 cm il cui bordo superiore si trova anch'esso a 160 cm da terra.
  a) Riesce Sofia a vedere le proprie ginocchia allo specchio, se si trovano a 48 cm di altezza?
  b) Se Sofia si allontanasse di 0,50 m dalla parete in cui è appeso lo specchio la situazione cambierebbe?

  SUGGERIMENTO a) Traccia il raggio incidente che va dagli occhi al bordo inferiore dello specchio e poi utilizzando le leggi della riflessione...

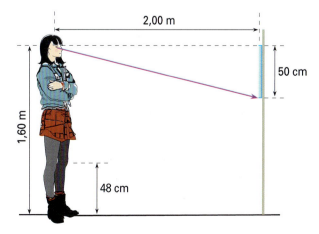

[no, perché vede solo a partire da 60 cm da terra]

2 Giovanni sta utilizzando un puntatore e lo rivolge verso uno specchio che si trova appoggiato orizzontalmente sul pavimento. Il punto illuminato sullo specchio dista 70 cm dalla parete e l'angolo tra raggio incidente e riflesso è di 42°.
   a) A quale altezza sulla parete si ha il puntino luminoso dovuto al raggio riflesso?
   b) Il ragazzo si sposta in modo che l'angolo incidente aumenti di 4°, determina l'angolo che ora si viene a formare tra raggio incidente e riflesso.

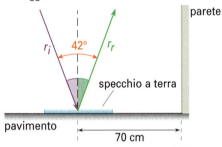

[a) 182 cm; b) 50°]

3 Uno specchio concavo ha raggio di curvatura di 72 cm. In quale posizione occorre mettere un oggetto per avere un'immagine con dimensione tripla?
   SUGGERIMENTO Il problema ammette due soluzioni perché uno specchio concavo ingrandisce le immagini se $f < p < 2f$ e q ha segno... oppure se $0 < p < f$ e q ha segno...
[24 cm; 48 cm]

4 In un parco giochi un bambino alto 1,25 m si trova a distanza di 1,80 m da un globo riflettente di 1,40 m di diametro. Sua mamma alta 1,67 m è posizionata dietro al bambino e dista da lui 2,40 m. Determina posizione e altezza delle immagini di entrambi.
[bambino −29,3 cm, 20,3 cm; mamma −32,3 cm, 12,8 cm]

5 Sapendo che un raggio di luce proveniente dall'aria forma con la superficie di separazione di un mezzo non noto un angolo di incidenza di 70° e uno di rifrazione di 23°, determina l'indice di rifrazione assoluto del secondo mezzo.
   SUGGERIMENTO In base ai dati puoi determinare innanzi tutto l'indice di rifrazione relativo. Quindi... [2,406]

6 Un raggio luminoso attraversa l'alcol e va a incidere con un angolo di 39° sulla superficie di separazione che separa l'alcol da un mezzo non noto, formando un angolo di rifrazione di 36°. Trova l'indice di rifrazione assoluto del secondo mezzo.
[1,457]

●7 Un raggio di luce proviene dal fondo di un contenitore pieno di alcol, giungendo alla superficie di separazione con l'aria. Nella figura sono rappresentati differenti raggi incidenti.

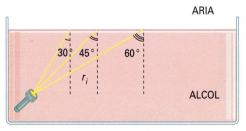

Dopo aver calcolato i rispettivi angoli di rifrazione, disegna i raggi rifratti, evidenziando in quale fra i casi indicati si verifica il fenomeno della riflessione totale.
[43°; 74°; ...]

●8 Un'onda luminosa passa dall'aria, dove si suppone che abbia una velocità di 300 000 km/s, a un mezzo più rifrangente. Gli angoli di incidenza e rifrazione sono rispettivamente 30° e 22°. Calcola la velocità della luce nel secondo mezzo e la nuova lunghezza d'onda, sapendo che la frequenza è di $5,2 \cdot 10^{14}$ Hz.
   SUGGERIMENTO A parte la seconda legge della rifrazione, devi ricordare la relazione tra le velocità nei due mezzi e l'indice di rifrazione relativo...
[$2,25 \cdot 10^8$ m/s; $4,3 \cdot 10^{-7}$ m]

9 Una sorgente emette in un mezzo luce con lunghezza d'onda pari a $3,8 \cdot 10^{-7}$ m e frequenza di $7,4 \cdot 10^{14}$ Hz. Determina l'indice di rifrazione assoluto di tale mezzo.
[1,066]

10 A two-lens system is made up of a converging lens followed by a diverging lens, each of focal length 15 cm. The system is used to form an image of a short nail, 1.5 cm high, standing erect, 25 cm from the first lens. The two lenses are separated by a distance of 60 cm (see diagram below).

   a) Locate the final image.
   b) Determine its size.
   c) State whether it is real or virtual, erect or inverted.
   HINT The overall magnification of a two-lens system is given by the product of the magnifications of the lenses...
[a) 9 cm to the left of lens L_2; b) 0.9 cm; c) virtual inverted image]

11 Una sorgente emette luce con lunghezza d'onda pari a $(3,8 \pm 0,1) \cdot 10^{-7}$ m e frequenza di $(7,4 \pm 0,3) \cdot 10^{14}$ Hz. Scrivi la misura della velocità di tale onda luminosa.
[$(2,8 \pm 0,2) \cdot 10^8$ m/s]

Competenze alla prova

ASSE SCIENTIFICO-TECNOLOGICO

Osservare, descrivere e analizzare fenomeni appartenenti alla realtà...

1. Descrivi tutti i fenomeni riguardanti l'ottica geometrica che identifichi in un luogo familiare come può essere la tua abitazione, illustrando per ciascuno sinteticamente i concetti fisici che ne sono alla base. Devi riportarne almeno uno per tipologia: propagazione della luce (formazione delle ombre), oggetti trasparenti e traslucidi, riflessione (su specchi piani e curvi), rifrazione (attraverso varie sostanze), dispersione della luce, lenti, strumenti ottici... Non è necessario seguire l'ordine del libro, ma puoi stabilire un differente filo logico a piacere.

Spunto Se non vuoi ricalcare la sequenza dell'unità, potresti procedere per ambienti (cucina, soggiorno...) e ricercare in ciascuno di essi che cosa si presta a essere studiato dal punto di vista della... luce. Oppure puoi effettuare una sorta di classifica di tipo tecnologico e procedere dal fenomeno più semplice a quello più complesso. In alternativa, se hai visitato un museo della scienza, hai la possibilità di raccontare in dettaglio quelle esperienze che riguardano questo argomento. Prima di scegliere altri eventuali luoghi, valuta se ci sono sufficienti elementi da descrivere...

ASSE MATEMATICO

Individuare le strategie appropriate per la soluzione di problemi

2. Una lente convergente ha distanza focale pari a 4,0 cm. L'oggetto osservato è posto a 5,0 cm dalla lente. Dalla parte opposta rispetto all'oggetto di 22,5 cm è situata una lente divergente con distanza focale di 5,0 cm.
   a) Determina le dimensioni dell'immagine finale prodotta dalla seconda lente, sapendo che l'oggetto reale ha un'altezza di 1,5 mm.
   b) Disegna nella scala che ritieni opportuna la situazione del problema con la costruzione completa delle immagini.

Spunto Ragionando sulle distanze focali e sulle posizioni dell'oggetto in relazione alle due lenti puoi sapere quale risultato aspettarti – se immagine reale o virtuale, ingrandita o rimpicciolita. Ti conviene tracciare il disegno – per un aiuto nella risoluzione – prima di effettuare i calcoli o quanto meno subito dopo aver trovato la posizione della prima immagine generata dalla lente convergente. In ogni caso, è ovvio che risultati e disegno devono essere coerenti...

ASSE LINGUISTICO

Padroneggiare gli strumenti espressivi ed argomentativi...

3. Dopo aver effettuato una breve sintesi sul funzionamento dell'occhio e i suoi difetti dal punto di vista dell'ottica geometrica, raccogli una decina di raffigurazioni relative alle illusioni ottiche da mostrare e illustrare alla classe.

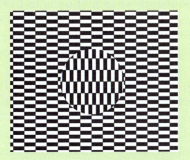

Spunto Per quanto riguarda l'occhio puoi basarti sui contenuti che trovi in questa unità o in Internet... Invece, in riferimento alle illusioni ottiche, ve ne sono di molti tipi e alcune che hanno un soggetto artistico sono piuttosto celebri...

SCIENTIFIC ENGLISH

CLIL

Waves

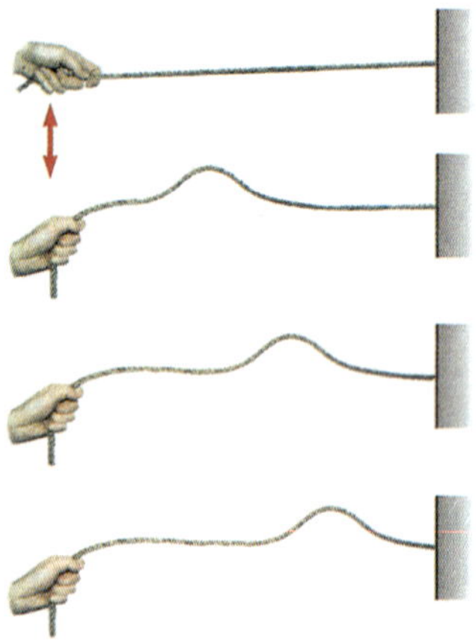

The world is full of waves: sound waves, waves on a string, seismic waves, and electromagnetic waves, such as visible light, radio waves, television signals, and x-rays. All of these waves have as their source a vibrating object, so we can apply the concepts of simple harmonic motion in describing them.

In the case of sound waves, the vibrations that produce waves arise from sources such as a person's vocal chords or a plucked guitar string. The vibrations of electrons in an antenna produce radio or television waves, and the simple up-and-down motion of a hand can produce a wave on a string. Certain concepts are common to all waves, regardless of their nature.

Now we focus our attention on the general properties of waves.

What is a Wave?

When you drop a pebble into a pool of water, the disturbance produces water waves, which move away from the point where the pebble entered the water.

A leaf floating near the disturbance moves up and down and back and forth about its original position, but doesn't undergo any net displacement attributable to the disturbance. This means that the water wave (or disturbance) moves from one place to another, *but the water isn't carried with it*.

When we observe a water wave, we see a rearrangement of the water's surface. Without the water, there wouldn't be a wave. Similarly, a wave traveling on a string wouldn't exist without the string. Sound waves travel through air as a result of pressure variations from point to point. Therefore, we can consider a wave to be *the motion of a disturbance*.

This type of mechanical waves requires (1) some source of disturbance, (2) a medium that can be disturbed, and (3) some physical connection or mechanism through which adjacent portions of the medium can influence each other. All waves carry energy and momentum. The amount of energy transmitted through a medium and the mechanism responsible for the transport of energy differ from case to case. The energy carried by ocean waves during a storm, for example, is much greater than the energy carried by a sound wave generated by a single human voice.

Types of Waves

One of the simplest ways to demonstrate wave motion is to flip one end of a long rope that is under tension and has its opposite end fixed, as in Figure 1. The bump (called a pulse) travels to the right with a definite speed. A disturbance of this type is called a **traveling wave**. The figure shows the shape of the rope at three closely spaced times.

As such a wave pulse travels along the rope, **each segment of the rope that is disturbed moves in a direction perpendicular to the wave motion**. Figure 2 illustrates this point for a particular tiny segment P. The rope never moves in the direction of the wave. A traveling wave in which the particles of the disturbed medium move in a direction perpendicular to the wave velocity is called a **transverse wave**. Figure 3a illustrates the formation of transverse waves on a long spring.

Figure 1
A wave pulse traveling along a stretched rope. The shape of the pulse is approximately unchanged as it travels.

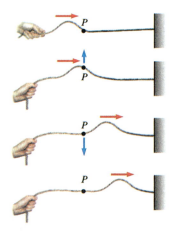

Figure 2
A pulse traveling on a stretched rope is a transverse wave. An element P on the rope moves (blue arrows) in a direction perpendicular to the direction of propagation of the wave motion (red arrows).

(a) Transverse wave

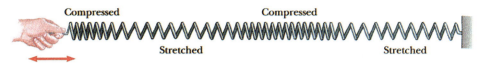

(b) Longitudinal wave

Figure 3
(a) A transverse wave is set up in a spring by moving one end of the spring perpendicular to its length. (b) A longitudinal pulse along a stretched spring. The displacement of the coils is in the direction of the wave motion. For the starting motion described in the text, the compressed region is followed by a stretched region.

In another class of waves, called **longitudinal waves**, **the elements of the medium undergo displacements parallel to the direction of wave motion**. Sound waves in air are longitudinal. Their disturbance corresponds to a series of high-and low-pressure regions that may travel through air or through any material medium with a certain speed. A longitudinal pulse can easily be produced in a stretched spring, as in Figure 3b. The free end is pumped back and forth along the length of the spring. This action produces compressed and stretched regions of the coil that travel along the spring, parallel to the wave motion.

Waves need not be purely transverse or purely longitudinal: ocean waves exhibit a superposition of both types. When an ocean wave encounters a cork, the cork executes a circular motion, going up and down while going forward and back.

Another type of wave, called a **soliton**, consists of a solitary wave front that propagates in isolation. Ordinary water waves generally spread out and dissipate, but solitons tend to maintain their form. The study of solitons began in 1849, when the Scottish engineer John Scott Russell noticed a solitary wave leaving the turbulence in front of a barge and propagating forward all on its own. The wave maintained its shape and traveled down a canal at about 10 mi/h. Russell chased the wave two miles on horseback before losing it. Only in the 1960s did scientists take solitons seriously; they are now widely used to model physical phenomena, from elementary particles to the Giant Red Spot of Jupiter.

Picture of a Wave

Figure 4 shows the curved shape of a vibrating string. This pattern is a sinusoidal curve, the same as in simple harmonic motion. The brown curve can be thought of as a snapshot of a traveling wave taken at some instant of time, say, $t = 0$; the blue curve is a snapshot of the same traveling wave at a later time. This picture can also be used to represent a wave on water. In such a case, a high point would correspond to the *crest* of the wave and a low point to the *trough* of the wave.

The same waveform can be used to describe a longitudinal wave, even though no up-and-down motion is taking place. Consider a longitudinal wave traveling on a spring.

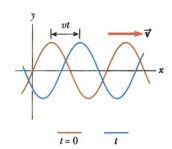

Figure 4
A one-dimensional sinusoidal wave traveling to the light with a speed v. The brown curve is a snapshot of the wave at $t = 0$, and the blue curve is another snapshot at some later time t.

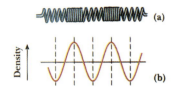

Figure 5

(a) A longitudinal wave on a spring. (b) The crests of the waveform correspond to compressed regions of the spring, and the troughs correspond to stretched regions of the spring.

Figure 5a is a snapshot of this wave at some instant, and Figure 5b shows the sinusoidal curve that represents the wave. Points where the coils of the spring are compressed correspond to the crests of the waveform, and stretched regions correspond to troughs.

The type of wave represented by the curve in Figure 5b is often called a *density wave or pressure wave*, because the crests, where the spring coils are compressed, are regions of high density, and the troughs, where the coils are stretched, are regions of low density. Sound waves are longitudinal waves, propagating as a series of high- and low-density regions.

Frequency Amplitude, and Wavelength

Figure 6 illustrates a method of producing a continuous wave or a steady stream of pulses on a very long string. One end of the string is connected to a blade that is set vibrating. As the blade oscillates vertically with simple harmonic motion, a traveling wave moving to the light is set up in the string. Figure 6 consists of views of the wave at intervals of one-quarter of a period. Note that **each small segment of the string, such as P, oscillates vertically in the *y*-direction with simple harmonic motion**. This must be the case, because each segment follows the simple harmonic motion of the blade. Every segment of the string can therefore be treated as a simple harmonic oscillator vibrating with the same frequency as the blade that drives the string.

The frequencies of the waves studied in this course will range from rather low values for waves on strings and waves on water, to values for sound waves between 20 Hz and 20 000 Hz (recall that 1 Hz = 1 s^{-1}), to much higher frequencies for electromagnetic waves. These waves have different physical sources, but can be described with the same concepts.

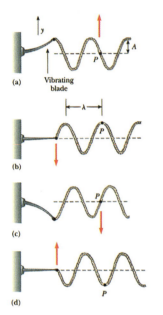

Figure 6

One method for producing traveling waves on a continuous string. The left end of the string is connected to a blade that is set vibrating. Every part of the string, such as point P, oscillates vertically with simple harmonic motion.

The horizontal dashed line in Figure 6 represents the position of the string when no wave is present. The maximum distance the string moves above or below this equilibrium value is called the **amplitude *A*** of the wave. For the waves we work with, the amplitudes at the crest and the trough will be identical.

Figure 6b illustrates another characteristic of a wave. The horizontal arrows show the distance between two successive points that behave identically. This distance is called the **wavelength λ** (the Greek letter lambda).

We can use these definitions to derive an expression for the speed of a wave. We start with the defining equation for the **wave speed *v***:

$$v = \frac{\Delta x}{\Delta t}$$

The wave speed is the speed at which a particular part of the wave – say a crest – moves through the medium.

A wave advances a distance of one wavelength in a time interval equal to one period of the vibration. Taking $\Delta x = \lambda$ and $\Delta t = T$, we see that

$$v = \frac{\lambda}{T}$$

Because the frequency is the reciprocal of the period, we have

> **Checkpoint 1**
>
> The speed of light in a vacuum is the same for all frequencies. What happens to the wavelength of light as the frequency increases?

wave speed $v = f\lambda$ [1]

This important general equation applies to many different types of waves, such as sound waves and electromagnetic waves.

from SERWAY/VUILLE, *Essentials of College Physics,* © 2007

Tabelle

TABELLA 1 Principali costanti fisiche

denominazione	simbolo	valore
velocità della luce	c	$3 \cdot 10^8$ m/s
costante di gravitazione universale	G	$6{,}67 \cdot 10^{-11}$ N m^2/kg^2
costante di Planck	h	$6{,}63 \cdot 10^{-34}$ J s
carica dell'elettrone	e	$1{,}6 \cdot 10^{-19}$ C
massa dell'elettrone	m_e	$9{,}11 \cdot 10^{-31}$ kg
massa del protone	m_p	$1{,}67 \cdot 10^{-27}$ kg
costante dei gas perfetti	R	$8{,}31$ J/(mol·K)
numero di Avogadro	N_0	$6{,}02 \cdot 10^{23}$ mol^{-1}
costante dielettrica del vuoto	ε_0	$8{,}85 \cdot 10^{-12}$ F/m
permeabilità magnetica del vuoto	μ_0	$4\pi \cdot 10^{-7}$ T·m/A

Espansione
Tabelle SI

TABELLA 2 Dati relativi al Sistema solare

pianeta	massa (kg)	raggio (m)	g (m/s^2)	distanza dal Sole (m)	periodo di rivoluzione (s)
Mercurio	$3{,}18 \cdot 10^{23}$	$2{,}50 \cdot 10^6$	3,63	$5{,}79 \cdot 10^{10}$	$7{,}60 \cdot 10^6$
Venere	$4{,}90 \cdot 10^{24}$	$6{,}08 \cdot 10^6$	8,87	$1{,}08 \cdot 10^{11}$	$1{,}94 \cdot 10^7$
Terra	$5{,}98 \cdot 10^{24}$	$6{,}38 \cdot 10^6$	9,81	$1{,}49 \cdot 10^{11}$	$3{,}16 \cdot 10^7$
Luna	$7{,}34 \cdot 10^{22}$	$1{,}73 \cdot 10^6$	1,62	–	$2{,}36 \cdot 10^6$
Marte	$6{,}41 \cdot 10^{23}$	$3{,}39 \cdot 10^6$	3,73	$2{,}28 \cdot 10^{11}$	$5{,}94 \cdot 10^7$
Giove	$1{,}90 \cdot 10^{27}$	$7{,}14 \cdot 10^7$	26,0	$7{,}78 \cdot 10^{11}$	$3{,}74 \cdot 10^8$
Saturno	$5{,}70 \cdot 10^{26}$	$5{,}75 \cdot 10^7$	11,2	$1{,}43 \cdot 10^{12}$	$9{,}30 \cdot 10^8$
Urano	$8{,}79 \cdot 10^{25}$	$2{,}55 \cdot 10^7$	10,5	$2{,}87 \cdot 10^{12}$	$2{,}65 \cdot 10^9$
Nettuno	$1{,}03 \cdot 10^{26}$	$2{,}49 \cdot 10^7$	13,3	$4{,}50 \cdot 10^{12}$	$5{,}20 \cdot 10^9$

TABELLA 3 Dati relativi alla Terra

massa	$5{,}98 \cdot 10^{24}$ kg
raggio medio	$6{,}378 \cdot 10^6$ m
accelerazione di gravità g	$9{,}81$ m/s^2
distanza media dal Sole	$1{,}49 \cdot 10^{11}$ m
distanza media dalla Luna	$3{,}84 \cdot 10^8$ m
densità dell'aria	$1{,}29$ kg/m^3
densità dell'acqua	1000 kg/m^3
velocità del suono nell'aria (20° C)	343 m/s
pressione atmosferica	$1{,}013 \cdot 10^5$ Pa

Indice analitico

A

accelerazione, 183, 255
– centripeta, 213, 259
– di gravità, 255
aeriforme, 129, 412
afelio, 282,
altezza, 482
ampiezza, 473
angolo di deviazione, 511
Archimede, principio di, 136
–, spinta di, 137
aspirazione, 442
arrotondamento, 37
asse ottico, 516
assi cartesiani, 58, 161
attrito, 88
– radente dinamico, 88
– radente statico, 89
– volvente, 91
azione a distanza, 289
azzeramento, 31

B

baricentro, 112
barometro, 139
Boyle e Mariotte, legge di, 419

C

caduta libera, 254
calore, 395
– latente di fusione, 412
– latente di solidificazione, 412
– latente di vaporizzazione, 412
– specifico, 396
caloria, 400
calorimetria, equazione fondamentale della, 397
cambiamento di stato, 412
campo, 289
– gravitazionale, 289
– gravitazionale, vettore, 290
cannocchiale, 515
capacità termica, 396
centro di gravità, 112

ciclo
– Otto, 441
– termodinamico, 439
cifre significative, 35
classe, 40
Clausius, enunciato di, 450
colori, 511
componente attiva, 311
composizione delle velocità, 239
compressione, 442
– rapporto di, 446
condensazione, 412
conducibilità termica, coefficiente di, 401
conduzione, 400
– termica, legge della, 401
conservazione
– dell'energia, principio di, 340
– dell'energia meccanica, principio di, 336
– della quantità di moto, principio di, 348
convezione, 402
coordinate termodinamiche, 418
coppia di forze, 110
corpo
– opaco, 499
– rigido esteso, 107
– traslucido, 499
– trasparente, 499
coseno, 83
costante elastica, 63
cresta, 473

D

decelerazione, 184
definizione operativa, 57
densità, 129, 131
diffrazione, 477, 512
dilatazione
– cubica, 380
– cubica, coefficiente di, 380
– cubica, legge della, 381
– cubica dei liquidi, coefficiente di, 382
– cubica dei liquidi, legge della, 382

– dei liquidi, 382
– interpretazione microscopica, 383
– lineare, 377
– lineare, coefficiente di, 378
– lineare, legge della, 379
dinamica, 230
–, primo principio della, 231
–, secondo principio della, 234, 235
–, terzo principio della, 240
dinamometro, 31
dipendenza lineare, 191
distanza focale, 503, 516

E

ebollizione, 412
eco, 483
effetto Doppler, 484
Einstein, Albert, 233
energia, 315
– chimica, 316
– cinetica, 316, 318
– elastica, 321
– elettrica, 316
– elettromagnetica, 316
– gravitazionale, 316
– interna, 377
– magnetica, 316
– meccanica, 337
– nucleare, 316
– potenziale elastica, 321
– potenziale gravitazionale, 319
– termica, 316
equazione di stato dei gas perfetti, 424
equilibrio, 84, 86
– del corpo rigido, 112
– del punto materiale, 86
– di una leva, 115
– indifferente, 113
– instabile, 113
– stabile, 113
– termico, 375
equivalenza tra calore e lavoro, 436
errore, 10
– casuale o accidentale, 29
– di parallasse, 30

– di scnsibilità, 8, 40
– massimo, 33
– relativo, 10, 11
– relativo percentuale, 11
– sistematico, 30
espansione, 443
esperimento ideale, 231
espulsione, 409
evaporazione, 412

F

fenomeni dissipativi, 338
fenomeno, 2
fluidi, 129
fondo scala, 40
forza, 57
– centrifuga, 260
– centripeta, 259
– d'attrito, 88
– elastica, 56, 61
forza-peso, 254
forze
–, coppia di, 110
–, somma di, 108
frequenza, 214
Fresnel, Augustin, 513
frigorifero, 451
fronte d'onda, 475
fuoco, 503, 516
fusione, 412

G

galinstan, 373
galleggiamento, condizione di, 138
gas, 412
– ideale, 418
– perfetto, 418
Gay-Lussac,
– prima legge di, 421
– seconda legge di, 422
gola, 473
grandezza
– derivata, 9, 33
– direttamente proporzionale, 59
– fisica, 2, 6
– inversamente proporzionale, 131
–, valore della, 8
grandezze
– omogenee, 12
– scalari, 78
– vettoriali, 78

H

hertz, 214
Hooke, legge di, 60

I

immagine virtuale, 502
incertezza, 10
indice di rifrazione
– assoluto, 509
– relativo, 509
inerzia, 232
ingrandimento, rapporto di, 507, 519
intensità, 482
interferenza, 478, 513
– costruttiva, 479
– distruttiva, 479
intervallo
– di indeterminazione, 29
– di udibilità, 481
iperbole, 215
irraggiamento, 403
isobara, 421
isocora, 423
isocronismo delle piccole oscillazioni, 219
isoterma, 419

J

joule, 312
Joule, James Prescott, 312, 438

K

Kelvin, enunciato di, 449
Keplero,
–, prima legge di, 282
–, seconda legge di, 283
–, terza legge di, 283
kilogrammo, 13, 65, 235
kilowattora, 315

L

laser, 14
lavoro, 310-312
– in una espansione isobara, 447
– motore, 312
– resistente, 312
– utile, 445
legge, 2
– oraria, 162, 164, 188, 191
lente, 515
– convergente, 515, 516
– divergente, 515, 518
– sottile, 515
lenti sottili, formula delle, 518
leva, 114
–, classificazione, 114
– indifferente, 115
– vantaggiosa, 116
– svantaggiosa, 116
linee di forza (o di campo), 291
liquefazione, 412

liquido, 130, 412
luce, 498
–, dispersione della, 511
–, modello geometrico della, 499
–, velocità della, 509, 514
lunghezza d'onda, 473

M

macchina semplice, 114
macroscopico, punto di vista, 376
manometro, 129
massa, 64, 65
– esploratrice, 290
– inerziale, 234-235
– sorgente, 291
Maxwell James Clerck, 289, 513
metodo sperimentale, 2
metro, 13
microscopico, punto di vista, 376
misura, 6
– diretta, 9
– indiretta, 9, 33
misurazione, 7
modello, 85
– corpuscolare, 513
– ondulatorio, 513
momento di una forza, 109
moto
– alternativo, 445
– armonico, 217
– circolare uniforme, 212
– parabolico, 261
– rettilineo uniforme, 161, 189
– rettilineo uniformemente accelerato, 185, 188, 189, 190, 192
– vario, 192
motore
– a combustione interna, 441
– a quattro tempi, 441
– a scoppio, 441
movimento, 158

N

nota musicale, 482
newton, 62, 235

O

onda, 468
– longitudinale, 470
– periodica, 472
– trasversale, 470
Otto, Nikolaus, 441

P

parabola, 188
parallelogramma, regola del, 79
pascal, 129

Pascal, principio di, 132
pendenza della retta, 163, 186
pendolo semplice, 219
perielio, 282
periodo, 212, 472
– del pendolo, 219
peso, 64, 254
– vettore, 256
piano inclinato, 86, 257
portata, 40
potenza, 315
precisione, 40
prefisso, 14
pressione, 128
– atmosferica, 139
– del vapore saturo, 412
principio
– d'inerzia, 231
– di azione e reazione, 239
prodotto scalare, 314
propagazione degli errori, 35
proporzionalità
– diretta, 59-60, 162
– inversa, 131
– quadratica, 187-188
punto materiale, 85

Q
quantità di moto, 348

R
raggio, 475
reazione vincolare, 86
rendimento, 446
riflessione, 475, 501
– totale, 509
–, leggi della, 501
rifrazione, 508
–, prima legge della, 508
–, seconda legge della, 508
rimbombo, 483

S
scala
– assoluta, 374
– Celsius, 373

– Fahrenheit, 374
– Kelvin, 374
scarico, 444
scoppio, 443
secondo, 13
sensibilità, errore di, 8, 40
seno, 83
serie di misure, 31
simbolo della grandezza, 10
sistema
– di riferimento, 158
– inerziale, 232
– isolato, 340
Sistema Internazionale di Unità, 12-13
solidificazione, 412
solido, 130, 412
somma vettoriale, 79-80
sorgente luminosa, 498
sovrapposizione, principio di, 478
specchio
– angolo di apertura, 503
– centro di curvatura, 503
– raggio di curvatura, 503
– sferico concavo, 502
– sferico convesso, 502
specchi sferici, formula dei punti coniugati per, 506
spettro, 511
statica, 84
stato termico, 372
Stevino, legge di, 134
strumento di misura, 40
sublimazione, 412
suono, 480

T
taratura, 40
temperatura, 372
– assoluta, 425
– critica, 412
–, definizione operativa, 373
– di ebollizione, 412
– di equilibrio, 396
– di fusione, 412
teorema delle forze vive, 319

termodinamica, 436
–, primo principio della, 448
–, secondo principio della, 449, 450
termometro, 373-374
timbro, 482
torchio idraulico, 133
traiettoria, 159
trasformazione
– adiabatica, 439
– adiabatiche, legge delle, 439
– isobara, 421, 422
– isocora, 422, 423

U
ultrasuono, 481
unità di misura, 7, 10
urto
– anelastico, 350
– elastico, 350
– totalmente anelastico, 350

V
valore
– della grandezza, 8
– medio, 32
vapore, 412
vaporizzazione, 412
vasi comunicanti, principio dei, 135
velocità, 159, 165
– angolare, 216
– media, 193
– tangenziale, 212
vettore, 78
vettori, somma di, 79-80
–, scomposizione di, 81-83
vincolo, 86

W
watt, 315
Watt, James, 315

Y
Young, Thomas, 513

Z
zero assoluto, 425